中 国 国 家 标 准 汇 编

582

GB 29841～29857

（2013 年制定）

中国标准出版社　编

中国标准出版社

北　京

图书在版编目(CIP)数据

中国国家标准汇编:2013年制定.582:
GB 29841～29857/中国标准出版社编.—北京:
中国标准出版社,2014.9
ISBN 978-7-5066-7663-2

Ⅰ.①中… Ⅱ.①中… Ⅲ.①国家标准-
汇编-中国-2013 Ⅳ.①T-652.1

中国版本图书馆CIP数据核字(2014)第187783号

中国标准出版社出版发行
北京市朝阳区和平里西街甲2号(100029)
北京市西城区三里河北街16号(100045)

网址 www.spc.net.cn
总编室:(010)64275323 发行中心:(010)51780235
读者服务部:(010)68523946

中国标准出版社秦皇岛印刷厂印刷
各地新华书店经销

*

开本 880×1230 1/16 印张 41.5 字数 1 285 千字
2014年9月第一版 2014年9月第一次印刷

*

定价 220.00 元

出 版 说 明

1.《中国国家标准汇编》是一部大型综合性国家标准全集。自1983年起，按国家标准顺序号以精装本、平装本两种装帧形式陆续分册汇编出版。它在一定程度上反映了我国建国以来标准化事业发展的基本情况和主要成就，是各级标准化管理机构，工矿企事业单位，农林牧副渔系统，科研、设计、教学等部门必不可少的工具书。

2.《中国国家标准汇编》收入我国每年正式发布的全部国家标准，分为"制定"卷和"修订"卷两种编辑版本。

"制定"卷收入上一年度我国发布的、新制定的国家标准，顺延前年度标准编号分成若干分册，封面和书脊上注明"20××年制定"字样及分册号，分册号一直连续。各分册中的标准是按照标准编号顺序连续排列的，如有标准顺序号缺号的，除特殊情况注明外，暂为空号。

"修订"卷收入上一年度我国发布的、被修订的国家标准，视篇幅分设若干分册，但与"制定"卷分册号无关联，仅在封面和书脊上注明"20××年修订-1,-2,-3,……"字样。"修订"卷各分册中的标准，仍按标准编号顺序排列（但不连续）；如有遗漏的，均在当年最后一分册中补齐。需提请读者注意的是，个别非顺延前年度标准编号的新制定的国家标准没有收入在"制定"卷中，而是收入在"修订"卷中。

读者配套购买《中国国家标准汇编》"制定"卷和"修订"卷则可收齐由我社出版的上一年度我国制定和修订的全部国家标准。

3.由于读者需求的变化，自1996年起，《中国国家标准汇编》仅出版精装本。

4.2013年我国制修订国家标准共1 979项。本分册为"2013年制定"卷第582分册，收入国家标准GB 29841～29857的最新版本。

中国标准出版社

2014年8月

目　　录

ICS 33.200
M 50

中华人民共和国国家标准

GB/T 29841.1—2013

卫星定位个人位置信息服务系统
第1部分:功能描述

Satellite positioning
personal position information service system(PPISS)—
Part 1:Function description

2013-11-12 发布　　　　2014-05-01 实施

中华人民共和国国家质量监督检验检疫总局
中国国家标准化管理委员会　发布

前　言

GB/T 29841《卫星定位个人位置信息服务系统》目前分为以下4个部分：

——第1部分：功能描述；

——第2部分：终端与服务中心信息交换协议；

——第3部分：信息安全规范；

——第4部分：终端通用规范。

本部分为GB/T 29841的第1部分。

本部分按照GB/T 1.1—2009给出的规则起草。

请注意本文件的某些内容可能涉及专利。本文件的发布机构不承担识别这些专利的责任。

本部分由中华人民共和国工业和信息化部提出。

本部分由中国电子技术标准化研究院归口。

本部分起草单位：成都四威电子股份有限公司、中国电子科技集团第二十九研究所、中国电子技术标准化研究院、厦门雅迅网络股份有限公司。

本部分主要起草人：邬亮、高建荣、卢东明、陈倩、韦昌荣。

卫星定位个人位置信息服务系统
第1部分：功能描述

1 范围

GB/T 29841的本部分规定了卫星定位个人位置信息服务系统（以下简称“系统”）的体系结构和功能描述。

本部分适用于通过卫星定位、采用公众移动通信网络或专用移动通信网络传输的个人位置信息，可作为具有信息服务中心的位置信息处理系统设计的依据，亦可作为通过非卫星定位技术、具有个人位置信息服务中心的信息服务系统设计的参考依据。

2 规范性引用文件

下列文件对于本文件的应用是必不可少的。凡是注日期的引用文件，仅注日期的版本适用于本文件。凡是不注日期的引用文件，其最新版本（包括所有的修改单）适用于本文件。

GB 18030 信息技术 中文编码字符集

GB 20263 导航电子地图安全处理技术基本要求

GB/T 29841.2—2013 卫星定位个人位置信息服务系统 第2部分：终端与服务中心信息交换协议

GB/T 29841.3—2013 卫星定位个人位置信息服务系统 第3部分：信息安全规范

GB/T 29841.4—2013 卫星定位个人位置信息服务系统 第4部分：终端通用规范

GB/T 30292—2013 个人位置导航电子地图物理存储格式

3 术语和定义

下列术语和定义适用于本文件。

3.1

个人位置信息服务系统 personal position information service system;PPISS

以提供个人终端位置信息为基础，向个人用户提供综合位置信息服务及位置信息管理的综合性信息服务处理系统。

3.2

信息服务中心 information service center;ISC

以通信网关和计算机网络系统为基础，按区域或用户群进行分组，对服务范围内的用户进行管理，提供信息处理（包括显示、存储、查询等）及人机服务接口的功能实体。

3.3

个人位置信息服务系统中心 personal position information service system center;PPISSC

由实现互联互通的各类信息服务中心（ISC）组成，是所有信息服务中心的总称。

3.4

信息服务中心网关 information service center gateway;ISCG

信息服务中心与通信网络的连接实体，保证信息服务中心与车载终端的安全通信，提供各区域服务中心的联网通信功能。

3.5

信息服务中心计算机网络　information service center network;ISCN

由计算机、服务器及通信设备组成的计算机局域网络,提供信息服务中心各设备间的数据通信。

3.6

信息服务系统通信网络　information service system network;ISSN

由公众移动通信网、公众数据通信网或其他专用通信网组成,实现个人位置终端用户与信息服务中心之间、信息服务中心之间及个人位置终端用户之间的信息和数据交互。

3.7

个人位置终端　personal location terminal;PT

个人用户使用的位置设备,具有位置定位能力,具有与信息服务中心及其他用户终端通信的能力,具有人机界面交互接口,能提供信息服务中心所需的信息。

3.8

定位　locate

通过卫星定位或其他定位技术得到的个人位置终端(PT)的位置信息。定位数据可以从个人位置终端(PT)获得也可以从个人位置信息服务中心(ISC)获得。

3.9

导航　navigation

依据路线规划结果,通过图、文、声等方式引导用户从出发地到目的地的过程。

3.10

位置　position

坐标系统中的一个点,用来表述个人位置终端(PT)的所在地。

3.11

地址　address

用来表述个人位置终端或关注点所在地位置的一段文字,一般按地理信息层次组织。

示例:北京市 东城区 长安街 1 号 100001,或北京市 东城区 长安街与二环路交叉口东北角 100001 等。

3.12

电子地图表现　electronic map presentation

个人位置终端 PT 上显示出来的地图图片或矢量数据再生图片。

3.13

关注点　point of interesting;POI

兴趣点

地图上的一个命名地点,具有位置信息,还可包括其名称、地址、电话号码、服务内容、类别等相关属性信息。

3.14

关注地　area of interesting

用多边形或圆形等表示的有边界的命名区域,用于表述一个区域的地名及其相关属性信息。

3.15

路线　route

从出发地到目的地的规划线路。路线可以用图形形式表示,也可以用文字进行描述。

3.16

地理编码　geocoder

将一个地址描述转换为地图上的一个元素的过程。

3.17

逆地理编码　reverse geocoder

将地图上的一个元素转换为地址描述的过程。

3.18

单位　enterprise

提供社会服务功能的关注点或关注地。

示例：企业、商户、政府机关、科研院所、医院和学校。

3.19

坐标　coodinates

符合 GB 20263 规定的坐标。

3.20

用户识别码　user code

用于识别用户的唯一编码。

3.21

服务中心识别码　service center code

信息服务中心(ICS)的唯一编码。

4　符号和缩略语

下列符号和缩略语适用于本文件。

4.1　符号

G_g　移动通信网与互联网接口(Mobile Network Interface for Internet)

G_i　ISC 接入移动网接口(ISC Access Mobile Network Interface)

G_k　ISC 互连接口(ISC Access ISC Interface)

G_m　ISC 接入数据广域网接口(ISC Access WAN Network Interface)

G_p　个人位置信息服务系统定位数据接口(Position data interface for Service center)

R_e　移动端信息安全参考点(Personal Terminal Safety Interface)

R_g　个人位置信息服务系统安全认证接口(Safety Authentication Interface for Service center)

R_i　信息控制处理参考点(Information Control and Disposal Interface)

U_p　定位数据接收空中接口(Position Data Receive Wireless Interface)

U_m　个人通信空中接口(Personal Communication Wireless Interface)

4.2　缩略语

3G　第三代移动通信网(3rd Generation mobile network)

AGPS　辅助 GPS 定位系统(Assisted GPS system)

CDMA　码分多址移动通信系统(Code Division Multiple Access for mobile communications)

GIS　地理信息系统(Geography Information System)

GLONASS　全球导航卫星系统 (Global Navigation Satellite System)

GPS　全球定位系统(Global Positioning System)

GSM　全球移动通信系统(Global System for Mobile communications)

ISC　信息服务中心(Information Service Center)

ISCE　信息服务中心加密机(Information Service Center Encryptor)

ISCG　信息服务中心通信网关(Information Service Center Gateway)

ISCN　信息服务中心局域网(Information Service Center Network)

LBS　位置服务(Location Based Services)

MPC　移动定位中心(Mobile Positioning Center)

PT　个人位置终端(Personal location Terminal)

PTE　个人位置终端加密模块(Personal location Terminal Encryptor module)

PDE　定位实体(Position Determination Entity)

PPISS　个人位置信息服务系统(Personal Position Information Service System)

PPISSC　个人位置信息服务系统中心(Personal Position Information Service System Center)

PPISSN　个人位置信息服务系统通信网络(Personal Position Information Service System Network)

SPS　卫星定位系统(Satellite Positioning System)

WAN　广域网(Wide Area Network)

5　体系结构

5.1　基本组成

5.1.1　组成模型

系统参考模型结构如图1所示。系统由卫星定位系统(SPS)、个人位置信息服务系统通信网络(PPISSN)、个人位置信息服务系统中心(PPISSC)和个人位置终端(PT)4部分组成，U_p 接口可根据中心的功能要求选择。在具有信息安全保密要求时，在PT和PPISSC中分别存在信息安全保密实体。

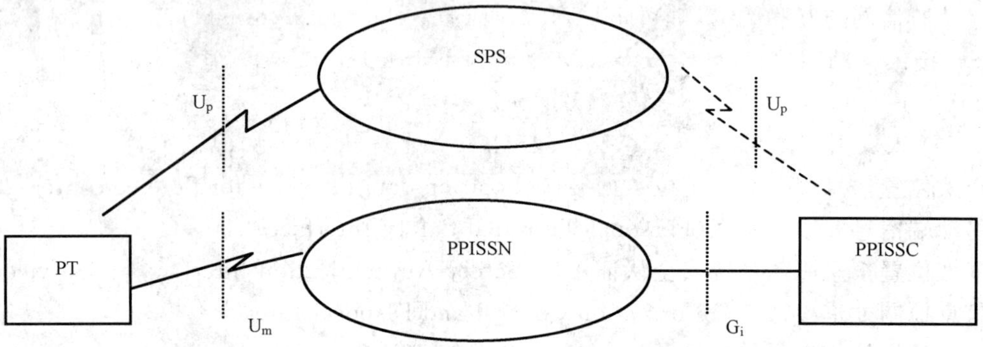

图1　PPISS参考模型

5.1.2　组成单元

5.1.2.1　SPS

SPS可采用各类卫星定位系统(如GPS、GLONASS、伽俐略、北斗等)。

5.1.2.2　PPISSN

PPISSN由公众移动通信网(如GSM、CDMA、3G、北斗等)和数据通信广域网组成，网络协议应符合相应的国际标准、国家标准、行业标准。PPISSN应提供点-点、点-多点操作方式，完成PT和PPISSC之间端到端通信。其中移动通信网实现PT的接入，数据通信广域网实现ISC的接入，移动通信网与数据通信网互连互通。

5.1.2.3 PPISSC

PPISSC 由多个 ISC 组成。ISC 是系统的信息服务中心，根据 PT 位置服务要求，可以是单独服务设备，也可以是计算机网组成的服务群，主要完成通信联网、GIS 信息提供、信息处理及应用系统接入等功能。

5.1.2.4 PT

PT 应由微处理器及控制单元、无线数据传输模块、卫星定位模块、数据存储、人机接口和软件模块组成。如带定位功能的手机、由定位模块和通信模块以及掌上电脑(PDA)组成的终端设备等，是个人位置信息服务的执行主体，通过终端软件实现个人位置信息服务。PT 应具有人机交互功能，可以用声音、文字或图片进行信息显示。

5.1.2.5 信息安全保密实体

信息安全保密实体由 PTE 和 ISCE 两部分组成。通过信息安全保密实体实现系统的安全保密机制，系统应能抵御非法访问、窃取、伪造等安全威胁。

5.2 参考接口

5.2.1 接口类型

系统中 PT 和 ISC 内部各组成部分由于采用一体化技术可取消接口或参考点，系统可依据规模仅使用 G_m 接口。PPISS 访问接口和参考点如图 2 所示。

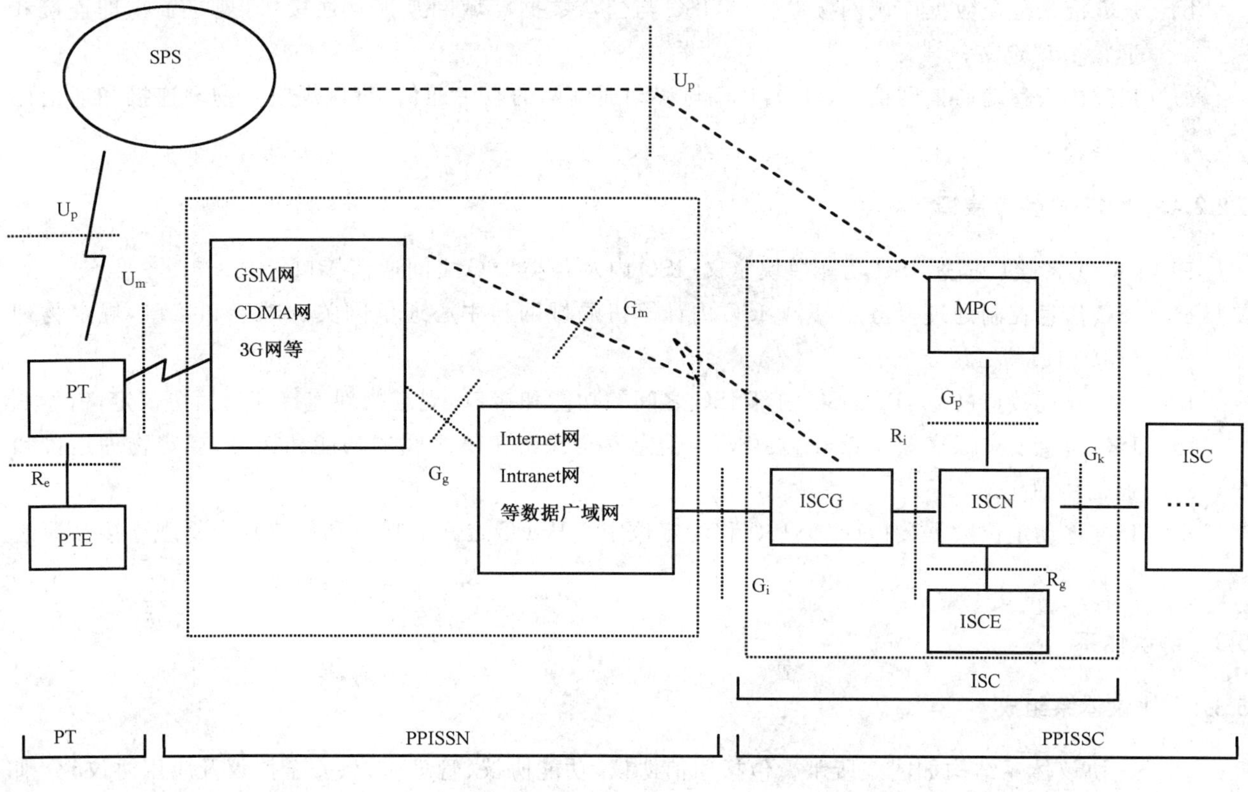

图 2 **PPISS 访问接口和参考点**

5.2.2 接口定义

5.2.2.1 SPS参考接口(U_p)

SPS参考接口描述SPS与PT、ISC通信接口定义：

a) PT卫星信号接口(U_p):PT与SPS的空中接口,由PT的卫星定位接收机实现无线信号接收和格式信息解析；

b) ISC卫星信号接口(U_p):ISC与SPS的空中接口,由ISC的卫星定位接收机实现无线信号接收和格式信息解析。

5.2.2.2 PT参考接口(R_e、U_m)

PT参考接口描述PT功能模块定义和通信接口定义：

a) 信息安全参考点(R_e):PT内主控处理机与信息安全保密实体之间的接口,规定物理连接和通信协议定义；

b) 个人位置终端通信空中接口(U_m):PT与移动通信网络的空中接口,实现无线连接和通信协议。

5.2.2.3 PPISSN参考接口

PPISSN参考接口描述各类移动通信网、公众数据广域网、ISC间的通信接口定义：

a) 移动通信网与公众数据广域网接口(G_g):移动通信网与公众数据广域网互连互通接口,规定了物理连接和通信协议定义；

b) ISC接入公众数据广域网接口(G_i):ISC与公众数据广域网互连互通接口,规定了物理连接和通信协议定义；

c) ISC接入移动通信网接口(G_m):ISC与移动通信网的空中通信接口,规定了物理连接和通信协议定义。

5.2.2.4 PPISSC参考接口

PPISSC参考接口描述ISC功能模块定义、ISC内及各类ISC之间通信接口定义：

a) ISC信息控制处理参考点(R_i):ISC内计算机局域网与中心通信网关的功能和接口,规定物理连接和通信协议定义；

b) ISC互连接口(G_k):PPISSC内部ISC之间的功能和接口,规定物理连接和通信协议定义；

c) ISC信息安全保密参考点(R_g):ISC与信息安全保密实体之间的功能和接口,规定物理连接和通信协议定义；

d) ISC移动定位数据接口(G_p):ISC移动定位中心从PC之间的功能和接口规定物理连接和通信协议定义。

5.3 协议体系

5.3.1 协议体系组成

PPISS协议体系结构如图3所示。包括通信协议、功能协议、管理协议、安全协议及应用协议,分别是PT与PPISSC间处理实体执行的规则,反映PT、PPISSC通过PPISSN实现分层、开放及对等的处理结构。其中安全协议在系统提供信息安全保密实体时存在。

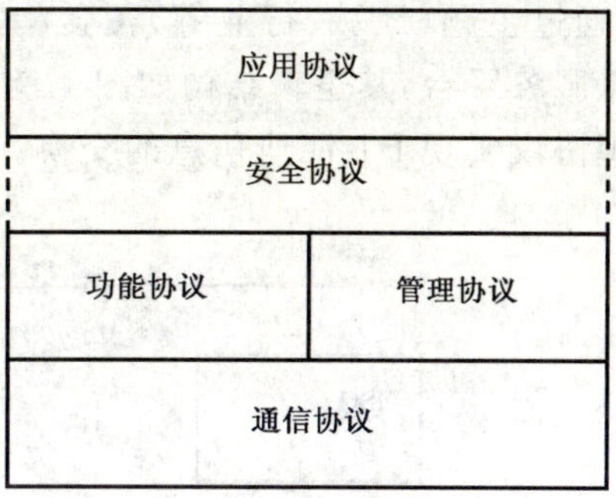

图 3 PPISS 协议体系结构

5.3.2 协议定义

5.3.2.1 应用协议

应用协议分别由 PT、PPISSC 依据设备的功能要求、技术体制、本地接口或应用规程确定并实现，如提供 PPISSC 内各 ISC 间的互连互通、不同服务区域的 PT 漫游管理、开放系统信息给其他信息系统等。应用协议用于承载 PPISSC 内各 ISC 间、PPISSC 与其他系统间的数据交换，分别按对等实体实现信息格式的组装和解析，并按确定的规程进行处理。

5.3.2.2 安全协议

安全协议由 PTE 和 ISCE 确定并实现，完成 PT、PPISSC 间 PTE 与 ISCE 的端-端通信，保证系统各类安全保密机制实现所需信息交换和处理。安全协议用于承载 PTE 和 ISCE 之间的数据交换，分别由 PTE 和 ISCE 对等实现信息格式的组装和解析，并按确定的安全规程进行处理。安全协议定义见 GB/T 29841.3—2013。

5.3.2.3 功能协议

功能协议由 PT、PPISSC 确定并实现，完成 PT、PPISSC 之间的端-端通信，保证系统各类功能实现所需信息交换和处理。功能协议用于承载 PT 和 ISC 之间交换的数据，分别由 PT 和 ISC 对等实现信息格式的组装和解析，并按确定的规程进行处理。功能协议定义见 GB/T 29841.2—2013。

5.3.2.4 管理协议

管理协议由 PT、PPISSC 确定并实现，完成系统的网络管理功能(如配置、性能、故障、计费等)。管理协议是一种数据交换协议，用于 PT 和 ISC 与 PPISSN 之间的通信协议和功能协议接口参数、性能的协商、配置及统计。管理协议可以通过本地人机接口实现，也可以通过网络通信实现。通常各 ISC 互连的管理协议由公共数据广域网承载。管理协议定义见 GB/T 29841.2—2013。

5.3.2.5 通信协议

通信协议由 PPISSN 采用的技术体制和提供的通信业务确定，用于承载功能协议、管理协议的数据，实现点-点、点-多点通信，完成 PT、PPISSC 间互连互通，依据 PPISSN 的接口要求实现 PT 和 ISC 的接入。通信协议体系见附录 A。

5.4 系统逻辑结构

5.4.1 服务中心结构

通过 PPISSN 的网络拓扑，依据服务运营模式、移动通信体制、个人位置终端接入、用户注册管理、行业应用分类等要求，PPISSC可以通过主题（地域、行业等）覆盖构成一个广域性的网络，为各类移动PT及其他应用系统提供统一的信息服务平台，其逻辑结构如图4所示。PT可在各ISC注册并获取服务，各ISC通过系统应用协议和管理协议实现PT注册信息的交换。

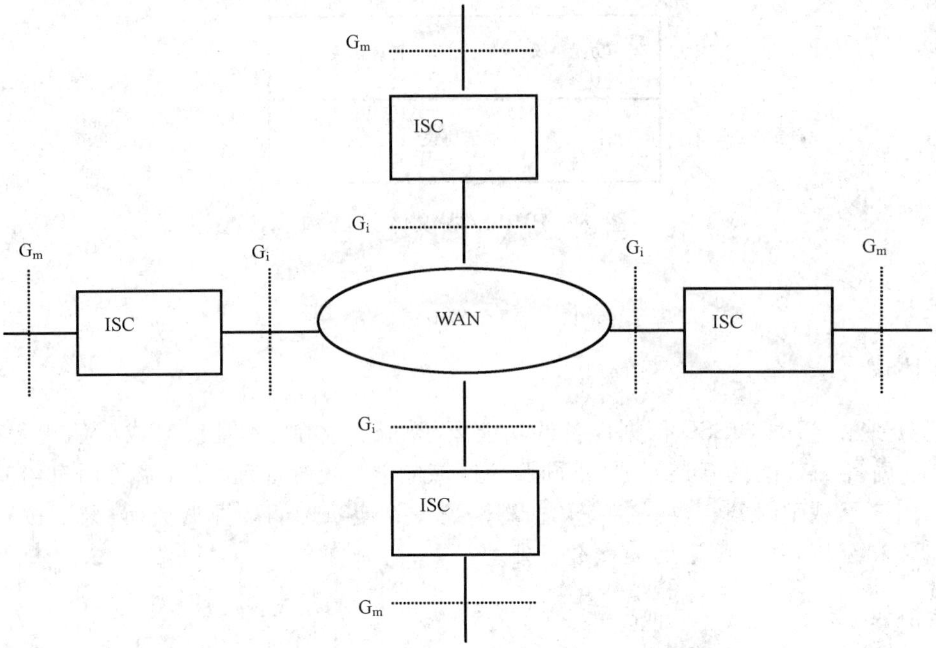

图4 PPISSC信息服务逻辑结构图

5.4.2 ISC分级

ISC可以是系统总服务中心，也可以是系统的一个分服务中心，或是一个用户服务中心，如图5所示。PT可以接入用户服务中心或分服务中心或总服务中心。分服务中心和用户服务中心的设置与PPISSN和个人位置信息服务管理有关。

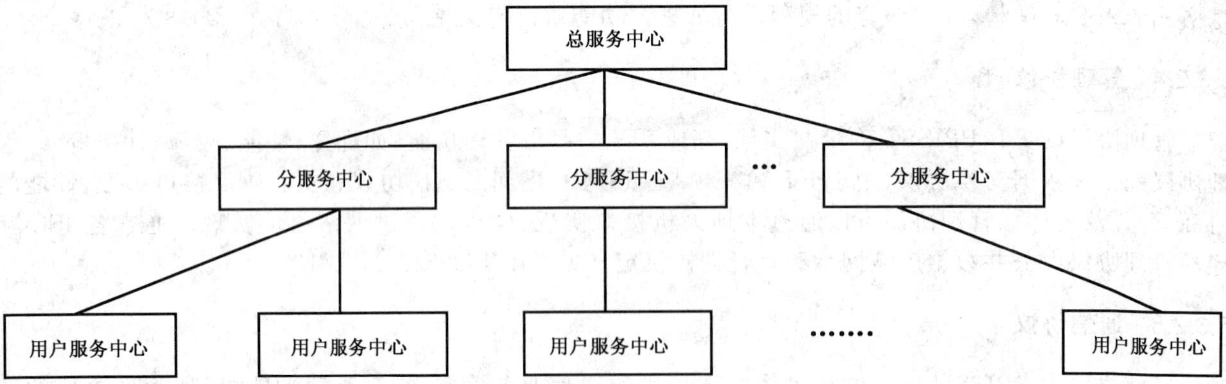

图5 ISC分级逻辑结构图

5.4.3 系统分层

系统分层结构如图6所示。系统与通信网络体制无关，信息交换协议应统一，信息中心可接入任意终端实体。

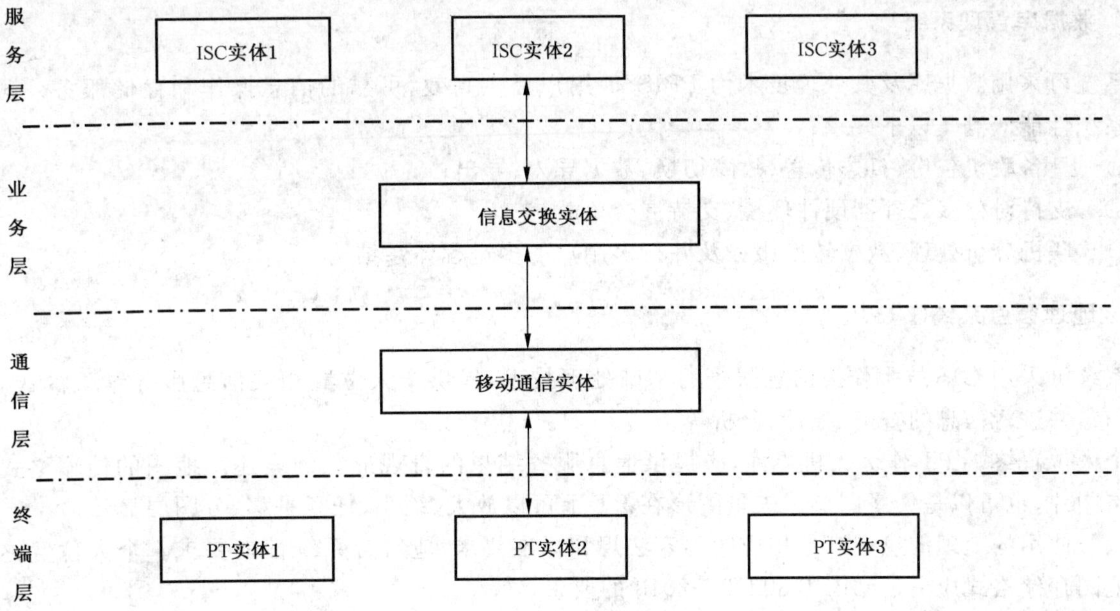

图 6　系统分层结构

5.5　技术体制

5.5.1　基本原则

系统除应采用卫星定位系统、移动通信网络、计算机及通信系统及嵌入式设计等技术外，可采用数据库管理系统、地理信息系统、互联网与 WEB 服务及信息安全处理技术。系统应充分考虑个人信息电子设备的工作环境和可靠性设计要求。系统应充分保证系统内各类型设备操作系统和应用软件的安全性和扩展性。系统汉字信息处理字符集应符合 GB/T 18030 的要求。

5.5.2　卫星定位系统

通过集成在个人位置终端中的卫星定位模块(如 GPS、GLONASS、伽俐略、北斗等)，可以获得信息服务所必需的基本位置信息和时间信息。卫星定位系统应满足：

a)　覆盖范围应大于个人位置信息服务系统确定的有效服务区域；

b)　提供的标准定位信号经 PT 或 ISC 解算后，应满足系统的定位精度要求。

注：对于未采用卫星定位系统的终端，可通过其他定位方式(如基于网络的定位)获得位置信息和时间信息。

5.5.3　移动通信网络

PPISS 可采用各种移动通信网(数字/模拟集群、数据蜂窝、GSM、CDMA、3G、卫星移动通信系统等)作为 PPISSN 的系统通信传输平台。移动通信网络应满足：

a)　技术体制应符合国家相关法规和标准等要求；

b)　覆盖范围应大于个人位置信息服务系统确定的有效服务区域；

c)　应满足数据传输的透明性、完整性和实时性。

5.5.4　计算机及通信网络

系统应采用广域网、局域网及互联网等计算机通信技术，构建合理的服务、浏览及信息处理等计算机体系结构,并遵循相应国家法规和标准。

5.5.5 数据库管理系统

系统可采用数据库及其处理技术为PPISSC用户提供高效、可靠的信息操作和存储服务。数据库管理系统性能应满足以下要求:

a) 具备联机备份、日志传送、故障切换、数据导入、导出;

b) 支持对称多处理器硬件环境、支持混合负载;

c) 联机分析处理、数据转换服务及并行多用户的多进程体系结构。

5.5.6 地理信息系统(GIS)

系统可采用GIS技术作为信息服务的基础处理技术,提供个人位置相关信息服务结果的表述、显示、发布,并进行信息的查询、统计、分析等。

个人位置终端PT作为人机界面,应提供信息服务结果的直观形象的表述。地图的传输格式可以是栅格图片,也可以是矢量图形。矢量图形在PT上可以放大、缩小、任意平移、分图层显示。

系统使用的地理信息应满足相应的国家法规和标准要求,应符合系统性能要求。个人位置终端的电子地图存储格式应满足GB/T 30292—2013的要求。

5.5.7 信息安全

系统可采用信息安全技术。通过安全规则和密码算法实现用户鉴权、设备认证及报文加密。系统信息安全处理应满足GB/T 29841.3—2013的要求。

5.5.8 嵌入式设计

PT的微处理器及控制单元、无线数据传输模块、卫星定位模块、数据存储、人机接口和软件模块等可采用一体化和模块化的设计技术。PT的设计应满足GB/T 29841.4—2013的要求。

6 信息类型

6.1 下行数据

6.1.1 概述

下行数据是由ISC下发到PT的信息数据,ISC根据PT请求选用或组合以下数据类型。

6.1.2 地址描述

用门牌号、交叉路口、标志性建筑等及其相对距离、方向来表述的目标位置信息,可以包括电话号码、邮政编码等有助于位置表述的属性信息。

6.1.3 路线文字描述

用文字描述的行程路线。

示例:在××交叉路口往右(北)拐,然后直行300 m。

6.1.4 名录信息

包括单位名称、地址、电话等信息。

6.1.5 关注点(POI)

包括名称、地址、电话、关注类型图层编码等信息。关注点应有坐标信息,可通过地理信息查询方式进行查询。

6.1.6 地图数据

地图数据包括以下内容:

a) 标量数据:即栅格数据,可采用 BMP、PNG、JPG、GIF 等格式;
b) 矢量数据:点、线、面和注记的集合;
c) 导航路线数据:路径拓扑数据的集合。

6.1.7 提示数据

以文字信息下发的 ISC 功能响应数据。

6.2 上行数据

6.2.1 概述

上行数据是由 PT 上传到 ISC 的信息数据,选用或组合以下数据类型。

6.2.2 地图名称

要使用的地图名称,地图分区后,每一个地图分区均有自己的名称,上行请求应明确指定要操作的地图名称。

6.2.3 点坐标

发送一个位置点坐标到中心作为查询条件之一,包括经纬度。

6.2.4 关注点(POI)

包括坐标、名称及其他属性(如电话号码)的信息,用于用户位置数据的添加标注等。

6.2.5 比例尺

在需要显示地图的请求中,应给出地图的标准比例尺数据。

示例:发送比例尺 10 000 表示 1:10 000。

6.2.6 旋转角度

在需要显示地图的请求中,应给出地图的旋转角度,旋转角度为北向顺时针旋转的角度,以度为计量单位,最大值为 360°。

6.2.7 终端类型

终端类型用于上行请求时,应包括文字终端或图形终端的类型参数。

6.2.8 终端参数

每一个上行请求应给出终端的参数。终端参数如下:

a) 屏幕点阵——用整数表示的终端显示区域大小,以像素为单位;

b) DPI——用以表示像素尺寸的大小，屏幕每英寸像素个数；

c) 支持的标量数据格式——BMP、PNG、JPG、GIF 等；

d) 文本显示——每一屏能显示的文本数量，以字符为单位；

e) 最大文本显示——每一次能显示的最大文本量。

对于非图形终端，只使用 d)和 e)。

6.2.9 关注块

请求可以以某个关注块作为查询条件发送到中心，关注块以地图多边形元素格式表示。

6.2.10 距离

以米为单位表示的距离参数，作为查询条件。

6.2.11 功能代码

每一个请求应包括功能代码，用来表示当前请求的功能，功能代码见 GB/T 29841.2—2013 中规定。

6.2.12 查询内容

使用一个或多个关键字作为参数来表示查询的条件。

6.2.13 分类信息代码

作为参数来表示请求数据所属的类别，分类信息代码应符合 GB/T 30292—2013 中表 193 规定。

6.2.14 路线规划参数

包括路线起点地名、终点地名、起点的坐标、终点的坐标、查询类别和交通工具类型。

6.2.15 历史数据

包括历史轨迹起止时间等参数。

6.2.16 管理信息

向 ISC 请求数据时用于鉴权、计费等用户管理的参数。如用户名和用户密码。

6.2.17 共享信息

需要与第三方共享的信息，包括用于识别第三方的识别码、发送电子邮件时的邮件地址、用户标志点的名称。

6.2.18 标注数据

用户请求自行设置关注点时所包含的信息，如关注点的位置、地址和其他描述信息。

7 功能描述

7.1 概述

系统应提供基本功能，扩展功能可选。系统通过功能组合，为个人用户和管理者提供不同类型的服务，部分服务类型参见附录 B。

7.2 基本功能

7.2.1 地址查询

把一个地址映射成一个地理位置，可采用地理编码方式实现。

7.2.2 位置查询

把一个地理位置映射成一组地址描述，可采用逆地理编码方式实现。

7.2.3 地图下载

由 PT 发送定位点坐标、比例尺、终端属性等参数到 ISC，ISC 根据定位点坐标发送地图数据（矢量/标量图片）到 PT。PT 在屏幕上显示地图数据。

7.2.3.1 地图（数据）划分

为便于管理，各种地图数据以一定的区域分割存储，如按省市存储或按城市存储。

7.2.3.2 矢量地图浏览

矢量地图浏览应提供放大、缩小、平移、旋转等功能，也应提供明确的北向指示。ISC 电子地图应根据 PT 显示需要选择或调整地图数据的数据量，以降低对终端性能的要求：

a) 放大，PT 向 ISC 请求的地图数据比例尺变大，地图显示范围变小；
b) 缩小，PT 向 ISC 请求的地图数据比例尺变小，地图显示范围变大；
c) 平移，用户可向四周移动地图，显示附近区域的电子地图；
d) 旋转，旋转以 PT 显示的地图中心为原点进行，旋转角度可选，应至少包括 0°、45°、90°、135°、180°、225°、270°、315°等角度。

7.2.3.3 栅格地图浏览

以标量数据方式存储、显示栅格地图。

7.2.4 周边信息查询

由 PT 发送点坐标、距离和信息查询分类编码到 ISC，ISC 根据坐标、距离和信息查询分类编码发送地图数据（矢量/标量图片）和查找到的该点坐标周边信息，如加油站、餐馆等到 PT，PT 在屏幕上显示地图数据同时在地图数据上标注该点坐标的位置以及查找到的该点坐标周边的关注点或关注块信息及其位置。

7.2.5 区域信息查询

由 PT 发送关注块和信息查询分类编码到 ISC，ISC 根据关注块区域和信息查询分类编码发送地图数据（矢量/标量图片）和查找到的该关注块区域内信息，如加油站、餐馆等到 PT，PT 在屏幕上显示地图数据，同时在地图数据上标注该关注块的位置，以及查找到的该区域的关注点或关注块信息及其位置。

7.2.6 地名或其他信息查询

由 PT 发送地名或其他信息到 ISC，ISC 根据地名信息在系统数据库中进行模糊匹配，查找该信息的相关信息（包括位置信息），根据查找到的位置信息发送地图数据（矢量/标量）和相关信息到 PT，PT

在屏幕上显示地图数据，同时在地图数据上标注该信息和相关信息的位置。

信息查找可按分类信息进行查找。

示例：餐饮——→中餐——→川菜——→城东——→得到需要的信息。

7.3 系统管理功能

7.3.1 用户注册

用户使用服务之前需要申请并注册用户信息，注册后获得该服务中心识别码和用户识别码。

7.3.2 用户登录

系统能够唯一识别当前使用服务的用户，并能通过密码验证等方法对用户进行识别，并记录用户使用服务的时间和次数等。

7.3.3 位置查询权限设置

PT 应提供“被第三方查询位置”的设置功能。PT 通过用户自身鉴权后可设定为被查询状态。

“被第三方查询”的设置功能至少能够实现按每周或每天设置可查询和不可查询时间段。

7.3.4 计费

系统应提供两种计费模式：按时间或按次计费。

按时间：按照用户使用服务的时间计算服务费用，可以按天、月、季度、年等单位计费。

按次计费：按照用户使用服务的次数计算服务费用。

7.3.5 漫游

用户可在不同 ISC 之间获得服务，或者同时使用几个 ISC 的服务。

7.4 扩展功能

7.4.1 路线规划

用户设定好“起始地”和“目的地”，ISC 就可以生成两地之间的地图，并发送到个人位置终端 PT 上显示。

用户设定的条件如下：

a) 最短路线；
b) 最快路线；
c) 固定交通路线；
d) 最舒适路线；
e) 最经济路线。

发送的结果可以用导航路线地图方式表示，也可用路线描述方式。

7.4.2 报警、求助

用户遇见某些突发事件时，可通过 PT 的软件按键或紧急按钮向 ISC 发出报警、求助请求，ISC 收到求助请求后返回接受请求的应答，PT 应通过文字或声音提示的手段提醒用户紧急求助已被接受。

求助类型可分为医疗、交通事故等不同的紧急求助类型。

7.4.3 轨迹存储与查询

ISC 可将用户发送到 ISC 的位置信息作为历史轨迹信息存储在 ISC 数据库中。用户根据需求，可向 ISC 发送历史轨迹信息查询请求,ISC 将根据历史轨迹信息生成轨迹路线地图,并发送到 PT 上显示。

7.4.4 中心定位

在某些情况下,PT 不能得到坐标数据,可请求 ISC 进行定位并获得坐标后进行相应服务,ISC 既可以对发起请求的 PT 进行定位,也可以对第三方的 PT 进行定位。

7.4.5 关注点信息添加

用户在 PT 显示的电子地图中找到自己关注的位置,可向 ISC 发送该位置及其相关属性信息,ISC 可将该地点位置信息和属性信息保存在用户图层中,供用户今后使用。

7.4.6 地图邮件

用户输入接收方的电子邮件地址或手机号,ISC 可将用户指定位置为中心的电子地图生成邮件发送到接收方的邮箱中,或生成多媒体信息发送到接收方的手机上。

7.4.7 发送自身位置给第三方

用户通过 PT 获取定位信息,并将获得的位置信息发送到 ISC,ISC 再将用户请求发送到第三方,提示第三方是否同意接收该信息;第三方用户同意,ISC 再将用户的位置和其附近的电子地图发送到第三方 PT 上显示。

7.4.8 测算

计算多点之间的折线距离。

7.4.9 安全管理功能

系统在具有安全保密实体时,可对设备或用户认证、访问控制、信息加密等安全机制启动和关闭。

附 录 A
（资料性附录）
个人位置信息服务系统通信协议体系

系统基于公众移动、卫星通信、数字/模拟集群等移动通信网络的通信协议参考结构，如图 A.1 所示。其中 TCP/IP 和 UDP 是网络通信协议，SMS 是短消息通信协议，TRN 是无线透明传输网络协议，由移动通信网络定义。

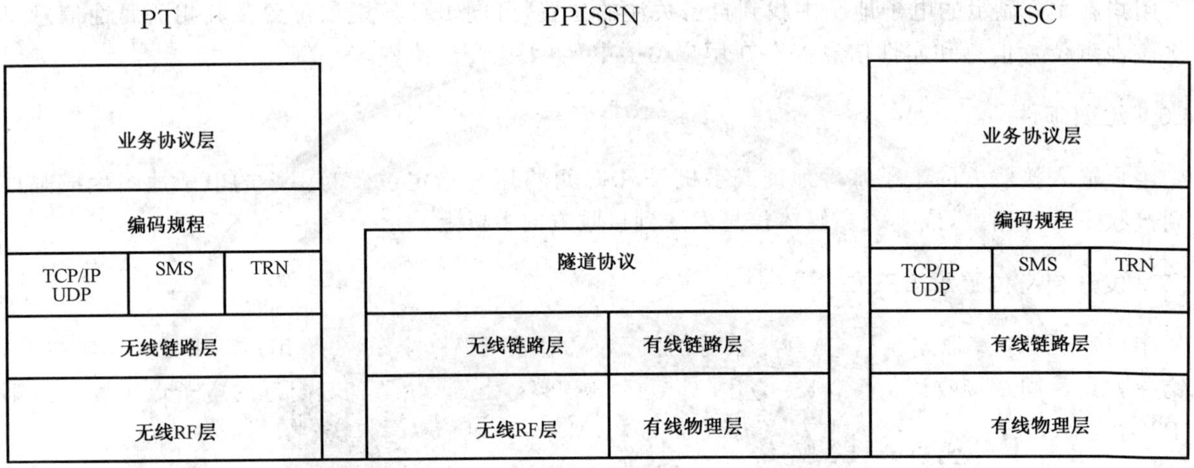

图 A.1 通信协议体系

附 录 B
（资料性附录）
个人位置信息服务示例

B.1 个人定位服务

为个人用户提供自身当前位置查询服务，在PT上显示用户的位置信息和附近地理信息等。

B.2 地理信息查询服务

系统为个人用户提供各种地理信息查询服务，如地名查找、单位查找、位置查找等。

B.3 个人导航服务

系统可提供个人导航服务，能够实时显示当前区域的电子地图，包括关键地点的标注，如车站、加油站、旅馆、公安局、医院、交警、消防等。根据用户当前所处位置和目的地，系统可提供最近或最快、固定交通线路、最经济、最舒适等行程路线以供用户选择。

B.4 个人搜救

在用户紧急情况下，个人位置信息服务中心端可以获取用户位置，提供救援服务。

B.5 人员远程监控服务

ISC可以随时确定人员当前所处的具体位置或连续查看人员的行驶轨迹，提供位置信息的具体数值，包括经纬度等，并提供对轨迹的距离测量。数据刷新方式可以选择，包括定时刷新、定距刷新、定时/定距相结合等。对人员的监控需要相应的权限。监控的历史轨迹可以在个人位置信息服务系统存储、回放和打印。

B.6 个人安全报警服务

PT可以采集并向ISC发送用户报警信息。ISC在接收到报警信息后，能自动实现对用户的位置锁定。主动报警等报警信息可以自动转发到相应职能部门。

B.7 人员调度服务

人员调度服务能根据人员业务的不同类型提供相应的调度方案，包括单位人员管理、业务人员管理、运营人员调度等。对于出租车司机等营运车辆和人员应提供智能电召算法。调度信息可以通过话音或图文在信息终端发布。当终端接收到以文字信息形式发布的调度信息时，应给出明显的声光提示。

B.8 个人求助信息服务

通过 PT 能实现医疗、交通事故、故障、纠纷等求助请求的发布。信息中心能识别不同的求助请求，并自动通知相应的救援机构。

B.9 第三方定位业务

B.9.1 网络侧定位

若用户已获授权可以对某个或某些第三方 PT 进行位置查询，则该用户可以直接从 ISC 获得这些第三方 PT 的位置以及该位置对应的地图数据。

B.9.2 用户侧定位

用户使用 PT 通过 ISC 向第三方 PT 提交位置查询请求，得到第三方 PT 许可后，用户 PT 将通过 ISC 获得第三方 PT 的位置，并可以从 ISC 得到该位置对应的地图数据。

ICS 33.200
M 50

GB

中华人民共和国国家标准

GB/T 29841.2—2013

卫星定位个人位置信息服务系统
第2部分:终端与服务中心信息交换协议

**Satellite positioning personal position information service system(PPISS)—
Part 2: Information protocol for terminal and service center**

2013-11-12 发布 2014-05-01 实施

中华人民共和国国家质量监督检验检疫总局
中国国家标准化管理委员会 发布

前　言

GB/T 29841《卫星定位个人位置信息服务系统》目前包括4个部分：

——第1部分：功能描述；

——第2部分：终端与服务中心信息交换协议；

——第3部分：信息安全规范；

——第4部分：终端通用规范。

本部分为GB/T 29841的第2部分。

本部分按照GB/T 1.1—2009给出的规则起草。

请注意本文件的某些内容可能涉及专利。本文件的发布机构不承担识别这些专利的责任。

本部分由中华人民共和国工业和信息化部提出。

本部分由中国电子技术标准化研究院归口。

本部分起草单位：成都四威电子股份有限公司、中国电子科技集团第二十九研究所、中国电子技术标准化研究院、首都信息发展股份有限公司。

本部分主要起草人：高建荣、邬亮、张以成、陈倩、张彦明。

卫星定位个人位置信息服务系统 第2部分:终端与服务中心信息交换协议

1 范围

GB/T 29841的本部分规定了卫星定位个人位置信息服务系统(以下简称系统)终端与服务中心之间信息交换规程及帧格式。

本部分适用于通过卫星定位以及卫星与其他方式混合定位技术获得定位信息、采用公众或专用移动通信网、具有信息服务中心的系统,可作为系统设计及测试依据。通过其他定位技术、具有位置服务中心的位置服务系统亦可参照执行。

2 规范性引用文件

下列文件对于本文件的应用是必不可少的。凡是注日期的引用文件,仅注日期的版本适用于本文件。凡是不注日期的引用文件,其最新版本(包括所有的修改单)适用于本文件。

GB 20263 导航电子地图安全处理技术基本要求

GB/T 29841.1—2013 卫星定位个人位置信息服务系统 第1部分:功能描述

GB/T 29841.3—2013 卫星定位个人位置信息服务系统 第3部分:信息安全规范

GB/T 29841.4—2013 卫星定位个人位置信息服务系统 第4部分:终端通用规范

GB/T 30292—2013 个人位置导航电子地图物理存储格式

3 术语和定义

下列术语和定义适用于本文件。

3.1

地图数据 map data

基于矢量格式的地理信息数据。

3.2

地图图片 map picture

以栅格图片展示地理信息形成的数据。

4 体系结构

体系结构同GB/T 29841.1—2013中第5章。

本部分规定的协议针对体系结构中参考点Ri。

5 协议描述

5.1 总则

5.1.1 数据类型说明

数据类型说明如下:

a) 字符串:除非特别说明,协议中类型为字符串的数据均为采用 UNICODE 编码的可见字符;

b) 无符号长整型:4 字节,高字节在前,取值范围 0～4294967296;

c) 长整型:4 字节,高字节在前,取值范围－2147483648～2147483647。

5.1.2 约束条件

约束条件是一个描述符,说明参数的选用状态。该描述符可以有以下的值:M(必选)或 O(可选)。

5.1.3 数据表示

数据表示如下:

a) 经度值(longitude)

长整型,以度为单位的经度数值乘以 100 000 后取整数所得的数值,正数表示东经,负数表示西经,经度转换按 GB 20263 处理。

b) 纬度值(latitude)

长整型,以度为单位的纬度数值乘以 100 000 后取整数所得的数值,正数表示北纬,负数表示南纬,纬度转换前按 GB 20263 处理。

c) 日期时间(datetime)

查询参数中可包括日期时间,其表示方法按年月日时分秒顺序,年用四位数表示,其余用两位数表示,时间采用 24 小时制。

示例:20051001120000,表示 2005 年 10 月 1 日 12:00:00。

5.1.4 其他说明

其他说明如下:

a) 上行协议中,数据均为字符串类型;

b) 上行协议中,参数值类型为无符号长整型或长整型的数据以数字字符"0" ～"9"及"-"构成的字符串表示。

5.2 协议结构

协议包括上行协议和下行协议。

5.2.1 上行协议

上行协议规定 PT 发往 ISC 的服务请求数据格式,采用字符串形式。上行数据结构基本格式见图 1。

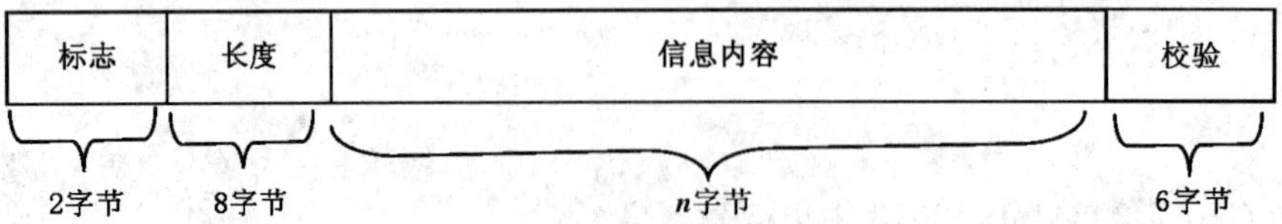

图 1 上行数据结构基本格式

图 1 中:

a) 标志

表示数据的开始,以空格符(0x0020)作为标志符。

b) 长度

信息内容部分的字节个数,转换成字符串形式,取值范围是 0～9 999。

c) 信息内容

格式如下：

参数名 1=参数值 1& 参数名 2=参数值 2&……& 参数名 n=参数值 n

信息内容由一个或多个参数组成，多个参数之间用“&”符号分隔。参数由参数名与参数值构成，采用参数名=参数值表示，其中“&”编码为(0x0026)，“=”编码为(0x003d)。

参数名中不能包含字符“=”和“&”。若参数值中包含有“&”字符，则以“&&”代替，包含有“=”字符，则以“==”代替。

d) 校验

为信息内容按字节的累加和，转换为字符串形式，校验取值范围是 0～255。

示例：校验的值为 132，则转换为“132”。

校验算法为：

设待校验运算的数据为 Data[i]，0≤i<n，n 为信息内容的字节长度，校验结果为 ChkSum，则算法如下：

```
ChkSum = 0;
for (i= 0; i<n; i++ )
{
ChkSum = ChkSum + Data[i];
if ( ChkSum >= 256 ) ChkSum = (ChkSum - 256)+1 ;
}
```

5.2.2 下行协议

下行协议规定 ISC 发往 PT 的服务应答信息格式。下行数据结构基本格式见图 2。

图 2 下行数据结构基本格式

图 2 中：

a) 标志

表示数据的开始，以 0x0020 作为标志符。

b) 长度

信息内容部分的字节个数，为无符号长整型。

c) 信息内容

信息内容由信息头和用户数据组成，定义见 5.3。

d) 校验

为信息内容按字节的累加和，算法同 5.2.1 d)。

5.3 上行协议参数

5.3.1 参数分类

上行协议的信息内容由信息头参数和用户数据参数构成，信息头参数位于用户数据参数之前。

5.3.2 信息头参数

信息头参数用于获得终端服务请求方的身份信息及信息安全控制。

各参数名及定义见表1。

表1 信息头参数

参数名	参数值数据类型	约束	说明
SN	字符串	M	终端设备序列号
KEYE	字符串	O	控制码
DI	字符串	O	目的地址
SI	字符串	O	源地址
VER	字符串	O	版本号
SECTRL	字符串	O	信息安全机制控制码

表1中：

a) 终端设备序列号

用来识别终端设备，由终端厂家定义。

b) 控制码

协议内容、编码的指示：

1) KEYE＝0表示本条信息不包含目的地址和源地址；
2) KEYE＝1表示本条信息含目的地址和源地址；
3) KEYE＝2表示PT为纯文本终端，终端仅提供文本服务；
4) KEYE＝3表示本条信息仅提供文本服务，同时也包含目的地址和源地址；
5) 其他待扩充。

c) 目的地址

信息接收方地址，与通信承载协议类型相关，由系统定义。

d) 源地址

信息发送方地址，与通信承载协议类型相关，由系统定义。

e) 版本号

终端软件和协议的版本号。

f) 信息安全机制控制码

信息头中控制码用于信息安全及地址控制：

1) SECTRL＝1表示本条信息的用户数据为非加密信息；
2) SECTRL＝2表示用户数据为加密信息，对PT发往ISC的用户数据加密处理，加解密的处理应满足GB/T 29841.3—2013的规定；
3) SECTRL＝4表示本条信息的用户数据为安全管理信息。安全管理规程应满足GB/T 29841.3—2013的规定；
4) 其他待扩充。

5.3.3 用户数据参数

用户数据参数包括功能参数、终端参数、地图显示参数、查询条件参数、管理参数和其他参数。用户数据参数的使用规则为：

功能参数＝功能参数值[& 终端参数＝终端参数值][& 地图显示参数＝地图显示参数值][& 查询条件参数＝查询条件参数值][& 管理参数＝管理参数值][& 其他参数＝其他参数值]

其中功能参数必选，其余参数根据功能参数进行组合。

5.3.3.1 功能参数

功能参数用来表示请求的服务功能，服务功能见 GB/T 29841.1—2013。

功能参数名为 FUNC，参数值的数据类型为长整型，值域为 0～255，参数值定义见表 2。

表 2 功能参数

序号	功能描述	功能参数值	说明
1	地址查询	10	基本功能
2	位置查询	11	基本功能
3	地图下载	12	基本功能
4	周边信息查询	13	基本功能
5	区域信息查询	14	基本功能
6	地名或其他信息查找	15	基本功能
7	用户注册	30	管理功能
8	位置查询权限设置	31	管理功能
9	计费查询	32	管理功能
10	漫游	33	管理功能
11	路线规划	50	扩展功能
12	报警、求助	51	扩展功能
13	轨迹存储与查询	52	扩展功能
14	中心定位	53	扩展功能
15	用户信息添加	54	扩展功能
16	地图邮件	55	扩展功能
17	发送自己位置给第三方	56	扩展功能

5.3.3.2 终端参数

ISC 根据终端参数有针对性地提供适合 PT 显示方式的显示内容，各参数说明见表 3。

表 3 终端参数

序号	参数名称	类型	值域	说明
1	INFOTYPE	长整型	1～7	终端请求信息类型[a]
2	WIDTH	长整型	1～9999	终端屏幕的宽度(像素值)
3	HEIGHT	长整型	1～—9999	终端屏幕的高度(像素值)
4	DPI	长整型	1～9999	终端屏幕每英寸像素个数

表 3（续）

序号	参数名称	类型	值域	说明
5	IMGTYPE	字符串		终端支持的图片格式，如 jpg、png、bmp，多种格式支持以半角分号(0x003B)分隔
6	TXTPERSCREEN	长整型	1～9999	每一屏能显示的文本字符数量
7	MAXTXT	长整型	1～9999	每次能显示的最大文本字符数量

[a] 参数值“1”表示文本信息；“2”表示地图图片；“4”表示地图数据。三种类型可组合使用，将参数数值相加，如“3”表示既需要文本信息也需要地图图片信息。

5.3.3.3 地图显示参数

地图显示参数如表 4 所示。

表 4 地图显示参数

序号	参数名称	类型	值域	说明
1	MAPNAME	字符串		当前请求的地图名称
2	SCALE	长整型	1～99999999	请求地图的比例尺
3	ROTATE	长整型	0～360	以度为单位的地图旋转角度

5.3.3.4 查询条件参数

查询条件参数如表 5 所示。

表 5 查询条件参数

序号	参数名称	类型	值域	说明
1	NEARDISTANCE	长整型	1～9999	查找最近目标时，提供的最近距离，以米为单位
2	FARDISTANCE	长整型	1～9999999	查找最近目标时，提供的最远距离，以米为单位
3	IPOLYGON			关注块，进行区域查找时定义的封闭区域块，是由一系列的经纬度值的集合[a]
4	X	长整型	－18000000～18000000	请求地图中中心点的经度值
5	Y	长整型	－9000000～9000000	请求地图中中心点的纬度值
6	CONTENT	字符串		查询条件，如地名
7	FROMNAME	字符串		路线规划起点地名
8	TONAME	字符串		路线规划终点地名

表 5（续）

序号	参数名称	类型	值域	说明
9	FROMX	长整型	－18000000～18000000	路线规划起点的经度值
10	FROMY	长整型	－9000000～9000000	路线规划起点的纬度值
11	TOX	长整型	－18000000～18000000	路线规划终点的经度值
12	TOY	长整型	－9000000～9000000	路线规划终点的纬度值
13	STARTTIME	日期时间		查询轨迹和费用的起始日期时间
14	ENDTIME	日期时间		查询轨迹和费用的终止日期时间
15	POICLASS	长整型	0～4	信息查询分类[b]
16	ROUTETYPE	长整型	0～4	路线规划条件[c]
17	TRANSTYPE	长整型	0～4	交通工具类型[d]

[a] 格式为:经纬度值个数,经度值 0,纬度值 0;经度值 1,纬度值 1;… 经度值 n,纬度值 n,其中:经纬度值个数为长整型,值域为 1～9999、经度值和纬度值类型及值域同表中 X,Y。

[b] 分类信息代码遵从 GB/T 30292—2013 中表 193 的规定。

[c] 0 表示最短路径;1 表示最快路径;2 表示固定交通路线;3 表示最舒适路线;4 表示最经济路线。

[d] 0 表示步行;1 表示公交路线;2 表示城市轨道交通;3 表示汽车;4 表示船舶。

5.3.3.5 管理参数

管理参数如表 6 所示。

表 6 管理参数

序号	参数名称	类型	值域	说明
1	USERNAME	字符串		用户名
2	PASSWORD	字符串		用户密码
3	SETSTR	字符串		进行管理时需要的参数,针对不同的功能代码,其内容字符类型,相应变化
4	ISC	字符串		用户注册并缴费的 ISC 识别码

5.3.3.6 其他参数

其他参数如表 7 所示。

表 7 其他参数

序号	参数名称	类型	值域	说明
1	DESTID	字符串		终端识别码
2	EMAIL	字符串		发送电子邮件时的邮件地址
3	NAME	字符串		用户标注点的名称
4	ADDRESS	字符串		用户标注点的地址
5	NOTE	字符串		用户标注点的描述
6	PHONENUM	字符串		用户标注点的电话

5.4 下行协议

5.4.1 下行数据结构

下行协议中信息内容部分定义如图 3 所示。

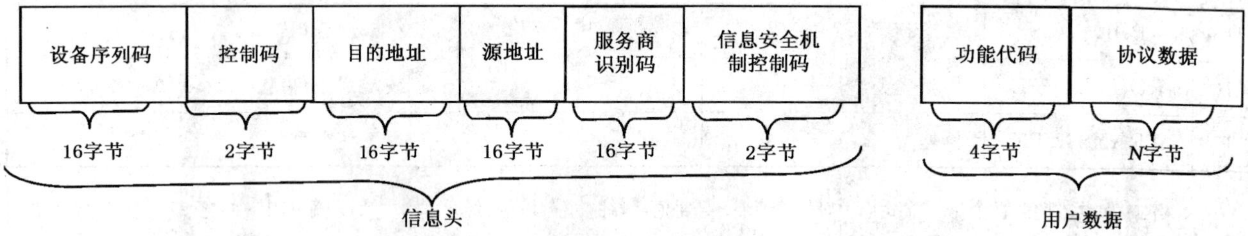

图 3 下行数据结构信息内容定义

5.4.2 信息头

信息头采用字符串形式。信息头各字段的定义如表 8 所示。

表 8 信息头

字段名称	长度(字节)	数据内容	说明
终端设备序列号	16	用来识别设备的编码	字符串
控制码	2	信息安全控制码	字符串
目的地址	16	信息接收方地址	与通信承载协议层次相关
源地址	16	信息发送方地址	
服务商识别码	16	服务中心提供商名称等	字符串
信息安全机制控制码	2	服务中心提供商名称等	字符串

表 8 中：

a) 终端设备序列号

用来识别终端设备，由终端厂家定义。

b) 控制码

协议内容、编码指示。取值为 0、1：

1) 0 表示本条信息不包含目的地址和源地址；

2） 1表示本条信息含目的地址和源地址；

3） 其他待扩充。

c） 目的地址

信息接收方地址，与通信承载协议类型相关，由系统定义。

d） 源地址

信息发送方地址，与通信承载协议类型相关，由系统定义。

e） 服务商识别码

服务中心提供商名称等，由系统定义。

f） 信息安全机制控制码

信息头中控制码用于信息安全及地址控制。取值为1、2、4：

1） 1表示本条信息的用户数据为非加密信息；

2） 2表示用户数据为加密信息，对ISC发往PT的用户数据加密处理，加解密的处理应符合GB/T 29841.3—2013规定；

3） 4表示本条信息的用户数据为安全管理信息。安全管理规程应符合GB/T 29841.3—2013规定；

4） 其他待扩充。

5.4.3 功能代码

功能代码采用字符串形式，表示提供的服务功能，其取值说明见表2。

5.4.4 协议数据

协议数据包括地图数据、地图图片、文本数据、多项结果、下行参数数据等及其组合。

5.4.4.1 地图数据

地图数据结构定义见图4。

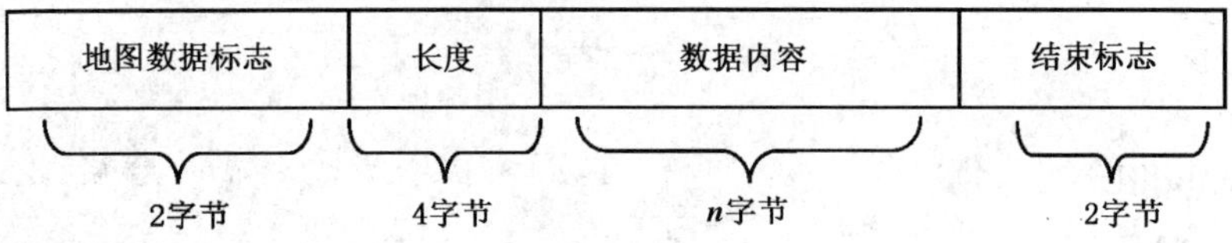

图4 地图数据结构

图4中：

a） 地图数据标志：0x9696；

b） 长度：以无符号长整型表示的数据内容字节数；

c） 数据内容：传输结构参见附录A；

d） 结束标志：0x7878表示地图数据的结束。

5.4.4.2 地图图片

地图图片数据格式如图5所示。

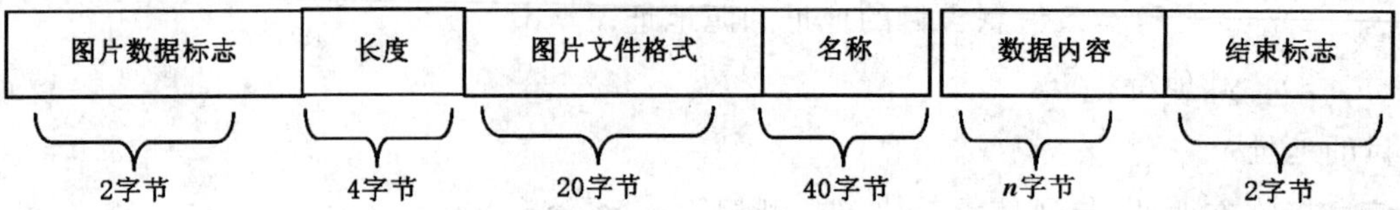

图 5　地图图片数据结构

图 5 中：

a)　图片数据标志：0x9898；

b)　长度：以无符号长整型表示的数据内容字节数；

c)　图片文件格式：以字符串表示的地图图片编码格式，如 gif、jpeg、bmp 等，从高字节开始填充，不足 20 字节的部分以 0x00 填充；

d)　名称：以字符串表示的图片文件名称，从高字节开始填充，不足 40 字节的部分以 0x00 填充；

e)　数据内容：图片文件的数据，由图片编码格式定义；

f)　结束标志：0x7878 表示该图片文件的结束。

5.4.4.3　文本数据

文本数据格式如图 6 所示。

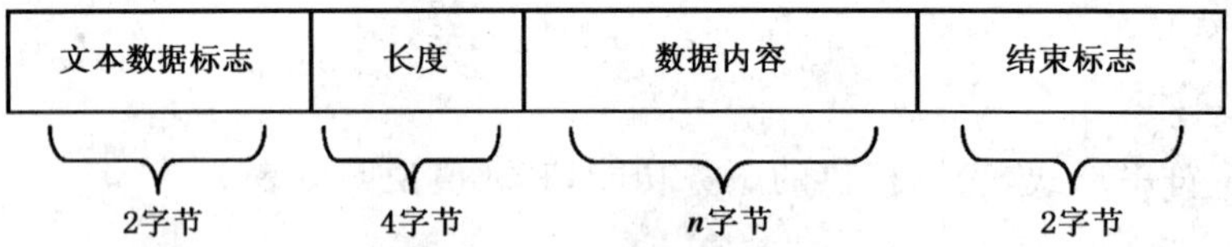

图 6　文本数据格式

图 6 中：

a)　文本数据标志：0x9999；

b)　长度：以无符号长整型表示的数据内容字节数；

c)　数据内容：用字符串形式表示，可采用 HTML 的一个子集，支持但不仅限于以下元素：

〈br〉

〈p〉〈/p〉

〈bold〉〈/bold〉

〈a href＝"URL"〉〈/a〉

〈hr〉

〈img〉

〈font〉〈/font〉

〈center〉

〈b〉〈/b〉

〈i〉〈/i〉；

d)　结束标志：0x7878。

5.4.4.4　多项结果

多项结果传输协议数据格式如图 7 所示。

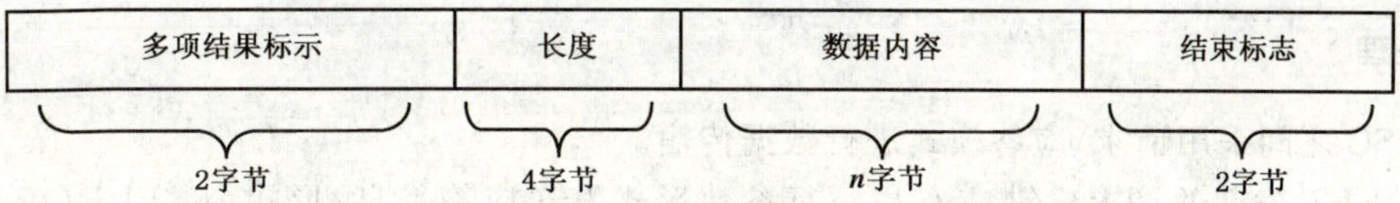

图 7　多项结果数据格式

图 7 中：

a)　多项结果数据标志：0x5555。

b)　长度：以无符号长整型表示的数据内容字节数。

c)　数据内容：

用字符串形式表示，若地名查询的结果不唯一，应将查询的多项结果发送给 PT，由 PT 选择后，重新发起一次请求。多项结果的传输方式符合文本数据格式，可用标签〈a href="URL"〉〈/a〉实现。每一个选项为一个标签。其中 URL 格式定义为：LIST? CONTENT=选项

PT 将 ISC 下发信息显示出来，由操作者选择后以新的 CONTENT 参数重新发起一次请求。

示例：如在北京查询"天安"，第一次请求 CONTENT=天安，将会查询到"天安门"和"天安街"，ISC 发送包含以下信息的应答：

〈a href="LIST? CONTENT=天安门"〉〈/a〉〈a href="LIST? CONTENT=天安街"〉〈/a〉

PT 在终端显示，操作者选择"天安门"，PT 设置 CONTENT=天安门，重新发起请求。

d)　结束标志：0x7878。

5.4.4.5　下行参数

下行参数传输协议数据格式如图 8 所示。

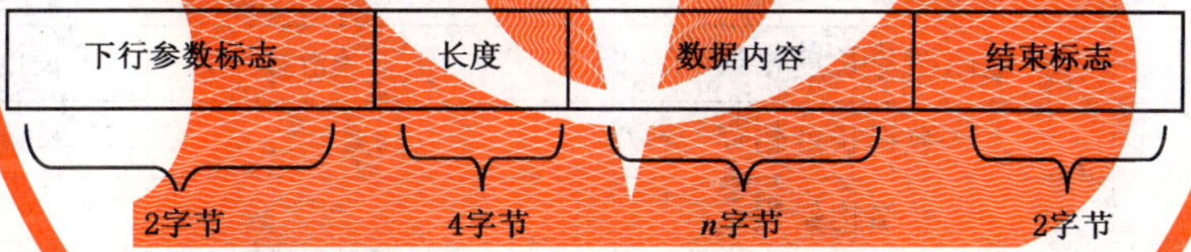

图 8　下行参数数据结构

图 8 中：

a)　下行参数数据标志：0x3333；

b)　长度：以无符号长整型表示的数据内容字节数；

c)　数据内容：用字符串形式表示，由一个或多个参数组成，形式与上行协议信息内容格式相同；数据内容中各参数名及定义见表 9；

d)　结束标志：0x 7878。

表 9　数据内容中的参数

序号	参数名称	类型	值域	说明
1	SN	字符串		用户识别码
2	ISC	字符串		服务中心识别码
3	INFO	字符串		提示信息
4	ISOK	字符串	T 或 F	操作成功确认

5.5 出错处理

PT 和 ISC 之间采用请求\应答模式进行数据传输。

a) 如果 PT 发起的请求出错，ISC 以下行参数形式发送应答信息，形式为：ERROR＝错误代码，下行错误代码定义见表 10。

表 10 下行错误代码

序号	错误描述	错误代码	说明
1	上行数据包校验错误	1	上行数据校验检查错误
2	参数与数值不配对	2	数值内容不符合参数所定义
3	功能不支持	3	ISC 不能提供请求的服务
4	参数数值超出值域	4	参数数值不合理或错误
5	鉴权失败	5	用户名或密码错误

b) 当 PT 接收到 ISC 发送的服务数据错误时，PT 重新发送请求一次，并附错误代码参数。错误代码参数名为 ERROR，上行错误代码参数值定义见表 11。

表 11 上行错误代码

序号	错误描述	错误代码	备注
1	下行数据校验错误	1	
2	地图数据长度错误	2	长度与标志验证不一致
3	地图图片长度错误	3	长度与标志验证不一致
4	文本数据长度错误	4	长度与标志验证不一致
5	数据结构错误	5	
6	数据量过大	6	下发数据量超过 PT 处理能力

6 实现规程

6.1 基本功能

6.1.1 地址查询

6.1.1.1 地址查询服务请求

由 PT 向 ISC 发出服务请求，功能代码为 10（FUNC＝10）。其他用户数据参数内容及示例见表 12。

表 12 地址查询服务请求参数

参数名	数据类型	约束	数值示例	说明
INFOTYPE	长整型	M	4	信息类型
MAPNAME	字符串	M	成都	地图名称

表 12（续）

参数名	数据类型	约束	数值示例	说明
CONTENT	字符串	M	人民南路 18 号	需要查询的内容
WIDTH	长整型	O	96	显示屏幕宽度
HEIGHT	长整型	O	120	显示屏幕高度
DPI	长整型	O	72	每英寸像素个数
IMGTYPE	字符串	O	JPEG;PNG	终端支持的图片格式
TXTPERSCREEN	长整型	O	70	每屏显示的字符个数
MAXTXT	长整型	O	1000	一次能显示字符个数
SCALE	长整型	O		地图比例尺
ROTATE	长整型	O		旋转角度
注：表中数值示例表示在“成都”地图中查询“人民南路 18 号”的位置，PT 屏幕分辨率是 120(像素)×288(像素)，请求地图数据信息服务。				

6.1.1.2　地址查询功能规程

ISC 在接收到地址查询请求后，对 CONTENT 指定的内容进行查询得到该位置的经纬度坐标。然后根据用户请求信息类型及查询结果发送不同的服务信息。若查找结果不唯一，可发送多项结果选择信息，由 PT 重新选择后再发起一次请求。地址查询功能规程见图 9。

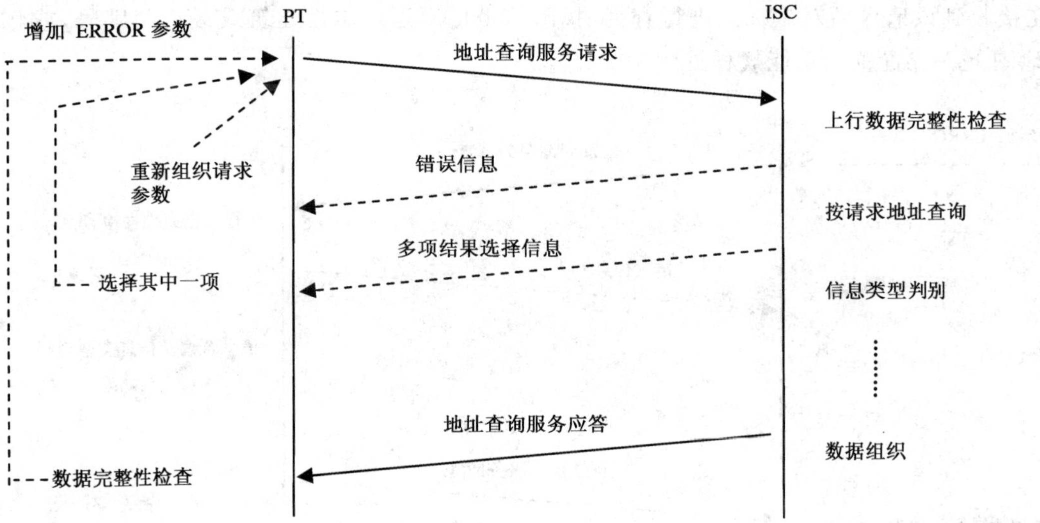

图 9　地址查询规程

6.1.2　位置查询

6.1.2.1　位置查询服务请求

由 PT 向 ISC 发出服务请求，功能代码为 11(FUNC＝11)。其他用户数据参数内容及示例见表 13。

表 13 位置查询服务请求参数

参数名称	数据类型	约束	数据示例	说明
INFOTYPE	长整型	M	4	信息类型
MAPNAME	字符串	M	成都	地图名称
X	长整型	M	10499876	经度值
Y	长整型	M	3444567	纬度值
WITH	长整型	O	120	终端屏幕像素宽度
HEIGHT	长整型	O	288	显示屏幕像素高度
DPI	长整型	O	72	每英寸像素个数
IMGTYPE	字符串	O	JPEG;PNG	终端支持的图片格式
TXTPERSCREEN	长整型	O	70	每屏显示的字符个数
MAXTXT	长整型	O	1000	一次能显示字符个数
SCALE	长整型	O	10000	地图比例尺
ROTATE	长整型	O	45	旋转角度
注：表中数值示例表示在“成都”地图中查询经度为东经 104.998 76°，纬度为北纬 34.445 67°的坐标点的位置，PT 屏幕分辨率是 120(像素)×288(像素)，请求地图数据信息服务。				

6.1.2.2 位置查询功能规程

ISC 在接收到该请求后对坐标点进行查询，找出该坐标附近标志性建筑或最近门牌号，或将该坐标点标注在地图上。位置查询功能规程见图 10。

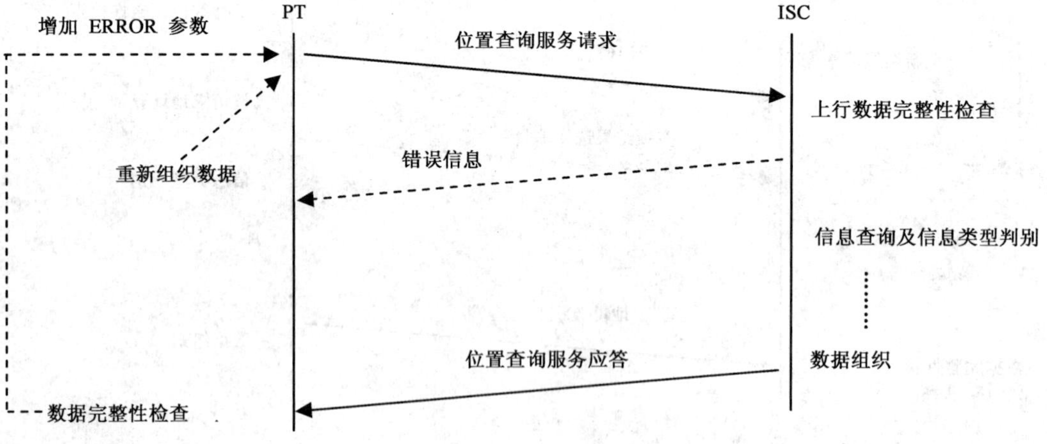

图 10 位置查询规程

6.1.3 地图下载

6.1.3.1 地图下载服务请求

由 PT 向 ISC 发出服务请求，功能代码为 12(FUNC＝12)。其他用户数据参数内容及示例见表 14。

表 14　地图下载服务请求参数

参数名称	数据类型	约束	数据示例	说明
INFOTYPE	长整型	M	2	信息类型
MAPNAME	长整型	M	成都	地图名称
X	长整型	M	10499876	经度值
Y	长整型	M	3444567	纬度值
WITH	长整型	O	120	显示屏幕像素宽度
HEIGHT	长整型	O	288	显示屏幕像素高度
DPI	长整型	O	72	每英寸像素个数
IMGTYPE	字符串	O	JPEG;PNG	终端支持的图片格式
TXTPERSCREEN	长整型	O	70	每屏显示的字符个数
MAXTXT	长整型	O	1000	一次能显示字符个数
注：表中数值示例表示在“成都”地图上以北纬 34.44567°，东经 104.99876°为中心提取合适终端显示的矢量数据，PT 屏幕分辨率是 120(像素)×288(像素)，请求图片信息服务。				

6.1.3.2　地图下载功能规程

ISC 在接收到该请求后以参数定义的坐标点为中心提取地图数据，根据用户请求信息类型生成标量数据或矢量数据后发送给 PT。本功能不支持文字信息类型的服务，下载地图功能规程见图 11。

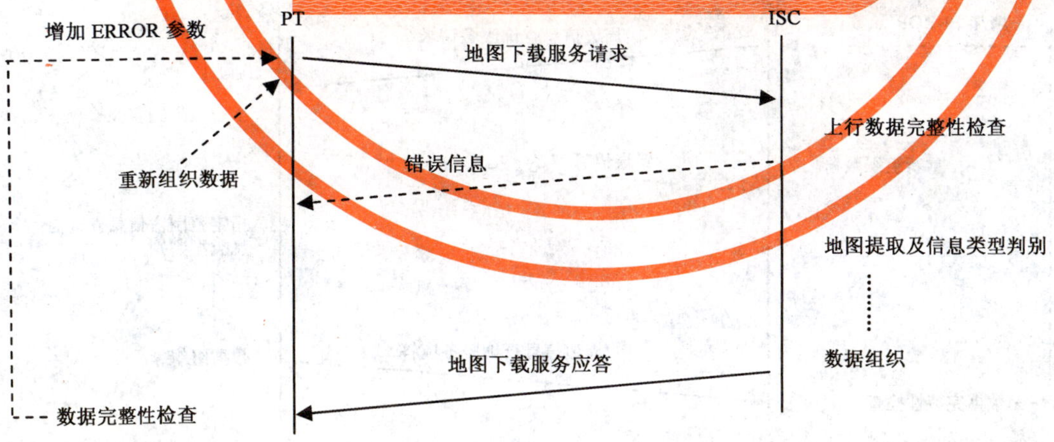

图 11　地图下载规程

6.1.4　周边信息查询

6.1.4.1　周边信息查询服务请求

由 PT 向 ISC 发出周边信息查询服务请求，功能代码为 13(FUNC=13)。其他用户数据参数内容及示例见表 15。

表 15 周边信息查询服务请求参数

参数名称	数据类型	约束	数据示例	说明
INFOTYPE	长整型	M	1	信息类型
MAPNAME	字符型	M	成都	地图名称
X	长整型	M	10499876	经度值
Y	长整型	M	3444567	纬度值
POICLASS	长整型	M	010000	查询交通车站
FARDISTANCE	长整型	M	500	查询范围不超出该距离
NEARDISTANCE	长整型	O	100	查寻范围不小于该距离
WITH	长整型	O	96	显示屏幕像素宽度
HEIGHT	长整型	O	120	显示屏幕像素高度
DPI	长整型	O	72	每英寸像素个数
IMGTYPE	字符串	O	JPEG;PNG	终端支持的图片格式
TXTPERSCREEN	长形型	O	70	每屏显示的字符个数
MAXTXT	长整型	O	1000	一次能显示字符个数
注：表中数据示例表示在“成都”地图以北纬 34.44567°，东经 104.99876°为中心在 100 m～500 m 范围内查找交通设施，请求文本信息服务。				

6.1.4.2 周边信息查询功能规程

ISC 在接收到该请求后以参数指示的坐标点为中心，在最近距离和最远距离指示的范围内查找指定的设施，根据用户请求信息类型进行不同，形成文字描述或将结果标注在地图上。周边信息查询功能规程见图 12。

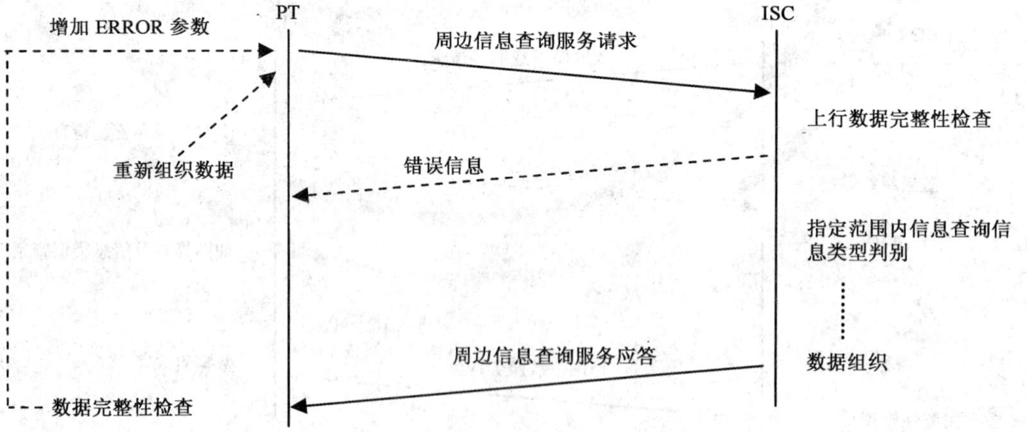

图 12 周边信息查询规程

6.1.5 区域信息查询

6.1.5.1 区域信息查询服务请求

由 PT 向 ISC 发出区域信息查询服务请求，功能代码为 14(FUNC＝14)。其他用户数据参数内容及示例。见表 16。

表 16 区域信息查询服务请求参数

参数名称	数据类型	约束	数据示例	说明
INFOTYPE	长整型	M	3	信息类型
MAPNAME	字符串	M	成都	地图名称
IPOLYGON	多边型	M	104.305566, 30.304455, 104.805566, 30.304455, 104.805566, 30.804455 104.305566 30.304455	封闭区域
POICLASS	长整型	M	010000	查询交通车站
WITH	长整型	O	96	显示屏幕像素宽度
HEIGHT	长整型	O	120	显示屏幕像素高度
DPI	长整型	O	72	每英寸像素个数
IMGTYPE	字符串	O	JPEG;PNG	终端支持的图片格式
TXTPERSCREEN	长整型	O	70	每屏显示的字符个数
MAXTXT	长整型	O	1000	一次能显示字符个数
注：表中数据示例表示在“成都”地图以 IPOLYGON 参数指示的范围内查找交通设施，请求文本信息加地图图片信息服务。				

6.1.5.2 区域信息查询功能规程

ISC 在接收到该请求后在参数指示的封闭区域内查找指定的设施，根据用户请求信息类型进行不同，形成文字描述或将结果标注在地图上。区域信息查询功能规程见图 13。

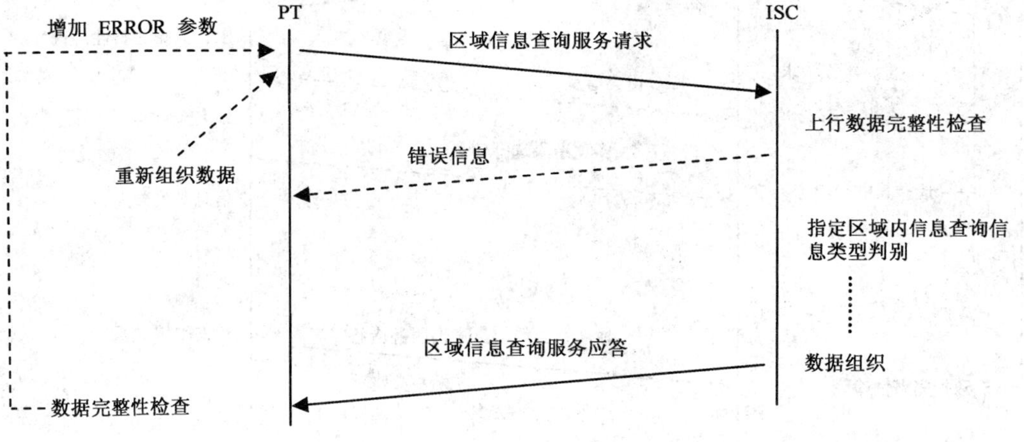

图 13 区域信息查询规程

6.1.6 地名或其他信息查询

6.1.6.1 地名或其他信息查询服务请求

由 PT 向 ISC 发出服务请求，功能代码为 15(FUNC＝15)。其他用户数据参数内容及示例。见表 17。

表 17 地名或其他信息查询服务请求参数

参数名称	数据类型	约束	数据示例	说明
INFOTYPE	长整型	M	4	信息类型
MAPNAME	字符串	M	成都	地图名称
CONTENT	字符串	M	锦江宾馆	编码输入内容
POICLASS	长整型	M	010000	查询交通车站
WITH	长整型	O	96	显示屏幕宽度
HEIGHT	长整型	O	120	显示屏幕高度
DPI	长整型	O	72	每英寸像素个数
IMGTYPE	字符串	O	JPEG;PNG	终端支持的图片格式
TXTPERSCREEN	长整型	O	70	每屏显示的字符个数
MAXTXT	长整型	O	1000	一次能显示字符个数
注：表中数据示例表示在"成都"地图内查找"锦江宾馆"，请求地图数据信息服务。				

6.1.6.2 地名或其他信息查询功能规程

ISC 在接收到该请求后对参数 CONTENT 指定内容进行查询得到该位置的坐标，根据用户请求信息类型形成文字描述或标注在地图上。若查找结果不唯一，可发送多项结果选择信息，由 PT 重新选择后再发起一次该请求。地名或其他信息查询的功能规程见图 14。

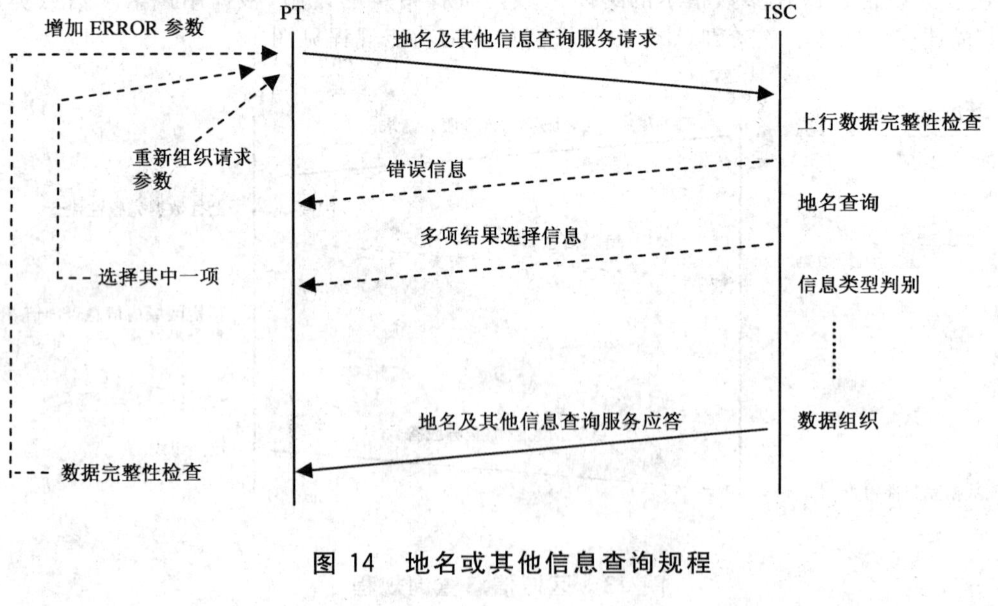

图 14 地名或其他信息查询规程

6.2 管理功能

6.2.1 用户注册与登录

6.2.1.1 用户注册请求

由 PT 向 ISC 发出注册或登录请求，功能代码为 30(FUNC＝30)。其他用户数据参数内容见

表 18。

表 18 用户注册服务请求参数

参数名称	数据类型	约束	说明
DI	长整型	O	
SI	长整型	O	
VER	字符串	M	软件版本信息
ID	长整型	M	用户身份识别码
USERNAME	字符串	M	用户名
PASSWORD	字符串	M	密码
SETSTR	字符串	O	终端序列号

6.2.1.2 用户注册功能规程

ISC 接收到请求后，如果无法注册，则通过下行参数数据发送提示信息。注册成功则以下行参数数据发送 ISC 中心识别码，用户识别码等参数。用户注册功能规程见图 15。

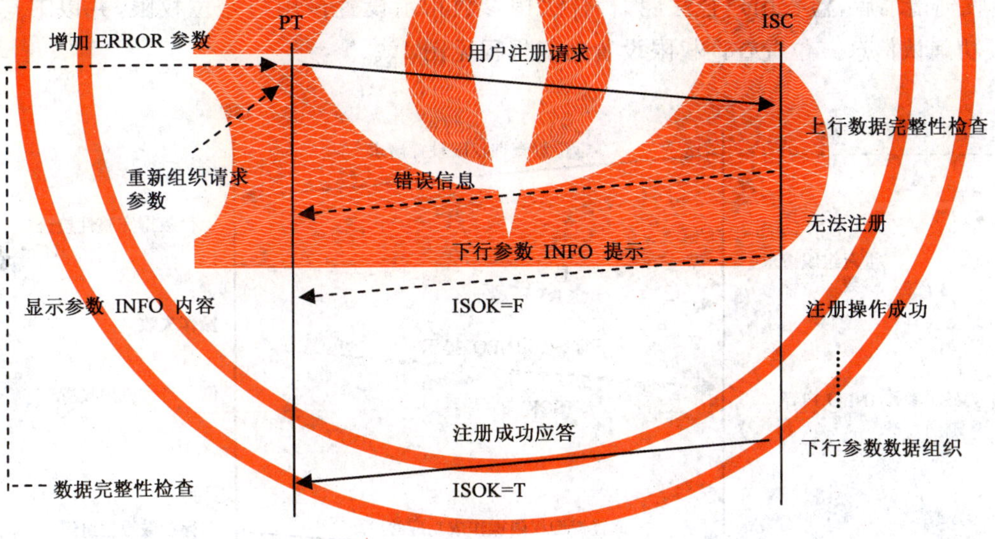

图 15 用户注册规程

6.2.1.3 用户登录

注册完成得到用户识别码用于 ISC 进行身份判别，当需要进行用户信息操作时，服务请求上行参数中增加 USENAME 和 PASSWORD 两项，用于身份识别，从而完成用户登录工作。在完成本次服务后，自动注销。

6.2.2 位置查询权限设置

6.2.2.1 位置查询权限设置请求

由 PT 向 ISC 发出请求，功能代码为 31(FUNC=31)，除信息头内容外，还包括以下服务请求参数：

SETSTR、USERNAME 及 PASSWORD。被定位权限状态有两种：允许定位与不允许定位，该权限只限于非终端自身发起的定位操作。

参数的构成，09001700 表示从上午 9 点到下午 5 点允许定位，从星期一开始到星期天依次排列，全零表示不允许定位。

示例：指示星期一到星期五，上午 9 点到下午 5 点允许定位，其余时间不允许定位的 SETSTR 参数数值如下：

09001700090017000900170009001700090017000000000000000000

上行参数内容见表 19。

表 19　位置查询权限设置服务请求参数

参数名称	数据类型	约束	说明
USERNAME	字符串	M	用户名
PASSWORD	字符串	M	密码
SETSTR	字符串	M	定位时间设置数据

6.2.2.2　位置查询权限设置功能规程

ISC 接收到请求后，检查用户合法性，若合法按参数指示设置该用户定位权限，并以下行参数数据发送设置成功确认信息。位置查询权限设置功能规程见图 16。

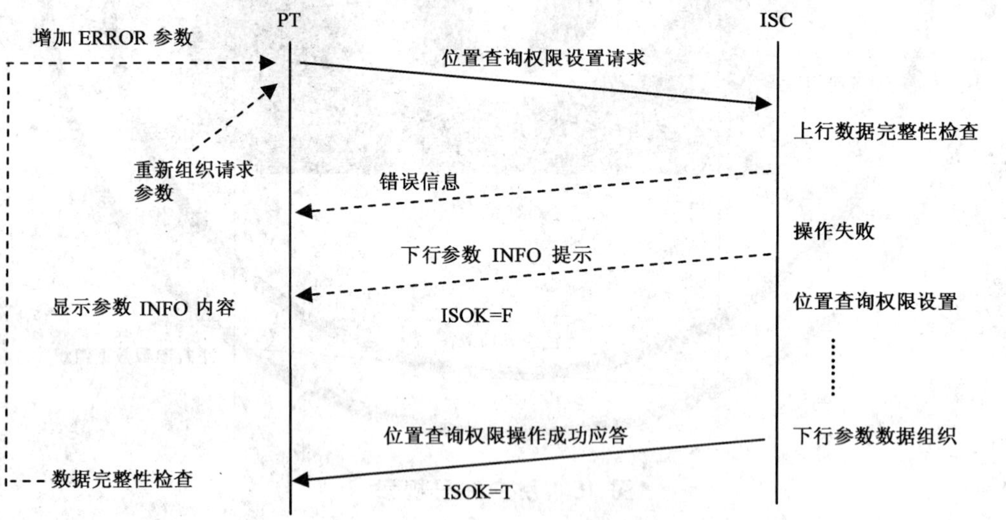

图 16　位置查询权限设置规程

6.2.3　计费查询

6.2.3.1　计费查询

计费服务由 ISC 完成，PT 可请求查询，功能代码为 32(FUNC＝32)。其他用户数据参数内容见表 20。

表 20 计费查询服务请求参数

参数名称	数据类型	约束	说明
STARTTIME	字符串	M	起始日期时间
ENDTIME	字符串	M	终止日期时间
USERNAME	字符串	M	注册用户名
PASSWORD	字符串	M	密码

6.2.3.2 计费查询功能规程

ISC 按照参数指示查询用户计费情况后以文本数据形式下发计费信息，同时发送下行参数数据设置 ISOK＝T。位置计费查询功能规程见图 17。

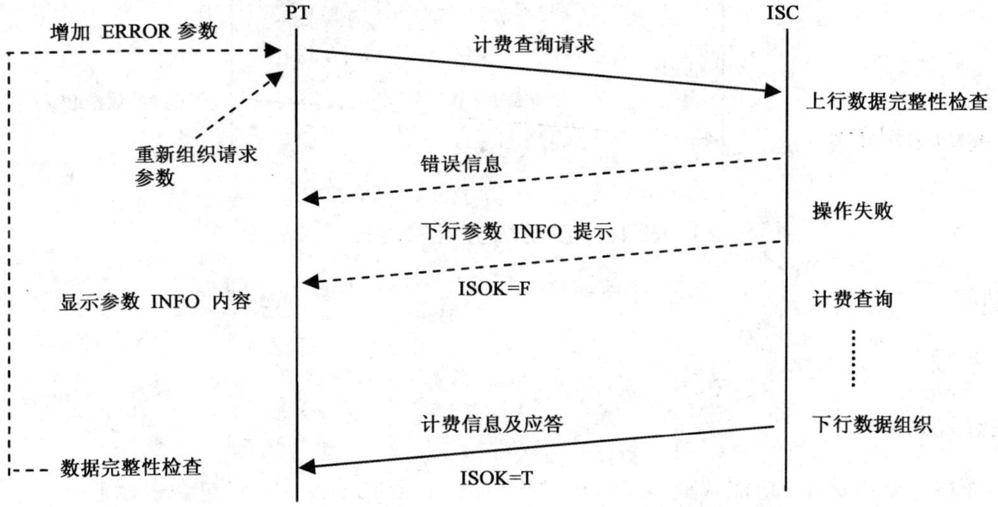

图 17 计费查询规程

6.2.4 漫游

6.2.4.1 漫游请求

由 PT 向 ISC 发出请求，功能代码为 33(FUNC＝33)。其他用户数据参数内容见表 21。

表 21 漫游请求服务请求参数

参数名称	数据类型	约束	说明
DI	长整型	O	
SI	长整型	O	
VER	字符串	M	软件版本信息
ID	长整型	M	功能代码
ISC	字符串	M	用户所属 ISC 识别码
USERNAME	字符串	M	用户名
PASSWORD	字符串	M	密码

6.2.4.2 漫游功能规程

ISC 接收到请求后，根据参数指示与用户所属 ISC 联系，确认可漫游后，则通过下行参数数据发送新的 ISC 中心识别码，新的用户识别码等参数。漫游功能规程见图 18。

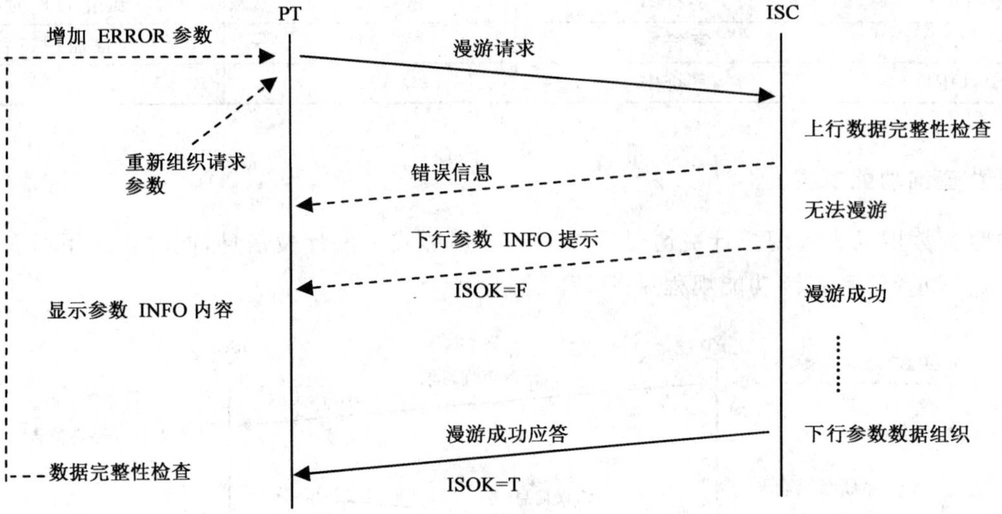

图 18 漫游服务请求规程

6.3 扩展功能

6.3.1 路线规划

6.3.1.1 路线规划请求

由 PT 向 ISC 发出请求，功能代码为 50(FUNC=50)。除信息头外，应包含表示起点、终点、地图名称等参数。起点和终点都可以用坐标或地名来表示，当两个数据均存在的时候，坐标数据优先。其他用户数据参数内容及示例见表 22。

表 22 路线规划服务请求参数

参数名称	数据类型	约束	数据示例	说明
INFOTYPE	长整型	M	4	信息类型
WITH	长整型	O	96	显示屏幕宽度
HEIGHT	长整型	O	120	显示屏幕高度
DPI	长整型	O	72	每英寸像素个数
IMGTYPE	字符串	O	JPEG;PNG	终端支持的图片格式
TXTPERSCREEN	长整型	O	70	每屏显示的字符个数
MAXTXT	长整型	O	1000	终端一次能显示字符个数
MAPNAME	字符串	M	北京	地图名称
ROUTETYPE	长整型	M	0	表示路线查询的类型
TRANSPORTATIONTYPE	长整型	M	1	表示交通工具类型
FROMNAME	字符串	O	天安门广场	路线导航起点名称

表 22（续）

参数名称	数据类型	约束	数据示例	说明
TONAME	字符串	O	国贸大厦	路线导航终点名称
FROMX	长整型	O	11645809	路线导航起点的经度
FROMY	长整型	O	3990949	路线导航起点的纬度
TOX	长整型	O	11640144	路线导航终点的经度
TOY	长整型	O	3990724	路线导航终点的纬度
注：表中数据示例表示在"北京"地图中规划天安门广场至国贸大厦的路线，请求地图数据信息服务。				

6.3.1.2　路线规划功能规程

ISC收到请求后，按参数指示进行路径规划，由规划好的路径型成文本或地图数据，发送给终端。路线规划服务请求规程见图19。

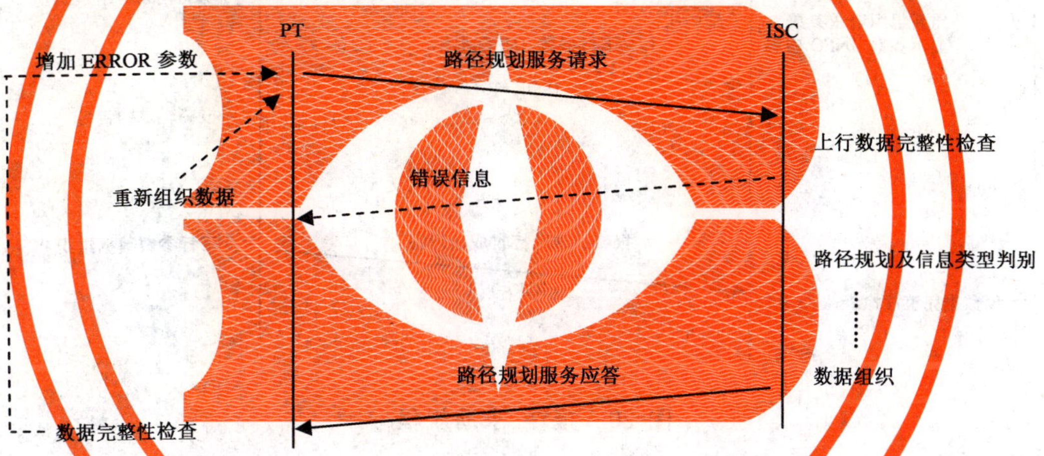

图19　路线规划规程

6.3.2　报警、求助

6.3.2.1　报警、求助请求

由PT向ISC发出请求，功能代码为51(FUNC=51)。参数CONTENT说明报警类别，如医疗、安全、火警等。其他用户数据参数内容及示例见表23。

表23　报警、求助服务请求参数

参数名称	数据类型	约束	数据示例	说明
MAPNAME	字符串	O	成都	地图名称
X	长整型	M	10323456	用户所在地点经度
Y	长整型	M	3076589	用户所在地点纬度

表 23（续）

参数名称	数据类型	约束	数据示例	说明
CONTENT	字符串	M	医疗	求助类型
注：表中的数据示例表示在“成都”地图内，以北纬 30.76589°，东经 103.23456°为中心发起医疗求助。				

6.3.2.2 报警、求助功能规程

ISC 中心接收到 PT 请求后，首先判别功能代码和用户识别码，如果无法识别，则发送错误信息，并提示用户，识别成功启动告警，发送下行参数数据确认接收成功。报警、求助功能规程见图 20。

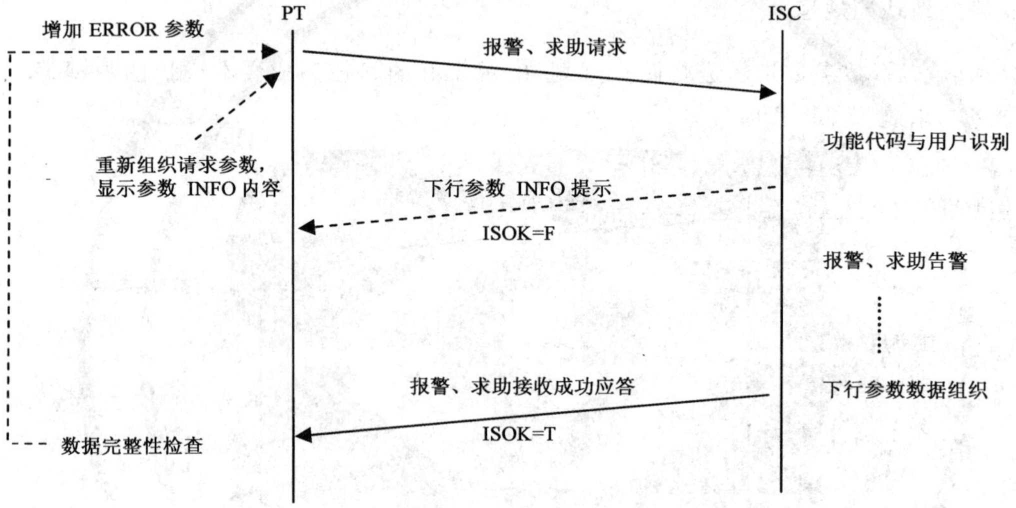

图 20 报警、求助规程

6.3.3 轨迹查询

6.3.3.1 轨迹查询服务请求

由 PT 向 ISC 发出请求，功能代码为 52(FUNC＝52)。参数 STARTTIME、ENDTIME 表示起止日期时间。其他用户数据参数内容及示例见表 24。

表 24 轨迹查询服务请求参数

参数名称	数据类型	约束	数据示例	说明
MAPNAME	字符串	M	成都	正在使用的地图名称
STARTTIME	长整型	M	200610101200	轨迹的起始日期时间
ENDTIME	长整型	M	200610101800	轨迹的终止日期时间
注：表中数据示例表示在“成都”地图内，查询用户 2006 年 10 月 10 日 12 点到 2006 年 10 月 10 日 18 点的轨迹。				

6.3.3.2 轨迹查询功能规程

ISC 在接收到该请求后将在当前使用的地图中查询轨迹，并将轨迹查询结果根据请求信息类型进

行不同的处理后发送。轨迹查询功能规程见图21。

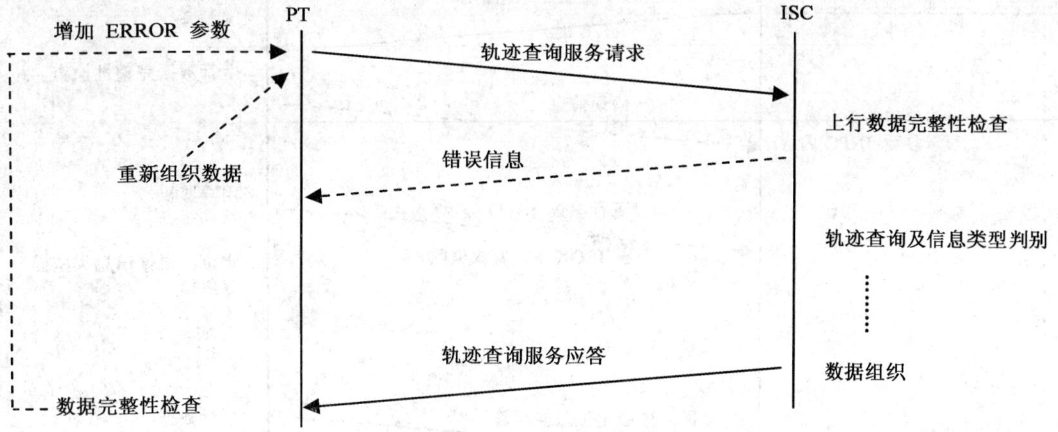

图21 轨迹查询规程

6.3.4 中心定位

6.3.4.1 中心定位服务请求

由PT向ISC发出请求,功能代码为53(FUNC=53)。参数DESTID用来表明定位目标,对自己定位设置DESTID与SN相同,用户名、密码用于鉴权。其他用户数据参数内容及示例见表25。

表25 中心定位服务请求参数

参数名称	数据类型	约束	数据示例	说明
INFOTYPE	长整型	M	1	信息类型
WITH	长整型	O	96	显示屏幕宽度
HEIGHT	长整型	O	120	显示屏幕高度
IMGTYPE	字符串	O	JPEG;PNG	终端支持的图片格式
TXTPERSCREEN	长整型	O	70	每屏显示的字符个数
MAXTXT	长整型	O	1000	终端一次能显示字符个数
USERNAME	字符串	O	XX	用户名
PASSWORD	字符串	O	XX	密码
DESTID	字符串	O	100200300598	第三方身份识别码
注:表中数据示例表示对第三方身份识别码为"100200300598"的终端发起定位请求。				

6.3.4.2 中心定位功能规程

ISC在接收到该请求后首先进行鉴权,通过鉴权后对参数指示目标进行定位,根据请求信息类型进行不同的处理后发送。中心定位功能规程见图22。

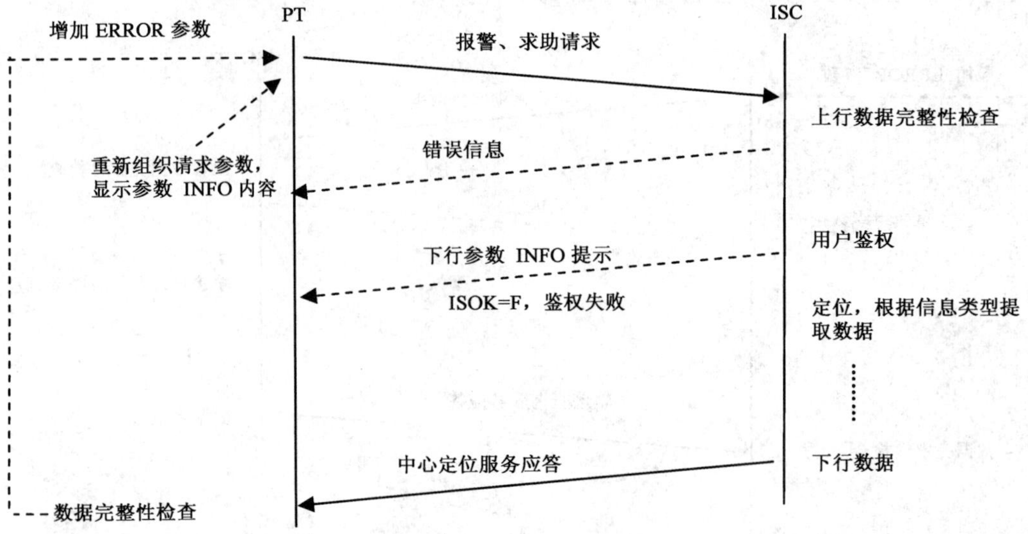

图 22　中心定位规程

6.3.5　关注点信息添加

6.3.5.1　关注点信息添加请求

由 PT 向 ISC 发出请求，功能代码为 54(FUNC=54)。其他用户数据参数内容及示例见表 26。

表 26　关注点信息添加服务请求参数

参数名称	数据类型	约束	数据示例	说明
MAPNAME	字符串	M	成都	
NAME	字符串	M	我的关注点 1	标注点名称
ADD	字符串	M	清江中路 23 号	标注点地址
NOTE	字符串	M	一周去 5 次	标注点描述
PHONENUM	长整型	M	028—87654321	电话号码
USERNAME	字符串	O	XX	用户名
PASSWORD	字符串	O	XX	密码
X	长整型	M	10323456	标注点经度
Y	长整型	M	3076589	标注点纬度
注：表中数据示例表示在“成都”地图内，将向 ISC 请求添加信息，信息内容是标注点经纬度是北纬 30.76589°，东经 103.23456°，名称为“我的兴趣点 1”，地址为“清江中路 23 号”，描述为“一周去 5 次”，电话是“028—87654321”。				

6.3.5.2　关注点信息添加功能规程

ISC 接收到请求后，存储参数数据，发送接收成功信息。关注点信息添加功能规程见图 23。

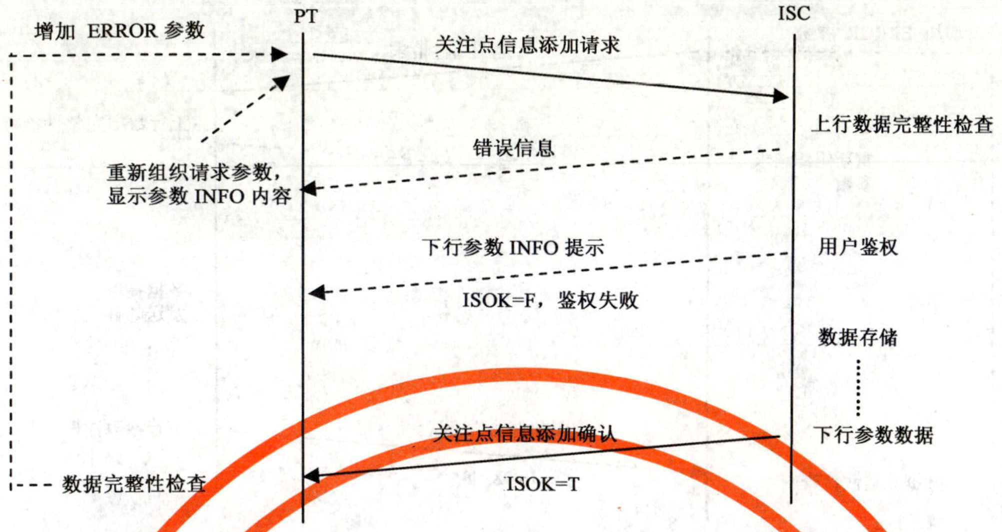

图 23 关注点信息添加规程

6.3.6 地图邮件

6.3.6.1 地图邮件服务请求

由 PT 向 ISC 发出请求，功能代码为 55(FUNC=55)。参数内容确定地图中心位置及电子邮件接收者地址。其他用户数据参数内容及示例见表 27。

表 27 地图邮件服务请求参数

参数名称	数据类型	约束	数据示例	说明
MAPNAME	字符串	M	成都	
EMAIL	字符串	M	tt@tt.com	电子邮件地址
X	长整型	M	10323456	地图中心点经度
Y	长整型	M	3076589	地图中心点纬度
注：表中数据示例表示在“成都”地图内，以北纬 30.76589°，东经 103.23456°为中心的地图信息发送给地址为“tt@tt.com”的邮箱中。				

6.3.6.2 地图邮件功能规程

ISC 接收到请求后，以参数指示位置为中心提取地图数据型成标量数据图片，发送到指定的邮件地址。地图邮件功能规程见图 24。

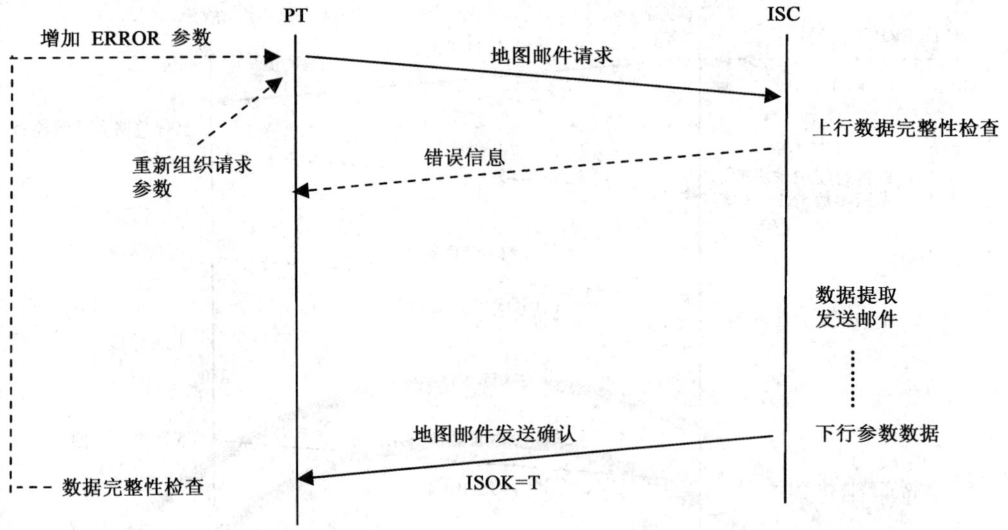

图 24 地图邮件规程

6.3.7 发送自己位置给第三方

6.3.7.1 发送自己位置给第三方服务请求

由 PT 向 ISC 发出请求，功能代码为 56(FUNC＝56)。参数 DESTID 用来表明第三方身份，用户名、密码用于鉴权。其他用户数据参数内容及示例见表 28。

表 28 发送自己位置给第三方服务请求参数

参数名称	数据类型	约束	数据示例	说明
TXTPERSCREEN	长整型	O	70	每屏显示的字符个数
MAXTXT	长整型	O	1000	终端一次能显示字符个数
USERNAME	字符串	M	XX	用户名
PASSWORD	字符串	M	XX	密码
DESTID	字符串	M	100200300598	第三方身份识别码
X	长整型	M	10323456	要发送的位置经度
Y	长整型	M	3076589	要发送的位置纬度
注：表中数据示例表示将北纬 30.76589°、东经 103.23456°的位置信息发送给第三方身份识别码为“100200300598”的终端上。				

6.3.7.2 发送位置给第三方功能规程

ISC 在接收到该请求后首先进行鉴权，通过鉴权后对参数指示目标进行定位，根据请求信息类型进行不同的处理后发送。发送位置给第三方功能规程见图 25。

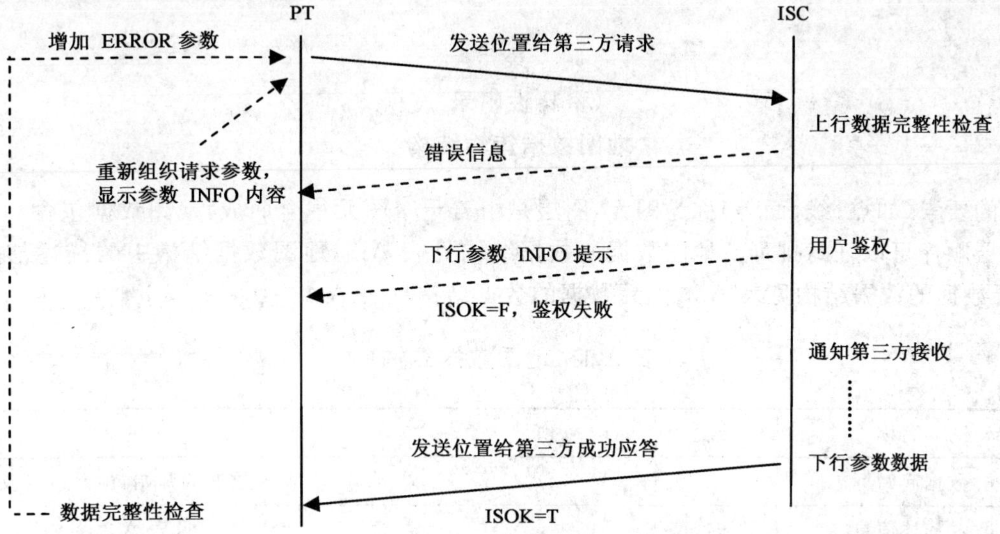

图 25　发送位置给第三方规程

附 录 A
（资料性附录）
地图数据传输结构

地图中的要素(如点、线、面等)称为图元,图层是由若干个图元集合而成,地图数据包含一个或多个图层。且图层顺序可以任意排列。地图数据的数据结构见表 A.1,地图数据结构中的描述信息结构表见 A.2,图层数据的数据结构见表 A.3,图元数据的数据结构见表 A.4。

表 A.1 地图数据结构

序号	名称	长度	值域	描述
1	数据起始标志	2		表示数据的开始,由系统定义
2	描述信息	94		见表 A.2
3	长度	4		图层数据集中所有数据的长度
4	图层数据集	变长		由各个图层数据集合而成,型式为: 图层 1,图层 2…图层 n 图层数据结构见表 A.3

表 A.2 地图数据描述信息

序号	名称	长度	值域	描述
1	地图名称	42		
2	坐标系	22		地图采用的坐标系
3	比例尺	4		地图放大\缩小的倍数
4	图层数量	2		图层总数量

表 A.3 图层数据结构

序号	名称	长度	值域	说明
1	图层类型	2	0～65535	图层的类型,由系统定义
2	保留	4		保留 4 个字节以做备用
3	图层名称	22		图层的文字描述信息
4	图元数量	2	0～65535	图层中所包含的图元数量
5	图元数据集	变长		图层中所包含的图元数据,图元数据结构参见表 A.4

表 A.4 图元数据结构

序号	名称	长度	值域	说明
1	ID 号	2	0～65535	图元在所属图层中的编号
2	图元名称长度	1	0～255	图元名称长度

表 A.4（续）

序号	名称	长度	值域	说明
3	图元名称	变长		图元名称
4	图元属性长度	1	0～255	图元其他属性的长度
5	图元属性	变长		图元其他属性，由系统定义
6	图元坐标点(集)	变长		图元坐标或坐标集合

ICS 33.200
M 50

中华人民共和国国家标准

GB/T 29841.3—2013

卫星定位个人位置信息服务系统 第3部分：信息安全规范

Satellite positioning personal position information service system(PPISS)—Part 3: Information security specification

2013-11-12 发布

2014-05-01 实施

中华人民共和国国家质量监督检验检疫总局
中国国家标准化管理委员会
发布

前　言

GB/T 29841《卫星定位个人位置信息服务系统》目前分为以下4个部分：

——第1部分：功能描述；

——第2部分：终端与服务中心信息交换协议；

——第3部分：信息安全规范；

——第4部分：终端通用规范。

本部分为GB/T 29841的第3部分。

本部分按照GB/T 1.1—2009给出的规则起草。

请注意本文件的某些内容可能涉及专利。本文件的发布机构不承担识别这些专利的责任。

本部分由中华人民共和国工业和信息化部提出。

本部分由中国电子技术标准化研究院归口。

本部分起草单位：南京联慧通信技术有限公司、厦门雅迅网络股份有限公司、中国电子技术标准化研究院、熊猫电子集团有限公司。

本部分主要起草人：牟中平、韦昌荣、赵安、赵志旺、陈倩、唐洁。

卫星定位个人位置信息服务系统
第3部分:信息安全规范

1 范围

GB/T 29841的本部分规定了卫星定位个人位置信息服务系统(以下简称系统)中信息安全系统的参考模型、运行机制、接口规程及报文定义。

本部分适用于采用卫星定位、公众移动通信网络、具有信息服务中心和信息安全要求的系统,可作为系统信息安全功能设计的依据。采用非卫星定位技术、专用移动通信网络、具有信息服务中心和信息安全要求的系统亦可参照执行。

2 规范性引用文件

下列文件对于本文件的应用是必不可少的。凡是注日期的引用文件,仅注日期的版本适用于本文件。凡是不注日期的引用文件,其最新版本(包括所有的修改单)适用于本文件。

GB/T 29841.1—2013 卫星定位个人位置信息服务系统 第1部分:功能描述

GB/T 29841.2—2013 卫星定位个人位置信息服务系统 第2部分:终端与服务中心信息交换协议

GB/T 29841.4—2013 卫星定位个人位置信息服务系统 第4部分:终端通用规范

3 术语和定义

GB/T 29841.1—2013、GB/T 29841.2—2013和GB/T 29841.4—2013中界定的以及下列术语和定义适用于本文件。

3.1

信息安全 infomation security

卫星定位个人位置信息服务系统中面向个人终端和信息服务中心所实现的设备认证、传输数据保密、密钥管理等功能的总称。

3.2

信息安全规程 infomation security protocol

卫星定位个人位置信息服务系统中实现设备认证、传输数据保密、密钥管理等功能的方法、流程及规则。

3.3

信息安全系统 infomation security system

卫星定位个人位置信息服务系统中实现信息安全规程的硬件和软件的实体。

3.4

终端安全保密实体 security and crypto entity of personal terminal

个人位置终端(PT)中依据信息安全机制实现加密、解密、密钥管理、中心认证及访问控制等功能的软件和硬件。

3.5

中心保密实体 crypto entity of information service center

信息服务中心(ISC)中实现加解密算法和密码服务的软件与硬件。

3.6

中心安全管理实体 security management entity of information service center

ISC 中实现密钥管理、密钥分配、安全机制及信息安全规程等功能的软件和硬件。

3.7

安全保密中心 security and crypto center

ISC 中安全管理实体、保密实体及其相关设备的组织。

3.8

保密模块 crypto model

PT 中实现密码管理、密码算法及信息安全规程的硬件和软件模块。

3.9

中心标识 center identification;CI

ISC 在系统中的身份标志。

3.10

用户标识 user identification;UI

PT 在系统中的身份标志。

3.11

会话密钥 session key

为保证 PT 和 ISC 之间安全信息交换而随机产生的加密和解密密钥。

3.12

系统密钥 system key

安全保密中心的设备认证密钥。

3.13

密钥编号 key number

用于唯一标识密钥的编码。

3.14

时间戳 time stamp

经加密后形成的凭证信息,包括收到信息的日期和时间等。

4 符号和缩略语

GB/T 29841.1—2013、GB/T 29841.2—2013 和 GB/T 29841.4—2013 中界定的以及下列符号和缩略语适用于本文件。

4.1 符号

A1 设备认证算法 1

A2 设备认证算法 2

A3 会话密钥生成算法

A4 身份加密算法

A5 传输加密算法

A6 用户密钥生成算法

A7　系统/结构密钥生成算法

Kb　结构密钥

Kbi　加密后的结构密钥

Kc　系统密钥

Kci　加密后的系统密钥

Ki　用户密钥

Kl　毁钥密钥

Ks　会话密钥

Ks1　会话密钥 1

Ks2　会话密钥 2

R1　肯定应答 1

R2　肯定应答 2

4.2　缩略语

RAND　随机数(Random Challenge)

RAND1　随机数 1(Random Challenge 1)

RAND2　随机数 2(Random Challenge 2)

RES1　认证结果 1(Response 1)

RES2　认证结果 2(Response 2)

XRES1　期望认证结果 1(Expect Response 1)

XRES2　期望认证结果 2(Expect Response 2)

5　信息安全系统参考模型

5.1　基本组成

信息安全系统采用在 PT 和 ISC 上分别叠加终端安全保密实体和中心保密实体及中心安全管理实体的方式,实现系统的信息安全功能。信息安全系统由具有标识的保密模块和安全保密中心组成,如图 1 所示,其中,个人终端、通信网络及信息服务中心应符合 GB/T 29841.1—2013 的要求。

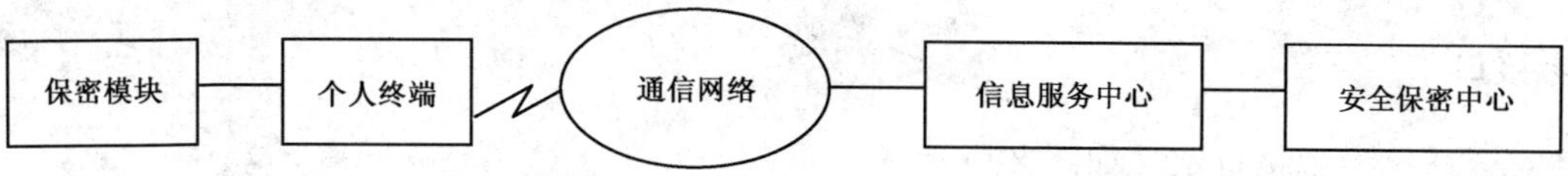

图 1　信息安全系统组成

5.1.1　保密模块

保密模块由终端安全保密实体组成。保密模块应集成保密运算、安全管理规则,符合信息安全系统技术要求,按信息安全机制运行。终端安全保密实体可以是与个人终端具有物理连接接口、独立运行的电路和执行代码组成的部件(如智能卡、单片处理器等);也可以是与个人终端具有程序调用接口、运行在个人终端上的执行代码。

5.1.2　安全保密中心

安全保密中心由中心保密实体和中心安全管理实体组成。安全保密中心应符合信息安全系统技术要求，按信息安全机制运行。中心保密实体是与信息服务中心具有物理连接接口，特别设计且独立运行的专用或通用计算机系统；中心安全保密实体是与信息服务中心具有物理连接接口，独立运行的计算机系统。

5.1.3 标识

标识分为 UI 和 CI。标识可以是自定义编码、通信网络接入码（如互联网 IP 地址、移动用户号）、设备序列号等，但应统一标识类型，并与设备安全保密资源（如密码）建立对应关系，具有唯一性。系统应实施标识信息管理和维护，确保不被非法访问、修改或删除。

5.2 业务功能

信息安全系统应具有设备认证、数据加解密、密码管理等功能。

5.2.1 设备认证

设备认证应提供 PT 合法性和 ISC 真实性鉴别的方法，包括：

a) 保证个人终端是经过登记注册、身份验证，并具有唯一有效标识的合法设备，使 ISC 能阻止非法个人终端使用系统服务；

b) 保证信息服务中心是经过登记注册、身份验证，并具有唯一有效标识的真实中心，使个人终端能拒绝伪装的信息服务中心获取终端信息。

5.2.2 数据加解密

数据加解密应提供 PT 和 ISC 信息交换时待传输的数据报文的保密方法，包括：

a) 信息交换发送方对明文数据报文进行加密处理形成密文；

b) 信息交换接收方对密文进行解密处理形成明文数据报文。

5.2.3 密钥管理

密钥管理应提供 PT 和 ISC 密钥处理等功能实现的方法，包括：

a) 密钥生成；

b) 密钥存储；

c) 密钥更换；

d) 密钥分发。

5.3 参考接口

信息安全系统参考接口定义如图 2 所示。

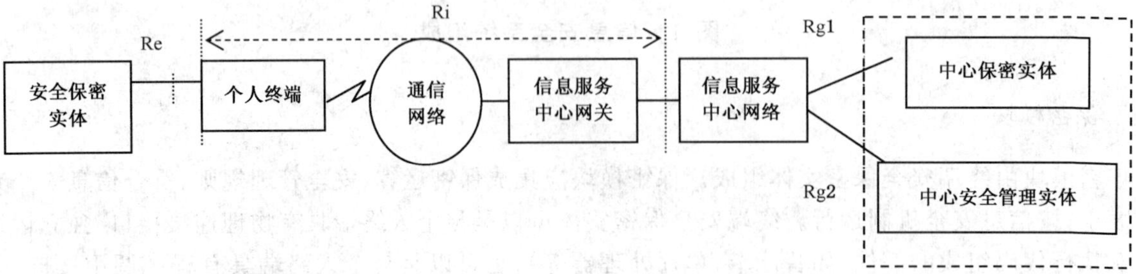

图 2 信息安全系统参考接口

图 2 中：

Re 为终端安全保密实体与个人终端的接口；

Rg1 为中心保密实体与信息服务中心的接口；

Rg2 为中心安全管理实体与信息服务中心的接口；

Ri 为保密模块与安全保密中心的接口。

5.3.1 端端接口 Ri

Ri 定义见 7.2.1。

5.3.2 本地接口 Re

Re 定义见 7.2.2。

5.3.3 本地接口 Rg1

Rg1 定义见 7.2.3。

5.3.4 本地接口 Rg2

Rg2 定义见 7.2.3。

6 信息安全系统运行机制

运行机制应采用密码学原理的算法，依据密码体制和保密安全机制，定义信息安全系统的业务功能实现方法。

6.1 密码体制

信息安全系统应采用对称算法的分组密码体制。每一保密模块应具有唯一的用户密钥，安全保密中心管理保密模块的用户密钥。每一保密模块和安全保密中心使用统一的对称密码算法 A1、A2、A3、A4、A5 和密钥生成算法 A6、A7。

6.1.1 密钥分级结构

采用三级密钥结构，如图 3 所示。

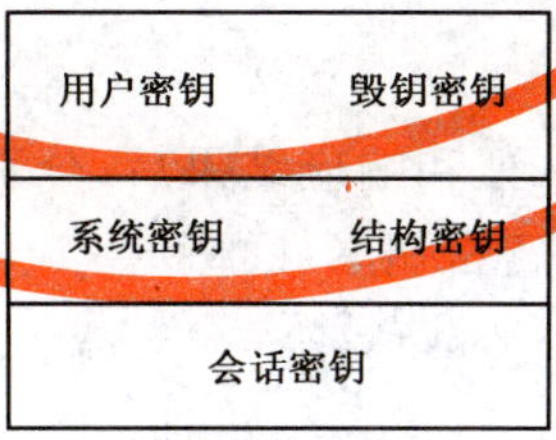

图 3 三级密钥结构

6.1.1.1 用户密钥(Ki)

Ki 是保密模块的基本密钥，也是系统密钥、结构密钥及毁钥密钥的密钥。Ki 由安全保密中心生成，采用人工方式注入保密模块。Ki 为 128 bit。

6.1.1.2 毁钥密钥(Kl)

Kl 是保密模块和安全保密中心间实施毁密遥控操作时的验证密钥。Kl 由安全保密中心生成，采用人工方式注入保密模块。Kl 为 128 bit。

6.1.1.3 系统密钥(Kc)

Kc 是保密模块和安全保密中心间的设备认证密钥,也是会话密钥的导出密钥。Kc 为认证过程的系统变量,更换 Kc 可改变认证属性。Kc 由安全保密中心生成,在初始时可采用人工方式注入保密模块,使用过程中定期更换则采用通信方式分配。Kc 为 128 bit。

6.1.1.4 结构密钥(Kb)

Kb 是保密模块和安全保密中心间信息交换数据传输的工作密钥。Kb 为数据保密传输的系统变量。Kb 由安全保密中心生成,在初始时可采用人工方式注入保密模块,使用过程中定期更换则采用通信方式分配。Kb 为 128 bit。

6.1.1.5 会话密钥(Ks)

Ks 是保密模块和安全保密中心间信息交换保密数据传输的加密密钥,分为保密模块会话密钥和安全保密中心会话密钥两种。Ks 由保密模块和安全保密中心在每次设备认证期间,依据规程本地导出生成。Ks 为 128 bit。

6.1.2 密码运算算法

信息安全系统在不同的安全保密机制实现中采用不同的密码算法。在同一机制中加密、解密采用相同的算法,加密后的密文长度应等于加密前的明文长度。

6.1.2.1 请求设备认证算法(A1)

A1 用于发起设备认证的请求方和接受方使用用户密钥(Ki)和随机数 RAND1 计算预期认证结果 XRES1、RES1。

6.1.2.2 响应设备认证算法(A2)

A2 用于接受设备认证的响应方和发起方使用系统密钥(Kc)和随机数 RAND2 计算预期响应结果 XRES2、RES2。

6.1.2.3 会话密钥生成算法(A3)

A3 用于设备认证双方均满足预期认证和响应结果后,分别通过用户密钥(Ki)和随机数 RAND1、RAND2 计算出此后的数据传输加密、解密密钥 Ks1、Ks2。

6.1.2.4 设备身份加密算法(A4)

A4 用于保密模块和安全保密中心标识码 UI、CI 的加密,分别通过系统密钥(Kc)和随机数 RAND1、RAND2 计算。

6.1.2.5 数据传输加密算法(A5)

A5 用于保密模块和安全保密中心间保密数据传输时,通过结构密钥(Kb)、会话密钥(Ks)对明、密数据进行加、解密计算。

6.1.2.6 用户/毁钥密钥生成算法(A6)

A6 用于安全保密中心使用随机数 RAND 和标识 UI 等计算保密模块用户密钥。

6.1.2.7 系统/结构密钥生成算法(A7)

A7 用于安全保密中心使用随机数 RAND、序号 Q、保密模块标识 UI 等计算保密模块系统密钥和结构密钥,其中序号为自然数。

6.1.3 密钥生成规则

各类密钥使用物理噪声源产生随机数,并满足规定的条件和使用对应的算法计算生成。

6.1.3.1 Ki/Kl 生成

安全保密中心依据每一保密模块的 UI,在首次使用前通过 A6 计算出 Ki/Kl,如图 4 所示。Ki/Kl 通过人工注入的方式保存在保密模块的掉电可保护存储器中,直至接收到毁钥操作或重新注入。

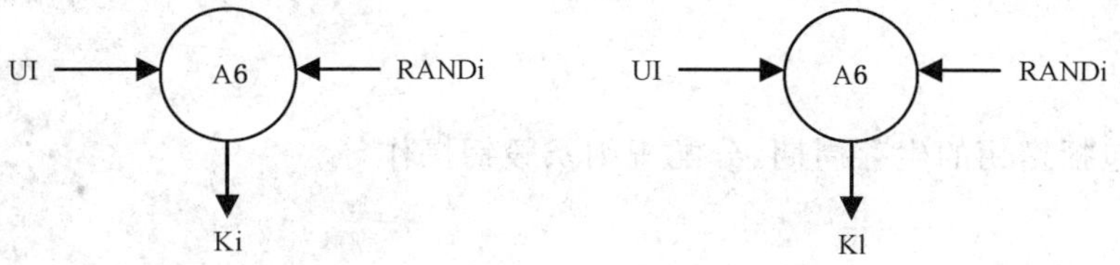

图 4 Ki/Kl 生成

6.1.3.2 Kc 生成

安全保密中心依据每一保密模块的 UI、序号 Q,通过 A7 计算出一组 Kcq,如图 5 所示。保密模块在首次使用时通过人工注入的方式保存 Kc 到掉电可保护存储器中,直至接收到安全保密中心通过通信网络定期地发布的 Kcq 密钥分配命令。

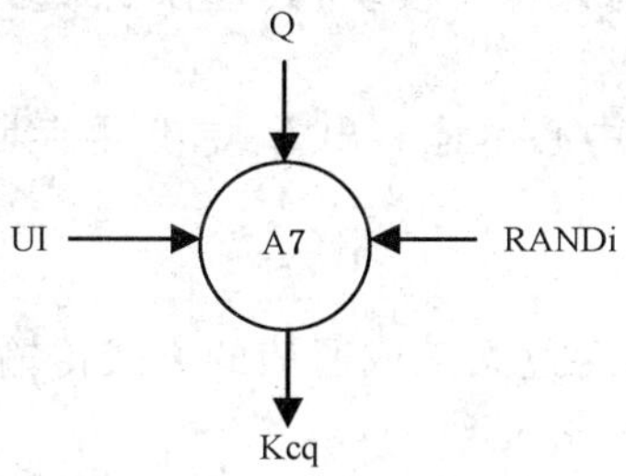

图 5 Kc 生成

6.1.3.3 Kb 生成

安全保密中心依据每一保密模块的 UI、序号 Q,通过 A7 计算出一组 Kbq,如图 6 所示。保密模块在首次使用时通过人工注入的方式保存 Kbq 到掉电可保护存储器中,直至接收到安全保密中心通过通信网络定期地发布的 Kbq 密钥分配命令。Kb 在生成时应包含密钥编号、时间戳和完整性校验码。

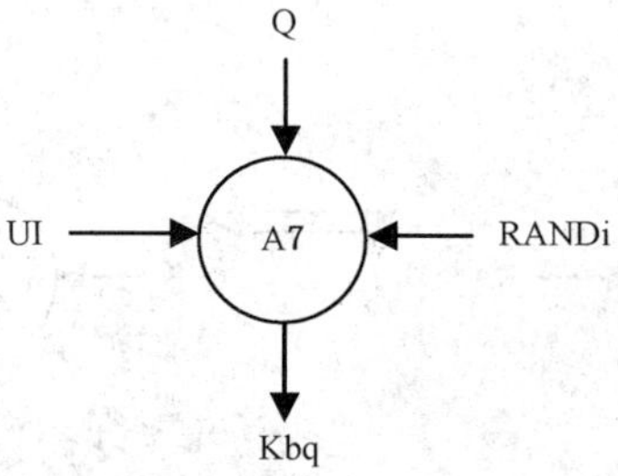

图 6 Kb 生成

6.1.3.4 Ks 生成

保密模块和安全保密中心依据 Kc,通过 A3 分别计算出 Ks1、Ks2,如图 7 所示。Ks 保存在掉电无保护存储器中,仅在保密模块和安全保密中心间的设备认证成功后生成,并每成功认证一次更新生成一次。

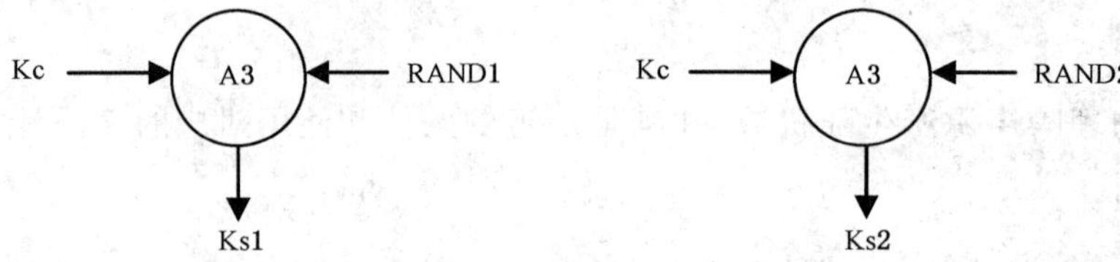

图 7 **Ks1、Ks2 生成**

6.2 密钥管理机制

密钥管理内容包括密钥的生存周期、分配规则及毁钥操作等。

6.2.1 生存周期

各类密钥的生存周期由安全保密管理制度和技术体制决定,依据 Ki/Kl、Kc、Kb、Ks 的密钥强度由高到低,其生存期也依次由高到低:

a) Ki/Kl 采用人工注入保密模块方式,其生存期建议最多为 360 d 并到期更换,或毁钥操作后重新注入;
b) Kc 采用通信命令分配方式写入保密模块,其生存期最多为 30 d 并到期分配,或毁钥操作后重新注入、分配;
c) Kb 采用通信命令分配方式写入保密模块,其生存期最多为 10 d 并到期分配,或毁钥操作后重新注入、分配;
d) Ks 采用保密模块/安全保密中心本地导出方式,其生存期依赖设备认证机制的重新启动。

6.2.2 分配规则

Ki、Kc、Kb、Ks 依据 6.1.3 生成后通过人工或通信的方式传输给保密模块。

6.2.2.1 Ki/Kl 分配

Ki/Kl 分配由安全保密中心依据按 6.2.1 a)要求完成。在安全保密中心通过不可见电子介质存储 Ki/Kl,由可信人员注入保密模块。

6.2.2.2 Kc 分配

Kc 分配由安全保密中心依据按 6.2.1 b)要求完成。Kc 分配前应完成设备认证,分配时采用 Ki、RAND1 和 A2 加密,得到密文的 Kci 并通过通信方式传输。保密模块收到 Kci 实施解密并覆盖原先的 Kc。Kc 分配过程如图 8 所示。

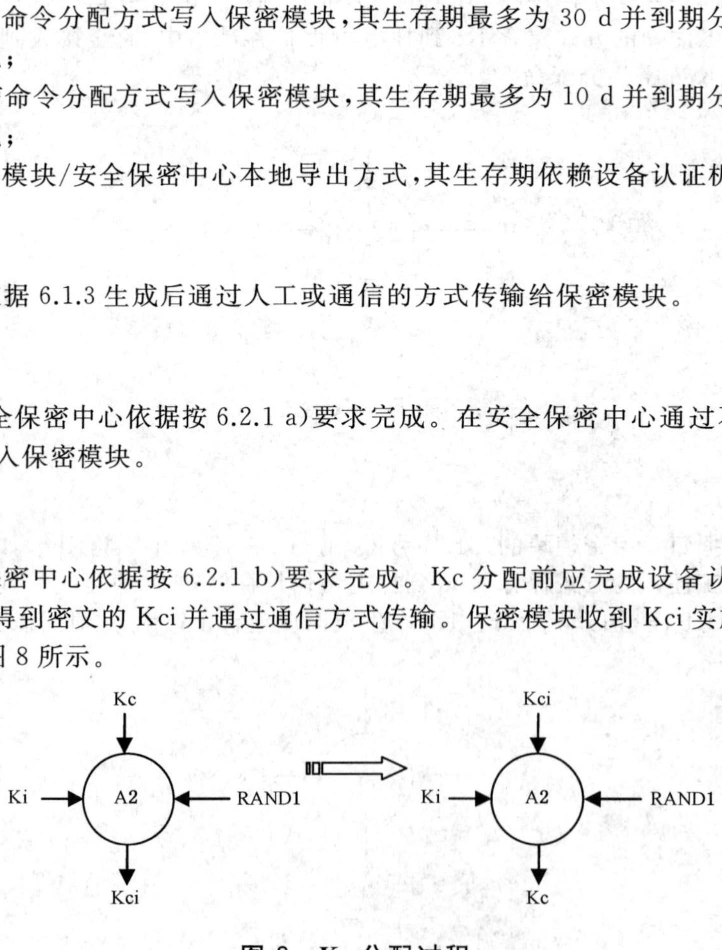

图 8 **Kc 分配过程**

6.2.2.3 Kb 分配

Kb 分配由安全保密中心依据按 6.2.1 c)要求完成。Kb 分配前应完成设备认证，分配时采用 Ki、RAND1 和 A2 加密，得到密文的 Kbi 并通过通信方式传输。保密模块收到 Kbi 实施解密并覆盖原先的 Kb。Kb 分配过程如图 9 所示。

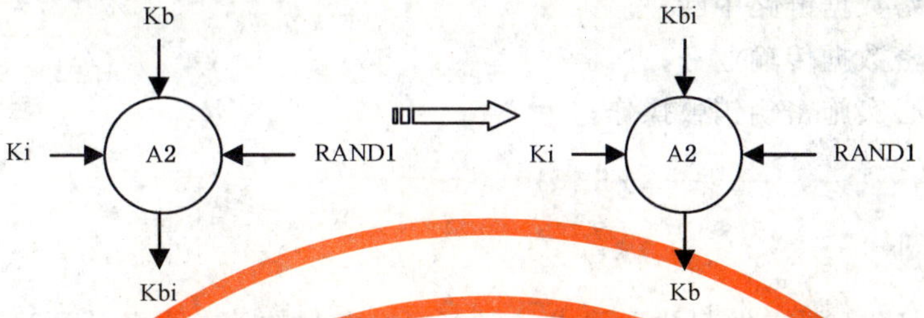

图 9 Kb 分配过程

新分配的 Kb 由保密模块和安全保密中心按定义的密钥编号策略启用。

6.2.2.4 Ks 分配

Ks 分配由保密模块和安全保密中心依据按 6.2.1 d)要求在设备认证期间完成。

6.2.3 毁钥操作

毁钥操作分为遥控销毁和本地销毁。由保密模块执行销毁密码(包括 Ki、Kc、Kb 等)资源的操作。

6.2.3.1 遥控销毁

由安全保密中心发起。在安全保密中心完成对保密模块的设备认证后，使用通信的方式发送 Kl。保密模块接收 Kl 后执行销毁操作，直到重新注入密钥才能正常使用。

Kl 发送时应包含时间戳等参数，且 Kl 采用 Ki、RAND1 和 A2 加密后传输，发送过程见图 10。

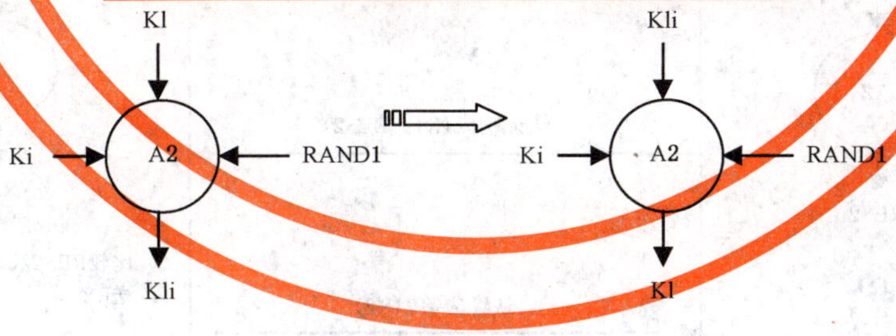

图 10 Kl 发送过程

6.2.3.2 本地销毁

由人工对保密模块发起毁钥指示或非法拆卸时执行销毁操作，直到重新注入密钥才能正常使用。

6.3 设备认证机制

设备认证依据启动条件，使用保密模块或安全保密中心发起的双向鉴别的常规和增强模式。在模式执行过程中出现异常(包括非法)时采取中止操作、设定重发次数、不予响应(确认、证实)等措施。

6.3.1 认证机制启动

设备认证机制的启动可依据系统服务要求，通过个人终端和信息服务中心分别指示保密模块和安全保密中心发起。启动的条件包括：

a) 个人终端、保密模块上电；

b) 移动通信网络数据链路中断；

c) 系统提供保密数据传输业务；

d) 安全保密中心实施密钥销毁操作；

e) 其他。

6.3.2 常规认证模式 1

由保密模块依据 6.3.1 要求发起认证请求。保密模块发起的请求设备认证过程如图 11 所示：

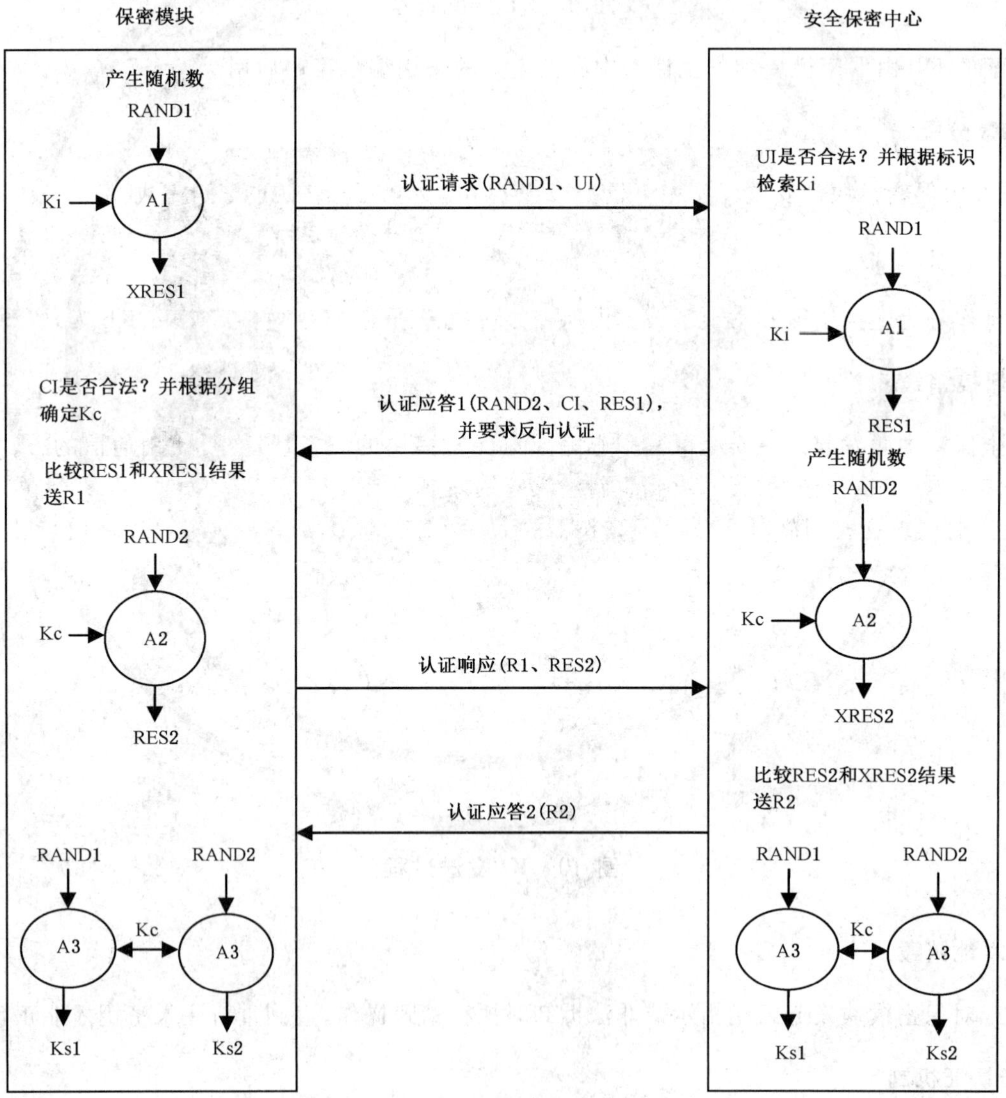

图 11 保密模块发起认证的过程

a) 保密模块产生一个随机数 RAND1，连同标识 UI，向安全保密中心发起认证请求，并期望认证应答 1。使用 Ki、RAND1、A1 计算出预期认证结果 XRES1；

b) 安全保密中心接收认证请求后分别提取 UI 和 RAND1。对 UI 作合法性判决，并提取对应的 Ki。使用 Ki、RAND1、A1 计算出认证结果 RES1。安全保密中心产生随机数 RAND2，连同标识 CI、RES1 组成认证应答 1 发送给保密模块，并要求认证响应；

c) 保密模块接收认证应答 1 后分别提取 CI、RES1、RAND2。对 CI 作合法性判决，并提取对应的 Kc。比较 RES1、XRES1 结果一致性，给出合法应答 R1。使用 Kc、RAND2、A2 计算出认证结果 RES2，连同 CI 判决、R1 结果组成认证响应发送给安全保密中心，并要求认证应答 2；

d) 安全保密中心接收认证响应后提取认证结果 RES2。使用 Kc、RAND2、A2 计算出预期认证结果 XRES2。比较 RES2、XRES2 结果一致性，给出合法应答 R2，发送认证应答 2 给保密模块；

e) 认证有效后保密模块和安全保密中心使用 RAND1、RAND2、Kc、A3 计算出 Ks1、Ks2。

6.3.3 常规认证模式 2

由安全保密中心依据 6.3.1 要求发起认证指示。安全保密中心的指示设备认证过程如图 12 所示：

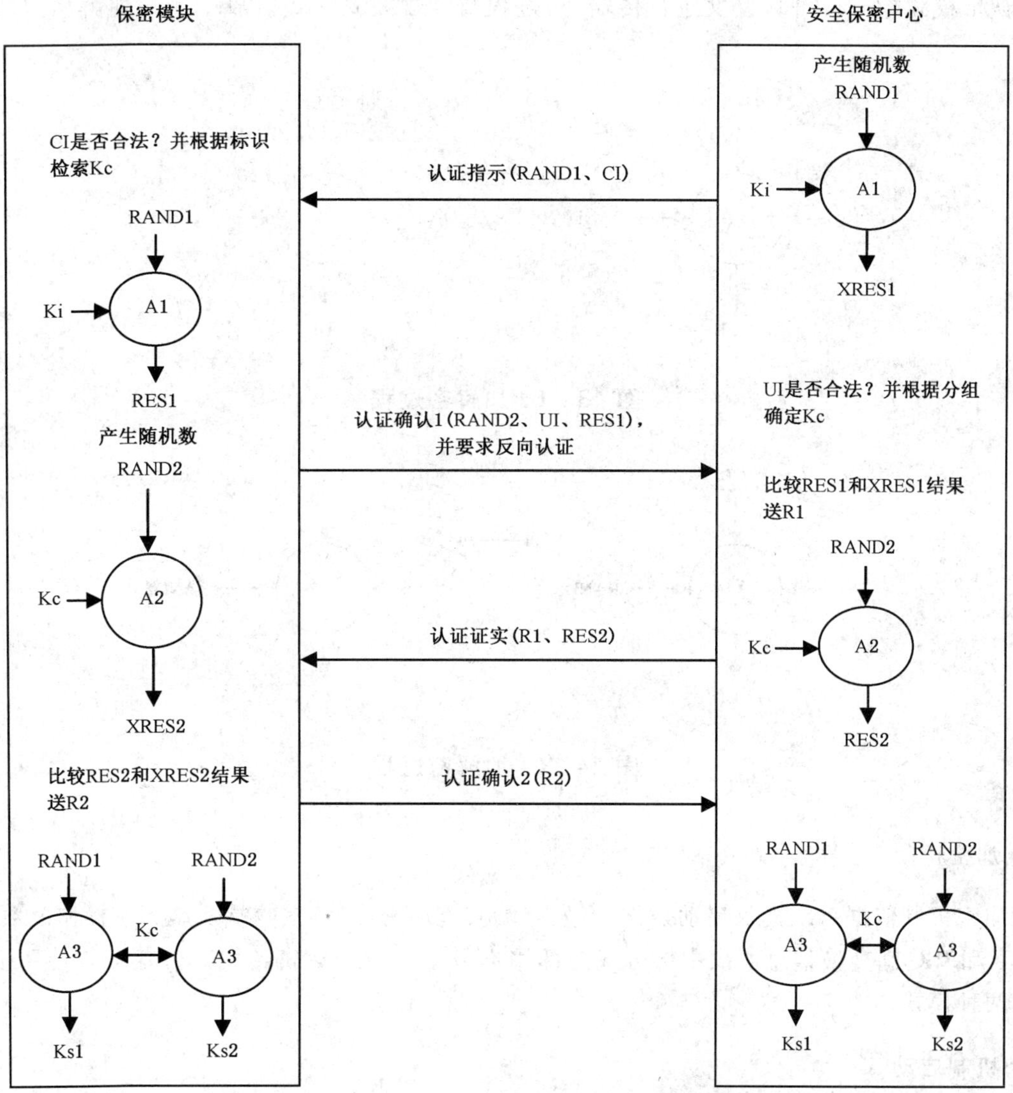

图 12 安全保密中心发起认证的过程

a) 安全保密中心产生一个随机数 RAND1，连同标识 CI，向保密模块发起认证指示，并期望认证确认 1。使用 Ki、RAND1、A1 计算出预期认证结果 XRES1；

b) 安全保密模块接收认证指示后分别提取 CI 和 RAND1。对 CI 作合法性判决，提取对应的 Kc。使用 Ki、RAND1、A1 计算出认证结果 RES1。保密模块产生随机数 RAND2，连同标识 UI、RES1 组成认证确认 1 发送给安全保密中心，并要求认证证实；

c) 安全保密中心接收认证确认 1 后分别提取 UI、RES1、RAND2。对 UI 作合法性判决，并提取对应的 Kc。比较 RES1、XRES1 结果一致性，给出合法确认 R1。使用 Kc、RAND2、A2 计算出认证结果 RES2，连同 UI 判决、R1 结果组成认证证实发送给保密模块，并要求认证确认 2；

d) 保密模块接收认证证实后提取认证结果 RES2。使用 Kc、RAND2、A2 计算出预期认证结果 XRES2。比较 RES2、XRES2 结果一致性，给出合法确认 R2，发送认证确认 2 给安全保密中心；

e) 认证有效后保密模块和安全保密中心使用 RAND1、RAND2、Kc、A3 计算出 Ks1、Ks2。

6.3.4 增强认证模式

增强认证模式除 UI、CI 以密文进行传输外，过程与常规模式一致。UI、CI 的加解密过程如图 13、14 所示。

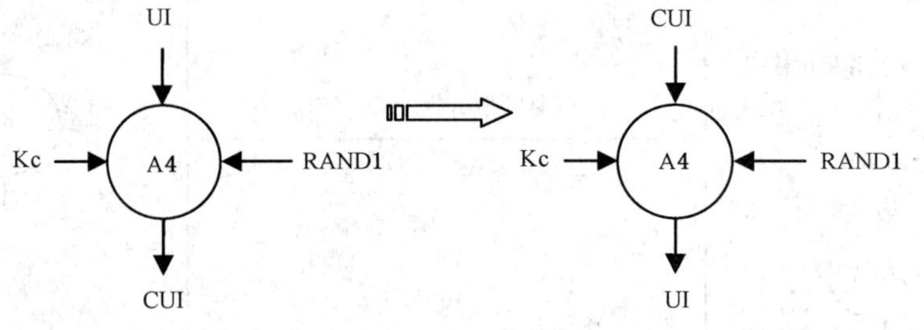

图 13 UI 加解密过程

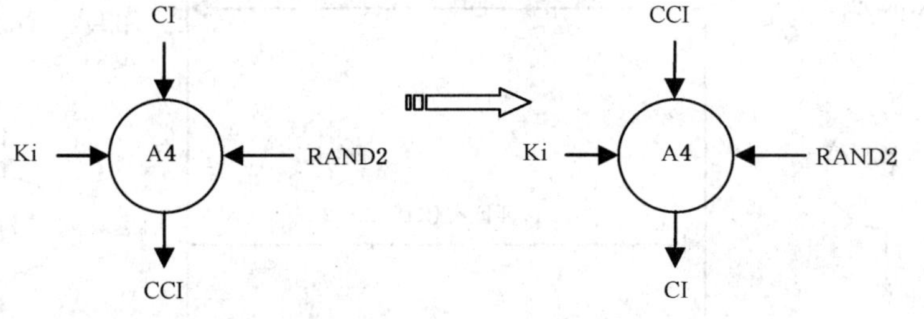

图 14 CI 加解密过程

6.4 数据加密机制

数据加密机制依据系统提供启动条件，在发起端实施加密操作，接收端实施解密操作。数据加密机制确保 PT 和 ISC 间交换信息协议中部分或全部用户数据字段的保密传输。传输双方使用上行加密、下行加密两种模式。

6.5 加密机制启动

数据解密机制的启动可依据系统服务要求，在完成设备认证后，通过个人终端和信息服务中心分别指示保密模块和安全保密中心发起。启动的条件包括：

a) 系统提供保密数据传输业务；

b) 其他。

6.5.1 上行加解密模式

保密模块使用 Kb、Ks1、A5 对明文加密，安全保密中心使用 Kb、Ks1、A5 对密文解密，如图 15 所示。

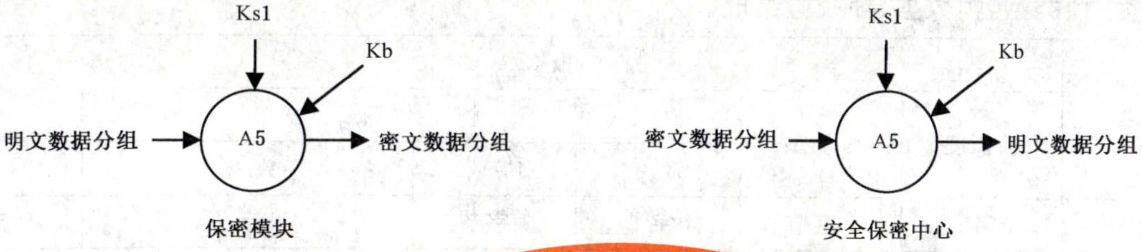

图 15　上行加解密过程

6.5.2 下行加解密模式

安全保密中心使用 Kb、Ks2、A5 对明文加密，保密模块使用 Kb、Ks2、A5 对密文解密，如图 16 所示。

图 16　下行加解密过程

7 信息安全系统接口规程

7.1 概述

信息安全保密系统接口分为本地和端端两类，参见 5.3 定义。接口规程定义信息安全功能实现机制的接口点、信息帧及其在接口点下的处理方法。

7.2 接口点

信息安全系统接口包括 Re、Rg(包括 1、2)、Ri，如图 17 所示。其中 Re 和 Rg 是对等的业务层，也是保密模块与个人终端、安全保密中心与信息服务中心的本地接口点，确保保密模块与安全保密中心的数据加解密、设备认证、密钥管理等业务数据帧的通信。Ri 是承载层，也是保密模块与安全保密中心端端接口点，由 GB/T 29841.2—2013 定义，确保信息安全系统业务数据在系统中的传输。

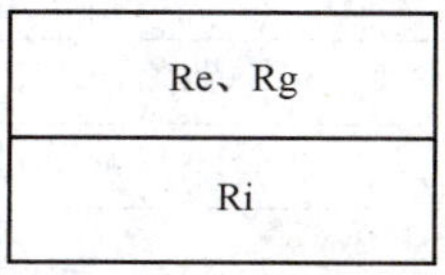

图 17　Re、Rg、Ri 关系

7.2.1 Ri接口点

保密模块与安全保密中使用格式相同的信息帧实现逻辑(端端)连接。

信息帧采用十六进制数据编码,格式要求如图18所示。信息帧由帧头和报文两部分组成,其中报文由帧长度、帧类型、帧数据、帧校验组成。

帧头	报文					
	帧长度	帧类型	帧数据			帧校验
			命令	协议	数据	
1字节	1字节	1字节	1字节	1字节	N字节	1字节

a) 帧头:表示信息帧开始的唯一代码,固定为7EH。报文中出现7EH,发送时转为7DH、01H,接收时7DH、01H转为7EH;报文中出现7DH,发送时转为7DH、00H,接收时7DH、00H转为7DH。

b) 帧长度:表示报文的长度,即从“帧长度”到“帧校验”的字节数。

c) 帧类型:表示信息帧的功能类型编码。

d) 命令:表示功能的操作参数和规定。

e) 协议:表示“命令”的参数或“命令”的响应值。

f) 帧数据:表示信息帧有效载荷。

g) 帧校验:表示报文的校验码,为“帧长度”至“帧数据”按字节进行带进位的累加和。设待校验运算的数据为Data[i],0≤i<n,n为字节长度,校验结果为ChkSum,则计算步骤如下:

```
ChkSum = 0;
for(i= 0;i<n;i++)
  {
ChkSum = ChkSum + Data[ i ];
if(ChkSum >= 256)
ChkSum =(ChkSum - 256)+ 1;
  }
```

如待发信息为“01H 45H 7EH 90H 7DH 88H”,其效验值按上述算法为5BH。

图18 信息帧格式

7.2.2 Re接口点

保密模块与个人终端可采用如表1所示的物理接口,也可由设备规范规定。表1定义的接口方式中,采用异步通信口收发数据,数据格式为8数据位、1停止位、无校验,传输速率自定义。PT应能通过断电使保密模块停止工作。

表1 Re接口点电气要求

序号	定义	方向	特性
1	电源	输入	+3.3 V
2	保密模块复位	输入	高电平有效
3	保密模块就绪	输出	低电平有效
4	个人终端就绪	输入	低电平有效
5	接收数据	输入	高电平有效
6	发送数据	输出	高电平有效
7	电源地		
8	备用		

接口点数据以信息帧为单位进行传输,信息帧格式同7.2.1定义。

7.2.3 Rg接口点

安全保密中心与信息服务中心网络接口采用以太网接口。

接口点数据以信息帧为单位进行传输,信息帧格式同7.2.1定义。

7.3 信息帧类型

依据信息安全机制定义信息帧,分为本地和端端信息帧两类。其中端端信息帧即能在本地接口点输送,也能在端端接口点传输。

7.3.1 本地信息帧

本地信息帧对应Re和Rg接口点,功能类型编码和名称如表2所示。

表2 本地信息帧类型

类型编码	名　称
00H	工作状态请求
80H	工作状态指示
81H	设备认证启动
82H	数据加密请求
83H	数据解密请求
88H	工作状态应答
08H	工作状态证实
09H	设备认证应答
0AH	数据加密应答
0BH	数据解密应答
其他	保留

7.3.2 端端信息帧

端端信息帧对应Ri接口点,功能类型编码和名称如表3所示。

表3 端端信息帧类型

类型编码	名　称
40H	认证请求
C0H	认证指示
C1H	密钥分配指示
C3H	毁钥指示
C8H	认证应答
48H	认证响应

表 3（续）

类型编码	名　称
49H	认证确认
C9H	认证证实
4AH	密钥分配应答
4BH	毁钥响应
其他	保留

7.4 信息帧处理规程

信息帧处理包括本地和端端接口信息交换的流程。采用询问应答处理方式，每次询问超时无应答时间参数依据接口不同而定义，本地接口为 2 s，端端接口为 10 s，询问重发次数均为 3 次。

7.4.1 本地信息帧处理流程

本地信息帧依据功能分类同 7.3.1。

7.4.1.1 保密模块工作状态

处理流程如图 19 所示。

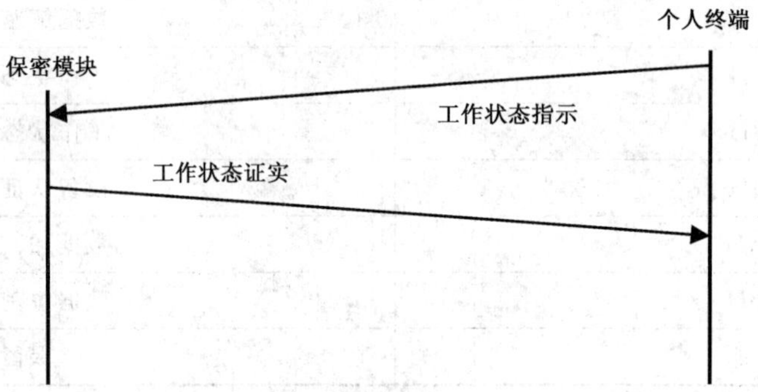

图 19　保密模块工作状态处理流程

7.4.1.2 个人终端工作状态

处理流程如图 20 所示。

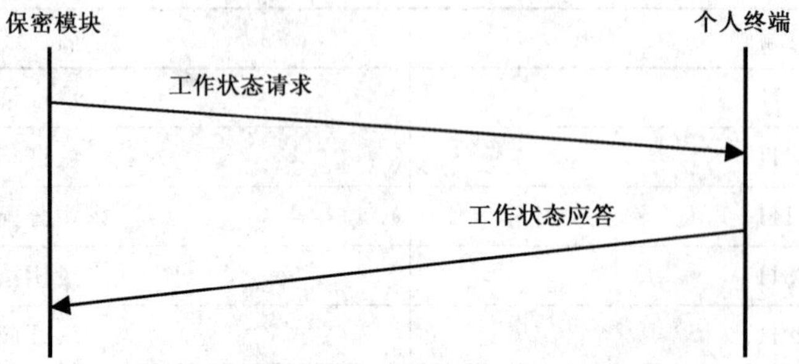

图 20　个人终端工作状态处理流程

7.4.1.3 设备认证启动

处理流程如图 21 所示。

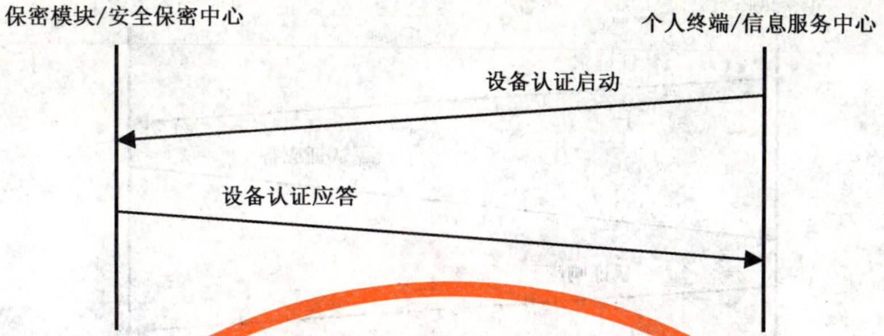

图 21 设备认证启动处理流程

7.4.1.4 数据加密请求

处理流程如图 22 所示。

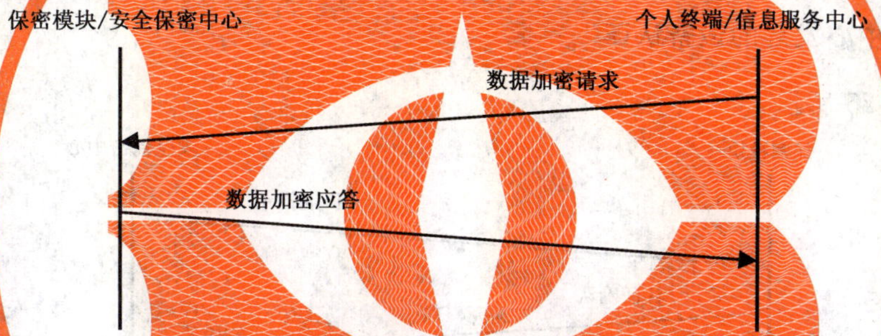

图 22 数据加密请求处理流程

7.4.1.5 数据解密请求

处理流程如图 23 所示。

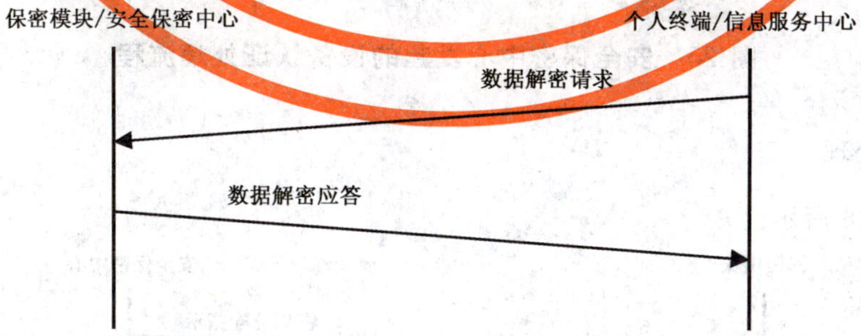

图 23 数据解密请求处理流程

7.4.2 端端信息帧处理流程

端端信息帧依据功能分类同 7.3.2。

7.4.2.1 保密模块发起的设备认证

处理流程如图 24 所示。

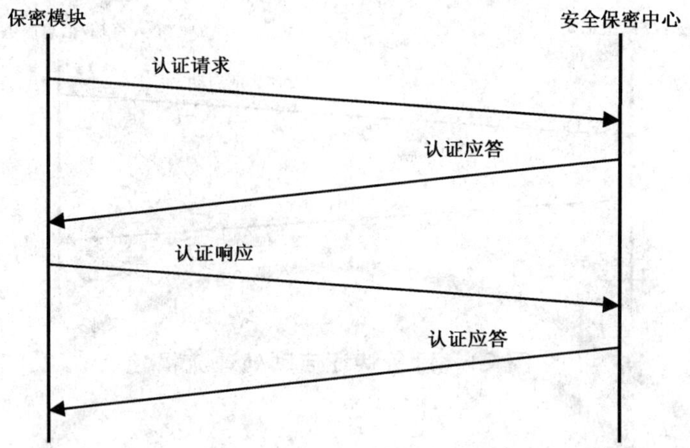

图 24 保密模块发起的设备认证处理流程

7.4.2.2 安全保密中心发起的设备认证

处理流程如图 25 所示。

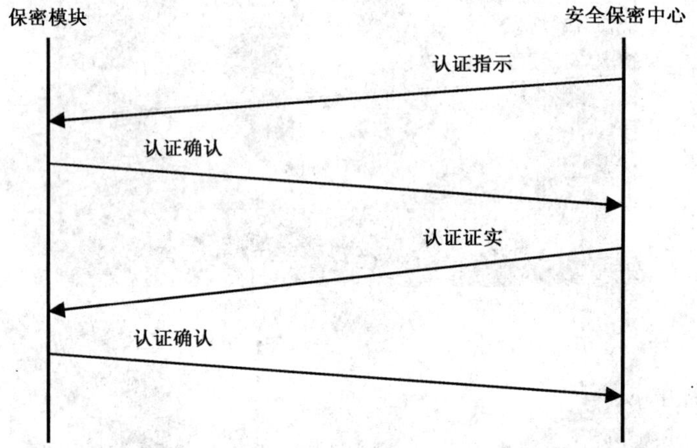

图 25 安全保密中心发起的设备认证处理流程

7.4.2.3 密钥分配处理

处理流程如图 26 所示。

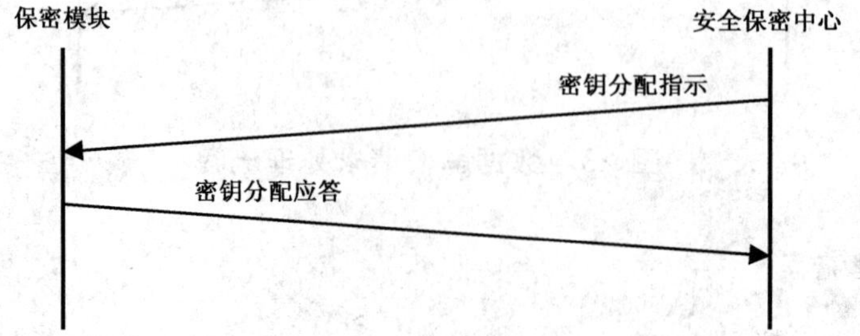

图 26 密钥分配处理流程

7.4.2.4 密钥销毁处理

处理流程如图 27 所示。

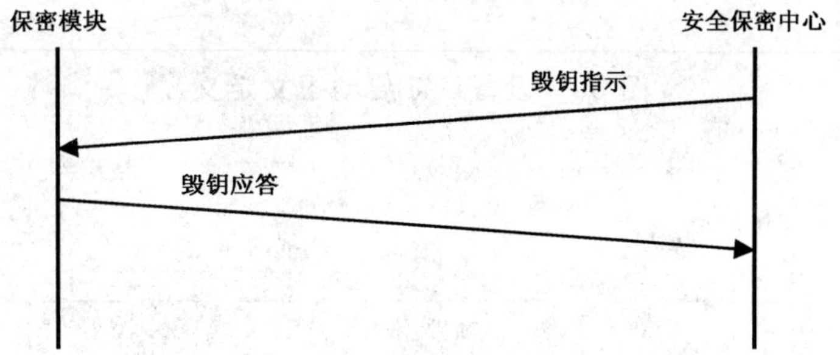

图 27 密钥销毁处理流程

8 信息安全系统报文定义

8.1 概述

报文格式同图 18 定义，分为本地和端端报文。

8.2 本地报文定义

本地报文类型同 7.3.1。帧长度 N、帧校验 ChkSum 依据报文字段定义计算。

8.2.1 工作状态请求

报文定义如图 28 所示。

帧长度	帧类型	命令	帧数据	帧校验
N	00H	操作字	00H	ChkSum

操作字：00H 表示无操作参数，01H～FFH 保留。

图 28 工作状态请求报文定义

8.2.2 工作状态指示

报文定义如图 29 所示。

帧长度	帧类型	命令	帧数据	帧校验
N	80H	00H	00H	ChkSum

命令定义同图 28。

图 29 工作状态指示报文定义

8.2.3 设备认证启动

报文定义如图 30 所示。

帧长度	帧类型	命令	帧数据	帧校验
N	81H	00H	00H	ChkSum

命令定义同图 28。

图 30　设备认证启动报文定义

8.2.4　数据加密请求

报文定义如图 31 所示。

帧长度	帧类型	命令	帧数据	帧校验
N	82H	00H	明文数据	ChkSum

a)　命令定义同图 28。

b)　明文数据：首字节表示 Kb 编号，取 00H—FFH；其他表示待加密明文。

图 31　数据加密请求报文定义

8.2.5　数据解密请求

报文定义如图 32 所示。

帧长度	帧类型	命令	帧数据	帧校验
N	83H	00H	密文数据	ChkSum

a)　命令定义同图 28。

b)　密文数据：首字节表示 Kb 编号，取 00H—FFH；其他表示待加密明文。

图 32　数据解密请求报文定义

8.2.6　工作状态应答

报文定义如图 33 所示。

帧长度	帧类型	命令	帧数据	帧校验
N	88H	操作字	状态描述字	ChkSum

a)　操作字：00H 表示成功，01H 表示失败，其他保留。

b)　状态描述字：操作成功时，由多个描述字组成，首字节表示描述字个数。每个描述字两字节，第一字节表示属性类型，第二字节表示值。描述字由设备规范定义。操作失败时，一字节表示失败原因，由设备规范定义。

图 33　工作状态应答报文定义

8.2.7　工作状态证实

报文定义如图 34 所示。

帧长度	帧类型	命令	帧数据	帧校验
N	08H	操作字	状态描述字	ChkSum

操作字、状态描述字同图 33 定义。

图 34 工作状态证实报文定义

8.2.8 设备认证应答

报文定义如图 35 所示。

帧长度	帧类型	命令	帧数据	帧校验
N	09H	操作字	描述字	ChkSum

a) 操作字同图 33 定义。
b) 描述字：一字节。操作成功时为 00H；操作失败时表示失败原因。

图 35 设备认证应答报文定义

8.2.9 数据加密应答

报文定义如图 36 所示。

帧长度	帧类型	命令	帧数据	帧校验
N	0AH	操作字	加密结果	ChkSum

a) 操作字同图 33 定义。
b) 加密结果：操作成功时，首字节表示 Kb 编号，取 00H～FFH，其他表示已加密的密文；操作失败时，一字节表示失败原因。

图 36 数据加密应答报文定义

8.2.10 数据解密应答

报文定义如图 37 所示。

帧长度	帧类型	命令	帧数据	帧校验
N	0BH	操作字	解密结果	ChkSum

a) 操作字同图 33 定义。
b) 解密结果：操作成功时，表示已解密的明文；操作失败时，一字节表示失败原因。

图 37 工作状态指示报文定义

8.3 端端报文定义

端端报文类型同 7.3.2。帧长度 N、帧校验 SUM 依据报文字段定义计算。

8.3.1 认证请求

报文定义如图 38 所示。

帧长度	帧类型	命令	帧数据	帧校验
N	40H	操作字	RAND1,UI	ChkSum

a) 操作字:00H 表示常规认证模式,01H 表示增强认证模式,其他保留。

b) RAND1:表示随机数,首字节表示长度。

c) UI:表示保密模块设备识别码,首字节表示长度。

图 38 认证请求报文定义

8.3.2 认证指示

报文定义如图 39 所示。

帧长度	帧类型	命令	帧数据	帧校验
N	C0H	操作字	RAND1,CI	ChkSum

a) 操作字:同图 38 定义。

b) RAND1:同图 38 定义。

c) CI:表示安全保密中心设备识别码,首字节表示长度。

图 39 认证指示报文定义

8.3.3 密钥分配指示

报文定义如图 40 所示。

帧长度	帧类型	命令	帧数据	帧校验
N	C1H	操作字	密钥组,时间戳	ChkSum

a) 操作字:01H 表示 Kc 分配,02H 表示 Kb 分配,其他保留。

b) 密钥组:表示 Kci 或 Kbi。首字节表示密钥个数。每一密钥的首字节表示长度,第二字节为编号,后续字节为密钥量。

c) 时间戳:表示日期、时刻,采用 YYMDHMS 方式的 BCD 编码。

图 40 密钥分配指示报文定义

8.3.4 毁钥指示

报文定义如图 41 所示。

帧长度	帧类型	命令	帧数据	帧校验
N	C2H	操作字	毁钥密钥,时间戳	ChkSum

a) 操作字:定义同图 28。

b) 毁钥密钥:表示密钥销毁操作命令 Kli,首字节表示长度,后续字节为密钥量。

c) 时间戳:定义同图 40。

图 41 毁钥指示报文定义

8.3.5 认证应答

报文定义如图 42 所示。

帧长度	帧类型	命令	帧数据	帧校验
N	C8H	操作字	RAND2、CI、RES1 或 R2	ChkSum

a) 操作字:01H 表示第一次应答,02H 表示第二次应答,其他保留。
b) 第一次应答数据为 RAND2、CI、RES1,第二次应答数据为 R2。
c) RAND2:定义同图 38。
d) CI:表示随机数,首字节表示长度。
e) RES1:表示认证计算结果。首字节表示长度,后续字节为计算结果。
f) R2:表示认证结果。00H 合法设备,01H 非法设备,其他保留。

图 42 认证应答报文定义

8.3.6 认证响应

报文定义如图 43 所示。

帧长度	帧类型	命令	帧数据	帧校验
N	48H	操作字	R1,RES2	ChkSum

a) 操作字:01H 表示第一次响应。
b) R1:表示认证结果。00H 合法设备,01H 非法设备,其他保留。
c) RES2:表示认证计算结果。首字节表示长度,后续字节为计算结果。当 R1 为 00H 时,表示认证计算结果;R1 为非 00H 时,为空。

图 43 认证响应报文定义

8.3.7 认证确认

报文定义如图 44 所示。

帧长度	帧类型	命令	帧数据	帧校验
N	49H	操作字	RAND2、UI、RES1 或 R2	ChkSum

a) 操作字:01H 表示第一次应答,02H 表示第二次应答,其他保留。
b) 第一次应答数据为 RAND2、UI、RES1,第二次应答数据为 R2。
c) RAND2:定义同图 42。
d) UI:定义同图 38。
e) RES1:定义同图 42。
f) R2:定义同图 42。

图 44 认证确认报文定义

8.3.8 认证证实

报文定义如图 45 所示。

帧长度	帧类型	命令	帧数据	帧校验
N	C9H	操作字	R1,RES2	ChkSum

a) 操作字:01H 表示第一次证实。

b) R1:定义同图 43。

c) RES2:定义同图 43。

图 45 认证证实报文定义

8.3.9 密钥分配应答

报文定义如图 46 所示。

帧长度	帧类型	命令	帧数据	帧校验
N	4AH	操作字	时间戳	ChkSum

a) 操作字:00H 表示分配成功,01H 分配失败,其他保留。

b) 时间戳:定义同图 40。

图 46 密钥分配应答报文定义

8.3.10 毁钥响应

报文定义如图 47 所示。

帧长度	帧类型	命令	帧数据	帧校验
N	4BH	操作字	时间戳	ChkSum

a) 操作字:00H 表示毁钥成功,01H 毁钥失败,其他保留。

b) 时间戳:定义同图 40。

图 47 毁钥响应报文定义

ICS 33.200
M 50

中华人民共和国国家标准

GB/T 29841.4—2013

卫星定位个人位置信息服务系统 第4部分：终端通用规范

Satellite positioning personal position information service system(PPISS)—
Part 4: General specification of terminal

2013-11-12 发布 2014-05-01 实施

中华人民共和国国家质量监督检验检疫总局
中国国家标准化管理委员会 发布

前　言

GB/T 29841《卫星定位个人位置信息服务系统》目前分为以下4个部分：

——第1部分：功能描述；

——第2部分：终端与服务中心信息交换协议；

——第3部分：信息安全规范；

——第4部分：终端通用规范。

本部分为GB/T 29841的第4部分。

本部分按照GB/T 1.1—2009给出的规则起草。

请注意本文件的某些内容可能涉及专利。本文件的发布机构不承担识别这些专利的责任。

本部分由中华人民共和国工业和信息化部提出。

本部分由中国电子技术标准化研究院归口。

本部分起草单位：南京联慧通信技术有限公司、中国电子技术标准化研究院、厦门雅迅网络股份有限公司、熊猫电子集团有限公司。

本部分主要起草人：牟中平、赵安、赵志旺、陈倩、韦昌荣、唐洁。

卫星定位个人位置信息服务系统 第4部分：终端通用规范

1 范围

GB/T 29841的本部分规定了卫星定位个人位置信息服务系统（以下简称“系统”）终端的要求、测试方法、检验规则、标志、包装、运输及贮存等。

本部分适用于采用卫星定位技术、具有位置定位功能的个人位置信息服务系统终端（以下简称“终端”）的研制和生产。采用非卫星定位技术的个人位置信息服务系统终端的研制和生产，可参照执行。

2 规范性引用文件

下列文件对于本文件的应用是必不可少的。凡是注日期的引用文件，仅注日期的版本适用于本文件。凡是不注日期的引用文件，其最新版本（包括所有的修改单）适用于本文件。

GB/T 191 包装储运图示标志

GB/T 2423.1 电工电子产品环境试验 第2部分：试验方法 试验A：低温

GB/T 2423.2 电工电子产品环境试验 第2部分：试验方法 试验B：高温

GB/T 2423.3 电工电子产品环境试验 第2部分：试验方法 试验Cab：恒定湿热试验

GB/T 2423.5 电工电子产品环境试验 第2部分：试验方法 试验Ea和导则：冲击

GB/T 2423.8—1995 电工电子产品环境试验 第2部分：试验方法 试验Ed：自由跌落

GB/T 2423.10 电工电子产品环境试验 第2部分：试验方法 试验Fc：振动（正弦）

GB/T 2828.1—2012 计数抽样检验程序 第1部分：按接收质量限（AQL）检索的逐批检验抽样计划

GB/T 2829—2002 周期检验计数抽样程序及表（适用于对过程稳定性的检验）

GB/T 4857.5—1992 包装 运输包装件 跌落试验方法

GB/T 6388 运输包装收发货标志

GB/T 9969 工业产品使用说明书 总则

GB/T 13384—2008 机电产品包装通用技术条件

GB/T 18220—2012 信息技术 手持式信息处理设备通用规范

GB/T 29841.1—2013 卫星定位个人位置信息服务系统 第1部分：功能描述

GB/T 29841.2—2013 卫星定位个人位置信息服务系统 第2部分：终端与服务中心信息交换协议

GB/T 29841.3—2013 卫星定位个人位置信息服务系统 第3部分：信息安全规范

SJ/Z 3216—1989 电子产品防护、包装和装箱等级

YD/T 965 电信终端设备的安全要求和试验方法

YD/T 998—1999 移动通信手持机用锂离子电源及充电器

YD 1032 900/1800MHz TDMA数字蜂窝移动通信系统电磁兼容性限值和测量方法 第1部分：移动台及其辅助设备

3 术语和定义

GB/T 29841.1—2013、GB/T 29841.2—2013 和 GB/T 29841.3—2013 中界定的以及下列术语和定义适用于本文件。

3.1

定位信息服务实体 position information service entity;PISE

为目标物体提供位置信息、时间信息等服务的实体,通常通过卫星定位技术实现上述功能。

3.2

信息处理实体 information process entity;IPE

完成位置信息的处理、存储和输入输出功能、电源管理以及人机交互等的功能。

3.3

无线通信实体 wireless communications entity;WCE

实现终端与服务中心的数据传输。

4 要求

4.1 参考模型

参考模型如图 1 所示,标识了组成终端的基本功能实体及接口。

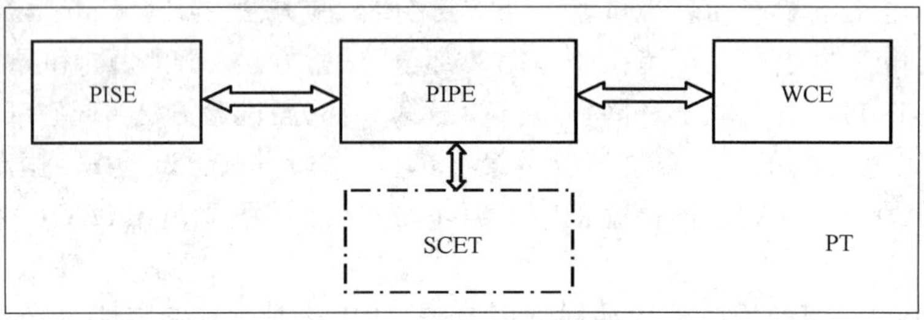

图 1 参考模型

4.2 组成

终端一般应由以下部分组成:

a) 微处理器及控制单元;

b) 无线数据传输模块;

c) 卫星定位模块;

d) 安全保密模块(可选);

e) 数据存储单元;

f) 人机接口单元;

g) 软件模块。

4.3 分类

终端按表 1 分类。

表 1　终端分类

组成			终端分类		
			简易定位终端	普通定位终端	智能定位终端
微处理器及控制单元			○	○	○
无线数据传输模块			○	○	○
卫星定位模块			○	○	○
数据存储单元	<16M Byte		○	○	—
	≥16M Byte		—	—	○
人机接口单元	键盘		—	○	○
	显示屏	<128 像素×64 像素	△	—	—
		128 像素×64 像素～128 像素×160 像素	—	○	—
		>128 像素×160 像素	—	—	○
	声音		—	○	○
软件模块	用户界面		△	○	○
注："○"表示必备的单元；"△"表示可选单元；"—"表示不选单元。					

4.4　一般要求

4.4.1　键盘

4.4.1.1　按键设计

键盘可以采用物理键盘，也可以采用替代物理键盘的其他输入方式，如声控输入、触摸屏输入等。具有人机接口的终端至少应具备开关机键、方向键、确认键和功能键。

按键布局应符合人体工程学原理。示例见图 2。

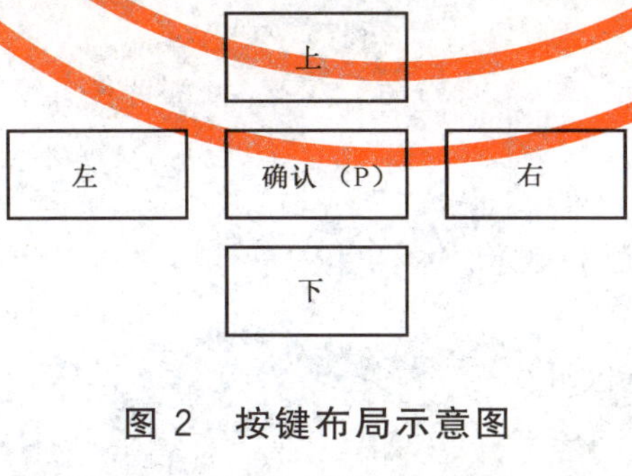

图 2　按键布局示意图

4.4.1.2　专用功能键符号

当终端有如下功能键时，其键盘上的功能符号应符合表 2 的规定。

表 2　专用功能键及其符号表示

功　能　符　号	功　能　说　明
	电源开关
P	启动定位
a)　符号颜色应清晰、耐磨。符号大小可由产品规范自行规定。 b)　启动定位功能键、开关机键，可以与其他键，如确认键等复用。	

4.4.2　中文信息处理

具有人机接口的终端应符合 GB/T 18220—2012 中 4.3 的规定。

4.4.3　外形尺寸、质量

终端的外形尺寸、质量由产品规范规定。为方便使用，推荐设计为手持式终端产品。

4.4.4　外观质量

终端的外观应无锈蚀、霉斑、污迹、镀涂层脱落、划痕、毛刺等缺陷。塑料件应无起泡、开裂、变形。文字、符号、标志应清晰。结构件与控制元件应完整、无机械损伤。

4.5　功能要求

4.5.1　下载地图

应符合 GB/T 29841.1—2013 中 7.2.3 的要求。

4.5.1.1　地图的显示

应能显示标量数据和矢量数据。

4.5.1.2　地图的操作

地图的操作应符合以下要求：

a)　缩放

应能对地图缩小显示或放大显示。

b)　平移

应能移动地图，显示附近区域。

c)　旋转

应能旋转地图，旋转角度可选，应至少包括 0°、45°、90°、135°、180°、225°、270°、315°。

4.5.2　信息查询

应符合 GB/T 29841.1—2013 中 7.2.4、7.2.5、7.2.6 的要求，并能显示。

4.5.3 路线规划

应符合 GB/T 29841.1—2013 中 7.4.1 的要求，规划完成的路线应在终端上突出显示。

4.5.4 报警、求助

应符合 GB/T 29841.1—2013 中 7.4.2 的要求，长按“启动定位键”8 s 以上即能发出报警求助信息。

4.5.5 轨迹存储与查询

应符合 GB/T 29841.1—2013 中 7.4.3 的要求。

4.5.6 请求中心定位

应符合 GB/T 29841.1—2013 中 7.4.4 的要求。

4.5.7 信息添加

应符合 GB/T 29841.1—2013 中 7.4.5 的要求，终端也可添加关注点信息。

4.5.8 地图邮件

应符合 GB/T 29841.1—2013 中 7.4.6 的要求。

4.5.9 发送位置信息给第三方

可由终端或通过系统将自身位置信息发送到第三方终端。如通过系统发送位置信息，应符合 GB/T 29841.1—2013 中 7.4.7 的要求。

4.5.10 测算

应符合 GB/T 29841.1—2013 中 7.4.8 的要求。

4.6 性能要求

4.6.1 定位精度

终端所确定的位置与实际位置的偏差应小于 50 m(2DRMS 量度)。

4.6.2 效率

应满足下列要求：

a) 路线计算时间：从开始路线计算到开始路线引导的时间不大于 1 min；

b) 目标检索时间：本地检索，每次操作的响应时间应不大于 10 s；通过 ISC 检索，每次操作的响应时间应不大于 45 s。

4.6.3 无线性能指标

当终端采用不同的无线接入技术时，其无线性能指标应符合相应标准，具体指标由产品规范规定。

4.7 电磁兼容性

应符合 YD 1032 的要求。

4.8 安全性

应符合 YD/T 965 的要求。

4.9 信息安全

4.9.1 身份鉴别

应符合 GB/T 29841.3—2013 中 6.2 的要求。

4.9.2 数据保密性保护

应符合 GB/T 29841.3—2013 中的要求。

4.10 接口

建议使用通用异步串行口(UART)或通用串行总线(USB)接口,由产品规范规定。

4.11 供电

建议使用锂电池,由产品规范规定。锂电池及其充电器性能应符合 YD/T 998—1999 的要求。

4.12 环境适应性

4.12.1 高温工作

终端在温度为 55 ℃时,应能正常工作。

4.12.2 高温贮存

终端在温度为 65 ℃时,应能正常贮存。

4.12.3 低温工作

终端在温度为—10 ℃,应能正常工作。

4.12.4 低温贮存

终端在温度为—20 ℃时,应能正常贮存。

4.12.5 湿热

设备应能承受温度为 40 ℃、相对湿度为 93%、试验周期为 48 h 的恒定湿热试验。

4.12.6 振动

终端在表 3 的振动条件下,应能正常工作。

表 3 振动条件

频率 Hz	加速度 m/s^2	扫描时间 min
10～55	20	10
20～500	50	10

4.12.7 冲击

终端承受峰值加速度为 300 m/s^2、脉冲持续时间为 18 ms 的冲击试验后应无机械损伤和结构松动，并能正常工作。

4.12.8 跌落

终端从 1.0 m 的高度跌落到平滑、坚硬的刚性表面后应能正常工作，并无损坏。

5 测试方法

5.1 测试条件

5.1.1 除另有规定外，所有试验应在测试用标准大气条件下进行：

a) 温度：15 ℃～35 ℃；

b) 相对湿度：25%～75%；

c) 大气压力：86 kPa～106 kPa。

5.1.2 试验期间施加于系统的电源电压应在额定电压的(100±5)%范围内。

5.1.3 所有测试设备应有足够的分辨率、准确度和稳定度，其性能应满足被测技术性能指标的要求。除另有规定外，其精度应优于被测指标精度一个数量级或三分之一。

5.1.4 所有测试设备应经过计量检定合格并在有效期内。

5.1.5 试验场地应选择在交通便利，周围无显著电磁信号干扰且环视高度角 10°以上无障碍物的地方。

5.1.6 除另有规定外，一般利用空中实际的卫星信号进行测试。当利用卫星信号模拟发生器来作为标准测试信号源时，其产生的信号应具有和实际卫星信号相同的特性。

5.2 一般要求

5.2.1 概述

第 4 章中的一般要求，在本章中未规定具体试验方法的可通过目测，图、文、物核对，操作演示或按产品规范中规定的方法进行。

5.2.2 键盘检查

用目测法检验键盘排列是否正确、按键符号清晰、耐久；用手检验按键是否灵活，接触是否可靠。

5.2.3 中文信息处理检查

按 GB/T 18220—2012 中 5.4 的规定。

5.2.4 外形尺寸、质量

用量具和衡器检查尺寸和质量。

5.2.5 外观质量

用目测和手感法进行检查。

5.3 功能测试

按产品规范中规定的方法进行。

5.4 性能测试

5.4.1 定位精度

将终端和另一台差分 GPS 导航仪安装在同一(移动或固定的)载体上,在其正常工作后,连续获取不少于 4 000 个匹配后输出的终端位置数据。将差分 GPS 输出的数据与终端输出的数据进行同步比较。

5.4.2 效率

终端效率的试验程序如下:

a) 路线计算时间

任意选取从起点到终点距离在 50 km～500 km 范围内的路线,进行路线计算,测量从开始路线计算到开始路线引导的时间,连续获取、记录 10 组不同的测量数据,并计算其均值。

b) 目标检索时间

测量目标检索过程中,终端对本地信息的检索的响应时间,连续获取、记录 10 组测量数据,并计算其均值;终端通过网络检索时的响应时间,连续获取、记录 10 组不同的测量数据,并计算其均值。

5.5 电磁兼容性

应按 YD 1032 规定的方法进行。

5.6 安全性

应按 YD/T 965 规定的方法进行。

5.7 信息安全

5.7.1 身份鉴别

按 GB/T 29841.3—2013 中 6.2 的要求进行。

5.7.2 数据保密性保护

按 GB/T 29841.3—2013 中的要求进行。

5.8 接口

按产品规范的规定进行接口检查。

5.9 供电

锂电池及其充电器的性能应按 YD/T 998—1999 的要求测试。其他电池按产品规范规定进行。

5.10 环境适应性

环境试验中的初始检测、中间检测和最后检测项目见表 4。不同类型终端,具体按产品规范正常进行。

表 4 检测项目

序号	检测项目	要求的章条号	测试方法的章条号
1	键盘	4.4.1	5.2.2
2	外观质量	4.4.4	5.2.5
3	下载地图	4.5.1	5.3
4	发送位置信息给第三方	4.5.9	5.3
5	效率	4.6.2	5.4.2
6	接口	4.10	5.8

5.10.1 高温工作

高温工作试验按 GB/T 2423.2 的规定进行。

受试样品通电、不包装，试验温度为 50 ℃，持续时间为 2 h。中间检测按表 4 序号 1、2、3、5、6 进行，初始检测和最后检测按表 4 中各项目进行。

5.10.2 高温贮存

高温贮存试验按 GB/T 2423.2 的规定进行。

受试样品不通电、不包装，试验温度为 65 ℃，持续时间为 2 h。初始检测和最后检测按表 4 中各项目进行。

5.10.3 低温工作

低温工作试验按 GB/T 2423.1 的规定进行。

受试样品通电、不包装，试验温度为－10 ℃，持续时间为 2 h。中间检测按表 4 序号 1、2、3、5、6 进行，初始检测和最后检测按表 4 中各项目进行。

5.10.4 低温贮存

低温贮存试验按 GB/T 2423.1 的规定进行。

受试样品不通电、不包装，试验温度为－20 ℃，持续时间为 2 h。初始检测和最后检测按表 4 中各项目进行。

5.10.5 恒定湿热

湿热试验按 GB/T 2423.3 的规定进行。

受试样品的初始检测和最后检测按表 4 中各项目进行。

5.10.6 振动

振动试验按 GB/T 2423.10 的规定进行。

受试样品的中间检测按表 4 序号 1、2、3、5、6 进行，初始检测和最后检测按表 4 中各项目进行。

5.10.7 冲击

冲击试验按 GB/T 2423.5 的规定进行。

受试样品的初始检测和最后检测按表 4 中各项目进行。

5.10.8 跌落

跌落试验按 GB/T 2423.8—1995 中方法一的规定进行。

受试样品通电、不包装，跌落高度为 1.0 m。初始检测和最后检测按表 4 中各项目进行。

5.11 包装检验

包装检验应按下列规定进行：

a) 用目测法检查和核对包装箱的物品和包装标志；

b) 按 GB/T 4857.5—1992 的规定进行垂直冲击跌落试验。

6 检验规则

6.1 检验分类

检验包括：鉴定检验、质量一致性检验。

6.2 鉴定检验

6.2.1 检验条件

有下列情况之一应进行鉴定检验：

a) 设计定型和生产定型时；

b) 在设计有重大改进、重要的原材料和元器件及工艺有重大变化使原来的鉴定结论不再有效时；

c) 长期停产后恢复生产时；

d) 易地生产时。

6.2.2 检验项目及顺序

鉴定检验项目及顺序见表 5。根据具体情况，使用方和生产方可协商剪裁检验项目或改变检验顺序。

表 5 检验项目表

序号	检验项目	要求的章条号	检验方法的章条号	鉴定检验	质量一致性检验		
					逐批检验		周期检验
					全数检验	抽样检验	
1	参考模型	4.1	5.2.1	○	○	—	—
2	组成	4. 2	5.2.1	○	—	—	—
3	键盘	4.4.1	5.2.2	○	○	—	—
4	中文信息处理	4.4.2	5.2.3	○	○	—	—
5	外形尺寸、质量	4.4.3	5.2.4	○	—	○	—
6	外观质量	4.4.4	5.2.5	○	○	—	—
7	下载地图	4.5.1	5.3	○	○	—	—
8	信息查询	4.5.2	5.3	○	—	○	—

表 5（续）

序号	检验项目	要求的章条号	检验方法的章条号	鉴定检验	质量一致性检验		
					逐批检验		周期检验
					全数检验	抽样检验	
9	路线规划	4.5.3	5.3	○	—	○	—
10	报警、求助	4.5.4	5.3	○	—	○	—
11	轨迹存储与查询	4.5.5	5.3	○	—	○	—
12	请求中心定位	4.5.6	5.3	○	—	○	—
13	信息添加	4.5.7	5.3	○	—	○	—
14	地图邮件	4.5.8	5.3	○	—	○	—
15	发送位置信息给第三方	4.5.9	5.3	○	—	○	—
16	测算	4.5.10	5.3	○	—	○	—
17	定位精度	4.6.1	5.4.1	○	—	○	—
18	效率	4.6.2	5.4.2	○	—	○	—
19	电磁兼容性	4.7	5.5	○	—	—	△
20	安全性	4.8	5.6	○	—	△	—
21	信息安全	4.9	5.7	○	—	○	—
22	接口	4.10	5.8	○	○	—	—
23	供电	4.11	5.9	○	—	○	—
24	环境适应性	4.12	5.10	○	—	—	○
25	包装	7.2	5.11	○	—	—	△
注：“○”为必检项目；“—”为不检验项目；“△”为选做项目。							

6.2.3 样品数量

检验样品为2套～4套。亦允许根据不同的检验项目采用不同的样品数量进行，具体由产品规范规定。

6.2.4 合格判据

当规定的检验项目全部合格时，判定鉴定检验合格，否则判为不合格。

6.3 质量一致性检验

6.3.1 检验分类

质量一致性检验分为逐批检验和周期检验。

6.3.2 检验批的形成与提出

检验批的形成与提出应符合GB/T 2828.1—2012中6.2的规定。

6.3.3 不合格的分类

按产品的质量特性及其不符合的严重程度分为A类、B类、C类不合格(见附录A)。当有一个或一个以上不合格项目的单位产品称为不合格品。按不合格类型可分为A类、B类、C类不合格品。

6.3.4 检验项目及顺序

检验项目及顺序见表6,根据实际情况,使用方和生产方可协商剪裁检验项目或改变检验顺序。

表6 不合格质量水平(RQL)和判定数组

不合格品	样本大小	RQL	判定数组
A类	6	40	Ac=0, Re=1
B类	6	65	Ac=1, Re=2
C类	6	80	Ac=2, Re=3
注:Ac—合格判定数;Re—不合格判定数。			

6.3.5 逐批检验

逐批检验的目的是为判断每个提交检验批的批质量是否符合规定的要求。

根据检查对象,逐批检验分全数检验和抽样检验。

6.3.5.1 全数检验

6.3.5.1.1 抽样方案

对生产方提交检验批的产品百分之百地进行检验。

6.3.5.1.2 合格判据

根据检验结果对全数检验作出如下判定:

a) 当发现A类不合格项时,应判该批产品检验不合格;

b) 当发现B类、C类不合格项小于或等于规定值,则判该批产品检验合格,否则不合格。具体数值由产品规范规定。

6.3.5.1.3 样品处理

经全数检验合格的批中,对发现有不合格的产品,生产方应负责修复并达到规定后,可作为合格品交付。

6.3.5.2 抽样检验

6.3.5.2.1 抽样方案

从交验的合格批中,随机抽取样本。除非另有规定,抽样方案按GB/T 2828.1—2012中规定的一般检验水平Ⅱ,一次正常检验抽样方案,其接收质量限(AQL)规定为:

A类不合格品:AQL为0.65;

B类不合格品:AQL为6.50;

C类不合格品:AQL为15.00。

6.3.5.2.2 合格判据

根据检验结果，若发现的三类不合格品数均不大于规定的合格判定数，则判检验合格，否则为不合格。

6.3.5.3 重新检验

若抽样检验不合格，生产方应对该批产品进行分析，找出不合格原因并采取纠正措施后，可重新提交检验。重新提交检验批的抽样检验应按 GB/T 2828.1—2012 中 13.3 进行处理。若重新检验合格，仍判抽样检验合格；若重新检验仍不合格，仍判该批产品抽样检验不合格，拒收。

6.3.5.4 样品处理

经抽样检验合格的批中，对发现有不合格的产品，生产方应负责修复达到规定后，可作为合格品交付。

6.3.6 周期检验

6.3.6.1 检验条件

周期检验是生产方周期性地从全数检验和抽样检验合格的某个批或产品中随机抽取样本进行的检验，以判断在规定周期内生产过程的稳定性是否符合规定的质量指标。

有下列情况之一，应进行周期检验：

a) 连续生产的产品，每年不少于一次，具体要求由产品规范规定；
b) 产品主要设计、工艺及原材料、元器件发生重大更改的提交批；
c) 停产半年，恢复生产时。

6.3.6.2 抽样方案

除非另有规定，抽样方案按 GB/T 2829—2002 判别水平Ⅲ的一次抽样方案进行，不合格质量水平(RQL)和判定数组见表 6。

6.3.6.3 合格判据

根据检验的不合格品数，按抽样方案中的判定数组要求，判定合格或不合格。若有一组不合格则应暂停交货，分析原因，采取改进措施，重新进行周期检验。合格后，产品方可交货。

当周期检验不合格，对已生产的产品和已交付的产品由生产方采取纠正措施。

6.3.6.4 样品处理

经周期检验的样品不能作为正品出厂。

7 标志、包装、运输和贮存

7.1 标志

产品标志应符合 GB/T 191 和 GB/T 6388 的规定。

在产品上应有以下标志：商标、企业名称与地址、产品型号、生产日期。

在包装箱上应有如下标志：收发货标志、包装储运图示标志、包装件尺寸及质量等。

7.2 包装

包装应符合：

a) 包装方式应符合 GB/T 13384—2008 的规定；

b) 装箱等级按 SJ/Z 3216—1989 中的 B 级要求进行；

c) 包装件应能承受 GB/T 4857.5—1992 的跌落试验，试验后不应有机械损伤或电性能指标缺陷；

d) 包装箱内应备有：

   1) 装箱单；

   2) 合格证；

   3) 使用说明书(使用手册)。

7.3 运输

包装好的产品允许采用任何交通工具运输，但应有避免雨雪直接淋袭或烈日曝晒，以及避免机械损伤的措施。

7.4 贮存

包装后产品应贮存于环境温度－10 ℃～30 ℃，相对湿度 50％～70％，周围环境不应有对产品有影响的酸、碱以及其他腐蚀气体的库房内，并按运输标志规定向上放置，贮存期间应无强烈的机械振动、冲击和强磁场作用，贮存期为 1 年。超过 1 年的产品应开箱检验，经复验合格后方可进入流通领域。

7.5 使用说明书

使用说明书的编写应符合 GB/T 9969 的规定，并提供下列有关信息：

a) 产品型号及组成；

b) 产品功能及操作；

c) 运输、装配和安装；

d) 保养、故障判断及修理；

e) 安全注意事项；

f) 其他。

附　录　A
（规范性附录）
产品不合格分类

产品不合格分类见表 A.1。具体项目由产品规范规定。

表 A.1　产品不合格分类

检查项目		不合格内容	不合格分类		
			A 类	B 类	C 类
按键		按键开裂、变形			○
		按任一按键后不能复位	○		
		按任一按键达不到功能要求	○		
		按任一按键接触不良		○	
外观质量		表面有局部轻微擦伤、起泡、龟裂			○
		结构件金属表面严重锈蚀、发霉		○	
外形尺寸、重量		不符合图样要求		○	
功能		功能指标严重偏离要求	○		
		功能指标虽有偏离，但仍能工作		○	
性能		性能要求不能完成	○		
		性能要求虽能完成，但效果不好		○	
安全性		不满足规定要求	○		
信息安全		达不到本规范规定要求		○	
接口		不满足规定要求	○		
供电		达不到本规范规定要求		○	
包装	内包装	备附件或随机文件不全		○	
	外包装	标记不齐全或不准确		○	
		运输试验后发生较严重的机械损伤		○	

ICS 33.200
M 50

中华人民共和国国家标准

GB/T 29842—2013

卫星导航定位系统的时间系统

Temporal systems for satellite navigation and positioning

2013-11-12 发布　　　　2014-05-01 实施

中华人民共和国国家质量监督检验检疫总局
中国国家标准化管理委员会　发布

前　言

本标准依据 GB/T 1.1—2009 给出的规则起草。

请注意本文件的某些内容可能涉及专利。本文件的发布机构不承担识别这些专利的责任。

本标准由中华人民共和国工业和信息化部提出。

本标准由中国电子技术标准化研究所归口。

本标准起草单位:中国科学院国家授时中心。

本标准主要起草人:王正明、吴海涛。

卫星导航定位系统的时间系统

1 范围

本标准规定了与卫星导航定位应用有关的时间系统的术语和定义、标记方法，以及时间系统的建立、系统时间换算方法和应用中的主要技术方法。

本标准适用于利用卫星导航定位系统进行与时间相关的导航、定位、定时、时间同步等领域的科研、教学及应用。

2 术语和定义

下列术语和定义适用于本文件。

2.1 评价时间尺度或时间比对技术性能的表征量

2.1.1

准确度　accuracy

测量值与其真值的符合程度。准确度一般用测量值的总的不确定度来表征。

[ITU-R TF.862 建议]

2.1.2

阿伦方差　Allan variance

AVAR

阿伦偏差　Allan deviation

ADEV

在时域上用来表征振荡器或时间尺度的短期和长期频率稳定度的规范方法，AVAR 又称“双取样方差”。AVAR 是 ADEV 的平方。

[ITU-R TF. 862 建议]

2.1.3

修正阿伦方差　modified Allan variance

MVAR

与阿伦方差基本相同，但是它能明显区分振荡器的相位调制白噪声和相位调制闪烁噪声。

[ITU 关于精密频率和时间系统应用选文手册，1997]。

2.1.4

相位　phase

对一个重复现象的周期的小数部分的测量值，该测量是相对于现象本身的某个可识别的特征而进行的。

注：在标准时间和频率信号服务领域中主要考虑的是相位时间差，例如同一现象的两个可识别的相位或者两个不同现象的相位之间的时间差。

2.1.5

相位偏差　phase deviation

相对于一个参考时间信号的相位差。

2.1.6

相位跳变　phase jump

相位时间信号中突然的相位变化。

2.1.7

精度　precision

一系列单个测量值之间的相互符合程度，常用标准偏差来表示。

2.1.8

分辨力　resolution

某个给定的仪器所能测量和(或)显示的最小差异。

2.1.9

时间间隔误差　time interval error

TIE

测量到的一个被测时间信号与一个参考钟之间的相位时间差。习惯上把测量的总的时间段开始时的 TIE 定为零，TIE 表示的是从测量开始以来的相位时间的变化。

注：单位为纳秒(ns)。

2.1.10

时间方差　time variance

TVAR

反映时间短周期波动幅度的统计特征，它是频率变化的函数，或者是 TIE 采样间隔的函数。

注：单位为二次方纳秒(ns^2)。

2.1.11

不确定度　uncertainty

表征一个量值相对其真值(或标称值)的离散程度。不确定度一般含两类分量：一类是测量常数随机分量(称 A 类不确定度)，另一类是由系统效应产生的分量(称 B 类不确定度)；它们分别用偏差的评估值或测量值的标准偏差(1σ)表征，用一般方差合成方法合成。当量值通过与基准或可溯源装置的比对直接标定时，其不确定度用测量值的标准偏差(σ)的倍数表示，一般用($\pm 1\sigma$)表示。

[ITU-R TF.538 建议]

2.2　钟、相位时间和时间尺度

2.2.1

钟组　clock ensemble

若干个钟的集合体，单个钟并不需要处于同一地点，这些钟通过某种协调方式运行，以便使由它们共同产生的时间尺度的性能(时间准确度和频率稳定度)最佳化。

2.2.2

钟的时间差　clock time difference

在同一瞬间两个钟的读数之差。

注：为了避免符号的混淆，用惯常的数学量来表示两个钟的读数差。在一个参考时间尺度所给出的时刻 T，令 a 表示钟 A 的读数、b 表示钟 B 的读数，这两个钟在瞬间 T 的时间差用 $A-B=a-b$ 表示。尽管并没有统一约定的符号的含义，然而，如果 A－B 是用电子技术测定的，A－B 为正，表示 A 钟的滴答声比 B 钟的滴答声早到，如果 A 和 B 是从两个钟读出的日历日期，这种符号的表示也同样适用。另外，在某些情况下，相对论效应会起作用，应计及。

2.2.3

原时　proper time

由一个理想的钟所显示的地方时间。如果一个时间尺度是根据原时的概念实现的，它就称之为原时时间尺度。

2.2.4

坐标时　coordinate time

在给定四维空间坐标框架中的第 4 个坐标参量 t(时间),在某个引力势变化的空间范围有效。

2.2.5

地心坐标时　geocentric coordinate time

TCG

地心坐标时是在地球中心对原时的测量,它和地固时(TT)(见 4.2.3)的差是 TCG 和 TT 所位于的两个地点的引力势不同而产生的一个不变的尺度因子。

2.2.6

格林尼治平时　Greenwich mean time

GMT

在格林尼治皇家天文台测量的平太阳时。

注:GMT 在 1884 年被用作为世界上第一个全球性的时间尺度。然而,尽管该术语为公众所用,GMT 已经不被保留,为了时间的精确应用,替代它的是世界时(UT)和协调世界时(UTC)。

2.2.7

闰秒　leap second

跳秒

1 个整秒的国际时间阶跃,用于调整协调世界时(UTC)以便确保它和 UT1 近似一致。

注:插入 1 s 称为正跳秒,去掉 1 s 则为负跳秒。根据国际协议,跳秒可以在任何一个月的月末引进,但是在需要时优先选择 6 月末或 12 月末。在应保持 UTC 和 UT1 的差异不大于 0.9 s 时引进跳秒。

2.2.8

儒略日　Julian date

JD

从公元前 4713 年 1 月 1 日世界时 12 h 00 min(儒略日数为零)起算连续计数到某一天的日数称为儒略日数,儒略日数加上从前一个正午(12 h 00 UT)起算以来的日的小数部分为儒略日。

2.2.9

约化儒略日　Modified Julian date

MJD

儒略日减去 2 400 000.5 d 为约化儒略日,其起点为 1858 年 11 月 17 日世界时 0 点(00:00 UT)。

[ITU-R TF.457 建议]

2.2.10

模 1s　modulo 1s

对时间差去掉整秒以后的小数部分。

2.2.11

基准钟　primary clock

直接给出原子秒定义复现值,并对复现值的不确定度具有独立评估能力、准连续运行的装置。

注:依照 1967 年以来采用的原子秒定义,一直使用实验室型铯原子钟构成基准钟。

2.2.12

秒　second

时间间隔的基本单位。国际单位制(SI)秒长定义为:铯 133 原子(^{133}Cs)基态的两个超精细能级之间跃迁辐射震荡 9 192 631 770 周期所持续的时间。

注:SI 秒是 SI 的 7 个基本单位之一。现在采用的秒长是由 1967 年第 13 届国际计量大会定义的。

2.2.13

恒星时 sidereal time

以春分点的周日视运动定义的时间测量，它是以恒星作为参照而不是以太阳作为参照的地球自转测量。

注：天文学中用两种恒星时：视恒星时和平恒星时，后者计及了地球的章动，因而给出了一种更加均匀的时间尺度。一个平恒星日等于一个平太阳日的 23 h 56 min 4 s，或者说 366.242 2 个平恒星日等于 365.242 2 个平太阳日。

2.2.14

时间同步 time synchronization

为了消除两个或多个时间源之间的时间差而对它们进行相对调整。

2.2.15

时间比对 time comparison

在某个给定历元上两个时间尺度之间的差异的确定。

2.2.16

秒脉冲 1 pulse per second

1 pps

每秒一个脉冲。

2.2.17

时间尺度 time-scale

一个表明事件发生的明确顺序的系统，含时刻原点、时间间隔和可能引入的修正等。

[ITU-R TF.536 建议]

2.2.18

时间阶跃 time step

在某个瞬间时间尺度中的不连续。

2.2.19

本初子午线 primary meridian circle

零子午线

英国伦敦格林尼治天文台（旧址）埃里中星仪所在的子午线作为时间和经度计量的标准参考子午线。

注：为了协调时间的计量和确定地理经度，1884 年在华盛顿举行的国际子午线会议做出上述决定。1957 年后，格林威治天文台迁移台址，国际上改用由若干天文测时结果长期稳定性较好的天文台组成的平均天文台作为参考。由这些天文台原来的经度采用值，利用天文测时资料反求各自的经度原点，再对这些经度原点进行统一处理，最后求得平均天文台经度原点。1968 年国际上以国际习用原点作为地极原点，并把通过国际习用原点和平均天文台经度原点的子午线称为本初子午线。

2.3 频率标准与频率信号

2.3.1

频率漂移 frequency drift

由于内部元器件的老化以及影响频率变化的各种因素的规则变化，造成频率源在连续运行过程中其相对频率值随时间单调增加或减少的变化。

2.3.2

频率偏差 frequency offset

频率的实际值和参考频率值之间的差异。

注：参考频率可以是也可以不是标称频率值。

2.3.3

频率稳定度　frequency stability

一个信号在一个给定的时间间隔内，由于自身的和（或）环境的因素引起的频率变化的程度。

注：一般频率的系统性变化（例如频率漂移）和随机频率波动是有区别的，用特别的方差来表征这种波动。系统性的不稳定可能是由于电子辐射、气压、温度、湿度变化引起的。随机的不稳定一般在时域或者在频域上表征，一般与测量系统的带宽、采样时间或积分时间有关。

2.3.4

频（率）标（准）　frequency standard

频率源

频率发生器，其输出用作为频率参考。

注：频标分成两大类："基准频标"和"二级频标"。"基准频标"的频率与所采用的秒定义（目前国际承认的秒定义见2.2.12）相对应，其标定的频率准确度的获得是不经过校准的；"二级频标"的频率应相对于基准频标做校准。

2.3.5

标准频率　standard frequency

国际电联（ITU-R）规定的、供无线电授时所使用一组频率值（如：2.5 MHz、5 MHz、10 MHz、15 MHz 等）。

［ITU-R TF.862 建议］

3　缩略语

下列缩略语适用于本文件。

AT (TA)　原子时 (Atomic Time)

BDT　北斗时间(Beidou Time)

BST　北京标准时间(Beijing Standard Time)

BIPM　国际权度局(Bureau International des Poids et Mesures)

CCTF　时间频率咨询委员会(Consultative Committee for Time and Frequency)

CIPM　国际计量委员会(Comité International des Poids et Mesures, International Committer of Weight and Measures)

ET　历书时(Ephemeris Time)

GMT　格林尼治平太阳时(Greenwich Mean Time)

IERS　国际地球自转与参考系统服务组织(International Earth Rotation and Reference System Service)

ITU　国际电信联盟(International Telecommunication Union)

IAU　国际天文学联合会(International Astronomical Union)

ITU-R　国际电信联盟无线电通信局(International Telecommunications Union-Radiocommunications)

NTSC　中国科学院国家授时中心 (National Time Service Center, the Chinese Academy of Sciences)

OP　巴黎天文台(Paris Observatory, France)

PTB　德国技术物理研究所 (Physikalisch-Technische Bundesanatalt, Germany)

SI　国际单位制系统 (International System of unit)

TAI　国际原子时 (International Atomic Time)

TT　地固时 (Terrestrial Time)

TWSTFT 卫星双向时间频率传递(Two Way Satellite Time and Frequency Transfer)

UT 世界时(Universal Time)

UTC 协调世界时(Coordinated Universal Time)

USNO 美国海军天文台(the United States Naval Observatory)

4 时间系统

4.1 卫星导航定位系统的时间系统

卫星导航定位系统以高精度的统一时间和时间测量为基础,设有高精度原子钟组,在原子钟组内部通过高精度时间比对获得原子钟的时间比对结果,采用最佳时间尺度算法,并溯源到某个标准时间尺度,计算出一个较为稳定而又准确的时间尺度,作为该导航定位系统控制整个卫星和地面系统运作的标准时间。原子钟组应包括卫星导航定位系统的地面控制中心和监控站的原子钟,也可包含卫星上的星载钟。

4.2 主要的国际通用时间尺度

4.2.1 世界时(UT)

世界时是基于地球的自转运动并以太阳作为参照点来确定的时间尺度,非常近似地符合在本初子午线上观测太阳周日平均运动的一种时间测量。世界时的单位是平太阳秒,它定义为一个平太阳日的1/86 400,1960年以前曾用它定义SI秒。UT通过观测恒星的周日视运动确定。直接根据这种观测而确定的时间尺度称为UT0,UT0是在地球表面上一个给定点处直接观测得到的世界时。

当UT0加了由于地极移动引起的观测地点经度的改正后,得到时间尺度UT1。

根据经验公式对UT1加地球自转速率的周年和半年变化改正,得到更进一步优化的时间尺度UT2。

4.2.2 历书时(ET)

以地球绕太阳的公转轨道运动为基础而导出的天文时间尺度,在1960年至1967年期间,用于定义SI秒。它的起算点接近世界时1 900.0,在此时刻太阳几何平黄经等于279°41′48″04,是世界时1900年1月0日12h。它在天文应用中一直沿用到1977年,被地球力学时(TDT)替代。TDT在1991年又被地固时(TT)替代。

4.2.3 地固时(TT)

TT是在地球质心坐标系中定义的坐标时,其尺度单位(TT秒)与旋转大地水准面上的SI秒一致。1977年IAU用地球力学时(TDT)替代了历书时(ET),1991年TDT又被重新命名为地固时(TT)。2000年IAU重新定义了TT,使得它的尺度单位与地心坐标时(TCG)有一个固定的关系。这个新的定义确保了TT的连续性,其两种定义在10^{-17}量级上是等效的。TT和TAI相差32.184 s。

4.2.4 国际原子时(TAI)

由BIPM以分布于全世界的大量运转中的原子钟的数据为基础而建立和保持的一种时间尺度。它的初始历元设定在1958年1月1日,在这个时刻TAI与UT1之差近似为零。TAI的速率(尺度单位)定义为,在地球质心参考框架下旋转大地水准面上实现的SI秒,即铯原子133基态的两个超精细能级间跃迁辐射9 192 631 770个周期所持续的时间。

TAI是由全球60多个时间实验室合作产生的纸面时间(计算后以文件形式发表)。每个月月初参加合作的各时间实验室向 BIPM 发送上个月的 UTC(k)－GPS time[或由 TWSTFT 得到的 UTC(j)－UTC(k)]和 UTC(k)－Clock(k,i)的数据（k 为实验室代码,i 为实验室 k 的原子钟的序号,i＝1,2,…,n）。BIPM 按照式(1)归算,获得 UTC(PTB)与各时间实验室 UTC(k)之间的时间差,进而得到 UTC(PTB)－Clock（k，i）。

UTC (PTB)－Clock（k，i）＝

$$[\text{UTC(PTB)}-\text{TGPS}]-[\text{UTC}(k)-\text{TGPS}]+[\text{UTC}(k)-\text{Clock}(k,\ i)] \quad \cdots\cdots\cdots\cdots (1)$$

式中：

TGPS＝GPS time。

BIPM 按照确定的原子时算法（ALGOS）对 UTC（PTB）－Clock（k,i）进行加权平均处理,得到 UTC(PTB)－EAL。EAL 是全球参加 TAI 合作的 300 台左右原子钟加权平均得到的自由原子时。

BIPM 再通过时间传递手段得到几个时间实验室的基准频标的频率[进行广义相对论（见附录 A）和黑体辐射改正后]的加权平均,用于与 EAL 的频率进行比对,用分析函数来对 EAL 的频率进行驾驭而得到 TAI。

BIPM 在每月计算 TAI 的同时得到参加 TAI 合作的每一台钟相对于 TAI 的速率差,以钟速率公报的形式(r××.××,前一个××表示年份,后一个××表示月份)在 BIPM 网站上发表。

4.2.5 协调世界时（UTC）

UTC 是由 BIPM 和 IERS 保持的时间尺度,是世界各国时间服务的基础。UTC 在 1972 年正式定义,它代表了 TAI 和 UT1 的结合。UTC 具有与 TAI 完全相同的计量性质,是原子时,它的速率与 TAI 速率完全一致,但在时刻上与 TAI 相差若干整秒。UTC 尺度是通过闰秒来调整的,以确保它和世界时 UT1 近似相同,差异不大于 0.9 s,它形成了标准时间信号和标准频率的协调发播基础。

闰秒发生的日期由 IERS 决定和通知。BIPM 在计算得到 TAI 时,根据 IERS 提供的 UT1 与 UTC 之差确定闰秒时刻。

[ITU-R TF.535-2 建议]

4.2.6 地方时

4.2.6.1 地方平太阳时和地方恒星时

以格林尼治的本初子午线为基准测量的平太阳时和恒星时称作为格林尼治平太阳时(世界时)和格林尼治恒星时。以各个地方子午线为基准测量的时间称为地方平太阳时和地方恒星时,它们与格林尼治平太阳时和格林尼治恒星时之差是地方子午线与本初子午线的经度差(单位为小时)。

区时也是一种地方时,它是以时区的中央子午线与本初子午线的经度差(单位为小时)来表示的时间。例如北京时间是东经 120°(第 8 时区)的区时,与经度为 0 h 的时间相差 8 h。

4.2.6.2 UTC 的地方代表 UTC(k) 和地方原子时 TA(k)

作为时间服务的各地时间实验室自行产生和保持一个 UTC 在本实验室的物理实现,为用户提供接近于 UTC 的标准时间信号,这个标准时间尺度就是 UTC(k)。UTC(k)是以高精度原子钟作为频率源,经过人为的频率驾驭而得到的,UTC(k)与 UTC 有一定的差异,不同实验室保持的 UTC(k)也不相同。有无线电时间服务的实验室保持的 UTC(k)应做到：

$$|\text{UTC}-\text{UTC}(k)|\leqslant 100\ \text{ns}。$$

UTC 的地方代表 UTC(k)由各地的时间实验室中的一套硬件和软件系统产生,该系统通常称为“守时系统”或“时间基准系统”。常用的“守时系统”分成 5 个子系统（见附录 B）。

TA(k)是用实验室 k 的原子钟的比对数据按预定的原子时算法计算得到的地方原子时。原则上,

TA(k)的频率稳定度优于钟组中任一原子钟的频率稳定度。

参加 TAI 合作的实验室 k，每月月初把上月 UTC(k)－TA(k)的数据、UTC(k)－GPS time 的数据和(或)[UTC(k)－UTC(j)]的 TWSTFT 数据提供给 BIPM，BIPM 归算 TAI 之后在每月出版的 Circular T 中公布 TAI－TA(k)和 UTC－UTC(k)的值。

[QUESTION ITU-R 224/7]

4.3 卫星导航系统中的时间尺度

4.3.1 GPS 时 (GPS time)

GPS 时间系统的钟组包括主控站、监控站和卫星上所有的原子钟。通过主控站内部的时间比对和远程时间比对得到这些钟的比对数据，用适当的原子时算法得到一个纸面时间尺度。以 UTC(USNO)作为参考基准，对该纸面时间尺度作频率驾驭，得到 GPS 时。

GPS 时的起始历元为 1980 年 1 月 6 日 0 h(UTC)，此时 TAI－UTC＝19 s。GPS 时不作闰秒调整，在任何时候都在整数秒上与 TAI 相差 19 s，即 TAI－GPS Time≈19 s，它与 UTC 的差为 GPS Time－UTC≈DTAI－19 s(DTAI 见 6.1.1)。

USNO 拥有近百台高精度原子钟，它保持的地方时 UTC(USNO)与 UTC 的差异小于 15 ns。USNO 用高精度时间传递技术进行 GPS 时与 UTC(USNO)的时间比对，并把比对结果传送到 GPS 地面主控站，在那里通过计算确定预报 GPS 时与 UTC(USNO)之差的计算公式中的 2 个系数，并把这些系数上传给卫星，通过卫星导航电文发送给用户。用户接收机可以根据接收到的卫星钟时间信号和导航电文中的这些系数、卫星钟差以及各项时延改正参数而估计接收机的钟与 UTC(USNO)之差，从而以优于±1 μs(模 1 s)的准确度将接收机钟同步到 UTC。

用户用定时接收机接收 GPS 信号来校正用户时间的方法参见附录 C、附录 G。

4.3.2 GLONASS 时 (GLONASS time)

GLONASS 时溯源到俄罗斯时间计量与空间研究所(IMVP)所保持的地方时 UTC(SU)。IMVP 用 10 台高性能氢钟和一台实验室铯钟建立并保持俄罗斯国家标准时间 UTC(SU)。GLONASS 时与 UTC(SU)一样有闰秒，即 GLONASS time－UTC≈0。GLONASS 系统要求 GLONASS 时与 UTC (SU)同步到±1 μs 。

GLONASS 定时方法参见附录 D、附录 G。

4.3.3 北斗卫星导航系统时间(BDT)

北斗导航卫星系统与 GPS 或 GLONASS 的主要不同点在于北斗卫星导航试验系统上没有星载钟，卫星主要起转发中心站和用户信号的作用。北斗卫星导航试验系统的地面系统包括中心站和监测站。BDT 的时间系统与 GPS 时一样无闰秒，其起始历元为 2001 年 1 月 1 日 0 h (UTC)，即 BDT－UTC≈(TAI－UTC)－32 s。北斗卫星导航试验系统通过设在中国科学院国家授时中心(NTSC)的标校站作 BDT 与 UTC(NTSC)的时间比对，从而将 BDT 溯源到 UTC(NTSC)。

北斗卫星导航试验系统定时方法参见附录 E、附录 G。

5 不同时间源时间差的测量和换算

5.1 时间源

不同的时间尺度、不同的原子钟或其他钟、不同的授时系统、不同的定时接收机以及各种不同的被测事件所提供的标志性或代表性的信号，均可以认为是一种时间信号源，或称为时间源。

5.2 时间计数

时间的计数一般含有时、分、秒等时间信息，或兼有年、月、日等日历信息。某些特殊应用也有采用年积日或周积秒等计数方法。

精密计时的量纲，秒的小数部分分别用毫秒（ms）、微秒（μs）、纳秒（ns）、皮秒（ps）及飞秒（fs）来表示。

注：1 ms=10^{-3} s、1 μs=10^{-6} s、1 ns=10^{-9} s、1 ps=10^{-12} s、1 fs=10^{-15} s。

5.3 时间差

不同的时间源输出的时间信号互相之间会存在大小不等的时间差。相对标准时间信号而言，有的会超前，有的会滞后。它们都可以直接或间接进行时间差的测量和换算。

5.3.1 秒数差

由于随机启动的原因或由于误差的长期累积，以及因定义的不同或保持方法的差异，不同时间源相对于标准时间或不同时间源互相之间会存在大于 1 s 的差值，秒的整数差称为秒数差或整秒差。

5.3.2 相位时间差

不同时间源之间的时间差小于 1 s 的部分，在时间专业领域称为相位时间差。

5.4 时间差测量

5.4.1 秒数差测量

秒数差测量用比较两个时间源的计数得到。

5.4.2 相位时间差测量

两路秒信号（1 pps）的小数部分的差值，一般用时间间隔计数器进行测量。采用同一名义秒两个 1 pps 信号，分别去开、关时间间隔计数器的闸门。选择哪个信号开门或关门，要分清两信号的先后顺序，一般选用领先信号开门。测量精度取决于计数器的分辨力。

6 主要的时间尺度和不同的卫星导航系统时间之间的换算

6.1 主要的时间尺度之间的换算

6.1.1 UTC 和 TAI

$$\mathrm{UTC}=\mathrm{TAI}+\mathrm{DTAI} \qquad (2)$$

式中：

DTAI——TAI 和 UTC 之差，随时间信号一起发播，可以看作为加到 UTC 上的一个改正，以便得到 TAI。DTAI 的值为整数秒。DTAI 的值可以从 IERS 网站的 Bulletin C 得到。

6.1.2 UT1 和 UTC

$$\mathrm{UT1}=\mathrm{UTC}+\Delta\mathrm{UTC} \qquad (3)$$

式中：

ΔUTC——UT1 和 UTC 之差，其值由 IERS 综合全球的地球自转观测数据计算而得，用户可以从 IERS 的 Bulletin A（每周更新）和 Bulletin B（每月更新）得到。为了向无线电时号用户提供方便，IERS 给出 DUT1，它是 ΔUTC 的预报值，随时间信号一起发播，它的值是 0.1 s 的整倍数。

6.1.3 TT 和 TAI

$$TT = TAI + 32.184\ s \quad\cdots\cdots (4)$$

$$\Delta T = TT - UT1 = 32.184\ s + TAI - UT1 \quad\cdots\cdots (5)$$

$$\Delta TT = TT - UTC = 32.184\ s + DTAI \quad\cdots\cdots (6)$$

式(4)～式(6)中：

TT ——地固时；

ΔT ——地固时与世界时之差；

ΔTT——地固时与协调世界时之差。

6.2 TAI、UTC 与不同卫星导航系统的系统时间之间的换算

6.2.1 TAI、UTC 与 GPS 时

$$TAI - GPS\ time = 19\ s + c_0, \qquad UTC - GPS\ time = 19\ s - DTAI + c_0 \quad\cdots\cdots (7)$$

式中：

c_0——TAI 与 GPS 时之差的秒小数部分，单位为纳秒(ns)，随时间而变，其不确定度约为 2 ns。

BIPM 根据 OP 观测最高仰角的 GPS 卫星而得到的[UTC(OP)－GPS time](采用卫星精密星历和用 IGS 公布的全球电子总含量模型后)，经过平滑和插值处理后得到每天 UTC 0h 的[UTC(OP)－GPS time]，同时通过高精度国际时间比对得到[UTC－UTC(OP)]，由此得到每天 UTC 0h 的[UTC－GPS time]($= 19\ s + c_0$)，每月在 BIPM 的 Circular T 上发表。用户可以从 BIPM 网站上下载 Circular T。

6.2.2 TAI、UTC 与 GLONASS 时

$$TAI - GLONASS\ time = DTAI + c_1, \qquad UTC - GLONASS\ time = 0\ s + c_1 \quad\cdots\cdots (8)$$

式中：

c_1——TAI 与 GLONASS 时之差的秒小数部分，单位为纳秒(ns)，随时间而变，其不确定度为十几纳秒。

BIPM 根据波兰天文地球动力学观测台(AOS)观测最高仰角的 GLONASS 卫星而得到的[UTC(AOS)－GLONASS time]，经过平滑和插值处理后得到每天 UTC 0h 的[UTC(AOS)－GLONASS time]，同时通过高精度国际时间比对得到[UTC－UTC(AOS)]，由此得到每天 UTC 0h 的[UTC－GLONASS time]($= 0\ s + c_1$)，与 c_0 同一个月的 c_1 值在 BIPM 的同一期 Circular T 上发表。

6.2.3 TAI、UTC 与 BDT

$$TAI - BDT = 32\ s + c_2, \qquad UTC - BDT = 32\ s - DTAI + c_2 \quad\cdots\cdots (9)$$

式中：

c_2——TAI 与 BDT 之差的秒的小数部分，单位为纳秒(ns)。

BDT 通过设在 NTSC 的标校站进行 BDT 与 UTC(NTSC)的比对，得到[UTC(NTSC)－BDT]。从 BIPM 的 Circular T 可获得[UTC－UTC(NTSC)]的值，从而得到[UTC－BDT]。

7 定时应用中的主要修正

7.1 基本修正

定时用户要求的定时准确度不高于100纳秒量级时,需要在定时结果中加上的改正项:

a) 用导航电文中的卫星钟参数计算指定时刻卫星钟相对其系统时间的改正;
b) 用导航电文中的卫星广播星历和接收机天线坐标计算指定时刻卫星信号在空间距离传播的几何时延改正;
c) 接收机系统(含主机及天线、馈线)常规时间延迟改正;
d) 使用区时的用户应考虑时区改正。

7.2 精细修正

要求定时准确度为几十纳秒,需要加上下列改正项:

a) 用导航电文中的电离层参数作电离层时延改正;
b) 对流层时延改正;
c) 星载钟和接收机时钟处于不同的重力位以及卫星与测站之间的相对运动两种因素引起的相对钟差改正(即相对论效应改正);
d) 接收系统各环节的环境影响(包括接收机天线的精确坐标、接收机天线周围的多路径效应、天线/前置放大器的温度效应等)。

7.3 对精度有特别要求的用户的事后修正

要求定时准确度达到纳秒量级或由更高要求时,应该计及的改正项:

a) 用卫星精密星历修正几何时延误差;
b) 用星载钟相对其系统时间的精确钟差改正;
c) 用精确的电离层模型计算电离层时延或采用双频电离层时延实测数据;
d) 当精度要求涉及相对论效应时,应计及相对论时间改正(见附录A)。

附 录 A
（规范性附录）
相对论框架下的时间计量

A.1 广义相对论框架下的时频研究中涉及的一些量的概念和定义

A.1.1 原量和坐标量的区分

原量定义为能以物理基准提供的单位直接测量得到的物理量，这意味着能在测量的不确定度范围内无歧义地得到其量值；坐标量则取决于时空坐标系的选择，一般而言，无简单明了的物理意义。

A.1.2 原时 τ 与度规 ds 的关系由式(A.1)定义

$$\mathrm{d}\tau = c^{-1} \; |-\mathrm{d}s^2\;|^{1/2} \qquad \cdots\cdots(\mathrm{A.1})$$

原时的单位是 SI 秒。

A.1.3 原时的增量

原时的增量为：

$$\Delta\tau = \int_{c_{\mathrm{ab}}} \mathrm{d}\tau \qquad \cdots\cdots(\mathrm{A.2})$$

式中：

c_{ab}——理想钟从事件 A 到事件 B 的时空轨迹。

A.1.4 坐标时及坐标时间隔

坐标时 t，即时空参考系中的四维坐标 $x^{\alpha}(ct, x^{i})$（其中 $\alpha = 0,1,2,3$；$i=1,2,3$）中的参量 t；$t_{\mathrm{B}} - t_{\mathrm{A}}$ 即坐标时间隔（其中，t_{B} 和 t_{A} 分别是事件 B 及事件 A 在时空参考系中的坐标时）。

A.1.5 时间尺度和尺度单位

时间尺度是时空参考系中的时间坐标轴，其尺度单位是 SI 秒。

A.1.6 时间比对中的原时之差和坐标时之差

在时间比对中应注意原时之差和坐标时之差的区别：

a) 原时之差 $\tau_{\mathrm{A}}(t) - \tau_{\mathrm{B}}(t)$，即在同一坐标时时刻的不同的原时之间的差；

b) 坐标时之差 $\underline{t}(t,x) - \underline{\underline{t}}(t,x)$，$\underline{t}$ 和 $\underline{\underline{t}}$ 代表两种不同的坐标时。

A.2 时空度规

在广义相对论中，时间由四维时空参考系中的坐标来定义，所有的时间现象都与引力场和速度有关。广义相对论中的坐标系统是由与物质分布及引力场等有关的度规张量来定义的。在广义相对论中，时空中相邻二点 $x^{\alpha}(ct, x^{i})$（其中 $\alpha=0,1,2,3$；$i=1,2,3$）和 $x^{\alpha} + \mathrm{d}x^{\alpha}$ 之间的四维不变弧元 ds 与度规张量 $g_{\alpha\beta}$ 的关系可表示为：

$$\mathrm{d}s^2 = \sum_{\alpha,\beta=0}^{3} g_{\alpha\beta}\,\mathrm{d}x^{\alpha}\,\mathrm{d}x^{\beta} \qquad \cdots\cdots(\mathrm{A.3})$$

IAU 第 21 届大会（1991 年）决议 A4 推荐采用广义相对论作为时空参考系的理论基础，给出了如下形式的时空度规：

$$ds^2 = -c^2 d\tau^2 = -\left(1 - \frac{2U}{c^2}\right)(dx^0)^2 + \left(1 + \frac{2U}{c^2}\right)[(dx^1)^2 + (dx^2)^2 + (dx^3)^2] \quad \cdots\cdots(A.4)$$

式(A.4)中 τ 是原时，U 是质量系综的引力势和系综外部物体的潮汐势之和，后者在质心处为零。实际上与该度规相应的度规张量是：

$$g_{00} = -1 + 2c^{-2}U(t,x)$$
$$g_{0i} = 0$$
$$g_{ij} = \delta_{ij}[1 + 2c^{-2}U(t,x)] \quad (\text{当 } i = j \text{ 时}, \delta_{ij} = 1, \text{当 } i \neq j \text{ 时}, \delta_{ij} = 0) \quad \cdots\cdots(A.5)$$

该决议存在某些局限性，例如，度规表达式中仅留至 c^{-2} 级的项，在此框架下，对质心坐标系而言，坐标时的实现及时间转换的相应精度水平低于 10^{-16}。

IAU 第 24 届大会(2000 年)决议的建议中，明确定义了质心天球参考系(BCRS)和地心天球参考系(GCRS)。对 BCRS，度规张量的分量表达如下：

$$g_{00} = -1 + 2c^{-2}\omega - 2c^{-4}\omega^2$$
$$g_{0i} = -4c^{-3}\omega^i$$
$$g_{ij} = \delta_{ij}(1 + 2c^{-2}\omega) \quad \cdots\cdots(A.6)$$

式中，ω 及 ω^i 分别为一种标量势和一种矢量势。

对 GCRS，度规张量的分量表达如下：

$$G_{00} = -1 + 2c^{-2}W - 2c^{-4}W^2$$
$$G_{0a} = -4c^{-3}W^a$$
$$G_{ab} = \delta_{ab}(1 + 2c^{-2}W) \quad \cdots\cdots(A.7)$$

式中，W 和 W^a 分别为标量势和矢量势。

A.3 广义相对论在时频领域中的应用

在时间频率领域的实际工作中应从下列几个方面具体涉及广义相对论的应用：

a) 时频计量问题应在广义相对论的框架下进行，根据不同的精度要求和使用方便，可以采用不同形式的时空度规。当准确到后牛顿精度时，其精度只能达到 10^{-16}，对于一些精度要求不算很高的时间计量问题已经足够，但是对于现代高精度的原子钟的实现以及它们之间的比对问题，则还需另行考虑。

b) 原时和坐标时是两个不同的概念，原时只在观测者的局域范围内有效，而坐标时在定义的大范围时空内均有效。原时之间的比对应该通过原时与坐标时的关系间接得到。通常采用的 TAI 或 UTC 是地球附近地心非旋转参考系坐标时的具体体现，这一点在实际应用中应特别注意。

c) 为了保证处于不同地点的原子钟速率与定义在旋转大地水准面上的标准钟速率相同，在原子钟(特别是卫星钟)进行工作前，应对其频率进行调整。当准确到后牛顿精度时，对于地面附近的原子钟，其频率调整只需要考虑到原子钟海拔高的影响；而对于卫星钟，其频率调整则需要根据卫星的轨道高度和卫星相对于地球的运动速度来具体确定。

d) 时间比对问题不涉及时钟的速率调整，只涉及两台钟的初始设定。不同地点的时钟比对，除了与同时性的定义有关以外，还与信号的传播有关。由于光速和同时性的定义对于不同的坐标系是不一样的，在比对过程中应严格保证所使用的坐标系的正确性。对于 TT、TAI 和 UTC 的时间比对，需要采用地心非旋转参考系。当采用其他参考系时，应注意转换的正确性。

e) 对于地球同步卫星和 GPS 类型的导航卫星与地面站的单向时间比对，在考虑大气时延、设备时延和坐标误差的影响之外，当要求到纳秒量级的时间比对精度时，相对论效应只需考虑 Sagnac 效应项，而当要求到 0.1 ns 量级的时间比对精度时，除了 Sagnac 效应项以外，还需考虑到引力时延的影响。

f) 对于更高精度的星地时间比对技术，例如要求的比对精度达 10 ps、1 ps 或更高，则应考虑卫星加速度、卫星速度高次项、地面站速度和卫星速度交叉项以及卫星钟差产生的 Sagnac 项的影响。

附 录 B
（规范性附录）
各地时间实验室的守时系统

世界各地的时间实验室（以 k 表示实验室的代码）通常自行产生和保持一个 UTC 在本实验室的物理实现 UTC(k)，为用户提供接近于 UTC 的标准时间信号。UTC(k)以实验室内高精度原子钟作为频率源，用一组原子钟形成的综合时间尺度作为监控参考，经过人为的频率驾驭而使 UTC(k)接近于 UTC。用于时间实验室产生和保持 UTC(k)的一套硬件和软件系统称为“守时系统”或“时间基准系统”，如图 B.1 所示。

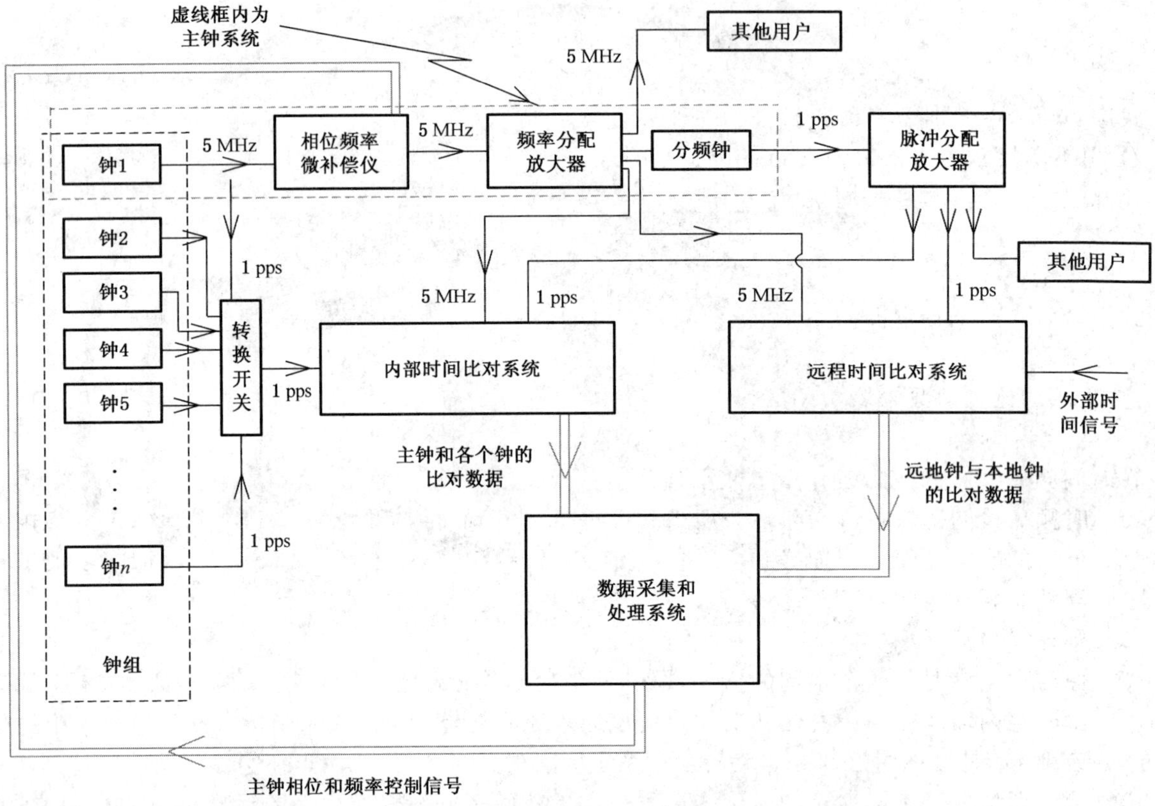

图 B.1 产生标准时间标准频率的时频基准系统

常用的“守时系统”分成 5 个子系统：

a) 守时钟组

由至少 3 台原子钟组成钟组，钟应自由运转，即不允许对钟本身进行人为的调频。

b) 主钟系统

由钟组中的一个频率比较稳定的钟作为主钟系统的频率源，再加上相位频率微补偿仪及分频钟组成主钟系统，分频钟的输出端可以设定为主钟系统输出的标准时间信号的物理端口，送出 1 pps 标准时间信号。该标准时间一般就是 UTC 在实验室 k 的物理实现，所确定的物理端口的相位时间即 UTC(k)的基准点。在实验室 k 内、外的 UTC(k)用户所得到的 UTC(k)的时间信号应计及该信号与基准点之间的时间延迟。

c) 实验室内部时间比对系统

由时间信号选择器(转换开关)轮流把各个钟的 1 pps 信号送到时间间隔计数器(TIC)作为关门信号,脉冲分配放大器送出的 UTC(k)的 1 pps 信号作为 TIC 的开门信号。TIC 送出 UTC(k)与每个钟的比对数据 UTC(k)－Clock(k, i)。采用比相仪或其他时差测量设备也可以起到与 TIC 相同的作用。

d) 远程时间比对系统

远程时间传递设备,例如高精度 GPS 共视(GPS CV)时间比对接收机,一般用实验室 UTC(k)的 1 pps 及其 5 MHz 或 10 MHz 的频率信号作为接收机的输入信号。接收机送出 UTC(k)和 GPS 时之差以 CGGTTS 格式的文件存储在接收机所用的计算机硬盘中。远程时间比对系统也可以是双向卫星时间频率传递(TWSTFT)系统。一般在采用 TWSTFT 系统的时间实验室中还配备 GPS 共视时间比对接收机,两者同时运作,后者作为备用系统。远程时间比对系统在守时工作中的作用是通过国际时间比对,使本实验室的钟资源为国际原子时作贡献,同时通过这种合作可以从 BIPM 获得 UTC－UTC(k)的数据;远程时间比对的另一个作用是可以利用一个国家或一个地区内不在同一地点的尽可能多的原子钟的资源,形成一个数量较大的钟组,产生一个具有高稳定度的独立的自由原子时系统;远程时间比对还可以将本实验室产生的标准时间溯源到某个远程标准时间;或者通过远程时间比对使远处的标准时间信号发播电台的时间溯源到本实验室产生的标准时间。

远程时间比对(传递)技术参见附录 F。

e) 系统控制、数据采集和处理系统

由工控机、PC 机及专用的控制软件和数据处理软件组成。系统控制计算机及其软件用于控制 UTC(k)与每个钟的轮流比对(或者钟与钟之间的轮流比对)并对 UTC(k)的频率进行驾驭。数据采集和处理的专用软件功能包括:采集数据并存放于专用数据库、判断每台原子钟的相位时间和频率是否异常;用预定的最佳算法计算地方原子时 TA(k)。算法的基本原理是把 UTC(k)与每个钟的比对数据 UTC(k)－Clock(k, i)加权平均(不同算法实质上的差异在于噪声处理方法和权系统确定方法)计算出 UTC(k)－TA(k)。其原理公式如下所示:

$$\mathrm{UTC}(k)-\mathrm{TA}(k)=\frac{\sum_{i=1}^{n} w_i[\mathrm{UTC}(k)-\mathrm{Clock}(k,i)]}{\sum_{i=1}^{n} w_i} \quad \cdots\cdots\cdots(\mathrm{B.1})$$

式中:

w_i——给每个钟分配的权重。

实际上 TA(k)即所有参加计算的原子钟的相位时间的加权平均值。原则上,TA(k)的频率稳定度优于钟组中任一原子钟的频率稳定度。

主钟系统中的相位频率微补偿仪(以下简称“相位微调器”)在标准时间 UTC(k)的产生和保持中起着非常重要的作用。主钟系统的频率源仅仅是一台原子钟,它相对于 UTC 或 TAI 有频率偏差 $y=\Delta f$,该频率偏差不是一个常数。一般把 y 分成 2 项,一项是基本偏差 y_0,另一项是频偏变化量 Δy,$y=y_0+\Delta y$。时间实验室一般根据式(A.1)计算结果,以 TA(k)作为参考,用软件分析 UTC(k)的频率变化,并向相位微调器送出频率补偿信息,由它对 UTC(k)的频率进行日常的微小补偿;同时根据 BIPM 每月发表的 Circular T 中 UTC－UTC(k)和 TAI－TA(k)的数据,调整上述软件的工作参数,以使 UTC(k)尽可能接近 UTC。有些时间实验室在有基准频标的条件下,用基准频标的标准频率作为参考,来分析 UTC(k)的频率偏差及变化,并用相位微调器进行频率补偿,从而实现完全独立自主产生 UTC(k)的目的。

附 录 C
（资料性附录）
GPS 定时原理和误差分析

GPS 接收机通过接收卫星信号而得到的观测量是从卫星到测站的伪距。伪距包含从卫星到测站的几何距离以及各种各样的误差量。用 GPS 接收机进行定时就是测量本地钟与 GPS 时之差，这是通过测量卫星钟与地面钟之间的时间差而得到的。

C.1 GPS 定时方法

GPS 定时方法包括测站坐标已知和未知两种情况：

a) 站坐标已知的情况下，电波传播时间可根据站坐标和导航电文提供的卫星位置及电离层修正参数进行计算，只需接收 1 颗 GPS 卫星的信号就可以定时，即计算出用户钟相对于 GPS 时间之差。用多通道 GPS 定时接收机同时接收多颗卫星的信号进行有冗余度的观测，可以提高观测精度。

b) 站坐标未知情况下，同时观测 n 颗卫星（$n \geqslant 4$），可以确定站坐标的 3 个未知数及用户钟相对于 GPS 时间之差。这 4 个未知数通过求解下面的方程式得到：

$$R_i^* = \sqrt{(X_0 - X_i)^2 + (Y_0 - Y_i)^2 + (Z_0 - Z_i)^2} + c\Delta t, \quad (i = 1,2,3,4, \cdots\cdots, n) \qquad \cdots\cdots\cdots\cdots\cdots\cdots (C.1)$$

式中：

R_i^* ——接收机天线相位中心至卫星 i 的伪距，单位为米(m)；

X_0, Y_0, Z_0 ——接收机天线相位中心的坐标，单位为米(m)；

X_i, Y_i, Z_i ——卫星 i 的坐标(根据导航电文计算得到)，单位为米(m)；

Δt ——用户钟相对于 GPS 时之差，单位为米(m)；

c ——光速，单位为米每秒(m/s)。

C.2 GPS 定时误差分析

式(C.1)给出的伪距包含许多误差项，分为 3 类：与卫星相关的误差、信号传播引入的时延误差和与接收机有关的误差。

a) 与卫星相关的误差

1) 星载钟的误差

导航电文给出的星载钟的钟差公式为：

$$\Delta t = a_0 + a_1(t - t_{oc}) + a_2(t - t_{oc})^2 \qquad \cdots\cdots\cdots\cdots\cdots\cdots\cdots\cdots (C.2)$$

式中：

Δt ——t 时刻星载钟的钟差，单位为秒(s)；

t_{oc} ——导航电文中的钟差修正的参考时刻，单位为秒(s)；

a_0 ——$t = t_{oc}$时刻的初始钟差，单位为秒(s)；

a_1 ——频率偏差修正系数，单位为秒每秒(s/s)；

a_2 ——频率漂移率修正系数，单位为秒每秒平方(s/s^2)。

根据导航电文中的参数 a_0、a_1、a_2 计算星载钟的钟差，把星载钟时间修正到 GPS 时。由于这些参数是根据星载钟的历史表现而估计的，与钟的实时表现存在一定的差异。

2）　星历误差

导航电文中给出的卫星位置参数是预报值。由于卫星的轨道运动受到复杂的摄动影响，预报轨道与实际运行轨道的偏差就形成几何时延的误差。

3）　相对论效应修正

星载钟和接收机时钟处于不同的重力位以及卫星与测站之间的相对运动两种因素会引起卫星时钟的相对频偏，由此产生的相对钟差归入与卫星相关的误差。这两项的总的相对论效应频偏修正值对于 GPS 卫星时钟为 4.45×10^{-10}，在卫星钟制造时已作改正。

由于卫星运行的轨道并非圆轨道而是近似于圆的椭圆、卫星运动速度随时间而变化、地面接收机并非总处于海平面，这些因素引入的误差无法在卫星钟制造时加以考虑，由此引入了相对论效应修正误差。

b）　信号传播引入的误差

1）　电离层延迟误差

电磁波信号穿过大气层会引起信号到达延迟，电离层引起的时延，可以用简化的下列公式计算：

$$\Delta t = -40.28 \times f^{-2} \times \mathrm{TEC}/c \qquad \cdots\cdots(\mathrm{C.3})$$

式中：

Δt　——电离层时延，单位为秒（s）；

f　——信号的频率，单位为赫兹（Hz）。

TEC ——底面积为 1 m^2 贯穿整个电离层的柱体所含的电子总含量，单位为 $1\times10^{16}\,\mathrm{el/m^2}$。

TEC 随地方时而变化，昼大夜小，随季节变化，与太阳活动密切相关，不同天顶距方向的 TEC 值也不同。电离层时延修正量的误差显然取决于 TEC 的估算精度。GPS 单站法定时一般根据 GPS 导航电文提供的模型参数计算电离层时延改正。这种改正模型基本上是一种经验估算公式，而且 GPS 导航电文中对全球采用统一给出的模型参数，与各地实际情况必然有较大差异。

2）　对流层延迟误差

GPS 卫星发播的信号经过电离层后，通过对流层到达接收机，传播路径会发生弯曲，传播速度也会发生变化，需要对对流层时延进行修正。对流层时延对 GPS 信号传播的影响比较复杂，与信号频率无关。一般采用霍普菲尔德（Hopfield）改正模型进行修正，计算公式为：

$$\Delta t = \left(\frac{K_{\mathrm{d}}}{\sin\,(E^2+6.25)^{1/2}} + \frac{K_{\mathrm{w}}}{\sin\,(E^2+2.25)^{1/2}} \right) / c \qquad \cdots\cdots(\mathrm{C.4})$$

式中：

Δt　——对流层时延，单位为秒（s）；

E　——卫星仰角；

K_{d}、K_{w}——分别为时延的干、湿气分量，可根据接收机处的气压、温度、水汽压、接收机处的高程和对流层顶的高度等参数计算得到，单位为米（m）。

实际工作中 K_{d}、K_{w} 一般采用接收机处的大气压为 1 100 kPa、温度为 20 ℃及相对湿度为 50%。根据模型计算的对流层时延与实际值仍然存在一定的误差。

3）　多路径误差

GPS 接收机天线在接收到直接来自卫星的信号外，还可能接收到由其他物体反射过来的信号。接收机接收到的信号是直射波和反射波产生干涉后的组合信号。由于路径不同使 GPS 信号相位变化而产生的这种多路径效应对测量产生的误差与天线的结构、天线附近的自然环境以及卫星的方位及仰角等有关。采用扼流圈、抑径板等措施能改善多路径效应的影响。

c) 接收机引入的误差

1) 接收机噪声误差

影响 GPS 接收噪声的因素包括:输入信噪比、信号的调制方式、码特性等。

2) 伪距测量的分辨力

单站法接收机是通过伪距测量来确定接收机的坐标和用户钟相对于 GPS 时间之差的。伪距测量的分辨力取决于码元宽度，一般认为分辨力是码元宽度的 1/100。

3) 接收机坐标误差

定时接收机的坐标虽然可以从伪码测量得到,但其误差较大。用 GPS 测量型接收机对定时接收机的坐标定标,可以降低此项误差。

4) 接收机时延误差

定时接收机在正式使用前应精确测量从天线到接收机的 1 pps 信号输出端的时延并加以扣除。在使用中应注意不能随意更换天线至接收机的电缆,若应更换,需对接收机重新标定。

附　录　D
（资料性附录）
GLONASS 定时原理

CLONASS 与 GPS 原理相近，因此 GPS 定时方法可以用于 GLONASS 定时。但是由于 GLONASS 在卫星的坐标系统、时间系统和信号结构等 3 个方面与 GPS 的差异，用户采用 GLONASS 定时时，应该注意区别对待。

a）在卫星的坐标系统方面，GPS 采用 WGS-84 坐标系，GLONASS 采用 PZ-90 坐标系。用户的 GLONASS 接收机的天线坐标也应该采用 PZ-90 坐标系。当用户采用 GPS 和 GLONASS 双系统接收机时，对于不同系统的卫星应采用不同坐标系统的天线坐标值来计算几何时延。如果对于 GLONASS 卫星也采用了 WGS-84 坐标系的天线坐标，则会降低 GLONASS 卫星的定时精度。

b）在时间系统方面，GPS 时溯源到 UTC(USNO)，而 GLONASS 时溯源到 UTC(SU)（见 4.3.2）。在 GPS 和 GLONASS 系统混用时，两个时间系统的差异（模 1 s）有时可能达到 1 μs 左右的系统差（见 6.2.1 和 6.2.2 中的 c_0 和 c_1 之差），高精度定时用户应特别注意。另外 GLONASS 时与 UTC(SU) 一样有闰秒（见 4.3.2），而 GPS 时则无闰秒（见 4.3.1），在闰秒时段定时需特别注意。

c）在信号结构方面，GPS 采用码分多址（CDMA），所有卫星发射信号的载波频率相同，不同卫星采用不同 PRN 码；GLONASS 采用频分多址（FDMA），所有卫星采用相同 PRN 码，但是不同卫星发射的载波频率不同。

不管是 GPS 接收机还是 GLONASS 接收机，都需要在使用前测定接收机的各部分时延（包括天线时延、接收机内部时延、电缆时延等）。采用天线恒温系统（TSA）对高精度 GPS 和 GLONASS 定时都很重要，它能使天线/前置放大器的时延不受环境温度变化而变化。但是 TSA 对于高精度 GLONASS 定时更为重要。天线对于不同卫星（不同频率）有不同的时延，用了 TSA 后，GLONASS 接收机经过时延的校正测量，得到一列恒定温度下的“频率—时延”校正值，它将用于处理每个 GLONASS 卫星的定时数据。若用普通天线，天线对于不同频率的时延值均会随温度变化而变化，校正值就无效了。

附 录 E
（资料性附录）
北斗卫星导航试验系统时间系统和定时方法

E.1 北斗卫星导航试验系统时间系统

北斗卫星导航试验系统定位系统卫星上不携带原子钟，测距信号和导航电文在地面生成，经卫星转播。北斗卫星导航试验系统定位系统的时间分系统主要由时间间隔计数器（TIC）和三套“氢钟＋相位微调器＋分频钟”（简称“钟系统”）组成，一套为工作钟，两套为备份钟。三套钟系统各自产生的 1 pps 信号均送入转换开关，其中一路由转换开关选择为工作钟信号。工作钟信号经脉冲分配放大器后，输出到 TIC 作为开门信号，另外两套钟的 1 pps 先后由转换开关送出到 TIC 作为关门信号，由此得到的工作钟 1 pps 和备份钟 1 pps 的相位时间差经数据采集送入主控计算机。经分析后，主控计算机送出控制信息到两套备份钟的相位微调器，经过补偿调整，使两套备份钟的相位和频率与工作钟同步。一旦工作钟出现故障，经切换，一套备份钟就替代原工作钟成为工作钟。

E.2 北斗卫星导航试验系统定时方法

E.2.1 单向定时法

北斗卫星导航试验系统单向定时法的原理如图 E.1 所示。

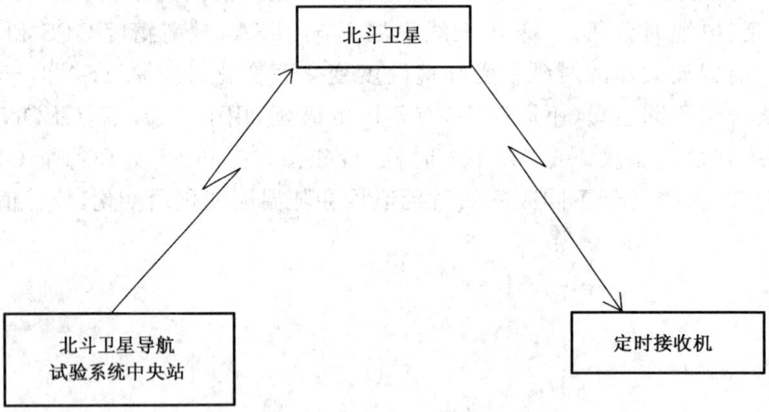

图 E.1 北斗卫星导航试验系统单向定时法

定时接收机接收北斗卫星导航试验系统中央站发出的询问信号，从询问信号中解出调制于伪随机码中的时间信号、时间信息和北斗卫星导航试验系统卫星的精确坐标参数。定时接收机根据中央站的坐标、卫星坐标、导航电文中的电波传播修正参数及事先测定的接收机坐标，即可计算出电波从中央站到接收机的时延。将接收到的时间信号扣除该时延和接收机时延，即可实现接收机定时信号与中央站的时间同步。

单向定时法根据电离层、对流层模型来计算时延，定时误差约为 100 ns。

E.2.2 双向定时法

北斗卫星导航试验系统双向定时法的原理如图 E.2 所示。定时接收机接收北斗卫星导航试验系统中央站发出的询问信号,经固定延迟后,仍通过广播导航电文的北斗卫星导航试验系统卫星发回带有用户标志的应答信号。中央站收到应答信号后,通过计算就可以得知电波往返的时延。由于电波往返的路径是一样的,同模传播误差就可以抵消。可以认为单向时延是双向时延的 1/2。中央站将此时延值通过导航电文告知该用户。定时接收机根据此时延和导航电文中的时间信息及解调伪随机码得到的时间信号,就可实现接收机定时信号与中央站的时间同步。双向法定时原理由于采用了相同的路径,但方向相反,电离层时延误差大大消弱,定时误差一般为 20 ns。

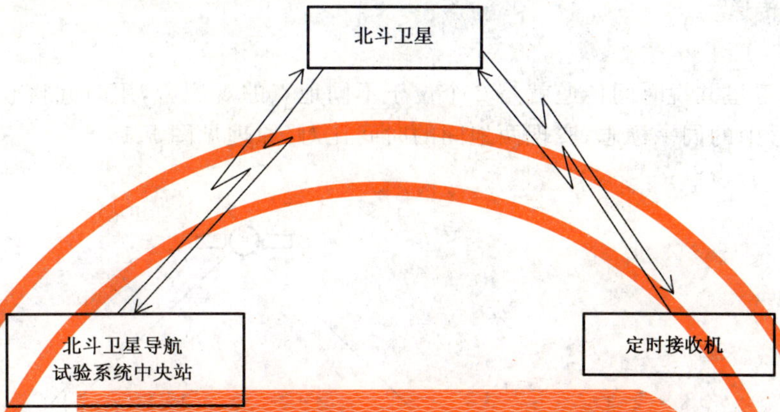

图 E.2　北斗卫星导航试验系统双向定时法

附 录 F
(资料性附录)
高精度时间传递方法

F.1 卫星共视时间传递

在时频领域中,卫星共视时间传递就是2个位于不同地点的观测者,用时间接收机在同一时刻观测同一颗卫星同一信号中的同一标志,实现两地间的时间比对(原理见图F.1)。

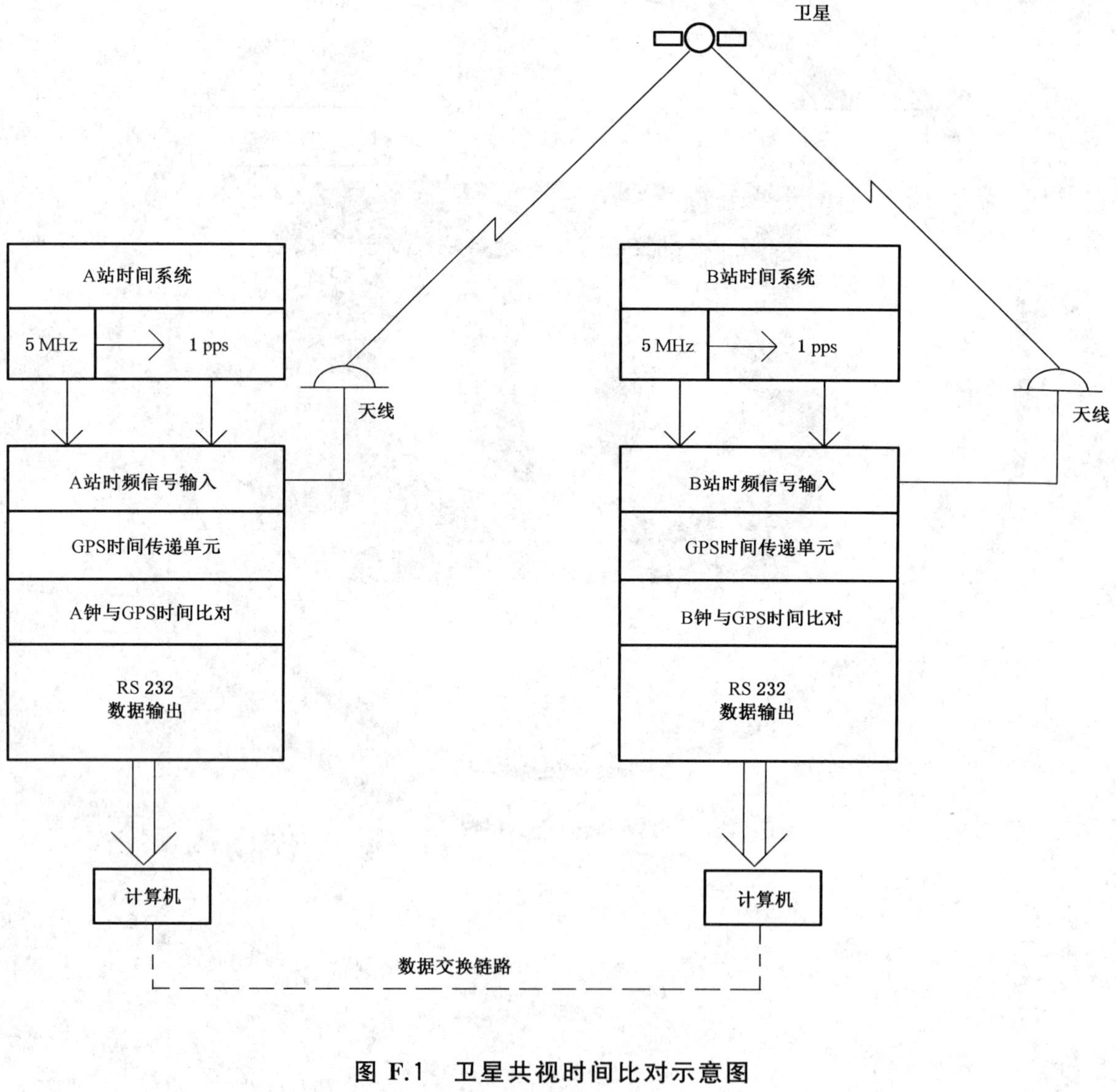

图 F.1 卫星共视时间比对示意图

以GPS为例,A、B两站接收机分别输出两站各自的钟与GPS时的比对结果 $T_A(t)$ - GPS time 和 $T_B(t)$ - GPS time,通过数据交换,可以消除对于两站而言为相同的卫星钟的误差以及可能存在的SA影响;可以部分抵消星历误差、电离层时延误差,以较高精度得到两站钟的时间差 $\Delta T_{AB}(t)=T_A(t)-T_B(t)$。

GPS 共视时间传递技术在 TAI 的国际合作中起了主要作用。为了改进 TAI,CCTF 成立了专门工作组 GGTTS(GPS 时间传递规范工作组),研究并形成了 GPS 共视时间传递接收机的软件技术规范。要求接收机生产厂家采用该统一的规范开发软件,软件包括相同的观测程序和相同的数据处理方法。在 GLONASS 卫星系统投入运行之后,GLONASS 共视时间传递接收机也采用了这一规范。对于单通道 GPS 和单通道或双通道 GLONASS 接收机,BIPM 每半年发表一次共视时间表,供世界各国使用。对于多通道 GPS 和 GLONASS 接收机,无需共视时间表。不管是单通道还是多通道接收机,共视跟踪卫星的时间有一个共同的起算历元 1997 年 10 月 1 日 UTC 0h。从这个历元起,每 16 min 为一个跟踪时间段,其中 13 min 为跟踪卫星时间,另外 3 min 用于数据处理和下一段跟踪的准备。每天有 89 个 16 min 段和一个 12 min 段,以便按 GPS 和 GLONASS 的恒星日轨道周期观测。该软件技术规范给出了每个跟踪段 780 s(13 min)的卫星跟踪数据处理方法以及输出数据的文件格式(CGGTTS 格式)。

F.2 卫星双向时间频率传递

TWSTFT 的原理是由两个参与比对的地面站(一般是时间实验室)使用扩频技术,各自本地钟向同一个卫星发射 1 pps 信号,在发射的同时用该 1 pps 信号打开时间间隔计数器(TIC)的闸门,同时又接收对方站发射通过同一卫星转发的信号,用收到的对方站发射的同一秒钟的 1 pps 信号关闭 TIC 闸门。TWSTFT 系统结构如图 F.2 所示。

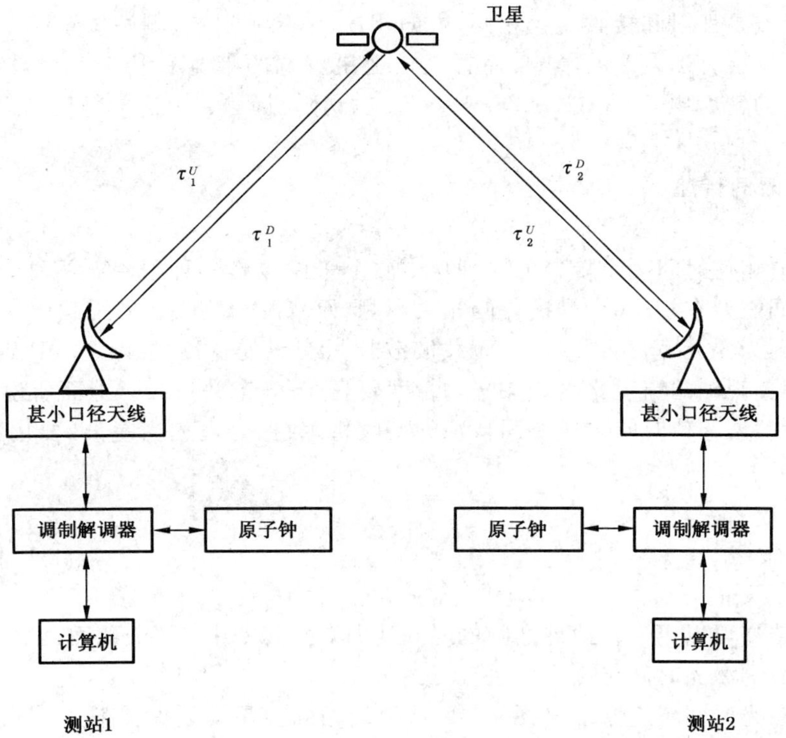

图 F.2 TWSTFT 时间传递原理图

TWSTFT 硬件系统中的调制解调器执行滤波、放大、A/D 转换、扩频/解扩、调制/解调、时差测量等操作。两个站调制解调器中 TIC 的读数分别为 ΔT_1 和 ΔT_2,它们和两个站 1 pps 发射时刻 T_1 和 T_2 之间的差(即两个站的钟差)由式(F.1)表示:

$$T_1 - T_2 = \frac{1}{2}(\Delta T_1 - \Delta T_2) + \frac{1}{2}[(\tau_1^U + \tau_2^D) - (\tau_2^U + \tau_1^D)] + \frac{1}{2}(\tau_{12} - \tau_{21}) + \Delta\tau_R + \frac{1}{2}[(\tau_1^{Tr} - \tau_1^{Re}) - (\tau_2^{Tr} - \tau_2^{Re})] \quad \cdots\cdots\cdots\cdots(F.1)$$

式中：

τ_1^U 和 τ_2^U——信号在两个站上行的时延，单位为秒(s)；

τ_1^D 和 τ_2^D——信号在两个站下行的时延，单位为秒(s)；

τ_{12} 和 τ_{21}——卫星转发器的时延，单位为秒(s)；

$\Delta\tau_R$ ——地球自转引起的电波传播路径长度变化(称为 Sagnac 效应)引起的时差[见式(F.2)]，单位为秒(s)。

$$\Delta\tau_R = 2\omega A/c^2 \quad \cdots\cdots\cdots\cdots\cdots\cdots\cdots\cdots(F.2)$$

式中：

c ——光速，单位为米每秒(m/s)；

ω——地球自转角速度，单位为弧度每秒；

A——由地心和卫星到两个地球站的连线投影到赤道平面的面积，单位为平方米(m^2)。

注 1：对于固定的一对 TWSTFT 链路来说，$\Delta\tau_R$ 这项时差是个常数。

注 2：τ_1^{Tr}、τ_1^{Re}、τ_2^{Tr}、τ_2^{Re} 分别是测站 1 和测站 2 发射和接收时延，单位为秒(s)。这些时延值可以事先测量。

虽然从每个站到卫星的上行和下行的几何时延是相同的，但由于信号上下行的频率不同，对一给定信号频率 f，电离层时延与 f^{-2} 成正比。但对于 Ku 波段，这一项引起的时差在 100 ps 量级。对流层引起的路径不对称非常小，可忽略不计。

TWSTFT 的优点是发射和接收路径相同，方向相反，消除了卫星、测站位置误差的影响，最大限度地降低了电离层、对流层时延误差的影响，而且通信卫星较宽的带宽有利于信号设计，受温度影响小，TWSTFT 时间传递的精度比 GPS 或 GLONASS 卫星(伪随机码)共视法的精度高一个数量级。

F.3 卫星载波相位时间传递

实际上卫星载波相位时间频率传递的原理从本质上来说也是一种卫星共视法，但是这种方法与前面所说的共视法不同之处在于，一个是进行码相关观测，而载波相位法是采用载波相关观测。采用码相关法观测的分辨力约为码元宽度的 1/100，而载波波长只有码元宽度的 1/100(P 码)或 1/1 000(C/A 码)。理论上载波相关观测的精度比码相关法的精度要高 2～3 个数量级。上面所说的卫星共视法的数据处理比较简单，而载波相位时间传递要用特殊的接收机，数据处理相当复杂，要用特殊研制的软件来进行归算。

F.4 卫星激光时间传递

卫星激光时间传递可以用于星地钟之间的时间比对，也可以用于两个地面站之间的时间比对。用于地面站和卫星星载的激光时间传递硬件系统见图 F.3。

星地钟之间的激光时间传递原理见图 F.4。从地面站向卫星发送激光脉冲，然后由卫星上的后向反射器把激光脉冲反射回地面站。设卫星钟和地面钟的秒脉冲的时间差为 ΔT。如果暂不考虑星地相对运动以及设备时延等因素，星地时间系统的钟差为：

$$\Delta T = (t_s + t_r)/2 - t_b \quad \cdots\cdots\cdots\cdots\cdots\cdots\cdots\cdots(F.3)$$

式中：

t_s ——激光脉冲由地面站向卫星发射时的地面钟时刻，单位为秒(s)；

t_b ——该激光脉冲到达卫星时的卫星钟时刻，单位为秒(s)；

t_r ——该激光脉冲由卫星后向反射器反射回到地面站时的地面钟时刻，单位为秒(s)。

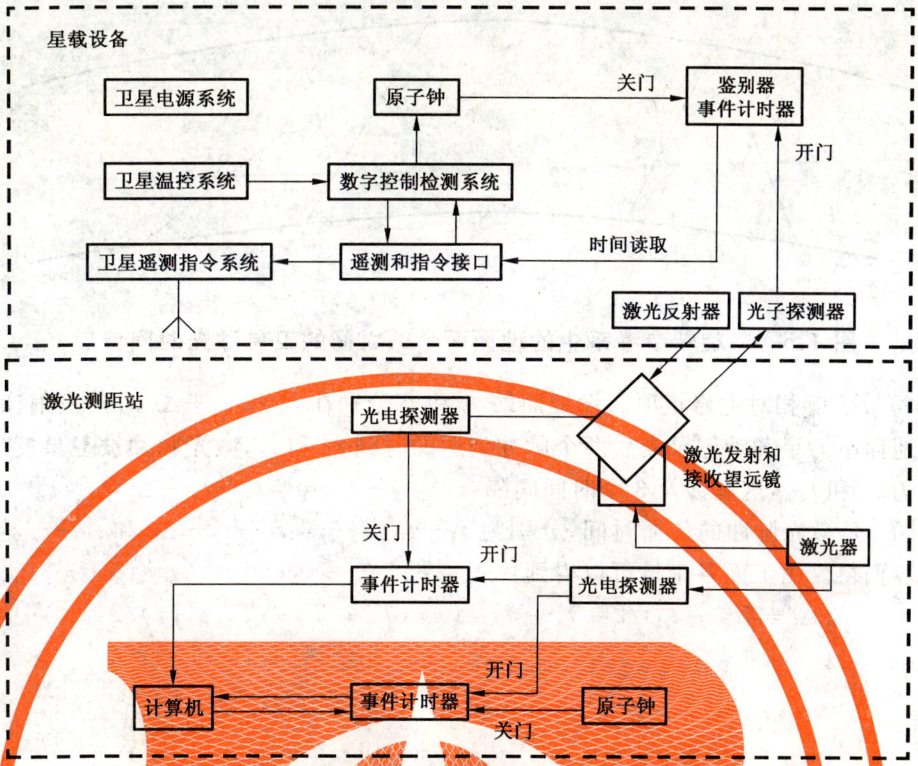

图 F.3 星地激光时间传递硬件系统框图

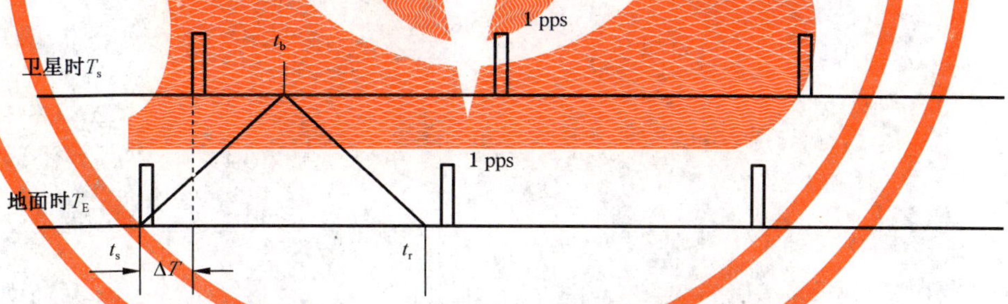

图 F.4 星地激光时间传递原理图

如果地面上另一个站也与该卫星进行激光时间传递，而且计及星地相对运动以及设备时延等因素，如图 F.5 所示，式(F.2)中的各项对于地面站 1 分别改写为 ΔT_1、t_{s1}、t_{r1}和 t_{b1}，式(F.3)改写为

$$\Delta T_1 = (t_{s1} + t_{r1})/2 - t_{b1} - \tau_1/2 + \varepsilon_1 + \delta_1 \qquad \cdots\cdots\cdots\cdots\cdots\cdots\text{(F.4)}$$

式中：

τ_1 ——站 1 的系统延迟，单位为秒(s)；

ε_1 和 δ_1 ——分别为站 1 发出激光脉冲的设备时延和由于星地间相对运动造成的相对论修正项，单位为秒(s)。

同理：

$$\Delta T_2 = (t_{s2} + t_{r2})/2 - t_{b2} - \tau_2/2 + \varepsilon_2 + \delta_2 \qquad \cdots\cdots\cdots\cdots\cdots\cdots\text{(F.5)}$$

由式(F.4)、式(F.5)可以得到两个地面站之间的钟差：

$$\Delta T_{12} = \Delta T_1 - \Delta T_2 \qquad \cdots\cdots\cdots\cdots\cdots\cdots\cdots\cdots\cdots\cdots\text{(F.6)}$$

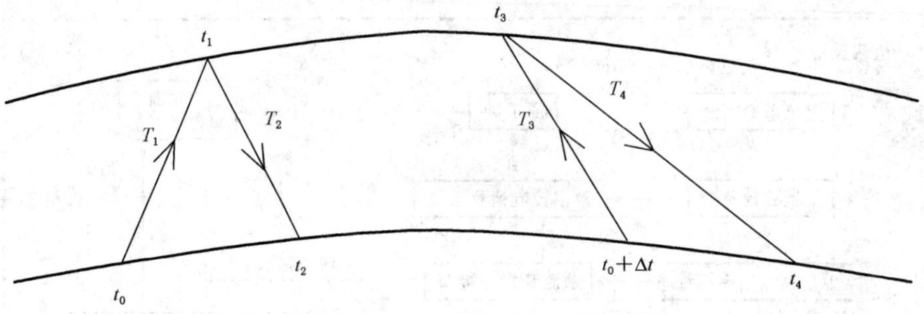

图 F.5　非旋转参考系中的地面两个站之间的卫星激光时间传递

由图 F.5，可以了解相对论修正项。设地面站 A 和 B 分别在 t_0 和 $t_0+\Delta t$ 时刻发射激光脉冲，经过卫星反射回到地面站。星载钟记录先后两个脉冲到达的时刻 t_1 和 t_3，激光脉冲被卫星反射后回到地面站的时刻分别为 t_2 和 t_4。这里涉及 3 个时间间隔，$t_A=t_2-t_0$，$t_B=t_4-t_0-\Delta t$，$t_s=t_3-t_1$。图 F.5 中的 T_1、T_2、T_3、T_4 是激光脉冲的传播时间，分别为 t_1-t_0、t_2-t_1、$t_3-t_0-\Delta t$ 和 t_4-t_3，可分别由卫星位置及速度计算而得。由上面各个量可以得到：

$$\Delta t=(t_A-t_B)/2+t_s+\delta,\quad \delta=(T_1-T_2-T_3+T_4)/2 \qquad \cdots\cdots\cdots\cdots(\text{F}.7)$$

附　录　G
（资料性附录）
标准时间应用方法

本附录以GPS时间传递技术为例，说明用户获得标准时间或进行时间同步的方法。

G.1　直接利用GPS接收机获取时间信息

GPS定时接收机直接把GPS时间信号转换成估计的UTC(USNO)或近似的UTC时间信号后，输出时码信号、5 MHz频率信号和1 pps信号提供给用户，许多接收机还把时码用年、月、日、时、分、秒形式在接收机的屏幕上显示（如图G.1所示）。

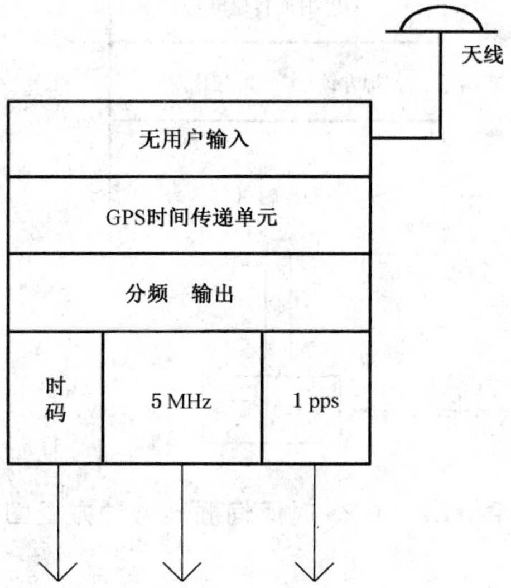

图 G.1　典型的GPS接收机钟方框图

G.2　GPS接收机伺服本地钟

用户的地方时间系统（以下简称为地方钟）由原子频标、相位微调器和分频钟组成。本地钟送出5 MHz频率信号和1 pps时间信号作为GPS接收机的输入信号。GPS接收机把其产生的估计的UTC(USNO)时间信号与地方钟1 pps进行比对，得到两者之差。计算机连续跟踪记录该时间差，并进行滤波分析，通过反馈环路向相位微调器送出控制信息，由相位微调器来调整地方钟的速率，达到本地钟与UTC(USNO)同步的目的（如图G.2所示）。

G.3　GPS共视方法使本地钟与远程标准时间同步

两地分别连续地采集GPS共视时间接收机的输出数据 $TA(t)-GPS\ time$ 和 $TB(t)-GPS\ time$，$TA(t)$和$TB(t)$分别为两地的钟的读数。通过数据交换，可以得到 $\Delta TAB(t)=TA(t)-TB(t)$。用数字滤波对2天左右的$\Delta TAB(t)$进行平滑，消除观测噪声。设钟A为标准时间，钟B需要同步到该标准时间。对平滑得到的$\Delta TAB(t)$进行分析，得到钟B相对于钟A的相位差和速率。用钟B系统中的相位微调器调整相位和频率就可实现钟 B 与钟 A 同步。

关于定时接收机的检测方法，参见 SJ/T 11423—2010。

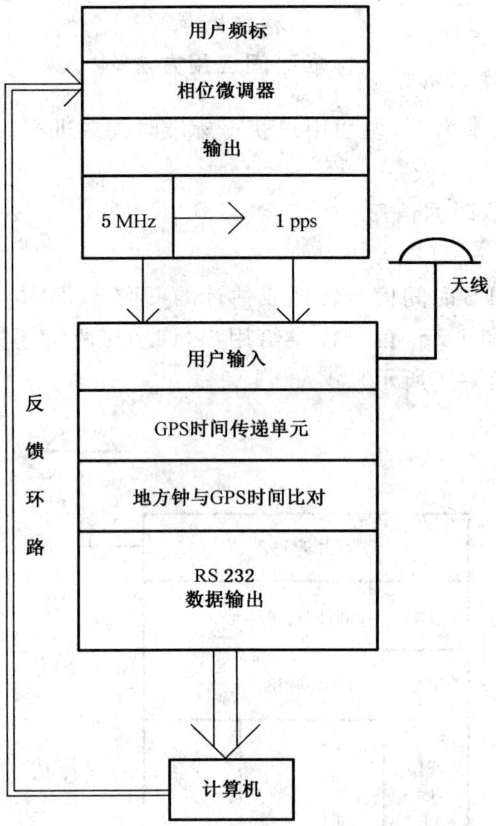

图 G.2　GPS 时间伺服地方钟方框图

参 考 文 献

[1] GB/T 19391—2003 全球定位系统(GPS)术语及定义

[2] SJ/T 11423—2010 GPS授时型接收设备通用规范

[3] 《计量测试技术手册》第11卷《时间频率》,中国计量出版社,1996

[4] 《GPS技术与应用》国防工业出版社,2004

[5] 《时间统一系统》国防工业出版社,2004

[6] BIPM,Annual Report of the BIPM Time Section

[7] BIPM, Circular T,monthly, ftp://62.161.69.5

[8] Chapter 17, Part III of《Global Positioning System: Theory and Applications》, Ed. Bradford W. Parkinson, Ect., American Institute of Aeronautics and Astronautics, Inc, 1996

[9] ICD-GPS-200 INTERFACE CONTROL DOCUMENT,10 OCT, 1993

[10] IAU. IAU Information Bulletin,67, 1991

[11] IAU. IAU Information Bulletin,88, 2001

[12] International Telecommunication Union《Hand book Selection and use of Precise Frequency and Time Systems》,1997

[13] GLONASS-ICD-98 INTERFACE CONTROL DOCUMENT, 1988

[14] NTSC《时间频率公报》月刊

[15] QUESTION ITU-R 224/7 Algorithms for Ensemble Time Scales and Measurement Systems

[16] Recommendation ITU-R TF.436-2 Time—Scale Notations

[17] Recommendation ITU-R TF.457 Use of the Modified Julian Date by Standard—Frequency and Time—Signal Service

[18] Recommendation ITU-R TF.535-2 Use of the Term UTC

[19] Recommendation ITU-R TF.538 Measures for Random Instability and Time (phase)

[20] Recommendation ITU-R TF.458-2 International Comparison of Atomic Time Scales

[21] Recommendation ITU-R TF.862 Glossary and Definitions of Time and Frequency Terms

[22] Recommendation ITU-R TF.1010 Relativistic Effects in a coordinate time system in the vicinity of the Earth

[23] The Leap Second: its history and possible future, Metrologia, 2001, 38, 509-529

[24] Technical Directives for Standardization of GPS Time Receiver Software, International Reports, Metrologia, 1994, 31, 69-79

ICS 17.220
L 85

中华人民共和国国家标准

GB/T 29843—2013

直流电子负载通用规范

General specification for DC electronic load

2013-11-12 发布　　2014-05-01 实施

中华人民共和国国家质量监督检验检疫总局
中国国家标准化管理委员会　发布

前　言

本标准按照GB/T 1.1—2009给出的规则起草。

请注意本文件的某些内容可能涉及专利。本文件的发布机构不承担识别这些专利的责任。

本标准由中华人民共和国工业和信息化部提出。

本标准由全国电子测量仪器标准化技术委员会(SAC/TC 153)归口。

本标准起草单位:艾诺仪器有限公司、山东省计量科学研究院、工业和信息化部电子工业标准化研究院。

本标准主要起草人：汤承昭、王岩崧、王鲁生、马雪锋、黄英华、王新军、曹玲、项道才。

直流电子负载通用规范

1 范围

本标准规定了直流电子负载的术语和定义、要求、试验方法、检验规则、标志、包装、运输和贮存等。

本标准适用于输入电压小于或等于600 V(DC)的直流电子负载。

2 规范性引用文件

下列文件对于本文件的应用是必不可少的,凡是注明日期的引用文件,仅注日期的版本适用于本文件。凡是不注日期的引用文件,其最新版本(包括所有的修改单)适用于本文件。

GB/T 191 包装储运图示标志

GB 4208—2008 外壳防护等级(IP代码)

GB 4793.1—2007 测量、控制和实验室用电气设备的安全要求 第1部分:通用要求

GB 4824—2004 工业、科学和医疗(ISM)射频设备 电磁骚扰特性 限值和测量方法

GB/T 6587—2012 电子测量仪器通用规范

GB/T 11463 电子测量仪器可靠性试验

GB 17625.1—2012 电磁兼容 限值 谐波电流发射限值(设备每相输入电流≤16A)

GB/T 17626.2—2006 电磁兼容 试验和测量技术 静电放电抗扰度试验

GB/T 17626.3—2006 电磁兼容 试验和测量技术 射频电磁场辐射抗扰度试验

GB/T 17626.4—2008 电磁兼容 试验和测量技术 电快速瞬变脉冲群抗扰度试验

GB/T 17626.5—2008 电磁兼容 试验和测量技术 浪涌(冲击)抗扰度试验

GB/T 17626.6—2008 电磁兼容 试验和测量技术 射频场感应的传导骚扰抗扰度

GB/T 17626.11—2008 电磁兼容 试验和测量技术 电压暂降、短时中断和电压变化抗扰度试验

GB/T 17626.17—2005 电磁兼容 试验和测量技术 直流电源输入端口纹波抗扰度试验

GB/T 19678 说明书的编制 构成、内容和表示方法

3 术语和定义

下列术语和定义适用于本文件。

3.1

直流电子负载 DC electronic load

能吸收直流电能,并将吸收的直流电能耗散、储存或回馈电网的一种电子电路装置,该装置所吸收的电流大小可以调节或设置,其端口输入特性符合欧姆定律。

3.2

定电流模式 constant current mode

CC 模式 CC mode

直流电子负载输入端口吸收的电流按所设定的电流值保持恒定,与输入电压大小无关,如图1所示。

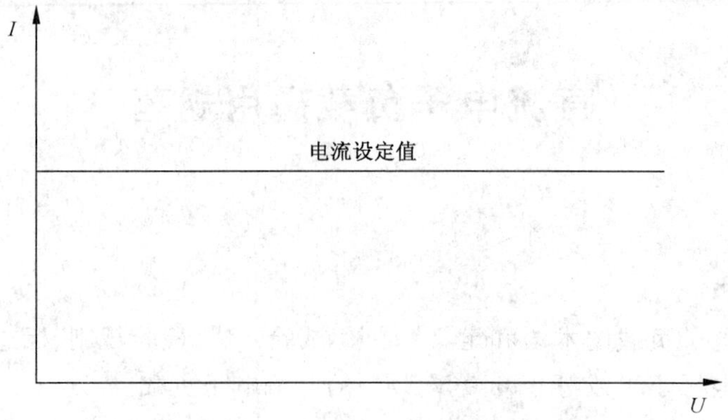

图 1　定电流模式特性图

3.3

定电压模式　constant voltage mode

CV 模式　CV mode

直流电子负载输入端口吸收的电流按所设定的电压值而确定，此时电子负载将吸收足够的电流直到负载电压等于设定值为止，如图 2 所示。

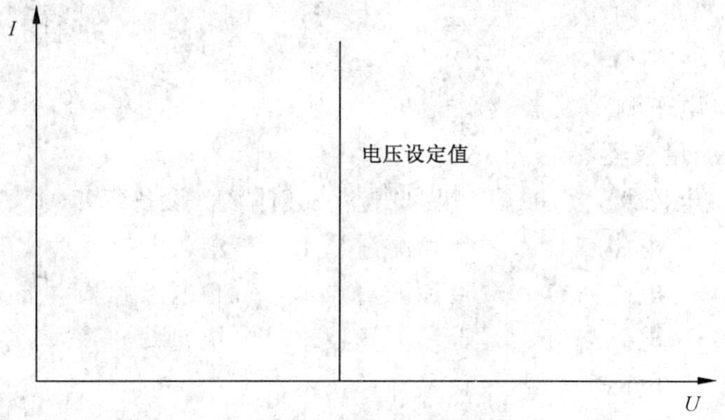

图 2　定电压模式特性图

3.4

定电阻模式　constant resistance mode

CR 模式　CR mode

直流电子负载输入端口吸收的电流按所设定的负载电阻和输入电压的大小而确定，此时的负载电流与输入电压成正比，电子负载等效为一个恒定的电阻，如图 3 所示。

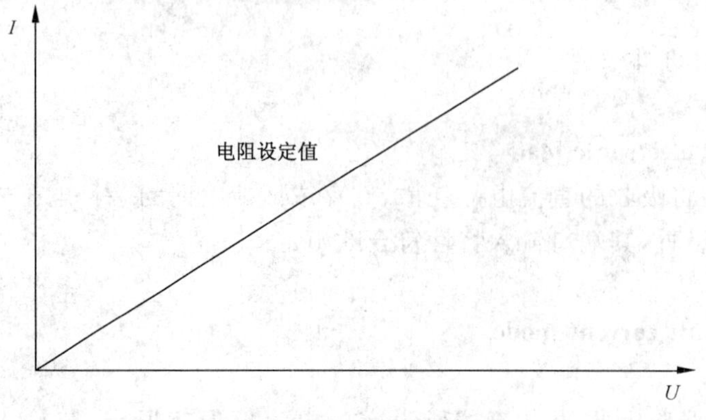

图 3　定电阻模式特性图

3.5

定功率模式　constant power mode

CP 模式　CP mode

直流电子负载输入端口吸收的电流按所设定的功率和输入电压的大小而确定，此时负载电流与输入电压的乘积等于功率设定值，如图 4 所示。

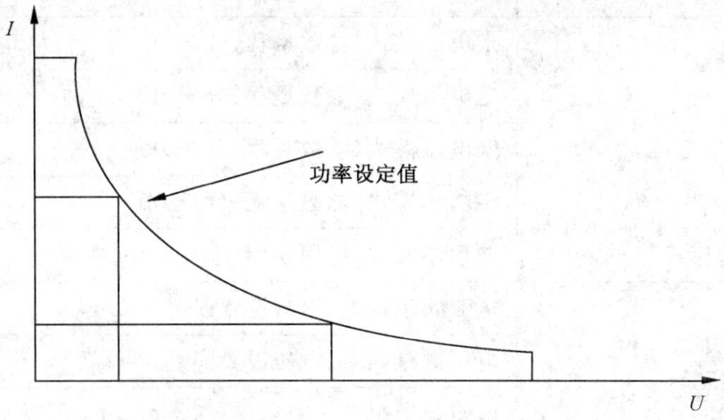

图 4　定功率模式特性图

3.6

静态负载模式　static load mode

直流电子负载输入端口所吸收的电流由所设定相关参数确定，并不随时间进行变化。

注：定电流(CC)模式、定电压(CV)模式、定电阻(CR)模式、定功率(CP)模式均属于静态负载模式。

3.7

动态负载模式　dynamic load mode

直流电子负载输入端口所吸收的电流按所设定或选择的变化规律及特征参数随时间进行变换。

3.8

加载　load on

直流电子负载开始从直流输出电源吸收电能的过程。

3.9

卸载　load off

直流电子负载停止从直流输出电源吸收电能的过程。

3.10

组合运行　combined operation

将两台或两台以上直流电子负载通过相应的接口连接，实现同步加载和卸载的运行方式。

3.11

并联运行　parallel operation

将两台或两台以上直流电子负载的直流电源输入端所有正端连接在一起、所有负端连接在一起的运行方式。

4　要求

4.1　主要性能特性的表示

直流电子负载的主要性能特性见表 1，详细的要求见 4.2。

表 1 主要性能特性

本标准章条号	项目	性能特性要求	选项
4.2.1.1	电网供电电压	相电压 220×(1±10%)V,50×(1±5%)Hz	●
4.2.1.2	加载输入电压	0 V～600 V(DC)范围内	●
4.2.2.1	静态负载模式	定电流模式(参数量程、分辨力)	●
		定电阻模式(参数量程、分辨力)	●
		定电压模式(参数量程、分辨力)	○
		定功率模式(参数量程、分辨力)	○
4.2.2.2	动态负载模式	波形参数、波形周期(频率)	●
4.2.3	参数测量	电流测量误差、电流设置误差	●
		电压测量误差、电压设置误差	●
		电阻设置误差	●
		功率测量误差、功率设置误差	○
		时间测量误差	○
4.2.4.1	短路测试	短路电流、短路电阻	○
4.2.4.2	限值判定	各参数限值范围	○
4.2.4.3	远程电压测量(V-sense)	引线压降补偿端口形式	○
4.2.4.4	电流监视输出(I-monitor)	该功能端口输出信号幅度与加载电流的对应关系	○
4.2.4.5	序列测试	测试组数设置值、每测试组测试单步设置值的规定	○
4.2.4.6	组合运行	两台或两台以上以主、从方式运行时的端口连接	○
4.2.4.7	并联运行	两台或两台以上输入端并联运行时的端口连接	○
4.2.5	保护功能	每种保护动作的参数和条件	●
4.2.6	连续运行	额定工况正常连续运行 24 h	●

注:●——表示必备要求;
○——表示可选要求。

4.2 主要性能特性和应用功能要求

4.2.1 输入电压

4.2.1.1 电网供电电压

额定输入电源电压(有效值)及允差:相电压 220×(1±10%) V。

额定输入电源电压频率及允差:50×(1±5%) Hz。

4.2.1.2 加载输入电压

由产品标准规定直流电子负载加载输入电压的值和范围。

4.2.2 负载模式

4.2.2.1 静态负载模式

CC、CR 为应有的工作模式，CV、CP 为可选的工作模式。由产品标准规定对直流电子负载具有的静态工作模式及各模式的量程、分辨力、测量误差和设置误差作出规定。

4.2.2.2 动态负载模式

对于具有动态负载模式的直流电子负载，其负载变化规律及特征参数应可以设定或选择。具有一种或多种负载变化规律波形的直流电子负载，由产品标准规定。

以典型的梯形波负载波形为例，其特性如图 5 所示。在此模式时，用 6 个特征参数来描述动态负载的电流波形，分别是：高值负载、低值负载；负载电流上升时间、负载电流下降时间；高值负载时间、低值负载时间。负载波形周期为 t_1、t_2、t_3、t_4 之和。

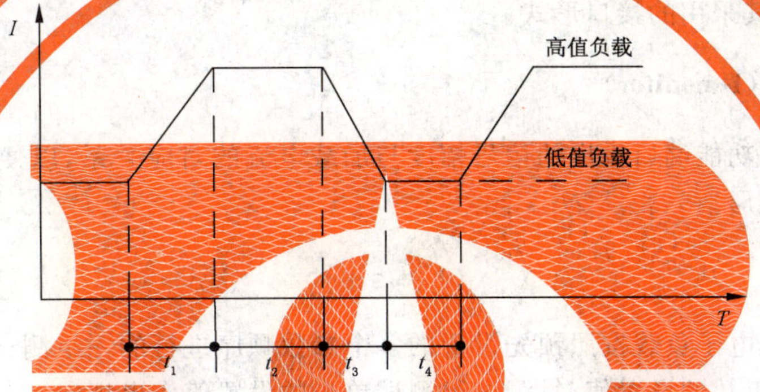

说明：

t_1——负载电流上升时间，单位为微秒(μs)；

t_2——高值负载时间，单位为毫秒(ms)；

t_3——负载电流下降时间，单位为微秒(μs)；

t_4——低值负载时间，单位为毫秒(ms)。

图 5 动态负载模式特性图

4.2.3 参数测量

直流电子负载应具备与其负载模式相对应的参数测量功能，通常应具备直流电压、直流电流的测量显示功能。具有定功率模式的直流电子负载应具备功率测量显示功能。具有时间显示功能的直流电子负载，应具备相应参数的时间设置和控制功能。

本标准用测量误差和设置误差两个指标来表示直流电子负载的参数测量性能。

注： 测量误差和设置误差（均为最大允许误差）

对于数字显示方式的直流电子负载，采用如下式所示的误差表达式：

$$\Delta=\pm(a\%U_x+b\%U_m)$$

式中：

Δ——用绝对误差形式表示的允许误差限，单位为伏特(V)；

U_x——被测量的读数值或设置值，单位为伏特(V)；

U_m——所测量程满度值，单位为伏特(V)。

对于系数 a 与 b，应满足 $b\leqslant 0.5a$。

4.2.4 应用功能

4.2.4.1 短路测试

该功能为在直流电子负载输入端模拟一短路电路，具有此功能的产品由产品标准规定最大短路电流和短路电阻。

4.2.4.2 限值判定

直流电子负载可具有电压、电流和功率的上下限限值判定功能，当超出限值范围时，应给出明确的提示或报警信息。

4.2.4.3 远程电压测量(V-sense)

该功能用于精密的电压检测，可消除负载吸收大电流时引线压降引起的测量误差。具有此功能的产品，由产品标准确定其采用的接口形式。

4.2.4.4 电流监视输出(I-monitor)

由产品标准规定该功能端口输出的信号幅度与加载电流的对应关系，以便于连接示波器或其他记录仪器观测负载电流波形。

4.2.4.5 序列测试

序列测试是指直流电子负载按照预先设置的多个参数顺序进行的一组测试过程。具有该功能的产品，由产品标准对测试组数的设置值、每测试组测试单步的设置值作出规定。

4.2.4.6 组合运行

当两台或两台以上直流电子负载组合运行时，可构成由一台电子负载(主动)来控制其他电子负载(从动)的运行方式，实现同步加载和卸载。

4.2.4.7 并联运行

当两台或两台以上直流电子负载并联运行时，其总加载电流等于所有直流电子负载加载电流之总和。

4.2.5 保护功能

直流电子负载应具有输入过电压、输入过电流、输入极性反接保护功能以及过热保护功能，由产品标准规定每种保护动作的参数和条件。

对于具有定功率模式的直流电子负载，应具有输入过功率保护功能。

4.2.6 连续运行

直流电子负载在其使用环境条件下，应能按额定工况正常连续运行 24 h。

4.3 可靠性

直流电子负载平均故障间隔时间(MTBF)的下限值 m_1 由产品标准规定。

4.4 安全性

4.4.1 接触电流

按 GB/T 6587—2012 中 5.8.1 的规定，接触电流不得大于 3.5 mA。

4.4.2 介电强度

按 GB/T 6587—2012 中 5.8.2 的规定进行介电强度试验，试验时不得出现击穿或飞弧。

4.4.3 保护连接阻抗

按 GB/T 6587—2012 中 5.8.3 的规定进行保护连接阻抗测试，其阻抗值不得超过 0.1 Ω。

4.5 外观

4.5.1 外观要求

外观应满足以下要求：

a) 直流电子负载外观不应有明显的凹痕、划伤、变形和污染；表面涂覆层应均匀、无凝结、脱落、漆膜龟裂及磨损。金属零部件不应有锈蚀和机械损伤；
b) 说明功能的文字标识和图形符号标志应规范、简明、清晰；
c) 开关、按键、旋钮、接线端子的操作应灵活可靠。

4.5.2 外壳防护

直流电子负载应具有良好的通风散热措施，其外壳防护等级为 IP2X，若对直流电子负载的外壳防护等级有其他要求，则由其产品标准规定。

4.6 环境适应性

直流电子负载正常工作时能承受环境的应力应与该产品的实际使用环境条件相适应，其使用环境宜采用 GB/T 6587—2012 中规定的第Ⅱ组。若对直流电子负载的使用环境有其他要求，则由其产品标准规定。

4.7 电磁兼容性

4.7.1 抗扰度要求

直流电子负载的设计应能保证在各端口（外壳、交流电源、直流电源以及 I/O 信号/控制）的电磁骚扰影响下不损坏或不受实质性影响。抗扰度试验性能判据如下：

a) 合格判据
   1) 试验进行时，直流电子负载显示部分出现数据跳变，但试验停止后此现象消失；
   2) 允许直流电子负载出现系统复位（例如由 40%、持续时间为 10/12 个周期的电压暂降所引起的系统复位），但试验停止后重新启动加载工作应正常。
b) 不合格判据
   由于元器件、软件的损坏或数据丢失，造成不可恢复的功能丧失（例如内部元器件损坏、对面板按键的操作无响应）。

注：参照 GB/T 18268.1—2010 表 2 中抗扰度项目：

——静电放电；

——射频电磁场辐射；
——电快速瞬变脉冲群；
——浪涌冲击；
——射频场感应的传导骚扰；
——电压暂降、短时中断和电压变化。

4.7.2 传导和辐射发射要求

直流电子负载不应发生能干扰其他设备的传导和辐射噪声。其发射限值应符合 GB 4824—2004 第 5 章表 2a 和表 3 中 1 组 A 类设备的要求。

4.7.3 谐波电流发射要求

接入电源频率为 50 Hz、电压为 220 V 供电系统中的直流电子负载，其每相输入电流小于或等于 16 A 时，由输入电流可能产生的谐波分量不应超过 GB 17625.1—2012 中 A 类设备的规定限值。

5 试验方法

5.1 试验条件

5.1.1 环境条件及电源要求

除另有规定外，所有试验均在下述条件下进行：

a) 温度：15℃～35℃；

b) 湿度：(25～75)%RH；

c) 大气压力：86 kPa～106 kPa；

d) 输入电源：电源电压为 220×(1±10%)V，电源频率为 50×(1±5%)Hz。

当测量的性能参数与气候环境直接相关，且它们之间的依从关系又难以准确判定而必须严格控制环境条件时，可在如下的环境条件下进行：

a) 温度：23℃±2℃；

b) 湿度：(45～55)%RH；

c) 大气压力：86kPa～106kPa。

5.1.2 试验用标准器要求

整个试验装置的不确定度应小于被测直流电子负载对应功能最大允许误差的 1/3。

5.2 参数测量

5.2.1 电流测量误差和电流设置误差

5.2.1.1 试验用仪器设备

可调直流电源、直流电流表或“分流器＋直流电压表”。

5.2.1.2 测试条件

直流电子负载工作于 CC 模式。

5.2.1.3 测试接线

按图 6 所示接线。

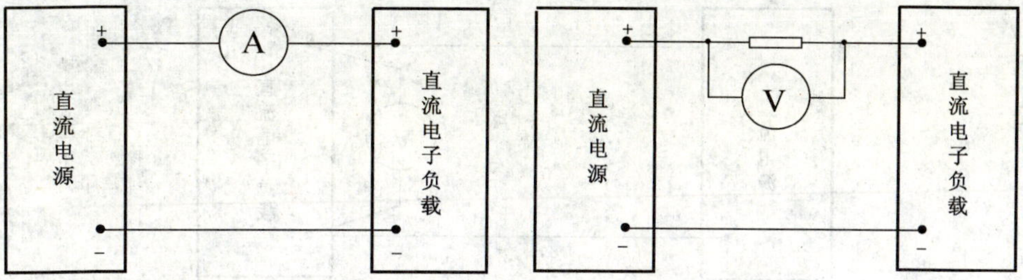

a)直流电流表直接测量法　　b)分流器＋直流电压表测量法

图 6　电流测量接线图

5.2.1.4　测试步骤

测试步骤如下：

a)　按图 6 连接好测试仪器设备；

b)　启动直流电源输出，直流电子负载启动加载；

c)　分别在相应量程上进行电流测量误差和电流设置误差的测量，检测点应在相应量程上适当选取。

5.2.1.5　数据处理

电流测量误差和电流设置误差均按式(1)计算：

$$\Delta I = I_1 - I_0 \quad \cdots\cdots (1)$$

式中：

ΔI ——电流测量误差、电流设置误差，单位为安培(A)；

I_1 ——直流电子负载电流显示值、电流设置值，单位为安培(A)；

I_0 ——标准电流表示值，单位为安培(A)。

5.2.2　电压测量误差和电压设置误差

5.2.2.1　试验用仪器设备

可调直流电源、直流电压表。

5.2.2.2　测试条件

直流电子负载工作于 CV 模式。

5.2.2.3　测试接线

按图 7 所示接线。

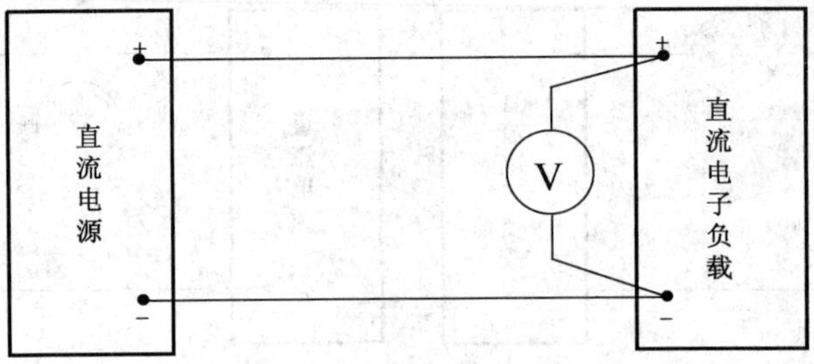

图 7　电压测量接线图

5.2.2.4　测试步骤

测试步骤如下：

a）按图 7 连接好测试仪器设备；

b）启动直流电源输出，直流电子负载启动加载。直流电子负载吸收电流不低于额定加载电流的 1%；

c）分别进行电压测量误差和电压设置误差的测量，检测点应在相应量程上适当选取。

5.2.2.5　数据处理

电压测量误差、电压设置误差均按式(2)计算：

$$\Delta U = U_1 - U_0 \quad\cdots\cdots\cdots\cdots(2)$$

式中：

ΔU ——电压测量误差、电压设置误差，单位为伏特(V)；

U_1——直流电子负载电压显示值、电压设置值，单位为伏特(V)；

U_0——标准电压表示值，单位为伏特(V)。

5.2.3　电阻设置误差

5.2.3.1　试验用仪器设备

可调直流电源、直流电压表、直流电流表。

5.2.3.2　测试条件

直流电子负载工作于 CR 模式。

5.2.3.3　测试接线

按图 8 所示接线。

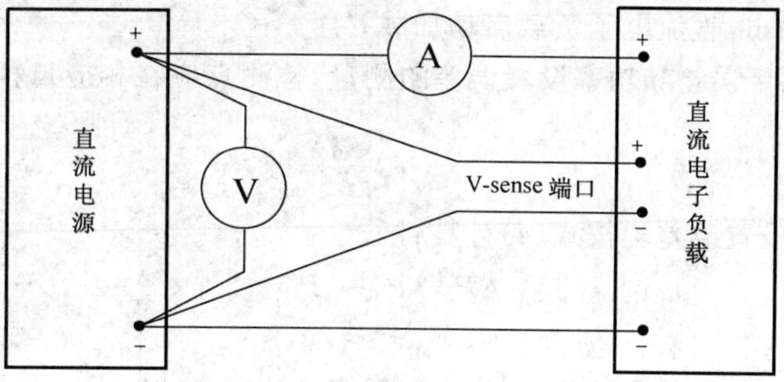

图 8　电阻/功率测量接线图

5.2.3.4　测试步骤

测试步骤如下：

a)　按图 8 连接好测试仪器设备；

b)　启动直流电源输出，直流电子负载启动加载；

c)　分别在相应量程上进行电阻设置误差的测量，应根据电阻的不同量程选择适当的输入电压、电流值确定检测点。

5.2.3.5　数据处理

电阻设置误差按式(3)计算：

$$\Delta R = R_0 - \frac{U_0}{I_0} \qquad \cdots\cdots(3)$$

式中：

ΔR——电阻设置误差，单位为欧姆(Ω)；

R_0——直流电子负载电阻设置值，单位为欧姆(Ω)；

U_0——标准表测量电压，单位为伏特(V)；

I_0——标准表测量电流值，单位为安培(A)。

5.2.4　功率测量误差和功率设置误差

5.2.4.1　试验用仪器设备

可调直流电源、直流电压表、直流电流表。

5.2.4.2　测试条件

直流电子负载工作于 CP 模式。

5.2.4.3　测试接线

按图 8 所示接线。

5.2.4.4　测试步骤

测试步骤如下：

a)　按图 8 连接好测试仪器设备；

b) 启动直流电源输出，直流电子负载启动加载；

c) 分别进行功率测量误差和功率设置误差的测量，检测点应在相应量程上适当选取。

5.2.4.5 数据处理

功率测量误差、功率设置误差均按式(4)计算：

$$\Delta P = P_1 - P_0 \qquad \cdots\cdots (4)$$

式中：

ΔP ——功率测量误差、功率设置误差，单位为瓦特(W)；

P_1——直流电子负载功率显示值、功率设置值，单位为瓦特(W)；

P_0——标准功率表示值(直流电压表和直流电流表的乘积)，单位为瓦特(W)。

5.3 动态负载模式

5.3.1 试验用仪器设备

可调直流电源、数字存贮示波器。

5.3.2 测试条件

直流电子负载工作于动态负载模式，选择某种负载变化规律的波形，设置动态负载的特征参数。

5.3.3 测试接线

按图9所示接线。

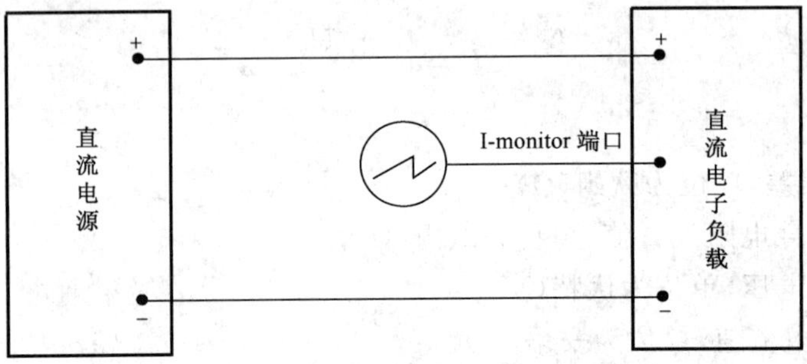

图9 动态负载模式测试接线图

5.3.4 测试步骤

测试步骤如下：

a) 按图9连接好测试仪器设备；

b) 启动直流电源输出，电子负载启动加载；

c) 使用数字存贮示波器进行动态模式各特征参数的测试。

5.4 应用功能

5.4.1 短路测试

5.4.1.1 试验用仪器设备

可调直流电源、直流电压表、直流电流表。

5.4.1.2　测试条件

选择直流电子负载的短路测试功能进行短路电阻的测试。

5.4.1.3　测试接线

按图 10 所示接线。

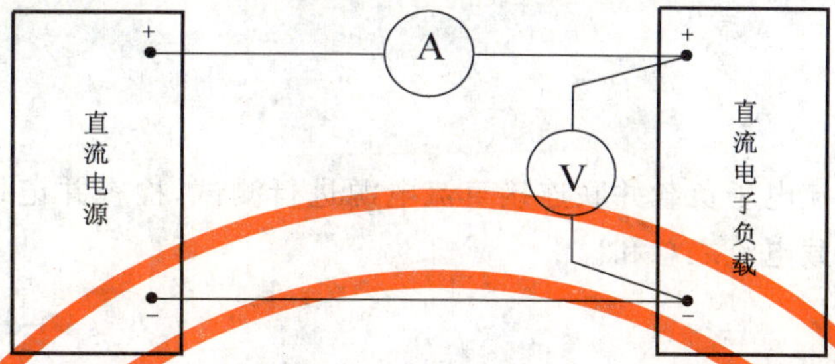

图 10　短路测试接线图

5.4.1.4　测试步骤

测试步骤如下：

a)　启动被测直流电源；

b)　直流电子负载启动加载，读取直流电压表、直流电流表的读数。

5.4.1.5　数据处理

短路电阻按式(5)计算：

$$R_S = \frac{U_0}{I_0} \qquad \cdots\cdots(5)$$

式中：

R_S——短路电阻值，单位为欧姆(Ω)；

U_0——标准表测量电压值，单位为伏特(V)；

I_0——标准表测量短路电流值，单位为安培(A)。

5.4.2　限值判定检查

按产品标准的要求进行参数预置后并启动加载，分别改变直流电子负载测试电源端的电压、电流和功率参数，当相应的参数超出限值范围时，直流电子负载应给出超限报警或提示信息。

5.4.3　远程电压测量(V-sense)

按图 8 接线，使直流电子负载输入较大电流(例如额定输入电流时)，分别在 V-sense 接入和断开状态，读取直流电子负载的显示电压值及标准电压表读数值，用 ΔU_s 和 ΔU_o 的关系可以判定 V-sense 是否具有引线压降补偿功能，当 $|\Delta U_s| < |\Delta U_o|$ 时，说明电子负载具有引线压降补偿功能。

注：ΔU_s—— V-sense 接入时电子负载电压显示值与标准电压表的差值；

　　ΔU_o—— V-sense 断开时电子负载电压显示值与标准电压表的差值。

5.4.4　电流监视输出(I-monitor)

用示波器或其他记录仪器连接直流电子负载电流监视输出端口，启动加载后观测负载电流波形。

5.4.5 序列测试检查

进行测试组选择并设置其测试参数，启动测试后检查该功能。

5.4.6 组合运行

将两台或两台以上直流电子负载连接多路输出直流电源进行测试，检查其同步加载和卸载是否符合产品标准的规定。

5.4.7 并联运行

将两台或两台以上直流电子负载并联连接直流电源进行测试，检查并记录并联电子负载总加载电流与所有直流电子负载加载电流之总和。

5.5 保护功能

5.5.1 过电压保护

将直流电源接入电子负载输入端。直流电子负载工作于除 CV 之外的任一工作模式，启动直流电源输出，电子负载启动加载。调节直流电源逐步增大输入电压。当超过规定输入电压的保护动作限值时，检查直流电子负载过电压保护装置是否动作（发出过压报警信号并自动卸载）。

当直流电子负载工作于卸载状态，若其输入端的电压值超过规定输入电压的保护动作限值时，检查是否发出过压报警信号。

5.5.2 过电流保护

将直流电源接入电子负载输入端。直流电子负载工作于除 CC 之外的任一工作模式，启动直流电源输出，电子负载启动加载。调节直流电源逐步增大输入电流，当超过规定输入电流的保护动作限值时，检查直流电子负载过电流保护装置是否动作（发出过流报警信号并自动卸载，或进入限流工作状态）。

5.5.3 过功率保护

将直流电源接入电子负载输入端。直流电子负载工作于除 CP 之外的任一工作模式，启动直流电源输出，电子负载启动加载。调节直流电源逐步增大输入功率，当超过规定输入功率的保护动作限值时，检查直流电子负载过功率保护装置是否动作（发出过功率报警信号并自动卸载）。

5.5.4 过热保护

由产品标准规定。

5.5.5 输入极性反接

将直流电源反极性接入直流电子负载输入端（直流电源输出正极接电子负载负输入端，直流电源输出负极接电子负载正输入端）。直流电子负载工作于卸载状态，启动直流电源输出，直流电子负载输入极性反接保护是否符合产品标准的规定。

5.6 连续运行

连续连行应符合如下要求：

a) 连续运行条件：通电时间 24 h，工作电源、加载输入值均为额定值；

b) 测试：完成 a)项后，按 5.2.1、5.2.2 和 5.2.3 的要求分别进行电流、电压和电阻误差的测试，检查结果是否符合产品标准的要求。

5.7 可靠性试验

按 GB/T 11463 有关规定进行试验。

可靠性试验仅在所有其他试验完成后才进行。

5.8 安全性能试验

5.8.1 接触电流

按 GB 4793.1—2007 中附录 A 规定的方法进行试验。

5.8.2 介电强度

直流电子负载处于非工作状态，其电源开关置于接通位置，分别对电网供电电源端和直流电源输入端与外壳可触及导电零部件间进行电压试验：

a) 电网供电电源端与外壳可触及导电零部件间

按 GB/T 6587—2012 中表 3 规定的额定工作电压选择相应交流电压进行试验。

b) 直流电源输入端与外壳可触及导电零部件间

对于加载输入电压超过 70 V(DC)的直流电子负载，按 GB/T 6587—2012 中表 3 规定的工作电压选择相应直流电压进行试验。

5.8.3 保护连接阻抗

直流电子负载处于非工作状态，使用接地导通电阻测试仪，对直流电子负载的保护接地导体端子和可触及金属壳体间施加试验电流 1 min，试验电流选下面较大者：

——25 A 直流或在额定电源频率下的交流有效值；

——直流电子负载额定电流值的两倍。

5.9 外观

5.9.1 外观要求

按 4.5.1 的规定进行目测检查。

5.9.2 外壳防护

对于采用 IP2X 外壳防护等级的直流电子负载，试验按 GB 4208—2008 中第 13 章的规定进行。有其他外壳防护等级要求的直流电子负载，按 GB 4208—2008 的相关规定进行试验。

5.10 环境试验

5.10.1 温度试验

按 GB/T 6587—2012 中 5.9.1 的规定进行，对于试验期间的性能特性测试项目，只进行直流电子负载的电流、电压和电阻误差的测试。

5.10.2 湿度试验

按 GB/T 6587—2012 中 5.9.2 的规定进行，对于试验期间的性能特性测试项目，只进行直流电子负载的电流、电压和电阻误差的测试。

5.10.3 振动试验

按 GB/T 6587—2012 中 5.9.3 的规定进行。

5.10.4 冲击试验

按 GB/T 6587—2012 中 5.9.4 的规定进行。

5.10.5 包装运输试验

按 GB/T 6587—2012 中 5.10 规定的 2 级流通条件等级的规定进行。

5.10.6 电源适应性试验

按 GB/T 6587—2012 中 5.12 的规定进行,对于试验期间的性能特性测试项目,只进行直流电子负载的电流、电压和电阻误差的测试。

5.11 电磁兼容试验

5.11.1 抗扰度试验

5.11.1.1 静电放电抗扰度

按 GB/T 17626.2—2006 的规定对直流电子负载进行接触放电、空气放电试验:

a) 根据直流电子负载的安装使用方式,确定按台式设备还是落地式设备进行试验。

b) 直流电子负载工作条件:CC 模式,只启动加载,不接入直流电源。

c) 施加放电点的选择:

  1) 漆膜为绝缘层的机壳(空气放电);

  2) 前面板上键盘操作区域的按键、端钮;

  3) 显示面板(空气放电);

  4) 电子负载下面的水平耦合板(接触放电);

  5) 电子负载侧面的垂直耦合板(接触放电)。

d) 试验等级:

  1) 接触放电 4 kV;

  2) 空气放电 8 kV。

e) 每个点上施加的放电次数:十次单次放电。

5.11.1.2 射频电磁场辐射抗扰度

按 GB/T 17626.3—2006 的规定对直流电子负载进行试验:

a) 根据直流电子负载的安装使用方式,确定按台式、落地式设备进行试验。

b) 直流电子负载工作条件:CC 模式,只启动加载,不接入直流电源。

c) 适用的试验等级——3 级(试验场强 10 V/m)。

d) 试验的频率范围——80 MHz～2 000 MHz。

e) 调制度 80%(1 kHz)。

5.11.1.3 电快速瞬变脉冲群抗扰度

按 GB/T 17626.4—2008 的规定对直流电子负载进行试验:

a) 电网供电电源端口(L、N、PE 线)

1) 直流电子负载工作条件：CC 模式，只启动加载，不接入直流电源；
2) 试验等级——3 级(2 kV/5 kHz 或 100 kHz)；
3) 试验电压的极性——正、负极性；
4) 试验的持续时间——每种状态的试验持续时间不少于 1 min；
5) 施加试验电压的次数——每种状态 3 次。

b) 直流电源输入端口、各测试端口和通信端口(仅适用于线路长度超过 3 m 的情况)
1) 直流电子负载工作条件：与各端口功能相应的工作方式；
2) 试验等级——3 级(1 kV/5 kHz 或 100 kHz)；
3) 试验电压的极性——正、负极性；
4) 试验的持续时间——每种状态的试验持续时间不少于 1 min；
5) 施加试验电压的次数——每种状态 3 次。

5.11.1.4 浪涌(冲击)抗扰度

按 GB/T 17626.5—2008 的规定对直流电子负载进行试验：

a) 直流电子负载工作条件：CC 模式，只启动加载，不接入直流电源；
b) 试验等级——3 级(线对线 1kV、线对地 2kV)；
c) 浪涌极性——对正、负极性均要求；
d) 试验次数——5 次正极性、5 次负极性；
e) 重复率——至少 1 次/min；
f) 向线路施加浪涌的顺序——线—线耦合、线—地耦合；
g) 向交流电源端口施加浪涌时的相角——应分别在 0°、90°、180°、270°上同步加入。

5.11.1.5 射频场感应的传导骚扰抗扰度

按 GB/T 17626.6—2008 的规定对直流电子负载进行试验：

a) 直流电子负载工作条件：CC 模式，只启动加载，不接入直流电源；
b) 试验的频率范围——150 kHz～80 MHz；
c) 试验等级——2 级(试验电压 3 V)；
d) 调制度 80%(1 kHz)。

5.11.1.6 电压暂降、短时中断和电压变化抗扰度试验

按 GB/T 17626.11—2008 的规定对直流电子负载进行试验：

a) 直流电子负载工作条件：CC 模式，只启动加载，不接入直流电源；
b) 电压暂降和短时中断试验；
c) 施加抗扰度的电源端口——直流电子负载的电网供电电源端口；
d) 电压试验等级——按 GB/T 17626.11 中表 1 规定的第 3 类；
e) 重复次数——3 次；
f) 间隔时间——10 s。

5.11.1.7 直流电源输入端口纹波抗扰度

按 GB/T 17626.17—2005 的规定对直流电子负载进行试验：

a) 直流电子负载的工作状态：CC 模式，启动加载；
b) 试验等级——2 级(相对直流标称电压的百分数为 5%)；
c) 试验的持续时间——不小于 10 min。

5.11.2 传导和辐射发射试验

直流电子负载工作于CC模式,启动加载,接入供电电源(应在电子负载的输入功率为最大输入功率和二分之一最大输入功率两种工况下进行测量,取两组数据中的较大值为测量结果)。按GB 4824—2004的要求对直流电子负载进行传导和辐射发射测试,其传导和辐射发射限值要求如表2和表3所示。

表2 1组A类设备电源端骚扰电压限值

频率范围 MHz	准峰值 dB μV	平均值 dB μV
0.15~0.5	79	66
0.5~5	73	60
5~30	73	60

表3 1组A类设备电磁辐射骚扰限值

频率范围 MHz	测量距离10 m dB(μV/m)
30~230	40
230~1 000	47

5.11.3 谐波电流发射测试

直流电子负载工作于CC模式,启动加载,接入供电电源,直流使电子负载的输入功率不小于75%的额定值。使用谐波测试仪按GB 17625.1—2012附录A的方法进行测试,其谐波电流发射限值见表4。

表4 A类设备谐波电流发射限值

谐波次数 n 次	最大允许谐波电流 A
奇次谐波	
3	2.30
5	1.14
7	0.77
9	0.40
11	0.33
13	0.21
$15 \leqslant n \leqslant 39$	$0.15 \times 15/n$
偶次谐波	
2	1.08
4	0.43
6	0.30
$8 \leqslant n \leqslant 40$	$0.23 \times 8/n$

6 检验规则

6.1 检验分类

本规范规定的检验分类如下：

a) 定型检验；

b) 质量一致性检验。

6.2 定型检验

产品设计和生产定型(批量生产)后，应进行定型检验。定型检验应随机抽取3台进行。定型检验的项目、要求及试验方法应符合表5的规定。

凡出现下列特殊情况，亦应进行定型检验：

a) 产品的设计、工艺、结构、材料有重大变动时；

b) 产品停止生产1年以上又恢复生产时。

表5 直流电子负载的检验项目

序号	检验项目	检验分类		要求章条号	试验方法章条号
		定型检验	质量一致性检验		
1	电流测量误差和电流设置误差	●	●	4.2.3	5.2.1
2	电压测量误差和电压设置误差	●	●		5.2.2
3	电阻设置误差	●	●		5.2.3
4	功率测量误差和功率设置误差	●	○		5.2.4
5	动态负载模式	●	●	4.2.2.2	5.3
6	短路测试	●	○	4.2.4.1	5.4.1
7	限值判定	●	○	4.2.4.2	5.4.2
8	远程电压测量(V-sense)	●	○	4.2.4.3	5.4.3
9	电流监视输出(I-monitor)	●	○	4.2.4.4	5.4.4
10	序列测试	●	○	4.2.4.5	5.4.5
11	组合运行	●	○	4.2.4.6	5.4.6
12	并联运行	●	○	4.2.4.7	5.4.7
13	保护功能	●	●	4.2.5	5.5
14	连续运行	●	●	4.2.6	5.6
15	可靠性	●	—	4.3	5.7
16	接触电流	●	●	4.4.1	5.8.1
17	介电强度	●	—	4.4.2	5.8.2
18	保护连接阻抗	●	●	4.4.3	5.8.3
19	外观要求	●	●	4.5.1	5.9.1
20	外壳防护	●	—	4.5.2	5.9.2

表 5（续）

序号	检验项目	检验分类		要求 章条号	试验方法 章条号
		定型检验	质量一致性检验		
21	环境试验	●	—	4.6	5.10
22	电磁兼容试验	●	—	4.7	5.11
23	标志	●	●	7.1	7.1
24	包装	●	●	7.2.1	7.2.1

注：● ——表示必须进行检验的项目；

○ ——产品标准中有要求时进行检验的项目；

— ——表示不需检验的项目。

6.3 质量一致性检验

质量一致性检验的产品按表 5 规定的项目进行全数检验。其中任一项不合格则判为不合格品，不合格品不允许出厂。

7 标志、包装、运输和贮存

7.1 标志

7.1.1 产品标志

每台产品的标牌应标明以下内容：

a) 产品名称；

b) 产品型号；

c) 生产企业名称；

d) 工作电源电压、频率；

e) 输入电压、电流、功率；

f) 产品编号；

g) 生产日期。

7.1.2 包装标志

产品包装应标明以下内容：

a) 产品商标；

b) 产品名称、型号规格；

c) 包装件的质量，单位为千克(kg)；

d) 包装箱尺寸(宽×高×深)，单位为毫米(mm)；

e) 厂名、厂址、电话；

f) “向上”、“怕雨”、“堆码层数极限”等包装储运图示标志应符合 GB/T 191 的规定。

7.1.3 使用说明书

产品使用说明书应给出产品的详细操作说明，并应明确规定直流电子负载的质量保证期。使用说明书应按照 GB/T 19678 的要求编制。

7.2 包装、运输和贮存

7.2.1 包装

7.2.1.1 产品包装应能防潮、防振和防尘，具体要求由产品标准规定。

7.2.1.2 直流电子负载的随机文件包括：

a) 产品使用说明书；

b) 产品合格证；

c) 装箱单；

d) 产品保修卡。

7.2.2 运输

产品运输应符合 GB/T 6587—2012 规定的 2 级流通条件等级，运输过程中应避免雨雪直接淋袭、烈日暴晒和机械损伤，装卸搬运过程中不允许翻滚、跌落及剧烈冲击。

7.2.3 贮存

产品贮存应满足下列条件：

a) 置于室内存放；

b) 温度：0 ℃～40 ℃；

c) 湿度：(50～80)%RH；

d) 贮存地点应保持干燥，应无酸、碱、易燃、易爆、有毒等化学物品和其他腐蚀性气体；

e) 无强烈机械振动冲击影响；

f) 应避免强烈电磁场作用和阳光照射。

参 考 文 献

[1] GB/T 18268.1—2010 测量、控制和实验室用的电设备 电磁兼容性要求 第1部分:通用要求

ICS 31.030
L 90

中华人民共和国国家标准

GB/T 29844—2013

用于先进集成电路光刻工艺综合评估的图形规范

Specifications for metrology patterns for the evaluation of advanced photolithgraphy

2013-11-12 发布　　　　2014-04-15 实施

中华人民共和国国家质量监督检验检疫总局
中国国家标准化管理委员会　发布

前　言

本标准按照 GB/T 1.1—2009 给出的规则起草。

请注意本文件的某些内容可能涉及专利。本文件的发布机构不承担识别这些专利的责任。

本标准由全国半导体设备和材料标准化技术委员会(SAC/TC 203)提出并归口。

本标准起草单位:上海华虹 NEC 电子有限公司。

本标准主要起草人：王雷、伍强、朱骏、陈宝钦。

用于先进集成电路光刻工艺综合评估的图形规范

1 范围

本标准规定了用于先进集成电路光刻工艺综合评估的标准测试图形单元的形状、一般尺寸，以及推荐的布局和设计规则，这些标准测试图形包括可供光学显微镜和扫描电子显微镜用的各种图形单元。

本标准适用集成电路的工艺、常规掩模版、光致抗蚀剂和光刻机的特征和能力作出评价及交替移相掩模版相位测量，适用于 g 线、i 线、KrF、ArF 等波长的光刻设备及相应的光刻工艺。

2 规范性引用文件

下列文件对于本文件的应用是必不可少的。凡是注日期的引用文件，仅注日期的版本适用于本文件。凡是不注日期的引用文件，其最新版本(包括所有的修改单)适用于本文件。

GB/T 16878—1997 用于集成电路制造技术的检测图形单元规范

SJ/T 10584—1994 微电子学光掩蔽技术术语

3 术语和定义

GB/T 16878—1997 和 SJ/T 10584—1994 界定的以及下列术语和定义适用于本文件。

3.1

掩模版误差因子 mask error factor;MEF

把掩模版上的图形转移到硅片上时，硅片上图形线宽对掩模版线宽的偏导数。

注：影响掩模版误差因子的因素有曝光条件、光刻胶性能、光刻机透镜像差、后烘温度等。对远大于曝光波长的图形，掩模版误差因子通常非常接近 1。对接近或者小于波长的图形，掩模版误差因子会显著增加。而使用交替相移掩模版的线条光刻可以产生显著小于 1 的掩模板误差因子。在光学邻近效应校正中细小补偿结构附近会显著小于 1。

3.2

移相掩模版 phase shift mask

在光刻掩模的不同区域上制作出特定的光学厚度，使得光透过不同区域产生相位差，以达到提高成像对比度和光刻工艺窗口的掩模版。

3.3

离轴照明 off-axis illumination

为进一步提高投影光刻机的光刻分辨率，让照明光束以偏离透镜对称轴方向斜入射的照明方法。

3.4

光酸分子有效扩散长度 effective diffusion length of photo-generated acid

化学放大光致抗蚀剂在曝光后的烘烤过程中光酸分子在光致抗蚀剂聚合物中的随机扩散形成的扩散长度。

3.5

交替移相掩模版 alternating phase shifting mask

由常规的透光区和能使光产生 180°相移的石英移相器区交替排列的移相掩模，也称为 Levenson

型移相掩模。

4 概述

4.1 本标准中所规定的标准测试图形单元可以采用光刻方法或者其他在硅片上直接形成图形的方法做在半导体基片的光掩蔽层上，用于集成电路(IC)生产或研发过程中光刻工艺综合评估。

4.2 除非特殊说明，本标准中所述标准测试图形单元的具体细节，如取向、大小、线宽范围、明暗特性(选择亮场或者暗场)等，一般均由用户确定。采用本标准中所述基本图形单元进行测试，出具结果报告时，应说明基本图形单元的细节。

5 要求

5.1 总则

5.1.1 本标准中所规定的每一种标准测试图形单元是由若干个基本测试图形组成的。标准测试图形单元可以用来组成复合图形。由于集成电路版图大部分是由横平竖直的大大小小矩形组成的，对于由线条组成的基本测试图形，需要增加一组旋转90°的标准测试图形单元形来组成复合图形。特殊情况下，可由用户确定增加不同旋转角度的若干组基本测试图形来组成复合图形。

5.1.2 一组复合图形可以由若干数量的标准测试图形单元组成，只要每个标准测试图形单元遵守相应的设计规则，则该复合图形符合本标准。

5.1.3 每一种基本测试图形含有一种基本图形元素，图形元素在相应的设计规则允许的范围内按某种步距分布重复构成一组基本测试图形，步距可由用户确定，用户根据具体的工艺和设备条件确定图形的所有尺寸。

5.1.4 本标准中所提供的图详细地说明了该标准测试图形单元内部基本测试图形的合理布局，并规定了每个基本测试图形的设计参数。

5.1.5 为了保证本应互不相干的图形在曝光过程中尽量减少邻近效应的影响，所有基本测试图形组应彼此分开，基本测试图形组与基本测试图形组之间的间距以互不干涉为限。

5.1.6 本标准中所提及有关线条的要求，若不做特殊说明，也适用于透明线。

5.2 线宽均匀性测试图形单元

5.2.1 每个线宽均匀性基本测试图形包含一个含有至少5根等间距线条的图形，其中中间的线条比其他线条要长一些，可以把它看作孤立线，其每端突出的长度应该由线宽决定，一般为线宽的5倍～10倍。其他线的长度通常为线宽的10倍或者更长。

5.2.2 每个线宽均匀性测试图形单元包含2个线宽均匀性基本测试图形，取向互成90°，构成图形对。

5.2.3 每个线宽均匀性测试图形单元可以用来测量掩模版或者硅片上某一区域线宽的值，如果将线宽均匀性测试图形单元均匀分布在掩模版曝光区域上，曝光区域上的线宽均匀性便可以通过测量每一个线宽均匀性测试图形所在处的线宽来获得。本标准所设计的线宽均匀性测试图形可以用来同时测量密集和孤立线条的线宽均匀性，并且可以得到两个正交方向上的线宽均匀性。

5.2.4 线宽和线间距的具体尺寸由用户根据所评价或者开发的工艺要求来确定。

5.2.5 对均匀分布在掩模版曝光区域上线宽均匀性测试图形的孤立线条的对焦深度测量，可得到光刻机像面平整度的信息。

5.2.6 每一个线宽均匀性测试图形单元可以包括供扫描电子显微镜便于辨认测试图形的标识图形，如图1所示的两个小方块。

图 1　线宽均匀性测试图形单元

5.3　掩模版误差因子测试图形单元

5.3.1　每一个掩模版误差因子基本测试图形单元包含一个含有至少 9 根等间距线条的图形，其中中间的线条比其他线条要长一些，可以把它看作孤立线，其每端突出的长度应该由线宽决定，一般为线宽的 5 倍～10 倍。其他线的长度通常为线宽的 10 倍或者更长。

5.3.2　每个掩模版误差因子测试图形单元至少包含 5 组 2 个取向互成 90°的掩模版误差因子基本测试图形对。

5.3.3　5 对掩模版误差因子基本测试图形拥有相同的线条空间周期，即所有线条图形在空间上等间距的分布。但每对掩模版误差因子基本测试图形之间的线宽是变化的，呈递增或者递减分布，邻近两对测试图形的线宽差值应是固定的，具体的差值由用户根据所评价或者开发的工艺要求来定。一般为5 nm～10 nm。

5.3.4　掩模版误差因子测试图形单元可以用来测量光刻工艺的综合性能，如果加上空间像的计算或者模拟能力，对掩模版误差因子的测量可以得出有关光致抗蚀剂的重要参数及光致抗蚀剂的光酸分子的有效扩散长度(见参考文献[1])。

5.3.5　掩模版误差因子测试图形单元可以通过使用已知性能的光致抗蚀剂来对光刻机成像性能进行评价。也可以通过测量曝光区域上不同位置上的掩模版误差因子来测量光刻机成像性能在整个曝光区域上的均匀性。

5.3.6　每一个掩模版误差因子测试图形单元包括供扫描电子显微镜便于辨认测试图形的标识图形，如图 2 所示的一个小长方形。

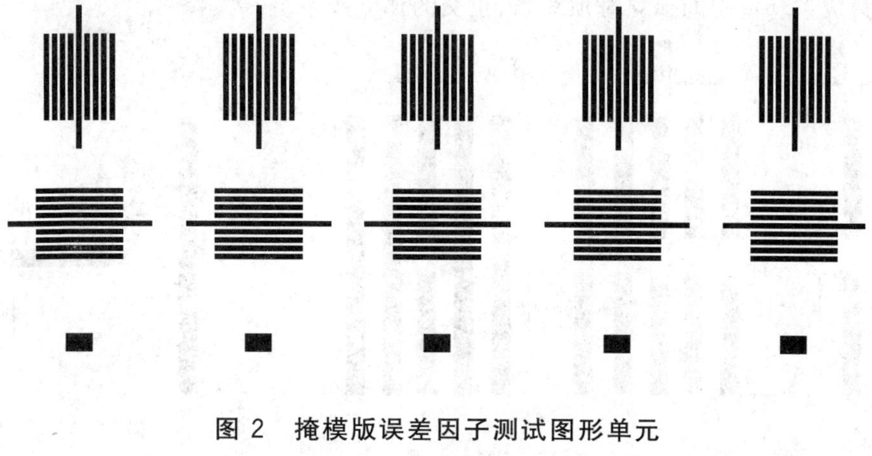

图 2　掩模版误差因子测试图形单元

5.4 光学邻近效应测试图形1:线宽随空间周期变化测试图形单元

5.4.1 每一个线宽随空间周期变化测试图形单元包括一组空间周期不断递增的等间距、等长度密集线条组和一根孤立线图形。线条的长度至少为线宽的10倍。

5.4.2 密集的图形应该至少包含5根等间距、等长度线条,每一组线宽随空间周期变化的测试图形单元应至少包含1根孤立线。

5.4.3 空间周期的递增步长和线条的宽度由用户根据所评价或者开发的工艺要求来确定。根据工艺需要可以由若干组不同线条宽度的线宽随空间周期变化测试图形单元构成复合测试图形。

5.4.4 线宽随空间周期变化测试图形可以用来测试光致抗蚀剂的性能,线宽越是不随空间周期的变化而变化的光致抗蚀剂应该被认为是一种反差性能比较好的抗蚀剂。

注:线宽随空间周期变化除了由于光学邻近效应的影响外,还有一部分原因是来自光刻成像系统本身,它可以通过调节光刻工艺条件和调整成像系统来改善。

5.4.5 线条的线宽和最小间距由用户根据所评价或者开发的工艺要求来确定。

5.4.6 每一个线宽随空间周期变化测试图形单元包括供扫描电子显微镜便于辨认测试图形的标识图形,如图3所示的小方块。

图3 光学邻近效应测试图形1:线宽随空间周期变化测试图形单元

5.5 光学邻近效应测试图形2:线端缩短测试图形单元

5.5.1 每一个线端缩短测试图形单元包括4种基本测试图形,如图4所示,分别为孤立对顶线条、密集对顶线条、在密集线条环境中的孤立对顶线条、正交的孤立线条组。

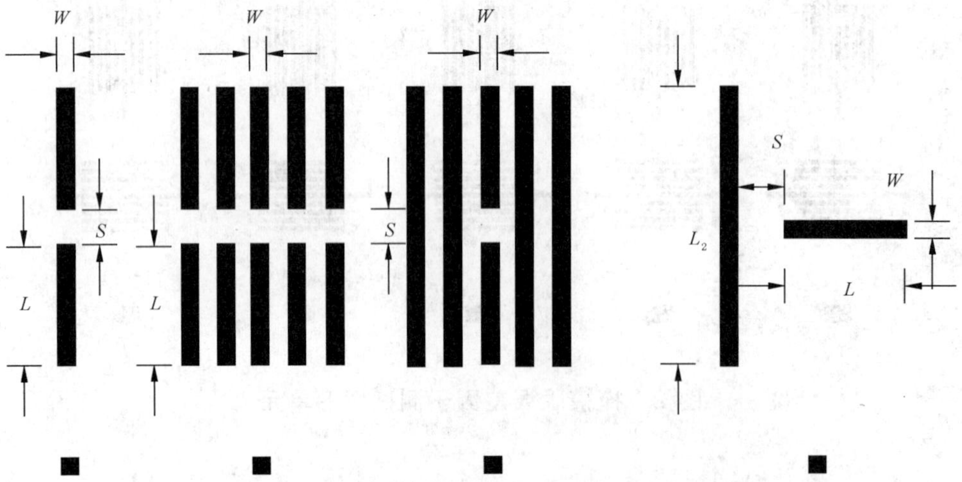

图4 光学邻近效应测试图形2:线端缩短测试图形单元

5.5.2 对顶线端的间距 S 和线宽 W 由用户根据所评价或者开发的工艺要求来确定。线条长度 L 应该不小于线宽 W 的 10 倍。一个完整的线端缩短测试图形至少包含一组线端缩短测试图形单元，其线宽 W 是掩模版上的最小线宽，而且其对顶线端的间距 S 应该不大于 0.7 倍的掩模版上的最小线间距。

5.5.3 在密集对顶线条中，线条空间周期由需要被评价或者开发的工艺设计来确定，通常需要包括集成电路设计版图中的最小空间周期。

5.5.4 正交的孤立线条组中的长度 L_2 应该不小于线宽 W 的 10 倍。

5.5.5 为了测出线端缩短的规律，用户可以根据实际情况由图 4 所示的图形组成其他复合测试图形，包括将上述图形旋转 90°。

5.5.6 密集对顶线条和在密集线条环境中的孤立对顶线条两组基本测试图形，总根数应不少于 5 根。

5.5.7 每一个线端缩短测试图形单元包括供扫描电子显微镜便于辨认测试图形的标识图形，如图 4 所示的小方块。

5.6 光学邻近效应测试图形 3：方角钝化测试图形单元

5.6.1 每一个方角钝化测试图形单元包含一组正方形，其边长 L 由被评估或者被开发的工艺线宽来确定，最小的正方形的边长应同集成电路设计版图中的最小线宽相一致。正方形中最大的边长应该不小于曝光用波长的 10 倍。如图 5 所示的方角钝化测试图形。

图 5 光学邻近效应测试图形 3：方角钝化测试图形单元

5.6.2 光刻后图形方角钝化的程度是通过测量正方形图形的对角线长度与1.414 2倍边长的比值来确定。

注：如果方角钝化忽略不计，比值应该接近 1.0。如果有方角钝化，这个比值应该小于 1.0。

5.6.3 不同边长 L 的正方形图形光刻后方角钝化程度是不同的，数值孔径、曝光照明条件和光致抗蚀剂的性能也会影响方角钝化程度。方角钝化与掩模版误差因子一样，反映了光刻工艺的综合性能。

5.7 光刻机球面像差测量图形单元

5.7.1 光刻机球面像差测量图形单元包含一组不同空间周期的等间距密集线条图形和至少一根比较宽的孤立线条，如图 6 所示。

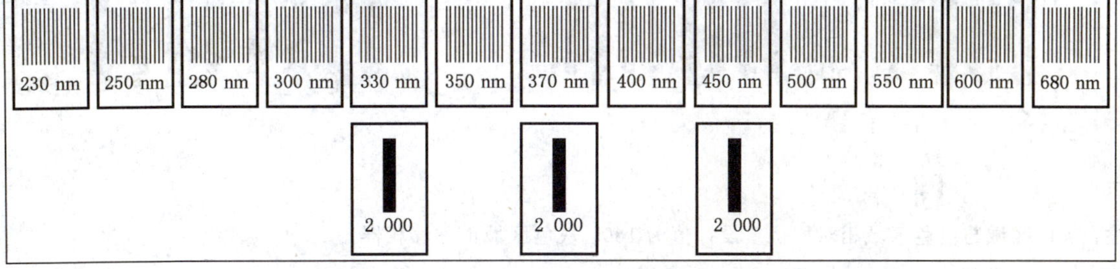

图 6 光刻机球面像差测量图形单元

5.7.2 光刻机球面像差测量图形单元中的密集线条图形组至少应该包含最小空间周期和最大空间周期两组图形，其中最小空间周期为光刻波长与最大使用数值孔径的比值，最大空间周期2倍的光刻波长与最小使用数值孔径的比值。

密集线用来测量光刻机透镜边缘（对应最大数值孔径）到最小数值孔径一半的半径位置上的焦距值，通过式(1)～式(2)计算出相应的球面像差在这些位置上的分布。不同的空间周期 p 的密集线条图形对应不同的衍射角度 θ，表述式为式(1)：

$$\theta = \sin^{-1}\lambda/p \qquad \cdots\cdots(1)$$

式中：

λ——光刻波长；

p——空间周期。

孤立线条图形对应透镜中心位置，作为参照焦距。透镜不同位置相对于透镜中心位置的球面像差值 WFE 表述为式(2)：

$$\mathrm{WFE} = \Delta F(1-\cos\theta) \qquad \cdots\cdots(2)$$

式中：

ΔF——密集线条图形和孤立线条图形的焦距差；

θ ——衍射角度。

孤立的线条宽度应为光刻波长与最小使用部分相干性设置(σ 值)的比值的3倍～5倍。孤立线条被用来测量光刻机透镜在傍轴（光轴附近）位置的焦距值，并且通过式(2)计算出相应的球面像差在傍轴（光轴附近）位置的值。

5.7.3 每一组密集线条图形至少应包括9根线条，线条的长度应该至少为线宽的10倍。

5.7.4 每一组密集线条图形之间应有一定间距，使得它们互不干扰。

5.8 交替移相掩模版相位测量图形单元

5.8.1 每一个交替移相掩模版相位的测量图形单元为一组等间距的密集线条图形，如图7所示，每一根线条（本标准只适用于线条图形）两边的透射相位差设计值为180°。每一组密集线条图形至少包含8根线条。

注：上述交替移相掩模版相位的测量图形单元也可以直接做成透射相位交替型，如8根透明线条，其中第1、3、5、7四根线条是常规透射图形，而第2、4、6、8四根线条做成相位差设计值为180°的透射图形，同样可构成交替移相掩模版，这种方式不会在移相区域线条两端边界产生多余线。

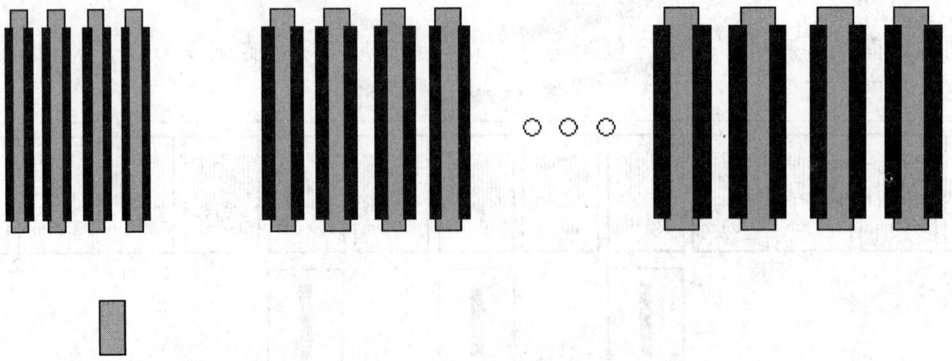

注：灰色区域与白色区域相对相位差设计值为180°，灰色区域也称移相器。

图7 交替移相掩模版相位测量图形单元

5.8.2 密集线条的长度应不短于线宽的10倍。

5.8.3 移相区域应该在线条两端有一定的延伸，具体延伸长度应该以不影响线端的光刻为限，通常为线宽的 2 倍以上。

注：线条两端延伸的移相区域曝光后实际上会产生多余边界线，在作为检测图形使用时可以不予考虑。但在实际集成电路光刻工艺中使用的情况，需要去除多余边界线(例如采用二次曝光技术)。

5.8.4　密集线条图形的最小空间周期应不小于光刻波长与数值孔径比值的 0.5 倍，最大的空间周期应不小于波长与数值孔径比值的 1.5 倍。

5.8.5　交替移相掩模版相位的测量是通过测量线条随焦距偏离而造成的相对空间位置的移动来实现。

参 考 文 献

［1］ Qiang Wu, The Effective Diffusion Length in Chemically Amplified Resists and Its Critical Impact to The Process Window and Mask Error Factor for 0.13 μm Photolithography and Beyond, Proc. Semicon China 2005, 2003 (2005), invited paper.

［2］ Zhiyong Wang, Ping Zheng, and Qiang Wu, Spherical Aberration and Its impact to Process Windows, an Experimental Study, Proc. Semicon China 2005,2006 (2005).

［3］ Qiang Wu, Scott Halle, Scott J Bukofsky, Shahid Butt, and Michael Hibbs, Scaling Rules of the Phase Error Tolerance for the Manufacturing of alt—PSM Under Various Lithographic Conditions, Proceedings of the SPIE 5040, 303 (2003).

ICS 31.550
L 95

GB

中华人民共和国国家标准

GB/T 29845—2013

半导体制造设备的最终装配、包装、运输、拆包及安放导则

Guide for final assembly, packaging, transportation, unpacking, and relocation of semiconductor manufacturing equipment

2013-11-12 发布　　2014-04-15 实施

中华人民共和国国家质量监督检验检疫总局
中国国家标准化管理委员会　发布

前　言

本标准按照GB/T 1.1—2009给出的规则起草。

本标准由全国半导体设备与材料标准化技术委员会(SAC/TC 203)提出并归口。

本标准起草单位:工业和信息化部电子工业标准化研究院、北京七星华创电子股份有限公司。

本标准主要起草人:黄英华、刘军、吴良军、钟华、周历群、冯亚彬。

半导体制造设备的最终装配、包装、运输、拆包及安放导则

1 范围

本标准给出了半导体制造设备(SME)在供应商工厂的最终装配(总装)、包装、运输以及在客户洁净室生产区的拆包和安放等特定活动指南。

本标准适用于半导体制造设备、独立的组件和部件在供应商工厂的最终装配(总装)、包装和运输以及从客户装货码头/接收区到高纯和超高纯应用的洁净室生产区的转移过程。

本标准不包含与环境、健康和安全(EHS)相关的特殊要求,也不适用于与晶片粒子或晶片质量(如离子污染度)相关的加工过程规范。

2 规范性引用文件

下列文件对于本文件的应用是必不可少的。凡是注日期的引用文件,仅注日期的版本适用于本文件。凡是不注日期的引用文件,其最新版本(包括所有的修改单)适用于本文件。

GB/T 25915.1 洁净室及相关受控环境 第1部分:空气洁净度等级

SEMI C41 2-丙醇的规范和指南 (Specification and Guidelines for 2-propanol)

SEMI F63 半导体加工用超纯水指南 (Guidelines for Ultrapure Water Used in Semiconductor processing)

3 缩略语

下列缩略语适用于本文件。

APA:美国工程木材协会 (the engineered wood association)

EPS:发泡聚苯乙烯 (expanded polystyrene)

IPA:异丙醇(isopropyl alcohol)

SME:半导体制造设备 (semiconductor manufacturing equipment)

UPW:超纯水 (ultrapure water)

4 清洁和包装材料

对于清洁和三层包装,建议使用下列材料:

—— UPW(参见 SEMI F63);

—— IPA(参见 SEMI C41);

——具有超低的颗粒产生,超低的离子析出水平,聚酯材料的,GB/T 25915.1 中 ISO 5 级洁净室允许的棉签和带封边的擦拭巾;

——具有超低的颗粒产生,超低的离子析出水平,无碳氢化合物的,约 150μm 厚的天然聚乙烯薄膜;

——具有超低的颗粒产生的胶带。

5 装配和预包装程序

5.1 预装配

5.1.1 洁净室里不适宜进行的机械加工、锯切、焊接、钎焊、研磨、砂磨和其他加工过程,应在组件转移到洁净装配区前完成以上工作。

5.1.2 所有 SME 组件在转移到洁净装配区前,应进行真空吸尘,用经过过滤的空气吹扫,用无尘的擦拭巾和棉签蘸取用 UPW 稀释的10%～70%IPA 溶液进行清洗,然后立即进入到洁净装配区。

5.1.3 切削液、润滑剂和焊剂应在组件转移到洁净装配区前清除,适合于洁净室的润滑剂可保留。

5.2 洁净装配区

5.2.1 SME 所有组件应在至少满足 GB/T 25915.1 中 ISO 6 级及以上要求的洁净室里装配。

5.2.2 应在洁净装配区内保存一套洁净的装配工具。如不可行,工具每次在进入洁净装配区前应进行真空吸尘,用经过过滤的空气吹扫,用无尘的擦拭巾和棉签蘸取用 UPW 稀释的 10%～70%IPA 溶液进行清洗,然后立即进入到洁净装配区。

5.2.3 洁净装配区里的装配工具应定期进行清洗;如装配工具在使用期间被污染,则需进行清洗。

5.3 预包装

5.3.1 所有带水(包括 UPW)或其他液体的 SME 应完全清空,并采用无碳氢化合物的干燥空气或氮气彻底干燥。与生产单元(如晶片)直接接触的所有带 UPW 的 SME 应具有冲洗管线、工艺槽或工艺储槽等,在完全清空前应使用抑菌剂(如 H_2O_2/UPW 溶液)清洗。

5.3.2 在装运前和装运过程中,所有公用电缆应有防护。

5.3.3 带真空室的 SME 应将真空室和真空管线在真空状态下密封和装运。

5.3.4 SME 应清楚标记从船运集装箱取出时的正确起吊位置。

5.3.5 SME 完成总装和测试后,所有暴露在外的表面应通过擦拭巾和棉签蘸取用 UPW 稀释的10%～70%IPA 溶液进行彻底清洁。

5.3.6 应彻底检查 SME 的清洁度。

5.3.7 供应商应随 SME 提供其检查结果(如标记清单)。

6 三层包装

6.1 下列程序支持全部密封 SME、独立组件或支撑部件的包装规范,使用三层包装(见第 7 章)以使每一层均能形成防止水分和颗粒的保护密封层。

6.2 根据以下指南在特定的交货和搬运阶段(见第 14 章)去除各层包装:

——内层包装:在进入最终洁净室或相同洁净度的预备区域前,内层包装应与 SME、独立部件和组件一直保持在一起。内层包装在移入洁净室前应进行清洁;

——中间包装:在到达至少满足 GB/T 25915.1 中 ISO 7 级要求的中间预备区域前,中间包装应与 SME、独立部件和组件保持在一起。中间包装在移离客户装货码头/接收区前应进行清洁,并且移入预备区域前应再次进行清洁;

——外层包装:在运送至装货码头途中,外层包装用来保护 SME、独立部件和组件。当 SME、独立部件和组件到达客户装货码头/接收区时,应去除外部装运材料。外层包装也应进行清洁并去除。

7 包装程序

7.1 洁净装配区里的包装

7.1.1 根据要求，用胶带将SME、独立部件和组件完全封包在洁净聚乙烯内部包装内。

7.1.2 湿度指示器应包裹在初始(即内部)包装内。

7.1.3 如使用两套包装箱底座，内部包装箱底座也应符合8.2的要求，并与SME、独立部件和组件包装在一起。

7.1.4 内部包装箱底座应清楚标记从船运集装箱取出时的正确起吊位置。

7.2 专用洁净包装区里的包装

7.2.1 内层(即第一层)包装完成后，应将SME、独立部件和组件搬运到专用洁净(GB/T 25915.1中ISO 7级或更高等级)包装区。

7.2.2 根据要求，用胶带将SME、独立部件和组件封包在干净的两层以上独立包装(即中间和外部包装)的聚乙烯薄膜内。

7.2.3 SME、独立部件和组件完成三层包装后，应将其放在包装箱底座上(见第8章和第9章)，以免包装被损坏或破坏。要求如下：

——包装箱底座(连同SME、独立部件和组件一起)应可以用常规的底座搬运车或叉车移动；

——SME、独立部件和组件应可由常规的底座搬运车或叉车放入和移出包装箱底座，并且不能使三层包装产生变形或撕裂；

——SME、独立部件和组件放入包装箱底座后，应放置在一个单独的装箱区域。

8 装箱程序

8.1 设计

8.1.1 板条箱的最大外部尺寸不得超过运输方式(如空运和空运挂车)允许的最大尺寸要求的。

8.1.2 如可能，板条箱的形状和尺寸应最优化，以节省运输成本。

8.1.3 为确保运输过程中板条箱的稳定，高度超过1.2 m的板条箱，其最窄边尺寸应不少于板条箱高度的一半。

8.2 装箱/包装材料

8.2.1 进入洁净室的所有装箱/包装材料应由满足洁净度要求的材料构成。如非常有必要使用木制板条箱或包装，则在进入洁净室前，所有木制板条箱或包装应符合洁净度的要求。

8.2.2 使用的所有木质产品应符合交货国和运输SME经过的所有中间国家的管理要求(如热处理木材条例)。

8.2.3 应采用云杉、冷杉、松树或具有相当强度可以用于包装箱(板条箱)的软木材。

8.2.4 当厚度为1.0 cm～1.3 cm时，胶合板应不少于3层；当厚度大于或等于1.3 cm时，胶合板应不少于5层。

8.2.5 对于重量小于等于2 500 kg的SME、独立部件和组件，应采用下列材料：

——侧面和盖子使用标称厚度大于或等于1 cm的胶合板；

——楔块使用标称厚度为2.5 cm×10 cm的木材；

——盖板使用标称厚度为1.3 cm的胶合板；

——板条箱底使用标称厚度为 5 cm 的木板。

8.2.6 对于重量大于 2 500 kg 的 SME、独立部件和组件，应采用下列材料：

——侧面和盖子使用标称厚度大于或等于 1.3 cm 的胶合板；

——楔子使用标称厚度为 5 cm×10 cm 的木材；

——盖板使用标称厚度为 2.5 cm 的胶合板；

——板条箱底使用标称厚度为 5 cm 的木板。

8.2.7 软垫泡沫或填料用来保护设备，例如：

——19 kg/m^3～35 kg/m^3 的聚氨酯泡沫；

——16 kg/m^3～32 kg/m^3 的聚乙烯泡沫；

——32 kg/m^3～64 kg/m^3 的聚乙烯泡沫；

——64 kg/m^3～96 kg/m^3 的聚乙烯泡沫。

——浮动甲板用聚乙烯软垫泡沫的接合(即连接)面应进行研磨(即去除外皮)以确保适当的粘合。

8.2.8 干燥剂应为无尘型黏土或硅胶。

8.2.9 使用缓冲包装材料来保护设备，例如：

——标称厚度为 3 mm～6 mm 的聚乙烯缓冲泡沫薄板；

——聚乙烯气泡袋缓冲材料；

——不应使用松散的发泡聚苯乙烯(EPS)或纸制品。

8.2.10 当运输方式(如海运)需要时，唛头应使用密度最小为(4.9/8.1/4.9)kg/100 m^2 的防水纸层压板或等同物。

8.2.11 采用的捆扎材料应符合 SME 重量和类型的要求。

8.2.12 采用的倾斜指示器应为一次性使用的不可复位型指示器。

8.2.13 采用的振动指示器应为一次性使用的不可复位型指示器，应具有合适的灵敏度，该灵敏度基于供应商根据板条箱类型和 SME 敏感度进行的估算和推荐等级。对于在搬运过程中对振动敏感容易损坏的 SME，可使用非一次性(即可重复使用)的电池供电的振动测量记录设备。

8.3 高温和低温指示器

8.3.1 采用的高温和/或低温指示器应为一次性使用的不可复位型指示器。

8.3.2 采用的特定温度指示器应当有一个合适的触发点，该触发点基于 SME 对在运输或储存过程中可能出现的温度的灵敏度。

8.3.3 对于对温度更加敏感的 SME，可使用非一次性(即可再次使用)的电池操作的温度测量记录设备。

8.4 工艺

8.4.1 板条箱应无破裂、损坏或破损的紧固件。

8.4.2 钉子不得弯曲或导致木材开裂。

8.4.3 板条箱应无暴露在外的钉子。

8.4.4 板条箱应无破碎的或者破裂的滑行装置或滑动垫木。

8.4.5 胶合板应切成方形并大小合适，保证胶合板边缘超过或低于仪表板尺寸的量不大于 1.6 mm。

8.4.6 相邻板厚度的最大公差应为 1.6 mm。

9 包装和固定程序

9.1 如在装卸和运输过程中有必要防止偏移或移动，SME 的所有构件应由软垫泡沫/填料或木料充分填充和支撑。SME主框架和一些其他组件需要特殊支架来固定。

9.2 所有较重物品应放在板条箱底部,而较轻和更易脆物品应靠近板条箱顶部放置。

9.3 板条箱不得过度包装。

9.4 所有重要的设备主件应该有浮动底座,这个底座的材料应该是软垫泡沫/塑料且具有足够的密度来支撑设备的重量,包括设备支撑在甲板里或者滑动垫木里。对于被认为灵敏性较低的SME设备,可以使用非浮动底部。但是,所有其他材料的要求应保持不变。

9.5 如可能,SME的底座或底部应靠着板条箱底部或内部底座固定。

9.6 对于陆运和/或空运,SME应符合以下要求:

——包覆有软垫包装材料;

——包覆有聚乙烯薄膜裹包;

——放置在防潮袋里。

9.7 对于海运,SME应符合以下要求:

——包覆有软垫包装材料;

——包覆有聚乙烯薄膜裹包;

——放置在防潮袋里,且活性干燥剂应以1 g/L的比率尽可能均匀分散在防潮袋和薄膜裹包之间,当计算干燥剂的用量时,从空气体积中减去SME体积,干燥剂最大用量为9.1 kg;

——防潮袋真空密封时间应小于等于5min,以使干燥剂暴露在外的程度最小化。

9.8 不应从任何骨架或SME组件上拆掉支脚或地脚。

9.9 应垫高SME的脚轮(即旋转滚筒),因此保持脚轮不接触板条箱以防止损坏脚轮并避免脚轮磨过板条箱底部。

9.10 所有支撑硬件或独立部件(如电缆和备件)应与主要单元分开单独包装。

10 监控设备安装程序

10.1 振动指示器应安装在板条箱外部的一端和一侧的顶角处。振动指示器应粘附至板条箱上,并涂上保护漆,使其不易脱掉或碰掉。

10.2 对于对搬运更加敏感的SME,一次性振动指示器除安装在板条箱外部的一端和一侧的顶角处外,浮动底部、防潮袋、包装材料或SME本身也应当安装振动指示器。

10.3 如果振动指示器安装在板条箱的内部,则应将其位置标记在板条箱外部。

10.4 可用非一次性振动测量记录设备进行替换。

10.5 倾斜指示器应安装在板条箱的内部或外部。外部倾斜指示器应粘附至板条箱上,并涂上保护漆,使其不易脱掉或碰掉。

10.6 对于对在运输和储存过程中可能遇到的温度敏感的SME部件,应将一次性高温和/或低温指示器放置在板条箱内部。也可以用非一次性温度测量记录设备替换。

11 标记和标签

11.1 下列标记应使用乙烯基标签或蜡纸标记到板条箱上:

——精密仪器;

——切勿坠落;

——倾斜指示器信息;

——振动指示器信息;

——温度指示器信息;

——易碎;

——保持干燥；

——任何其他适用的标记(如:重心、勿叠放、勿倒置、勿冷冻、朝上、防水等)。

11.2 以下内容应采用字母高度不小于 1.3 cm 的漏字板：

——发至/来自信息；

——邮局号；

——客户 SME 识别号(可选)；

——箱号；

——皮重；

——尺寸。

11.3 除当前装货相关的信息外,其他标记不应出现在板条箱上。

12 装箱单

12.1 装箱单应贴在板条箱外部的防风雨支架里。

12.2 装箱单应详细说明每个板条箱和集装箱里保存的是 SME 的哪部分。

13 运输

13.1 对于陆运,SME 应采用所有支撑轴为空气悬挂的交通工具(如空气悬挂拖车)来运输。

13.2 拖车的车底、车壁或车顶的外部无破洞。

13.3 船运集装箱应使用连接到拖车的钢筋和/或皮带来固定。

13.4 如果船运集装箱既非木制板条箱,又非纸箱(如气泡包装),那么运输服务商应提供并用干净保护装置和/或衬垫包装船运集装箱。运输服务商、供应商和客户在装载、运输和卸载过程中应保持保护盖和/或衬垫在船运集装箱上。

13.5 船运集装箱不得进行堆叠(即顶部负载)。

14 卸载、拆箱和搬运

14.1 供应商应向客户提供从运输工具里将 SME 正确卸载、拆箱和从装货码头/接收区搬运到洁净室内最终安放位置的必要条件。

14.2 供应商应与客户、搬运工人一起审查和协商 SME 的搬运方案。

14.3 应检查板条箱和监控器有无损坏或错误操作指示,并将情况记录下来。

14.4 外部装运材料(如板条箱和气泡袋)应小心地移至装货码头/接收区,以防止损坏三层包装。

14.5 外部包装应在装货码头/接收区进行清洁并去除。

14.6 在 SME、独立部件或组件移离装货码头/接收区前,应清洗中间包装。

14.7 SME、独立部件或支撑组件应搬运到至少满足 GB/T 25915.1 中 ISO 7 级要求的中间预备区域。

14.8 中间包装在中间预备区域拆除前应再次进行清洗。

14.9 中间包装应在中间预备区域小心地拆除。

14.10 在将 SME、独立部件或支撑组件移离中间预备区域前,应清洗内部包装。

14.11 SME、独立部件或支撑组件应搬运到最终洁净室或与洁净室相同洁净度的最终预备区域。

14.12 在最终洁净室或与洁净室相同洁净度的最终预备区域拆除内部包装前,应再次清洗内部包装。

14.13 内部包装应在最终洁净室或与洁净室相同洁净度的最终预备区域内小心地拆除。

14.14 应检查湿度指示器并记录读数。

14.15 如果在最终预备区域拆除内部包装,则 SME、独立部件或支撑组件应搬运到最终洁净室位置进行安装。

15 检查

15.1 移除内部包装后，客户应检查 SME、独立组件和/或支撑部件外表面的洁净度。如果 SME、独立部件或支撑部件在洁净度检查中不合格，则在开始安装前，供应商应再次清洗不合格区域并使其通过洁净度重新检查。

15.2 客户应向供应商提供完整的洁净度检查结果的副本。

ICS 31.030
L 90

中华人民共和国国家标准

GB/T 29846—2013

印制板用光成像耐电镀抗蚀剂

Photoimageable plating and etching resist paste of printed circuit board

2013-11-12 发布　　2014-04-15 实施

中华人民共和国国家质量监督检验检疫总局
中国国家标准化管理委员会
发布

前言

本标准按照 GB/T 1.1—2009 给出的规则起草。

请注意本文件的某些内容可能涉及专利。本文件的发布机构不承担识别这些专利的责任。

本标准由全国半导体设备和材料标准化技术委员会(SAC/TC 203)提出并归口。

本标准起草单位:北京力拓达科技有限责任公司、深圳容大电子材料有限公司、中国电子技术标准化研究院。

本标准主要起草人:李春圃、邵磊、刘啟升、黄勇。

印制板用光成像耐电镀抗蚀剂

1 范围

本标准规定了印制板用光成像耐电镀抗蚀剂的术语和定义、性能、试验方法、检验规则和包装。

本标准适用于印制板制造用的光成像耐电镀抗蚀剂、光成像抗电镀剂、光成像抗酸性蚀刻剂和光成像抗碱性蚀刻剂。

2 规范性引用文件

下列文件对于本文件的应用是必不可少的。凡是注日期的引用文件，仅注日期的版本适用于本文件。凡是不注日期的引用文件，其最新版本(包括所有的修改单)适用于本文件。

GB/T 191—2008 包装储运图示标志

GB/T 2036—1994 印制电路术语

GB/T 2421.1—2008 电工电子产品环境试验 概述和指南

GB/T 4677—2002 印制板测试方法

GB/T 4588.2—1996 有金属化孔单双面印制板分规范

GB/T 5547—2007 树脂整理剂 黏度的测定

GB/T 6753.1—2007 色漆、清漆和印刷油墨 研磨细度的测定

3 术语和定义

GB/T 2036—1994 界定的以及下列术语和定义适用于本文件。

3.1

辊涂 roller coating

将印制板用光成像耐电镀抗蚀剂用传动方式涂在辊涂机的涂布辊表面，然后再转印到承印物的过程。

3.2

无图形网印 screen printing of no pattern

用无图形网版，将印制板用光成像耐电镀抗蚀剂网印至承印物的过程。

3.3

浸涂 soak coating

用浸入的方法将印制板用光成像耐电镀抗蚀剂均匀涂布的过程。

3.4

预干燥 predrying(pre-drying)

印制板用光成像耐电镀抗蚀剂由液态变为固态的过程为预干燥。

3.5

曝光能量 exposure energy

感光体接收紫外光辐射使其完全固化所需的能量，用 mJ/cm^2 表示。

3.6

曝光级数　step of exposure

用光梯尺做底片，曝光、显影后目视全部露铜的首格所对应的数值。

3.7

后固化　later curable(postcuring)

为加强光成像耐电镀抗蚀剂耐电镀和抗蚀能力，显影后再加热或用紫外光方式加强固化的过程。

3.8

耐电镀性　plating resistance

印制板用光成像耐电镀抗蚀剂制成图形后其图形掩膜耐电镀的能力。

3.9

抗蚀刻性　etching resistance

印制板用光成像耐电镀抗蚀剂制成图形后其掩膜抗蚀刻的能力。

4　性能

4.1　成像前

成像前的性能见表1。

表1　成像前的性能

序号	项目	性能
1	外观	黏稠液体；无硬块，搅拌后呈均匀状态
2	黏度	10 dPa·s～200 dPa·s
3	细度	不大于 20 μm
4	预干燥后的外观	无杂质、气泡、针孔，表面均匀

4.2　成像后

4.2.1　最小线宽和线间距

最小线宽和线间距见表2。

表2　最小线宽和线间距

序号	项目	性能	极限偏差
1	图形电镀蚀刻	最小线宽和线间距为 0.10 mm	不超过±10%
2	图形蚀刻	最小线宽和线间距为 0.075 mm	

4.2.2　耐电镀性

耐电镀性见表3。

表 3 耐电镀性

序号	镀层种类	镀层厚度	要求
1	镀 Cu/PbSn(或 Sn)	Cu:13 μm～25 μm PbSn(或 Sn):5 μm～10 μm	镀后,图形应无渗镀、起泡、脱落
2	镀 Ni/Au	Ni:1.3 μm～5.0 μm Au:0.01 μm～0.05 μm	
注:以上电镀均为酸性电镀溶液。			

4.2.3 抗蚀刻性

抗蚀刻性见表 4。

表 4 抗蚀刻性

序号	项目	蚀刻厚度	要求
1	酸性氯化铜蚀刻液	≤35 μm	蚀刻后,图形应完整,无渗蚀、起翘、脱落
2	碱性氯化铜蚀刻液(pH8.3～8.7)		

5 试验方法

5.1 试样

5.1.1 试验图形

根据 GB/T 4588.2—1996 综合测试图中的“F”制备三个样品。“F”中线宽和线间两组图形分别改为 0.075 mm 和 0.010 mm。样品可以是产品图形的一部分。

5.1.2 试样制造及数据计算

试样制造及数据计算见附录 A。

5.2 外观

取样 50 g～80 g 于烧杯中静置 5 min 后,按 GB/T 4677—2002 中的 5.1.1 测试。

5.3 黏度

取样 200 g 按 GB/T 5547—2007 在 25 ℃±0.5 ℃的环境中测试。

5.4 细度

取 4 滴～5 滴按 GB/T 6753.1—2007 进行测试。

5.5 预干燥后的外观

按 GB/T 4677—2002 中的 5.1.1 测试。

5.6 最小线宽和线间距

按5.1的要求制样后，按GB/T 4677—2002中的5.1.2测试。

5.7 耐电镀性

按5.1的要求制样后，按GB/T 4677—2002中的8.1.6测试。

5.8 抗蚀刻性

按5.1的要求制样后，按GB/T 4677—2002中的5.1.1测试。

6 检验规则

6.1 检验条件

除非另有规定，所有试验均应在GB/T 2421.1—2008规定的试验标准大气压下进行，即：

a) 温度为15 ℃～35 ℃；

b) 相对湿度为45%～75%；

c) 大气压力为86 kPa～106 kPa。

6.2 检验分类

检验分类包括：

a) 鉴定检验；

b) 质量一致性检验。

6.3 鉴定检验

6.3.1 抽样方案

检验样品应由生产中通常使用的工艺、设备制造。随机抽取500 g样品置于室内保存，其中300 g用于表5中第1项～第3项的检验。进行表5中的第4项～第7项检验时，应从余下的200 g样品中取适量制成3个具有试验图形的样板(图形也可以是产品的一部分)。

6.3.2 检验程序

鉴定检验项目、要求、试验方法及允许不合格品数应按表5规定。

表5 鉴定检验

序号	检验项目	要求章条号	试样方法章条号	每样本单位试验数	合格判定数	不合格判定数
1	外观	4.1	5.2	1	0	1
2	黏度		5.3	3	0	1
3	细度		5.4	3	0	1
4	预干燥后的外观		5.5	3	1	2
5	最小线间线宽	4.2.1	5.6	3	0	1
6	耐电镀性	4.2.2	5.7	3	0	1
7	抗蚀刻性	4.2.3	5.8	3	0	1

6.3.3 不合格判定

按表 5 的全部检验项目检验，全部达到要求条款则鉴定检验为合格，否则为不合格，不合格应拒绝授予鉴定合格证。

6.4 质量一致性检验

6.4.1 通则

质量一致性检验分为逐批检验和周期检验。

使用同一批原材料，在相同工艺条件下，生产的一釜产品为一个生产批；检验批构成应不多于 4 个生产批。

6.4.2 逐批检验

逐批检验项目应按表 6 的规定。逐批检验即为材料的交货检验。抽样方案同鉴定检验。

表 6 逐批检验

序号	检验项目	要求章条号	试样方法章条号	允许不合格数	检验批次
1	外观	4.1	5.2	0	每批
2	黏度	4.1	5.3	0	每批
3	细度	4.1	5.4	0	每批
4	预干燥后的外观	4.2.1	5.5	0	每批

6.4.3 周期检验

材料连续生产时按周期检验。周期检验项目按表 7 规定。周期检验样品应从通过逐批检验的某一批次产品中抽取。已通过逐批检验材料不得因等待周期检验结果而推迟交货。抽样方按同鉴定检验。

表 7 周期检验

序号	检验项目	要求章条号	试样方法章条号	允许不合格	检验周期
1	最小线间线宽	4.2.1	6.6	0	24 个月
2	耐电镀性	4.2.2	6.7	0	24 个月
3	耐蚀刻性	2.2.3	6.8	0	24 个月

6.4.4 不合格判定

逐批检验均满足表 5 中的逐批检验项目要求，则该批检验合格，否则视为该批初检不合格。承制方可对其返工并证明克服缺陷后，在增倍抽样的条件下进行复检。重新交付的检验批应与正常批分开，并应清楚的注明重新检验批。复检不合格，则该批不合格。

周期检验均满足表 5 中的周期检验项目要求，则该周期检验合格；否则视为周期检验不合格，并停止供货。承制方应寻找不合格的原因并进行纠正，在未证明缺陷已克服前，不应交付。

7 标志、包装、运输、贮存

7.1 标志

7.1.1 包装标志

除非另有规定，标志应符合 GB/T 191—2008 的规定并应包括如下内容：

a） 公司名称；

b） 地址；

c） 产品名称、型号、批号、生产日期；

d） 储存期限。

7.1.2 检验标志

产品合格证，合格证上应有：

a） 生产批号；

b） 总检盖章及检验日期；

c） 本标准名称及编号。

7.2 包装

7.2.1 包装要求

包装应具备防止紫外线照射、保护产品不受损坏和避免受潮的措施。

7.2.2 包装规格

1 kg、4 kg、5 kg、20 kg。

7.3 运输

可用任何方式运输，防止机械损伤、挤压或碰撞、日晒和雨淋，并远离火源。

7.4 贮存

应在不大于 25 ℃和相对湿度不大于 75％的通风良好的室内存放，有效期限 180 d。

附　录　A
（规范性附录）
试样制造及相关数据的测试和计算

A.1　范围

本附录规定了印制板用光成像耐电镀抗蚀剂的试样制造及相关数据的测试和计算。

A.2　环境

A.2.1　成像环境

印制板用光成像耐电镀抗蚀剂从开桶至显影结束应在577 nm～597 nm黄色安全光下或在避免白炽灯和阳光直射的环境中操作。

A.2.2　操作环境

十万级净化室或自建接近于十万级的净化室。也可以按产品要求选择净化环境。

A.3　成像工艺

A.3.1　成像流程

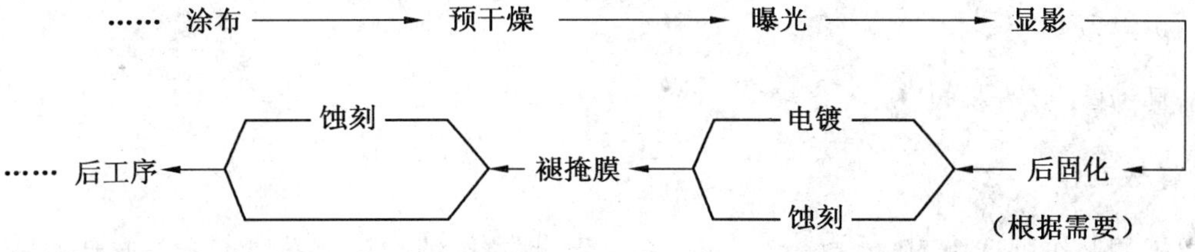

A.3.2　成像工艺要求

成像工艺要求如下：

a)　涂布方式根据产品要求可选择网印、辊涂、浸涂；

b)　预干燥条件为温度75 ℃±5 ℃，时间15 min～30 min或根据涂布的厚度确定预干燥的温度和时间。干燥方式可选择烘道或烘箱。成膜厚度为5 μm～20 μm；

c)　曝光

曝光参数如下：

1)　光源的选择：高压汞灯系列，功率不小于3 kW；

2)　曝光能量：50 mJ/cm^2～150 mJ/cm^2（测试及计算方法见A.4.1）；

3)　曝光级数：21级光梯尺，7～9级（测试方法见A.4.2）。

d)　显影：

显影液配方是质量分数为0.8%～1.2% $NaCO_3$溶液。显影条件为温度28 ℃～32 ℃，喷淋压力1.5 kg/cm^2～2.0 kg/cm^2，时间不超过100 s。

e) 可在 120 ℃～130 ℃中后固化 15 min～30 min；

f) 褪掩膜

褪掩膜要求如下：

1) 褪掩膜溶液为质量分数为 5%的 NaOH；

2) 褪掩膜条件：机械喷淋时，温度在 50 ℃～55 ℃，喷淋压力 2.5 kg，时间不超过 1.5 min；

3) 手工褪掩膜：手工褪掩膜时，可适当将温度升高至 50 ℃，时间自控。

A.4 测试与计算

A.4.1 曝光能量的测试和计算

测试曝光能量选用 250 nm～420 nm 的紫外光能量计或紫外光度计。

当使用紫外能量计时，将能量计置于曝光匣玻璃或绦纶片的下侧，传感窗口与光源相对，灯距和被曝光的产品相同，取出观察，显示屏所示数值即为曝光能量。

当使用紫外光度计时，用 mW/cm^2 档(探头与紫外光能量计的传感窗口位置相同)设定时间(s)取出观察，显示屏所示的数据为 mW/cm^2 的值。紫外光度计光能量计算公式见式(A.1)：

$$E = I \cdot t \qquad \text{(A.1)}$$

式中：

E ——光能量，单位为毫焦每平方厘米(mJ/cm^2)；

I ——光源功率，单位为毫瓦每平方厘米(mW/cm^2)；

t ——时间，单位为秒(s)。

曝光能量的测试和计算应符合 A.3.2c)2)。

A.4.2 曝光级数的测试

A.4.2.1 测试工具

测试工具为 21 级光梯尺。

A.4.2.2 样板制作

测试样板的制作可选用 50 mm×150 mm 单面覆铜箔，抗蚀剂层涂布厚度应与产品相同，并进行预干燥。

A.4.2.3 试验过程

将光梯尺覆在样板经涂复抗蚀剂预干燥后的表面曝光，曝光后停留 5 min 后显影，显影后观察，首格露铜所对应的数值即为测试的级数，应符合 A.3.2c)3)的要求。

ICS 31.030
L 90

GB

中华人民共和国国家标准

GB/T 29847—2013

印制板用铜箔试验方法

Test methods for copper foil used for printed boards

2013-11-12 发布　　2014-04-15 实施

中华人民共和国国家质量监督检验检疫总局
中国国家标准化管理委员会　发布

前　言

本标准按照 GB/T 1.1—2009 给出的规则起草。

请注意本文件的某些内容可能涉及专利。本文件的发布机构不承担识别这些专利的责任。

本标准由全国半导体设备和材料标准化技术委员(SAC/TC 203)提出并归口。

本标准起草单位:咸阳瑞德电子技术有限公司、苏州福田金属有限公司、广东生益科技有限公司、山东金宝电子股份有限公司、联合铜箔(惠州)有限公司、中国电子技术标准化研究院。

本标准主要起草人:高艳茹、刘筠、顾葵忱、蔡巧儿、孟庆统、曹易、裴会川、冯亚彬。

印制板用铜箔试验方法

1 范围

本标准规定了印制板用铜箔外观、尺寸、物理性能、工艺性能及其他性能的试验方法。

本标准适用于刚性及挠性印制板用铜箔。

2 规范性引用文件

下列文件对于本文件的应用是必不可少的。凡是注日期的引用文件，仅注日期的版本适用于本文件。凡是不注日期的引用文件，其最新版本(包括所有的修改单)适用于本文件。

GB/T 2036 印制电路术语

GB/T 3131 锡铅钎料

3 术语和定义

GB/T 2036 界定的以及下列术语和定义适用于本文件。

3.1

轮廓因数 profile factor

铜箔的实际机械厚度与以质量和密度计算得到的铜箔的有效厚度的差额。

3.2

处理 treatment

应用于铜箔一面或两面以增强箔与层压板基材粘接力的一种电-机械过程或化学过程。

3.3

轮廓算术平均偏差 arithmetical mean deviation of the profile

Ra

在测量长度内，从中心线至粗糙轮廓所有绝对距离的算术平均值。

3.4

微观不平度 10 点高度 ten point height of irregularitties

Rz

在测量长度内，连续 5 个最大波峰至波谷之间距离的平均值。

3.5

质量电阻率 resistivity

在 20 ℃时，单位长度和单位质量导体物质的电阻。

4 处理条件和试验条件

4.1 标准大气条件

除非另有规定，试样的处理条件按各项性能试验方法的规定和产品标准的规定。所有试验应在标准大气条件下进行。当供需双方对测试结果有争议时，应在仲裁大气条件下进行。标准大气条件如下：

——温度:15 ℃～35 ℃;
——相对湿度:45%～75%;
——气压:86kPa～106 kPa。

4.2 仲裁大气条件

仲裁大气条件如下:
——温度:23 ℃±1 ℃;
——相对湿度:48%～52%;
——气压:86 kPa～106 kPa。

5 样本单位的取样方法

除非另有规定,对于成卷铜箔,在卷头至少切除 0.5 m 后,再在原卷取 1 m 作为样本单位;对带载体的薄铜箔,每批随机抽取一箱,从箱中任取一张作为样本。

6 外观和尺寸检验方法

6.1 表面检查

6.1.1 试样

有代表性的卷箔或片箔。

6.1.2 仪器

6.1.2.1 30 倍的放大镜或显微镜,可测准至 0.025 mm。
6.1.2.2 10 倍的放大镜或显微镜。

6.1.3 程序

6.1.3.1 凹点和压痕

用不低于 10 倍的放大镜目检金属箔表面的凹点和压痕,每 300 mm×300 mm 被检金属箔面上,凹点和压痕的个数和尺寸。

6.1.3.2 划痕

用 10 倍至 30 倍的放大镜或显微镜检测。

6.1.3.3 皱折

用正常的或矫正为 1.0 视力目检。

6.1.4 报告

报告内容应包括:
——有无皱折、缺口、撕裂等缺陷;
——被检面凹点和压痕的个数及尺寸;
——痕条数和划痕深度。

6.2 针孔的检查(染料浸透法)

6.2.1 试样

试样的长度至少为 300 mm,宽度为箔卷或箔片的宽度。试样不允许有皱折和折痕。

6.2.2 装置和材料

6.2.2.1 染料浸透剂:红色油性染料,其浓度为 1 g/L 的乙醇溶液或 5%的硫酸铜溶液等其他无腐蚀性的浸透剂。

6.2.2.2 柔软的吸水纸。

6.2.2.3 清洁剂。

6.2.2.4 涂覆染料用适当的刷子或辊子。

6.2.2.5 带标度的放大镜或显微镜,可分辨至 0.13 mm。

6.2.2.6 试验平台。

6.2.3 程序

6.2.3.1 用清洗剂搽拭压延铜箔未粗化处理面,电解铜箔不需用清洁剂搽拭。

6.2.3.2 将试样光面朝上放在铺有吸水纸的试验平台上,用刷子或辊子将染料浸透剂均匀地涂敷在铜箔的光面上,室温下放置 5 min 后,目检铜箔粗化处理面上染料浸透点的个数。

6.2.4 评定

用正常视力或矫为 1.0 的视力检查粗化处理面上染料浸透点的个数,并测量针孔的最大尺寸。

6.2.5 报告

报告内容应包括:

——针孔的个数和最大尺寸。

6.3 处理或未处理铜箔的总厚度和轮廓因数[1)]

6.3.1 试样

3 块试样,尺寸为 305 mm×25 mm,在铜箔的宽度方向左、中、右各切取 1 块。试样厚度至少应为厚度测试仪测量精度的 100 倍。对于较薄的铜箔需要多层铜箔叠在一起进行检测。例如 17 μm 的铜箔,如果千分尺的精度为 0.001 mm,要满足 1%的要求,叠层的最小厚度值应为 0.1 mm。如果没有 25 mm 的精密剪切机,可用切纸机或冲床制备试样。用于测量质量用试样的面积应准确至 1%或更好,试样不允许有皱折或折痕。

6.3.2 仪器

6.3.2.1 精密切纸机,剪切长度至少为 305 mm。

6.3.2.2 分析天平,分辨率为 0.1 mg。

6.3.2.3 千分尺,分辨率为 0.001 mm。

6.3.2.4 平口钳或等效装置。

6.3.3 程序

6.3.3.1 将试样的处理面朝外,沿其宽度方向绕着试样折叠成 10 层(即粗面对光面折叠),叠层试样的

---

1) 本方法测定轮廓因数比用其他方法(例如显微剖切法或轮廓仪)得出的实际轮廓高度有微小变化。处理结构越致密,测出的轮廓因数会较之真实值越低。对于测量低轮廓 ED 箔,本方法与显微剖切法相比不同试验者之间的准确度会相差 50%。

长度为 25 mm。

6.3.3.2 用分析天平称量试样的质量,精确至 1 mg,记作 W。

6.3.3.3 用平口钳或等效装置在距试样外侧 3 mm 处压紧待测试样。

6.3.3.4 用经校准的千分尺测量试样的厚度,在每个压紧边的中间部位测量 4 个值,当千分尺发出 3 个咔嗒声时读取厚度测量值,测量应准确至 0.001 mm。同样的方法测量其他 2 个叠层试样的厚度值。

6.3.4 计算

6.3.4.1 按式(1)计算试样的等效厚度:

$$T_e = 0.0145 \times W \tag{1}$$

式中:

T_e ——试样的等效厚度,单位为毫米(mm);

W ——试样的质量,单位为克(g);

0.014 5——换算系数,单位为毫米每克(mm/g)。

6.3.4.2 用千分尺测量每个叠层试样的平均机械厚度,每个试样测量 4 个值。

6.3.4.3 用试样的平均机械厚度除以层数,计算出每个试样的平均总厚度 T_m。

6.3.4.4 按式(2)计算每个试样的平均轮廓因数:

$$PF = T_m - T_e \tag{2}$$

式中:

PF ——试样的平均轮廓因数,单位为毫米(mm);

T_m ——试样的平均机械总厚度,单位为毫米(mm);

T_e ——等效厚度,单位为毫米(mm)。

6.3.4.5 计算 3 个试样轮廓因数的平均值。

6.3.5 报告

报告内容应包括:

——被测试样的平均轮廓因数;

——被测试样的总机械厚度的平均值。

6.4 铜箔的单位面积质量

6.4.1 试样

在样本的宽度方向左、中、右各切取一块(100±0.1)mm 的正方形试样,并作取样部位标识。

6.4.2 装置和材料

6.4.2.1 分析天平,分辨率为 0.1 mg。

6.4.2.2 刀片。

6.4.2.3 适用的剪切装置。

6.4.3 程序

分别称量 3 块试样的质量,称准至 1 mg,并记录。

6.4.4 计算

6.4.4.1 计算试样的平均质量 W。

6.4.4.2 用式(3)计算每块试样的单位面积质量:

$$L_W = W \times 100 \quad \cdots\cdots(3)$$

式中：

L_W ——被测试样的单位面积质量，单位为克每平方米(g/m^2)；

W ——试样的平均质量，单位为克(g)。

6.4.5 报告

报告内容如下：

——试样的平均质量；

——试样的平均单位面积质量。

6.5 可分离载体薄铜箔的单位面积质量和厚度

6.5.1 试样

用模板切取3块带载体铜箔试样，在卷的横向左、中、右各切取一块。

6.5.2 装置和材料

6.5.2.1 分析天平，分辨率为0.1 mg。

6.5.2.2 刀片。

6.5.2.3 适用的层压设备。

6.5.2.4 可切取(250±0.1)mm×(100±0.1)mm铜箔试样用模板。

6.5.2.5 FR-4半固化片和实验室用层压设备。

6.5.3 程序

6.5.3.1 在卷的宽度方向用模板切取3块铜箔试样，尺寸为(250±0.1)mm×(100±0.1)mm。

6.5.3.2 用天平分别称量3块试样的质量 m_0，精确至1 mg，记录每块试样的质量。

6.5.3.3 将3块试样分别与B阶预浸料层压至总厚度为1 mm(推荐5张标称厚度为0.17 mm的FR-4半固化片或同等材料)。

6.5.3.4 层合之后，剥下载体，用天平称量载体的质量 m_1，精确至1 mg，记录载体的质量。

6.5.4 计算

6.5.4.1 计算去掉载体后铜箔的质量和平均质量：用试样的质量 m_0 减去相应载体的质量 m_1。

6.5.4.2 计算去掉载体后薄铜箔的近似厚度(μm)：用6.5.4.1得到铜箔的平均质量乘以4.479(铜箔的密度按8.93 g/cm^3 计算)。

6.5.4.3 计算去掉载体后薄铜箔的单位面积质量(g/m^2)：用6.5.4.1得到铜箔的平均质量乘以40。

6.5.5 报告

报告内容应包括：

——试样的平均质量；

——试样的平均单位面积质量。

6.6 可蚀刻载体薄铜箔的单位面积质量和厚度

6.6.1 试样

3块带载体铜箔试样，尺寸为(250±0.1)mm×(100±0.1)mm，在卷的宽度方向左、中、右各切取1块。

6.6.2 装置和材料

6.6.2.1 分析天平，分辨率为 0.1 mg。
6.6.2.2 刀片。
6.6.2.3 切取(250±0.1)mm×(100±0.1)mm 铜箔试样用模板。
6.6.2.4 蚀刻槽。
6.6.2.5 50%(质量分数)的硝酸。

6.6.3 程序

6.6.3.1 在卷的宽度方向切取 3 块试样，尺寸为(250±0.1)mm×(100±0.1)mm。
6.6.3.2 用天平分别称量 3 块试样的质量，准确至 0.1 mg，记录每块试样的质量 m_{01}、m_{02}、m_{03}。
6.6.3.3 用 50%的硝酸溶液蚀刻试样(载体为铝载体)30 s，去掉载体基材上的铜箔，用去离子水或蒸馏水冲洗试样后，在 80 ℃±5 ℃的恒温箱中干燥 1 h。
6.6.3.4 再次用天平称量载体基材的质量，准确至 1 mg，记录每块试样载体基材的质量 m_{11}、m_{12}、m_{13}。

6.6.4 计算

6.6.4.1 计算可蚀刻载体铜箔的近似厚度(μm)：用 6.6.3.2 与 6.6.3.4 的平均质量差乘以 4.479。
6.6.4.2 计算可蚀刻载体薄铜箔的平均单位面积质量(g/m^2)：用 6.6.3.2 与 6.6.3.4 的平均质量差乘以 40。

6.6.5 报告

报告可蚀刻载体铜箔的平均单位面积质量(g/m^2)。

6.7 表面粗糙度和轮廓度[2)](触针法)

6.7.1 试样

在样本上切取一块尺寸至少为 100 mm×100 mm 的试样，切取试样的位置和试样数按有关规范的规定。

6.7.2 装置和材料

6.7.2.1 小刀或其他适用的器具。
6.7.2.2 带探针的表面粗糙度仪或表面轮廓仪，装有自动传动装置，其主要参数符合表 1 规定。

表 1 表面粗糙度仪或表面轮廓仪参数

参 数	参数值
切断值	0.8 mm
测量长度	4.0 mm
自动记录长度	<5 mm
钻石触针圆角半径	0.001 mm～0.002 5 mm
钻石触针压力	9.8×10^{-4} N

2) 本试验方法规定了金属箔粗糙度或轮廓度的测定程序，*Ra* 用于评定金属箔光面的粗糙度，*Rz* 用于评定金属箔处理面的粗糙度。

6.7.2.3 表面粗糙度标样

表面粗糙度标样规定如下：

a) 光面粗糙度 Ra 标样，检定公差不大于5%；

b) 处理面粗糙度 Rz 标样，检定公差不大于5%。

6.7.2.4 玻璃板或其他平滑表面。

6.7.2.5 压缩空气。

6.7.2.6 无毛绒手套。

6.7.2.7 胶带或压铁。

6.7.3 程序

6.7.3.1 用适当的粗糙度基准 Ra 或 Rz 标样校准轮廓仪的 Ra 或 Rz 值，确保触针的移动与凹槽和表面垂直。

6.7.3.2 把在基准标样不同部位测量的6个测量值与标样的标准值(非标称值)进行比较，如果平均结果超过标准值的2%，应按6.7.3.1重新校准仪器，直至允许偏差达到要求。

6.7.3.3 把铜箔试样置于平滑的玻璃面上，用胶带或压铁固定试样的两端，以防测量期间试样移动或皱折。

6.7.3.4 仲裁试验时，可用清洁的压缩空气向被测试样表面吹风，以除去松散的碎屑。

6.7.3.5 调整轮廓仪的机械传动装置，使触针在铜箔面上横向移动。

6.7.3.6 按6.7.2.2选择测量参数。

6.7.3.7 启动机械传动装置，对待测参数进行首次测量。

6.7.3.8 移动机械传动装置，在试样的其他两个部位进行测量。

6.7.4 计算

计算在试样3个部位所测量的 Ra 或 Rz 的平均值。

6.7.5 报告

报告内容应包括：

——Ra 或 Rz 的算术平均值，Ra 准确至0.01 μm，Rz 准确至0.1 μm。

7 物理性能试验方法

7.1 抗拉强度和延伸率

7.1.1 试样

在样本的纵向和横向各切取至少2块试样，尺寸为254 mm×13 mm。

7.1.2 装置

7.1.2.1 拉伸试验机，夹头速度为1.3 mm/min～51 mm/min。

7.1.2.2 适用的样品剪切机。

7.1.2.3 剪切装置。

7.1.2.4 分析天平，分辨率为1 mg。

7.1.2.5 与拉伸试验机连接的高温试验箱或高温装置，在测试过程能保持180 ℃±10 ℃。

7.1.3 程序

7.1.3.1 试样准备

7.1.3.1.1 试样应光滑，无毛刺、缺口、皱折及明显的机械损伤。

7.1.3.1.2 用剪切机将试样剪成(152±0.5)mm×$13^{+0.25}_{0}$ mm。

注：试样剪切成(152±0.5)mm×$13^{+0.25}_{0}$ mm的尺寸精度很重要，因为该尺寸用于确定铜箔厚度和横截面积。

7.1.3.1.3 称量拉伸试样，准确至1 mg，在试样上划标记线，两条标记线之间的距离为50 mm，所划标线距夹头的距离不得小于3 mm。

7.1.3.1.4 记录试样的质量，按式(4)计算试样的平均厚度：

$$h = \frac{m}{S \times d} \qquad \cdots\cdots(4)$$

式中：

h ——试样的平均厚度，单位为厘米(cm)；

m——拉伸试样的质量，单位为克(g)；

S ——拉伸试样的面积，单位为平方厘米(cm^2)；

d ——铜箔的密度，单位为克每立方厘米(g/cm^3)。

注：式(3)电解铜箔的密度按8.909 g/cm^3 计入，压延铜箔的密度按8.93 g/cm^3 计入。

7.1.3.1.5 按式(5)计算试样的平均截面积。如果拉伸试验机装有面积补偿器，则用标度盘测量横截面积。

$$S_A = \frac{m}{L \times d} \qquad \cdots\cdots(5)$$

式中：

S_A ——试样的横截面积，单位为平方厘米(cm^2)；

m ——试样的质量，单位为克(g)；

L ——试样的长度，单位为厘米(cm)；

d ——铜箔的密度，单位为克每立方厘米(g/cm^3)。

7.1.3.2 室温下测试

7.1.3.2.1 选择负载范围。

7.1.3.2.2 将试样装在拉伸试验机的夹具间，使试样居中，试样轴线与夹具的轴线成一直线。

7.1.3.2.3 测试条件

测试条件如下：

a) 测量长度为50 mm；
b) 拉伸速度为50 mm/min；
c) 记录纸速度为500 mm/min；
d) 试验机夹头距离为75 mm。

注：当记录纸速度为500 mm/min，测量长度为50 mm，十字头速度为50 mm/min时，每25 mm的记录纸相当于线性延伸率为5%。

7.1.3.2.4 启动试验机，拉断试样，记录拉断每个试样所用的最大负载力。

7.1.3.3 高温下测试

7.1.3.3.1 选择负载范围。

7.1.3.3.2 把高温箱或升温装置升温至180 ℃±10 ℃。

7.1.3.3.3 打开高温箱，把试样夹在拉伸夹具之间。夹持试样时需小心操作，避免夹持压力过大，保证测试时试样完全垂直。

7.1.3.3.4 关闭高温箱，用热电偶控制试样温度。在拉伸试验前，让试样在180℃停留5 min。

7.1.3.3.5 测试条件

测试条件如下：

a） 测量长度为 50 mm；

b） 拉伸速度为 1.3 mm/min；

c） 记录纸速度为 500 mm/min；

d） 试验机夹头距离为 75 mm。

注 1：当记录纸速度为 500 mm/min，测量长度为 50 mm，十字头速度为 1.3 mm/min 时，每 25 mm 的记录纸相当于线性延伸率为 0.125%。

注 2：高温箱为正常环境空气，不需要用惰性气体。

7.1.3.3.6 启动试验机，拉断试样，记录拉断每个试样所用的最大负载力。

7.1.4 计算

7.1.4.1 按式(6)计算抗拉强度。

$$\sigma = \frac{F}{S_A} \qquad \cdots\cdots (6)$$

式中：

σ ——抗拉强度，单位为牛顿每平方毫米(N/mm^2)；

F ——拉断试样所用的最大负载，单位为牛顿(N)；

S_A——试样的平均横截面积，单位为平方毫米(mm^2)。

7.1.4.2 把拉断试样的末端小心拼合起来，测定延伸率。测量起始标准尺标记线之间的距离，应准确至 0.25 mm。按式(7)计算延伸率。

$$\delta = \frac{l - l_0}{l_0} \times 100\% \qquad \cdots\cdots (7)$$

式中：

δ ——延伸率，%；

l ——拉断后，标记线间的距离，单位为毫米(mm)；

l_0——起始标记线之间的距离，单位为毫米(mm)。

7.1.5 试验结果处理

试样出现下列情况之一，试验结果无效：

——试样在标距线外拉断；

——操作不当(如试样夹偏)；

——试样本身缺陷(试验过程中发现的缺陷)；

——记录有误或其他原因造成数据偏差。

以 4 个试样试验结果的算术平均值为该项试验的结果。

7.2 弯曲疲劳和延展性[3)]

7.2.1 试样

3 块试样，宽度为 3.2 mm，长度至少为 51 mm。试样必须剪切整齐，不允许有毛刺和缺口。

7.2.2 装置和材料

7.2.2.1 FDF 型或 2FDF 型延展性弯曲试验机。

3） 本试验方法是借助金属箔试样的几何形状和尺寸，用疲劳试验间接测量金属箔的延展性。用于测量疲劳延展性试验的铜箔样品不适用于延展性测定。

7.2.2.2 JDC125-N 型精密剪切机，冲床或同等功能的剪切机。

7.2.2.3 测微计，能测准至 0.002 5 mm。

7.2.2.4 可编程计算机或同等装置。

7.2.2.5 样品夹，尺寸为 203 mm×13 mm，用柔软且坚韧的材料制成(如环氧玻璃布预浸料、纸等)。

7.2.2.6 显微镜。

7.2.3 程序

7.2.3.1 试样准备

7.2.3.1.1 试样应光滑，无皱纹。

7.2.3.1.2 用剪切机剪切 3.2 mm 宽的试样，检查试样有无缺口、裂纹或卷边，有缺陷的试样应废弃。

7.2.3.1.3 用测微计测量每块试样的中心部位厚度 t，测量应准确至 0.002 5 mm。如果试样的一面或两面经过粗化处理，需用显微剖切法测量芯厚度 t_M(见图 1)。

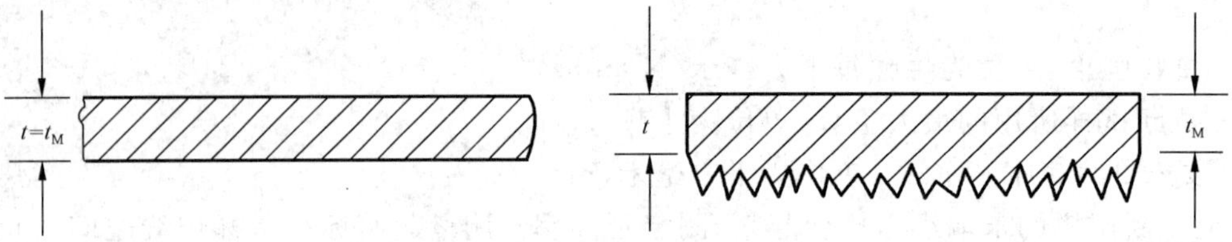

图 1 原箔和粗化箔

注 1：厚度是测量疲劳延展性的一个关键性的参数，芯厚度 10% 的误差可导致疲劳延展性(D_f)14% 的误差。

注 2：芯厚度 t_M，可视为试样厚度的一部分。按附录 A 制备显微切片试样，用至少 200 倍的金相显微镜测量。测量粗化面谷底至光面之间的距离，或谷底至谷底(对两面都粗化处理的箔)之间的距离。每批测量一次 t_M。用百分数表示的 t_M/t 值乘以其他测微计测量的 t 值，即为所有样品的芯厚度 t_M。

注 3：测量厚度时应注意，不应使试样受压或使试样的粗化处理面受压破碎。否则会导致厚度读数值偏低。

7.2.3.1.4 用胶带把试样固定在两个样品夹的末端，将 84 g 重的铜箔夹在样品夹的自由端形成一个环路。

注：耐弯曲疲劳试验超过 1 000 次时，胶带固定装置需足够坚固，以防止试样滑动和因循环装置运动导致样品夹具滑动。

7.2.3.2 试验程序

7.2.3.2.1 把芯轴安装到挠曲试验机上，用垫片调整支撑卷轴的位置，卷轴和芯轴之间的间隙为 1.27 mm。

注：对于延展性试验，试样循环 30 次～500 次之间时破坏明显，建议芯轴直径为 2.0 mm 或 1.0 mm。对于有些试样，芯轴的直径可不同于以上的直径。较大的芯轴直径能使循环寿命延长，较小的芯轴直径能使循环寿命缩短。

7.2.3.2.2 把试样安装在芯轴之间，用鳄鱼夹将继电器引线与箔块翼形螺母形成"滑脱"电气相连，将继电器引线插入继电器塞孔，调整计数器到"0"点，启动弯曲试验机。

7.2.3.2.3 铜箔试样完全分离造成失效和降落的箔块从翼形螺母移到鳄鱼夹时，弯曲试验机自动停止。

7.2.3.2.4 记录计数器显示的循环损坏次数。

7.2.4 评定

7.2.4.1 延展性试验

7.2.4.1.1 重复解方程式(8)，计算出试样的延展性。

$$N_f^{-0.6} D_f^{0.75} + 0.9 \frac{S_u}{E} \left[\frac{\exp(D_f)}{0.36} \right]^{\left(0.178\ 5 \lg \frac{10^5}{N_f}\right)} - \frac{2t_M}{2e+t} = 0 \quad \cdots\cdots(8)$$

式中：

D_f ——疲劳延展性，单位为毫米每毫米(mm/mm)(×100%)；

N_f ——循环损坏次数，单位为次；

S_u ——极限抗拉强度，单位为牛顿每平方毫米(N/mm^2)；

E ——弹性模量，单位为牛顿每平方毫米(N/mm^2)；

t_M ——芯厚度，单位为毫米(mm)；

t ——测微计所测到的试样厚度，单位为毫米(mm)；

e ——芯轴的弯曲半径，单位为毫米(mm)。

注 1：S_u 按 7.1 进行测定，在测试 S_u 过程中，延伸率大约 2%后，不加载负载和重新加载负载测量曲线的斜率以确定 E。

注 2：确定 E 值不是一个简单的过程，建议采用铜箔规范中 E 的标准值。对于电解铜箔，E 的标准值为 82 737.12 MPa。对于压延箔，E 的标准值为 110 316.36 MPa。

注 3：按延展性弯曲试验机的计算程序输入所有提示输入的参数，求解延展性算式。

7.2.4.1.2 以 3 块试样延展性的平均值为试验结果。

7.2.4.2 疲劳试验

7.2.4.2.1 循环损坏次数就是试验所用芯轴半径对应的弯曲半径在整个回动弯曲中的弯曲疲劳寿命。至少应报告 3 块试样的平均弯曲疲劳寿命。

7.2.4.2.2 用不同直径的芯轴，通过测定弯曲疲劳寿命能得到样品的疲劳特性。绘制应力范围与疲劳寿命关系曲线(Manon-Coffin $\lg \Delta E = [2t_M/(2e+t)]$ 与 $\lg N_f$)，用内推和外推法可计算其弯曲半径或疲劳寿命。

7.2.4.2.3 弯曲半径与芯轴半径不同时，弯曲疲劳寿命通过 7.2.4.1.2 测量疲劳延展性循环-失效次数和期望的弯曲半径求解延展性公式获得。

7.3 剥离强度

7.3.1 试样

将铜箔与 FR-4 半固化片层压制作一块 1.5 mm 的覆箔板。每个测试条件，在覆箔板纵横向各切取一块试样，尺寸为 50 mm×50 mm。试条的尺寸按照 7.3.3.1.2 的规定。对于带载体薄铜箔的剥离强度试样，应在剥去载体后测试。如果适用，薄铜箔应采用非光亮的酸性镀液电镀加厚至 0.03 mm～0.04 mm。

7.3.2 装置和材料

7.3.2.1 拉力试验机：能准确测量至 0.5 N，有长度至少 457 mm 的低负载金属链及夹具(其重量已包括在负载传感器记数中)。夹具必须能夹住每个剥离条的整个宽度。也可用具有上述精度的其他仪器或设备。

7.3.2.2 焊锡槽。

7.3.2.3 夹持装置。

7.3.2.4 二氯甲烷。

7.3.2.5 氢氧化钠(10 g/L)。

7.3.2.6 硼酸(30 g/L)和硫酸(10 g/L)。

7.3.2.7 有机脱脂剂，如异丙醇或等效物。

7.3.2.8 硅脂或等效物(如滑石粉等)。

7.3.2.9 蚀刻系统。

7.3.2.10 绝缘胶带或等效物。

7.3.2.11 光刻系统(印制、显影、去膜)。

7.3.3 程序

7.3.3.1 试样准备

7.3.3.1.1 试样应在距覆箔板边缘大于 25 mm 的区域切取。

7.3.3.1.2 用标准工业操作方法及设备在试样上至少制作 4 条 3.0 mm 宽度的试条。对于鉴定检验和仲裁试验，用光化学方法制备试样，但夹持端的制备方法可随意。双面覆箔板每个面应单独制备试样，背面的覆层或者完全除去或者完全保留。对仲裁试验，背面的铜箔应保留。

7.3.3.2 交收态剥离强度测量

7.3.3.2.1 每块试样至少剥离 2 条宽度为 3.0 mm 的试条。对鉴定试验，每块试样至少剥离 4 条宽度为 3.0 mm 的试条。

7.3.3.2.2 调节测量系统，以补偿金属链和夹具的重量。

7.3.3.2.3 夹持端剥起试条不超过 13 mm，然后把被剥离条的另一端固定在夹具上。

7.3.3.2.4 用压紧装置固定试样，以使在不受阻力情况下施加垂直拉力，为了使试验有效，准备试验时，试条端头应处于垂直位置。夹具与拉力试验机之间的金属链应处于自由状态，垂直拉伸时，倾斜角应在±5°角之内。

7.3.3.2.5 启动试验机，以 50 mm/min 的速度在垂直方向施加拉力，直至剥离长度达 25 mm。

7.3.3.2.6 观察和记录最小负荷，测量试条的实际宽度。

7.3.3.2.7 如果没有把试条整个宽度剥离，则该结果作废，测试另一试条。

7.3.3.3 热应力后剥离强度测量

7.3.3.3.1 每个试样至少剥离 2 条宽度为 3.0 mm 的试条。对鉴定试验，每个试样剥离 4 条宽度为 3.0 mm 的试条。

7.3.3.3.2 试样上涂一层薄硅脂，在(288±5)℃ 焊锡中浮焊 10 s。

7.3.3.3.3 让试样冷却至实验室环境温度，清除试样上的硅脂后，按 7.3.3.2.1～7.3.3.2.7 的程序测量。

7.3.3.4 暴露于工艺溶液后剥离强度测量

7.3.3.4.1 每个试样至少剥离 2 条宽度为 0.8 mm 的试条。对于鉴定试验和质量一致性试验，每个试样至少剥离四条 0.8 mm 宽的试条。

7.3.3.4.2 试样在(23±2)℃，有机涂层消除剂(7.3.2.4)中浸泡(75±5)s。

7.3.3.4.3 在(125±5)℃下，干燥(15±5) min。

7.3.3.4.4 浸入(90±5)℃，10 g/L 的氢氧化钠溶液中(5±1) min。

7.3.3.4.5 在 50 ℃～55 ℃的热水中漂洗 5 min±1 min。

7.3.3.4.6 在(60±5)℃，10 g/L 的硫酸(密度为 1.836 g/cm^3)和 30 g/L 硼酸溶液中浸泡(30±5)min。

7.3.3.4.7 用(55±5)℃热水冲洗(5±1)min。

7.3.3.4.8 在(125±5)℃下干燥(30±5)min。

7.3.3.4.9 在(220±5)℃热油浴中浸泡(40±5)s。

7.3.3.4.10 在(23±2)℃,脱脂剂(7.3.2.7)中浸泡(75±5)s,以清除热油。

7.3.3.4.11 在空气中干燥试样,按7.3.3.2.1～7.3.3.2.7进行测量。

7.3.4 计算

7.3.4.1 以最小负荷与实际铜箔条宽度之比计算每个试条的剥离强度,单位N/mm。

7.3.4.2 以所有被测试条剥离强度的算术平均值作为试验结果。

注:试条断裂可能是粘结度大于铜箔的拉伸强度,也可能是由铜箔发脆引起。当粘结好时(断裂时所指示值大于规定值),断裂值可用来代替最小剥离强度值。报告时应注明此断裂值大于平均值。

7.3.5 报告

报告内容应包括:

——每个方向试样剥离强度的最小值和平均值;

——与本方法的任何差异。

7.4 薄铜箔与载体的分离强度

7.4.1 试样

在样本的任意部位切取一块带载体铜箔,带载体铜箔样品的尺寸足够制作3块75 mm×75 mm的覆铜板试样。

7.4.2 装置

试验机,夹头速度为(50±2.5)mm/min。

7.4.3 程序

7.4.3.1 试样准备(环境温度下)

7.4.3.1.1 将带载体铜箔与FR-4半固化片层压制成1.5 mm的覆铜板,覆铜板不应有分层、皱折、白斑、起泡、裂纹。

7.4.3.1.2 在覆铜板上切取75 mm×75 mm的试样3块。

7.4.3.1.3 在试样的载体面刻一条宽度为25 mm的条。

7.4.3.1.4 沿试样长度方向将宽度为25 mm的载体条的一端剥起约25 mm。

7.4.3.2 试验程序

7.4.3.2.1 把试样水平固定,剥离条向上伸出25 mm。

7.4.3.2.2 把条的端部夹紧在夹具之间。

7.4.3.2.3 夹具必须夹住条的整个宽度,且平行于剥离方向。

7.4.3.2.4 在垂直方向施加拉力,以50 mm/min的速度进行剥离,记录分离长度不小于25 mm过程中的最小分离力。

7.4.4 评定

将分离长度不小于25 mm过程中的最小负载力换算成分离强度(N/mm),即分离单位宽度载体所需的最小负载力。如果没有把试条的整个宽度剥离,则试验结果无效。

7.4.5 报告

报告内容应包括：

——分离强度的最小值。

8 工艺性能试验方法

8.1 可蚀刻性(过硫酸铵法)

8.1.1 试样

将铜箔与FR-4半固化片层压制成1.5 mm的覆铜板，在覆铜板上切取两块尺寸为50 mm×50 mm的试样(铜箔的厚度为35 μm或70 μm)。

8.1.2 装置和材料

8.1.2.1 电加热蚀刻机。

8.1.2.2 空气循环式干燥箱，可控温(80±3)℃。

8.1.2.3 试验所需物品：橡胶手套或聚乙烯手套、无绒棉布、FFF级浮石、塑料刷、蒸馏水。

8.1.2.4 10%草酸溶液。

8.1.2.5 过硫酸铵溶液(工业级)。

8.1.2.6 有机溶剂：甲乙酮(工业级)、甲苯(工业级)、三氯乙烯(工业级)。

8.1.3 程序

8.1.3.1 试样准备

用砂纸或其他合适的方法打磨试样的边缘。

8.1.3.2 蚀刻

将试样浸入(43±3)℃，密度为1.84 g/cm^{3}过硫酸铵溶液中，激烈搅拌，直至铜完全被蚀刻除去。立即取出试样，用水冲洗2 min～5 min后，放入干燥箱内烘干。将试样浸入用蒸馏水配制的(25±3)℃，10%草酸溶液中15 min～20 min，草酸溶液应保持微循环。取出试样用水冲洗2 min～5 min，然后用浮石擦洗除去残留物，用无绒棉布蘸适当溶剂擦净试样，在流水下冲洗试样，用塑料刷刷洗试样2 min～5 min，最后用蒸馏水冲洗。

注：当35 μm铜箔蚀刻时间超过15 min或70 μm铜箔的蚀刻时间超过30 min时，应更换新蚀刻液。用新鲜的蚀刻液蚀刻35 μm铜箔大约需7 min可产生清晰的图形，蚀刻70 μm铜箔大约需15 min。

8.1.3.3 处理

试样放在干燥箱内，于80 ℃下干燥1 h。如试样需做电性能试验，操作时应戴橡胶手套或聚乙烯手套。

8.1.4 检查

检查内容应包括：

——试样上铜箔是否被完全除去；

——试样的粘接面有无白斑、白色沉淀物斑迹或其他表面污染物。

8.2 可蚀刻性(氯化铁法)

8.2.1 试样

将铜箔与FR-4半固化片层压制成1.5 mm的覆铜板。切取2块尺寸为50 mm×50 mm的覆铜板作为试样,铜箔厚度为35 μm或70 μm。

8.2.2 装置和材料

8.2.2.1 电加热蚀刻机。

8.2.2.2 能保持温度为(80±3)℃的空气循环式干燥箱。

8.2.2.3 本试验所需物品:橡胶手套或聚乙烯手套、无绒棉布、FFF级浮石、塑料刷、蒸馏水。

8.2.2.4 10%草酸溶液。

8.2.2.5 氯化铁溶液。

8.2.2.6 有机溶剂:甲乙酮(工业级)、甲苯(工业级)、三氯乙烯(工业级)。

8.2.3 程序

8.2.3.1 试样准备

用砂纸或其他合适的方法打磨试样边缘。

8.2.3.2 蚀刻

将试样浸入(30±6)℃,密度为1.41 g/cm^3 的氯化铁溶液中激烈搅动,直至铜箔完全被蚀刻除去。立即取出试样,用流水冲洗2 min~5 min,放入干燥箱内,直至试样干燥。再将试样浸入用蒸馏水配制的(25±3)℃的10%草酸溶液中15 min~20 min,蚀刻过程,草酸溶液应保持微循环。取出试样用水冲洗2 min~5 min,然后用浮石擦洗去掉残留物,用无绒棉布蘸适当溶剂擦净试样,在流水下用塑料刷刷洗2 min~5 min,冲洗30 min,再用蒸馏水冲洗试样。

注:35 μm铜箔蚀刻时间超过15 min或70 μm铜箔蚀刻时间超过30 min时应换新蚀刻液。用新鲜蚀刻液时,蚀刻35 μm和70 μm铜箔分别约需7 min和15 min可产生清晰的图形。

8.2.3.3 处理

在80 ℃干燥箱干燥试样1 h。如试样需做电性能试验,操作时应戴橡胶手套或聚乙烯手套。

8.2.4 检查

检查内容应包括:

——试样上铜箔是否被完全除去;

——试样的粘接面有无白斑、白色沉淀物斑迹或其他表面污染物。

8.3 可蚀刻性(氯化铜法)

8.3.1 试样

将铜箔与FR-4半固化片层压制成覆箔板作为试样,其尺寸由蚀刻设备尺寸及蚀刻之后检验要求的尺寸来确定。

8.3.2 装置和材料

8.3.2.1 标准化学蚀刻槽或适合的实验室设备。

8.3.2.2 能保持温度(80±3)℃的空气循环式烘箱。

8.3.2.3 蚀刻试验所需的防护用品：橡胶手套或聚乙烯手套、塑料手套、涂胶围裙及防护眼镜。

8.3.2.4 0.54 kg/L 的氯化铜 $CuCl_2 \cdot 2H_2O$ 溶液。

8.3.2.5 10%的盐酸溶液。

8.3.2.6 蒸馏水或去离子水。

8.3.2.7 10%氢氧化钠溶液。

8.3.2.8 试剂级异丙醇 (IPA)。

8.3.2.9 图形显像材料和装置。

8.3.3 程序

8.3.3.1 试样准备

8.3.3.1.1 切取适当尺寸的试样，必要时，用砂纸或其他合适的方法打磨试样边缘，使其呈光滑状态。试样可按 8.4 进行化学清洗，也可采用机械方法清洗。

8.3.3.1.2 如果试样需要制作导电图形，可用标准工业方法涂覆蚀刻保护层。

8.3.3.2 蚀刻

8.3.3.2.1 在喷淋蚀刻箱内或其他合适的容器中蚀刻除去铜箔，在(52±5)℃，密度为 1.275 g/cm^3 的氯化铜溶液中蚀刻。蚀刻时间应尽可能短，在铜箔被完全去除后应立即取出试样，以防止裸露的层压板过度暴露于蚀刻液中。在试验室条件下进行蚀刻时，溶液需要良好搅拌。

8.3.3.2.2 充分冲洗试样。

8.3.3.2.3 仲裁试验时，应将试样迅速浸入 10% NaOH 溶液中，以中和残留的蚀刻剂，然后用蒸馏水或去离子水冲洗。

8.3.3.3 清洗

8.3.3.3.1 如果试样使用了蚀刻保护膜或抗蚀胶带，应采用标准工业方法将其除去。

8.3.3.3.2 如果试样需要作电性能测试，在清洗前不需凉干。对于一般的性能试验，在自来水龙头下用软毛刷刷洗试样，然后用蒸馏水或最好用去离子水冲洗。对于仲裁试验，试样应在试剂级的异丙醇(IPA)中浸 10 min，然后立即用 16 MΩ 的去离子水冲洗 10 min。

8.3.3.4 干燥

自然凉干试样。对于仲裁试验，应将试样放在(80±3)℃干燥箱内干燥 1 h。

8.3.4 评定

确定和记录在蚀刻过程中发生的任何异常情况：

——试样是否在蚀刻液里停留的时间比平时长；

——试样是否弯曲或变形；

——试样是否有变色或其他可见的变化；

——其他。

8.4 化学清洗性

8.4.1 试样

用铜箔与FR-4半固化片层压制成的覆箔板作为试样，试样的尺寸由蚀刻试验台的尺寸确定。

8.4.2 装置和化学药品

8.4.2.1 标准传送喷淋清洗舱或合适的实验室设备。

8.4.2.2 试验所需的专用安全器具：橡胶或聚乙烯手套、防护围裙及安全防护镜。

8.4.2.3 过硫酸钠法推荐的清洗剂浓度和温度见表2。

表2 推荐的清洗剂浓度和温度

化学药品	浓度/(g/L)	温度/℃
去油污剂	按制造厂推荐的极限浓度	按制造厂推荐的温度
过硫酸钠(工业级)	180±60	38±3

8.4.2.4 过硫酸铵法推荐的清洗剂浓度和温度见表3。

表3 推荐的清洗剂浓度和温度

化学药品	浓度/(g/L)	温度/℃
去油污剂	按制造厂推荐的极限浓度	按制造厂推荐的温度
过硫酸铵(工业级)	240±60	38±3

8.4.3 程序

8.4.3.1 试样准备

将试样剪成所要求的尺寸，用砂纸磨光试样的边缘。

8.4.3.2 清洗

8.4.3.2.1 传送喷淋清洗

试样以一定的速度通过传送舱，在微蚀刻液中暴露(30±5)s，取出后用去离子水冲洗试样1 min～2 min。

8.4.3.2.2 实验室清洗

将试样放在清洗剂/去油污剂溶液中，缓缓摇动(30±5)s，取出并用水冲洗试样，把试样放在微蚀刻液中激烈搅动(30±5)s，取出试样，用去离子水冲洗1 min～2 min。

注1：如果蚀刻液中铜离子的浓度超过22.5 g/L，应更换微蚀刻溶液。

注2：蚀刻过程应检查喷淋嘴喷出液是否均匀穿过试样。

8.4.4 表面检查

试样的覆铜箔面应被清洗至呈均匀无光泽。用去离子水或蒸馏水淋洗铜箔面至没有水珠或水滴形成。

8.5 可焊性(边浸法)

8.5.1 试样

8.5.1.1 印制板试样

一小块印制板的边角、成品板或用成品板工艺专门制作的试样或由供需双方确定的试样。

8.5.1.2 铜箔试样

一块有代表性的铜箔试样,宽度为 25 mm,长度足够浸入焊料深度约 50 mm。

8.5.2 装置和材料

8.5.2.1 温度可调控的电加热焊料槽,至少应能容纳 2.3 kg 锡铅焊料。
8.5.2.2 可焊性测试仪。
8.5.2.3 非活性焊剂,基本组成见表 4,在 25 ℃下,焊剂的密度为(0.843±0.005)g/cm^3。

表 4 非活性焊剂的组成

焊剂的成分	质量比
水白松香	25%
99%的异丙醇	75%

8.5.2.4 锡铅焊料 HLSnPb39(见 GB/T 3131);
8.5.2.5 10%的盐酸(工业级,体积分数)。

8.5.3 程序

8.5.3.1 试样准备

8.5.3.1.1 在(60±5)℃,体积分数为 10%的盐酸中预清洗试样 15 s,然后用水冲洗,快速干燥试样,以防其过度氧化。允许使用吹风机或无水乙醇,以加速干燥进程。
8.5.3.1.2 浸焊之前,把试样浸入 8.5.2.3 的非活性焊剂中 60 s。

8.5.3.2 试验

8.5.3.2.1 用不锈钢搅棒搅动熔融焊料,撇去熔融焊料表面的浮层,以确保焊料成分均匀,焊料的温度为(245±5)℃。
8.5.3.2.2 将试样沿边缘浸入熔融焊料中,进入和取出速度为(25±6)mm/s,停留时间为(4±0.5)s。
8.5.3.2.3 取出试样,并保持垂直放置,让焊料在空气中冷却凝固。
8.5.3.2.4 彻底清除试样表面的残余焊剂。

8.5.4 检查

检查试样的表面新沾附焊料涂层的均匀性,评定试验结果的示意图见图 2。在靠近试样边缘 3.2 mm 的区域不予评定。

a) 润湿　b) 半润湿　c) 完全半润湿　d) 不润湿

注：本图主要用于图解说明缺陷类型，而非焊料覆盖范围的百分率。

图 2　可焊性评定示意图

8.6　处理转移(处理完善性)

8.6.1　试样

8.6.1.1　胶带转移法：两块试样，尺寸为 152 mm×152 mm。

8.6.1.2　剥离转移法：一块有代表性的铜箔，将其与 4 张 FR-4 半固化片层压制成 0.71 mm 的覆铜板试样，或由供需双方协商。

8.6.2　装置和材料

8.6.2.1　胶带或等效物，宽度为 19 mm。

8.6.2.2　FR-4 半固化片。

8.6.2.3　从覆铜板上去除铜箔的蚀刻系统。

8.6.2.4　滤纸条，最小尺寸为 76 mm×25 mm。

8.6.2.5　一个 250 g 重的标准砝码，并具有 19.1 mm 表面。

8.6.2.6　目测验收标样。

8.6.2.7　白色背景。

8.6.3　测试程序

8.6.3.1　胶带转移法

8.6.3.1.1　沿铜箔的加工方向将 102 mm×19 mm 的胶带紧紧贴在每块待测试样处理面上。

8.6.3.1.2　从试样的一端成锐角迅速揭下胶带。

8.6.3.1.3 将胶带的粘接面向下贴在标准白色背景上。

8.6.3.2 剥离转移法

8.6.3.2.1 用成像法在覆铜板上制做一条宽度为3 mm的导线。
8.6.3.2.2 用标准工业操作方法和设备进行蚀刻、清洗、加工，也可用剪切法制作一条宽度为3 mm的导线。
8.6.3.2.3 反向拉起箔条25 mm，使铜箔下的基材面直接暴露。
8.6.3.2.4 将覆铜板置于白色背景下，目测基材面，并与标样比较转移量。

8.6.3.3 砝码和滤纸法

8.6.3.3.1 将铜箔试样的处理面朝上放在一个坚固、平坦的表面上。
8.6.3.3.2 将滤纸的粗糙面朝下放在铜箔试样上。
8.6.3.3.3 将砝码的规定表面放在滤纸上。
8.6.3.3.4 抓紧滤纸的一端，拉动滤纸和砝码，横向穿过铜箔的粗糙面152 mm。

8.6.4 评定

8.6.4.1 试样加工转移程度的评定有以下四个等级：

——无转移；
——很少转移；
——轻微转移；
——转移。

8.6.4.2 以上所述的加工转移程度，应以与供需双方协商的目测接收标准的比较为依据。

9 其他性能试验方法

9.1 铜箔或镀铜层的纯度

9.1.1 试样

原箔或镀铜层试样，质量约为5 g。

9.1.2 装置和材料

9.1.2.1 电重量分析用电极（铂网阴极、旋转铂网阳极或螺旋铂线阳极）。
9.1.2.2 通风柜。
9.1.2.3 加热板。
9.1.2.4 分析天平，分辨率为0.1 mg 。
9.1.2.5 烘箱，可控温度为(110±3)℃。
9.1.2.6 供电电源，输出电流密度至少为0.6 A/dm^2。
9.1.2.7 180 mL至300 mL的烧杯。
9.1.2.8 溶解试样用的混合酸：将300 mL浓硫酸在搅拌下缓慢加入750 mL水中，冷却后再加入210 mL硝酸。
9.1.2.9 清洗试样用5%的硫酸溶液。
9.1.2.10 稀硝酸溶液，硝酸与去离子水的体积比为1：3。
9.1.2.11 无水甲醇。
9.1.2.12 蒸馏水或去离子水。

9.1.3 程序

9.1.3.1 室温下将铜箔浸入5%的硫酸中清洗，然后用自来水冲洗、蒸馏水彻底冲洗、无水甲醇或等效有机溶剂淋洗。在 110 ℃烘箱中干燥 3 min～5 min，在干燥器中冷却至室温。称量铜箔试样的质量 m_{Cu}，准确至 0.1 mg。

9.1.3.2 将试样放入 180 mL～300 mL 的烧杯中，加入 45 mL 硫酸-硝酸混合酸，用玻璃盖盖住烧杯口直至反应基本停止。

9.1.3.3 用加热板将溶液加温至 80 ℃～90 ℃，直至铜全部溶解，且棕色烟雾全部排除为止。

注：切勿将溶液加热至沸腾。

9.1.3.4 稍冷却后，用蒸馏水仔细冲洗玻璃盖、电极及烧杯壁。冲洗的目的是确保烧杯壁和玻璃盖上的铜离子全部进入溶液中。将溶液用蒸馏水稀释至能盖住阴极。

9.1.3.5 让溶液冷却至室温。

9.1.3.6 称量阴极质量 m_{k1}，准确至 0.1 mg。

9.1.3.7 将电极插入溶液，用玻璃盖住烧杯，以防溶液溅出或蒸发。在电流密度为 0.6 A/dm^2 下进行电解。

9.1.3.8 当溶液变成无色时，将电流密度减至 0.3 A/dm^2，用蒸馏水冲洗烧杯内壁、电极及玻璃盖。

9.1.3.9 继续电解，直至电解液液位升高，而电极不再能镀上新的铜层时，表示电解完成。

9.1.3.10 不间断电流下，从溶液中移出阴极。

9.1.3.11 用蒸馏水冲洗阴极。再将阴极浸入无水甲醇或同等溶剂，取出后在 110 ℃烘箱中迅速干燥约 5 min，在干燥器中冷却至室温，称量阴极质量 m_{k2}，准确至 0.1 mg。

9.1.3.12 关掉电源开关。

9.1.4 计算

9.1.4.1 用式(9)计算铜的纯度：

$$C_{Cu}=\frac{m_{k2}-m_{k1}}{m_{Cu}}\times 100\% \qquad \cdots\cdots(9)$$

式中：

C_{Cu}——铜的纯度，%；

m_{k1}——阴极的质量，单位为毫克(mg)；

m_{k2}——阴极的质量与沉积铜的质量之和，单位为毫克(mg)；

m_{Cu}——初始铜试样的质量，单位为毫克(mg)。

9.1.4.2 要进行两次测定，两次测量结果偏差不应超出 0.015%，否则应重新测定。

9.1.5 报告

报告铜(包括银)的含量。

9.2 质量电阻率

9.2.1 试样

取 3 块原箔试样，在样本的宽度方向左、中、右各切取一块长度约 330 mm，宽度为(25±0.2)mm 的试样，试样的厚度为铜箔厚度。此外，试样还应具有以下特征：

a) 电势接触点间受试长度的电阻至少为 0.000 01 Ω；

b) 厚度或其他尺寸适合于电阻测试仪器的量程范围；

c) 正常视力观察时，试样表面应无损伤和缺陷，无氧化物、油脂及污物；

d) 无接头或拼接。

9.2.2 仪器

9.2.2.1 如果试样的电阻小于 1，使用开尔文双臂电桥或同等精度的其他测量仪；如果试样的电阻大于 1，应使用单臂(惠斯登)电桥。

9.2.2.2 分析天平，分辨率为 0.1 mg，量程为 0～200 g。

9.2.3 条件

当测量不在参考温度下进行时，可按式(10) 将电阻修正成参考温度下的电阻：

$$R_T = \frac{R_t}{1+\gamma_T(t-T)} \quad \cdots\cdots(10)$$

式中：

R_T ——在参照温度下的电阻，单位为欧姆(Ω)；

R_t ——在测量温度下的电阻，单位为欧姆(Ω)；

γ_T ——在参照温度下，被测试样已知的或给定的电阻温度系数。参数 γ_T 随导电率和温度变化而变化，对于导电率为 100% 的铜，参照温度为 20 ℃时，γ_T 值为 0.003 93，表 5 列出了铜的电阻温度系数；

t ——测量温度，单位为摄氏度(℃)；

T ——参照温度，单位为摄氏度(℃)。

表 5 铜的密度和电阻温度系数

铜的导电率(IACS) %	20 ℃时铜的密度 g/cm³	20 ℃时铜的电阻温度系数
100	8.89	0.003 93
98.40	8.89	0.003 87
98.16	8.89	0.003 86
97.80	8.89	0.003 84
97.66	8.89	0.003 84
97.40	8.89	0.003 83
97.16	8.89	0.003 82
96.66	8.89	0.003 80
96.61	8.89	0.003 80
96.16	8.89	0.003 78
94.16	8.89	0.003 70
93.15	8.89	0.003 66
注：IACS 为相对于标准退火铜线电导率的百分比。		

9.2.4 程序

9.2.4.1 准备

9.2.4.1.1 试样的尺寸和质量测量应准确至 0.05% 以内。

9.2.4.1.2 用千分尺多次测量试样的横截面积，使平均横截面积的偏差不超过±0.1%。

9.2.4.1.3 如果试样的尺寸小于 2.5 mm，测量达不到所要求的精度时，用试样的长度、质量及密度计算横截面积。

9.2.4.1.4 当密度未知时，应首先在空气中称量试样的质量，然后在试验温度下，已知密度的液体中称量试样的质量。为了避免因对流引起误差，试验温度应为室温。

9.2.4.1.5 按式(11)计算试样的密度：

$$\delta = \frac{W_a \times d}{W_a - W_l} \quad \cdots\cdots(11)$$

式中：

δ ——试样的密度，单位为克每立方厘米（g/cm^3）；

W_a——空气中试样的质量，单位为克（g）；

d ——在试验温度下液体的密度，单位为克每立方厘米（g/cm^3）；

W_l——液体中试样的质量，单位为克（g）。

9.2.4.2 测量

9.2.4.2.1 使用电位引线时，在两电位端之间的距离至少为 150 mm，两电流端之间的距离为 300 mm。

9.2.4.2.2 标准电阻与试样之间的电阻，应明显小于标准电阻及试样的电阻。或采用合适的引线补偿方法，使标准电阻与试样之间的电阻变化不降低到规定的电桥精度之下。

9.2.4.2.3 测量电路的电阻，准确至±0.15%。

9.2.4.2.4 在整个电阻测量时，测量电流会导致试样的温度高于周围介质的温度，因此应尽量使用较小的电流和尽可能短的测量时间，使电阻的变化不被检流计测出。

9.2.4.2.5 为了消除因接触电势引起的误差，应直接连续用正向电流和反向电流分别测量两个电阻值，其算术平均值即为试样的电阻测量值 R_t，记录 R_t，按式（10）将测量温度下电阻 R_t 换算成参照温度（20 ℃）下的电阻 R_T。

9.2.4.2.6 测量电阻时，推荐的校验试验是转动试样使其两端位置颠倒过来，重复进行测试。

9.2.4.2.7 为获得良好的电气接触，测量前有必要清洁试样表面的电流接触点和电位接触点。

9.2.5 结果计算和评定

9.2.5.1 按式（12）计算铜箔的质量电阻率：

$$\rho_W = \frac{W \times R_T}{L_1 \times L_2} \qquad \cdots\cdots(12)$$

式中：

ρ_W ——参照温度下的质量电阻率，单位为欧姆克每平方米（$\Omega \cdot g/m^2$）；

W ——试样的质量，单位为克（g）；

L_1 ——用于测定 R_t 时标距长度，单位为米（m）；

L_2 ——试样的长度，单位为米（m）；

R_T ——参照温度下的电阻，单位为欧姆（Ω）。

9.2.5.2 以参照温度下质量电阻率的最大值为试验结果。

9.2.6 测量误差

对于电阻在 0.000 01 Ω（10 μΩ）以上的试样，测量误差不大于±0.30%。

9.2.7 报告

报告应包括以下内容：

a) 铜箔的类型；
b) 铜箔的等级；
c) 测量温度；
d) 试样的受试长度；
e) 获得试样横截面积的方法：千分尺读数平均值或通过测量试样长度、质量、密度计算其横截面积；
f) 试样的质量（如果需要时）；
g) 测量电阻所用的方法；
h) 参照温度下的质量电阻率；
i) 预先进行的机械处理和热处理说明。

附 录 A
（规范性附录）
显微切片试样的制作方法

A.1 范围

本方法规定了测定铜箔芯厚度用显微切片试样的制作方法。

A.2 装置和材料

A.2.1 样品切割机(金钢石锯)。
A.2.2 小型冲床。
A.2.3 研磨机。
A.2.4 镶嵌模。
A.2.5 室温下固化的灌封材料。
A.2.6 砂纸(180 目、240 目、320 目、400 目、600 目)。
A.2.7 氧化铝抛光粉或等效抛光物。
A.2.8 脱模剂。
A.2.9 25%～30%的氨水。
A.2.10 3%～5%(体积分数)的过氧化氢。
A.2.11 小型压机。

A.3 程序

A.3.1 试样制备

从待检铜箔上切取试样。必要时将待检铜箔和粘结片叠合，压制成层压板。用合适的方法从层压板上切取试样(通常的切样器械有宝石锯、线锯或砂轮锯；小型铣床或锋利的小冲床)，去除试样边缘的毛刺。

A.3.2 灌胶

A.3.2.1 取一金相切片专用模盒(镶嵌模)，清洁模盒并均匀涂布一层脱模剂。
A.3.2.2 用试样支柱、夹子或双面胶纸将试样垂直固定于模盒内。待检部位应面对安装面。
A.3.2.3 将消除气泡的环氧灌封材料小心地倒入模盒内，试样应保持竖直，灌封材料和试样之间应无气泡。

A.3.3 研磨和抛光

A.3.3.1 让灌封材料在模盒内固化完全，待冷却后，轻敲模盒，将固化好的试样从模盒内取出。
A.3.3.2 借助金相切片设备，用 180 目砂纸粗略研磨试样，然后用 240 目、320 目、400 目、600 目砂纸按顺序进行研磨，每次更换不同目数的砂纸时，需把试样旋转 90°再打磨 2 至 3 次，直至去掉前一打磨步骤的划痕。研磨时应加水以防止试样损坏及磨料残余堆积。

A.3.3.3 当待检表面无明显的划痕时，用流动的自来水冲洗试样并吹干，用氧化铝抛光粉或其他等效抛光物对待检表面进行抛光处理。

注：抛光时要时常改变方向，以使产生更均匀的效果。直至能得到一个清晰、鲜明的图像。

A.3.4 微蚀

洗净抛光面，并吹干后即可进行微蚀。推荐的微蚀刻液的配方如下：在 25 mL 氨水（25%～30%）中加入 25 mL～35 mL 体积分数为 3%～5%的过氧化氢，再加入 25 mL 去离子水。微蚀刻液配好后应放置 5 min 后使用，最好每隔几个小时重新配制微蚀刻液。用棉签蘸微蚀液在切片表面轻擦约 2 s～3 s，使铜面微蚀，消除试样研磨抛光造成的层次模糊，使试样层次分界线清楚。

A.3.5 清洗、干燥

立即用流水或去离子水冲洗试样，去除其表面的微蚀刻液，然后用溶剂清洗并吹干。

ICS 31.030
L 90

中华人民共和国国家标准

GB/T 29848—2013

光伏组件封装用乙烯-醋酸乙烯酯共聚物（EVA）胶膜

Ethylene-vinyl acetate copolymer (EVA) film for encapsulant solar module

2013-11-12 发布　　　　2014-04-15 实施

中华人民共和国国家质量监督检验检疫总局
中国国家标准化管理委员会　发布

前　言

本标准按照 GB/T 1.1—2009 给出的规则起草。

请注意本文件的某些内容可能涉及专利。本文件的发布机构不承担识别这些专利的责任。

本标准由全国半导体设备和材料标准化技术委员会(SAC/TC 203)提出并归口。

本标准起草单位:杭州福斯特光伏材料股份有限公司、无锡尚德太阳能电力有限公司、常州天合光能有限公司、英利(中国)绿色能源有限公司、国家太阳能光伏产品质量监督检验中心、乐凯胶片股份有限公司、温州瑞阳光伏材料有限公司、浙江蓝珂光伏材料有限公司、诸暨市枫华塑胶科技有限公司。

本标准主要起草人:林建华、周光大、侯宏兵、桑燕、陈祥、杨楚峰、孙玉海、王昭云、王秀香、吴建国、王莉、詹显光、龙中南、周均华。

光伏组件封装用乙烯-醋酸乙烯酯共聚物(EVA)胶膜

1 范围

本标准规定了光伏组件封装用乙烯-醋酸乙烯酯共聚物(EVA)胶膜(以下简称EVA胶膜)的术语和定义、要求、试验方法、检验规则、包装、标志、运输和贮存。

本标准适用于以乙烯-醋酸乙烯酯共聚物(EVA)为主要原料,添加各种助剂,经熔融加工成型,用于地面光伏组件封装的胶膜。

2 规范性引用文件

下列文件对于本文件的应用是必不可少的。凡是注日期的引用文件,仅注日期的版本适用于本文件。凡是不注日期的引用文件,其最新版本(包括所有的修改单)适用于本文件。

GB/T 1033.1—2008 塑料 非泡沫塑料密度的测定 第1部分:浸渍法、液体比重瓶法和滴定法

GB/T 1410—2006 固体绝缘材料体积电阻率和表面电阻率试验方法

GB/T 1695—2005 硫化橡胶工频击穿电压强度和耐电压的测定方法

GB/T 2410—2008 透明塑料透光率和雾度的测定

GB/T 2423.3—2006 电工电子产品环境试验 第2部分:试验方法 试验Cab:恒定湿热试验

GB/T 2790 胶粘剂180°剥离强度试验方法 挠性材料对刚性材料

GB/T 2828.1 计数抽样检验程序 第1部分:按接收质量限(AQL)检索的逐批检验抽样计划

GB/T 2918 塑料试样状态调节和试验的标准环境

GB/T 6672 塑料薄膜和簿片厚度的测定 机械测量法

GB/T 19394—2003 光伏(PV)组件紫外试验

ASTM E313 仪器测量的颜色坐标的白色与黄色指数计算规程(Standard practice for calculating yellowness and whiteness indices from instrumentally measured color coordinates)

3 术语和定义

下列术语和定义适用于本文件。

3.1

EVA胶膜 ethylene-vinyl acetate copolymer (EVA) film

以EVA(乙烯-醋酸乙烯酯共聚物)树脂为主要原料,添加各种助剂,经熔融加工成型,用于地面光伏组件封装的胶膜。

3.2

交联度 crosslinking degree

用来表征高分子链的交联程度。

注:EVA胶膜的交联度一般以凝胶含量来表示,即交联的高分子链占EVA总量的百分比。

3.3

收缩率　shrinkage rate

材料经处理(浸水、热定型或树脂处理等)后长度的缩小值对其原长度的百分率。

4　要求

4.1　规格

单卷产品的规格应符合表1。

表1　规格

序　号	项　目	规　格
1	厚度/mm	0.2～0.8
2	密度/(g/cm^3)	0.95～0.96
注：特殊规格可按合同规定执行。		

4.2　外观

外观应平整、无可见杂质、无气泡、压花清晰。

4.3　物理性能

产品的物理性能应符合表2。

表2　物理性能

<table>
<tr><th>序　号</th><th colspan="3">项　目</th><th colspan="2">指　标</th></tr>
<tr><td>1</td><td colspan="3">醋酸乙烯酯含量(质量分数/%)</td><td colspan="2">26～34</td></tr>
<tr><td rowspan="4">2</td><td rowspan="4">透光率
%</td><td rowspan="2">电池正面用 EVA 胶膜</td><td>波长 380 nm～1 100 nm</td><td colspan="2">≥90</td></tr>
<tr><td>波长 290 nm～380 nm</td><td colspan="2">供需双方约定</td></tr>
<tr><td rowspan="2">电池背面用 EVA 胶膜</td><td>波长 380 nm～1 100 nm</td><td colspan="2">供需双方约定</td></tr>
<tr><td>波长 290 nm～380 nm</td><td colspan="2">≤30</td></tr>
<tr><td>3</td><td colspan="3">交联度
%</td><td colspan="2">≥75</td></tr>
<tr><td>4</td><td colspan="3">剥离强度
N/cm</td><td colspan="2">＞50</td></tr>
<tr><td rowspan="2">5</td><td colspan="3" rowspan="2">收缩率
%</td><td colspan="2">纵向(MD)＜3.0</td></tr>
<tr><td colspan="2">横向(TD)＜1.5</td></tr>
<tr><td>6</td><td colspan="3">体积电阻率
Ω·cm</td><td colspan="2">＞6.0×10^{13}</td></tr>
<tr><td>7</td><td colspan="3">击穿电压强度
kV/mm</td><td colspan="2">＞28.0</td></tr>
</table>

表 2（续）

序号	项目	指标
8	紫外加速老化性能	黄色指数变化<5.0
		与玻璃剥离强度>25 N/cm
9	恒定湿热老化性能	黄色指数变化<5.0
		与玻璃剥离强度>25 N/cm

5 试验方法

5.1 取样方法

将供检验的 EVA 胶膜卷外层揭去 3 层～5 层后，取卷内中间缠绕平整的 EVA 胶膜段作为检验试样胶膜。

5.2 试样要求

5.2.1 试样状态调整和试验的环境

试样状态调整和试验环境按 GB/T 2918 的规定，环境温度 23 ℃±2 ℃，相对湿度 50%±5%，试样在该试验条件下水平静置不少于 24 h，并在此条件下进行试验。

5.2.2 试样用背板

本标准中各项测试中所用背板均应符合如下要求：表面为含氟材料，水汽透过率小于 2.5 g/(m^2·d)，经辐照强度为 120 kW·h/m^2 的紫外加速老化试验后，背板本身的黄色指数变化小于 2.0，恒定湿热老化试验后背板本身不发生层间分离。

5.3 规格的测定

5.3.1 厚度

按 GB/T 6672 测定方法，用准确度为 0.01 mm 测厚仪测定。在幅度方向至少测 5 个点，取平均值。

5.3.2 密度

按 GB/T 1033.1—2008 测定方法，对 EVA 胶膜的密度进行测定。每块试样至少测 3 组，取平均值。

5.4 外观检验

用目测检查胶膜的透明度、色泽，有无气泡、杂质、穿孔、破裂等。

5.5 物理性能的测定

5.5.1 醋酸乙烯酯(VA)含量测定

5.5.1.1 热重分析仪(TGA)法(仲裁方法)

5.5.1.1.1 仪器设备

热重分析仪(TGA)。

5.5.1.1.2 试验过程

试验过程如下：

a) 启动 TGA 仪器，打开软件，设置 TGA 测试程序：起始温度为 40 ℃，恒温 3 min～5 min，终止温度为 450 ℃以上，升温速率为 10 ℃/min～20 ℃/min；
b) 在去皮后的干净空样品盘中放入 5 mg～12 mg EVA 胶膜样品，装载样品盘，待天平读数稳定后，运行升温程序；
c) 测试结束后，处理样品的热失重曲线，记录热失重曲线第一个台阶变化的质量分数，即 EVA 分子中醋酸乙烯酯的酯键断裂分解出醋酸的质量分数。

5.5.1.1.3 试验结果

按式(1)计算 EVA 胶膜中 VA 含量，取 3 组样品的算术平均值，准确至 0.1%。

$$w_{VA}=\frac{w_{HAc}\times M_{VA}}{M_{HAc}}\times 100\% \qquad \cdots\cdots(1)$$

式中：

w_{VA} ——EVA 胶膜中 VA 含量，%；
w_{HAc} ——热失重曲线第一个台阶的质量变化百分数，%；
M_{VA} ——VA 的摩尔质量，数值为 86 g/mol；
M_{HAc} ——醋酸的摩尔质量，数值为 60 g/mol。

5.5.1.2 水解和反滴定法

水解和反滴定法见附录 A。

5.5.2 透光率的测定

5.5.2.1 仪器设备

带积分球的紫外分光光度计，积分球直径须大于 90 mm。

5.5.2.2 试样制备

取一块尺寸为 50 mm×50 mm 的 EVA 胶膜和尺寸大于 50 mm×50 mm 的玻璃 1 块、不粘膜 2 块、试样用背板 1 块，按玻璃/不粘膜/EVA 胶膜/不粘膜/试样用背板依次叠合后，放入真空层压机内，按产品要求的固化温度和时间进行固化交联，然后取出放入干燥器中冷却至室温待用。每组试样不少于 3 个。

5.5.2.3 试验过程

将试样按 GB/T 2410—2008 的分光光度计法进行测试，取 290 nm～1 100 nm 的透光率曲线图。每组试样至少测 3 个，测试结果取平均值。

5.5.3 交联度的测定

5.5.3.1 原理

EVA 胶膜经加热固化形成交联，采用二甲苯溶剂萃取样品中未交联部分，从而测定交联度。

5.5.3.2 仪器设备

所需仪器设备如下：

a） 容量为 500 mL 带 24＃磨口的三口圆底烧瓶；
b） 带 24＃磨口的回流冷凝管；
c） 配有温度控制仪的电加热套；
d） 精度为 0.001 g 的电子天平；
e） 真空烘箱；
f） 不锈钢丝网袋：剪取尺寸为 120 mm×60 mm 的 120 目不锈钢丝网，将其对折成 60 mm×60 mm，两侧边再向内折进 5 mm 两次并固定，制成顶端开口的尺寸为 60 mm×40 mm 的网袋。

5.5.3.3 试剂

二甲苯（AR 级）。

5.5.3.4 试样制备

取尺寸均为 75 mm×150 mm 的 EVA 胶膜 2 块、玻璃 1 块和试样用背板 1 块，按玻璃/两层 EVA 胶膜/试样用背板依次叠合后，放入真空层压机内，按产品要求的固化温度和时间进行固化交联，然后取出，并剥去试样上的背板，用刀片在试样中间从玻璃上取下约 1 g 交联固化好的 EVA 胶膜，并将 EVA 胶膜剪成 3 mm×3 mm 以下的小颗粒。每组试样取 2 个。

5.5.3.5 试验过程

试验过程如下：
a） 将不锈钢丝网袋洗净、烘干、称重为 W_1（准确至 0.001 g）；
b） 取试样 0.5 g±0.01 g，放入不锈钢丝网袋中，做成试样包，称重为 W_2（精确至 0.001 g）；
c） 将试样包用细铁丝封口后，作好标记，从三口烧瓶的侧口插入并用橡胶塞封住，烧瓶内加入1/2 容积的二甲苯溶剂，使试样包浸没在溶剂中。加热至 140 ℃左右，溶剂沸腾回流 5 h。回流速度保持 20 滴/min～40 滴/min；
d） 回流结束后，取出试样包，悬挂除去溶剂液滴。然后放入真空烘箱内，温度控制在 140 ℃，干燥 3 h，完全除去溶剂；
e） 将试样包从烘箱内取出，除去铁丝后，放在干燥器中冷却 20 min 后，取出，称重为 W_3（准确至 0.001 g）。

5.5.3.6 试验结果

按式(2)计算交联度，取 2 组试样的算术平均值，准确至 0.1％。

$$G=\frac{W_3-W_1}{W_2-W_1}\times 100\% \qquad \cdots\cdots(2)$$

式中：
G ——交联度，％；
W_1——不锈钢丝网空袋重量，单位为克(g)；
W_2——试样包重量，单位为克(g)；
W_3——经溶剂萃取和干燥后的试样包重量，单位为克(g)。

5.5.4 剥离强度的测定

5.5.4.1 试样制备

试样制备程序如下：

a) 准备尺寸均为 300 mm×150 mm 的 EVA 胶膜 2 块、3 mm 厚的干净玻璃 1 块和背板 1 块；

b) 按玻璃/两层 EVA 胶膜/背板次序叠好后，放入真空层压机内，按产品要求的固化温度和时间进行固化交联。层压固化好的 EVA 胶膜表面应无气泡。每组试样取 3 个；

c) 在宽度方向每隔 5 mm 将 EVA 胶膜/背板层切割成宽度为 10 mm±0.5 mm 的试样，用于测量玻璃与 EVA 胶膜之间的剥离力。

5.5.4.2 试验过程

按 GB/T 2790 试验方法，以 100 mm/min 的拉伸速度在拉力机上测量 EVA 胶膜与玻璃之间的剥离力。

5.5.4.3 试验结果

按式(3)计算剥离强度，取 3 组试样的算术平均值，准确至 0.1 N/cm。

$$s_{180^\circ}=\frac{F}{B} \qquad \cdots\cdots(3)$$

式中：

s_{180° —— 180°剥离强度，单位为牛顿每厘米(N/cm)；

F ——剥离力，单位为牛顿(N)；

B ——试样宽度，单位为厘米(cm)。

5.5.5 收缩率的测定

5.5.5.1 试样制备

取一块 EVA 胶膜，按 EVA 胶膜的纵向长度 200 mm 和横向宽度 100 mm 的尺寸切割试样。每组试样取 3 个。

5.5.5.2 试验过程

先将试样放在厚度为 3 mm 的绒面玻璃的光面，将其放入预先升温至 120 ℃的烘箱中或层压机热板表面，加热 3 min 后，取出冷却至室温，测量距离最小处的长度 L(单位为 mm)和宽度 B(单位为 mm)。

5.5.5.3 试验结果

按式(4)和式(5)计算收缩率，取 3 组试样的算术平均值，精确至 0.1%。

$$纵向：C=\frac{200-L}{200}\times 100\% \qquad \cdots\cdots(4)$$

$$横向：C=\frac{100-B}{100}\times 100\% \qquad \cdots\cdots(5)$$

式中：

C ——收缩率，%；

L ——收缩后的长度，单位为毫米(mm)；

B ——收缩后的宽度，单位为毫米(mm)。

5.5.6 体积电阻率的测定

5.5.6.1 仪器设备

高电阻测试仪。

5.5.6.2 试样制备

取一块尺寸为 80 mm×80 mm 的 EVA 胶膜和尺寸大于 80 mm×80 mm 的玻璃 1 块、不粘膜 2 块、试样用背板 1 块，按玻璃/不粘膜/EVA 胶膜/不粘膜/试样用背板依次叠合后，放入真空层压机内，按产品要求的固化温度和时间进行固化交联，使样品的交联度大于 75%。每组试样取 3 个。

5.5.6.3 试验过程

按 GB/T 1410—2006 规定的要求进行试样体积电阻率的测试。测试结果为取 3 组试样的算术平均值。

5.5.7 击穿电压强度的测定

5.5.7.1 仪器设备

所需仪器设备如下：

a) 工频电源；
b) 高压变压器；
c) 调压变压器；
d) 过电流继电器；
e) 电极。

5.5.7.2 试样制备

取 2 块尺寸为 80 mm×80 mm 的 EVA 胶膜和尺寸大于 80 mm×80 mm 的玻璃 1 块、不粘膜 2 块、试样用背板 1 块，按玻璃/不粘膜/两层 EVA 胶膜/不粘膜/试样用背板依次叠合后，放入真空层压机内，按产品要求的固化温度和时间进行固化交联，使样品的交联度大于 75%。再将交联后的 EVA 胶膜去边，剪下直径为 50 mm±1 mm 的圆形试样，并用测厚仪测得试样的平均厚度。每组试样取 3 个。

5.5.7.3 试验过程

按 GB/T 1695—2005 规定，进行试样击穿电压强度的测试。测试结果取 3 组试样的算术平均值。

5.5.8 紫外加速老化试验

5.5.8.1 目的

用紫外加速老化试验来检验固化后的 EVA 胶膜暴露在大气中耐光老化的性能。

5.5.8.2 仪器设备

所需仪器设备如下：

a) 紫外加速老化试验箱；
b) 层压机；
c) 分光测色仪；
d) 拉力机。

5.5.8.3 试样制备

按照试验架大小裁取玻璃、EVA 胶膜和试样用背板，并按玻璃/两层 EVA 胶膜/试样用背板依次叠好，按产品要求的固化温度和时间进行固化交联，制得试样。

5.5.8.4 试验过程

按 GB/T 19394—2003 规定的要求进行紫外辐照老化测试。

a) 将试样放入紫外老化试验箱内，其中紫外光的辐照度不超过 120 W/m^2，试验条件如下：
   1) 试样表面温度 60 ℃±5 ℃；
   2) 辐照强度：波长为 280 nm～320 nm 范围时，为 6 kW·h/m^2；
      波长为 280 nm～400 nm 范围时，为 60 kW·h/m^2。
   3) 辐照功率累积：按试样表面实际所受的辐照量进行累积，至少每 30 kW·h/m^2 用辐照计进行紫外功率校准一次。
b) 试验前、后对试样按 ASTM E313 进行黄色指数的测量，每块试样测不少于 3 个点，试样黄色指数取所测点的平均值。待试样在环境温度 23 ℃±2 ℃下恒温 60 min 后，取距离试样边缘至少 10 mm 处，按 5.5.4 的试验方法测量 EVA 胶膜与玻璃之间的剥离强度，分别记录 EVA 胶膜与玻璃之间剥离强度和黄色指数老化前后变化差值。

5.5.9 恒定湿热老化试验

5.5.9.1 目的

测定固化后的 EVA 胶膜在恒定湿热条件下的耐老化性能。

5.5.9.2 试样制备

取 2 块尺寸为 300 mm×300 mm 的 EVA 胶膜，将其夹在尺寸均为 300 mm×300 mm 的玻璃和试样用背板之间，按产品要求的固化温度和时间进行固化交联，制得试样。

5.5.9.3 试验过程

按 GB/T 2423.3—2006 的试验方法进行湿热老化试验。试验过程如下：

a) 将试样放入恒定试验箱中，设定试验条件：温度 85 ℃±2 ℃，相对湿度 85%±5%；
b) 湿热老化时间达到 1 000 h 时，将试样取出；
c) 试验前、后对试样按 ASTM E313 进行黄色指数的测量，每块试样测不少于 3 个点，试样黄色指数取所测点的平均值。待试样在环境温度 23 ℃±2 ℃下恒温 60 min 后，取距离试样边缘至少 30 mm 处，按 5.5.4 的试验方法测量 EVA 胶膜与玻璃之间的剥离强度，分别记录 EVA 胶膜与玻璃之间剥离强度和黄色指数老化前后变化差值。

6 检验规则

6.1 出厂检验

6.1.1 通则

产品出厂必须经生产厂家质检部门按本标准规定检验合格后，并附上产品质量合格证，方能出厂。

6.1.2 出厂检验项目

外观、交联度和收缩率。

6.1.3 出厂检验组批

使用同批原料，同一配方，在相同工艺条件下生产的同一规格的 EVA 胶膜为一个检查批，以胶膜面积为单位。

6.1.4 出厂检验抽样

出厂检验按 GB/T 2828.1 的规定进行，采用特殊检验水平 S-3，正常检验一次抽样方案，接收质量限（AQL）6.5。

6.2 型式检验

6.2.1 通则

在下列情况之一时，应进行型式检验：

a) 首次投产或停产后恢复生产时；
b) 原材料或工艺改变时；
c) 正常生产情况下每年进行一次；
d) 国家质量监督机构或用户提出型式检验要求时。

6.2.2 型式检验项目

全项目检验。

6.2.3 型式检验判定

各项检测结果符合本标准规定，且产品符合国家对电工电子产品的环保要求，则判定该次型式检验合格；若有不合格项，经双倍取样检测仍不合格，则判定该次型式检验为不合格。

6.2.4 型式检验抽样

型式检验样品从出厂检验合格产品中随机抽取。

7 包装、标志、运输和储存

7.1 包装

7.1.1 产品以卷为单位，每卷产品做防潮防尘包装。
7.1.2 每卷产品附有合格证，项目为产品型号、规格、批号、生产日期。

7.2 标志

每箱产品出厂时应标明：生产厂名、产品名称、型号、规格、数量、批号、生产日期、执行标准。

7.3 运输

产品应避光、避热、避潮运输。避免摔打和露天堆放。不得使产品弯曲和包装破损。

7.4 储存

7.4.1 储存地点

产品应当贮存在室内，温度控制在 0 ℃～30 ℃范围内，相对湿度低于 60%，避免直接光照。不要靠近加热设备和暴露在有灰尘的地方。

7.4.2 储存方法

储存方法如下：

a) 在开箱之前，检查贮存产品的包装箱应原封不动；

b) 一旦原包装箱被打开，产品应 48 h 内使用完，未用部分用原包装或相似包装重新封好。

7.4.3 储存时间

产品自生产之日起，保质期为 6 个月。

附　录　A
（规范性附录）
水解和反滴定法测 EVA 胶膜的 VA 含量

A.1　原理

将试样溶解于二甲苯中，加入氢氧化钾-乙醇溶液使乙酸酯基水解。再加入过量的硫酸或盐酸，以酚酞作指示剂，用碱标准溶液滴定过量的酸。

A.2　试剂

所需的试剂如下：

a)　二甲苯；

b)　硫酸溶液：5 g/L（或盐酸溶液：3.7 g/L）；

c)　氢氧化钾-乙醇溶液：在 500 mL 乙醇溶液中溶解 5.6 g 固体氢氧化钾（KOH），再加乙醇溶液稀释至 1 000 mL，静置过夜后，轻轻倒出上清液；

d)　氢氧化钠标准滴定溶液：$c(NaOH)=0.1$ mol/L；

e)　酚酞指示剂：将 0.7 g 酚酞溶于 100 mL 乙醇中。

A.3　试样制备

将 EVA 胶膜试样剪成小颗粒，每个颗粒的质量应小于 0.05 g。

A.4　试验过程

试验过程如下：

a)　称取 0.3 g 颗粒状 EVA 胶膜试样，准确至 0.000 1 g，置于干燥的锥形烧瓶中；

b)　在锥形烧瓶中加入 50 mL 二甲苯，并用移液管移入 25 mL 氢氧化钾-乙醇溶液。将锥形烧瓶装上回流冷凝器后放在加热装置上加热，温度保持在 200 ℃，回流 2 h；

c)　待试样水解完全后，拆下烧瓶并使其冷却至室温。用另外一支移液管将 30 mL 硫酸溶液或盐酸溶液移入烧瓶。用塞子塞住瓶口，充分摇动后加入几滴酚酞指示剂，用氢氧化钠标准滴定溶液滴定至浅红色刚刚出现为终点。

A.5　试验结果

按式（A.1）计算 EVA 胶膜试样中的 VA 含量，取 3 组试样的算术平均值，准确至 0.1%。

$$w_{VA}=\frac{0.086\ 09(V_1-V_2)c_1}{m}\times 100\% \qquad \text{（A.1）}$$

式中：

w_{VA}　——EVA 胶膜中 VA 的含量，%；

V_1 ——试样所消耗的氢氧化钠标准滴定溶液的体积,单位为毫升(mL);

V_2 ——空白试验所消耗的氢氧化钠标准滴定溶液的体积,单位为毫升(mL);

c_1 ——氢氧化钠标准滴定溶液的浓度,单位为摩尔每升(mol/L);

m ——试样的质量,单位为克(g);

0.086 09——与 1.00 mL 氢氧化钠标准溶液[c(NaOH)=1.000 mol/L]相当的以克表示的 VA 的质量。

ICS 29.045
H 82

中华人民共和国国家标准

GB/T 29849—2013

光伏电池用硅材料表面金属杂质含量的电感耦合等离子体质谱测量方法

Test method for measuring surface metallic contamination of silicon materials used for photovoltaic applications by inductively coupled plasma mass spectrometry

2013-11-12 发布　　2014-04-15 实施

中华人民共和国国家质量监督检验检疫总局
中国国家标准化管理委员会　发布

前　言

本标准按照 GB/T 1.1—2009 给出的规则起草。

请注意本文件的某些内容可能涉及专利。本文件的发布机构不承担识别这些专利的责任。

本标准由全国半导体设备和材料标准化技术委员会(SAC/TC 203)提出并归口。

本标准起草单位:信息产业专用材料质量监督检验中心、中国电子技术标准化研究院、江苏中能硅业科技发展有限公司、国家电子功能与辅助材料质量监督检验中心、天津市环欧半导体材料技术有限公司。

本标准主要起草人:褚连青、王奕、徐静、王鑫、何秀坤、裴会川、冯亚彬、鲁文峰、张雪囡。

光伏电池用硅材料表面金属杂质含量的电感耦合等离子体质谱测量方法

警告:使用本标准的人员应有正规实验室工作的实践经验。本标准并未指出所有可能的安全问题。使用者有责任采取适当的安全和健康措施,并保证符合国家有关法规规定的条件。

1 范围

本标准规定了利用电感耦合等离子体质谱仪(ICP-MS)测定光伏电池用硅材料表面痕量金属杂质含量的方法。

本标准适用于光伏电池用硅材料表面痕量金属杂质钠、镁、铝、钾、钙、钛、铬、铁、镍、铜、锌、钼含量的测定。各元素的测量范围见表1。

表1 表面金属杂质含量测量范围

单位为纳克每克

元素名称	元素符号	测量范围
钠	Na	$3\times10^{-2}\sim2\times10^{3}$
镁	Mg	$2\times10^{-2}\sim2\times10^{3}$
铝	Al	$2\times10^{-2}\sim2\times10^{3}$
钾	K	$2\times10^{-2}\sim2\times10^{3}$
钙	Ca	$4\times10^{-2}\sim2\times10^{3}$
钛	Ti	$1\times10^{-2}\sim2\times10^{3}$
铬	Cr	$1\times10^{-2}\sim2\times10^{3}$
铁	Fe	$4\times10^{-2}\sim2\times10^{3}$
镍	Ni	$1\times10^{-2}\sim2\times10^{3}$
铜	Cu	$3\times10^{-2}\sim2\times10^{3}$
锌	Zn	$2\times10^{-2}\sim2\times10^{3}$
钼	Mo	$1\times10^{-2}\sim2\times10^{3}$

2 规范性引用文件

下列文件对于本文件的应用是必不可少的。凡是注日期的引用文件,仅注日期的版本适用于本文件。凡是不注日期的引用文件,其最新版本(包括所有的修改单)适用于本文件。

GB/T 25915.1—2010 洁净室及相关受控环境 第1部分:空气洁净度等级

3 方法提要

将试样用硝酸、氢氟酸、过氧化氢和水的混合物浸提一定的时间,取出试样后,将浸提溶液加热蒸发至干，溶液中的硅以 SiF_4 的形式挥发。然后用硝酸溶液溶解残渣，用超纯水定容后利用电感耦合等离子体质谱仪(ICP-MS)测定溶液中待分析金属元素的含量。

4 干扰因素

4.1 实验室的洁净度、容器和仪器进样系统的洁净度、试剂和水的纯度以及操作过程等因素直接影响测量结果的准确度，应严格控制。

4.2 双原子离子、多原子离子、基体效应、背景噪声、元素间的干扰、交叉污染和仪器漂移等因素会影响测量结果。

4.3 由于硅材料表面金属杂质分布不均匀，样品的选择会影响产品表面金属杂质含量的评价结果，因此所取样品应具有代表性。

4.4 如果样品杂质含量高，可采用电感耦合等离子体原子发射光谱等方法进行测定，以免仪器被污染，影响仪器的检测限和精确度。

5 试剂

5.1 超纯水：电阻率大于 18.2 MΩ·cm，且每种金属杂质含量低于 20 ng/L。

5.2 硝酸：质量分数 65%，每种金属杂质含量均低于 10 ng/L。

5.3 氢氟酸：质量分数 48%，每种金属杂质含量均低于 10 ng/L。

5.4 过氧化氢：质量分数 30%，每种金属杂质含量均低于 10 ng/L。

5.5 标准贮存溶液：钠、镁、铝、钾、钙、钛、铬、铁、镍、铜、锌、钼、钇浓度均为 1 mg/mL，采用国内外可以量值溯源的有证标准物质。

5.6 硝酸溶液：硝酸(见 5.2)和超纯水(见 5.1)的体积比为 $V_{HNO_3} : V_{H_2O} = 1:19$。

5.7 浸提溶液：硝酸(见 5.2)、氢氟酸(见 5.3)、过氧化氢(见 5.4)和超纯水(见 5.1)的体积比为 $V_{HNO_3} : V_{HF} : V_{H_2O_2} : V_{H_2O} = 1:1:1:50$。

6 仪器和设备

6.1 电感耦合等离子体质谱仪。

6.2 分析天平：感量为 0.01 g。

6.3 通风橱。

6.4 器皿：所用器皿应由聚四氟乙烯(PTFE)或全氟烷氧基树脂(PFA)等耐氢氟酸腐蚀并可清洗的材料制成。

6.5 电热板。

7 环境条件

7.1 温度为 18 ℃～25 ℃。

7.2 相对湿度应不大于 65%。

7.3 洁净度应优于 GB/T 25915.1—2010 中所定义的 6 级洁净室要求。

8 试样准备

8.1 取样应在洁净室内进行，从一批产品中选出一袋不少于5 kg的样品用于取样，并且假设分析出的表面金属含量代表该批样品。如果异地取样，为避免样品在转移过程中被污染，则应将样品密封后送至实验室。取样过程中应严格避免沾污。

8.2 为保证分析的一致性及实验室间分析数值的对比，对于块状样品，应确定一个标准重量或体积；仲裁时，应取6块试样，每块尺寸约为3 cm×3 cm×3 cm，重量约为50 g，试样总重量约为300 g，6块试样中至少3块带有生长外表面。

9 试验步骤

9.1 试样量

称量一定量的试样（如样品量允许，宜称取50 g左右），准确至0.01 g。

9.2 测定次数

独立地进行3次测定，至少有一份试样带有生长外表面，取3次测量结果的算术平均值。

9.3 空白试验

随同试样做空白试验。

9.4 标准溶液的配制

9.4.1 混合元素标准溶液的配制

将钠、镁、铝、钾、钙、钛、铬、铁、镍、铜、锌、钼的标准贮存溶液（见5.5），逐级稀释（稀释过程中保持合适的酸度），配制成混合元素标准溶液，各元素浓度为1 μg/mL。

9.4.2 标准系列工作溶液的配制

在5个洁净的100 mL容量瓶中，分别加入0 μL、20 μL、50 μL、100 μL、200 μL混合元素标准溶液（见9.4.1），再分别加入40 mL硝酸溶液（见5.6），用超纯水（见5.1）定容。此标准系列溶液中钠、镁、铝、钙、钛、钾、铬、铁、镍、铜、锌、钼的浓度分别为0 μg/L、0.20 μg/L、0.50 μg/L、1.0 μg/L、2.0 μg/L。所配制的标准系列工作溶液浓度值应尽量与样品溶液中待测元素的浓度值接近。

9.4.3 钇标准溶液的配制

移取100 μL钇标准贮存溶液（见5.5），置于100 mL容量瓶中，加入40 mL硝酸溶液（见5.6），用超纯水（见5.1）稀释至刻度，摇匀，此标准溶液浓度为1 μg/mL。

9.4.4 钇标准工作溶液的配制

移取200 μL钇标准溶液（见9.4.3）于100 mL容量瓶中，加入40 mL硝酸溶液（见5.6），用超纯水（见5.1）稀释至刻度，摇匀，此标准工作溶液浓度为2 μg/L。

9.5 样品溶液的制备

将试样置于一具有适当容积的、洁净的敞口容器中，加入适量浸提溶液（见5.7）并使试样完全浸入浸提溶液(见 5.7),盖上表面皿,于 70 ℃的电热板上恒温加热 60 min,室温冷却后用夹子取出试样,再用超纯水(见 5.1)淋洗试样表面,淋洗液收集至敞口容器中。将装有浸提溶液的敞口容器在 150 ℃的电热板上加热至干。取下敞口容器,盖上表面皿,室温冷却后,加入 4 mL 硝酸溶液(见 5.6),充分摇动,使残渣完全溶解。将溶液转移至 10 mL 容量瓶中,用超纯水(见 5.1)定容,摇匀,备 ICP-MS 测定。

9.6 仪器分析

9.6.1 仪器准备

测试前电感耦合等离子体质谱仪需要设定适当的工作条件,并进行调谐,以达到最佳测试条件。

9.6.2 同位素的选择

样品中各待分析元素和内标元素同位素的选择应按表 2 进行。

表 2 同位素选择汇总表

待测金属元素				内标元素[a]	
元素名称	同位素	元素名称	同位素	元素名称	同位素
钠	^{23}Na	铬	^{53}Cr	钇	89Y
镁	^{24}Mg	铁	^{56}Fe		
铝	^{27}Al	镍	^{60}Ni		
钾	^{39}K	铜	^{63}Cu		
钙	^{40}Ca	锌	^{66}Zn		
钛	^{49}Ti	钼	^{98}Mo		
[a] 除钇外,还可以选择其他元素作为内标。					

9.6.3 分析

将空白溶液、样品溶液(见 9.5)和标准系列工作溶液(见 9.4.2)分别在电感耦合等离子体质谱仪上进行分析,以钇标准工作溶液为内标,用内标法校正。以标准系列工作溶液中各元素信号与内标元素信号的比值为纵坐标,以标准系列工作溶液中各元素的浓度为横坐标做校正曲线,仪器自动给出空白溶液和样品溶液(见 9.5)中各待测元素的质量浓度。根据实际情况也可采用其他方法进行定量分析。

10 结果处理

按式(1)计算样品中各金属杂质的质量分数:

$$w_x = \frac{(c_2 - c_1) \times V}{m} \qquad \cdots\cdots (1)$$

式中:

w_x——分别为样品中钠、镁、铝、钾、钙、钛、铬、铁、镍、铜、锌、钼的质量分数,单位为纳克每克(ng/g);

c_2——样品溶液中待测元素的浓度,单位为纳克每毫升(ng/mL);

c_1——空白溶液中待测元素的浓度,单位为纳克每毫升(ng/mL);

V——样品溶液的体积,单位为毫升(mL);

m——试样的质量,单位为克(g)。

11 精密度

在重复性条件下获得两次独立的测试结果，在以下给出的平均值范围内，这两个测量结果的绝对差值不超过重复性限(r)，超过重复性限(r)的情况不超过5%，重复性限(r)按表3数据采用线性内插法求得。

表3 重复性限

单位为纳克每克

样品序号	1#	2#	3#
w_{Na}	0.15	1.1	11
r_{Na}	0.06	0.4	1.5
w_{Mg}	0.25	1.2	16
r_{Mg}	0.09	0.4	1.8
w_{Al}	0.20	0.70	14
r_{Al}	0.09	0.21	12
w_{K}	0.11	1.0	9.2
r_{K}	0.07	0.39	1.2
w_{Ca}	0.26	3.2	35
r_{Ca}	0.09	0.86	4.1
w_{Ti}	0.06	0.58	9.8
r_{Ti}	0.04	0.10	1.2
w_{Cr}	0.08	0.65	8.4
r_{Cr}	0.04	0.12	1.0
w_{Fe}	0.18	2.2	28
r_{Fe}	0.08	0.80	3.2
w_{Ni}	0.10	0.82	9.6
r_{Ni}	0.05	0.21	1.5
w_{Cu}	0.11	1.5	9.5
r_{Cu}	0.06	0.38	2.3
w_{Zn}	0.21	1.0	18
r_{Zn}	0.12	0.35	3.2
w_{Mo}	0.09	0.72	8.6
r_{Mo}	0.04	0.10	0.8
注：重复性限(r)为2.80S_r，S_r为重复性标准差，w为元素的质量分数。			

12 质量保证与控制

检验时，应用控制样品对过程进行校核。当过程失效时应找出原因，纠正错误后，重新进行校核。

13 报告

报告至少应包含以下内容：

a) 送样单位和送样日期；

b) 样品名称、规格和编号；

c) 样品状态描述；

d) 样品存放及运输情况；

e) 仪器型号；

f) 测量环境；

g) 测量结果；

h) 操作者、测量日期、测量单位。

ICS 29.045
H 82

中华人民共和国国家标准

GB/T 29850—2013

光伏电池用硅材料补偿度测量方法

Test method for measuring compensation degree of silicon materials used for photovoltaic applications

2013-11-12 发布

2014-04-15 实施

中华人民共和国国家质量监督检验检疫总局
中国国家标准化管理委员会 发布

前言

本标准按照 GB/T 1.1—2009 给出的规则起草。

请注意本文件的某些内容可能涉及专利。本文件的发布机构不承担识别这些专利的责任。

本标准由全国半导体设备和材料标准化技术委员会(SAC/TC 203)提出并归口。

本标准起草单位:信息产业专用材料质量监督检验中心、中国电子技术标准化研究院、无锡尚德太阳能电力有限公司、国家电子功能与辅助材料质量监督检验中心、天津市环欧半导体材料技术有限公司。

本标准主要起草人:董颜辉、何秀坤、郑彩萍、裴会川、冯亚彬、路景刚、张雪囡。

光伏电池用硅材料补偿度测量方法

1 范围

本标准规定了光伏电池用硅材料补偿度的测量和分析方法。

本标准适用于光伏电池用非掺杂硅材料补偿度的测量和分析。

2 规范性引用文件

下列文件对于本文件的应用是必不可少的。凡是注日期的引用文件，仅注日期的版本适用于本文件。凡是不注日期的引用文件，其最新版本(包括所有的修改单)适用于本文件。

GB/T 4326 非本征半导体单晶霍尔迁移率和霍尔系数测量方法

GB/T 14264 半导体材料术语

GB/T 24581 低温傅立叶变换红外光谱法测量硅单晶中Ⅲ、Ⅴ族杂质含量的测试方法

GB/T 29057 用区熔拉晶法和光谱分析法评价多晶硅棒的规程

3 术语和定义

GB/T 14264 界定的术语和定义适用于本文件。

4 方法原理

利用载流子浓度与温度变化关系的电中性方程，对 $n(\mathrm{P})-T^{-1}$ 关系曲线进行计算机拟合分析，从而得到补偿度。电中性方程(以N型样品为例)如式(1)所示：

$$\frac{n(n+N_A)}{N_D-N_A-n}=\frac{N_C}{g_A}\cdot \exp^{(-E_j/kT)} \quad \cdots\cdots(1)$$

其中 N_C 计算方法见式(2)：

$$N_C=2\left(\frac{2\pi m_a^* kT}{h^2}\right)^{3/2} \quad \cdots\cdots(2)$$

电离化杂质浓度关系见式(3)：

$$n_{300}=N_D-N_A \quad \cdots\cdots(3)$$

由式(1)、式(2)、式(3)利用最小二乘法原理，并适当调整 g_A、m_a^*、N_D、N_A、E_j 5个量作数据拟合，得到补偿度的表达式见式(4)、式(5)：

$$K_p=N_D/N_A \quad (\mathrm{P})\text{型} \quad \cdots\cdots(4)$$

$$K_N=N_A/N_D \quad (\mathrm{N})\text{型} \quad \cdots\cdots(5)$$

根据GB/T 4326，对样品作变温霍尔测量，由式(6)计算测试数据，得到 $n-T^{-1}$ 关系曲线。

$$n=\gamma/e\cdot R_H \quad \cdots\cdots(6)$$

式(1)～式(6)中：

n ——载流子浓度，单位为每立方厘米($\mathrm{cm^{-3}}$)；

N_A ——受主杂质浓度，atoms · $\mathrm{cm^{-3}}$；

N_D ——施主杂质浓度,atoms · cm^{-3};
Nc ——有效态密度,单位为每立方厘米(cm^{-3});
g_A ——能级简并因子;
E_j ——浅施主杂质电离能,单位为电子伏特(eV);
k ——玻尔兹曼常数,单位为焦耳每开(J/K);
T ——温度,单位为开尔文(K);
m_a^* ——电子有效质量,单位为克(g);
h ——普朗克常数,单位为焦耳秒(J · s);
n_{300} ——温度为 300 K 时的载流子浓度,单位为每立方厘米(cm^{-3});
γ ——霍尔因子;
e ——电子电荷,单位为库仑(C);
R_H ——霍尔系数,单位为立方厘米每库仑(cm^3/C)。

5 干扰因素

5.1 测试温度的准确性直接影响测量结果的准确性。

5.2 电极应具有良好的欧姆接触,以确保测量的准确性。

5.3 对于多晶硅样品,区熔拉晶过程和取样位置会对多晶硅的评价造成影响。

6 环境条件

6.1 温度为 15℃～28℃。

6.2 相对湿度应不大于 65%。

6.3 测试屏蔽室应无机械冲击,避免振动,无电磁干扰和大功率用电设备。

7 仪器设备

7.1 霍尔测试系统

7.1.1 恒流源

为样品提供电流,其电流稳定度应优于±0.5%。

7.1.2 电压表

测量样品电压,准确度应优于±0.5%,电压表的输入阻抗应为被测样品阻抗的 10^3 倍以上。

7.1.3 磁体

磁通密度应在 0.2 T～1.0 T 范围内,在样品所处范围内,磁通密度均匀性应优于±1%。

7.1.4 开关矩阵

用于改变样品中电流流通方向和测量相对应电极的电压,开关矩阵应具有良好的绝缘性和可靠性。

7.2 样品室

7.2.1 样品室由低温装置、测温装置、样品架组成。样品室应由非磁性材料组成,温度可调且能够保证样品温度具备一定的稳定性。加热装置如为电阻丝加热则应注意电阻丝的绕制及摆放，避免电阻丝在通电过程中产生垂直于样品表面的磁场。

7.2.2 样品架应防光、屏蔽、高绝缘（电阻率大于 $10^8\ \Omega \cdot cm$），以减少光电导、光电压以及高频影响，并确保样品表面与所加磁场垂直（见图 1）。样品架用黄铜（或不锈钢）制成，其中加热系统有热沉（用紫铜材料）、加热炉（高、低温区应选不同加热功率、加热丝应无感应缠绕）、温度计（置于热沉内，以指示样品温度）。样品应贴紧绝缘层，样品架外有黄铜真空封套（真空度优于 0.1 Pa），引线之间以及电极之间应高绝缘，各部件应能耐低温（10 K）、高温（400 K）。

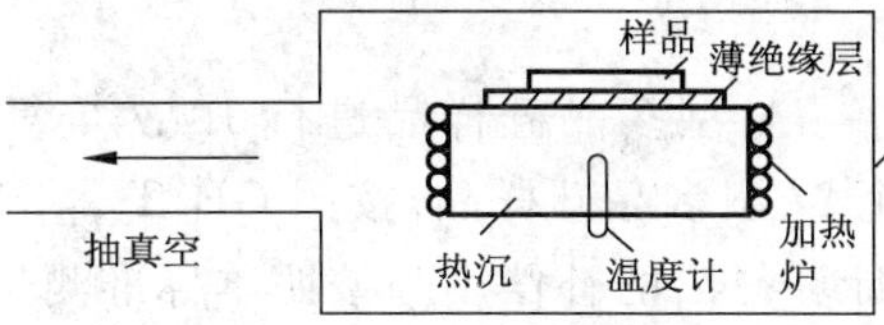

图 1 样品架示意图

7.2.3 低温装置的温度范围为 10 K～400 K，控温精度应优于±0.05 K。测温装置的温度传感元件应尽量靠近被测样品，以保证测量温度与样品温度的一致性。

8 试样制备

8.1 单晶测量试样

按 GB/T 4326 对单晶硅测量试样进行加工处理，超声清洗后晾干，待用。

8.2 多晶测量试样

按照 GB/T 29057 将多晶硅样品制备成单晶硅，并按照上述标准规定的位置取样，切割成厚度为 1 mm的圆片，按范德堡样片的要求将圆片制备成测量试样，超声清洗后晾干，待用。

8.3 欧姆电极的制备

利用蒸发、溅射等技术制备测量试样的电极，在不影响电极引线正常引出的情况下，电极的尺寸应尽可能小（最好点接触）、靠近边缘，并尽可能在样品对称的位置上制备电极（确保电极与样品欧姆接触）。

9 测试步骤

9.1 将待测样品放置在样品架上，密封置于磁体间的致冷系统中，位于磁极中央，磁场应垂直样品表面。

9.2 开启真空泵，当真空度达到 0.1 Pa 时，开启低温系统。

9.3 根据样品要求选定起始温度，并进行温度控制，待温度稳定后加磁场进行霍尔系数测量。

9.4 设定下一个温度点，待温度稳定后，重复 9.3 步骤，直到测完全温区，得到 $n-T^{-1}$ 关系曲线。

9.5 为了减小误差，变温测量在低温区取点要密，$n-T^{-1}$ 关系曲线要求呈现明显的去离化过程（以曲线光滑，不出现扭曲为好）。

10 数据处理

10.1 将不同温度下所获得的测量数据，根据式(6)进行计算，并取 γ 因子等于 1 进行修正。

10.2 利用载流子浓度与温度变化关系的电中性方程进行计算机数据拟合分析，获得补偿度 K 值。

11 精密度

在同一实验室，按照本标准，对同一 N 型多晶硅样品进行 10 次重复性测量，相对标准偏差(RSD)为 5%。取补偿度在 0.2～0.8 的 6 个 N 型多晶硅样品，按照 GB/T 24581 测量施主杂质浓度和受主杂质浓度，然后利用公式 $K_n = N_A / N_D$ 计算得出的补偿度与按照本标准测量的补偿度偏差在 15%以内。

12 报告

报告至少应包含以下内容：

a) 送样单位和送样日期；

b) 样品名称、规格和编号；

c) 仪器型号；

d) 测量环境；

e) 测量结果，包括补偿度和关系曲线；

f) 操作者、测量日期、测量单位。

ICS 29.045
H 82

中华人民共和国国家标准

GB/T 29851—2013

光伏电池用硅材料中B、Al受主杂质含量的二次离子质谱测量方法

Test method for measuring boron and aluminium in silicon materials used for photovoltaic applications by secondary ion mass spectrometry

2013-11-12 发布　　2014-04-15 实施

中华人民共和国国家质量监督检验检疫总局
中国国家标准化管理委员会　发布

前　言

本标准按照 GB/T 1.1—2009 给出的规则起草。

请注意本文件的某些内容可能涉及专利。本文件的发布机构不承担识别这些专利的责任。

本标准由全国半导体设备和材料标准化技术委员会(SAC/TC 203)提出并归口。

本标准起草单位:信息产业专用材料质量监督检验中心、中国电子技术标准化研究院、国家电子功能与辅助材料质量监督检验中心、天津市环欧半导体材料技术有限公司。

本标准主要起草人:何友琴、马农农、王东雪、何秀坤、裴会川、冯亚彬、张雪囡。

光伏电池用硅材料中B、Al受主杂质含量的二次离子质谱测量方法

1 范围

本标准规定了用二次离子质谱仪(SIMS)测定光伏电池用硅材料中硼和铝含量的方法。

本标准适用于光伏电池用硅材料中受主杂质硼和铝含量的定量分析,其中硼和铝的浓度均大于 1×10^{13} atoms/cm^3。其他受主杂质的测量也可参照本标准。

2 方法原理

在高真空条件下,氧离子源产生的一次离子,经过加速、纯化、聚焦后,轰击样品表面,溅射出多种粒子,将其中的离子(即二次离子)引出,通过质谱仪将不同荷质比的离子分开,记录并计算样品中硼、铝分别与硅的二次离子强度比$(B^+)/(Si^+)$、$(Al^+)/(Si^+)$,然后利用其相对灵敏度因子进行定量。

3 干扰因素

3.1 样品表面吸附的硼和铝会干扰样品中硼和铝的测量。

3.2 从SIMS仪器样品室吸附到样品表面的硼和铝会干扰样品中硼和铝的测量。

3.3 在样品架窗口范围内的样品表面应平整,以保证每个样品移动到分析位置时,其表面与离子收集光学系统的倾斜度不变,否则测量的准确度和精度会降低。

3.4 测量的准确度和精度随着样品表面粗糙度的增大而显著降低,可通过对样品表面进行化学机械抛光予以消除。

3.5 标准样品中硼和铝分布不均匀会影响测量精度。

3.6 标准样品中硼和铝标称浓度的偏差会导致测量结果的偏差。

3.7 因仪器不同或者同一仪器的状态不同,检测限可能不同。

3.8 因为二次离子质谱分析是破坏性的试验,所以应进行取样,且所取样品应能代表该批硅料的性质。本标准未规定统一的取样方法,因为大多数合适的取样计划根据样品情况不同而有区别。为了达到仲裁目的,取样计划应在测试之前得到测试双方的认可。

4 仪器及设备

4.1 扇形磁场二次离子质谱仪

仪器需要装备氧一次离子源,能检测正二次离子的电子倍增器和法拉第杯检测器,质量分辨率应优于1 500。

4.2 液氮或者液氦冷却低温板

如果分析室的真空度大于 1.3×10^{-6} Pa,应用液氮或者液氦冷却的低温板环绕分析室中的样品架。如果分析室的真空度小于 1.3×10^{-6} Pa,则不需要上述冷却。

4.3 测试样品架

要保证样品架上各样品的分析表面处于同一平面并垂直于引出电场(约几千伏,根据仪器型号的不同而不同)。

5 试样准备

5.1 标准样品

需要一个共掺杂或分别掺杂硼和铝的硅单晶标准样品,且硼和铝的体浓度经过各方都认同的其他测量方法测定,浓度在$(1\sim10)\times10^{16}$ atoms/cm^3 范围内,分布均匀性在5%以内。标准样品的分析面应进行化学腐蚀抛光或者效果更好的化学机械抛光,使其平坦光滑。

5.2 空白样品

需要一个硼和铝浓度均低于1×10^{12} atoms/cm^3 的真空区熔硅单晶作为空白样品。空白样品的分析面同样应进行化学腐蚀抛光或者效果更好的化学机械抛光,使其平坦光滑。

5.3 测试样品

测试样品的分析面同样应进行化学腐蚀抛光或者效果更好的化学机械抛光,使其平坦光滑,且样品尺寸应适合放入样品架内。

6 操作步骤

6.1 样品装载

将样品装入二次离子质谱仪(SIMS)的样品架,并检查确认样品是否平坦地放在窗口背面,并尽可能多覆盖窗口。一次装载的样品包括:空白样品、标准样品和测试样品。

6.2 仪器调试

6.2.1 按照仪器说明书开启仪器,二次离子质谱仪(SIMS)应状态良好(例如经过烘烤),以尽可能降低仪器背景。

6.2.2 根据4.2中描述条件,如果需要使用冷却装置,则将液氮或者液氦装入冷阱。

6.3 分析条件

6.3.1 使用聚焦良好的氧一次离子束,调节衬度光栏和视场光栏,得到最大的$^{30}Si^+$离子计数率。在不扫描的情况下,法拉第杯上得到的$^{30}Si^+$离子计数率应大于1×10^8 counts/s。

6.3.2 调整仪器达到足够的质量分辨能力以消除质量干扰。测试铝含量时,质量分辨率$(M/\Delta M)$应大于1 500。

6.3.3 开始时,应根据束斑大小使用几百微米×几百微米的第一扫描条件(典型的条件是250 μm×250 μm),以除去表面自然氧化层中硼、铝的干扰。实际分析时,应使用第二扫描条件,扫描区域要比第一扫描条件减少几倍(典型的第二扫描条件是50 μm×50 μm)。采用的计数时间是1 s。

6.4 样品分析

6.4.1 移动样品架,使样品上的溅射坑形成在窗口的中心位置附近。

6.4.2 对中一次束，开始 SIMS 剖析。首先用第一扫描条件溅射样品 50～100 个磁场周期，直到硼和铝的信号强度稳定，以除去晶片表面自然氧化层中典型存在的残留的表面沾污。然后减小扫描面积到第二扫描条件，继续溅射样品，直到硼和铝的信号稳定。

6.4.3 剖析结束后，测试并记录电子倍增器上的 $^{11}B^+$、$^{27}Al^+$ 的离子计数率及法拉第杯上的主元素 $^{30}Si^+$ 的离子计数率，对最后 20 个周期的结果进行平均。

6.4.4 重复 6.4.1～6.4.3 步骤，对样品架上所有的样品进行测试。

6.4.5 每次剖析结束后，由记录的二次离子强度，计算出 $^{11}B^+$ 离子计数率和 $^{30}Si^+$ 离子计数率之比 $(^{11}B^+)/(^{30}Si^+)$，记为 $Su(B)$；$^{27}Al^+$ 离子计数率和 $^{30}Si^+$ 离子计数率之比 $(^{27}Al^+)/(^{30}Si^+)$，记为 $Su(Al)$。

6.4.6 如果空白样品中测得的离子计数率比 $(^{11}B^+)/(^{30}Si^+)$、$(^{27}Al^+)/(^{30}Si^+)$ 超过其他样品的 20%～50%，则应停止分析，寻找造成仪器背景较高的原因。

6.4.7 对所有样品，包括空白样品、标准样品和测试样品，在表格中记录样品编号和对应的离子计数率比 $(^{11}B^+)/(^{30}Si^+)$、$(^{27}Al^+)/(^{30}Si^+)$。

7 结果计算

7.1 分别按式(1)和式(2)计算硼和铝的相对灵敏度因子：

$$RSF_{(B)}=\frac{[B]}{(^{11}B^+)/(^{30}Si^+)} \qquad \cdots\cdots(1)$$

$$RSF_{(Al)}=\frac{[Al]}{(^{27}Al^+)/(^{30}Si^+)} \qquad \cdots\cdots(2)$$

式中：

[B] ——标准样品中硼的标定浓度，单位为 atoms/cm³；

[Al] ——标准样品中铝的标定浓度，单位为 atoms/cm³；

$(^{11}B^+)/(^{30}Si^+)$ ——标准样品中 $^{11}B^+$ 离子计数率和 $^{30}Si^+$ 离子计数率之比；

$(^{27}Al^+)/(^{30}Si^+)$ ——标准样品中 $^{27}Al^+$ 离子计数率和 $^{30}Si^+$ 离子计数率之比。

7.2 对每个测试样品，利用测得的离子计数率比 Su 和从标准样品中得到的相对灵敏度因子 RSF，分别按照式(3)和式(4)计算测试样品中硼的浓度[B]u 和铝的浓度[Al]u。

$$[B]u=Su(B)\times RSF_{(B)} \qquad \cdots\cdots(3)$$

$$[Al]u=Su(Al)\times RSF_{(Al)} \qquad \cdots\cdots(4)$$

8 精密度

在同一实验室，由同一操作者使用同一台仪器，按照本文件对取自同一硅片的 10 个试样进行了硼和铝含量的测试。所测得的硼浓度的平均值为 9.7×10^{13} atoms/cm³，标准偏差为 5.1×10^{12} atoms/cm³，相对标准偏差是 5.2%；铝浓度的平均值为 8.4×10^{13} atoms/cm³，标准偏差为 4.3×10^{12} atoms/cm³，相对标准偏差是 5.1%。

9 报告

报告至少应包括以下内容：

a) 送样单位和送样日期；

b) 样品名称、规格和编号；

c) 样品状态描述；

d) 取样位置；

e) 标准样品和空白样品信息；

f) 仪器型号；

g) 测量环境；

h) 测量结果，包括相对灵敏度因子和杂质浓度；

i) 操作者、测量日期、测量单位。

ICS 29.045
H 82

中华人民共和国国家标准

GB/T 29852—2013

光伏电池用硅材料中P、As、Sb施主杂质含量的二次离子质谱测量方法

Test method for measuring phosphorus, arsenic and antimony in silicon materials used for photovoltaic applications by secondary ion mass spectrometry

2013-11-12 发布　　2014-04-15 实施

中华人民共和国国家质量监督检验检疫总局
中国国家标准化管理委员会　发布

前　言

本标准按照 GB/T 1.1—2009 给出的规则起草。

请注意本文件的某些内容可能涉及专利。本文件的发布机构不承担识别这些专利的责任。

本标准由全国半导体设备和材料标准化技术委员会(SAC/TC 203)提出并归口。

本标准起草单位:信息产业专用材料质量监督检验中心、中国电子技术标准化研究院、国家电子功能与辅助材料质量监督检验中心、天津市环欧半导体材料技术有限公司。

本标准主要起草人:马农农、何友琴、王东雪、何秀坤、冯亚彬、裴会川、张雪囡。

光伏电池用硅材料中P、As、Sb施主杂质含量的二次离子质谱测量方法

1 范围

本标准规定了用二次离子质谱仪(SIMS)测定光伏电池用硅材料中磷、砷和锑含量的方法。

本标准适用于光伏电池用硅材料中施主杂质磷、砷和锑含量的定量分析,其中磷、砷和锑的浓度均大于 1×10^{14} atoms/cm^3。

2 方法原理

在高真空条件下,铯离子源产生的一次离子,经过加速、纯化、聚焦后,轰击样品表面,溅射出多种粒子,将其中的离子(即二次离子)引出,通过质谱仪将不同荷质比的离子分开,记录并计算样品中磷、砷、锑与硅的二次离子强度比($^{31}P^-$)/($^{30}Si^-$)、($^{75}As^-$)/($^{30}Si^-$)、($^{121}Sb^-$)/($^{30}Si^-$),然后利用相对灵敏度因子进行定量。

3 干扰因素

3.1 样品表面吸附的磷、砷、锑会干扰样品中磷、砷、锑的测量。

3.2 从SIMS仪器样品室吸附到样品表面的硼和铝会干扰样品中磷、砷、锑的测量。

3.3 在样品架窗口范围内的样品表面应平整,以保证每个样品移动到分析位置时,其表面与离子收集光学系统的倾斜度不变,否则测量的准确度和精度会降低。

3.4 测量的准确度和精度随着样品表面粗糙度的增大而显著降低,可通过对样品表面进行化学机械抛光予以消除。

3.5 标准样品中磷、砷、锑分布不均匀会影响测量精度。

3.6 标准样品中磷、砷、锑标称浓度的偏差会导致测量结果的偏差。

3.7 因仪器不同或者同一仪器的状态不同,检测限可能不同。

3.8 因为二次离子质谱分析是破坏性的试验,所以应进行取样,且所取样品应能代表该批硅料的性质。本标准未规定统一的取样方法,因为大多数合适的取样计划根据样品情况不同而有区别。为了达到仲裁目的,取样计划应在测试之前得到测试双方的认可。

4 仪器及设备

4.1 扇形磁场二次离子质谱仪

仪器需要装备铯一次离子源,能检测负二次离子的电子倍增器和法拉第杯检测器,质量分辨率优于4 000。

4.2 液氮或者液氦冷却低温板

如果分析室的真空度大于 1.3×10^{-6} Pa,应用液氮或者液氦冷却的低温板环绕分析室中的样品架。如果分析室的真空度小于 1.3×10^{-6} Pa,则不需要上述冷却。

4.3 测试样品架

要保证样品架上各样品的分析表面处于同一平面并垂直于引出电场(约几千伏,根据仪器型号的不同而不同)。

5 试样准备

5.1 标准样品

需要一个共掺杂或分别掺杂磷、砷、锑的硅单晶标准样品,且磷、砷、锑的体浓度经过各方都认同的其他测量方法测定,浓度在$(1\sim10)\times10^{16}$ atoms/cm^3 范围内,分布均匀性在5%以内。标准样品的分析面应进行化学腐蚀抛光或者效果更好的化学机械抛光,使其平坦光滑。

5.2 空白样品

需要一个磷、砷、锑浓度均低于5×10^{13} atoms/cm^3 的真空区熔硅单晶作为空白样品。空白样品的分析面同样应进行化学腐蚀抛光或者效果更好的化学机械抛光,使其平坦光滑。

5.3 测试样品

测试样品的分析面同样应进行化学腐蚀抛光或者效果更好的化学机械抛光,使其平坦光滑,且样品尺寸应适合放入样品架内。

6 操作步骤

6.1 样品装载

将样品装入二次离子质谱仪(SIMS)的样品架,并检查确认样品是否平坦地放在窗口背面,并尽可能多覆盖窗口。一次装载的样品包括空白样品、标准样品和测试样品。

6.2 仪器调试

6.2.1 按照仪器说明书开启仪器,二次离子质谱仪(SIMS)应状态良好(例如经过烘烤),以尽可能降低仪器背景。

6.2.2 根据4.2中描述条件,如果需要使用冷却装置,则将液氮或者液氦装入冷阱。

6.3 分析条件

6.3.1 使用聚焦良好的铯一次离子束,调节衬度光栏和视场光栏,得到最大的$^{30}Si^-$离子计数率。测量磷时,在不扫描的情况下,法拉第杯上得到的$^{30}Si^-$离子计数率应大于5×10^7 counts/s;测量砷和锑时,在不扫描的情况下,法拉第杯上得到的$^{30}Si^-$离子计数率应大于1×10^8 counts/s。

6.3.2 调整仪器达到足够的质量分辨能力以消除质量干扰。测量磷时,质量分辨率($M/\Delta M$)应大于4 000;测量砷和锑时,质量分辨率($M/\Delta M$)应大于3 200。

6.3.3 开始时,应根据束斑大小使用几百微米×几百微米的第一扫描条件(典型的条件是200 μm×200 μm),以除去表面自然氧化层中磷或砷、锑的干扰。实际分析时,应使用第二扫描条件,扫描区域要比第一扫描条件减少几倍(典型的第二扫描条件是50 μm×50 μm)。采用的计数时间是1 s。

6.4 样品分析

6.4.1 移动样品架,使样品上的溅射坑形成在窗口的中心位置附近。

6.4.2 对中一次束，开始 SIMS 剖析。首先用第一扫描条件溅射样品 50～100 个磁场周期，直到磷或砷、锑的信号强度稳定，以除去晶片表面自然氧化层中典型存在的残留的表面沾污。然后减小扫描面积到第二扫描条件，继续溅射样品，直到磷或砷、锑的信号稳定。

6.4.3 剖析结束后，测试并记录电子倍增器上的$^{31}P^-$或$^{75}As^-$、$^{121}Sb^-$的离子计数率及法拉第杯上的主元素$^{30}Si^-$的离子计数率，对最后 20 个周期的结果进行平均。

6.4.4 重复 6.4.1～6.4.3 步骤，对样品架上所有的样品进行测试。

6.4.5 每次剖析结束后，由记录的二次离子强度，计算出$^{31}P^-$离子计数率和$^{30}Si^-$离子计数率之比($^{31}P^-$)/($^{30}Si^-$)，记为 Su(P)；$^{75}As^-$离子计数率和$^{30}Si^-$离子计数率之比($^{75}As^-$)/($^{30}Si^-$)，记为 Su(As)；$^{121}Sb^-$离子计数率和$^{30}Si^-$离子计数率之比($^{121}Sb^-$)/($^{30}Si^-$)，记为 Su(Sb)。

6.4.6 如果空白样品中测得的离子计数率比($^{31}P^-$)/($^{30}Si^-$)、($^{75}As^-$)/($^{30}Si^-$)、($^{121}Sb^-$)/($^{30}Si^-$)超过其他样品的 20%～50%，则应停止分析，寻找造成仪器背景较高的原因。

6.4.7 对所有样品，包括空白样品、标准样品和测试样品，在表格中记录样品编号和对应的离子计数率比($^{31}P^-$)/($^{30}Si^-$)、($^{75}As^-$/$^{30}Si^-$)、($^{121}Sb^-$/$^{30}Si^-$)。

7 结果计算

7.1 分别按式(1)、式(2)和式(3)计算磷、砷、锑的相对灵敏度因子：

$$RSF_{(P)}=\frac{[P]}{(^{31}P^-)/(^{30}Si^-)} \qquad \cdots\cdots(1)$$

$$RSF_{(As)}=\frac{[As]}{(^{75}As^-)/(^{30}Si^-)} \qquad \cdots\cdots(2)$$

$$RSF_{(Sb)}=\frac{[Sb]}{(^{121}Sb^-)/(^{30}Si^-)} \qquad \cdots\cdots(3)$$

式中：

[P] ——标准样品中磷的标定浓度，atoms/cm^3；

[As] ——标准样品中砷的标定浓度，atoms/cm^3；

[Sb] ——标准样品中锑的标定浓度，atoms/cm^3；

($^{31}P^-$)/($^{30}Si^-$) ——标准样品中$^{31}P^-$离子计数率和$^{30}Si^-$离子计数率之比；

($^{75}As^-$)/($^{30}Si^-$) ——标准样品中$^{75}As^-$离子计数率和$^{30}Si^-$离子计数率之比；

($^{121}Sb^-$)/($^{30}Si^-$) ——标准样品中$^{121}Sb^-$离子计数率和$^{30}Si^-$离子计数率之比。

7.2 对每个测试样品，利用测得的离子计数率比 Su 和从标准样品中得到的相对灵敏度因子 RSF，分别按照式(4)、式(5)和式(6)计算测试样品中磷的浓度[P]u、砷的浓度[As]u 和锑的浓度[Sb]u。

$$[P]u=Su(P)\times RSF_{(P)} \qquad \cdots\cdots(4)$$

$$[As]u=Su(As)\times RSF_{(As)} \qquad \cdots\cdots(5)$$

$$[Sb]u=Su(Sb)\times RSF_{(Sb)} \qquad \cdots\cdots(6)$$

8 精密度

在同一实验室，由同一操作者使用同一台仪器，按照本方法对取自同一硅片的 10 个样品进行了磷、砷和锑含量的测试。所测得的磷浓度的平均值为 1.5×10^{14} atoms/cm^3，标准偏差为 1.4×10^{13} atoms/cm^3，相对标准偏差是 9.3%；砷浓度的平均值为 1.0×10^{14} atoms/cm^3，标准偏差为 7.8×10^{13} atoms/cm^3，相对标准偏差是 7.8%；锑浓度的平均值为 1.2×10^{14} atoms/cm^3，标准偏差为 1.2×10^{13} atoms/cm^3，相对标准偏差是 10.0%。

9 报告

报告至少应包括以下内容：

a） 送样单位和送样日期；

b） 样品名称、规格和编号；

c） 样品状态描述；

d） 取样位置；

e） 标准样品和空白样品信息；

f） 仪器型号；

g） 测量环境；

h） 测量结果，包括相对灵敏度因子和杂质浓度；

i） 操作者、测量日期、测量单位。

ICS 35.240.60
L 67

GB

中华人民共和国国家标准

GB/T 29853.1—2013/ISO/IEC 15944.1:2002

信息技术　业务操作视图
第1部分:实现电子业务的业务操作

**Information technology—Business operational view—
Part 1: Business operational aspects of eBusiness for implementation**

(ISO/IEC 15944-1:2002,IDT)

2013-11-12 发布　　2014-03-15 实施

中华人民共和国国家质量监督检验检疫总局
中国国家标准化管理委员会　发布

前　言

GB/T 29853《信息技术 业务操作视图》分为下列几个部分：

——第1部分：实现电子业务的业务操作；

——第2部分：作为业务对象的剧本及其构件的注册；

——第3部分：电子业务描述技术；

——第4部分：业务事务剧本 会计和经济本体；

——第5部分：作为外部约束源的司法领域的要求标识和引用；

——第6部分：电子业务建模技术概论；

——第7部分：电子业务词汇；

——第8部分：业务中作为外部约束的隐私要求的标识；

——第9部分：OEDI可追溯框架；

——第10部分：编码域。

本部分为GB/T 29853第1部分。

本部分按照GB/T 1.1—2009给出的规则起草。

本部分使用翻译法等同采用ISO/IEC 15944-1:2002《信息技术 业务操作视图 第1部分：实现电子业务的业务操作》。

与本部分中规范性引用的国际文件有一致性对应关系的我国文件如下：

——GB/T 4880.1—2005　语种名称代码　第1部分：2字母代码(ISO 639-1:2001,MOD)

——GB/T 4880.2—2000　语种名称代码　第2部分：3字母代码(ISO 639-2:1998,EQV)

——GB/T 5271(所有部分)　信息技术词汇[ISO/IEC 2382(all parts),EQV]

——GB/T 15237(所有部分)　术语工作　词汇[ISO 1087(all parts),EQV]

请注意本文件的某些内容可能涉及专利。本文件的发布机构不承担识别这些专利的责任。

本部分由全国电子业务标准化技术委员会(SAC/TC 83)提出并归口。

本部分起草单位：中国电子技术标准化研究院。

本部分主要起草人：王静、王有志、向维良。

引　言

0.1　目的和概述

GB/T 17628—1998《信息技术开放式 edi 参考模型》[1]描述了实施开放电子数据交换所必要的概念性体系结构。这一体系结构描述了业务活动需要具有两种独立而相关的视图。第一种是业务操作视图(BOV),第二种是功能服务视图(FSV)。GB/T 17628—1998 中的图 1 绘出了开放电子数据交换环境(图 1 中的术语采用 3.1 中的定义)。

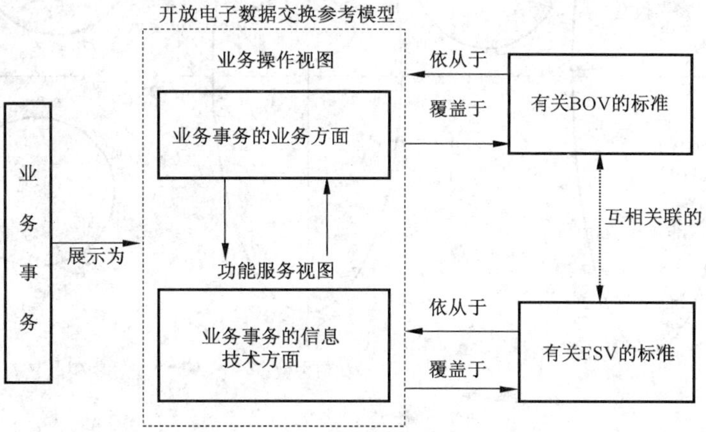

图 1　开放电子数据交换环境

在业务操作视图中,业务对信息交换提出的要求采用建模方法进行描述。GB/T 17628 认可:并未就单一的建模方法加以识别,而国家标准也已有基础,来满足识别为功能服务视图作为输入所需的所有条件。此外还认可业务用户也许需要选择建模工具,原因是某些工具看来比其他工具更适合于指定类型的业务规范和描述。

为了让业务用户可从一系列的建模系统中作出选择,必须定义标识适宜的建模系统必须支持的选择判据。这些判据能够以两种方式使用:一种是能够选择适宜的建模系统;另一种是对当前在用的建模系统的缺点进行识别,以使用户就是否偏向于采用哪种建模系统能提供自身的额外信息。

业务操作视图用于从业务视角抓住业务过程,不过也有其他一些事情业务操作视图不能抓住,因为这些事情是开放电子数据交换体系结构本身操作的组成部分。一个例子是过程必须能够与特定的信息束建立关系。这一关系必须是精确的,因为任何支持性的计算机应用系统必须有能力响应其作为另一开放电子数据交换用户消息的结果接受的信息结构。另一个例子是需要提供引发某一行动的能力,因为尚无事件出现(消息虽已发出,但无响应发生)。因此,有必要标识那些不期望在业务操作视图中抓住,但计算机系统开发者在其有关功能服务视图的工作中所需的特性。

功能服务视图用于表达在开放电子数据交换中所用的业务过程的各部分的技术方法。功能服务视图必须处置组成语义构件的信息束的定义、开发和生产周期管理,以及对其管理和操作必不可少的任何规则。

1)　该标准的等同采用的国际标准的英文和法文版本均公开可用 见＜http://www.jtc1.org＞ 。

功能服务视图是一种管理信息交换方式的规范。这种规范并未规定用于对正在交换的信息进行编码或表示的句法。对适宜句法的选择留给电子数据交换的实现者,正如对收发消息的数据交换服务的选择留给联网专家一样。适当的专家必须确保这些句法和服务能满足包罗万象的通信要求,例如安全服务,假如这些服务未能通过功能服务视图得到支持。

总之,本部分属于多部分标准的第 1 部分,特别关注于"去做什么"方面而不是"如何去做",如图 2 所示。对现有的标准与工具,将使用到"如何去做"可能达到的程度。本标准的第 2 部分特别关注于剧本及其属性和构件的标识、注册、引用和重用(更多内容见 0.6)。

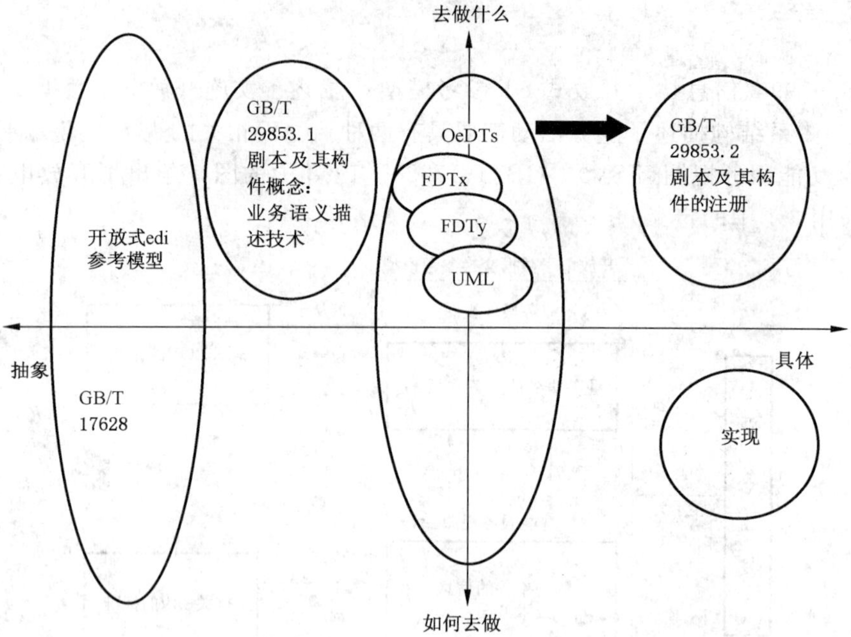

图 2 **GB/T** 29853 的各个方面

0.2 开放电子数据交换的业务操作视图方面的要求

信息和通信技术的演变,已经使进行业务联系的不同用户群提出采用这些技术的需要和机遇。这要求在各组织之间以自动化方法来实施电子数据交换。

开放电子数据交换所需标准覆盖的领域范围很广,包括:商务方面;对国家的和国际的法律和规章的支持,信息技术视角,远程通信与互连,安全服务等等。此外还补加了具有类属和同行业性质的公共政策要求,例如顾客保护和隐私。在 GB/T 17628—1998 的附录 A 中描述了开放电子数据交换参考模型如何用作协调适用于开放电子数据交换标准化的不同标准化领域和类型的基础。

此外,组织以及个人对因特网和基于万维网(WWW)的技术的普遍采纳和采用,增强了需要标识和规定业务事务的关键构件的紧迫感。对于此类拟作为以职能支持服务(FSV)的自动化技术支持的电子业务事务实施的规范,要求有一种基于标准的途径,用于业务语义描述技术,来支持开放电子数据交换的业务操作视图。

对业务操作视图(BOV)方面提出要求——需要是集成的,以及和(或者)考虑到用于开发基于电子数据交换的业务事务的业务描述技术——其来源包括[2]:

——商务的框架和关联的要求;

——法律框架和关联的要求;

——公共政策的要求，特别是那些具有类属性质要求，例如顾客保护和隐私；

——部门的和跨部门的要求；

——出于支持文化适应性要求的需要而提出的要求，这包括满足本地化和多语种的要求，即可要求其满足特指制约范围的要求，或在特指的市场[3]希望提供某一货物、服务和(或)权利。在此，对信息技术(IT)接口与其等效的多重对人的界面的区分，就是推荐的途径(例如见附录 B)。

图 3 对业务操作要求提供一种集成视图。

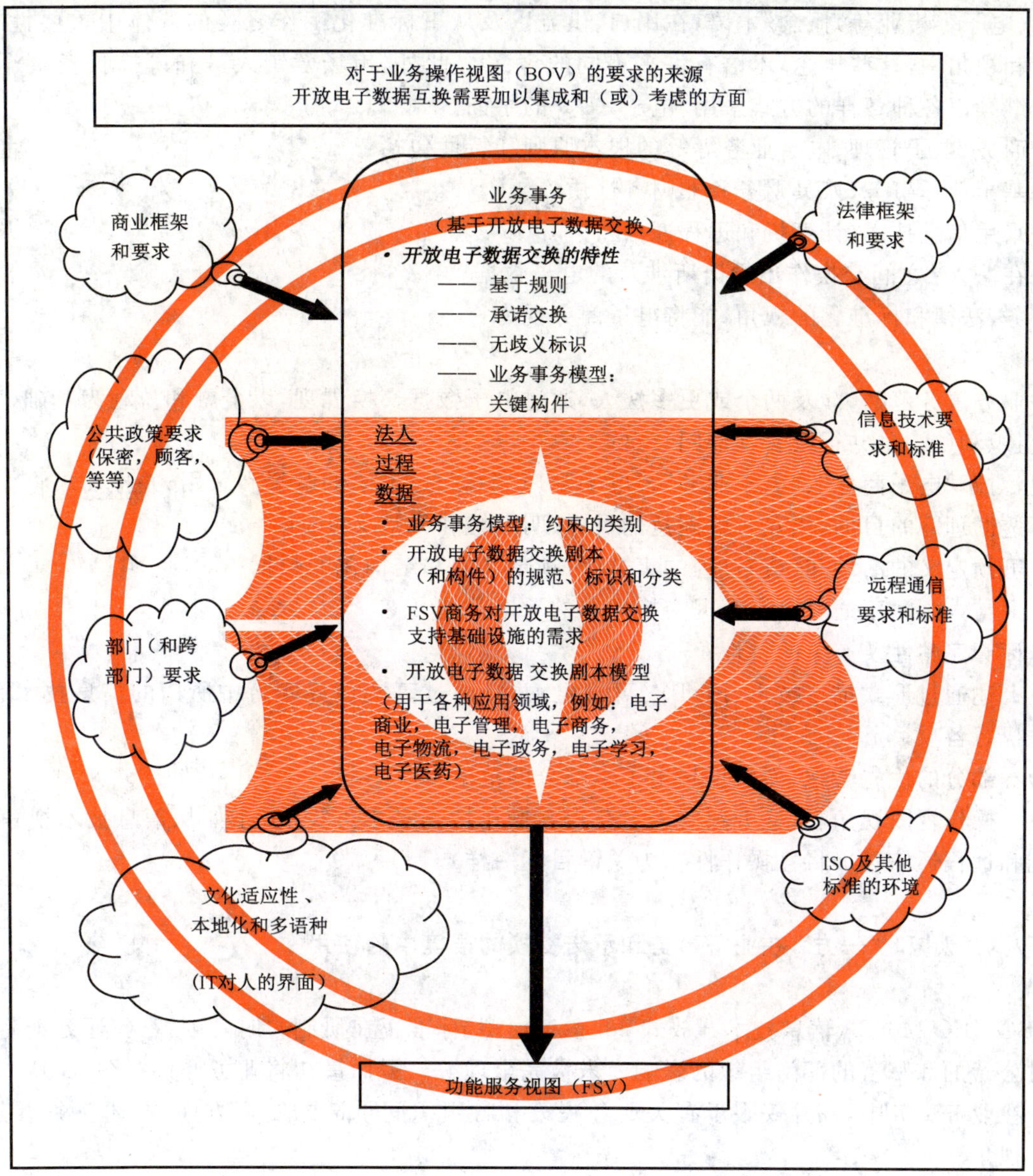

图 3　集成视图——业务操作要求

2）　本需求来源的列表是 GB/T 17628—1998 开放式 edi 参考模型附录 A 和 B 的汇总：
附录 A(资料性附录)标准化活动的标准化领域和类型[GB/T 17628—1998]；
附录 B(资料性附录)开放式 edi 标准需求[GB/T 17628—1998]。

3）　见“关于 ISO/IEC JTC1 电子商务上的业务术语的报告”(ISO/IEC JTC1 N5296)后面的第 6 章“水平表面”(第 22—28 页)。

0.3 业务操作视图(BOV)、开放电子数据交换和电子商务、电子业务等问题

引言这一部分的目的,是就本部分中的概念/术语与“电子商务”、“电子管理”、“电子业务”等概念/术语之间的关系,为用户提供一种理解方式。

“电子数据交换”,以及目前的电子商务(及其相伴的电子行政管理、电子业务、电子政务、电子物流、电子旅行、电子零售业等)概念/术语,在用户、供方以及从事标准化工作之类的群体中重要性很高。在各种语境和视角中,这些概念/术语有许多不同的含义。[4] 此外,市场营销人员和筹措投资资金的人员,正在并将继续以各种各样的方式采用“电子××”的字词。

电子商务、电子管理、电子业务等等的根本原则和特性包括:

——基于业务事务(兼具财务和非财务性质);

——采用信息技术(计算机和远程通信);

——在法人[5]之间交换作出承诺所涉及的电子数据。

从商务、法律和标准化的视角,能将电子商务视为:

电子商务

一种业务事务范畴,涉及两个或更多法人,通过电子数据交换展现,以金融和盈利为基础(法人能够是个人、组织和(或)公共行政管理部门)。

因此,对于“电子商务”、“电子业务”,“电子管理”等概念/术语的解释和采用,并<u>不要求</u>将:

1) 透彻理解的目的、相互一致同意的目标、明晰性和无歧义性;

2) 可预定义的活动和(或)过程的集合,可预定义的和结构化的数据;

3) 人与人之间正通过电子数据交换作出的承诺;

4) 计算完整性及有关的特性;

5) 上述通过形式描述技术(FDT)[6]可规定,并且通过真实世界实行中所用的信息技术系统的可执行各项;

视为本部分的优先考虑,而且也超出了本部分的范围。

从业务操作视图视角看,这五项要求对获得互操作性是必不可少的(正如从信息技术视角看,现有的计算机和远程通信标准将互操作性作为关键目标一样)。

0.4 “法人”、“人”和“一方”在业务事务和承诺交换的语境中的使用

当ISO/IEC 14662《信息技术开放式edi参考模型》标准正在研制之时,“因特网”还处于萌芽时段,这两者对公营的和私营的部门组织的影响尚未被完全理解。因而最初将业务操作视图(BOV)定义为:

——在业务事务中,一种仅限于有关业务决策和各组织间承诺的制定方面,描述业务事务所需的视角。

---

4) ISO/IEC JTC1《电子商务(BT—EC)业务团队》在其向JTC1的报告中陈述(p 9):

“BT-EC认为:电子商务(EC)能以许多不同的方式定义。但本团队并未试图去提供一种满意的定义,而决意采取对EC更具启发性的途径,并从全局的视角——即:全球的,跨部门的,多语种的,各种各样参与者(包括客户)的范畴——来这样做”。

ISO/IEC JTC1 N5296《向JTC1的报告:关于有待启动的电子商务标准化工作》,1998.5.4,74 p。

5) 本部分中术语“(各)方”是在其独立于“法人”的角色或范畴的类属语境中使用的。这里假定“一方”具有“法人”性质。

6) 为支持本部分而采用的形式描述技术(FDT)是“统一建模语言(UML)”。UML作为ISO/IEC J TC1/SC7的新国际标准ISO/IEC 19501正在制定中,标题是《信息技术 统一建模语言(UML)第1部分:规范》。

现有的并广泛采用的对“组织”的ISO/IEC 6523标准定义已为GB/T 17628所采纳。时至今日,通过因特网和万维网的开放电子数据交换也涉及“个人”,这一事实在本标准中已有考虑。再者,GB/T 17628既未定义“承诺”,又未定义实体的各别的性质和行为——而这正是一个实体必须具备,以便有资格做出“承诺”并在因特网这种非物质化世界沟通法律视角与信息技术视角。

在制定GB/T 29853.1期间,术语“承诺”已经定义。同时认为,为了有资格作出承诺,术语“开放电子数据交换方”并未特定得在考虑承诺的法律方面时足以满足剧本规范。在许多实例中,都注明承诺是在那些在法律上有资格作出承诺的人们的指导下行动的“机器”(自动机或计算机程序)之间作出的,而不是个人以其资格作出的。还认为在某些制约范围内,承诺可能是由“拟制的”人(例如法人组织)作出的。最后,认为在有些时候,代理方的行动是在委托方的指令之下或作为制约范围设定的要求的结果,或者有关制约范围防止某人有资格作出承诺。

为了处置这些扩展的要求,又补加定义了一个术语“法人”。法人的构造一直以如下方式定义:能具有潜在的对其适用的法律和规章约束。

读者宜理解:

——英文“法人(Person)”的首字母采用大写“P”,表示法人作为本标准中一个已定义的术语,即作为开放电子数据交换某一方内的实体来承担作出承诺的法律责任;

——“个人”、“组织”和“公共行政管理部门”均为已定义的术语,表示“法人”的三种常用的子类型;

——“(各)人”和(或)“(各)方”两词均在其类属的语境中使用,独立于本标准已定义的子类型的“法人”的角色。“业务事务中一方”具有“法人”的性质和行为。(更多内容见下面的第6章,特别是6.1.3和6.2)。

0.5 文档的组织和描述

本文档描述开发业务事务和剧本的业务操作视图所需的关键概念。其中考虑到剧本可以如何分解为职能以及所适用的不同类的约束应如何加以标识和文档化。此外提供了建模过程、工作流和信息流的方法。本部分提供的方法用于标识本原的或公共的构件,以便有:a)很高的可重用性,b)在注册处将适宜的构件本地化的能力。本部分的一个主要目的是能够支持业务事务中的法律规章要求。

本文档提供两种检查表,通过确定业务事务范围和确定剧本定义以及剧本构件定义的适当性的机制对读者进行指导。剧本和剧本构件的定义对所有组织都必须是可接受的,以使各方之间以明确和无歧义方式进行通信所需的资源最小化。因此,设计者必须确保将剧本和构件设计得可互操作和可重用。还必须加以明确描述,以使接受者在没有外部信息的情况下仍能予以解读。

本部分特别关注于处置同行业在所有开放电子数据交换应用系统中带普遍性问题,并从业务事务的业务操作视图视角来这样做。需要加以集成的要求的来源的多样性的如图3所示。此外,本标准也意在供不那么熟悉国家和国际正式标准的人士所用。

为了处置这些要求并为确保可理解性因而得到广泛采用这一标准,研制并收进了一系列的资料性附录。其目的是为本部分的规范性部分提供附加的资料性和阐明性文本。这些附录的组织反映了规范性部分各章的次序。在理解本部分规范性部分的必要而简明的文本时,有困难的用户建议去阅读这些附录中有关的资料性和阐明性文本。

0.6 开放电子数据交换剧本、剧本属性和剧本构件的注册

本标准的第1部分用作构建和定义剧本、剧本属性和剧本构件的方法和工具。其中标识了业务事务的这些基本的或本原的构件,提供了用于划定开放电子数据交换剧本范围的指南以及适用于开放电子数据交换剧本及其构件规范的规则。通过“本原的开放电子数据交换剧本模板”将这些合并在一起。

更多内容见第9章。开放电子数据交换的注册,包括要求、规程等,纳入本标准的第2部分,标题是《信息技术 业务协定语义描述技术 第2部分:剧本、剧本属性和剧本构件的注册》。第2部分支持作为"对象"的剧本、剧本属性和剧本构件的注册。这一部分在此的目的是标识、注册、引用和重用业务事务中的公共对象。剧本和剧本构件的可重用性是一种可达到的目标,原因是现有的(全球性)业务事务,无论是否以盈利为基础,都已经由在参与的各方之间无歧义理解的可重用构件组成。不过,现有的这种"标准"构件尚无正式规定和注册。第2部分填补了这一空缺。

信息技术 业务操作视图
第1部分:实现电子业务的业务操作

1 范围

综合业务操作视图(BOV)

本部分规定了开放电子数据交换参与方从某一剧本发送的信息,符合于开放电子数据交换标准,应允许在该剧本的语境中,通过引用该剧本而无需通过协定,由一个或多个开放电子数据交换方接收和处理这种信息。不过在任何开放电子数据交换事务中,法律要求和(或)从组织允诺产生的义务,可由应适用的法律环境或参与的组织之间的法律交换协定的形成来调节。开放电子数据交换各方需要遵守基于规则的行为和过程,并在开放电子数据交换[例如业务、操作、技术、法律和(或)审核的视角]中拥有作出承诺的能力。

与BOV有关的这个标准处置商务框架和法律框架及其业务事务环境的基础要求,另将信息技术和远程通信环境的要求整合为一。

本部分适用于"可移植性"和"互操作性"战略方向外,还支持ISO/IEC JTC1的附加的策略方向"文化适应性"。这个BOV标准也支持从公共政策与顾客环境提出的要求,跨部门的要求以及处置同行业问题的需要。[7] 这个BOV标准将这些不同的要求集整合为一。见图3。

本部分允许对各种约束——包括法律要求,商务的和(或)国际贸易的合同条款,公共政策(例如保密与数据保护,产品或服务加标签,顾客保护),法律和规章——进行定义并通过业务操作视图明确集成到开放电子数据交换。这意味着本标准中的术语和定义用作不同业务操作要求集之间的公共桥梁,即允许将定义这些要求的各种代码集和规则以电子方式集成到业务过程。

本部分包含的方法体系和工具,用于将通用业务惯例以剧本、剧本属性、角色、信息束和语义构件的形式规定为通用业务事务的各个部分。为达到这一点,通过1)开发标准的计算机可处理的通用业务规则和惯例——作为剧本和剧本构件——的规范;因而将2)对这些构件在业务事务中的重用最大化。

2 规范性引用文件

下列文件对于本文件的应用是必不可少的。凡是注日期的引用文件,仅注日期的版本适用于本文件。凡是不注日期的引用文件,其最新版本(包括所有的修改单)适用于本文件。

GB/T 15843.1—1999 信息技术 安全技术 实体鉴别 第1部分:概述(idt ISO/IEC 9798-1:1997)

GB/T 17628—1998 信息技术 开放式edi参考模型(idt ISO/IEC 14662:1997)

GB/T 18391.1—2002 信息技术 数据元的规范与标准化 第1部分:用于数据元的规范与标准化框架(ISO/IEC 11179-1:1999 ,IDT)

GB/T 18391.3—2001 信息技术 数据元的规范与标准化 第3部分:数据元的基本属性(ISO/IEC 11179-3:1994,IDT)

GB/T 18794.2—2002 信息技术 开放系统互连 开放系统安全框架 第2部分:鉴别框架

---

7) 有关这些要求的更多内容见《ISO/IEC JTC1 业务团队关于电子商务的推荐书(BT-EC)》[Ref: ISO/IEC JTC1 N5296]。

(ISO/IEC 10181-2:1996,IDT)

GB/T 19715.1—2005 信息技术 信息技术安全管理指南 第1部分:信息技术安全概念和模型(ISO/IEC TR 13335-1:1996, IDT)

ISO/IEC 导则 第1部分:2.5.6,1998(ISO/IEC Directives, Part 1, Section 2.5.6, 1998)

ISO/IEC 指南 2:1996 标准化和有关活动 通用术语(ISO/IEC Guide 2:1996, Standardization and related activities — General vocabulary)

ISO 639-1:2001 语种名称代码 第1部分:2字母代码(Codes for the representation of names of languages — Part 1: Alpha-2 code)

ISO 639-2:1998 语种名称代码 第2部分:3字母代码(Codes for the representation of names of languages — Part 1: Alpha-3 code)

ISO 1087(all parts) 术语工作 词汇(Terminology work—Vocabulary)

ISO/IEC 2382(all parts) 信息技术 词汇(Information technology — Vocabulary)

ISO/IEC 6523(all parts) 信息技术 组织和组织部门标识的结构(Information technology — Structure for the identification of organizations and organization parts)

ISO 8601:2000 数据元和交换格式 信息交换 日期和时间的表示法(Data element and interchange — Information interchange — Representation of dates and times)

ISO/IEC 10646-1:2000 信息技术 通用多八位编码字符集(UCS) 第1部分:体系结构和基本的多语种平面(Information technology — Universal Multiple-Octet Coded Character Set (UCS) — Part 1: Architecture and Basic Multilingual Plane)

ISO 19108 地理信息 时间模式(Geographic information — Temporal schema)

3 术语和定义

下列术语和定义适用于本文件。

3.1

代理方 agent

在业务事务的语境中,以明确规定的职位代表另一法人的法人。

注:此处的代理方将“自动机”(或机器人等)排除在外。而在GB/T 17628中则承认并规定了“自动机”,不过是作为功能服务视图(FSV)的组成部分,并定义为“信息处理域(IPD)”。

3.2

应用程序接口 Application Program Interface;API

应用软件采用编程语言设施来启用服务时所跨过的边界。

[GB/T 17628—1998,定义3.1.1]

3.3

鉴别 authentication

确保某一实体所声称的身份的证明。

[GB/T 18794.2—2005]

3.4

真实性 authenticity

确保某一主体或资源的身份正是所声称的身份的性质。真实性适用于用户、过程、系统、信息等实体。

[GB/T 19715.1—2005,定义3.3 仅对单一语言(英文)]

3.5

业务　business

一种如下过程系列:每一过程都有清晰理解的目的,涉及的组织多于一个,通过信息交换实施,导向相互达成一致的目标,并在一定时段展开。

[GB/T 17628—1998,定义 3.1.2]

3.6

业务操作视图　Business Operational View;BOV

在业务事务中,描述业务事务所需,仅限于有关制定业务决策和在组织之间作出承诺的各个方面的视角。

[GB/T 17628—1998,定义 3.1.3]

3.7

业务事务　business transaction

各有关组织的活动和(或)过程的一种预定义的集合:由某一组织启动,旨在完成以显式共享的业务决策目标,涉及的组织一旦共同认可(虽然相当多的认可可以是隐式的)一致同意的结论之一时即予以终止。

[GB/T 17628—1998,定义 3.1.4]

3.8

买方　buyer

通过向提供某一利益、服务和(或)权力的法人付给可承兑的等量的价值(通常以货币),旨在获得对这一利益、服务和(或)权力的占有的法人。

3.9

承诺　commitment

在做出这一行为的制约范围内,由有能力强制执行的法人对某一权力、义务、债务或责任的制定或接受。

3.10

共识(从标准化视角)　consensus (standardization perspective)

具有如下特点的总协定:对任何有关利害的重要部分,对涉及寻求考虑所有有关方的观点以及调解冲突中的争议,均不出现对重大问题的持续反对意见。

注:共识不需隐含一致同意。[基于 ISO/IEC 导则 第 1 部分 2.5.6,1998;另见 ISO/IEC 指南 2:1996 (1.7)]

3.11

约束　constraint

一种对业务事务的任何方面加以设定、限制、制约或规定,以显式陈述的规则。

注 1:各种约束都规定为形成开放电子数据交换剧本构件(例如剧本属性、角色和(或)信息束)的组成部分的规则。

注 2:对于在开放电子数据交换的实现中注册的约束,必须具有唯一的、无歧义的标识符。

注 3:约束可以是各方一致同意的(合同条件),因而认为是“内部约束”。或者约束可以是施加于各方的(例如法律、法规),因而认为是“外部约束”。

3.12

顾客　consumer

“顾客保护要求”作为对业务事务的外部约束的集合对其适用的个人买方。

注 1:顾客保护是一种作为对业务事务的外部约束适用的,显式定义的权利和义务的集合。

注 2:此处假定:顾客保护仅适用于业务事务中的买方是个人的情况。假如特指制约范围的情况并非如此,这样的外部约束于适用时宜规定为剧本构件的组成部分。

注 3:在此认为对具有顾客保护性质的买方的外部约束对规定的制约范围是特有的。

3.13

数据　data

一种以适宜于通信、解释或处理的形式化的方式，对于信息的可再解释的表示。

注：数据能由人来处理，或者通过自动化手段处理。[GB/T 5271—1993]

3.14

数据（在业务事务中）　data (in a business transaction)

对于记录式信息的表示，以适宜于计算机系统使用的形式正在准备的或已经准备。

3.15

数据元素　data element

其定义、标识、表示和许可值均借助于属性集合规定的数据的单元。

[GB/T 18391.3—2001 (3.3)]

3.16

数据元素（在数据组织中）　data element (in organization of data)

在所指语境中，一种认为是不可分的数据的单元。

示例：数据元素"人的年龄"具有的值，由三个十进制数字的全部组合构成。

注：此定义不同于 GB/T 5271.17 中的词条 17.06.02。[GB/T 5271.4—1998 (04.07.01)]

3.17

决策制定应用　Decision-Making Application; DMA

在开放电子数据交换系统中，制定对应于开放电子数据交换方扮演角色的决策，以及对包含在例示化的信息束中的数据值始发、接收和管理的那一部分——不要求该部分对其他开放电子数据交换方是可见的——的模型。

[GB/T 17628—1998 (4.2.1)]

3.18

区别性标识符　distinguishing identifier

无歧义地区分一个在鉴别过程中的实体的数据。

[GB/T 18794.2—2002]

3.19

电子数据交换　Electronic Data Interchange; EDI

在两个或更多组织的信息系统之间，为了业务的目的而对预定义的和结构化的数据所作的自动化交换。

[GB/T 17628—1998 (3.1.5)]

3.20

实体　entity

现在存在、过去存在或有可能存在的任何具体的或抽象的事物（包括这些事物之间的关联）。

示例：一个人、对象、事件、理念、过程等。

注：实体的存在与有关该实体的数据是否可用无关。[GB/T 5271.17—1996 (17.02.05)]

3.21

实体鉴别　entity authentication

对所指实体是所声称的实体的确证。

[GB/T 15843.1—1999 (3.3.11) 仅对单语种（英文）]

3.22

（实体）标识　(entity) identification

采用一个或多个属性，其属性值唯一地标识某一规定的实体的每一次出现的方法。

[GB/T 5271.17—1996 (17.02.14)]

3.23

外部约束　external constraint

在业务事务中，处于内部约束之上——即在业务事务的各方一致同意的约束之外——的约束。

注 1：依惯例，外部约束由法律、规章、指令、条约、约定或类似的文书来创建。

注 2：外部约束的其他来源有：部门性质的约束，有关特指制约范围的约束，或对公共业务约定是相互议定的约束（例如通用国际商务条款(INCOTERMS)和交换的契约）。

注 3：外部约束能适用于业务事务中提供的货物、服务和(或)权利的性质。

注 4：外部约束能提出如下要求：业务事务的一方满足特指角色的特定要求。

示例 1：只有合格的医生才可以开出处方药品的处方。

示例 2：只有委任的股票经纪人才可以在纽约股票交易所作交易。

示例 3：只有特许的企业才可以运送有害废物。

注 5：在业务事务中，凡遇信息束 (IB)，包括其语义构件 (SC) 也都用来形成业务事务的全部(例如为法律的或审核的目的)之处，所有的约束都必须记录下来。

示例 4：在法律上或审核上，可以要求：作为一个"记录"维护有关业务事务的完全的记录式信息的集合，即作为交换的信息束。

注 6：适用于业务事务的最低限度外部约束，经常要求将法人，即业务事务中的一方，区分为是"个人""组织"或"公共行政管理部门"。例如，隐私权仅适用于"个人"法人。

3.24

形式描述技术(JTC1 导则)　Formal Description Technique ;FDT {JTC1 导则}

基于采用严格且无歧义规则的描述语言的规范技术，其中的规则既与开发该语言(形式句法)中的表达式有关，又与解释这些表达式的含义(形式语义)有关。

3.25

功能服务视图　Functional Service View ;FSV

在业务事务中，限制在信息技术系统的信息技术互操作性方面的视角，其中的信息技术系统是支持开发电子数据交换事务的执行所需的。

[GB/T 17628—1998 (3.1.7)]

3.26

标识　identification

一种基于规则的、显式陈述的过程，其中涉及使用一个或多个属性即数据元素，这些元素的值(或值的组合)用于唯一地标识规定的实体的出现或存在。

3.27

标识符(在业务事务中)　identifier (in business transaction)

一种由应用基于规则的标识过程得到的，无歧义、唯一性的、在语言学上中性的值。标识符在发放机构的标识模式内必须是唯一性的。

3.28

个人　individual

作为自然人，充当独特的、不可分的实体或被认为是这样的实体的法人。

3.29

信息(在信息处理中)　information (in information processing)

关于事实、事件、事物、过程或理念等客体(包括在某一语境中具有特指含义的概念)的知识。

[GB/T 5271.1—1993 (01.01.01)]

3.30

信息束　Information Bundle;IB

在开放电子数据交换剧本中，对由扮演角色的开放电子数据交换方交换信息的语义的形式描述。

[GB/T 17628—1998 (4.1.2.2)]

3.31

信息处理域 Information Processing Domain;IPD

包括至少一种决策制定应用系统和(或)开放电子数据交换支持基础设施的构件之一,并代表开放电子数据交换方(直接地或在委派机构之下)来行动或执行的信息技术系统。

3.32

信息技术系统 Information Technology System (IT System)

由一台或多台计算机、关联软件、外围设备、终端、人员操作、物理处理、信息传送手段组成,形成一种自主整体,有能力进行信息处理和(或)信息传送的集合。

[GB/T 17628—1998 (3.1.8)]

3.33

内部约束 internal constraint

形成业务事务各方相互议定的承诺的组成部分的约束。

注:内部约束是自施加的。这种约束提供一种用于建模的简化的视图,并重新使用业务事务的剧本构件,此业务事务没有外部约束或限制,但买卖双方相互议定的除外。

3.34

媒体 medium

用作一种功能单元,通常将信息或数据记录其上,能加以保留和承载,并能从中取出,在本性上是非易失性的物理材料。

注1:此定义与记录信息的材料性质和(或)用来记录信息的技术无关,例如,纸质的、照相的、化学的、磁性的、光学的、集成电路,以及其他不再常用的材料像羊皮(和其他动物皮张)、塑料(胶木、乙烯等)、纺织品(亚麻布、帆布等)、金属。

注2:将"本性上是非易失性的"这一属性包括在内,是要覆盖潜伏时间和记录保留的要求。

注3:"媒体"的这一定义独立于:

i) 记录式信息的形式或格式;

ii) 物理尺寸和(或)大小;

iii) 与包住的材料在物理上隔开的任何容器或壳体,没有这种容器或壳体时,媒体仍能保持为功能单元不变。

注4:"媒体"的这一定义也抓住和集成了以下关键性质:

i) 媒体作为一种信息或数据能记录其上并从中检索的材料的性质;

ii) 存储的性质;

iii) 物理载体的性质;

iv) 物理表现形式即材料的性质;

v) 功能单元的性质;

vi) 记录信息或数据的材料的(某种程度的)稳定性的性质。

3.35

名称 name

对某一对象的采用某语种的表达式的称呼。

[GB/T 15237—1990 (5.3.1.3)]

3.36

对象 object

在可感知的或可想到的世界中的任何一部分。

注:对象也可以是物质的(例如发动机)或非物质的(例如磁性)。[GB/T 15237—1990 (2.1)]

3.37

开放电子数据交换　Open-edi

在多个组织之间,为完成显式共享的业务决策目标,按照开放电子数据交换标准进行的电子数据交换。

[GB/T 17628—1998,定义 3.1.9]

3.38

开放电子数据交换描述技术　Open-edi Description Technique;OeDT

采用计算机可处理的形式的规范方法(例如形式描述技术,具有形式描述技术特性的其他方法,或按照形式上规定 BOV 概念的需要将这些技术组合起来)。

[GB/T 17628—1998,定义 4.1.1]

3.39

开放电子数据交换方　Open-edi Party;OeP

参与开放电子数据交换的组织。

[GB/T 17628—1998,定义 3.1.11]

注:在开放电子数据交换剧本中,按扮演角色来建模的任何实体,在本部分中常通称为"方"或"各方"。

3.40

开放电子数据交换剧本　Open-edi scenario

适用于具有同一业务目标的业务事务类的形式规范。

[GB/T 17628—1998,定义 3.1.12]

3.41

开放电子数据交换标准　Open-edi standard

依从开放电子数据交换参考模型的标准。

[GB/T 17628—1998,定义 3.1.10]

3.42

开放电子数据交换系统　Open-edi system

能使开放电子数据交换方参与开放电子数据交换事务的信息技术系统。

[GB/T 17628—1998,定义 4.2.1]

3.43

开放电子数据交换事务　Open-edi transaction

依从开放电子数据交换剧本的业务事务。

[GB/T 17628—1998,定义 3.1.13]

3.44

组织　organization

机构的一种唯一性框架,该机构内的人员针对某一目的采取行动或受指派采取行动。

注:本标准覆盖的组织种类包括以下各例:

示例 1:依法组成法人团体的组织。

示例 2:未依法组成法人团体,但提供以下物品和(或)服务的组织或活动。

示例 3:信息交换中遇有需要标识的上述类型组织的分组。

[ISO/IEC 6523-1:1998 ,定义 3.1]

3.45

组织部分　organization part

在某一组织内,为信息交换而需要加以标识的任何部门、服务机构或其他实体。

[ISO/IEC 6523-1:1998,定义 3.2]

3.46

组织法人　organization Person

拥有法人的财产权，因而有资格代表所在组织做出承诺的组织部分。

注1：一个组织能具有一个或多个组织法人。

注2：组织法人视为代表该组织表述和行动，并以规定的资格这样来做。

注3：组织法人能够是“自然人”，例如该组织的一位员工或官员。

注4：组织法人能够是法人，例如另一组织。

3.47

法人　Person

依法认可具有合法权利和义务，有资格做出承诺，承担和履行推定的职责，并有资格对其行动负责的实体，即自然人或设定的人。

注1：“法人”的同义语有“拟制的人(artificial person)”“法人组织(body corporate)”等，这取决于在合法制约权内所用的术语。

注2：法人的英文(Person)首字母大写，以指明在标准中一直用作是形式上定义的，并与“人(person)”的日常用法区别开来。

注3：适用于业务事务的最低限度约束和普通外部约束，往往要求区分出法人的三种常见的子类型，即“个人法人”“组织法人”和“公共行政管理部门法人”。

注4：本部分所用的“法人”在含义上包括我国法律中的行为能力人和法人。

3.48

法人鉴别　Person authentication

通过确证来确保经认可法人身份(对业务事务的目的是充分的)的证明。

3.49

法人身份　Person identity

在业务事务中，某一法人所用的法人面貌的信息和标识符的组合。

3.50

法人签名　Person signature

由某一法人创立并从属于该法人的一种签名，即一种名称表示、区分性标记或通常标记。

3.51

法人面貌　persona

在业务事务中，法人希望为人所知，因而以此标识的数据元素及其值的集合。

3.52

法人面貌注册模式　persona Registration Schema;pRS

法人面貌规范中包含的数据字段的形式定义，以及这些字段所允许的内容，同时包括用于指派标识符的规则(这也可称为法人的“法人面貌简档”)。

3.53

过程　process

为引向预期结果的完成而以已定义的方式发生的一系列行动或事件。

3.54

公共行政管理部门　public administration

本身是一个组织，具有附加属性——得到授权代表某一规章管理机构采取行动——的实体，即法人。

3.55

认可法人身份　recognized Person identity;rPi

在业务事务的特定目的所必要的范围内，某一法人所确立的身份。

3.56

记录(式)信息 recorded information

不管采用何种形式,也不管记录所用的媒体或技术,只是以允许存储和检索的方式记录在某一媒体上的任何信息。

注 1:这是一种类属定义,独立于任何本体论(即"事实"-"数据"-"信息"-"智能"-"知识"等问题)。

注 2:通过采用"信息"这一术语,此定义将信息的全部属性都继承下来。

注 3:此定义覆盖了:

i) 任何形式的记录式信息,任何记录手段,以及能记录信息的任何媒体;

ii) 所有类型的记录式信息,包括所有数据类型、指令或软件、数据库等。

3.57

注册机构 Registration Authority;RA

负责维护一个或多个注册模式(包括对注册模式中认可的每一实体的唯一标识符的指派)的法人。

3.58

注册模式 Registration Schema;RS

对制约数据字段的规则集的形式定义,其中的各字段用于描述某一实体和这些字段允许的内容,包括指派标识符的规则。

3.59

规章(管理)机构 regulator

具有设定外部约束职权的法人,其中的约束作为原则、政策或规则,来制约或设定业务事务中涉及的法人的行为,以及提供交换的货物、服务和(或)权利。

3.60

角色 role

模仿开放电子数据交换方的外部预期的行为(像某一剧本中所允许)的规范。

[GB/T 17628—1998 ,定义 4.1.2.1]

3.61

剧本属性 scenario attribute

在整体上与开放电子数据交换剧本有关的信息的形式规范,这种规范无论对角色或是对信息束都不是特定的。

[GB/T 17628—1998,定义 4.1.2.3]

3.62

卖方 seller

旨在无偿地或响应需求或请求向另一法人移交某一货物、服务和(或)权利,作为报酬,为所提供的这一货物、服务和(或)权利接受可承兑的相等价值(通常以货币)的法人。

3.63

语义构件 Semantic Component;SC

在业务事务的业务目标的语境中,一种无歧义地定义的信息单元。

语义构件可以是原子的,或是由若干其他语义构件构成的。

[GB/T 17628—1998,定义 4.1.2.2]

3.64

标准 standard

包含技术规范或其他一致地采用的精确判据(例如规则、指南或特性定义),以确保材料、产品、过程和服务合乎自身目的的文档式协定。

注:这是 ISO 和 IEC"标准"的类属定义(现见于 ISO/IEC JTC1 指令 第 1 部分 2.5:1998){另见 ISO/IEC 指南 2:

1996 (1.7)} <<http://www.iso.ch/infoe/intro.html>>]。

3.65

第三方　third party

在某一业务事务中,除有关的首要两方之外,不属于这首要两方中任何一方的代理方,并履行规定的角色或职能的法人,其中的角色或职能是首要两方相互议定的,或作为外部约束的结果形成的。

注:按此处的理解,在某一业务事务中,有时多于两个法人能作为首要方。

3.66

无歧义的　unambiguous

对适合于业务事务目标而交换的记录式信息,其语义的完全性所要求的确定性和明晰性的级别。

3.67

卖主　vendor

顾客保护要求作为业务事务中外部约束的集合对其适用的卖方。

注1:顾客保护是作为对业务事务的外部约束适用,以显式定义的权利和义务的集合。

注2:此处认可:对顾客保护性质的卖方的外部约束,可以对规定的制约范围是特有的。

4　符号和缩略语

API:应用程序接口(Application Program Interface)

BOV:业务操作视图(Business Operational View)

CVD:编码的值域(Coded Value Domain)

DMA:决策制定应用(Decision-Making Application)

FDT:形式描述技术(Formal Description Technique)

FSV:功能服务视图(Functional Service View)

IB:信息束(Information Bundle)

IPD:信息处理域(Information Processing Domain)

IT:信息技术系统(Information Technology System)

OeDT:开放电子数据交换描述技术(Open-edi Description Technique)

OeP:开放电子数据交换方(Open-edi Party)

OeS:开放电子数据交换剧本(Open-edi Scenario)

OeSE:开放电子数据交换支持实体(Open-edi Support Entity)

OeSI:开放电子数据交换支持基础设施(Open-edi Support Infrastructure)

OeUD:开放电子数据交换用户数据(Open-edi User Data)

PRS:法人面貌注册模式(Persona Registration Schema)

RA:注册机构(Registration Authority)

RPi:经认可法人身份(Recognized Person identity)

RS:注册模式(Registration Scheme)

SC:语义构件(*在开放电子数据交换剧本的语境中*)[(Semantic Component (*in the context of Open-edi scenarios*)]

5　开放电子数据交换的特性

开放电子数据交换采用信息束来描述信息流,其中的信息束引起各方状态对于交换的预定义的变更。采用开放电子数据交换的各方承诺:将坚持与经注册的剧本属性、角色和信息束(包括注册语义构件)关联的预定义的规则,对支持承诺交换是必要的,其中的承诺适用于业务事务中涉及的各方。

开放电子数据交换根据以下特性加以认可和定义:

——基于下列预定义规则的行动;

——各方的承诺;

——各方之间的通信自动化;

——各方管控和维护各自的状态;

——各方以自主方式行动;

——能支持多重同时事务。

现在对这些特性逐一详加描述。

5.1 基于预定义的明确规则的行动

开放电子数据交换要求采用明确的和预定义的规则、原则和指南。这些规则从形式上规定了在开放电子数据交换中涉及的各方的角色以及各方的预期的有效行为,正如从事开放电子数据交换的其他各方所见。开放电子数据交换的规则同时满足下列条件:

——信息流的内容;

——信息流本身的次序和行为。

将这两项综合便提供了各方之间关系的一种完全定义,因为这要求各方对所交换的信息达到共同的语义理解。各方还必须对其交互具有一致的类属规程视图。因此,必须事先就规则集商议一致并纳入开放电子数据交换剧本。这是各方之间所需协定的主要构件。

5.2 各方的承诺

开放电子数据交换是电子信息流中的一类,涉及有关各方的承诺的预定义的类型和状态。这些承诺涉及要实施的任务或职能,要订立的义务等。在开放电子数据交换中,所有的承诺都必须明确而无歧义地予以陈述并为涉及的所有各方所理解。承诺有多种类型并存在于多种级别。从承诺引出的义务能由各方直接履行,或通过代理方代为履行。

5.3 各方之间的通信自动化

开放电子数据交换活动在信息系统之间以自动方式发生。实际的信息交换以及与为开放电子数据交换交换议定的规则集的依从性,必须通过采用自动机或计算机程序来实现。其结果,采用开放电子数据交换意味着,只考虑在各信息系统和应用系统之间交换信息的要求。对于人与终端(或程序)之间的信息交换的要求则并未处置。任何人为干预都认为是决策制定应用(DMA)的组成部分。这并不是说围绕开放电子数据交换系统的计算机应用系统不能够提供人为干预手段,而是说这些不会形成开放电子数据交换剧本本身的组成部分。对于一个或多个开放电子数据交换方,总有可能以手动方式而不通过自动机来采取步骤或行动。遇有打算采用手动步骤或行动的情形,宜将其作为适用于有关方的业务事务定义的组成部分记录下来。

5.4 各方状态的控制和维护

开放电子数据交换方必须总有一种状态描述并使之对其他各方可用。按照另一方的感知,状态描述仅包括对特指的开放电子数据交换发生的活动所必要的知识。状态描述是在给定的时间点允许预测其外部行为(或行为的可能范围)的一方的特性。状态描述是依据必须对其他各方可用的特性来定义的,以便使议定的开放电子数据交换剧本成为可能。因此,状态必须是稳定的,可持续的和持久的。当一方需要变更其状态时,必须遵守状态变更所允许的规则。一方状态的变更对于这一变更对其有重要意义的所有其他各方都是可用的。

5.5 各方自主式行动

开放电子数据交换有意地保留各方在从事业务事务中的自主权。自主权这种特性从多种视角看都是至关重要的，包括从业务与操作、技术、法律、审核等视角提交的能力。正如承诺能存在于多种级别那样，自主权也能在多种级别存在。

自主权的特性提供了一种受管控的手段，各方的信息系统都能以此保留操作方式的个性——实施其内部业务过程同时又提供符合于议定的业务过程的一致的外部行为。

5.6 支持同时发生的多重事务

开放电子数据交换系统能使开放电子数据交换方有可能同时参与多种不同的开放电子数据交换事务。

特性 5.1～5.6 用作必须得到满足的判据，以便将电子信息流或数据流视为开放电子数据交换。这些判据的适用与开放电子数据交换的应用领域无关。

6 业务事务的构件[8)]

6.1 引言

6.1.1 概述

业务操作视图用于掌握并定义业务操作要求与从以下各项引出的要求之间的集成：

——现有的商务框架；

——现有的法律框架；

——公共政策与客户需求性质；

——部门的(以及跨部门的)的要求；

——本地化和多语种；

——信息技术和远程通信的要求和标准。

业务操作视图能够提供这种能力，因为合同的内容和适用的法律等问题均能在业务分析阶段获得，而不能在稍后的剧本定义时段获得。

获得这些附加的要求，对于确保各方对任何正在作出的承诺的参数均有——或能够通过采用开放电子数据交换剧本得到——清晰的理解是必不可少的。

此处定义的基础概念包括：

——在开放电子数据交换方中作为实体引入的，承担作出承诺的法律责任的法人；及其构件的规范的规则。再者，基于规则的这一 BOV 标准，重点在于“是什么”而不在于“如何”(例如剧本和剧本构件规范保持为同一个，但实现方式各种各样而不损害互操作性)。

本章的引言部分覆盖了适用于作为整体的业务事务的各个方面，并依据 3 种构件以及“内部的”和

---

8) 为了理解好这一章，建议读者先熟悉如下术语的定义：“业务操作视图(BOV)”“功能服务视图(FSV)”“业务”“业务事务”“开放电子数据交换”和“电子数据交换(EDI)”{更多内容见附录 A}。

——需要具有各种过程，这些过程合而达到共同议定的业务目的；

——数据交换，用于在各方之间传送信息束；

——由于法人的性质、法人所扮演的角色或剧本本身而必须适用于剧本的约束。在考虑剧本时，这对于明晰地确定适用于剧本的约束，即进入剧本的任何一点的前置条件，或由剧本构件和一直扮演的角色组合所确定的后置条件，是必不可少的。

“外部的”两类约束引入了业务事务模型。6.2、6.3 和 6.4 特别关注于业务事务模型的 3 种组成部分。6.5 提供了对开放电子数据交换支持基础设施的业务需求。开放电子数据交换剧本的标识和分类，基于本章的概念，并在 6.6 中述论。

6.1.2 基于规则和指南的标准

本部分意在供具有不同的视角和需要的多种多样的用户群采用(见 0.2 中的图 3)。

ISO 声明：[9]

“各项标准都是文档式协定，所包含的技术规范或其他精确判据，拟一致地用作规则、指南或对特性的定义，以确保材料、产品、过程和服务均合乎其目的。”[10]

本部分特别关注“拟一致地用作规则、指南或对特性的定义的其他精确判据，以确保材料、产品、过程和服务均合乎其目的。”。

如 5.1 中所述，开放电子数据交换基于预定义的和相互议定的规则。这些规则都是精确的判据并且就表示公共业务操作惯例和职能要求的业务事务议定。这些规则也用作理解跨越商务框架、法律框架、信息技术框架、标准化人员、顾客等的各种视角的公共集合。[11]

本章的主要目的是：

1) 掌握业务事务的关键方面，以便用作公共基础以及本部分用户对表示业务操作要求的不同来源的理解；
2) 用作以下来源：拟在第 7 章规定的业务要求是些“什么”；“划定开放电子数据交换剧本范围的规则”；以及作为第 8 章组成部分的“适用于第 8 章开放电子数据交换的剧本”。

本部分中的各项公共规则均以顺序列出并以粗体排印。遇有对某一规则提供指南的情形，这些指南即跟在该规则之后，编有序号并以斜体标出[12]。规则中的措辞、指南以及术语和定义，受到两方面能力的最大化的制约：一方面是与日常业务界的商务和法律框架对照，另一方面是与信息和技术框架、服务提供方和标准制定者等的对照。

6.1.3 业务事务：附加于信息交换的承诺交换

业务操作视图(BOV)申明了信息交换和承诺交换的需要，这对采用开放电子数据交换的自主各方之间的业务事务是必不可少的。ISO/IEC JTC1 的大多数标准都只是特别关注于信息交换方面。本标准则特别关注于在开放电子数据交换的去物质化的世界，将承诺交换与信息交换集成。

规则 1：

业务事务既要求信息交换又要求对承诺交换。

业务事务的关键性质是，除去在其各 IT 系统之间的信息交换外，还涉及法人之间的承诺交换。到目前为止，与功能服务视图有关的标准(即那些在信息技术、远程通信服务、安全服务等领域的标准)的第一位的重点，是像对象(即在规定为地址的各处的发送方和接收方)之类的技术构件之间的信息交换。

在这一语境中，只是将“法人”视为一个实体，可以也可以不与技术构件关联，其中的构件认为是收发数据(即现有的远程通信和信息技术标准的着眼点)的对象，在仅以技术构件作为“端点”交换信息，如

9) 这是 ISO 和 IEC 的“标准”(并且见于目前的 ISO/IEC JTC1 导则)的类属定义，英文版本见＜http:\www.iso..ch/infoe/intro.html＞，法文版本见＜http://www.iso..ch/infof.htm＞。

10) “协定”能以多种多样的方式解释。ISO/IEC《指南 2，1996(1.7)》采用了“共识”这一术语，不需隐含一致同意，而是隐含“对重大事件没有持续的反对意见……”。

11) 此处的工作原则是“协调式自主”，即所有各方都是自主的。因此，各方协调程度，对公共需要、业务规则约束、惯例等取得一致意见，以及就上述情况以精确的规则、术语和定义等形式达成协定，对于制定必要的标准以及公共的剧本、剧本属性和剧本构件均有重大影响。

12) 例如，“指南 5G2”相当于规则 5 项下的第 2 指南。

图 4 所示。13)

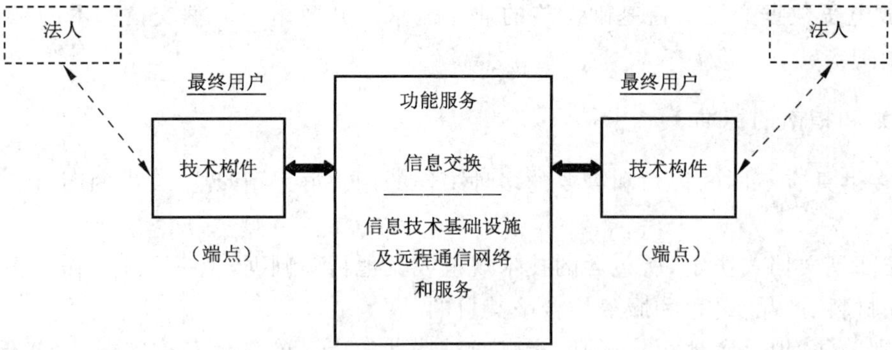

图 4　IT 标准中信息交换的最终用户的"技术构件"的图示

指南　1G1：

术语"法人"用于表示术语"一方"加上有资格就有关业务事务作出承诺的一方的能力的类属用法。

从对商务框架和法律框架的要求的视角看，信息交换只是业务事务中的一个元素，其中的端点是"法人"（自然人或法人）而不是技术构件。业务事务区别于（一般）信息交换的两种关键属性是，业务事务涉及（1）承诺交换；和（2）"法人"以其作为货物和服务的买方和卖方的角色都是最终用户（"最初一个"和"最后一个"）。普遍用于业务事务语境的术语是有关"一方"。本部分中的术语"法人"用于规定具有作出承诺能力的一方，在业务事务语境中负有责任，兼有权利和义务等等。可将信息技术的各种组合用于作出承诺，形成权利和义务，以及其他承诺交换。如图 5 所示。

在开放电子数据交换中，法人，即有资格作出承诺的实体，以去物质化的形式表示，并通过电子数据交换从事业务事务。14)

因此将法人定义为：

法人　Person15)

一种经法律认可具有法律权利和职责，有资格作出承诺，承担并履行推定的义务，并有资格为其行动负有解释义务的实体（自然人或法人）。

注：法人"的同义词有"拟制的人（artificial person）""法人团体（body corporate）"等，这取决于在法律制约范围内所用的术语。

在开放电子数据交换中，作为扮演者的法人有三种广义的范畴或子类型："个人"法人，"组织"法人和"公共行政管理部门"法人。

13）　IT 和远程通信标准及其实现，确保了收件方之间高效路由和联网，在给定的时段（或会话期间）通过地面网络和（或）无线网络，将收件方作为端点来定位。在这些标准中，端点指"用户""最终用户"或"技术构件"，能够是终端设备（包括手持式计算机）、权标（例如磁带卡、IC 卡）、信息系统、应用系统、目录服务等等。在开放系统互连（OSI）体制中，不同层各有其自身的定址模式，以便在该层支持功能服务。

14）　《信息技术　开放式 edi 参考模型》将开放电子数据交换（Open-edi）定义为"在多个自主组织之间，为达到某一显式共享的业务目标，按照开放电子数据交换标准进行的电子数据交换"。ISO/IEC 6523 将组织（organization）定义为"机构的一种唯一性框架，该机构内的人员朝着某一目的采取行动或受指派采取行动"。ISO/IEC 6523 标准的重点和范围只是"信息交换"问题。该标准在全球范围，以及许多领域，包括：信息技术、远程通信（包括电话和因特网）、银行、运输、保健、教育、安全服务等，均广为采用。不过 ISO/IEC 6523 既未定义"法人"，又未处置承诺交换。

15）　这一定义的拟定一直得到来自律师（公共部门和私营部门）以及普通法和民法国际专家的协助，以便既覆盖目前的物质世界又覆盖新兴的去物质化世界。该定义独立于任何特指的信息技术，即对媒体是中性的。更多内容见 6.2 制约人的规则和附录 E 业务事务模型：个人构件。

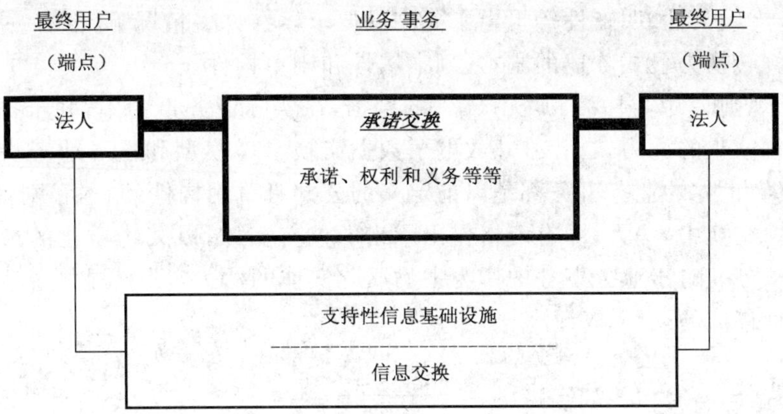

图5 基于现有商务和法律框架的业务事务中对作为承诺交换中最终用户"法人"的图示

法人的这三种子类型反映了经常需要加以考虑的外部约束，更多内容见6.2"制约人的规则"。

因此，通过开放电子数据交换执行的业务事务能支持反映法人这三种子类型的下列业务关系：

1） 个人<—>个人；

2） 个人<—>组织；

3） 个人<—>公共行政管理部门；

4） 组织<—>组织；

5） 组织<—>公共行政管理部门；

6） 公共行政管理部门<—>公共行政管理部门[16]。

因此，术语"法人"表示这些业务关系，并在业务事务的业务操作视图中，特别关注于将法律和商务的"承诺交换"要求包括在内。[17]

规则2：

在业务事务中，法人是有资格作出承诺的仅有的实体。

法人是自主的。但是，自主是通过接受公共的规则、法律环境、业务约定等来共享的，即协调式自主。这些规则、环境、约定等均陈述为对某一剧本的约束，是对法人自主权的业已承认的限制因素，并规定为作为业务事务各方的法人之间的承诺。

"承诺"定义为：

承诺 commitment

在作出这种许诺的制约范围内，由有资格执行的法人对某一权利、义务、职责或责任的制定或者接受。

规则3：

在（电子）业务事务中，一切承诺均应以显式且无歧义的方式陈述，并为业务事务中涉及的所有法人所理解。

采用信息技术，就要求通过形式描述技术（FDT）掌控作出的承诺以及适用的规则和约束。

采用信息技术，特别是开放电子数据交换，与目前的业务事务（不论是否以盈利为基础）相比，对业

16） 当前，涉及组织对组织的电子业务常称为"B2B"，而涉及组织对个人的电子业务常称为"B2C"。

17） 在以往研制开放电子数据交换参考模型时，总的来说，个人是通过组织参加到基于电子数据交换的相互业务事务之中。因特网在全球范围对支持业务事务的快速开发和采用，已导致从事业务事务的个人直接与组织进行，即无需组织作为代理方代为承办，以及从事业务事务的个人直接相互进行，即个人<—>个人。与此同时，因特网已使业务事务不仅有可能在公共行政管理部门与其他组织之间进行，而且有可能在公共行政管理部门与个人之间进行。对"法人"实体及其子构件的进一步论述，见6.2制约人的规则。

务要求的基于规则、无歧义性、明晰性等提出了更高的要求。在许多情况下，都有一种挑战，即把众所周知和沿用的业务惯例转换为显式陈述的剧本、剧本属性和剧本构件。

必须注意，满足规则 3 中“显式”和“无歧义”的判据，在实际业务事务中，并未排除引用和启用公共业务过程和条款缺省值集的能力。相反，开放电子数据交换参考模型和这一业务操作视图标准均基于如下假定：大多数真实世界的业务事务都是以前定义的公共可重用构件（剧本和剧本构件）的综合。

在开放电子数据交换中，法人，即有资格作出承诺的仅有实体，以去物质化的形式表示并通过电子数据交换从事业务事务。对于业务事务中作为去物质化实体的法人，图 6 提供了业务操作视图和功能服务视图视角的一种集成的视图。

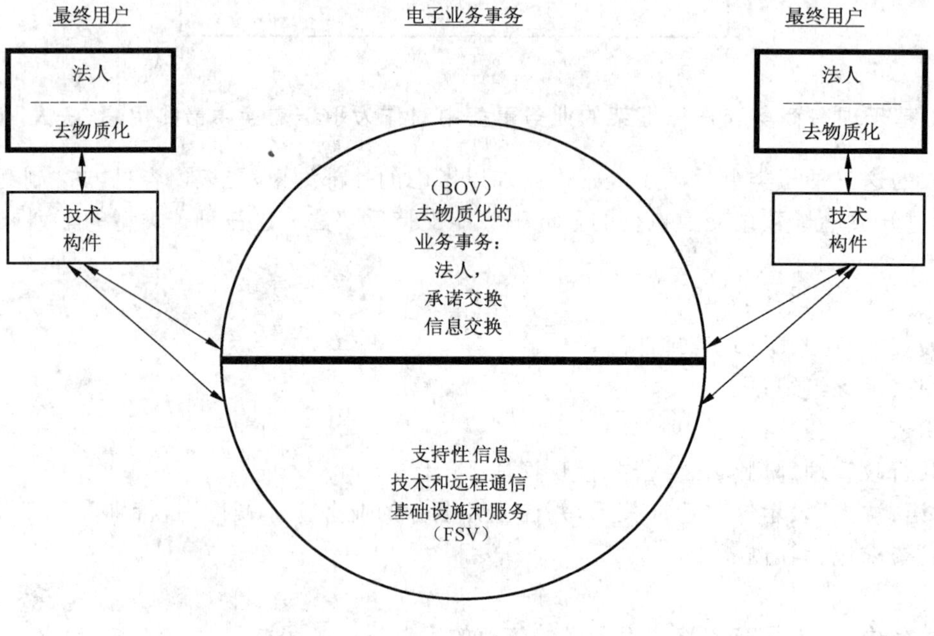

图 6　电子业务事务中的法人通过技术构件作为“最终用户”的商务/法律视角与 IT 视角——集成视图

6.1.4　业务事务：对实体的无歧义标识[18]

对构成业务事务（法人、对象、事件、过程、剧本、剧本构件和约束）的所有实体，无歧义的标识是必不可少的。本部分提供的方法和工具，用作业务事务中作为可重用对象的开放电子数据交换的剧本和构件的规范和标识（在业务事务中，“无歧义的”是一件大事，原因是从法律、商务、客户和信息技术视角看，并不希望处于“歧义”和“不确定”的状态）。无歧义性的各种问题，适用于业务事务的一切方面，对基于电子数据交换的业务事务，情况更是如此。再者，对于业务事务中开放电子数据交换的剧本和剧本构件，其互操作性和可重用性的目的，就是要求无歧义的标识。

对于材料对象的无歧义标识已有现成标准。而对业务事务中法人（包括个人法人、组织法人和（或）公共行政管理部门法人）的无歧义标识，一直是一个困难问题。在开放电子数据交换的去物质化的世界，这种困难就更大了。为了解决业务事务中实体（人、对象、过程、事件等）的“无歧义标识”这一问题，已将其分解为两个关键构件：

——“无歧义的”；

——“标识”。

18）　附录 C 对 6.1.4 中的规则和定义提供了资料性和阐明性文本。

在全球业务事务中，通用业务惯例和标准已经存在，用于标识构成业务事务(包括法人)的实体[19]。

规则 4：

现有的标准应最大限度地用于剧本、剧本属性和剧本构件的构建和使用。

规则 5：

(电子)业务事务中的歧义所能最小化的程度，与实施开放电子数据交换的机遇和潜力及其普遍采纳和采用的能力直接有关。

术语"无歧义的"定义为：

无歧义的　unambiguous

对于以适合于业务事务目标所交换的记录式信息，其语义完整性所需的确定性和明晰性的级别。

"无歧义的"的这一定义 ：

——同等地适用于基于纸张与基于开放电子数据交换的业务事务；

——是所有产业部门的公共要求；

——对媒体是中性的，即其适用与所采用的 IT 技术或平台的组合无关；

——适用于业务事务的所有三种构件，即"法人"、"过程"和"数据"。

指南 5G1：

业务事务的性质和目的，确定了确定性(信用、可靠性、可解释性等)的级别，其中的确定性是标识业务事务中元素(例如法人、产品、服务)所需的。

依据明晰性和确定性的级别达到的无歧义性，允许与鉴别中的保证级别相联系并加以协调，作为安全服务和标准的组成部分。不过，"标识"问题与"鉴别"是隔离的，两者不宜混淆。在能进行鉴别之前，标识必须业已建立。

指南 5G2：

鉴别过程推定某一实体的存在以及在指派"标识符"中发生的应用基于规则的标识过程的完成。因此，鉴别过程是对标识过程[20]的一种确证。

"标识"定义为：

标识　identification

一种基于规则的过程：以显式陈述，涉及使用一个或多个属性或数据元素，并以过程的值(或值的组合)唯一地指明规定实体的出现或存在。

规则 6：

关于或用于支持某一业务事务的任何实体，均应指派基于标识过程的、无歧义的唯一性标识符。

在业务事务的语境中，"标识符"定义为：

标识符(*在业务事务中*)　identifier (*business transaction*)

一种从应用基于规则的标识过程得来，在语言学上中性的无歧义唯一性值。标识符在签发机构的标识模式中必须是唯一性的。

更多内容见附录 C.5 。

规则 7：

自然名称或自然语言标识符，都不应该用作业务事务中的标识符，虽然前者可以与后者关联。

"名称"定义为：

名称　name

19）适用于全球无歧义标识的关键标准，对普遍性的法人以及对特定的组织和个人，在附录 D 中，均从业务事务视角加以识别和总结。

20）对"标识符"有多种"标准"定义。这些定义和对其下定义的标准都考虑了适用于"标识"和"标识符(在业务事务中)"的规则和定义。(更多内容见附录 C 的 C.5)。

以语言学表达式对某一对象的称呼。

由此，一个“对象”在对其称呼的各种语言学表达式中会有同样多的名称。

(更多内容见附录 C.6)

规则 8：

对开放电子数据交换剧本、剧本属性、角色、信息束、语义构件以及其他元素，均应通过在语言学上无歧义的唯一性标识符加以标识。当市场、法律、本地化和(或)多语种的要求需要时，这样的标识符可以与一个或多个名称关联。

6.1.5 业务事务模型：关键构件

规则 9：

业务事务要求有法人、过程和数据。

业务事务模型的这三种基础元素以图形方式在图 7 中表示出来。

业务事务模型中的这些必不可少的业务操作视图方面，以及关联的规则、术语、定义和其他属性，均在下面的 6.2、6.3 和 6.4 中阐述。

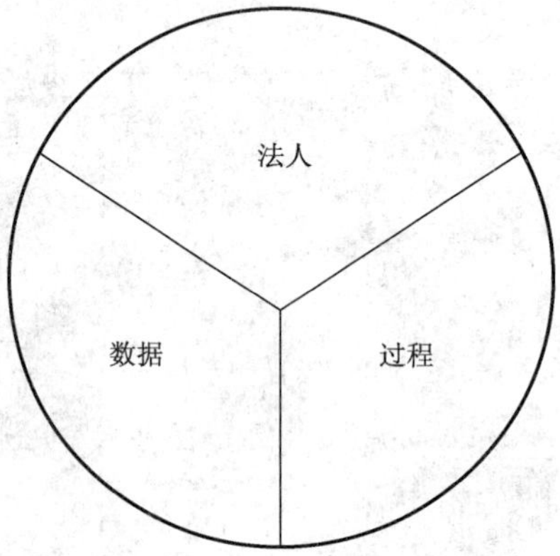

图 7 业务事务模型——基础元素(图示)

6.1.6 业务事务模型：约束的类别

除这三种基础元素外，业务事务模型还要求“约束的类别”。为开放电子数据交换导出的业务操作视图表明这些约束适用于业务事务。

“约束”定义为：

约束 constraint

对业务事务的任何方面，加以设定、限定、制约或规定的一种以显式陈述的规则。

注 1：约束规定为形成开放电子数据交换剧本中构件部分(即剧本属性、角色、和(或)信息束)的规则。

注 2：在开放电子数据交换中，为实现而注册的约束，必须具有无歧义的唯一性标识符。

在业务事务中，对于特指的角色或职能，是否能委派给代理方或是否涉及第三方，由作为业务事务中各首位方的法人负责决策和议定(更多内容见 6.2.5“法人与委派给‘代理方’和(或)‘第三方’”)。

开放电子数据交换参考模型标识两种基本的约束，即“内部约束”和“外部约束”。其定义分别如下：

内部约束 internal constraint

在业务事务各方之间，一种构成相互议定的承诺的组成部分的约束。

注：内部约束是施加于自身的。这类约束对业务事务中剧本构件的建模和重用提供了一种简化的视图，其中的业务事务，除买卖双方相互议定者外，对业务事务实施的性质没有外部的约束或限制。

外部约束　external constraint

在业务事务中，位居内部约束之上的约束，即属于业务事务各方议定的约束之外的约束。

注 1：外部约束的首要来源，由法律、规章、指令、条约、约定或类似的文书创建。

注 2：外部约束的其他来源有：部门性质的约束，有关特指制约范围的约束，或对公共业务约定是互相议定的约束（例如通用国际商务条款（INCOTERMS）和交换的契约）。

注 3：外部约束能适用于业务事务中提供的货物、服务和（或）权利的性质。

注 4：外部约束能提出如下需求：业务事务的一方满足特指角色的特定要求。

示例 1：只有合格的医生才可以开出处方药品的处方；

示例 2：只有委任的股票经纪人才可以在纽约股票交易所作交易；

示例 3：只有特许的企业才可以运送有害废物。

注 5：在业务事务中，凡遇信息束（IB），包括其语义构件（SC），形成全部业务事务（例如为了法律的或审核的目的）的情形，所有的约束都必须记录下来。（例如，在法律或审核上可以要求：将有关业务事务的记录式信息的完全集合（所交换的信息束）作为一个"记录"来维护。）

注 6：适用于业务事务的最低限度外部约束，经常要求将法人，即业务事务中的一方，区分为"个人""组织"或是"公共行政管理部门"。（例如，隐私权仅适用于"个人"法人 。）

已经派生的"内部约束"类，用于提供业务事务的一种简化视图，其中的业务事务对该事务的性质和实施没有外部的约束或限制。仅有的约束是那些由买卖双方为业务事务目标以显式陈述的相互议定的约束，即都是施加于自身的。这就允许去构建剧本和剧本构件，作为类属或基本剧本来引用、注册和重用，而不必将潜在的外部约束包括在内。制约开放电子数据交换的剧本及其构件规范的规则，要求所有适用的外部约束都必须在例示化时加以陈述而无需在注册时就存在。（更多内容见下面的第 9 章和附录 I 。）

不过在业务事务中，外部约束大多适用，即有适用的法律和规章。这种范围从有关纳税的规章，保健和安全要求，到包装和标签要求；保证业务事务的性质和（或）交付的货物或服务不构成刑事性质的行为。[21] 尽管在制约范围之内和之间的法律和规章存在，并且是对业务事务的"外部约束"的首要来源，但外部约束子类别的范畴划分和规范超出了本部分的范围。

外部约束在性质上是同行业的。这些约束都是适用于业务事务的公共的和类属的规则（例如保密与数据保护、顾客政策、统一商务代码）。

施加于业务事务的这些同行业的外部约束，通过引入业务事务中第三种类型的角色以例证说明，即以法人的第三子类型引入"规章管理机构"作为业务事务中表示"公共行政管理部门"的扮演者。

具有同行业公共性质的外部约束是由规章管理机构施加（并通过公共行政管理部门颁布）的约束，其适用与否与发生业务的业务类型或部门类型均无关。这种范畴划分允许去构建剧本和剧本构件，用来引用、注册和重用外部约束的特定公共集。于是能将这些约束集与特别关注于内部约束的剧本加以综合，用于构建应用系统的使用剧本。

也有外部约束属于部门性质。此外，某些外部约束对两个或更多部门能够是公共的，并通过公共标准得到支持。部门约束见于：远程通信，运输和交付，财务与银行业务，对某种货物或服务特定的进出口限制，国与国或国内的贸易等。遇有某一部门以特定方式在其内部和与其他部门进行业务事务的情形，必须于适用处将这样的部门特定的约束和条件加以识别和规定，作为剧本的和剧本构件的规范的组成部分。[22] 这就允许去构建剧本和剧本构件，用于引用、注册和重用部门的外部约束（"海关放行"、"危险货物运输"[23] 等）的集合。对业务事务的这两种基本的约束类如图 8 所示业务事务模型：约束的类别。

21）这是 ISO/IEC JTC1/SC32 一项正在研制的标准，用于处置有关制约范围的问题，其中影响到业务事务外部约束的规范（ISO/IEC 18038）。这一标准针对有资格识别和引用影响到剧本和剧本构件的法律和规章。

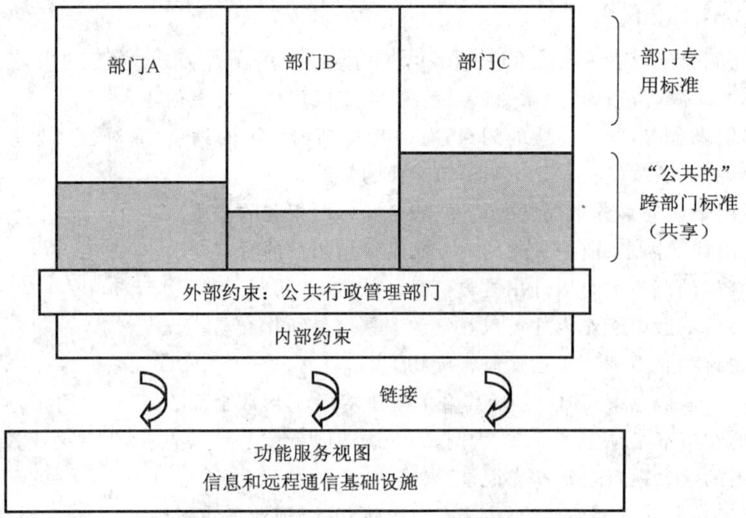

图 8 业务事务模型:约束的类别

6.2 制约人的规则[24)]

6.2.1 引言

这一规则的目的是：

1） 纳入并支持业务操作视图的一个关键方面，即制定业务决策和作出承诺；

2） 将法人的唯一性属性留作为在业务事务中有资格作出承诺的仅有实体；

3） 从商务和法律两种视角掌控业务操作要求。

此外，引入了法人与最低限度外部约束有关的某些公共类属方面，例如"个人""组织"和"公共行政管理部门"。

6.2.2 法人、法人面貌、标识和人的签名[25)]

规则 10：

电子业务事务，像普通业务事务那样，要求法人作为决策制定者(即作为关键的真实世界实体和出发点)，而不要求信息技术应用系统(设备、权标、信息系统等)作为决策制定者。

规则 11：

在开放电子数据交换中，不论采用的特指信息技术和有关设备为何，"法人"只是法律上认可为有资格作出承诺，同意订立的权利和义务，并能对其行动作出解释等的实体。

22） 外部约束的有用特性之一是，在部门一级，国家的和国际的关注点和认可的机构往往已经存在。在许多部门领域的规则和通用业务惯例已为人所知。本标准(以及有关标准)的采用将便利于这些外部约束(业务规则)转化为规定的、注册的和可重用的剧本和剧本构件。

23） 注意：对建立适用于部门之间进行交换的公共规则也有要求。这些规则通常由特指部门施加于其他部门。例如，银行业务部门对于自身与其他部门之间的财务信息交换可施加某些规则。建立规则有时是要增强或便利特指部门对其他部门的服务。运输部门就是一个很好的例子。该部门与其他部门一起建立业务规则，用于装运特种货物(例如放射性材料和活牲畜)。

24） 附录 E 对 6.2.2 提供了资料性和阐明性文本。

25） 有关身份和真实性、"法人""法人面貌""注册模式""注册机构"等的资料性和阐明性文本，见附录 E 的有关各章。

"法人"定义为：

法人 Person

依法认可具有合法权利和义务，有资格做出承诺、承担和履行推定的职责，并有资格对其行动作出解释的实体——即自然人或设定的人。

注 1："法人"的同义语有"拟制的人(artificial person)""团体法人(body corporate)"等，这取决于合法制约权内所用的术语。

注 2："法人"的英文（Person）首字母大写，以指明在标准中一直用作是形式上定义的，并与"人(person)"的日常用法区别开来。

注 3：适用于业务事务的最低限度约束和普通外部约束，往往要求区分出法人的三种常见的子类型，即"个人法人""组织法人"和"公共行政管理部门法人"。

已经识别的"法人"的三种独特性质是：

1） 个人法人(自然人)或团体法人(设定的或拟制的人)具有法律认可的权利和职责；

2） 以某一职位行动，作出承诺，并履行推定义务的能力；

3） 有资格对其行动、行为、决策等作出解释的能力。

从(电子)业务事务视角看，对于有资格将其识别和引用为法人的实体，这三种性质都必须具备或表示出来。

与(物质)对象不同的是，法人以多种多样的方式表示和识别自身(以及其他法人)，即通过不同的法人面貌，这取决于业务事务的语境。所遵从的规则集则概括了"法人面貌"的主要方面。

规则 12：

法人应能以多种多样的方式加以识别或表示，并应能具有一种或多种法人面貌。

法人面貌识别为：

法人面貌 persona

在业务事务中，法人已被指定或希望为人所知因而以此识别的数据元素及其值的集合。

在不同语境和角色中，对于法人(自然的或设定的)与其可能的法人面貌的联系，图 9 提供一种图示。

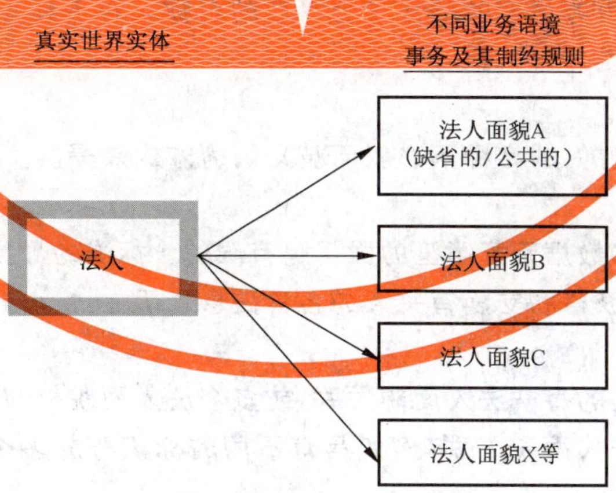

图 9 法人与其法人面貌在不同的业务事务及其制约规则的语境中的联系

规则 13：

法人面貌和由法人对其身份推定的识别的无歧义性(即确定性与可靠性)的级别，应适合于业务事务的目标。

确定性与可靠性的级别是防止歧义性所需的盖印契约的一种粒度和级别问题。身份的精确度或身份授权的确定性由业务事务的要求确定。这可以随着所涉及的潜在职责改变。

规则 14:

所采用的法人面貌应与能按业务事务所需的程度进行鉴别的身份相关联。

每一业务事务都将考虑按其自身的法律依据采用的法人面貌。每一事务在能进行之前是否需要证实法人面貌则不一定。

规则 15:

具有不同目标的业务事务,允许某一法人可采用同一法人面貌及其关联的标识模式(包括由此得到的标识符),而其他法人对此可以禁用。

指南 15G1:

为了建立承诺,对于设定的可接受法人面貌(及其关联的标识符),事务中的一方有选择之权(例如,组成法人面貌的数据元素和制约业务事务中价值的规则,由提供利益、服务(或)权利的一方以法律形式规定)。描述法人面貌和关联的标识符的系统化的途径称为"注册模式",而对法人面貌注册的实体称为"注册机构(RA)"。通常,注册机构在标识模式内为各别的每一人与法人面貌指派唯一性的标识符。在必要时,注册机构可采用另一模式的标识符。

指南 15G2:

法人可具有多个"名称",且法人可变更其名称。

指南 15G3:

自然人的姓名不是唯一性的。许多各不相同的真实世界的自然人,能够而且确实共享同一姓名(甚至具有同一出生日期或母亲娘家姓氏等)。

指南 15G4:

在业务事务中,自然人标识自己能够而且的确通过多种多样构成姓名可能的数据元素,例如姓、名、别名、头衔与资格等的组合。

指南 15G5:

法人能够而且的确具有多个名称(例如法律的、操作的、市场营销的名称)以及各种语言的等效名称。例如,一个地理政治制约范围很可能有多种官方语言。因此,一个组织很可能有两个或更多官方名称,即在其制约范围具有每一官方语言的语言学上等效的名称。对于具有多种官方语言的制约范围内的公用部门组织,其多名现象更为普遍。

指南 15G6:

因此,法人(自然的或设定的)的名称不必以无歧义识别方式来提供。

指南 15G7:

有关法人名称的(公共的)数据元素类型的数目是有限的。标准的数据元素集合可用作一种模板或目录库,在电子数据交换中供获得和交换有关人的名称信息之用。

指南 15G8:

单个标识符能与同一法人的每一法人面貌关联,或多个法人面貌能利用同一标识符,并且(或者)两个或更多个标识符能与单个法人面貌关联(例如具有不同的标识符的多个信用卡上恰好采用同一"名称")。

图 10 所示是法人与法人面貌的标识符联系(图 10 中对"标识符"采用不同的字体和表示,以便认可在表格和信息技术中掌控唯一性标识符的多种变化)。

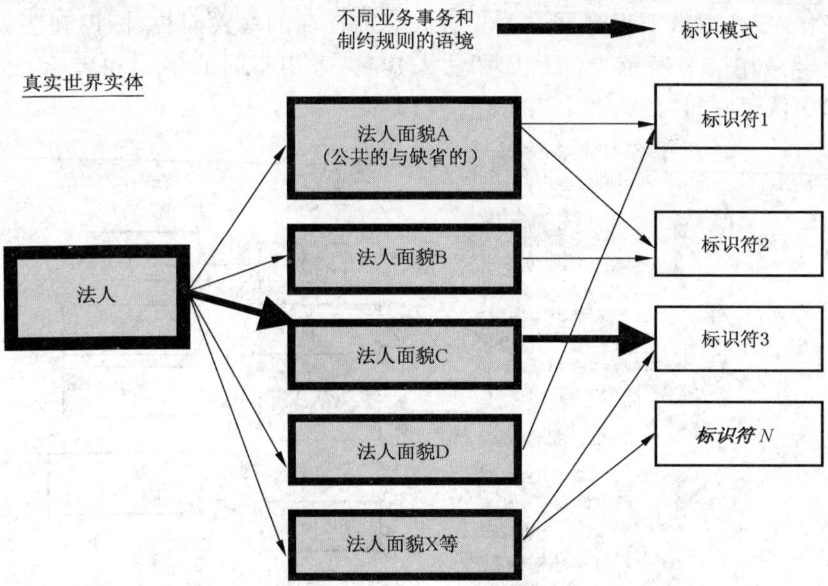

图 10 适用于不同业务事务语境的标识模式签发的法人-法人面貌-标识符三者的联系的图示

规则 16:

在目前的业务事务中,法人能够而且的确采用不同的签名,另外还必须假定情况将继续如此。

规则 17:

作为雇员或官员来代表一个组织行动的组织法人,代表该组织“签署”,即将自身联系到业务事务,方式多种多样。

规则 18:

法人控制其签名的使用。

规则 19:

随业务事务语境的不同,法人签名用于识别、鉴别、授权和(或)作证的不同目的。

规则 20:

在(电子) 业务事务中,最终实体均为法人,而不论涉及的信息基础设施的功能支持服务“技术构件”的性质和组合为何。

规则 21:

由法人创建的和(或)属于法人的签名,均视为“法人签名”。

法人签名定义为:

法人签名 Person signature

由某一法人创立并从属于该法人的一种签名,即一种名称表示、区分性标记或通常标记。

指南 21G1:

在业务事务中,作出承诺的各方均为法人。不过,如下面的 6.2.5 中所述,作为业务事务中卖方或买方的法人,可将其作出承诺角色的全部或部分委派给“代理方”,并且(或者)买方或卖方可以将规定的公共承诺相互委派给“第三方”。这样,他们全都可以是业务事务的签字方。

指南 21G2:

法人签名可与业务事务中的任何信息或角色关联。

法人签名能采取不同的形式,并由不同的过程——从物理的到先进的生物测定——来创建。能够创建法人签名的形式和过程及其法律地位,均超出本标准的范围。

这些规则的交互工作，导致对真实世界同一个人法人当前存在的法人面貌、标识和法人签名之间的联系存在多种多样的组合，如图 11 所示。（图中对“法人签名”采用不同的字体和表示，以便在所利用的形式上和在信息技术中认可获得“法人签名”的多样性。）

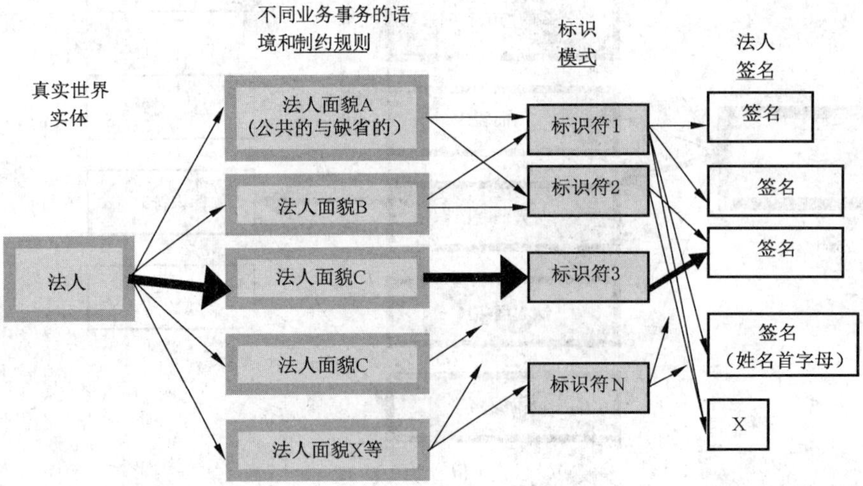

图 11　不同的业务事务语境和制约规则中法人—(其)法人面貌—标识模式的联系以及所得的标识符对关联的法人签名的关系的图示

6.2.3　法人——身份和鉴别

按照上面 6.2.2 中所确定的，法人具有一个或多个法人面貌（以及每一法人面貌的关联的标识符），这取决于不同的业务事务和制约规则的语境。不过，关于在特指业务事务的特定实例中的角色，法人将采用其法人面貌与关联的标识符的单一组合，即作为“法人身份”。

法人身份定义为：

法人身份　person identity

在业务事务中，某一法人所用的法人面貌的信息和标识符的组合。

规则 22：

法人身份，即某一法人在业务事务中所用的法人面貌和关联的标识符，应能随着业务事务的语境和目标以法律形式规定。

图 12 绘出法人与法人身份之间的联系的范围。

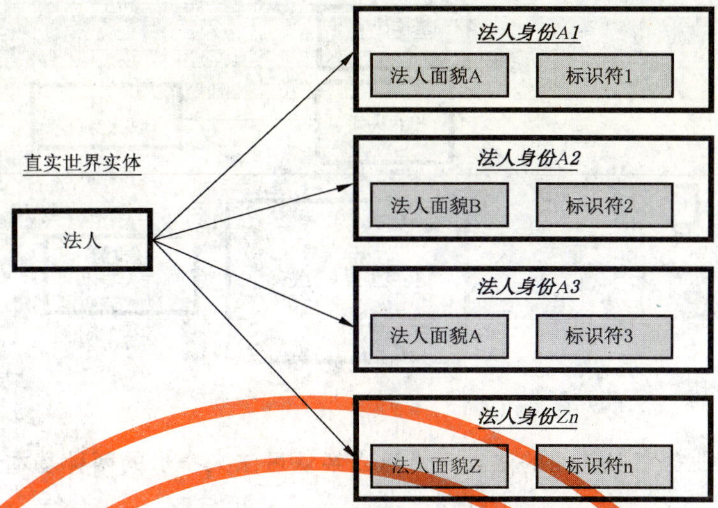

图 12　法人与法人身份之间的联系的范围图示

业务事务的性质和目标各不相同。制约业务事务的规则，(a)可允许法人采用多种法人身份之一(例如几个不同的信用卡或债务卡之一)；或者(b)要求法人具有或利用预先规定的某一法人身份(例如蓝十字卡、某一国家的健康保险卡)。

当出示法人身份而用于业务事务时，必须由业务事务中其他各方"认可"。事务中的每一方均可有其自身的制约建立"经认可法人身份"[26]要求的规则。

"经认可法人身份"定义为：

经认可法人身份　recognized Person identity (rPi)

在业务事务特定目的所必要的范围内，某一法人的确立的身份，即法人身份。

规则 23:

在业务事务中，经认可法人身份通过以下两种方式之一建立：

i)　相互的认可和接受；

ii)　通过引用某一注册机构注册模式中的标识符。

如图 13 所示。

---

26)　依据制约业务事务的规则的不同，以交换为目的的法人身份，能由数据元素的小型有限集合(例如由基于国际标准像 ISO/IEC 6325、ISO/IEC 7501 或 ISO/IEC 7812，用于法人的标识体系所需的数据元素集合，更多内容见附录 D)所组成，或者，所需的数据元素的集合可以更为广泛，但仍须是有限的、设定的。这些规范以及类似的规范均超出本标准的范围，并预期注册为符合 GB/T 29853.2 的"可重用的"信息束。

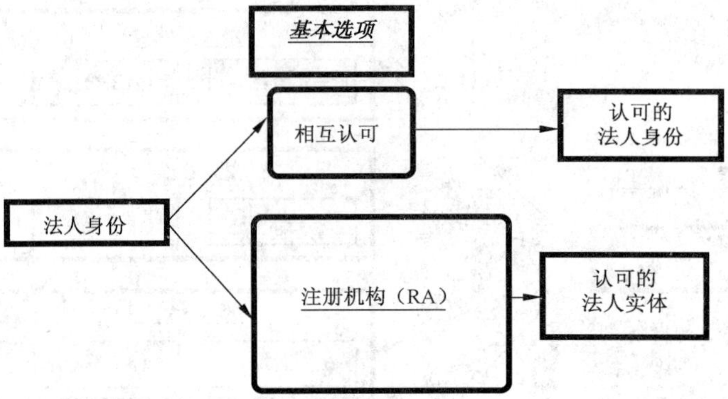

图 13　基于业务事务使用的法人身份建立经认可法人身份的两种基本选项的图示

指南 23G1：

基于注册机构的注册模式的经认可法人身份，具有附加的可重用的这一属性，因而是支持开放电子数据交换的首选的途径。

在本标准中，法人面貌注册模式定义为：

法人面貌注册模式　persona Registration Schema (pRS)

在法人面貌规范中，包含的数据字段以及这些字段所允许的内容，同时包括用于指派标识符的规则的形式定义（这也可称为法人的“法人面貌轮廓”）。

在本标准中，注册机构定义为：

注册机构　Registration Authority (RA)

负责维护一个或多个注册模式（包括对注册模式中认可的每一实体的唯一性标识符的指派）的法人。

规则 24：

法人注册机构应具有显式陈述的规则，用于将法人身份转换为经认可法人身份，以满足所陈述的业务要求。

指南 24G1：

制约业务事务的规则可以要求采用一个规定的经认可法人身份，或者允许采用具有类似性质的多个身份（例如，以多家信用卡发行方的信用卡付款均可承兑）。

经认可法人身份的建立或验证，要求有进行鉴别的职位，即法人鉴别，尤其是在电子业务事务之中。

法人鉴别定义为：

法人鉴别　Person authentication

通过确证来确保经认可法人身份（对业务事务的目的是充分的）的条款。

为使法人鉴别成功，必须事先采取下列行动：

——法人身份必须已经建立；

——法人身份必须经过认可，即必须有经认可法人身份。

规则 25：

在业务事务中，法人鉴别通过以下两种方式之一建立：

i)　相互的认可和接受；

ii)　引用预定义的注册模式和过程。

6.2.4　法人和角色：买方和卖方

规则 26：

在业务事务中，法人的两种最常见的角色是“买方”和“卖方”。

两者定义为：

买方　buyer

通过向提供某种货物、服务和(或)权力的法人付给可承兑的等量价值(通常以货币计)，旨在获得对这种货物、服务和(或)权力的占有的法人。

卖方　seller

旨在无偿地或响应需求或请求向另一法人移交一项货物、服务和(或)权利，作为报酬，为所提供的货物、服务和(或)权利接受可承兑的等量价值(通常以货币计)的法人。

注：在以上两条定义中，短语“提供可承兑的等量价值”认可这是对“买方”与“卖方”相互议定。相互可承兑的价值可以是金融性质，而且也是这样定义的，而在易货协定中，价值能够是非金融性质的等。至于短语“占有”和“移交”，可以也可以不涉及拥有权的全部转让。例如，买方可以仅购买“使用权”，即卖方保留买方所买的货物或服务的知识产权。

规则 27：

除由外部约束带来的束缚外，作为法人的“买方”和“卖方”均自由承担相互议定的、涉及任何货物、服务和(或)权利的业务事务。

规则 28：

制约业务事务中“买方”和“卖方”的规则和惯例的外部约束，或者适用于法人(不作区分)，或者适用于在“个人法人”、“组织法人”与“公共行政管理部门法人”之间作出区分。

6.2.5　法人与委派给“代理方”和(或)“第三方”

规则 29：

从业务事务的承诺中引出的权利或义务，应由法人作为最终实体直接履行，或由代理方代为履行。

在本部分的语境中，“代理方”定义为：

代理方　agent

在业务事务的语境中，以明确规定的职位代表另一法人行事的法人。

注：此处的代理方将“自动机”(或机器人等)排除在外。而在 GB/T 17628 中则承认并规定了“自动机”，不过是作为功能服务视图(FSV)的组成部分，并定义为“信息处理域(IPD)”。

在业务事务中，“代理方”是代表买方或卖方承担特定业务过程或职能的一方。代理方对于买方的基本关系如图 14 所示，其中隐含着对于卖方的关系。

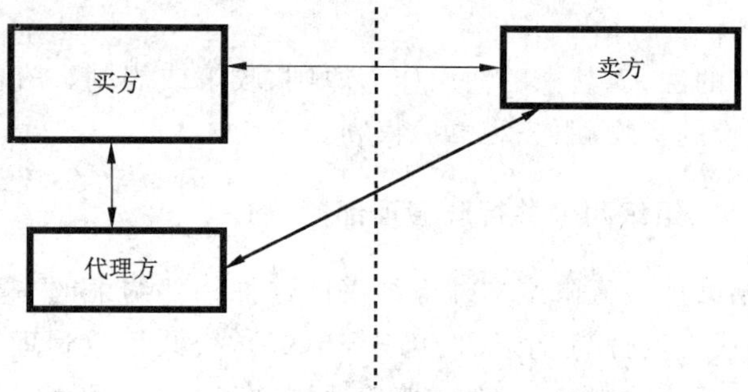

图 14　买方聘用代理方的买方—卖方交互的图示

规则 30：

将某一角色委派给代理方的能力应以显式陈述。当约束必须在能进行这样的委派之前得到满足时，应以显式陈述这些约束。

规则 31：

遇有某一角色不能委派的情形，应予以显式陈述。

规则 32：

对于发生在两个法人之间的业务事务，其他法人，即第三方，可履行相互议定的或作为外部约束结果的规定角色或职能。

“第三方”的类属定义是：

第三方　third party

在某一业务事务中，除有关的首要两方之外，不属于这首要两方中任何一方的代理方，履行规定的角色或职能的法人，其中的角色或职能是首要两方相互议定的，或作为外部约束的结果形成的。

注：按此处的理解，在某一业务事务中，两个以上的法人能同时作为首要方。

除仲裁型职能外，交换所和交易所也都是第三方的例子。买方和卖方以及与公共的第三方之间的联系的性质如图 15 所示。

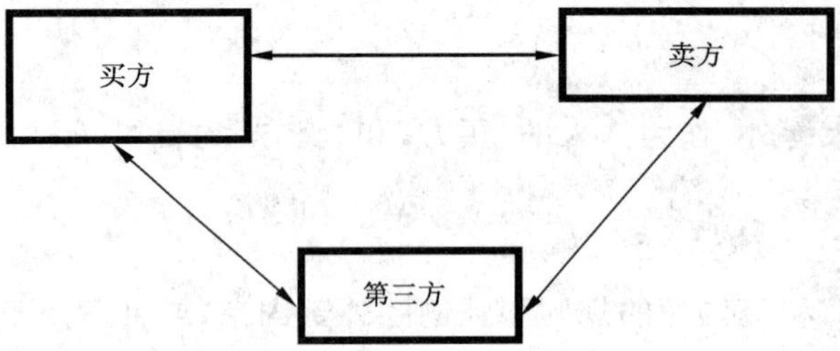

图 15　有第三方的买方和卖方的图示

6.2.6　法人和外部约束：“规章管理机构”

规则 33：

对于货物和服务的提供，以及作为业务事务（包括经由电子商务的事务）扮演者的法人的行为，均有外部约束。

引入对法人及其作为业务事务中的买方或卖方角色的行为的外部约束，引出了附加的第三种角色“规章管理机构”。

对市场行为以及买方和卖方的关联的业务事务施加外部约束的实体，视为“规章管理机构”。

“规章管理机构”定义为：

规章管理机构　regulator

具有设定外部约束职权的法人，其中的约束作为原则、政策或规则，来制约或设定业务事务中涉及的法人的行为，以及提供交换的货物、服务和（或）权利。

6.2.7　法人和外部约束：个人、组织和公共行政管理部门

大多数业务事务都包括某些最低限度的外部约束。这种外部约束的一种公共的、几乎是类属的要求是，要将参与业务事务的法人区分为“个人”“组织”和（或）“公共行政管理部门”。在此特别关注于这些最低限度外部约束要求。从法律视角看，全球普遍适用的基本上是两种类型的人，即“自然人”，和“法人”（又称“拟制的人”）。

规则 34：

从最低限度外部约束的视角看，在任何业务剧本中，作为角色扮演者的法人的三种基本的子类型是：

1）　个人法人，

2）　组织法人，

3）　公共行政管理部门法人。

因此，本部分采用术语“个人”“组织”和“公共行政管理部门”，作为涉及最低限度外部约束的任何业务事务中角色扮演者的法人的三种基本的子类型。这一视角如图16所示。

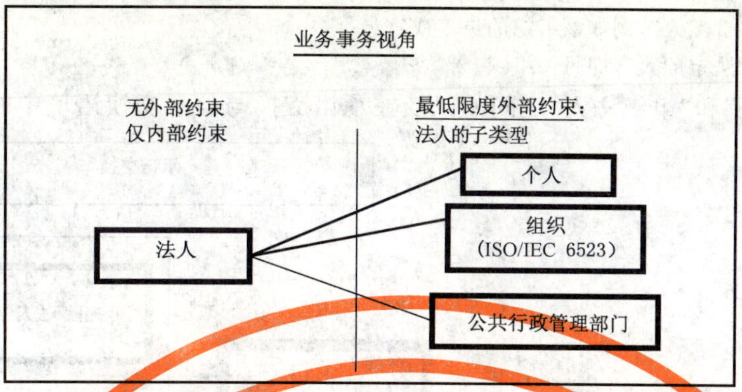

图16 “法人”的综合业务事务视角：最低限度外部约束

对此理解为：

1) “自然人”能作为“个人”“组织”和(或)“公共行政管理部门”参与业务事务；

2) “法人”仅作为一个“组织”参与业务事务。

个人法人定义为：

个人法人 individual

作为自然人，代表自身充当独特的、不可分的实体或看作是这样实体的法人。

注1：在此定义中，使用术语“法人”意味着“个人”继承了“法人”的所有性质和行为。

注2：此定义对以下两方面是中性的，独立的：

对于拟考虑或使其具有“自然人”资格的实体，各种制约范围具有不同的关于必须满足何种判据的规则的方式；

某一制约范围可给予自然人关于作出承诺、负有责任与负责说明等(例如“较次要的”“丧失能力的”)能力的任何资格。

注3：这一定义与支持保密与数据保护(即“个人信息”)的基本概念和要求相协调，其中的“个人信息”定义为“有关可识别的个人的信息”。这包括在处于“卖方”角色的另一法人最终交付某项货物、服务和(或)权利的语境中，由个人向该另一法人提供的有关自身的信息。更多内容见附录E中E.3.1。

“个人法人”是自然人的不可分性的属性，即在作出承诺时具有权利与义务、有解释义务与负有责任等。

规则35：

法人(或拟制的人)由一个或多个自然人和(或)一个或多个设定的其他人组成。国际上采用的统一术语和公共概念是标准术语“组织”，作为对能构成法人(或拟制的人)并为各种制约范围所认可的所有不同的方式的集体性通用术语。

术语“组织(organization)”在ISO/IEC 6523中给出定义。

规则36：

与“个人”不同的是，“组织”能具有多个“组织部分”供信息交换识别。

术语“组织部分(organization part)”也在ISO/IEC 6523中给出定义。

规则37：

在业务事务中，组织法人可以为组织或为组织部分作出承诺。

“组织法人”定义为：

组织法人 organization Person

具有法人性质,因而有资格代表该组织作出承诺的组织部分。

注 1:一个组织能具有一个或多个组织法人。

注 2:组织法人视为代表该组织陈述和行动,并以规定的职位这样来做。

注 3:组织法人能是"自然人",例如该组织的员工或官员。

注 4:组织法人能是"法定的人",即另一组织。

"组织""组织部分"和"组织法人"之间的以及在承诺交换与信息交换语境中的联系如图 17 所示。

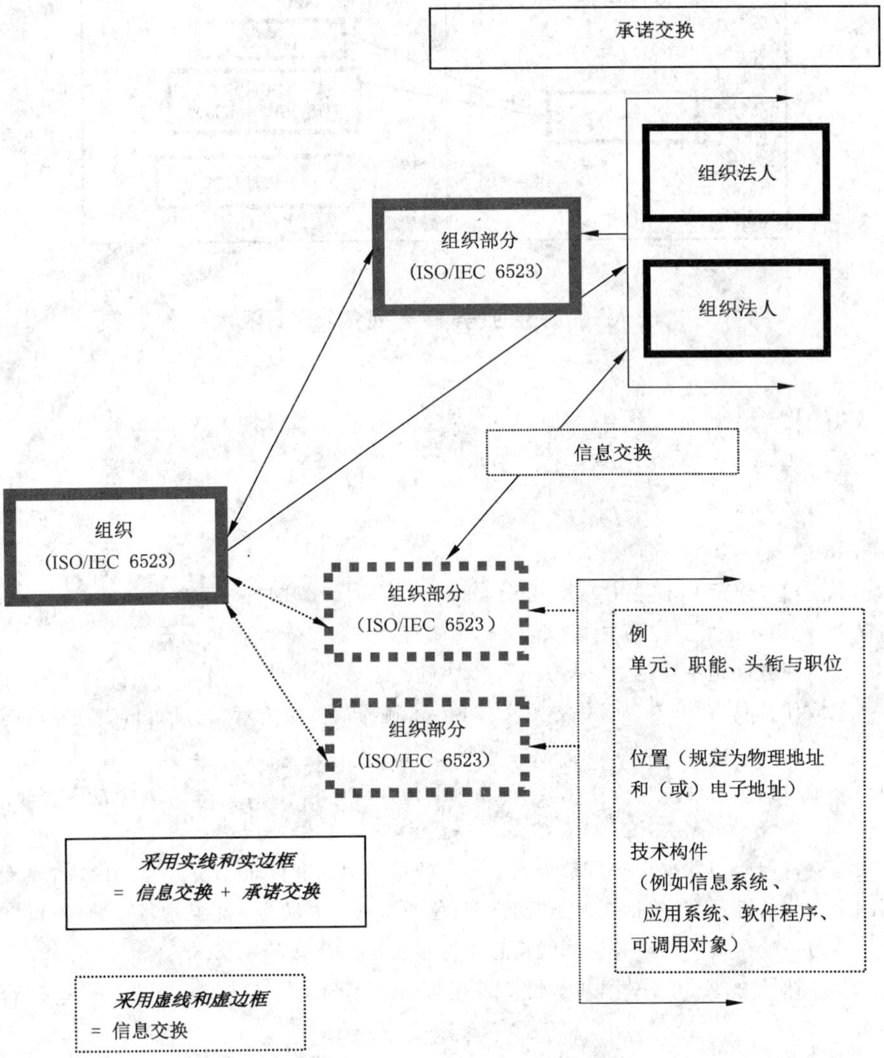

图 17 组织、组织部分和组织法人的承诺交换对信息交换的图示

作为业务事务中一方的法人的第三种子类型是"公共行政管理部门法人"。从业务事务的视角看,"公共行政管理部门"被视为具有一个组织的所有属性加上至少一个附加的唯一性属性的法人。公共行政管理部门具有如下属性:除能够扮演一个组织的角色即"买方"和"卖方"之外,还能代表"规章管理机构"行事。代表"规章管理机构"行事这一角色对"公共行政管理部门"是唯一的,并与后者是否决定将这一职能委派或外包出去(即交给代表自己行事的"代理方")无关。由公共行政管理部门代表规章管理机构提供的产品和服务,正越来越多地"外包"给各种组织,例如扮演"公共行政管理部门"角色的盈利或非盈利组织的私营部门。

"公共行政管理部门"定义为:

公共行政管理部门 public administration

本身是一个组织，具有附加属性——得到授权代表规章管理机构采取行动——的实体，即法人。

作为各方的法人，并非全都能扮演所有的三种角色，特别是“规章管理机构”的角色。对于有关上述最低限度外部约束的业务事务模型，作为扮演者的法人和三种关键角色的许可的交叉如图 18 所示。

法人	在(电子)业务事务中的角色		
	买方	卖方	规章管理机构
法人(无外部约束)	是	是	不适用
法人:个人	是	否(是)[27]	否
法人:组织	是	是	否(是)
法人:公共行政管理部门	是	是	是

图 18　业务事务模型:基本的扮演者和角色——公共行政管理部门约束

6.2.8　法人和外部约束:客户和卖主

在业务事务中，需要考虑的另一种最低限度外部约束是众所周知的“顾客保护”。在此特别关注这种性质的最低限度外部约束，不过是以非常有限的方式。处置“顾客保护”性质业务事务的外部约束超出本部分的范围。本章的唯一目的只是确保何时利用本部分将业务事务或其部分建模为剧本和剧本构件，何时在“外部约束”之下作出注记:剧本和(或)剧本构件是否支持顾客保护性质的外部约束。

规则 38

从最低限度的外部约束视角看，对买方是个人的业务事务的约束的公共集，是具有顾客保护性质的约束公共集。

“顾客”定义为:

顾客　consumer

顾客保护要求作为对业务事务的外部约束的集合对其适用的个人买方。

注 1:顾客保护是一种作为对业务事务的外部约束适用的，显式定义的权利和义务的集合。

注 2:此处假定:顾客保护仅适用于业务事务中的买方是个人的情况。假如特指制约范围的情况并非如此，而这样的外部约束于适用时，宜规定为剧本构件的组成部分。

注 3:在此认可对具有顾客保护性质的买方的外部约束对规定的制约范围是特有的。

再者，“卖主”定义为:

销售方　vendor

顾客保护要求——作为业务事务中外部约束的集合——对其适用的卖方。

注 1:顾客保护是作为对业务事务的外部约束适用的，显式定义的权利和义务的集合。

注 2:此处认可:对顾客保护性质的卖方的外部约束，对规定的制约范围可以是特有的。

6.3　制约过程构件的规则[28]

6.3.1　引言

为了本标准的目的，在业务事务语境中，将“过程”定义为:

---

27)　从信息技术标准(例如 ISO/IEC 6523)的视角看，提供某项种利益、服务和(或)权利的无法人资格的活动视为一个组织。不过，在制约范围内可以有法律要求，此处扮演卖方角色的“自然人”视为“个人”而不是组织。解决这一途径如何与保密与数据保护的要求相协调，由制约范围决定。

28)　附录 F 对 6.3 提供了资料性和阐明性文本。

过程 process

为引向完成预期结果而以已定义的方式发生的一系列行动或事件。

规则 39：

在概念上，能将业务事务看作是从某一基础活动集构造出来的。这些活动有规划、识别、商议、实行和实行后。

从过程视角看，能将基于开放电子数据交换的业务事务视为由五种不同的活动组成。对过程构件的这一视角与制定业务决策和作出业务事务承诺相联系。通过对业务事务提供这一公共视图，给出了一种有用的单一参考框架，用来讨论各不相同的许多重大问题，并将这些问题置于某一语境之中。例如在“识别”中，可将其作为引入需要供鉴别之点，而“商议”或“实行”领域可作为采用数字签名求得抗抵赖之点。

这五种基本活动集整合了现有的知名的和广泛采用的业务模型，这些模型采取了卖方视角、买方视角、买卖双方的综合视角以及合同构成的视角。本部分中还纳入了“早期松散耦合”和“后期绑定”途径。这五个阶段吸纳了保密与数据保护性质的公共外部约束、顾客保护，以及作为对业务事务的外部约束的类似的法律规章要求(更多内容见上面的 6.1.6)。

这种五阶段划分便利了对现有标准的识别和对照，使其能用于支持基于开放电子数据交换的实现。因而不仅便利于剧本和剧本构件的规范和重用，而且通过现有的标准和有关工具的重用最大化将构建成本降低。

规则 40：

五种基础活动可按任何次序发生。

例如，与实行后方面有关的数据(例如保单、顾客保护要求)，很可能作为规划阶段或商议阶段的组成部分使之可用。或者对要决策的付款方法选择，作为商议阶段的组成部分可认作规划信息的组成部分。

规则 41：

法人可按任何议定的终结方法终止一项业务事务。

议定的方法可包括：决定不予回答，未在议定的期限内作出答复，对剧本下一步的可能项未送出适当信息，以及到达剧本中所陈述的终止点。对此，一个常见的例子是，各方之一在业务过程特定一步决定不予答复(例如一次暂停)。

规则 42：

五种基础的活动集，可在单次连续的交互对话中完成，或者可通过买卖双方并可能涉及代理方或第三方之间的多次交互集完成。

6.3.2 规划

在规划阶段，买卖双方均参与一种决策过程，以便确定为购置或销售货物、服务和(或)权利所采取的行动。

从卖方的视角看，规划阶段与使涉及货物、服务和(或)权利的数据可用的所有行动或事件有关。在对特定卖方的要求没有任何信息时，决定有多少数据可用以及在什么粒度级，这都取决于卖方。此处的公共例子有：广告、市场调研、促销、提供商品目录、直销，在货物、服务和(或)权利的产品上加印商标和定位、拍卖、贸易条款、保单。

最低限度外部约束往往纳入规划过程，其中包括提供支持保密与数据保护、顾客保护等要求的信息束。

从买方的视角看，规划阶段覆盖由如下各项带来的所有的行动或事件：

1) 对某一货物、服务和(或)权利，潜在买方基于由这些货物和服务的供方(即作为潜在卖方)提供的可用信息对潜在供方搜索；

2) 潜在买方从潜在卖方索要的信息、产品与服务文件等；和（或），

3) 潜在买方以投标请求书(RFP)、报价请求书(RFQ)、报价等形式作出更明确的需求陈述。（这种陈述日益普遍，公共部门的组织常常要求公示有关按计划购买某一货物、服务和（或）权利的要求的（详细）规格。）

6.3.3 识别

识别阶段是指：为建立一对一的联系，即在规划阶段，潜在的买方识别可能的卖方，或者潜在的卖方以陈述的请求识别买方，而在潜在的买方与卖方之间交换数据的全部行动或事件。

识别阶段还包括从规划阶段转入商议阶段所需的相互可接受的信息束交换。识别阶段的主要结果，是从潜在的买卖双方之间的一种松散耦合转换到早期所需的、相互议定的一对一约束力，供商议阶段开始时使用。

从卖方的视角看，对于特指的货物、服务和（或）权利，卖方愿意提供的数据的性质和详尽级别，很可能受到相当限制，即在规划阶段，尚未识别潜在买方。

从买方的视角看，对于预期卖方的更详细的数据很可能有更高的的要求，尤其在卖方以电子形式呈送给买方的情形。

识别阶段的关键是确保保密与数据保护、顾客保护等性质的“最低限度的外部约束：公共行政管理部门”能在有要求时加以编制（第一个例子是“立即处置”，见 6.6.3.2；第二个例子是采用不动产代理方，见 6.6.3.3。这与外部约束是否是规章性质的或自定规章性质的无关）。这就要求卖方来确定作为潜在的买方的法人是“个人”或“组织”（一种最低限度外部约束），或者能否简单地认作“法人”（无外部约束视角，即仅有内部约束）[29]。

6.3.4 商议

商议阶段覆盖了涉及紧接识别阶段的信息束交换的全部行动和事件，即潜在买方和卖方已经(1)识别要提供的利益等的性质；(2)相互识别确定性级别，即对相互协定所必要的无歧义性。商议过程是要达到一种显式的相互理解，并议定业务事务的目标和关联条款。商议过程可以包括：相关利益、服务和（或）权利的详细规范、质量、定价、售后服务、交付要求、融资、对代理方和（或）第三方的使用等等。这是整个过程的关键，因为在商议阶段，将确立业务事务中余下活动的方向。

当满足以下条件时，商议阶段即告结束：

1) 由卖方向买方提供的特指的货物、服务和（或）权利，已经在买卖双方互相接受的详细程度即粒度上加以规定；

2) 买卖双方已经无歧义地彼此识别至相互满意；

3) 在业务事务中，买卖双方已经就是否涉及代理方或第三方达成一致，当涉及到代理方或第三方时，已经显式陈述其规定要完成的角色或职能；

4) 买卖双方已经就以下条款达成一致：

   i) 买方向卖方提供的可承兑等效价值，以交换后者提供货物、服务和（或）权利；当“可承兑等效价值”是金融性质时，将涉及付款条款、付款方法、融资等的协定；

   ii) 财产权的转让，例如从完全的所有权到永久或短期使用的执照（例如有关知识产权的使用）。

   iii) 实行后的要求（见 6.3.6）。

5) 认为合同构成已达成协议。合同构成范围能从：

   i) 就作为信息束交换的所有有关信息，卖方提供一种显式一览表，供买方在规划、识别和商

29) 为使本标准符合 ISO/IEC 6523-1，提供货物、服务和（或）权利而未组成法人公司的法人，即在业务事务中充当“卖方”角色者的自然人，视为一个“组织”，但法律上另有规定时除外。

议各阶段签结；

ii) 在导致隐式合同构成的规划、识别和商议各阶段，卖方和买方(以及和(或)参与的代理方和(或)第三方)之间的全部信息束交换。

6.3.5 实行[30)]

实行阶段包括为执行某一实际的业务事务商议结果所必要的所有活动或事件。在正常情况下，在商议阶段终止时，卖方按议定的条款，生产或装配某一货物，开始向买方提供服务，准备并完成对货物、服务和(或)权利的交付等。

买方按协定向提供货物、服务和(或)权利的卖方开始转让可承兑等效价值，通常为货币。遇有转让的价值涉及金融性质的情形，这些转让的范围从预付(P.P.D)到货到付款(C.O.D)(例如通用国际商务条款——又称“国际惯例”——中所见)，或者对预付款押金或无押金，从交错付款、融资到相互议定的在产品与服务的买方验收交付后某一日期付款(例如“90 天后无利息付款”)。

此外，从卖方到买方的货物、服务和(或)权利的运输，以及从买方到卖方的可承兑等效价值的转让，都理解为有关联的财产权的转让。并假定：如无专用条款适用，这种财产权在何处转让以及如何转让，都受国际上公认的商务条款，即国际惯例(例如船边交货(FAS)或船上交货(FOB))等的制约。

6.3.6 实行后

实行后阶段包括在认为议定的货物、服务和(或)权利已经交付之后，所有的活动或事件以及出现于买方与卖方之间的关联的信息束交换。

这些活动的范围能从保单覆盖、售后服务、售后融资(例如月付或其他财务安排)、客户申诉处理和补救，到实行后买方和卖方[31)]之间总的关系，包括由从最低限度外部约束引出的关系，例如由保密与数据保护、顾客保护等带来的关系。

6.4 制约数据构件的规则[32)]

6.4.1 记录式信息

“制约数据构件的规则”的语境就是电子业务事务中的数据语境。此处的开放电子数据交换的两种关键属性是(1)基于“业务事务”的；(2)通过“电子数据交换”发生的。这些术语在 GB/T 17628—1998(E)中定义。

业务事务(business transaction)[33)]的定义是：

——类属的，执行是通过电子手段或非电子手段；

——独立于部门的，适用于部门之内和部门之间(例如公用的与私用的、产业的、地理的)；

——独立于基于价值交换的业务事务是为“盈利”或“不为盈利”。

术语“信息”已经定义[34)]，并且对媒体是中性的。“信息”的这一定义虽不要求是记录式的，但“开放电子数据交换”有这种要求。

30) 假定遵从通用业务惯例，而其他要求(例如保险)由相关法人处置。

31) 实行后阶段有可能包括继续进行的通信，例如产品召回或瑕疵修理，产品更换(例如新的模型)的可用性或关联产品的可用性，提供服务的可用变更(或附加服务)，所提供的有关利益、服务和(或)权利的条款的可用变更(例如定价与费率，包装或捆扎服务，保单或覆盖期限放宽，记录的保留和销毁)。

32) 附录 G 提供了 6.4 的资料性和阐述性文本。

33) 按照便利于普遍采纳和采用“开放电子数据交换”的需要，支持的应用领域有电子商务、电子管理、电子业务、电子物流、电子政务、电子教育、电子旅行、电子学习、电子医药等。

34) “信息”的定义在本部分的 3.29 中引用。

规则 43:

在业务事务中,信息是记录式的或是非记录式的。

信息以以下两种状态之一存在:

1) 对自然人是“已知的”,但尚未以任何形式记录下来;

2) 已经记录在某一媒体上。

在当前的法律和商务框架以及业务惯例中,两种状态都是可接受的,而业务事务可以也可以不包括记录式信息。在日常商务中,合同形式的协定无需涉及任何记录式信息,即可以是口头合同(例如基于一次握手)。

规则 44:

电子业务事务要求“记录式信息”。

与普通业务事务不同,电子业务事务基于并要求“记录式信息”,其定义为:

记录式信息 recorded information

以允许存储和检索的方式记录在媒体上,而不论记录的形式、记录媒体或所用技术的任何信息。

注 1:这是一种类属定义,不依赖于任何本体论,例如那些“事实”对“数据”对“信息”对“智能”对“知识”。

注 2:通过采用“信息”这一术语,“信息”的所有的属性均从这一定义得到继承。

注 3:这一定义覆盖了:

i) 任何形式的记录式信息、记录手段以及能记录信息的任何媒体;

ii) 所有类型的记录式信息,包括所有数据类型、指令或软件、数据库等。

术语“媒体”定义为:

媒体 medium

用作一种功能单元,通常将信息或数据记录其上,能加以保留和承载,并能从中取出,在本性上是非易失性的物理材料。

注 1:这一定义独立于记录信息的材质的性质,并且(或者)独立于用来记录信息的技术。例如:纸质的,照相的,化学的,光学的,集成电路的以及不再常用的其他范畴像仿羊皮纸、羊皮纸(和其他动物毛皮)、塑料(胶木、聚乙烯等),纺织品(亚麻布、帆布等),金属。

注 2:纳入“非易失性”属性是要覆盖等待时间和记录留置的要求。

注 3:“媒体”的这一定义独立于:

i) 记录式信息的形式或格式;

ii) 物理的尺寸和(或)大小;

iii) 与所罩材质在物理上分开的任何容器或外罩,没有这种容器或外罩时该媒体仍能保持功能单元不变。

注 4:“媒体”的这一定义也抓住并整合了下列关键性质:

i) 媒体作为一种能记录和检索信息或数据的材质的性质;

ii) 存储的性质;

iii) 物理载体的性质;

iv) 物理表现形式即材质的性质;

v) 功能单元的性质;

vi) 其上记录信息或数据的材质(某种程度的)稳定性的性质。

“信息”与“记录式信息”和“媒体”对业务事务的现有的法律的和商务的框架的关系如图 19 所示。

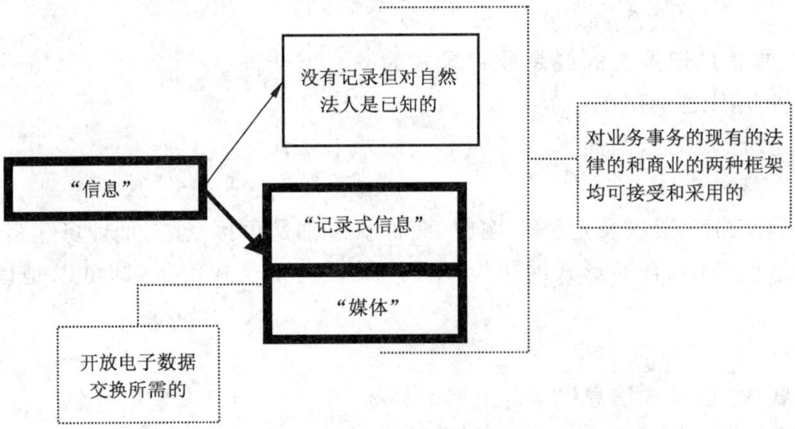

图 19　业务事务中"信息""记录式信息"与"媒体"的关系——法律、商务和开放电子数据交换的要求

6.4.2　预定义的和结构化的数据元素

规则 45:

并非所有记录式信息都是数据,但所有数据都是记录式信息。

记录式信息并非都是数据,但任何数据都是某一范畴的记录式信息。数据是特指范畴的具有某种性质的记录式信息。

在业务事务的语境中,"数据"的定义是[35]:

数据(*在业务事务中*)　data (*business transaction*)

对于记录式信息,以适宜于计算机系统使用的形式,正处于准备之中或已经准备完毕的表示。

注 1:在"数据"的这一定义之下,软件是数据的一个子集或范畴。

注 2:"数据"的这一定义,是从法律框架和标准化框架两种视角提出的,具备类属性质。这适用于涉及计算机系统和远程通信网络的信息交换的所有范畴。

注 3:在这一定义中,采用"记录式信息"这一术意味着将其中的所有属性都继承下来。

规则 46:

电子业务事务要求(1)数据;(2)由某一计算机系统记录或存储在任一媒体上的数据。

据定义,电子商务要求采用信息技术,特别是涉及计算机系统的信息技术。不具有"数据"性质和计算机系统不能利用的任何记录式信息,都构不成开放电子数据交换业务事务的组成部分。如图 20 所示。

---

35)　这一定义整合了来自信息技术、商务和法律三种视角的"数据"的定义。采用"计算机系统"一语将开放电子数据交换参考模型中的定义 4.1.19《电子数据交换(EDI)》和 4.1.31《信息技术系统(IT 系统)》联系起来。

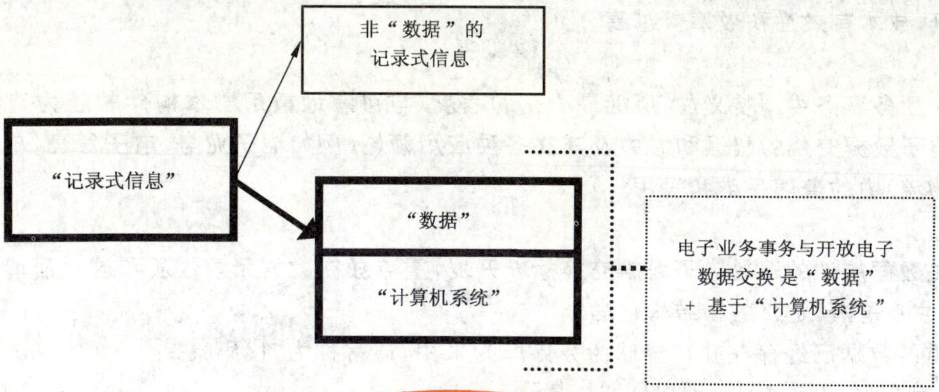

图 20 在电子业务事务与开放电子数据交换中，“记录式信息”、“数据”与“计算机系统”的关系

规则 47：

“数据”的定义，有关信息技术的术语和以及本标准中的各个定义，均应能与法律框架对照。

指南 47G1：

业务事务从根本上是基于数据元素的。

图 21 对这一规则提供了说明。

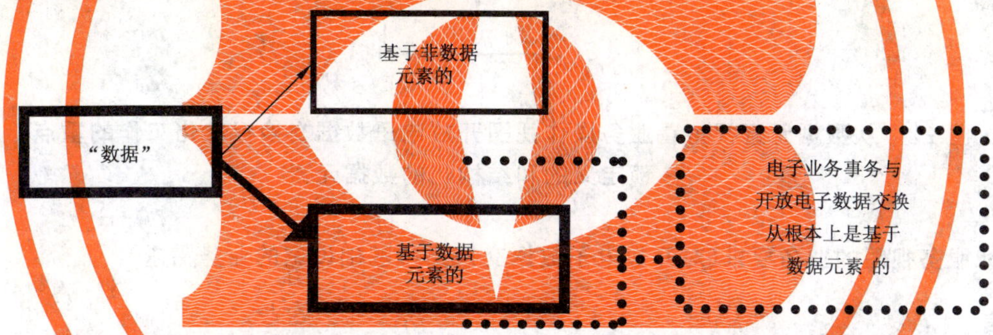

图 21 电子业务事务/开放电子数据交换的“数据”与“数据元素”的关系

指南 47G2：

“数据元素”具有的标准定义，支持了电子商务中的无歧义性的要求。

在 ISO/IEC 11179-3：1994 的当前版本中，数据元素定义为：

数据元素 data element

其定义、标识、表示以及许可的值均借助于某一属性集来规定的数据单元。

对于（电子）业务事务中数据元素的含义和使用的语义，注意到如下事实即可：有关数据元素属性[36]集的规范越完备、越精确，其确定性（无歧义性）级别就越高。

规则 48：

支持电子业务事务的标准开发工作，应纳入并支持数据粒度要求。粒度的级别反映了在参与业务事务的各方之间正在交换的数据所要求的适宜于确定性级别的详细程度。

指南 48G1：

在利用信息技术支持开放电子数据交换中，数据被结构化和预定义即“基于数据元素”的程度越高，

36） 更多内容见 8.5.5。

歧义性就越低，成本有效性和效率就越高。

指南 48G2：

在(电子)业务事务中，“歧义性”所能最小化的程度，与可靠地重用剧本构件的能力直接有关，因而实现了开放电子数据交换的机遇和潜力及其在各种应用领域(例如电子业务、电子管理、电子政务、电子业务和电子物流)中的普遍采纳和采用。

指南 48G3：

关于有关数据构件的开放电子数据交换标准开发，重点放在数据元素性质和这一语境中的数据，而数据元素是(或宜是)预定义的和结构化的。

这种性质的数据已经存在并在全球商务界广为采用，通常称为“代码集”[37]。

规则 46 和关联的指南图示即以图 22 表示。

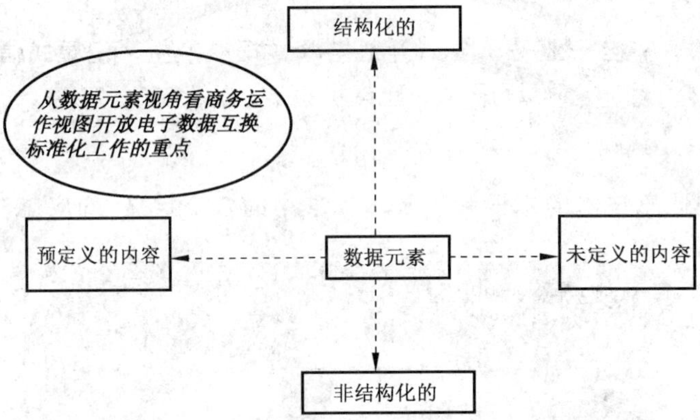

图 22　从数据元素视角看业务操作视图开放电子数据交换标准化工作的重点
——预定义的和结构化的数据元素

6.5　对功能服务视图的业务要求(对开放电子数据交换支持基础设施的业务需求)

6.5.1　引言

在开放电子数据交换中，双方与各方之间的信息传送，可要求采用电子安全方法和技术，正如在基于纸的世界，可将信息放入防窃启的信封内或者挂号投递或由信使投递。规章管理机构可控制对传送信息的电子系统的使用。规章管理机构可按服从其控制的方式限制各方向居住在其他制约范围内的各方发送信息，或者可以特定方式对安全方法和技术的应用或采用加以管控。

规则 49

因此，开放电子数据交换的剧本和信息束应能反映施加于可作为以下两方面造成的约束：

——各方之间的，即作为内部约束的承诺；

——外部约束。

这些要求(约束)通常不以传统建模方法获得，因为这些都集中在标识所需的内部信息流和使其运动的触发机制。因此，剧本和信息束的设计者必须确保内部和外部两种约束都正确获得和记录，并随剧本和信息束定义包括进来。

6.5.2　施加于自身的约束

为支持施加于自身的约束，即内部约束，业务所需的类属服务包括：

37)　更多内容见 ISO/IEC 18022《信息技术　适用于广泛采用的代码值域的标准的标识、映射和信息技术使能性》。该标准正在由 ISO/IEC JTC1/SC32 WG2 元数据工作组制定之中。

1） 信息束精确度的确定性（又称“信息束完整性”）；
2） 知晓信息束的授权（又称“来源的抗抵赖”）；
3） 信息束内容的保密性；
4） 信息束发送的确定性（又称“分派的抗抵赖”）；
5） 信息束已经接收的确定性（又称“收到的抗抵赖”）；
6） 信息束被创建或发出的时间证明（又称“时戳加盖服务”）；
7） 对信息束的仲裁；
8） 服务质量。

进一步的类属要求可以显式知晓在最后收到之前已经分派的信息束的进展。

在这些服务中，任何一种或全部可由该剧本中涉及的任何一方规定。不过，在某一剧本的每一时段，只有发送信息束的一方有能力实现那些要求。任何接收方都不可能从已实现的职能的角度反映发送方所作的决策。不过，接收方有可能拒绝接收信息束，因为发送方对其安全处置是不可接收的。

以上所列可以是各方在合同中商议一致的安全要求。

能将服务质量当作一项要求有几种方式。从功能服务视图来看，服务质量的参数是关于一系列清楚定义的类型的：

1） 在特定的时标内，在用基础设施实施其已定义任务的能力。这可以认为是“平均响应时间”（MTTR），“平均故障间隔时间”（MTBF），或者在特定的时标内运送特定信息量的能力。
2） 对具有特定能力或容量的处理设备的要求，以便处理为得到特定结果（流式视频，X 射线处理等）所提供的数据。
3） 对支持处理活动正在使用的设备，按照特指的质量标准已经制定的要求，或者对照特指标准已经认可的和已经达到某一规定的依从性级别的要求。
4） 一方或各方达到一项或多项特指的质量标准的运行过程中的服务质量的参数。

其他内部要求或内部约束可作为业务事务本身的结果来创建，例如付款条件，而交付要求作为预期的剧本构件获得并加以表示，因为这些要求都是业务信息而不是类属约束。

6.5.3 外部约束

业务事务大多服从外部各方（例如规章管理机构）施加的约束，即外部约束。这些外部约束可随着业务事务的性质、正由一方或各方所扮演的角色或者正发送信息的性质三者变化。这样的外部约束的来源包括：

a） 国家法律；
b） 国家规章；
c） 贸易团体规章；
d） 实务法典；
e） 条约；
f） 国际协定；
g） 谅解备忘录；
h） 国际约定；
i） 国际协议；
j） 国际法。

这些外部约束的效力可以是要求采用特定的安全服务，以特定的方式进行服务，或者以特定方式、采用规定信息束来实行所处剧本。

这些外部约束的例子有：

a） 由具有资格的机构在始发处或目的地行使的，要求特定信息束的一部分或全部带有保密性；

b） 用于获得保密性的机制，可需要加以约束以便以特指方式操作，例如采用特定的算法或最高或最低限度的密钥长度；

c） 用于获得保密性的机制，必须支持特定的附加服务，例如允许得到授权的第三方能够阅读所用信息束内容的设施；

d） 用于提供完整性或抗抵赖服务的机制可加以约束，以便采用特定算法或计算方法以及特指的密钥长度；

e） 将某些信息束传输到规定国家目的地可加以约束；

f） 可能有一项必选要求，以特定的公证方或第三方作为所在剧本的组成部分，或者以规定的形式为其提供信息或从其得到承诺；

g） 信息有可能必须以规定格式再产生，并（或）可由任何人阅读或感知；

h） 可能有一项强制性要求，以便采用由规章管理机构规定的信息束；

i） 对于上述任何一项，可以是有保留的要求，在规定的期限用于已定义的记录式信息集，即信息束的一个或多个预定义的分组。

遇有开放电子数据交换事务的各方处于不同的制约范围的情形，在适用的各外部约束之间可能存在冲突。这样的冲突宜在构建或扮演所处剧本期间检测出来，并可要求在开放电子数据交换剧本之内不能获得的解决方法。

6.5.4 安全方法和技术的功能服务视图的业务操作视图要求

为了应对这些要求，剧本描述和信息束描述必须包括指明其中可用的安全功能要求的字段或标号。

字段或标号必须允许由一方来标识已经施加的任何约束。当剧本或信息束未指明安全约束对该剧本或信息束是强制性时，此处必须有一个指标来确定该约束是否是必选、条件的、服从某一条件或可选的必选或对所有接受者都是可选的[38)]。

字段或标号还必须为外部各方（例如规章管理机构或类似团体）施加的约束做好准备。这些约束必须以显式陈述，并且必须标识约束的适用性。例如，当这种约束仅绑定剧本，一方居于特定的国家或国家集体，或仅限于一方受某一特定机构的监督或管控时，这些限制也必须列出。

可将剧本、角色和（或）信息束声明为必选，供在特定情况（向一国或指定机构的海关报告，税收记录，国际证明文档等）使用。剧本设计者有可能必须考虑确定专有法律的效力制约业务事务以及收发信息束或参与剧本的各方的住所。

6.5.5 储存库的职责[39)]

可以要求包含剧本和信息束的储存库向用户展示其服务：披露的信息得到正确注册和鉴别。为了免除这一要求，储存库要求采用安全服务以便给用户以信心：下载的剧本和信息束定义都是有效的，对于其目的是可依赖的。在这一方面，剧本和信息束储存库需视为两组。

第一组在效果最佳的基础上提供注册设施。也就是说，在此注册的剧本或信息束已经以合理的关注程度和技巧这样作过，但对给出的精确度没有保证，对其不精确度任何职责都是不可接受的。

第二组所提供注册设施，拟注册的项在此作正确性检查，涉及某一国家，且信息经正式批准。这一组将接受其提供给用户的信息的职责。

38） 更多内容见附录 B（规范性附录）。

39） 本章只是一种总结，该课题的详细讨论见 ISO/IEC 15944-2《剧本注册、剧本属性和剧本构件》。

6.6 开放电子数据交换剧本[40]的本原的分类和标识

6.6.1 引言

从开放电子数据交换目的的观点，希望业务事务能以如下方式开始：只是从标准化的剧本集中选出特指剧本，并将其应用于预期的业务事务。在这一语境中，认为标准的开放电子数据交换剧本是各种特定剧本的类属类。此外，当成功得到类属剧本类时，这种剧本类有可能由不多的强制性剧本构件和许多条件的和(或)可选的剧本构件组成。

开放电子数据交换剧本的这种标准化理念，虽然看似直截了当的解决办法，但难以将特指剧本与其他剧本区别开来。特别是，带有许多条件属性——其许可的值或行为的集合不是预定义的和(或)已注册的——的剧本构件的剧本规范可以如此复杂，即使利用优秀的 OeDT 也不能清楚编译其语义。此外，对于具有同一剧本属性(例如信息束的开放电子数据交换剧本集)但值域稍有不同的的剧本，更不必说其各种各样的组合，是否全部解释为单一剧本并不明显。即使每一剧本都可以在形式上标识，具有唯一性标识符，实际上具有同一语义的许多剧本仍可以以冗余方式注册为标准剧本。在这些条件下，剧本的区分越来越困难。必须避免这样的重叠和重复，并且必须将重点放在重用能力的最大化(这一问题在本部分的第 2 部分详加处置)。

对于避免混乱和重用能力的最大化，有效的解决办法之一是基于良性定义的判据建立剧本分类方案，尽量减少条件属性的复杂性。

6.6.2 开放电子数据交换剧本的分类

6.6.2.1 对开放电子数据交换剧本分类的要求

开放电子数据交换剧本的分类宜满足下列要求：

1) **简明性**：分类是清楚、无歧义地定义的；
2) **选择性**：分类是不相交、无冗余的；
3) **包容性**：分类适用于任何开放电子数据交换的剧本；
4) **稳定性**：分类对环境变更是稳定的；
5) **真实性**：分类是适用于真实世界的业务事务的。

最本原的业务事务的定义处置了买方与卖方两种角色的交互作用。对这些角色，许多术语都是通用的。在这一框架标准中，术语“顾客”和“卖主”均具有特定的定义，以确保在分类过程中的明晰性[41]。

为支持上述要求，当对开放电子数据交换剧本进行分类时，已将三种因素初步识别为属性。

6.6.2.1.1 在业务边界的市场类型

业务事务能由下列业务活动组成：

a) 买方利用某一服务和(或)工具，例如门户网站和(或)搜索引擎，通过网络查找相关的卖方；
b) 买方与卖方商议业务条款；
c) 买方接收货物或服务，并按业务条款向卖方付款。

在这一业务事务中，已定义市场的存在并未提及。不过，在大多数情况下，业务事务是在业务规则和约定相对稳定以及人所周知的市场中进行的。例如，在与其他法人交易某一价值和(或)信贷而不进行现金或证券的实物交付的财务事务中，已建立的财务市场约定提供了预定义的活动和信息交换的集合以及这样的事务中各方的角色。因此，能将其当作“已定义的市场”。在这种市场中，买卖双方从预定

40) 本章勾画出剧本分类的途径，其中剧本分类在 ISO/IEC 15944-2《剧本注册、剧本属性和剧本构件》中规定。

41) 见 6.2.8。

义的选项集合——称为双方业务事务的“主条款”——中作出选择。买卖双方通过事先注册接受这样的“主条款”,参与已定义的市场。

其他剧本构造,例如标识和鉴别规程,也可以作重大变更,这取决于已定义的市场是否存在。根据该剧本适用的所知市场类型对开放电子数据交换剧本的分类是“已定义的”或“未定义的”。在标识边界业务事务的边界和促成或完成条款等特征时,“市场类型”有特别意义。

6.6.2.1.2 业务过程中的结算类型

从业务过程(作为业务事务的基础构件,见上面的 6.3)的观点,重要的是知道“实行”业务事务(交付货物或服务、付款等)的所有元素是否通过网络同时处置,或通过不同的渠道和实行元素的不同时期分别进行。在同时结算的情形,当货物或服务的交付和付款均有效并为所有的参与方接受时,业务事务即可立即完成。另一方面,当货物、服务和(或)权利的交付和付款通过不同渠道分别进行时,一直到以后双方接受和结算都得到确认时,业务事务才算完成。

为了弥合货物或服务的交付与付款的时差和(或)空间间隙,对业务事务的具体标识和对参与的一方或双方(作为经认可法人身份)的鉴别,要求在双方之间就有关业务事务建立起信贷关系。这还要求依据结算类型区分剧本构造的能力。

6.6.2.1.3 在业务事务中的角色:本原的或复合的

在开放电子数据交换业务事务中,法人角色(作为基础构件,见 6.1.5)作为“本原的”或“复合的”之一加以考虑。在任何业务事务中,买方和卖方都是两种强制性角色,因此,归入“本原的”一类。在作为开放电子数据交换剧本拟模型化的业务事务中,复杂性由买方或卖方或者买卖双方加上“代理方”或“第三方”角色的决策所引起。

因此,影响开放电子数据交换剧本分类的第三种因素,与在本原的或复合的之间作出区分的角色和需要有关。在许多情况下,当货物或服务的交付和结算在买方与卖方之间都得到确认时,业务事务才告完成。不过,在某些业务事务情形,例如通过暂交第三者保管公司的房地产事务,除买方和卖方之外的第三方涉及到业务事务。此时,仅当暂交第三者保管的公司按特定业务事务条款确认货物、服务和(或)权利的交付和结算时,业务事务才算完成。每一种参与类型都可以分别具有自身的剧本构造。

6.6.3 基于三种分类因素的贸易模型

图 23 所示的最简单业务过程就是本原的贸易模型。这就为启动讨论能从上述分类因素导出的贸易模型提供了基础。

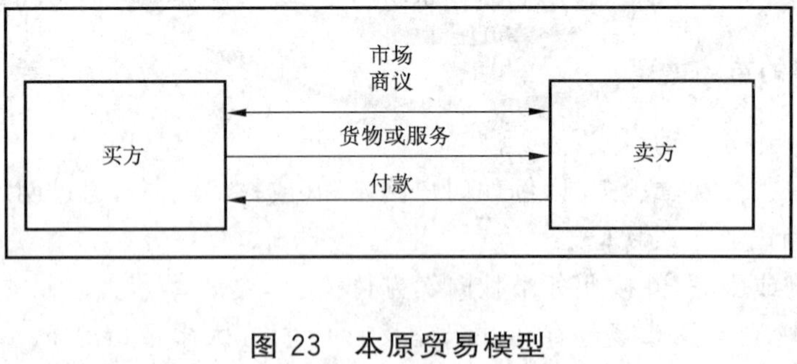

图 23 本原贸易模型

对本原贸易模型的描述如下:

贸易开始:买方或卖方在市场中通过适当途径(规划和标识过程的结果)寻找可谈判的对手。

贸易剧本:买方和卖方中的一方或双方向对手展示可接受的剧本,并基于在已接受的剧本之内的选择商议业务事务条款。一般来说,对特指剧本的接收方式或对剧本的选择方式,都可以是所参与业务事务条款的组成部分。

对参与方的鉴别:对于确认买方与卖方之间的信贷和(或)债务的结算,假定买方和(或)卖方已经于必要时加以识别(因而能予以鉴别)。对买方或卖方的身份鉴别,在付款或者货物、服务和(或)权利的交付从商议过程达成协定之后进行时,倾向于是必选。当货物、服务和(或)权利的交付和付款都晚于协定进行时,对参与双方的鉴别方都是必选。不过,当货物、服务和(或)权利的交付、付款以及协定同时和立即进行时,不要求对买方或卖方进行鉴别(除非有要求这样做的约束)。

贸易完成:当货物、服务和(或)权利的交付和付款均成功结束时(实行阶段完成但可以有实行后的要求,例如保单留续),贸易即告完成。

6.6.3.1 市场类型的贸易模型

从按市场类型的分类导出两类贸易模型。

已定义的市场模型:买方和卖方事先接受进入市场条款,尔后开始实际业务事务的贸易模型。对于这种市场的业务规则和约定,已定义的市场必须具有已经接受认可的来源,包括对市场争议的裁决("市场管理员")。已定义市场的"市场管理员"可以是买方、卖方或第三方。这一贸易模型的剧本由"市场管理员"以显式建立。买方和卖方通过一种显式注册规程来参与已定义市场(例如事先识别或注册这种市场剧本,因而证明参与该市场的条款合格并加以接受)。对参与已定义的市场可以有两种可能性:(1)通过对买方、卖方或双方的识别或注册;(2)不要求识别或注册(例如对基于"现金"、"信用卡"或"先付款"的运营)。在已定义的市场中,先行识别与注册节省了工作量并减少业务事务的复杂性。对于这类业务事务,引用已定义市场的预定义剧本的能力以支持实际的业务事务,也节省相当的成本和时间。

已定义市场模型的重要意义在于,适用于该市场的业务剧本对那种特定市场是预定义的。这就使买卖双方无需对每一业务事务都去商议主条款。

未定义的市场模型:从符合完全的本原贸易模型启动的贸易模型。买方、卖方和管理员均未预注册。因此,所有的五个阶段都必须在开放电子数据交换环境的未定义市场中进行。买方或卖方采用适当的服务和(或)工具(例如门户网站和搜索引擎)查询对方来开始其业务事务。拟适用于该事务的业务剧本按每一个别情况作出决策。买方或卖方可以直接接受对方提出的或通过相互商议提出的剧本。

为了节省商议的辛劳,买方或卖方有可能寻找在业务事务开始时以搜索判据规定特定剧本的对手。不过,一般来说,这一类型的业务剧本宜包括作为该剧本组成部分的条款商议过程。这样,未定义市场的模型必然要求剧本接收的一致协定和在该剧本接收下的条款内容。

6.6.3.2 结算类型的贸易模型

从结算类型的分类导出两类贸易模型。

立即结算模型:整个业务事务过程(规划、识别、商议、货物或服务的交付、付款)是在开放电子数据交换环境中以实时方式完成的贸易模型。一种典型的情况是从卖主网站下载软件产品或音乐,并以电子钱币或债务账户付款。这一贸易模型几乎等效于临时采购某一货物、服务和(或)权利,即以现金在大街商店购物。在已经确认买方对货物、服务和(或)权利可接受,并在付款给卖方有效时,这种采购即能完成。并不要求识别业务事务和(或)鉴别买方和(或)卖方。而是从保护秘密的观点,不宜将这种贸易模型从开放电子数据交换环境中排除,特别是因为这种贸易模型以匿名(而实际业务事务的总成本减少)的方式提供。

分别结算模型:业务事务在开放电子数据交换环境进行,而货物、服务和(或)权利的交付和(或)付款与通过物理或逻辑过程的协定过程分开的贸易模型。在这一贸易模型中,当设计剧本构造以弥合在协定、交付与付款之间的时差和(或)空间间隙时,宜专门加以考虑。

这一贸易模型要求以显式初始识别将协定与分别进行的交付与付款相对照所需的实际业务事务。其次,对买方和(或)卖方的鉴别要求确认参与方之间信贷和借记行动的关系,这种关系在业务事务过程中从协定开始保持到货物或服务的交付和付款。最后,该事务要求业务事务过程的状况宜通过业务事务过程的所有规定活动的完成加以识别和跟踪。

6.6.3.3 参与类型的贸易模型

在这一参与类型中，有两种贸易模型可用。

双边贸易模型：仅有买方和卖方直接涉及到业务事务的贸易模型。在这一贸易模型中，业务关系在双方之间基本上是封闭的。当买卖双方之间的信贷和(或)债务结算时，事务即告完成。

中介式贸易模型：除买方和卖方外，还能将一个或多个代理方和(或)第三方包括进来的贸易模型。例如，由第三方在买方与卖方之间调解的情形。此时，一种典型的例子是涉及房地产，而由暂交第三方保管的公司在买方与卖方之间进行调解的业务事务。在这一贸易模型中，第三方的角色可以有许多变化。这类业务事务的剧本必须以显式指代参与该业务事务的第三方(和(或)代理方)的角色和责任。此外，该业务事务也宜满足关于第三方的完成条款，而不仅是买卖双方之间的借记与信贷的结算。

6.6.4 开放电子数据交换剧本的分类和构件

6.6.4.1 对开放电子数据交换剧本的分类

前一章中的分类属性、市场类型、付款类型和参与类型都是互不相交的。在将其中的每一项应用于3维中的每一轴后，得到开放电子数据交换剧本及其剧本构造的一种分类并总结于图24。

类别	分类属性			剧本构造
	市场	结算	参与	
a) U-I-P	未定义	立即	本原	d) 基本的本原贸易剧本
b) U-I-C	未定义	立即	复合	e) 基本的复合贸易剧本
c) U-S-P	未定义	分别	本原	f) 本原的协定剧本 g) 分别交付剧本 h) 分别付款剧本 i) 鉴别剧本
d) U-S-C	未定义	分别	复合	j) 复合协定剧本 k) 分别交付剧本 l) 分别付款剧本 m) 鉴别剧本
e) D-I-P	已定义	立即	本原	n) 成员身份注册剧本 o) 定义的本原贸易剧本
f) D-I-C	已定义	立即	复合	p) 成员身份注册剧本 q) 定义的复合贸易剧本
g) D-S-P	已定义	分别	本原	r) 成员身份注册剧本 s) 定义的本原的协定剧本 t) 分别交付剧本 u) 分别付款剧本 v) 定义的鉴别剧本
h) D-S-C	已定义	分别	复合	w) 成员身份注册剧本 x) 定义的复合协定剧本 y) 分别交付剧本 z) 分别付款剧本 aa) 已定义的鉴别剧本

图24 剧本分类和构造

a) U-I-P 类：带有未定义的市场属性、立即结算和本原参与的业务事务剧本类。这一剧本类由单一的基本本原贸易剧本组成，该剧本符合开放电子数据交换环境中的本原贸易模型。
b) U-I-C 类：带有未定义的市场属性、立即结算和复合参与的业务事务剧本类。这一剧本类由单一的基本复合贸易剧本组成，该剧本是开放电子数据交换环境中的完全的复合贸易过程集。
c) U-S-P 类：带有未定义的市场属性、分别结算和本原参与的业务事务剧本类。这一剧本类由四种构件组成：本原的协定剧本、分别交付剧本、分别付款剧本和鉴别剧本。
d) U-S-C 类：带有未定义的市场属性、分别结算和复合参与的业务事务剧本类。这一剧本类由四种构件组成：复合协定剧本、分别交付剧本、分别付款剧本和鉴别剧本。
e) D-I-P 类：带有已定义的市场属性、立即结算和本原参与的业务事务剧本类。这一剧本类由两种构件组成：成员身份注册剧本和已定义的本原贸易剧本。
f) D-I-C 类：带有已定义的市场属性、立即结算和复合参与的业务事务剧本类。这一剧本类由两种构件组成：成员身份注册剧本和已定义的复合贸易剧本。
g) D-S-P 类：带有已定义的市场属性、分别结算和本原参与的业务事务剧本类。这一剧本类由五种构件组成：成员身份注册剧本、已定义的本原协定剧本、分别交付剧本、分别付款剧本和已定义的鉴别剧本。
h) D-S-C 类：带有已定义的市场属性、分别结算和复合参与的业务事务剧本类。这一剧本类由五种构件组成：成员身份注册剧本、已定义的复合协定剧本、分别交付剧本、分别付款剧本和已定义的鉴别剧本。

6.6.4.2 剧本构件

如图 24 所示，每一类所要求的剧本构件都有很大不同，这取决于剧本类别。现将剧本构件更为详细地描述如下。

6.6.4.2.1 基本的本原贸易剧本

这一剧本包括开始并完成基本的本原贸易的所有事务过程。

在业务事务的开始，买方或卖方通过适当的搜索寻找对手。

买方或卖方然后向对方示意可接受的剧本，并就业务事务条款进行商议。对特指剧本的接受方式可构成条款的一部分。

当货物、服务和(或)权利的交付和付款同时完成时，业务事务即告完成。

对买方和卖方都不要求鉴别，因为交付和付款以及业务事务协定是同时和立即进行的。当各方相互认可时，也不要求鉴别。

6.6.4.2.2 基本的复合贸易剧本

这一剧本包括开始并完成基本的复合贸易的所有事务过程。

在业务事务的开始，买方和卖方之一或双方通过适当的搜索或通过适当的调停方找到可商议的对手。

买方或卖方然后向对方示意可接受的剧本，并在调停方的调停下商议业务事务条款。对特指剧本的接受方式可构成条款的一部分。

当货物、服务和(或)权利的交付和付款同时结束时，业务事务即告完成，并由参与方按业务事务议定的条款加以确认。

对买方和卖方可以不要求鉴别，因为交付和付款以及业务事务协定是同时和立即进行的。对调停方要求有某种鉴别，以证明其具有调停能力。实际资格取决于调停方的角色。

6.6.4.2.3 已定义的本原贸易剧本

这一剧本是 D-I-P 剧本的核心，并包括开始并完成已定义的本原贸易的业务事务的所有过程，其中的贸易条款事先已为各参与方所接受。

在参与业务事务之前，买方和(或)卖方必须按已定义的市场要求对自身加以识别和注册，并接受贸易的条款。

买方或卖方按已定义的市场规则的指导开始实际的业务事务。

当货物、服务和(或)权利的交付和付款同时结束，并由各参与方按市场定义的和(或)就业务事务议定的条款加以确认时，业务事务即告完成。

在已定义市场中，要求各参与方的成员身份证明。不过，对买方和卖方可以不要求鉴别，因为货物、服务和(或)权利的交付和付款以及业务事务协定都是同时和立即进行的。

6.6.4.2.4 已定义的复合贸易剧本

这一剧本是 D-I-C 剧本的核心，并包括开始并完成已定义的本原贸易的业务事务的所有过程，其中的贸易条款事先已为各参与方所接受。

在参与业务事务之前，买方、卖方和(或)调停方必须注册为已定义市场的成员，并接受贸易的条款。

买方或卖方按照特定市场的规则，在适当的第三方的调停之下，开始并商议实际的业务事务。当货物、服务和(或)权利的交付和付款同时结束，并由各参与方按市场定义的和(或)业务事务中议定的条款加以确认时，业务事务即告完成。

要求各参与方的成员身份证明。但对买方和卖方可以不要求鉴别，因为货物或服务的交付和付款以及业务事务协定都是同时和立即进行的。

6.6.4.2.5 本原的协定剧本

这一剧本是 U-S-P 剧本的协定部分，其中货物或服务的交付并非同时与业务事务付款相联系。

在开始时，买方或卖方通过适当手段查找对方。然后，一方或双方向对方示意可接受的剧本，并商议按该剧本中可能的选择所提供的业务事务条款。特指剧本的接受方式可构成该条款的一部分。

在协定中，对货物、服务和(或)权利的交付与付款是分别进行的，以显式加以描述。对业务事务的标识，要求是唯一性的，以便将协定与货物、服务和(或)权利的交付与付款分别进行相对照。此外，这种标识在全球范围宜是无歧义的，因为无束缚的市场不具有良性定义的边界。

当货物、服务和(或)权利的交付与付款成功结束，并由各参与方按分别交付剧本和分别付款剧本确认时，业务事务即告完成。

6.6.4.2.6 已定义的本原协定剧本

这一剧本是 D-S-P 剧本的协定部分，其中将货物或服务的交付与业务事务付款分开。

在参与业务事务之前，要求买方和(或)卖方登记为特定市场的成员并接受贸易条款。

买方或卖方按特定市场的规则开始实际的业务事务。

在协定中，对货物、服务和(或)权利的交付与付款是后来分别进行的，以显式加以描述。对业务事务的标识，要求是唯一性的，以便将协定与货物、服务和(或)权利的交付与付款分别进行相对照。此外，这种标识在市场边界内宜是唯一性的和无歧义的。

当货物、服务和(或)权利的交付与付款成功结束，并由各参与方按市场定义的条款和(或)分别交付剧本和分别付款剧本确认时，业务事务即告完成。

6.6.4.2.7 复合协定剧本

这一剧本是 U-S-C 剧本的协定部分，其中将货物的或服务的交付与事务付款分开。

买方或卖方在适当的调停方的调停下，按特定市场规则开始并商议实际的业务事务。

当货物、服务和(或)权利的交付和付款都成功结束，并由各参与方按分别交付剧本和分别付款剧本确认时，业务事务即告完。

在协定中，对货物、服务和(或)权利的交付与付款是后来分别进行的，以显式加以描述。此外，对实际的业务事务的标识，要求是唯一性的，以便将协定与货物、服务和(或)权利的交付与付款分别进行相对照。此外，这种标识在全球范围内宜是无歧义，因为无束缚的市场不可能具有良性定义的边界。

当货物、服务和(或)权利的交付与付款成功结束，并由各参与方按分别交付剧本和分别付款剧本确认时，业务事务即告完成。

6.6.4.2.8 已定义的复合协定剧本

这一剧本是 D-S-C 剧本的协定部分，其中将货物或服务的交付与已定义市场中的业务事务付款分开。

买方或卖方开始并按已定义市场的规则商议实际的业务事务。

在协定中，对货物、服务和(或)权利的交付与在不同时间进行的付款，以显式加以描述。要求对业务事务唯一性和无歧义地予以标识，以便将协定与货物、服务和(或)权利的交付和分别付款相对应。对业务事务的识别在市场边界内宜是唯一性的。

当货物、服务和(或)权利的交付和付款均成功结束，并由参与方按照在市场中定义的条款和(或)分别交付剧本和分别付款剧本加以确认时，业务事务即告完成。

6.6.4.2.9 分别交付剧本

这一剧本是 U-S-P、U-S-C、D-S-P 和 D-S-C 剧本中的交付部分，这是在实际业务事务达成协定后分别进行的。当货物或服务的交付与业务事务协定分别进行时，对交付货物、服务和(或)权利的特定条款宜以显式规定。交付状况宜在剧本中注明，这是由于完成货物、服务和(或)权利的交付，对于实际的业务事务的整体完成，是一种强制性因素。

再者，交付剧本对先前的协定剧本宜保持稳定引用，以指代业务事务的分别活动之间的关系。

6.6.4.2.10 分别付款剧本

这一剧本是 U-S-P，U-S-C，D-S-P 和 D-S-C 剧本的付款部分，这是在实际业务事务达成协定后分别进行的。当付款是在业务事务协定后分别进行时，要求付款剧本以显式陈述付款的特定条款。付款状况也宜在剧本中注明，这是由于完成付款对于实际的业务事务的整体完成是一种强制性因素。再者，付款剧本对先前相关的协定剧本宜保持稳定引用，以指代业务事务的分别活动之间的关系。

6.6.4.2.11 鉴别剧本

这一剧本是 U-S-P 和 U-S-C 剧本的鉴别部分，识别并确认协定和(或)与未定义市场中的业务事务相关的参与方。在业务事务协定之后分别进行交付货物或服务和(或)付款时，要求鉴别剧本以便显式识别并确认业务事务中涉及的参与方之间的信贷和借记关系。对协定和(或)参与方的识别，在全球范围宜是无歧义的，因为隐式市场可以不具有良性定义的边界。

鉴别剧本对相关协定剧本也宜保持稳定引用，以指代业务事务、协定和(或)参与方之间的关系。

6.6.4.2.12 已定义的鉴别剧本

这一剧本是 D-S-P 和 D-S-C 剧本鉴别部分，识别并确认协定和(或)与业务事务相关的参与方。在鉴别中，假定识别已通过适宜于业务目的的手段建立起来。当货物或服务的交付和(或)付款是在业务事务协定之后分别进行时，要求一种鉴别剧本以便显式识别并确认用于财务结算业务事务涉及的参与方之间的的身份。

鉴别方案基于识别特定市场的规则。在已定义市场内,对协定和(或)参与方的鉴别应是唯一性的和无歧义的。

鉴别剧本对相关协定剧本也宜保持稳定引用,以指代业务事务、协定和(或)参与方之间的关系。

6.6.4.3 对剧本分类的评注

6.6.4.3.1 连续事务

为了剧本构件构造的目的,连续重复性事务与单一的或点式事务之间并无差别。连续性事务认为是点式事务的重复,其中的条款不随每一事务变更,变化仅按剧本提供的这种条款下于允许时出现。

6.6.4.3.2 服务事务

服务业务事务基本上与一种货物相同,即使可具有与不同的交付规程和状况确认相关的不同属性。

6.6.4.3.3 拍卖事务

拍卖事务是复合业务事务的一种变式,其中要求有两家或更多家买方和销售货物、服务和(或)权利的至少一家卖方的竞争性参与。

6.6.4.3.4 出价事务

出价事务是本原事务的一种变式,其中要求有货物、服务和(或)权利的两家或更多家卖方的竞争性参与。

6.6.4.3.5 信贷付款事务

以信用卡结算的业务事务,要求提供信贷和鉴别买方的至少一个信用卡号,并可要求验证从经鉴别的信贷提供方得到的信贷。因此,这种事务类型不同于通过现金和分别付款模型的变式事务。

6.6.4.3.6 规章约束

实际业务事务可以服从于除各方已经议定的规则之外的外部约束。规章管理性约束有许多类型。每一个这样的外部约束都部分或整个适用于特定的市场类型、参与方类型、货物、服务和(或)权利类型、交付类型和(或)付款类型等。某些规章仅适用于特定的国家或地区(即制约范围)和(或)仅限于某一期限。

不过,上述剧本分类认为是独立于规章要求,即外部约束。

7 划定开放电子数据交换剧本范围的指南

7.1 引言和基本原则[42)]

本章构建在第1章至第6章中制定的结构之上。这种结构与规则一起,为用户提供了初级的模板或检查表,用于划定开放电子数据交换剧本的范围。

在下面的第8章和第9章中提供了适用于开放电子数据交换剧本及其构件规范的细则,本章则特别关注于划定通过开放电子数据交换剧本模型的业务事务的业务环境范围。

---

42) 第7章及其所得的模板,意在补充第8章和第9章,其中包含开放电子数据交换剧本及其构件的本原规范要求。ISO/IEC 15944-2从剧本分析和注册需要两种视角增加了更详细的要求。

所采取的途径是识别业务事务的最本原的公共构件，然后从普遍到更为详细，从最简单的方面到更为复杂的方面，从对业务事务没有外部约束到纳入外部约束，从对职能服务没有特别要求到有特定要求等。

划定开放电子数据交换剧本范围的基本原则包括：

1） 以识别业务事务的最本原的(类属的和公共的)构件为第一优先级；

2） 从一开始就确定拟建模的业务事务是否是简单的类属性质的：对业务事务没有外部约束，不包括除买方和卖方之外的其他方；

3） 确立对其在业务事务中的角色作出承诺的各方是不加区分的“法人”，还是业务更高粒度性质的关系（是否纳入三种法人范畴，即个人，组织和公共行政管理部门?）；

4） 注明该剧本是否提供委派对代理方或第三方的承诺；

5） 就业务反应的过程确立该剧本是否特别关注所有的五个部分，即规划、识别、商议、实行和实行后，以及其中的一个或任何组合；

6） 确立记录式信息是预定义性质的和结构化数据元素的程度；

7） 用作识别“是-否”性质判据的检查表。这便于将剧本和剧本构件注册在储存库中供再次使用；

8） 便利于这样的储存库的用户看清是否有可用的“最佳配合”，并于必要时对现有剧本构建附加构件，以创建最佳配合而不是“从头开始”进行研制；

9） 确保用于划定开放电子数据交换剧本范围的判据能够用于避免与防止剧本定义的“范围渐移”；

10） 识别是否要求和要求何种类属职能服务以支持该剧本。

7.2 划定开放电子数据交换剧本范围的规则

所服从规则的重点，首先是从业务操作视图视角划定开放电子数据交换剧本的范围，见以上 6.1 至 6.4 和 6.6，其次是对功能服务视图(FSV)的业务要求，见 6.5。

下面 7.3 中的关联模板的完成，将便利于第 9 章中更详细的开放电子数据交换剧本模板的完成。例如，当开放电子数据交换剧本的范围划定为适用于对没有外部约束(即仅有内部约束)的业务事务建模时，所有的属性——“开放电子数据交换剧本(OeS)属性”，“角色属性”，“角色需求开放电子数据交换各方”和“信息束(IB)”属性——有关业务要求的“外部约束，即法律和规章”，就会规定为“不适用的”。另一方面，当(最低限度)外部约束适用于(于适用时)业务事务的建模时，必须在划定剧本及其属性和构件范围时加以规定。

规则 50：

对于纳入业务事务外部约束的开放电子数据交换剧本的要求，应从一开始就加以陈述[43)]。

注 1：许多业务事务元素都是类属的，即不依赖于所提供的货物、服务和(或)权利(例如包括通过目录库使货物的或服务的可用性已知、付款条款、交付方法的“规划”，包含了实物货物的运输方式，或者对“虚拟的”货物与服务通过远程通信，带有保单的实行后)。

注 2：预期将研制并注册许多可重用的开放电子数据交换剧本和剧本构件，其中将全球的与国际的业务事务公共元素建模，这在以后能由外部约束加以特指。

规则 51：

有必要陈述：正在建模的业务事务中的开放电子数据交换各方是否是(a)即不加区分的一般法人；或(b)在法人的各种范畴——即在作为个人、组织和公共行政管理部门的子类型——中作出区分。

43） 注：ISO/IEC JTC1/SC32 正在主办一项 NWI 标准(见 ISO/IEC JTC1 N5846)，并已被接受(见 ISO/IEC JTC1 N6204)处置制约范围事宜，因为这影响到业务事务外部约束的规范。这项 NWI 得到引导使其能够识别并引用影响剧本和剧本构件的法律和规章。处于研制之中的是 ISO/IEC 18038《信息技术　制约域各种范畴的识别和映射》。

注 1：从类属视角看，能将业务事务模型化为可重用的开放电子数据交换剧本和剧本构件，所基于的假定是：开放电子数据交换方具有“法人”的性质和行为，即作出承诺、承担责任等能力，而无需进一步区分法人的范畴。

注 2：另一方面，通过开放电子数据交换剧本和剧本构件正在建模的业务事务，很可能仅关注于“组织对组织”（口头称“B2B”）或“组织对个人”（口头称“B2C”）。这些业务事务还可具有一个法人是公共行政管理部门的特定要求。

注 3：再者，涉及公共行政管理部门作为买方的业务事务各不相同，因为以“买方”作为公共行政管理部门的业务事务有可能施加预定义的外部约束。

注 4：最后，“个人对个人”的业务事务很可能经由第三方（例如信用卡或电子现金提供方）作中介。

规则 52：

有必要规定：在业务事务中涉及的各首位方（即卖方和买方）之间的任何承诺，是否能委派给代理方和（或）第三方。

注 1：在业务事务中，开放电子数据交换各方的角色可以是也可以不是可委派的。此外，从可重用性视角看，很可能希望在颇为类属的级别上，即没有任何承诺委派，来注册开放电子数据交换剧本或剧本构件。

注 2：另一方面，本部分的用户很可能希望采取类属的可重用构件，并对其添加“允许能力”：

卖方利用“代理方”；

买方利用“代理方”；

买卖双方相互商议同意利用第三方；

第三方作为“调解方”提供服务，便利于预期的买卖双方达成一致（进一步的信息见 6.6.3.3《贸易模型》）。

规则 53：

业务事务由预定义的活动和（或）过程的集合所组成。有必要陈述：开放电子数据交换剧本是否（a）覆盖识别的业务过程的活动集——规划、识别、商议（实行和实行后）；或（b）仅覆盖这些活动之一或一个特定组合。

注 1：具有货物或服务的预定义的目录库的卖方，将受益于在提供这一类属职能时具有划定范围的类属开放电子数据交换剧本。

注 2：无歧义标识是电子商务（以及电子业务等）中的重大问题。以识别独立于“如何”来规定“什么”的法人为重点的类属开放电子数据交换剧本，其可用性使所有各方受益。

注 3：付款条款对大多数业务事务都是一种类属要求。以“付款条款”为重点的开放电子数据交换剧本，将会（1）假定“识别”过程已经完成；（2）覆盖商议、实行和实行后三方面。

规则 54：

当规定开放电子数据交换剧本或其任何构件的范围时，应规定编码值域（CVD）的出现与否或预定义的和结构化的数据引用集。

指南 54G1：

当利用预定义的和结构化的数据元素集即编码值域时，应以显式引用。所引用的这样的编码值域，推荐符合于 ISO/IEC 18022 。

规则 55：

作为划定开放电子数据交换剧本的组成部分，有必要识别（1）在开放电子数据交换剧本的三种分类因素——即（a）市场类型、（b）结算类型、（c）本原的或复合的角色——中，哪一种适用；（2）在两种基本的、互斥选项中，哪一种适用于这三种因素中的每一种。

注：这一规则抓住了要在模板（见 7.3）中掌控，以便支持 6.6 中引出的要求的关键元素（另见附录 H）。

规则 56：

对开放电子数据交换剧本，有必要的陈述：正在建模的业务事务是否对开放电子数据交换支持基础设施（即支持由所涉及法人相互议定的承诺）提出需求。

注：这一规则抓住了要在模板（见 7.3）中掌控，以支持 6.5.2 中引出的要求的关键元素。

规则 57：

当正通过开放电子数据交换剧本建模的业务事务纳入外部约束，而其中的外部约束影响功能服务

视图(FSV)对开放电子数据交换支持基础设施(OeSI)的需求时,应规定这些外部约束。

注:对业务事务的所有外部约束,并非都对开放电子数据交换支持基础设施提出 FSV 需求(例如采用特指的编码值域(CVD)和带有 CVD 的许可的码值)。

7.3 用于规定开放电子数据交换剧本范围的模板

7.3.1 模板简介

1) 这种模板用作识别在注册剧本范围时拟规定的必选属性。该模板的目的是以系统式的即编码的形式获得划定开放电子数据交换剧本和剧本构件范围的关键方面,以便注册和重用。

2) 划定范围的每一属性均应规定为适用的或不适用的。这两种条件要编码为决策代码[44]“是”= 1 和“否”= 2 。这将允许:

   i) 从全球视角,通过允许这两种代码的多语种等效,支持 ISO/IEC JTC1“文化适应性”的战略方向;

   ii) 为开放电子数据交换剧本的这些划定范围的属性的计算机可处理性、搜索能力和引用能力提供方便。

3) “范围标签标识符代码”号的指派具有块数字性质。对“范围标签标识符代码”,块数码号 1000 到 1999 为保留号。而对“构件标识符代码”号(见 9.2.3),块数字 2000+,即一直到“9999”,均已予以保留。

   此处的目的是确保对于:

   i) 划定开放电子数据交换剧本的范围;

   ii) 规定开放电子数据交换剧本及其构件的属性的所有数字标识符在 GB/T 29853.1 内以及在 ISO/IEC 15944 第 2 部分的使用中都是唯一性的、无歧义的、在语种上中性的。

4) 这一途径将便利于无歧义引用和注册,这对开放电子数据交换剧本及其构件的可重用性和互操作性是必要的。这也便利于支持这些数字标签的本地化要求和多语种等效采用,即多种等效的人的界面等效。

7.3.2 模板[45]

IT 界面		语种人界面等效			备用(6)
范围标签 ID 代码(1)	决策代码(2)	名称(中文)(3)	名称(英文)(4)	名称(其他)(5)	
1000		业务事务的业务目标——无外部约束[46]	Business goal of business transaction-Noexternal constraints [46]		
1010		业务事务的业务目标包括外部约束[47]	Business goal of business transaction includes external constraints [47]		

---

44) 当研制开放电子数据交换剧本规范时,可采用代码“3”来指明“尚不知”。

45) 模板矩阵的物理外观是例证性质的(更多内容见 ISO/IEC 15944 第 2 部分)。该模板的目的是确保在第 6 章和 7.2 中识别的所有规范要求都以系统的方式获得。模板结构化表明了支持多语种人的界面等效的能力。

46) 在划定开放电子数据交换剧本范围时,重要的是从一开始就规定外部约束是否适用于正在建模的业务事务。当没有外部约束,即仅有买卖双方相互议定的约束时,这样的开放电子数据交换剧本常常能当作类属的可重用“积木”块,以支持确实包括外部约束的开放电子数据交换剧本。

（续）

IT 界面		语种人界面等效			备用 (6)
范围标签 ID 代码 (1)	决策 代码 (2)	名称(中文) (3)	名称(英文) (4)	名称 (其他) (5)	
1040		法人(无外部约束)	Persons (no external constraint)		
1041		法人:个人对个人	Persons: Individual <-> Individual		
1042		法人:个人对组织[48]	Persons: Individual <-> Organization [48]		
1043		法人:个人对公共行政管理部门	Persons: Individual <-> Public Administration		
1044		法人:组织对组织[49]	Persons: Organization <-> Organizations [49]		
1045		法人:组织对公共行政管理部门	Persons: Organization <-> Public Administration		
1046		法人:公共行政管理部门对公共行政管理部门	Persons: Public Administration <-> Public Administration		
1060		双边事务模型	Bilateral Transaction Model		
1061		中介式业务事务模型[50]	Mediated Business Transaction Model [50]		
1065		已定义的市场模型	Defined Market Model		
1066		未定义的市场模型	Undefined Market Model		
1070		立即结算模型	Immediate Settlement Model		
1071		分别结算模型	Separate Settlement Model		
		代理方和第三方	**AGENTS AND THIRD PARTIES**		
1110		**业务事务允许代理方**[51]	**Business Transaction allows for Agents** [51]		
1111		买方代理方	Buyer Agent		
1112		卖方代理方	Seller Agent		
1130		**业务事务允许第三方**[52]	**Business Transaction allows for Third** [52] **Parties**		

47） ISO/IEC 18038《信息技术　标识和各种范畴的制约域对照》的完成，将是开发识别外部约束的“标准的”模板属性的辅助工具。

48） 常称为“B2C”，即“企业对顾客”。此处的“顾客”理解为“个人”而非“组织”。

49） 常称为为“B2B”，即“企业对企业”。

50） 拟作为开放剧本建模的本原手段的业务事务仅涉及买卖双方。

51） 假定：有资格将全部或部分角色和关联的承诺委派给“代理方”方，有关两个首位方（卖方和买方）能力的业务规则和约束，将规定为“角色属性”的组成部分，更多内容见下面的 8.4.2.5。

52） 假定：有资格议定将全部或部分角色和关联的承诺委派给“第三方”方，有关两个首位方（卖方和买方）能力的业务规则和约束，将规定为“角色属性”的组成部分，更多内容见下面的 8.4.2.5。

（续）

IT 界面		语种人界面等效			备用
范围标签 ID代码 (1)	决策代码 (2)	名称(中文) (3)	名称(英文) (4)	名称 (其他) (5)	(6)
1131		通过买卖双方的相互协定(仅作为内部约束)	By mutual agreement of buyer and seller (as internal constraints only)		
1132		强制的外部约束	external constraint(s) Mandated		
1200		**过程构件:覆盖所有的五种不同活动集**	**PROCESS COMPONENT: All five sets of distinct activities covered**		
1225		预定义的/可引用目录	Predefined/referencable Catalog		
1210		规划	Planning		
1215		由卖方提供的货物/服务的公用信息	Public information on goods/services provided by a seller		
1220		买方所需的货物/服务的公用信息	Public information on goods/services needed by buyer		
1225		预定义的与可引用的商品目录库	Predefined/referencable Catalog		
1230		买方提出的货物与服务请求	Buyer initiated goods/service request		
1235		卖方提出的货物与服务报价	Seller initiated goods/service offer		
1240		预定义的市场模型	Predefined MarketModel		
1250		**识别**	**Identification**		
1255		仅识别信息交换的目的(例如一个地址)[53]	Identification for information exchange purposes only (e.g. an address)[53]		
1260		识别有资格作出承诺的法人[54]	Identification of Person able to make commitment[54]		
1265		识别作为"个人"的法人	Identification of Person as "individual"		
1270		识别作为"客户"的法人	Identification of Person as "consumer"		
1300		**商议**	**Negotiation**		
1305		涉及的货币付款	Monetary Payment Involved		

53) 在此,典型的例子是一个电子邮件地址或一个邮箱地址。

54) 这通常是对商议步骤的要求,而且必然是对实行的要求。

（续）

IT 界面		语种人界面等效			备用 (6)
范围标签ID代码 (1)	决策代码 (2)	名称(中文) (3)	名称(英文) (4)	名称(其他) (5)	
1310		立即结算模型	Immediate Settlement Model		
1315		分别结算模型付款	Separate Settlement Model payment		
1350		**实行**	**Actualization**		
1355		立即结算	Immediate Settlement		
1360		分别结算	Separate Settlement		
1400		**实行后**	**Post-actualization**		
1405		包括保单	Includes warranties		
1410		包括记录保留	Includes records Retention		
1415		包括继续与买方保持接触(例如缺陷和召回通知)	Includes staying in contact with buyer (e.g., defect and recall notification)		
1500		**数据构件**	**DATA COMPONENT**		
1505		预定义的和结构化的,即代码集	Predefined and Structured, i. e., code sets		
1520		任何信息束的数据完整性	Data integrity of any IB		
1525		任何信息束的保留/等待时间	Retention /latency of any IBs		
1600		**功能服务视图的业务要求——非外部约束**[55]	**Business requirements on FSV – No external constraints** [55]		
1610		服务:信息束完整性	Service: Information Bundle Integrity		
1615					
1620		服务:IB内容的保密性	Service: Confidentiality of IB contents		
1625		服务:收到的抗抵赖	Service: Non-repudiation of receipt		
1630		服务:定时信息束创建的证明[56]	Service: Proof of Time IB creation [56]		
1635		服务:信息束的仲裁	Service: Notarization of IBs		

55） 更多内容见上面的6.5.2。

56） 常称为“时戳加盖服务”。

（续）

IT 界面		语种人界面等效			备用 (6)
范围标签 ID 代码 (1)	决策代码 (2)	名称(中文) (3)	名称(英文) (4)	名称 (其他) (5)	
1640		服务:服务质量(QoS)	Service: Quality of Service (QoS)		
1700		外部约束[57]	EXTERNAL CONSTRAINTS[57]		

8 适用于开放电子数据交换剧本及其构件的规范的规则

8.1 引言和基本原则

对于开放电子数据交换剧本属性和剧本构件的属性，本章提出适用于开放剧本——即角色、信息束(IB)和语义构件——的规范的规则。

开放电子数据交换途径的关键推动力，是能使法人就有关在其间交换数据的方式[58]以最低限度先行安排参与电子数据交换(EDI)。与当前的电子数据和文件交换形式成对照的是，这意味着这种数据和语境都必须是预定义的、结构化的和标准化的。更精确地说，开放电子数据交换合伙方的计算机系统需能以自动方式处置作为信息束(或信息束集)发来的消息[59]。"消息处置"过程的规范是开放电子数据交换剧本的一个关键元素。这与目前的 EDI(和 EDI 消息处置)的主要差异是，开放电子数据交换不仅(1)描述单个消息需要如何判读，以及描述多个消息之间如何相关；而且 (2)以标准化的、计算机可判读的方式对此加以规定。

研制剧本本身并不是本部分的目的。不过，在自主的各方之间的业务事务中，将承诺和信息交换表示为计算机可判读的和可互操作的电子数据交换，必须：

1） 以显式陈述和定义业务要求；
2） 以能由自动化信息系统"所理解的"正式方式，陈述这些这些业务操作要求的规范。这包括确保对 OeDT 的要求也加以定义（见 6.5）。

开放电子数据交换剧本由几种构建块组成。这些剧本规定了信息交换和所作承诺，以此制约各法人(又称"开放电子数据交换各方")之间进行的事务。在开放电子数据交换参考模型(GB/T 17628)中，已经引入了角色和信息束。角色规定开放电子数据交换各方的行为，而信息束规定所交换信息的语义，包括所作的承诺。为了把角色和信息束连接在一起，在开放电子数据交换剧本一级的属性也要予以定义。本章对这些概念的结构依据需要定义的属性和某些构件的形式规范进一步定义。这将导致对形式描述技术(FDT)要求的规定，其中的 FTD 用作角色和信息束的形式规范。

57） 收件方处置制约范围这一问题，因为这影响到对业务事务外部约束的规范(有资格识别并引用影响剧本和剧本构件的法律和规章)，其中的业务事务在 ISO/IEC 18038《信息技术 标识以及与各种制约域范畴的对照》中处置。

58） 这包括基于 EDI 的应用，即众所周知的电子商务，电子业务，电子旅行，电子政务，电子物流，电子学习，电子医疗，等等。

59） 术语"消息"的当前定义有许多不同的含义，并且在 ISO 和 ISO/IEC 中的用法多种多样：从电子数据交换"消息"(ISO 9735 EDIFACT 及其"实现指南")到消息处置中"消息"(ISO/IEC 78498、9594 和 10021 系列标准及其等效的 ITU X400 和 X.500 系列推荐标准)。

虽然必须规定所有属性,但每一属性的出现和条件均可随以下三种情况变化:(1)业务事务约束的类(见 6.1.6)、剧本及其构件;(2)议定的业务要求和规则;和(或)(3)对业务要求外部约束(即法律和规章)的适用性。用于规定剧本构件及其属性的属性的出现和条件的规则和法规在第 9 和第 10 章中陈述。

重要的是注明角色将开放电子数据交换各方之间的外部可见的行为模型化。

规则 58

与角色关联的内部与外部行为之间的边界,交由用户确定和定义。

剧本中的角色建模宜于能将开放电子数据交换方视为单一实体,而不论是否其是具有小型或是大型的内部过程。因此,当法人是一个"组织"或"公共行政管理部门"子类型,"组织"或"公共行政管理部门"内的多个组织部分或组织法人,其中又各具有较小的内部过程时,仍将其视为单一实体。[60)]

外部可见行为的概念与达到相互议定的业务事务目标并获得关联的送进和发出的信息束所必要的业务过程有关。如图 25 所示。

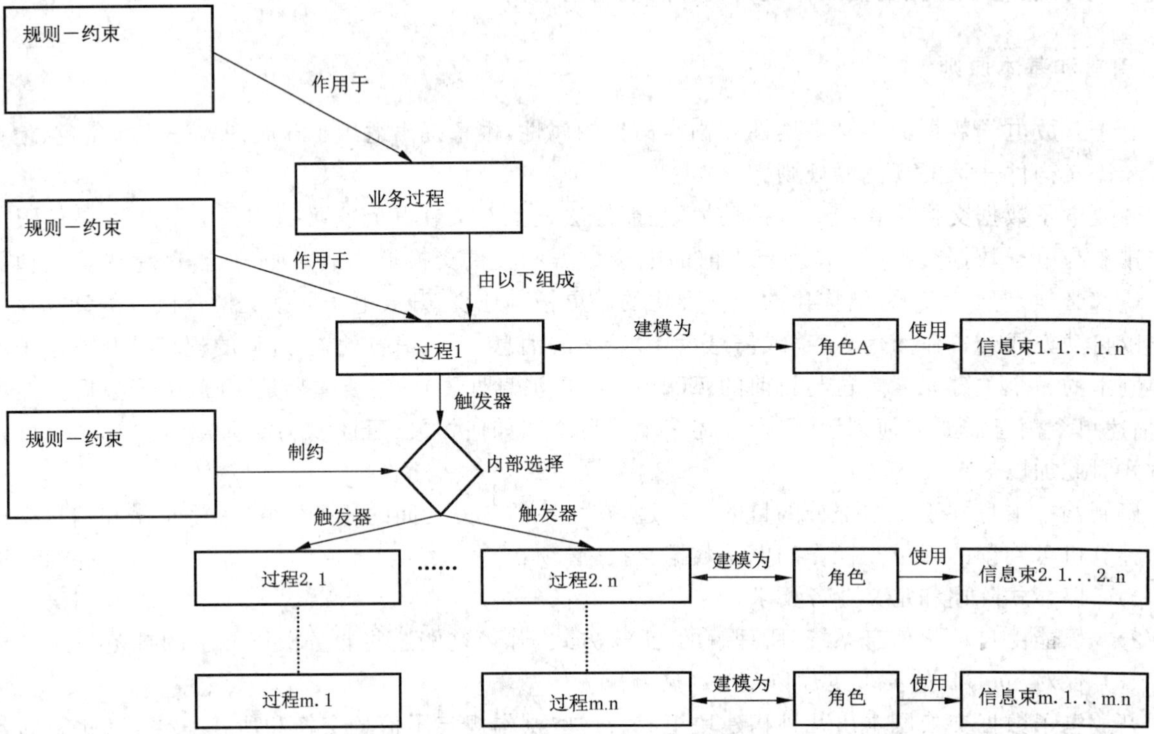

图 25　根据规则、约束和剧本构件的运行,
从自主组织的观点对开放电子数据交换的运行的图示

图 25 从自主法人的观点表示开放电子数据交换的运行,该法人希望采用这种运行来支持特指的业务过程。外部世界对这一过程可具有约束(例如,特指的制约范围可以管控某些活动或要求拟交换的信息)。此外,法人也可以具有内部规则,从总体上制约其业务过程。两种类型的约束都以标有"规则—约束"的框表示。

业务过程本身可由许多过程组成。在每一过程完成之后,即达到一种新的状态,并作出某一内部选择,以决定下一步要执行的过程。这一决策基于采用内部规则库的前一过程的结果。选择能造成正以

60) 涉及公共部门(和关联的信息束)与涉及私有部门组织相比,剧本的角色关注于具有更广泛的外部可见的行为。在私有部门组织之间,外部可见的和内部行为之间的边界,常常由(国际的)业务惯例、产业部门约定、业务关系中的信托度等中的公共性程度因素确定。

并行方式或以正从系列中选择和执行的许多备选过程执行的多重过程。

开放电子数据交换剧本仅关心这些过程与角色之间的信息束交换有关的部分。这一特指信息将在角色描述中规定。因此,角色描述包含确定信息束交换相互依赖性所需的知识或信息。这也意味着业务过程中的开放电子数据交换有关的部分的整个规范将由多角色完成,这些角色在剧本(采用剧本属性)中是互连的。加以实现的不同的有效途径是将角色定义为所有这些过程的组合,并以不同方式调用不同的子集,例如片断或活动单元。

虽然视图看似一种要制定的颇为基础的决策,但当假定多重分解级别和继承类型能在角色级别发生时,也能认为这仅仅是一种标识(和命名)问题。从建模视角看,确实无关于某一事物是否指定为一个角色、子剧本或片断,因为在模型中获得的信息是同样的(信息束的收发)。所有这些模块之间的关系都必须无歧义地定义,其中要求模块化、继承性或层次分解。

图 25 虽然表明:特定的过程由特定角色来实现,但情况可以是多种备选过程实际上都能用于这一目的。例如,“得到产品信息”能通过预期的买方与卖方的单一信息束交换来实现,或者通过作为会话(或作为对话的会话集)组成部分的较小的信息束的多次交换来实现。这两种情形很可能由具有同一目的的不同角色描述所覆盖。

最后得到的剧本将由对于业务事务中涉及的开放电子数据交换每一方的模型所组成,因此规定了信息束的全面交换(在一个组织中的各过程,在另一组织中均宜具有“镜像”过程,以便进行整个业务事务工作。当一方发送一个信息束而另一方不知时,该剧本定义显然是不正确的)。

这一引言以注明开放电子数据交换剧本及其构件的可重用性这一重要问题作为结束。因为所有这些构件都必须以唯一性的、无歧义和语言学上中性的标识符来提供,所以可重用性由设计创建。开放电子数据交换剧本的可重用性是通过其构件的可重用性得到便利。当新的开放电子数据交换剧本采用现有剧本进行研制时,剧本开发方就能直接重用现有的剧本的构件。

剧本以及剧本构件的可重用性嵌入在:

1) 从合乎业务事务目的的粒度级的业务操作视图视角,并具有将这些业务要求转换为采用形式描述技术(即采用 OeDT)的模型所需的明晰度的剧本和剧本构件的规范;

2) 服务于双重目的与目标的 OeDT 模型,即:

   i) 确保有关剧本和剧本构件的所有业务要求(a)都是无歧义的并符合正在建模的业务事务目标所需的确定性和完备性级别;(b)能互工作,即没有逻辑不一致性或空缺;

   ii) 确保(a)对功能服务视图(FSV)的需求性质的所有信息都是在剧本及其构件的业务操作视图方面加以规定,并在关联的 OeDT 中建模;(b)从功能服务视图视角看,业务操作视图的要求是无歧义的,即确定性级别适宜于业务事务的目标,而对功能服务视图的最后需求没有造成逻辑的不一致性或空缺。

剧本和剧本构件的可重用性是可达到的目的,因为现有的(全球性)业务事务,无论是基于口头的或是基于纸性质的,都已经由“标准的”、在现有的各参与方之间无歧义理解的可重用构件组成(即使这样的“标准的”构件尚未采用形式描述技术(FDT)加以规定)。类似地,对电子数据交换在句法上较早的和当前的经验,无论是 ISO 9735 (EDIFACT)或基于 ANS X.12 以及现在的“XML”,均已表明对可重用构件的需要和可行性。

采用本标准将确保这样的可重用性嵌入在用于规定构件的形式描述技术中。

8.2 开放电子数据交换剧本(OES)对互操作性的需求

在本部分语境中所用的术语“互操作性”,是指采用某一剧本或其任何构件的所有各方能够理解那些构件意义的能力。再者,当该剧本的潜在各方之一参与该剧本,这样做时必须能够实施按剧本或其任何构件规定的最低限度功能要求。

因此,这些要求必须在几个级别上加以考虑:

a) 以能由收到方理解的格式表示的剧本构件的内容，能否转换为任何必要的内部格式供内部处理？注意：这包括能够表示采用人可阅读格式的信息。
b) 剧本构件的语义是否清晰？（并不认为带有“日期”描述的字段是清晰的，因为仅从这种信息不可能知道日期的格式是天文学儒略历、格里历、或是允许的其他历法表示，即使这种格式是已知的，它是已经发生的或是将要发生的事件的日期？）在注册剧本构件时，重要的是将有关该信息内容的语义的足够的描述信息包括在内，以使其含义对收到方是清晰的。
c) 剧本构件的技术内容是否按认可的编码标准（货币表，国家国际代码，注册的密码算法）加以格式化或表示？
d) 安全要求是否以能编译的形式和格式来表达？
e) 所规定的约束是否是可接受的？

8.3 适用于开放电子数据交换剧本和剧本属性规范的规则

8.3.1 开放电子数据交换剧本规则

“开放电子数据交换剧本”的定义是：

开放电子数据交换剧本 Open-edi scenario

对具有同一业务目标的业务事务类的一种形式规范。

规则 59：

开放电子数据交换剧本通过角色、信息束和剧本属性加以规定。

规则 60：

开放电子数据交换剧本由两个或更多个角色组成。

注：在业务事务的规划阶段（见 6.3.2），常常假定第二角色由开放电子数据交换的响应方扮演，即作为预期的角色做好准备。例如，由卖方邮寄的电子目录假定存在预期的买方。由买方邮寄的请求报价单假定存在预期的卖方。无论在哪种情况下，对业务事务议定的终止条款能在规定的日期与时间到期（例如报价或请求报价在 YYYY-DD-MM 之前有效）。

规则 61：

业务事务可规定为一个或多个开放电子数据交换剧本。

注：例如，牵扯到海关放行、多模运输，并在财务转账中涉及多家银行，跨越多个制约范围的业务事务模型，可通过几个互相链接的剧本来规定。

规则 62：

有关业务事务，在某一角色或信息束（及其属性）的规则和规范中未覆盖的方面，应通过开放电子数据交换剧本属性加以规定。

8.3.2 开放电子数据交换剧本（OeS）属性及关联的规则

开放电子数据交换剧本属性有：

a) OeS 标识符；
b) OeS 名称；
c) OeS 目的；
d) OeS 角色集；
e) OeS 信息束集；
f) OeS 对开放电子数据交换各方的要求集；
g) OeS 对业务要求的外部约束的要求集，即法律和规章；
h) OeS 继承性标识符和交叉引用；
i) OeS 安全服务要求；

j) OeS 通信-服务质量要求；

k) OeS 角色要求和约束；

l) 剧本中各角色之间的 OeS 依赖性；

m) 剧本中信息束之间的 OeS 依赖性；

n) 不同信息束的语义构件之间的 OeS 依赖性；

o) 对开放电子数据交换各方的 OeS 需求；

p) 对开放电子数据交换支持基础设施的 OeS 需求。

关于这些开放电子数据交换剧本属性，下列规则适用。

8.3.2.1 剧本属性：OeS 标识符

规则 63：

开放电子数据交换剧本标识符应是唯一性的，语言学上中性的、无歧义的和可引用的。这是一种强制性属性。

8.3.2.2 剧本属性：OeS 名称

规则 64：

OeS 名称是对开放电子数据交换剧本标识符的一种语言学表达式称呼。与一个 OeS 标识符相关联的可以有一个以上的作为等效的语言学表达式的 OeS 名称。

注 1：必要的是，能够支持本地化、多语种、跨部门和文化适应性的要求。通过其 OeS 标识符在形式上规定和标识的开放电子数据交换剧本，从人的界面视角看，有可能具有与之关联的一个或多个指定的等效语言学表达式，即名称、标号等(例如作为“别名”)。

注 2：采用特定的语言学等效表达式作为 OeS 属性的名称，可以在某一制约范围设定。

8.3.2.3 剧本属性：OeS 目的

规则 65：

OeS 属性的“目的”规定了开放电子数据交换剧本的范围。

注 1：采用术语“范围”指明需要精确性和专用性。

注 2：OeS 目的的重点和边界能采用包含性的规则、定义性的陈述以及除外性的规则加以定义。

8.3.2.4 剧本属性：OeS 角色集

规则 66：

适用于剧本的角色集应通过其角色标识符加以规定和引用。

规则 67：

应陈述哪些角色是必选、条件的或服从某一条件的必选(更多内容见附录 B)。

规则 68：

在适用于 OeS 的角色集合中，对扮演一个以上角色的同一开放电子数据交换方的约束，应于适用时加以规定。

更多内容见附录 B。

8.3.2.5 剧本属性：OeS 信息束集

规则 69：

适用于剧本的信息束(IB)集，应通过这些信息束的唯一性标识符规定。

规则 70：

若适用时，宜陈述哪些信息束是必选、条件的或服从某一条件的必选。

规则 71：

对有关在 OeS 中角色的信息束的约束，应于适用时加以规定。

8.3.2.6 剧本属性：对开放电子数据交换各方的 OeS 要求集

规则 72：

在剧本级别适用的业务要求、规则和惯例应加以规定。这种规范应在详细级别陈述，以确保在剧本级的开放电子数据交换各方之间的承诺是无歧义的。

规则 73：

有关开放电子数据交换各方和剧本构件的业务约束，若在剧本级别存在时应加以规定。所有这些约束均应在剧本构件——即角色和(或)信息束——中加以说明。

注 1：业务约束是作为个人和(或)组织的法人相互议定施加于他们本身(作为一种"协调式自主"的运用)的约束。

注 2：外部约束是施加于业务事务方面的约束。外部约束的主要来源是制约范围(例如地理政治性质的，服务范畴的和货物类型的)。

8.3.2.7 剧本属性：对业务要求的 OeS 外部约束集，即法律和规章

规则 74：

从在剧本级别适用的法律或规章引出的要求或约束，应以显式陈述(包括源制约范围)[61]。

规则 75：

遇有多种法律和规章在剧本级别适用的情形，适用的约束应加以整合。

注 1：对于仅从业务事务模型的内部约束开发的剧本，这些剧本属性不适用。

注 2：遇有剧本纳入外部约束的情形，设计者宜考虑采用 OeDT 建模并由相关的制约范围对结果加以评审。

8.3.2.8 剧本属性：OeS 继承性标识符和交叉引用

规则 76：

剧本属性用于以下情况：

a) 剧本是更普遍剧本的定制版本；和(或)

b) 剧本采用其他剧本作为其组成部分构建。

注 1：规则 76.a)的例子有：类属(普遍)的多模运输物流剧本用作为特定运输模式定制的运输剧本的基础的情形。

注 2：规则 76.b)的例子有：运输交付剧本与付款剧本(的条款)相结合(例如，对于货到收款(C.O.D.)，此时运输方也负有收集付款的责任)的情形。

8.3.2.9 剧本属性：OeS 安全服务要求

规则 77：

必须在剧本级别得到满足的安全服务要求，应加以陈述(包括不适用性(更多内容见附录 B))。

关系到剧本的安全服务要求的例子有：

示例 1：依从性——必须依从什么安全方针；

示例 2：所需的标准 ——为支持依从性正在实现什么标准；

示例 3：实际机制——为支持各项要求，正在启用与支持哪些特定方法和技术。

---

61) 为了应对法律和规章，IEC JTC1/SC32 正在处置制约范围及其对业务事务外部约束的影响的规范的问题。ISO/IEC 18038《信息技术　各种制约域的标识与对照》已经针对能识别和引用影响到剧本和剧本构件的法律和规章。

8.3.2.10 剧本属性:OeS 通信-服务质量要求

规则 78:

对远程通信服务的服务质量要求,若在剧本级别适用时,宜在此处加以陈述。

为了实施规定的功能,当特定的服务质量必须对开放电子数据交换方的角色可用时,要求这一属性。例子有:

示例 1:具有接收以最低限度速度发送的信息的能力,以使传送成为可能与合理(宽带流式,其中传送实时视频)。

示例 2:占有特定的设备(例如虹膜扫描器、指纹阅读器、图形输入板、照相底片扫描器)。

示例 3:为了提供剧本(或剧本构件)所需的响应速度,具有特定的人的鉴别连接形式(实时的或存储并转发的)。

8.3.2.11 剧本属性:OeS 角色要求和约束

规则 79:

对某一剧本中扮演角色(或角色组合)的开放电子数据交换各方,这一属性用于标识其请求的和(或)不希望有的配置。

8.3.2.12 剧本属性:剧本中角色之间的 OeS 依赖性

规则 80:

在某一剧本中角色(包括定序)之间的依赖性,若有时应加以规定。

8.3.2.13 剧本属性:剧本中信息束之间的 OeS 依赖性

规则 81:

在某一剧本中信息束(包括定序)之间的依赖性,若有时应加以规定(更多内容见附录 B)。

8.3.2.14 剧本属性:不同信息束的语义构件之间的 OeS 依赖性

规则 82:

在某一剧本的信息束之间的语义构件(包括定序)的依赖性,若有时应加以规定(更多内容见附录 B)。

8.3.2.15 对开放电子数据交换各方的 OeS 需求

规则 83:

除对组成 OeS 的角色和(或)信息束规定的以外,对开放电子数据交换各方的 OeS 需求必须加以规定。

注 1:假定:对开放电子数据交换各方的 OeS 需求,是组成 OeS 的角色和信息束的需求的总和。

注 2:对组成 OeS 的角色和信息束的需求所需的互工作,很可能导致附加的、必须在 OeS 级规定的需求。

规则 84:

遇有特定的贸易剧本或结算剧本对参加到该剧本中是必选情形,应作为对开放电子数据交换各方的需求加以规定。

8.3.2.16 对开放电子数据交换基础设施的 OeS 需求

规则 85:

除对组成 OeS 的角色和(或)信息束规定的以外,对开放电子数据交换基础设施的 OeS 需求必须加以规定。

注 1:假定:对开放电子数据交换基础设施的 OeS 需求,是组成 OeS 的角色和信息束的需求的总和。

注2：对组成 OeS 的角色和信息束的需求所需的互工作，很可能导致附加的、必须在 OeS 级规定的需求。

8.4 适用于开放电子数据交换角色和角色属性的规范的规则

8.4.1 制约角色的规则

"角色"定义为：

角色 role

将某一开放电子数据交换方的外部可见的行为(按剧本内所允许的)模型化的规范。角色包含这一行为(例如业务过程)的形式描述以及关联属性的清单和规范。

角色通常表示法人(个人或组织)的业务职能和关联的承诺、义务和责任以及关联的公共业务过程。开放电子数据交换角色是(可重用的)计算机可读、可处理的，由法人作为开放电子数据交换一方例示的上述内容的规范。

制约"角色"的业务操作视图规则包括：

规则86：

开放电子数据交换各方承担基于角色承诺的承诺。

规则87：

开放电子数据交换方可扮演一个或多个角色，而一个角色可由一个或多个开放电子数据交换方扮演。

规则88：

内部和外部行为应与一个角色关联。

注1：与角色关联的内部和外部行为之间的边界，交由用户确定和定义。

注2：对角色的建模，宜允许将开放电子数据交换方视为带有大型内部过程的单一实体，或视为多个个人实体，即作为组织部分和组织法人，各带有较小的内部过程。

注3：角色的概念关系到规定业务过程和信息束。

(见图 25 。)

规则89：

角色应是一个或多个剧本的构件。

注：角色仅能存在于某一剧本的语境之内。

规则90：

角色的行为应由状态、过渡、事件、行动和(或)内部职能加以规定。

规则91：

角色属性应清晰地定义和规定，以便采用明文完成角色规范。

注："采用明文"的要求具有三重目的，即：

——确保开放电子数据交换剧本的业务操作视图由表示用户要求的人员和(或)开放电子数据交换各方清晰地表达和理解；

——确保业务要求以独立于任何建模方法或语言的方式来陈述。(经由 OeDT 的角色的形式规范来确保计算机的可处理性)；

——确保与角色关联的承诺和义务在剧本例示中作为开放电子数据交换方担当角色的人员完全透彻地理解(更多内容见附录 B)。

规则92：

角色的形式规范有待采用开放电子数据交换描述技术(OeDT)加以定义[62)]。

62) 在本标准的资料性附录中，用作为 OeDT 的形式描述技术(FDT)是通用建模语言(UML)，该语言目前正在形成国际标准 ISO/IEC 19501 。

8.4.2 角色属性和关联的规则

角色属性有：

a) 角色标识符；

b) 角色名称；

c) 角色目的；

d) 角色业务目标；

e) 角色业务规则和约束；

f) 角色继承性标识符和交叉引用；

g) 角色对业务要求的外部约束，即法律和规章；

h) 角色安全服务约束；

i) 角色通信和服务质量要求；

j) 角色对开放电子数据交换支持基础设施的需求。

8.4.2.1 角色属性：角色标识符

规则 93：

每一角色均应具有一个标识符。角色标识符应是唯一性的、语言学上中性的、无歧义的和可引用的。

规则 94：

角色标识符应包括该角色是其组成部分的剧本的 OeS 标识符。

这与角色的注册有密切关系。

8.4.2.2 角色属性：角色名称

规则 95：

一个角色可具有一个或多个名称。角色名称是角色标识符的一种语言学表达式称呼。一个角色标识符可以与一个以上的角色名称（作为等效语言学表达式）关联（例如作为“别名”）。

用于称呼角色标识符特定的语言学表达式能够是：

a) 就通用业务约定或惯例（国际的或业务部门的）议定的结果；或

b) 由某一制约范围（国际级的，地区级的，或国家级的，产业部门等）的法律和规章设定的。

注：这在本标准第 2 部分中作为剧本注册规程的组成部分进一步制定。

8.4.2.3 角色属性：角色目的

规则 96：

业务职能的目标应作为角色目的加以规定。

8.4.2.4 角色属性：角色业务目标

规则 97：

角色业务目标应以显式陈述角色的业务过程，包括对该角色的议定的结论。

规则 98：

角色业务目标属性应规定参与该角色的开放电子数据交换各方的权利和职责，承诺，最后产生的义务，和可审核性。

角色业务目标的规范必须在详细级别上陈述，以确保在角色级别的开放电子数据交换各方之间的承诺、权利和义务以及可审核性没有歧义。

8.4.2.5 角色属性:角色业务规则和约束

规则 99:

预定义的和已接受的业务规则和关联的适用于角色的惯例,应按角色业务规则加以规定并适当地引用。

注 1:在私营部门实体之间的现有的世界贸易,大部分公营和私营部门业务事务等,都基于众所周知的通用业务惯例。其中主要的例子有国际商会的国际商务条款(INCOTERMS),IATA 的合格的与经验证的货运转运商或作为 SWIFT 成员的财务学会的惯例。

注 2:这样的众所周知并普遍接受的业务惯例或角色,仅需采用 OeDT 规定一次,以便能用作可引用的和可重用的开放电子数据交换角色。

规则 100:

有关角色的附加的业务惯例,也应作为角色业务规则加以规定。

规则 101:

对于有资格扮演角色的开放电子数据交换方的约束,若有时应加以规定。

对某一角色(a)没有约束,(b)有规定的内部约束[63],和(或)(c)有外部约束的这一条件,应以显式陈述(更多内容见附录 B)。

注:ISO/IEC 14462《开放 edi 参考模型》包括了人器官移植剧本的例子。该例中识别了对有资格扮演即例示特定角色的开放电子数据交换方的约束。并非任何开放电子数据交换方都能承担医生、特许银行、保险经纪人、空中运输商、远程通信承载方等角色。

8.4.2.6 角色属性:角色继承性标识符和交叉引用

规则 102:

作为另一角色的组成部分采用的角色,应通过对所采用角色的交叉引用来规定。

在以下情况利用该属性:

a) 角色是更普遍角色的定制版本;和(或)

b) 角色由采用其他角色作为其角色的组成部分构建。

规则 102 a)的例子是,类属角色用作某一定制角色的基础(例如为运输放射性材料或易腐烂商品等所定制的类属运输角色)的情形。

规则 102 a)的另一个例子是,在第 0 级业务事务模型开放的(类属)角色用作规定涉及规章管理性质的公共行政管理部门约束的同一角色的基础。

规则 102 b)的例子是,一个角色组合或整合了两个或更多“粒度”角色的情形。这是一个业务需要和视角问题。

8.4.2.7 角色属性:角色对业务要求的外部约束,即法律和规章[64]

规则 103:

对角色及其属性的任何方面从法律或规章引出的任何外部约束,应加以识别和陈述,包括适用的法律或规章的引用与来源,即角色的资格,设定的行为,对角色委派的限制等。

对不带外部约束即仅有内部约束的业务事务模型的(类属)角色开发,这一属性不适用(见附录

---

63) 在购置事务建模中,公共要求是卖方角色的法人必须有资格通过可承兑的信贷与借记卡接收付款,而买方角色的法人必须有资格采用可承兑的信贷与借记卡向买方付款。

64) 注:ISO/IEC JTC1/SC32 正在处置制约范围问题,因为这影响到业务事务外部约束的规范。ISO/IEC 18038《信息技术　各种制约域范畴的标识和对照》正在研制,以便帮助标识和引用影响剧本和剧本构件的法律和规章。

B）。

由于满足法律和规章性质的外部约束的要求而存在的角色，宜这样加以识别，这些要求以显式陈述（以使其能采用 OeDT 在形式上加以规定），来源应作出引用。

遇有多种法律和规章用作对某一角色外部约束或要求的情形，认为角色规范是这样的外部约束和要求的组合的集成。

8.4.2.8 角色属性：角色安全服务要求

规则 104：

在角色级别的安全服务要求，应作为以下情形之一来陈述：

1） 不应适用的；

2） 若可用时可以适用的；

3） 是必选。

在第 2 种和第 3 种情形，应规定特定的安全职能。

附录 E 在此适用[65)]。

某一开放电子数据交换方的基于角色的安全要求的例子有：

——具有访问特定加密算法的权力，能使收到的信息是有价值的；

——具有由适当的规章管理机构授权的和履行规定职能所需的角色；

——具有特定的人的鉴别特性，即在业务事务中其角色的自然人视角的特性（例如作为个人法人或组织法人），检查可用的（例如注册的指纹、声纹、或其他用于（自然）人的、基于生物测定的辨识技术）。

注：安全服务要求可依赖于与角色关联的信息束的内容或数据。这一规则要求这样的条件依赖性应以显式陈述（见附录 B）。

8.4.2.9 角色属性：角色通信和服务质量要求

规则 105：

适用于角色级别的服务质量应在这一属性（例如可用性，能以正确速率或所需的方式处理的设备）之下陈述。

8.4.2.10 对开放电子数据交换支持基础设施的角色需求

规则 106：

在角色级适用的对开放电子数据交换支持基础设施的角色需求，应陈述于这一属性之下。

角色需求可包括：

——鉴别身份的方法；

——依从约束的技术方法。

8.4.3 对开放电子数据交换各方的角色需求

附录 B 在此适用。

规则 107：

对角色可以如何由 OeP 作出限制应加以陈述。

例子有：

a） 未成年人不能购买酒精饮料；

65） 6.5 在此适用。

b） 为承担某一业务活动的居住要求。

对开放电子数据交换各方的角色需求，表示要求对下列情形作出规定的角色属性的集合：

a） 用于作为对角色行为的约束陈述的这些需求的信息束；

b） 对 OeP 特性的约束；

c） 对扮演角色的最大数目 OeP 的约束；

d） 施加于作为条件的角色的约束；

e） 对扮演这一角色的相异 OeP 的约束；

f） 角色的相互依赖性(例如角色 10A5 要求角色“B15”出现)。

8.4.4 角色之间的互操作性需求应加以陈述

角色之间的互操作性需求应加以规定。附录 B 在此适用。下列各项要求加以规定：

a） 对互操作性的角色需求的标识符；

b） 角色的信息束；

c） 信息束序列与依赖性；

d） 时计器到期；

e） 出错条件。

8.4.5 角色状态

对角色的状态应加以规定。附录 B 在此适用。状态必须符合于下列规则：

规则 108：

角色状态规定了一个角色的各种状态。

规则 109：

角色状态应仅属于一个角色。

规则 110：

角色状态在出现某一事件时立即变更。

规则 111：

状态可以是对一个或多个过渡的当前状态。

规则 112：

状态可以是对一个或多个过渡的下一个状态。

规则 113：

状态是由下列角色状态属性类型规定：

1） 角色状态标识符(必选)

角色状态标识符应是唯一性的，语言学上中性的，无歧义的和可引用的。

2） 角色状态名称(条件的或可选的)。

3） 角色状态定义(必选)。

8.4.6 角色过渡

“角色过渡(role transition)”定义为“在给定角色之内，从一个状态变更到另一状态的过程”。

规则 114：

在开放电子数据交换剧本之内，角色过渡由以下各项进行定义：

a） 角色的当前状态；

b） 触发过渡的事件；

c） 由这一过渡启动的行动；

d） 在这一过渡后角色的下一状态。

规则 115：

过渡应仅属于一个角色。

规则 116：

过渡可以仅由一个事件触发。

规则 117：

过渡可启动一个或多个行动。

规则 118：

过渡可具有一个当前状态并可具有一个下一状态。

规则 119：

角色过渡由下列属性类型规定：

a） 状态—过渡表的状态—过渡矩阵行号；

b） 信息束信序列图中用户规定的序号；

c） 其他。

8.4.7 角色事件

角色事件是对角色采取行动（例如收到某一信息束）的一种激励。

附录 B 在此适用。

规则 120：

角色事件触发过渡。

规则 121：

角色事件仅由一个信息束触发，或仅由角色的一个内部行为或职能触发。

规则 122：

角色事件由下列角色事件属性类型规定：

a） 角色事件标识符（必选）

角色事件标识符应是唯一性的、语言学上中性的、无歧义的和可引用的。

b） 角色事件名称（条件的或可选的）。

c） 角色行动定义（必选）。

8.4.8 角色行动

规则 123：

角色行动由某一过渡启动。

规则 124：

角色行动发送一个或多个信息束并（或）触发一个或多个内部职能。

规则 125：

角色行动由下列角色行动属性类型规定：

a） 角色行动标识符（必选）

角色行动标识符应是唯一性的、语言学上中性的、无歧义的和可引用的。

b） 角色行动名称（条件的或可选的）。

c） 角色行动定义（必选）。

8.4.9 角色内部职能

内部职能是描述某一角色内部行为的规程，即认为是在按剧本规定的业务事务语境中的内部行为的行为。

规则 126:

内部职能可触发一个事件并可由一个或多个行动触发。

注 1:认为是开放电子数据交换剧本中的角色的外部行为的业务职能,在另一剧本中很可能认为是内部职能。

注 2:"内部职能"能用于描述某一角色内部行为的"什么"而不规定"如何",即作为一方在传输信息束之前期望另一方承担的要求的集合,以便注明所需的业务职能已经完成[66]。

注 3:决定内部职能是否需要包括在内,交由对角色建模(并注册供重用)处置。

8.4.10 对开放电子数据交换支持基础设施的角色需求

规则 127:

对开放电子数据交换支持基础设施的角色需求,若有时应加以规定。

8.5 适用于开放电子数据交换信息束(IB)和信息束属性的规范的规则

8.5.1 制约信息束的规则

信息束(IB)定义为:

信息束 information bundle, IB

对记录式信息的语义的形式描述,其中记录式信息是在开放电子数据交换剧本中,拟由扮演角色的开放电子数据交换各方所交换的。

此前从未处理过而必须处理信息束的组织,因此需要能确定这些信息束的意义。对这一过程的关键判据是:这样的信息束的收发双方对所交换数据的语义达到同样的理解。为此,开放电子数据交换参考模型注明语义构件可以是原子的或由其他语义构件组成的[67]。

再者,信息束的功能从整体上需要完全予以理解并且可再表示。例如,依据发送语境,购物单可具有报价单或验收单的功能。在这两种情况下,基础数据的语义是相同的。为解决这一问题,看来有两种选项。第一种选项假定:这种知识能表示为角色描述内的状态变更。另一途径是:以显式对这些功能建模并将这种信息与信息束而不是与角色相关联。后者不妨采用源于语言学基本原理的理论(所谓"语音行为")来做,其中识别某些基本话语功能(例如请求、确认、订货等)。这是一个开放问题。

无论什么途径,都有必要让开放电子数据交换描述技术将形式方式包括进来,以便描述信息束内容的语义。例如在某些情况下,角色需要引用语义构件实例的某些值[68]。

因此,有必要将对描述信息束的 OeDT 要求的文档化。这一途径的第二个优点是,在开放电子数

---

66) 在简单的例子中,信息束可以仅在角色与内部职能(例如"定单超时")之间找到。更复杂的例子是从该买方内部职能接受备选卖方的目录的买方角色。买方角色可向在该清单中的卖方发送定单请求,并接受能按定单交付的第一家。在这种情况下,不同的信息束可存在于角色与内部职能之间(更多内容见 ISO/IEC JTC1 SC32/WG1 N040 Trond Johanson《角色和内部职能》,196-10-07)。

67) 原子构件(即不可分的数据元素)是什么样的取决于语境。在一个业务语境和关联的业务事务目标内,在参与开放电子数据交换的各方之间的电子数据交换中,语义构件可认为是原子的。在另一业务事务中,这种"原子"语义构件很可能认为是由多个其他语义构件组成的。语义构件的"原子性"因而是一种粒度问题并且依赖于业务要求的语境。例如,在一个业务事务中,有关客户名称或街道名称的信息束能由单一语义构件表示。在另一业务事务中,有关客户名称的信息束由多个语义构件组成,其中的每一语义构件反过来又可由多个语义构件组成。类似地,有关某一街道编号地址的信息的信息束由多个语义构件组成,其中有多个反过来是复合的,即是包含多个离散和粒度语义构件的数据结构。

68) 以保险为例,信息束是一份事故报告,语义构件描述损伤。这些损伤能够是轿车损坏或人身伤害。假定有事故报告交到保险公司,若有人受伤,就必须涉及专家;否则就不要求专家参与。遇有要求专家的情形,对角色的描述将要求引用该信息束语义构件的值。

据交换剧本级，需要的信息可以仅仅是信息束的标识和对储存库的引用，在此能找到储存库语义的形式规范。

规则 128：

信息束的形式描述用于对拟交换的并采用语义构件构造的业务信息的语义方面建模。

规则 129：

信息束由一个或多个语义构件和(或)其他信息束组成。

规则 130：

信息束是语义构件与角色之间的绑定。

发送方将角色绑定到剧本的信息束。

拟交换的业务信息的语义方面得到最好理解，首先通过对其以明文规定，再通过采用形式描述技术的规范。参见规则 88 的阐明性注解。

8.5.2 信息束(IB)属性和关联的规则

信息束的属性必须(以明文)清晰规定。附录 B 在此适用。信息束的属性类型包括(紧接着有进一步阐述)：

a) 信息束标识符(必选)；

b) 信息束名(条件的或可选的)；

c) 信息束目的(必选)；

d) 控制信息束内容的业务规则(必选)；

e) 对制约信息束内容的业务要求的信息束外部约束，即法律和规章(必选)；

f) 信息束内容(必选)；

g) 信息束安全服务要求；

h) 信息束记录式信息保留——业务规则和约束(可选的)；

i) 信息束记录式信息保留——对业务要求的外部约束，即法律和规章(可选的，即于适用时)；

j) 信息束有效性特性(可选的)；

k) 同一信息束的各语义构件之间的信息束依赖性(于适用时)；

此外，对下列两项的规范也有要求：

l) 用于互操作性的信息束信息；

m) 对开放电子数据交换支持基础设施的信息束需求。

8.5.2.1 信息束属性：信息束标识符

规则 131：

每一个信息束(IB)都应具有一个标识符。信息束标识符应是唯一性的，语言学上中性的，无歧义的和可引用的。

规则 132：

信息束标识符应自主地构造。

注：一个信息束由形成该信息束的一个或多个语义构件组成，与在另一角色的语境相比，在一个角色的语境中可具有不同的含义和用法。

8.5.2.2 信息束属性：信息束名称

规则 133：

一个信息束可具有一个或多个名称。信息束名称是对信息束标识符的一种语言学表达式称呼。作为等效语言学表达式的多于一个信息束名称可以与一个信息束标识符关联(例如作为“别名”)。

能用于称呼信息束标识符的特定语言学表达式是：

a) 议定的通用业务约定或惯例(内部或通过业务部门)的结果，即仅内部约束；或者

b) 由某一制约范围(在国际、地区、国家级，或适用于产业部门等)的法律和规章设定的，即包括外部约束。

8.5.2.3 信息束属性：信息束目的

规则 134：

信息束目的应是去规定信息束的内容或概念的性质。

按照 GB/T 17628《信息技术 开放式 edi 参考模型》中的定义，信息束是拟由在开放电子数据交换剧本中扮演角色的开放电子数据交换各方交换的信息的语义的形式描述。信息束用于模型化业务信息的语义方面。信息束采用语义构件构造。

8.5.2.4 信息束属性：控制信息束内容的业务规则

规则 135：

控制信息束内容的任何业务规则，均应加以识别，而这些规则的性质和职能执行应以显式陈述。这样的业务规则的来源也应予以引用。

8.5.2.5 信息束属性：对制约信息束内容或概念的业务要求的信息束外部约束，即法律和规章

规则 136：

从制约信息束内容的法律和规章引出的任何外部约束，均应加以识别，对要求应则以显式陈述，来源应加以引用。

规则 137：

为满足法律和规章性质的外部约束的要求所创建的任何信息束，均宜这样加以识别，信息束的内容宜在所需的粒度级以显式定义，源法律与规章宜加以引用。

8.5.2.6 信息束属性：信息束内容

规则 138：

包含在信息束中的语义构件标识符和(或)信息束标识符应加以规定。

例如，IB 25F6 能由 IB 25F 加上一个附加的语义构件组成。在一个物流链中，一个角色的完成常常造成在接收的信息束集上添加一个信息束，并将接收的信息束带上添加的语义构件作为新的信息束发送或转发出去(例如，货物在海关结关时，海关经纪人需要完成例示的海关放行过程的关键信息束是从海关机构得到的“放行号”)。

8.5.2.7 信息束属性：信息束安全服务要求

规则 139：

有关信息束的、必须得到满足的安全服务要求应加以陈述，包括不适用性(更多内容见附录 B)。

例如，在开放电子数据交换剧本中，当扮演角色的开放电子数据交换各方之间交换信息束时，可要求对其保密。或者可以要求鉴别。

8.5.2.8 信息束属性：信息束记录式信息[69]保留——业务规则和约束

规则 140：

---

69) 术语“记录式信息”在上面的 3.56 中定义为不依赖于形式、记录媒体或所用技术。

保留信息束的记录式信息的要求，若有时应加以规定，在关联的角色中涉及的 OeP 对保留这一记录式信息承担主要责任，也应加以规定。

注：例如，在与业务事务实行后的方面关联的时段，卖方可要求买方保有信息束的标识符以及由卖方向买方就有关特定的货物、服务和（或）权利出具的记录式信息的内容[70]。买卖双方可同意使用第三方来保有记录保留与归档服务（例如作为仲裁型服务的组成部分）。

8.5.2.9 信息束属性：信息束记录式信息保留——对业务要求外部约束，即法律和规章

规则 141：

对于保留可适用于信息束的记录式信息而从法律或规章引出的要求，若有时应以显式陈述，来源应加以引用。

8.5.2.10 信息束属性：信息束时间有效性特性

规则 142：

信息束时间有效性特性应以显式加以规定[71]。

信息束支持的潜在时间（等待时间）的另一定义是，为依从于剧本约束，按剧本定义，信息束的预期的接受方必须作出回复的时间。

当选定“等待时间”的这一用法时，剧本定义的回复时间的必须加以规定，或者作为发送有关的信息束之后的时段，或者作为按 UCT 或 GPS 时间规定的剧本定义的回复必须已经发生的时间。

时间有效性特性的其他例子有回复日期、交付日期、到期日期、过期日期。

8.5.2.11 信息束属性：同一信息束的各语义构件之间的依赖性

8.5.3 用于互操作性的信息束信息

规则 143：

对信息束的互操作性要求必须加以规定。

对信息束的互操作性要求，已经识别的有：

1） 语义构件与信息束的关系，包括依赖性和相互依赖性的规范（更多信息见附录 B）。

2） 语义构件的清单及其属性，包括定义。

注：这是 OeS 模板以语义构件标识符填满的情形。（更多内容见 ISO/IEC 15944-2《信息技术　业务协定语义描述技术 第 2 部分：剧本注册、剧本属性和剧本构件》）。

8.5.4 对开放电子数据交换支持基础设施的信息束需求

规则 144：

对开放电子数据交换支持基础设施的信息束需求应加以规定[72]。

开放电子数据交换参考模型规定：在开放电子数据交换支持基础设施中，建模的功能能力集为初启、运行和跟踪开放电子数据交换事务的过程做好准备。开放电子数据交换支持基础设施的功能能力集应实现对开放电子数据交换支持基础设施的预定义的需求的目录库，包括：

70） 这有可能是由卖方就卖方的“退货单”出具且卖方要求买方保留的业务事务标识符号，或是从在买方与卖方（以及代理方或第三方）之间于适用时的各种实行后要求引出的记录式信息的保留要求（例如保单）。

71） 当规定信息束时间有效性特性（TVC）属性时，宜陈述引用的时间方案。这在 ISO/IEC 15944-2 中处置。更多内容见 ISO 19108:2001 和 GB/T 7408—2000。

72） 需要规定为对开放电子数据交换基础设施的信息束需求的最低限度数据元素，在本标准的第 2 部分，即 ISO/IEC 15944-2 中提供。

a） 处置决策制定应用请求；

b） 对扮演角色的商议；

c） 开放电子数据交换配置的规范；

d） 对角色的判读和处理；

e） 使从开放电子数据交换系统信息束接收的数据值成为可用的；

f） 对行为选择所得的数据值的吸纳；

g） 提供安全服务和审核服务；

h） 对开放电子数据交换事务状况跨各种应用的进展的跟踪和通报；

i） 对出错报告的管理；

j） 通信管理。

8.5.5 适用于语义构件和语义构件属性规范的规则

8.5.5.1 制约语义构件的规则

语义构件(semantic component，SC)定义为“在业务事务业务目标的语境中，无歧义地定义的记录式信息的单元”。

规则 145：

语义构件可以是原子的或是由其他语义构件组成的。

注：在业务语境和关联的业务事务目标内，语义构件在参与开放电子数据交换各方之间的电子数据交换中可视为是原子的。而在另一业务事务内，这一“原子的”语义构件可认为是由多个其他语义构件组成的。因此，语义构件的“原子性”是一种粒度问题，而且对业务要求是语境依赖的。

规则 146：

语义构件能够是单一的数据元素、复合数据元素或数据结构(例如为确保语义完备性和所需的无歧义性而互通的数据元素的集合)。

规则 147：

语义构件应是在开放电子数据交换各方之间交换的至少一个信息束的构件。

规则 148：

语义构件应经由语义构件属性规定。

语义构件的属性必须(以明文)清晰规定。语义构件的属性类型列举如下(并紧接着作进一步阐述)。

规则 149：

遇有语义构件的许可的值集由某一代码集制约的情形，所利用的代码集应加以识别和引用。通过采用这样的代码集，开放电子数据交换各方同意业务惯例和规则集，其中所引用的代码集成为组成部分[73)]。

注 1：例如，当付款总额由语义构件通过采用某一类型货币规定，或者基于 ISO 4217《表示货币和基金的代码》中的代码的基金时，采用引用 ISO 4217 语义构件的开放电子数据交换各方同意受制约 ISO 4217 的规则和条件的束缚。另外，开放电子数据交换信息系统必须具有支持 ISO 4217 的设施。

注 2：业务事务中的另一常见例子是采用表示国际商务条款的法典，例如货到收款(C.O.D.)、船上交货(F.O.B.)。另外，在(作为其组成部分)角色之间交换的信息束中，此处引用某一代码集而由开放电子数据交换各方采用的语义构件，意味着开放电子数据交换各方同意以代码集引用的规则和意义加以束缚并接受。

8.5.5.2 制约语义构件属性的规则

语义构件的属性必须清晰地规定。语义构件的属性类型包括：

73） 更多内容见 ISO/IEC 18022《信息技术 适用广泛采用的编码值域(coded value domain，CVD)标准的标识、对照和 IT 实现》。

a) 语义构件标识符(必选);
b) 语义构件名称(可选的);
c) 语义构件定义(必选);
d) 语义构件安全服务要求(必选)。

8.5.5.2.1 **语义构件属性:语义构件标识符**

规则 150:

每一语义构件都应具有一个标识符。语义构件标识符应是唯一性的、语言学上中性的、无歧义的和可引用的。

此处的主要目的是确保 IT 启动的、为将语义构件重用最大化所需的无歧义引用。

规则 151:

语义构件标识符应自主地构造。

8.5.5.2.2 **语义构件属性:语义构件名称**

规则 152:

语义构件可具有一个或多个名称。

单一语义构件的名称宜尽可能是唯一的,并帮助理解语义构件的目的和内容。

规则 153:

语义构件名称是语义构件标识符的一种语言学表达式称呼。多于一个语义构件名称作为等效语言学表达式可以与一个语义构件标识符关联(例如作为"别名")。

8.5.5.2.3 **语义构件属性:语义构件定义**

规则 154:

语义构件应完全地加以定义。

除唯一性标识符外,语义构件的强制性属性还包括名称、定义、数据类型和义务。

8.5.5.2.4 **语义构件属性:语义构件安全服务要求**

规则 155:

关于语义构件,应陈述必须满足的安全服务要求,包括不适用性(更多内容见附录 B)。

例如,开放电子数据交换一方可以要求:组成信息束的一个或多个语义构件,当在开放电子数据交换各方之间交换时,由其他各方保密。

8.6 功能服务视图(FSV)的业务要求(对开放电子数据交换支持基础设施的业务需求)

业务操作视图(BOV)意在获得由业务过程对 FSV 提出的要求。不过,有许多出现在 BOV 中的技术性质的要求已经在别处处置,或从业务过程的分析看可能不是显而易见的,而且在 BOV 中没有获得这些要求的机制。

这些要求可由下列范畴识别:

a) 为清晰和无歧义标识 FSV 构件而对要求进行的识别、命名和处置,以及于需要时的关联的识别、命名和处置信息,以确保处理那些构件的所有各方均能从这些要求导出同一含义;
b) 从可靠性和可用性的角度,用于支持开放电子数据交换各方之间的信息交换的网络或增值服务的服务质量;
c) 依从一方或多方的通用业务要求的,或者为了满足法律要求或者贸易或其他部门的需求的适用于所交换信息的安全方法;

d) 为了满足一般的法律、商务、合同或会计与审核目的，以及为获得或维护统计的或其他报告的信息的目的，而对日志、日记或其他方式的记录信息提出的要求；

e) 确定拟适用于以交换为目的信息的句法或其他编码方法。

这些都作为能施加于剧本或其任何构件的需求的目录库来获得。这种目录库识别了用户可用的所有能力。

按照 BOV 建模工作，需求目录库用于确保已经获得这些要求，即使不曾由 FDT 处置过，并确保将这些要求已经获得并包括在 FSV 所满足的要求之内。这些要求是 FSV 进一步添加的能力维，可造成特定的角色或信息束对使用特指 BOV 模型不适当。

BOV 与 FSV 之间存在以下关系：

a) 一个开放电子数据交换剧本可由一个或多个开放电子数据交换配置来实现；

b) 一个开放电子数据交换配置可支持一个或多个开放电子数据交换剧本；

c) 一个角色可以由一个或多个决策制定应用扮演；

d) 一个决策制定应用可扮演一个或多个角色；

e) 一个信息束可映射到一个或多个开放电子数据交换用户数据；

f) 一个开放电子数据交换用户数据可以映射到一个或多个信息束。

内部职能与角色之间的交互作用可以映射到 FSV 中的一个或多个实现模型。这样的实现模型能包括如下概念：(a)作为内部职能实现的 IT 系统；或 (b)IT 系统与开放电子数据交换用户数据之间的关系。

当信息系统与决策制定应用之间的接口模型化为应用程序接口（API）——像客户—服务器连接——时，需要这样的概念。FSV 模型对于相应的 BOV 模型应是可跟踪的。BOV 模型定义了语义和独立于在 FSV 中可能有的接口的规范的 IT 平台。

9 本原的开放电子数据交换剧本模板

9.1 目的

开放电子数据交换剧本模板的目的是确保：开放电子数据交换剧本的业务操作视图（BOV）所需的（以及注册供重用的）所有信息，要求加以规定的剧本构件和所有属性（见第 8 章）都以显式和系统的方式吸纳获得。

本原模板[74] 基于已经在 GB/T 17628 的 4.1 中识别的要求的初始集，并将其添加到对 BOV 标准开发工作的结果。BOV 模板中各项的次序和分组都基于第 8 章本身的相应内容，而后者反过来又基于对依据实际业务案例的开放电子数据交换剧本的开发。

对每一方面（属性）的要求均应规定为适用的或不适用的。这两种条件编码为“是”＝1 和“否”＝2 的决策码[75]。这将允许：

a) 从全球视角，通过允许这两种代码的多语种等效，支持 ISO/IEC JTC1“文化适应性”的策略方向；

b) 在划定开放电子数据交换剧本属性的范围时，便于计算机可处理性，搜索能力和引用能力。

“开放电子数据交换剧本构件标识符代码”编号的指派具有块数码性质。对于“划定 TAG ID 码范围”，块数码编号 1 000～1 999 是保留的（见 7.3）。对于“构件标识符代码”编号，块数码 2 000＋已经保留，即直到“9 999”。

此处的目的是在 GB/T 29853.1 内以及在其 GB/T 29853.2 的使用中，确保对属性的所有数码标识符都是唯一的、无歧义的和语言学上中性的。

---

74) 这在 GB/T 29853.2 中全面处置。

75) 在研制开放电子数据交换剧本规范时，代码“3”可用于指明“不知”这一条件。

这一途径将便利于无歧义的引用和注册[76]，这对开放电子数据交换剧本及其构件的重用性和互操作性都是必要的。这也便利于支持本地化要求和数码标签利用多语种等效性，就像多等效人的界面的等效性。

此外，在附录B中定义的出现型属性，应在开放电子数据交换剧本的OeDT表示中说明。

9.2 模板结构[77]和内容

开放电子数据交换剧本模板以矩阵形式结构化，并由两个不同的部分组成，即：

1) 专注于IT接口视角的部分；

2) 专注于人的界面视角的部分。

9.2.1 IT接口需要视角

从IT接口需要的视角看，对剧本属性、剧本构件及其属性，所需的全部要求就是唯一性的、语言学上中性的和无歧义的标识符。为便于使用和管理，采用如下块数码编号方案来指派这些标识符[78]：

a) 剧本属性	2 000～2 999
b) 角色属性	3 000～3 999
c) 信息束属性	4 000～4 999
d) 语义构件属性	5 000～5 999

在其中每一个大块内有编号子块，以反映各属性集的层次和关系。

9.2.2 人的界面的需要视角

人的界面需要的视角在整体上属于语言学性质。自然语言用于提供可理解的等效语言学表达式供人使用。因为人使用多种自然语言，所以将模板矩阵结构化，让可扩展性按本部分的用户所需延伸到多语种等效术语和名称。

9.2.3 开放电子数据交换剧本、角色和信息束的属性的统一模板

IT界面		人界面等效			备用 (6)
Open-edi剧本构件ID码 (1)	决策码 (2)	名称(国标中文) (3)	名称(ISO英文) (4)	名称 (其他) (5)	
2000		**OPEN-EDI 剧本属性**	**OPEN-EDI SCENARIO ATTRIBUTES**		
2010		OeS 标识符	OeS Identifier		
2020		OeS 名称	OeS Name(s)		
2030		OeS 目的	OeS Purpose		
2040		OeS 角色集，OeS 业务要求，规则和约束	OeS Set of Roles OeS Business Requirements, Rules and Constraints		

76) 开放电子数据交换剧本和剧本构件的注册在GB/T 29853.2中处置。

77) 模板矩阵的物理外观是图示性质的(更多内容见GB/T 29853.2)。模板的目的是确保在第8章识别的所有规范要求都以系统的方式获得。

78) 开放电子数据交换剧本的实现，与将这些标识符映射到其内部应用中的非智能标识符无关(例如作为其内部行为的组成部分)。

（续）

IT 界面		人界面等效			备用
Open-edi 剧本构件 ID 码 (1)	决策码 (2)	名称(国标中文) (3)	名称(ISO 英文) (4)	名称 (其他) (5)	(6)
2050		OeS 信息束集，OeS 剧本继承性标识符和交叉引用	OeS Set of Information Bundles OeS Scenario Inheritance Identifier(s) and Cross-References		
2060		对 Open-edi 各方要求的 OeS 集	OeS Set of Requirements on Open-edi Parties		
2070		对业务要求外部约束的 OeS 集，即法律和规章	OeS Set of external constraints on Business Requirements, i.e., Laws and Regulations		
2080		OeS 继承性标识符和交叉引用	OeS Inheritance Identifier(s) and Cross References		
2090		OeS 安全服务要求	OeS Security Service Requirements		
2100		OeS 通信——服务质量要求	OeS Communication -- Quality of Service Requirements		
2120		OeS 角色要求和约束	OeS Role Requirements and Constraints		
2130		剧本中角色之间的 OeS 依赖性	OeS Dependency among Roles in a Scenario		
2140		剧本中各信息束之间的 OeS 依赖性	OeS Dependency among Information Bundles in a Scenario		
2150		不同的信息束的语义构件之间的 OeS 依赖性	OeS Dependency among Semantic Components of different Information Bundles		
2500		对 OPEN-EDI 各方的 OeS 要求	OeS DEMANDS ON OPEN-EDI INFRASTRUCTURE		
2600		对 OPEN-EDI 基础设施的 OeS 要求	OeS DEMANDS ON OPEN-EDI INFRASTRUCTURE		
3000		**角色属性**	**ROLE ATTRIBUTES**		
3005		角色标识符	Role Identifier		
3010		角色名称	Role Name(s)		
3015		角色目的	Role Purpose		
3020		角色业务目标	Role Business Goal(s)		
3025		角色业务规则和约束	Role Business Rules and Constraints		
3030		角色继承性标识符和交叉引用	Role Inheritance Identifiers and Cross- References		
3035		对业务要求的角色外部约束，即法律和规章	Role external constraints on Business Requirements, i.e., Laws and Regulations		

（续）

IT 界面		人界面等效			
Open-edi 剧本构件 ID 码 （1）	决策码 （2）	名称（国标中文） （3）	名称（ISO 英文） （4）	名称（其他） （5）	备用 （6）
3040		角色安全服务要求	Role Security Service Requirements		
3045		角色通信和服务质量要求	Role Communications and Quality of Service Requirements		
3050		对 OPEN-EDI 各方的角色要求	ROLE DEMANDS ON OPEN-EDI PARTIES		
3060		角色之间的互操作性要求	INTEROPERABILITY DEMANDS A-MONG ROLES		
3065		角色状态	Role States		
3070		角色过渡	ROLE TRANSITIONS		
3075		角色事件	ROLE EVENTS		
3080		角色行动	ROLE ACTIONS		
3085		角色内部职能	ROLE INTERNAL FUNCTION		
3090		对 OPEN-EDI 支持基础设施的角色要求	ROLE DEMANDS ON OPEN-EDI SUPPORT INFRASTRUCTURE		
4000		**信息束属性**	**INFORMATION BUNDLE AT-TRIBUTES**		
4010		信息束标识符	IB Identifier		
4020		信息束名称	IB Name(s)		
4030		信息束目的	IB Purpose		
4040		控制信息束内容的业务规则	Business Rules Controlling Content of IBs		
4050		制约信息束内容，对业务要求的信息束外部约束，即法律和规章	IB external constraints on Business Re-quirements, Governing Content of an IB, i.e., Laws and Regulations		
4060		信息束内容	IB contents		
4070		信息束记录式信息保留——业务规则和约束	IB recorded information retention - business rules and constraints		
4080		信息束记录式信息保留——对业务要求的外部约束，即法律和规章	IB recorded information retention - ex-ternal constraints on business require-ments, i.e., laws and regulations		
4085		信息束时间有效性特性	IB time validity characteristics		
4090		信息束内语义构件的关系	Relationship of Semantic Components within an IB		

（续）

IT 界面		人界面等效			备用 (6)
Open-edi 剧本构件 ID 码 (1)	决策码 (2)	名称(国标中文) (3)	名称(ISO 英文) (4)	名称 (其他) (5)	
4100		信息束安全服务要求	IB security service requirements		
4200		互操作性的信息束信息	IB INFORMATION FOR INTEROPERABILITY		
4300		对 OPEN-EDI 支持基础设施的信息束要求	IB DEMANDS ON OPEN-EDI SUPPORT INFRASTRUCTURE		
5000		**语义构件属性**	**SEMANTIC COMPONENT ATTRIBUTES**		
5010		语义构件标识符	SC Identifier		
5020		语义构件名称	SC Name(s)		
5030		语义构件定义	SC Definition		
5040		语义构件安全服务要求	SC Security service requirements		

10 对开放电子数据交换描述技术的要求

本章列出候选的开放电子数据交换描述技术宜支持的要求。10.1 列出总的要求集，10.2 和10.3分别列出用于角色与信息束的特定要求。用作这些要求的基础的主要假定在本章之前的各章中查找。

10.1 对开放电子数据交换描述技术的总要求

开放电子数据交换的各种剧本将由不同的用户社团编写，并应依从有关业务操作视图的标准。

再者，非常希望市场上有多种工具，而 OeDT 标准提供了各种工具之间的中性交换格式，以使用某一市场工具产生的规范能由另一市场建模工具重用和修改，某些计算机化的工作流工具已经是这样的了。

规则 156：

开放电子数据交换描述技术(OeDT) 宜提供(1)在异构信息系统之间的 IT 接口上的计算机可解读性和处理能力；和 (2)在人的界面级别的人可理解(解读)的语种等效。

注：对所有的剧本和剧本构件，均采用唯一性的、语言学上中性的和无歧义的标识符，便利于将计算机可解读的形式规范映射到一种(或多种)人可理解、基于语种的等效。

规则 157：

每一开放电子数据交换描述技术(OeDT) 都应允许验证某一剧本的所有可能的初启路径是否都引向允许的终止。

规则 158：

开放电子数据交换描述技术(OeDT)性质

在这一具有充分必要的建模构造来表示出自某一域(在开放电子数据交换的情况，该域是各方之间的数据交换)[79]的现象的意义下,下列性质将用作一种尺度来衡量某一表示是否是本原的。

有限性:建模构造的数目必须小于这些构造所能表示的真实世界的现象的数目。

综合性:在拟建模的域的边界内的每一现象,都能表达成建模构造的一种结构。

完备性:依据建模构造描述某一现象将揭示有关这一现象的所有必要的信息。

独立性:任何建模构造都不可根据另一构造来定义。

典范性:两种独特的现象不可由建模构造的同一结构来定义。

10.2 对角色的开放电子数据交换描述技术(OeDT)的要求

由扮演角色的开放电子数据交换方表现的行为,必须模型化和相互联系。这意味着,除了数据建模方法能力之外[80],还必须对建模活动和角色交互作用挑选过程建模方法。OeDT 还必须具有支持角色层次分解以及继承性和交叉引用的能力。

扮演角色的每一开放电子数据交换方的状态均宜表示出来,以便能分析剧本的动态性质。状态描述角色的地位,并可在一个或多个事件已经出现时发生变更。开放电子数据交换的每一方的初始状态(出发点)和最后状态(终止点),均宜无歧义地加以陈述。每一角色都应仅具有一个初始状态,但可具有一个或多个备选的最后状态。状态必须仅属于一个角色。受开放电子数据交换剧本制约的事务的总体状况,由每一角色的状态组成。

在给定的角色内,状态之间的过渡由事件和行动结果触发。一种状态对一个或多个过渡可以是当前状态,并可以是一个或多个过渡的下一状态。

拟表示三种事件:信息束接收,外部选择和超时。遇有接收信息束的情形,必须提出对这一信息束(见 8.5.2.1)的唯一性标识符的引用,以及从功能服务视图级对这一信息束交换提出的需求的目录库得到的要求。除了对扮演角色的开放电子数据交换方进行控制之外,外部选择宜表示得承认进行、依赖于事件的备选方式的规范。这包括处置来自功能服务视图的出错消息。最后,有可能以显式将超时模型化,以便能对最后期限建模并检测预期的信息束是否从另一开放电子数据交换方收到。

拟表示两种行动:信息束的发送和(内部决策)的制定。遇有发送信息束的情形,必须提出对这一信息束(见 8.5.2.1)的唯一性标识符的引用,以及从功能服务视图级对这一信息束交换提出的需求的目录库得到的要求。由扮演角色的开放电子数据交换各方做出的内部选择,必须加以表示(引用),尽管对这些选择的实际内部规则基于未被建模的需要。这些内部规则对组织通常是机密的。因此,仅表示作出选择这一事实,而不管如何作出这一选择。

信息束各次交换的定序可以有严格的时序规范,例如在业务事务中以交互方式进行的一系列对话。因此,在 OeDT 中必须表示绝对的和相对的两种时间约束。此外,还必须支持并行事件与行动的规范。

宜予注意,表示带有 FDT 的选择和并行并不是无关紧要的,因为许多方法只是在一个领域表现强势。例如,状态过渡图或网络在表达并行时表现弱势而在作出选择时表现强势。计划评审(PERT)图则恰好相反。不过,能够这样做的 FDT 确实存在。

能够对内部和外部选择建模的要求,影响角色执行的事件,纳入计时器,以及计时器的并行互操作,保证了所有公共形式的异常处置均能模型化。

10.3 对信息束的开放电子数据交换描述技术(OeDT)的要求

OeDT 必须具有支持将信息束层次分解成所组成的语义构件的能力。

信息束 OeDT 需要表示语义构件之间的互工作,既在信息束之内,又在不同信息束中的语义构件

---

79) 这一清单基于 Winograd(1978)有关语义本原的典型特征的研究。

80) SC32/WG1 已经识别几类这样的方法,并对每类给出现有 FDT 的特定例子(例如 IDEF、佩特里网、数据流图),见 GB/T 17628—1998。当前正在利用 UML(更多内容见脚注 6)。

之间。这意味着必须以显式覆盖以下方面：

a) 这些关系的基数的表示；

b) 依据语义构件对信息束组合的表示；

c) 对信息束内的语义构件之间的依赖性于的表示；

d) 对不同的信息束的语义构件之间的依赖性的表示。

11 参考文献

ISO/IEC JTC 1/WG 3 N014 关于开放电子数据交换概念模型的报告，1992-04-09

IEC ISO ITU-TS UN/ECE 关于开放电子数据交换标准协调研制的跨机构工作组的报告，1993-08

ISO/IEC JTC 1/SC 30 N068 开放电子数据交换课题清单

ISO/IEC JTC 1/SC 30 N132 开放电子数据交换剧本构件之间的关系 1995-02-07

ISO/IEC JTC 1/SC 30 N133 与 Open-edi 剧本有关的业务要求的类别的标识和分析 1995-02-01

ISO/IEC JTC 1.SC 30/WG 1 N005 开放电子数据交换元模型 1996-03-20

ISO/IEC JTC1 SC32/WG1 N040 Trond Johanson，角色与内部职能 1996-10-07

Knoppers，Jake V.《凭借本地化和多语种的全球电子商务》，《计算机标准与接口》杂志 20(1998) 101-109

附 录 A
(规范性附录)
具有文化适应性的术语和定义的统一清单:国标中文与ISO英文的语言等效性

A.1 引言

GB/T 29853.1 的用户可能不能预先访问所引用的所有中文版本国家标准或等效的 ISO 英文版本。

本部分于可能时和可能处最大限度地采用包括了有关的和适用的现有术语和定义的现有标准。本附录包含了本部分采用和引入的术语和定义的国标中文与 ISO 英文对照。来源为3。

A.2 国标中文与ISO英文

本部分认识到:采用中文和英文作为自然语言在全球并不是始终如一的或对照统一的。(其他例子包括在不同制约范围采用阿拉伯文、法文、德文、葡萄牙文、俄文、西班牙文等作为自然语言)。

因此,此处利用两个术语"国标中文"与"ISO 英文":前者指在特定国家标准化的语境中,作为自然语言专门采用的中文;后者指在特定国际标准化的语境中,ISO 作为自然语言专门采用的英文;即两者都作为"特别语言"。

A.3 文化适应性和质量控制

ISO/IEC JTC1 添加了"文化适应性",作为所有标准研制工作均宜支持的第三战略方向。现有的另外两个策略方向是"可移植性"和"互操作性"。并非所有的 ISO/IEC JTC1 标准都以多于一种语言提供,即除了"ISO/IEC 英文"之外没有其他语言,这部分是由于资源约束。

术语和定义是一项标准中必不可少的组成部分。本附录按 ISO/IEC JTC1 的要求用来支持标准的"文化适应性"方面。其目的是确保:当以任何理由仅以 ISO/IEC"官方"语言研制一项 ISO/IEC JTC1 标准时,<u>最低限度</u>使其术语和定义以多于一种语言可用。[81)]

翻译术语和定义的主要好处是,这种工作提供双语种与多语种等效:

——宜考虑"<u>质量控制检查</u>",因为建立与另一语言的等效关系查出源语言中"隐藏的"歧义性。术语与定义在含义即语义上的歧义性,往往是在翻译中才得以发现。确保术语与定义的双语种与多语种等效,因而宜认为是接近于最低限度的"类似 ISO 9000"的质量控制检查;

——认为是各项标准在全球范围普遍采纳和采用的关键元素(特别是一项标准的用户包括了各种产业部门、法律视角、政策制定者和客户视角、其他标准的研制者、IT 硬件和服务提供方等人士)。

A.4 附录A矩阵形式的统一清单的组织

术语与定义以矩阵形式按(英语)字母顺序组织。矩阵中各列(栏)如下:

81) 鼓励其他 ISO/IEC 成员团体在其国家在用的语言中,提供术语与定义的双语种与多语种的等效版本。

栏号	用于
1	对于 GB/T 29853.1 的标识符(3.1 中序号)
2	来源:引用的国家标准或 GB/T 29853.1
3	国标中文——术语 *
4	国标中文——定义
5	ISO 英文——术语
6	ISO 英文——定义

按这种顺序组织各栏的主要理由是,便利于以其他语言作为附加的成对栏组添加等效术语与定义(例如以西班牙语、日语、德语、俄语)。

——在第 3 栏使用星号(*)指明:该栏引用的 ISO 标准(除 GB/T 29853.1 外)没有国标中文版本。对于这些术语和定义,GB/T 29853.1 正在提供国标中文等效术语和定义。

A.5 本部分的术语和定义的统一清单

标识		国标中文		ISO 英文	
术语 ID	来源	术语	定义	术语	定义
(1)	(2)	(3)	(4)	(5)	(6)
01	GB/T 29853.1 (3.1)	代理方	在业务事务的语境中,以明确规定的职位代表另一法人的法人。 **注**:此处的代理方将“自动机”(或机器人等)排除在外。而在 GB/T 17628 中则承认并规定了“自动机”,不过是作为功能服务视图(FSV)的组成部分,并定义为“信息处理域(IPD)”	agent	a *Person* acting for another *Person* in a clearly specified capacity in the context of a *business transaction*. NOTE Excluded here are agents as “automatons”(or robots, bobots, etc.). In ISO/IEC 14662, “automatons” are recognized and provided for but as part of the Functional Service View (FSV) where they are defined as an “Information Processing Domain (IPD)”
02	GB/T 17628—1998 (3.1.1)	应用程序接口	应用软件采用编程语言设施来启用服务时所跨过的边界	Application Program Interface (API)	a boundary across which application software uses facilities of programming languages to invoke services
03	GB/T 18794.2—2002	鉴别	确保某一实体所声称的身份的证明	authentication	the provision of assurance of the claimed identity of an *entity*
04	GB/T 19715.1—2005 (3.3)	真实性	确保某一主体或资源的身份正是所声称的身份的性质。真实性适用于用户、过程、系统、信息等实体	authenticity	the property that ensures that the identity of a subject or resource is the one claimed. Authenticity applies to entities such as users, processes, systems and *information*

（续）

标识		国标中文		ISO 英文	
术语 ID	来源	术语	定义	术语	定义
(1)	(2)	(3)	(4)	(5)	(6)
05	GB/T 17628—1998 (3.1.2)	业务	一种如下过程系列：每一过程都有明确理解的目的，涉及的组织多于一个，通过信息交换实施，并导向相互达成一致的目标，并在一定时段展开	business	a series of processes, each having a clearly understood purpose, involving more than one organization, realized through the exchange of information and directed towards some mutually agreed upon goal, extending over a period of time
06	GB/T 17628—1998 (3.1.3)	业务操作视图	在业务事务中，仅限于有关制定业务决策和在组织之间作出承诺的各个方面的视角——这是描述业务事务所需的	Business Operational View (BOV)	a perspective of *business transactions* limited to those aspects regarding the making of business decisions and *commitments* among organizations, which are needed for the description of a *business transaction*
07	GB/T 17628—1998 (3.1.4)	业务事务	各有关组织的活动和(或)过程的一种预定义的集合：由某一组织发起，旨在完成显式共享的业务决策目标，所涉及的组织一旦共同认可(虽然相当多的认可可以是隐式的)一致同意的结论之一时即予以终止	Business transaction	a predefined set of activities and/or processes of *organizations* which is initiated by an *organization* to accomplish an explicitly shared business goal and terminated upon recognition of one of the agreed conclusions by all the involved *organizations* although some of the recognition may be implicit
08	GB/T 29853.1 (3.1.08)	买方	通过向提供某种利益、服务和(或)权力的法人付给可承兑的等量的价值(通常以货币计)，旨在获得对这种利益、服务和(或)权力的占有的法人	buyer	a *Person* who aims to get possession of a good, service and/or right through providing an acceptable equivalent value, usually in money, to the *Person* providing such a good, service and/or right
09	GB/T 29853.1 (3.1.09)	承诺	在做出这一行为的制约范围内，由有能力强制执行的法人对某一权力、义务、债务或责任的制定或接受	Commitment	the making or accepting of a right, obligation, liability or responsibility by a *Person* that is capable of enforcement in the jurisdiction in which the commitment is made

（续）

标识		国标中文		ISO 英文	
术语ID	来源	术语	定义	术语	定义
(1)	(2)	(3)	(4)	(5)	(6)
10	基于 ISO/IEC 导则 第1部分 2.5.6,1998；另见 ISO/IEC 指南 2：1996 (1.7)	*共识（从标准化视角）*	具有如下特点的总协定：对任何有关利害的重要部分，对涉及寻求考虑所有有关方的观点以及调解冲突中的争议，均不出现对重大问题的持续反对意见。 **注**：共识不需隐含一致同意	consensus (*standardization perspective*)	general agreement, characterized by the absence of sustained opposition to substantial issues by any important part of the concerned interests and by a process that involves seeking to take into account the views of all parties concerned and to reconcile any conflicting arguments. NOTE Consensus need not imply unanimity
11	GB/T 29853.1 (3.1.11)	约束	一种对业务事务的任何方面加以设定、限制、制约或规定，以显式陈述的规则。 **注**： 1 各种约束都规定为形成开放电子数据交换剧本构件（例如剧本属性、角色和（或）信息束）的组成部分的规则。 2 对于在开放电子数据交换的实现中注册的约束，必须具有唯一的、无歧义的标识符。 3 约束可以是各方一致同意的（合同条件），因而认为是“内部约束”。或者约束可以是施加于各方的（例如法律、法规），因而认为是“外部约束”	constraint	a rule, explicitly stated, that prescribes, limits, governs or specifies any aspect of a *business transaction*. NOTE 1 Constraints are specified as rules forming part of components of Open-edi scenarios, i.e., as scenario attributes, roles, and/or information bundles. NOTE 2 For constraints to be registered for implementation in Open-edi, they must have unique and unambiguous identifiers. NOTE 3 A constraint may be agreed to among parties (condition of contract) and is therefore considered an “internal constraint”. Or a constraint may be imposed on parties, (e.g., laws, regulations, etc.), and is therefore considered an “external constraint”

（续）

标识		国标中文		ISO 英文	
术语 ID	来源	术语	定义	术语	定义
(1)	(2)	(3)	(4)	(5)	(6)
12	GB/T 29853.1 (3.1.12)	顾客	顾客保护要求作为对业务事务的外部约束的集合对其适用的个人买方。 **注：** 1 顾客保护是一种作为对业务事务的外部约束适用的，显式定义的权利和义务的集合。 2 此处假定：顾客保护仅适用于业务事务中的买方是个人的情况。假如特指制约范围的情况并非如此，这样的外部约束于适用时宜规定为剧本构件的组成部分。 3 在此认可对具有顾客保护性质的买方的外部约束对规定的制约范围是特有的	consumer	a *buyer* who is an *individual* to whom consumer protection requirements are applied as a set of *external constraints* on a *business transaction*. NOTE 1 Consumer protection is a set of explicitly defined rights and obligations applicable as external constraints on a business transaction. NOTE 2 The assumption is that a consumer protection applies only where a buyer in a business transaction is an individual. If this is not the case in a particular jurisdiction, such external constraints should be specified as part of scenario components as applicable. NOTE 3 It is recognized that external constraints on a buyer of the nature of consumer protection may be peculiar to a specified jurisdiction
13	GB/T 5271	数据	一种以适宜于通信、解读或处理的形式化的方式，对于信息的可再解读的表示。 注 数据能由人来处理，或者通过自动化手段处理	data	a reinterpretable representation of *information* in a formalized manner suitable for communication, interpretation, or processing. NOTE Data can be processed by humans or by automatic means
14	GB/T 29853.1 (3.14)	数据（在业务事务中）	对于记录式信息，无论是正在准备的或是已经准备的，以适宜于计算机系统使用的形式所作的表示	data (*in a business transacttion*)	representations of *recorded information* that are being prepared or have been prepared in a form suitable for use in a computer system
15	ISO/IEC 11179-3:1994 (3.3 E) (3.4 F)	数据元素	其定义、标识、表示和许可值均借助于属性集合规定的数据的单元	data element	a unit of *data* for which the definition, *identification*, representation and permissible values are specified by means of a set of attributes.

（续）

标识		国标中文		ISO 英文	
术语ID	来源	术语	定义	术语	定义
(1)	(2)	(3)	(4)	(5)	(6)
16	GB/T 5271.4—2000 (04.07.01)	数据元素(*在数据组织中*)	在所指语境中，一种认为是不可分的数据的单元。 例：数据元素“人的年龄”具有的值，由三个十进制数字的全部组合构成。 **注**：此定义不同于 GB/T 5271.17 中的词条 17.06.02	data element (*in organization of data*)	a unit of *data* that is considered in context to be indivisible. EXAMPLE The data element “age of a person” with values consisting of all combinations of 3 decimal digits. NOTE Differs from the entry 17.06.02 in GB/T 5271.17
17	GB/T 17628—1998 (4.2.1)	决策制定应用	在开放电子数据交换系统中，制定对应于开放电子数据交换方扮演角色的决策，以及对包含在例示化的信息束中的数据值始发、接收和管理的那一部分——不要求该部分对其他开放电子数据交换方是可见的——的模型	Decision-MakingApplication (DMA)	the model of that part of an *Openedi system* that makes decisions corresponding to the role(s) that the *Open-edi Party* plays, as well as originating, receiving and managing data values contained in instantiated information bundles, which is not required to be visible to the other *Open-edi Party(ies)*
18	GB/T 18794.2—2002	区别性标识符	无歧义地区分一个在鉴别过程中的实体的数据	distinguishing identifier	*data* that unambiguously distinguishes an *entity* in the authentication process
19	GB/T 18794.2—2002 (3.1.5)	电子数据交换	在两个或更多组织的信息系统之间，为了业务的目的而对预定义的和结构化的数据所作的自动化交换	Electronic Data Interchange (EDI)	the automated exchange of any predefined and structured *data* for business purposes among information systems of two or more *organizations*
20	ISO/IEC 2382-17:1996 (17.02.05)	实体	现在存在、过去存在或有可能存在的任何具体的或抽象的事物(包括这些事物之间的关联)。 例：一个人、对象、事件、理念、过程等。 **注**：实体的存在与有关该实体的数据是否可用无关	entity	any concrete or abstract thing that exists, did exist, or might exist, including associations among these things. EXAMPLE A person, object, event, idea, process, etc. NOTE An entity exists whether data about it are available or not
21	ISO/IEC 9798-1:1997 (3.3.11)仅单语(英文)	实体鉴别	对所指实体是所声称的实体的确证	entity authentication	the corroboration that the *entity* is the one claimed

（续）

标识		国标中文		ISO 英文	
术语ID	来源	术语	定义	术语	定义
（1）	（2）	（3）	（4）	（5）	（6）
22	ISO/IEC 2382-17：1996（17.02.14）	（实体）标识	采用一个或多个属性，其属性值唯一地标识某一规定的实体的每一次出现的方法	(entity) Identification	a method of using one or more attributes whose attribute values uniquely identify each occurrence of a specified *entity*
23	GB/T 29853.1（3.1.23）	外部约束	在业务事务中，处于内部约束之上——即在业务事务的各方一致同意的约束之外——的约束。 **注：** 1 依惯例，外部约束由法律、规章、指令、条约、约定或类似的文书来创建。 2 外部约束的其他来源有：部门性质的约束，有关特指制约范围的约束，或对公共业务约定是相互议定的约束(例如通用国际商务条款 INCOTERMS 和交换的契约)。 3 外部约束能适用于业务事务中提供的货物、服务和(或)权利的性质。 4 外部约束能提出如下需求：业务事务的一方满足特指角色的特定要求。 例： 1 只有合格的医生才可以开出处方药品的处方； 2 只有委任的股票经纪人才可以在纽约股票交易所作交易； 3 只有特许的企业才可以运送有害废物。 5 在业务事务中，凡遇信息束(IB)，包括其语义构件(SC)也都用来形成业务事务的全部(例如为法律的或审核的目的)之处，所有的约束都必须记录下来。 例：在法律上或审核上，可以要求：作为一个“记录”维护有关业务事务的完全的记录式信息的集合，即作为交换的信息束。 6 适用于业务事务的最低限度外部约束，经常要求将法人，即业务事务中的一方，区分为是“个人”、“组织”或“公共行政管理部门”。例如，隐私权仅适用于“个人”法人	External constraint	a *constraint* which takes precedence over *internal constrains* in a *business transaction*, i. e., is external to those agreed upon by the parties to a *business transaction*. NOTE 1 Normally external constraints are created by law, regulation, orders, treaties, conventions or similar instruments. NOTE 2 Other sources of external constraints are those of a sectorial nature, those which pertain to a particular jurisdiction or a mutually agreed to common business conventions, (e. g., INCOTERMS, exchanges, etc.). NOTE 3 External constraints can apply to the nature of the good, service and/or right provided in a business transaction. NOTE 4 External constraints can demand that a party to a business transaction meet specific requirements of a particular role. EXAMPLE 1 Only a qualified medical doctor may issue a prescription for a controlled drug. EXAMPLE 2 Only an accredited share dealer may place transactions on the New York Stock Exchange. EXAMPLE 3 Hazardous wastes may only be conveyed by a licensed enterprise.

（续）

标识		国标中文		ISO 英文	
术语ID	来源	术语	定义	术语	定义
(1)	(2)	(3)	(4)	(5)	(6)
23	GB/T 29853.1 (3.1.23)	外部约束		External constraint	NOTE 5 Where the information bundles (IBs), including their Semantic Components (SCs) of a business transaction are also to form the whole of a business transaction, (e.g., for legal or audit purposes), all constraints must be recorded. EXAMPLE There may be a legal or audit requirement to maintain the complete set of recorded information pertaining to a business transaction, i. e., as the information bundles exchanged, as a "record". NOTE 6 A minimum external constraint applicable to a business transaction often requires one to differentiate whether the Person, i.e., that is a party to a business transaction, is an "individual", "organization", or "public administration". For example, privacy rights apply only to a Person as an "individual"
24	GB/T 18794.2—2002(3.1.6)	形式描述方法	基于采用严格且无歧义规则的描述语言的规范方法，其中的规则既与开发该语言(形式句法)中的表达式有关，又与解释这些表达式的含义(形式语义)有关	Formal Description Technique (FDT)	a specification method based on a description language using rigorous and unambiguous rules both with respect to developing expressions in the language (formal syntax) and interpreting the meaning of these expressions (formal semantics)
25	GB/T 18794.2—2002(3.1.7)	功能服务视图	在业务事务中，限制在信息技术系统的信息技术互操作性方面的视角，其中的信息技术系统是支持开发电子数据交换事务的执行所需的	Functional Service View (FSV)	a perspective of *business transactions* limited to those information technology interoperability aspects of *IT Systems* needed to support the execution of *Open-edi transactions*

（续）

标识		国标中文		ISO 英文	
术语 ID	来源	术语	定义	术语	定义
(1)	(2)	(3)	(4)	(5)	(6)
26	GB/T 29853.1 (3.1.26)	标识	一种基于规则的、显式陈述的过程，其中涉及使用一个或多个属性即数据元素，这些元素的值(或值的组合)用于唯一地标识规定的实体的出现或存在	identification	a rule-based process, explicitly stated, involving the use of one or more attributes, i. e., *data elements*, whose value (or combination of values) are used to identify uniquely the occurrence or existence of a specified *entity*
27	GB/T 29853.1 (3.1.27)	标识符(*在业务事务中*)	一种由应用基于规则的标识过程得到的，无歧义、唯一性的、在语言学上中性的值。标识符在发放机构的标识模式内必须是唯一性的	identifier (*in a business transacttion*)	an unambiguous, unique and a linguistically neutral value, resulting from the application of a rule-based *identification* process. Identifiers must be unique within the *identification* scheme of the issuing authority
28	GB/T 29853.1 (3.1.28)	个人	作为自然人，充当独特的、不可分的实体或看作是这样的实体的法人	Individual	*a Person* who is a human being, i. e., a natural person, who acts as a distinct indivisible *entity* or is considered as such
29	ISO 2382-1:1993 (01.01.01)	信息(*在信息处理中*)	关于事实、事件、事物、过程或理念等对象(包括在某一语境中具有特指含义的概念)的知识	Information (*in information processing*)	knowledge concerning *objects*, such as facts, events, things, processes, or ideas, including concepts, that within a certain context has a particular meaning
30	GB/T 17628—1998 (4.1.2.2)	信息丛	在开放电子数据交换剧本中，对由扮演角色的开放电子数据交换方交换的信息的语义的形式描述	Information Bundle (IB)	the formal description of the semantics of the *information* to be exchanged by *Open-edi Parties* playing *roles* in an *Open-edi scenario*
31	GB/T 17628—1998 (4.2.2)	信息处理域	包括至少一种决策制定应用系统和(或)开放电子数据交换支持基础设施的构件之一，并代表开放电子数据交换方(直接地或在委派机构之下)来行动或执行的信息技术系统	Information Processing Domain (IPD)	an *Information Technology System* which includes at least either a *Decision Making Application* and/or one of the components of an *Open-edi* Support Infrastructure, and acts/executes on behalf of an *Open-edi Party* (either directly or under a delegated authority)

（续）

标识		国标中文		ISO 英文	
术语ID	来源	术语	定义	术语	定义
(1)	(2)	(3)	(4)	(5)	(6)
32	GB/T 17628—1998(3.1.8)	信息技术系统	由一台或多台计算机、关联软件、外围设备、终端、人员操作、物理处理、信息传送手段组成，形成一种自主整体，有能力进行信息处理和(或)信息传送的集合	Information Technology System (IT System)	a set of one or more computers, associated software, peripherals, terminals, human operations, physical processes, information transfer means, that form an autonomous whole, capable of performing information processing and/or information transfer
33	GB/T 29853.1(3.1.32)	内部约束	形成业务事务各方相互议定的承诺的组成部分的约束。 **注：**内部约束是自施加的。这种约束提供一种用于建模的简化的视图，并重新使用业务事务的剧本构件，此业务事务没有外部约束或限制，但买卖双方相互议定的除外	Internal constraint	a constraint which forms part of the *commitment* (s) mutually agreed to among the parties to a *business transaction*. NOTE Internal constraints are self-imposed. They provide a simplified view for modelling and reuse of scenario components of a business transaction for which there are no external constraints or restrictions to the nature of the conduct of a business transaction other than those mutually agreed to by the buyer and seller
34	GB/T 29853.1(3.1.33)	媒体	用作一种功能单元，本性上是非易失性的物理材料：信息或数据通常记录其上，能加以保留和承载，并能从中取出。 **注：** 1 此定义与记录信息的材料性质和(或)用来记录信息的技术无关，例如：纸张，照相的，化学的，磁性的，光学的，集成电路，以及其他不再常用的材料像羊皮(和其他动物皮张)、塑料(胶木、乙烯等)、纺织品(亚麻布、帆布等)、金属。	medium	physical material which serves as a functional unit, in or on which *information* or data is normally recorded, in which *information* or *data* can be retrieved, and which is nonvolatile in nature. NOTE 1 This definition is independent of the material nature on which the information is recorded and/or technology utilized to record the information, (e. g., paper, photographic, (chemical), magnetic, optical, ICs (integrated circuits), as well as other categories no longer in common use such as vellum, parchment (and other animal skins), plastics, (e. g., bakelite or vinyl), textiles, (e. g., linen, canvas), metals, etc.).

（续）

标识		国标中文		ISO 英文	
术语 ID	来源	术语	定义	术语	定义
(1)	(2)	(3)	(4)	(5)	(6)
34	GB/T 29853.1(3.1.33)	媒体	2 将“本性上是非易失性的”这一属性包括在内，是要覆盖潜伏时间和记录保留的要求。 3 “媒体”的这一定义独立于： i) 记录式信息的形式或格式； ii) 物理尺寸和(或)大小； iii) 与包住的材料在物理上隔开的任何容器或壳体，没有这种容器或壳体时媒体仍能保持为功能单元不变。 4 “媒体”的这一定义也抓住和集成了以下关键性质： i) 媒体作为一种信息或数据能记录其上并从中检索的材料的性质； ii) 存储的性质； iii) 物理载体的性质； iv) 物理表现形式即材料的性质； v) 功能单元的性质； vi) 记录信息或数据的材料的(某种程度的)稳定性的性质	medium	NOTE 2 The inclusion of the “non-volatile in nature” attribute is to cover latency and records retention requirements. NOTE 3 This definition of “medium” is independent of: a) form or format of recorded information; b) physical dimension and/or size; and, c) any container or housing that is physically separate from material being housed and without which the medium can remain a functional unit NOTE 4 This definition of “medium” also captures and integrates the following key properties: a) the property of medium as a material in or on which information or data can be recorded and retrieved; b) the property of storage; c) the property of physical carrier; d) the property of physical manifestation, i.e., material; e) the property of a functional unit; and, f) the property of (some degree of) stability of the material in or on which the information or data is recorded
35	GB/T 15237—1990 (5.3.1.3)	名称	对某一对象的采用某语种的表达式的称呼	name	designation of an object by a linguistic expression

（续）

标识		国标中文		ISO 英文	
术语ID	来源	术语	定义	术语	定义
(1)	(2)	(3)	(4)	(5)	(6)
36	GB/T 15237—1990 (2.1)	对象	在可感知的或可想到的世界中的任何一部分。 **注**：对象也可以是物质的（例如发动机）或非物质的（例如磁性）	object	any part of the perceivable or conceivable world. NOTE Objects may also be material, (e.g., engine) or immaterial, (e.g., magnetism)
37	GB/T 17628—1998 (3.1.9)	开放电子数据交换	在多个组织之间，为完成显式共享的业务决策目标，按照开放电子数据交换标准进行的电子数据交换	Open-edi	*electronic data interchange* among multiple autonomous *organizations* to accomplish an explicit shared business goal according to *Open-edi standards*
38	GB/T 17628—1998 (4.1.1)	开放电子数据交换描述技术	采用计算机可处理的形式的规范方法（例如形式描述技术，具有形式描述技术特性的其他方法，或按照形式上规定 BOV 概念的需要将这样的方法综合起来的方法）	Open edi Description Technique (OeDT)	a specification method such as a *Formal Description Technique*, another methodology having the characteristics of a *Formal Description Technique*, or a combination of such techniques as needed to formally specify *BOV* concepts, in a computer processible form
39	GB/T 17628—1998 (3.1.11)	开放电子数据交换方	参与开放电子数据交换的组织。 **注**：在开放电子数据交换剧本中，按扮演角色来建模的任何实体，在本部分中常通称为"方"或"各方"	Open-edi Party (OeP)	an *organization* that participates in Open-edi. NOTE Often in this GB/T 29853.1 standard referred to generically as "party" or "parties" for any entity modelled as playing a role in Open-edi scenarios
40	GB/T 17628—1998 (3.1.12)	开放电子数据交换剧本	适用于具有同一业务目标的业务事务类的形式规范	Open-edi scenario	a formal specification of a class of *business transactions* having the same business goal
41	GB/T 17628—1998 (3.1.10)	开放电子数据交换标准	依从开放电子数据交换参考模型的标准	Open-edi standard	a standard that complies with the Open-edi Reference Model
42	GB/T 17628—1998 (E)(4.2.1)	开放电子数据交换系统	能使开放电子数据交换方参与开放电子数据交换事务的信息技术系统	Open-edi system	an *information technology system* which enables an *Open-edi Party* to participate in *Open-edi transactions*

（续）

标识		国标中文		ISO 英文	
术语ID	来源	术语	定义	术语	定义
(1)	(2)	(3)	(4)	(5)	(6)
43	GB/T 18794.2—2002 (3.1.13)	开放电子数据交换事务	依从开放电子数据交换剧本的业务事务	Open-edit-ransaction	*a business transaction* that is in compliance with an *Open-edi scenario*
44	ISO/IEC 6523-1:1998 (3.1)	组织	机构的一种唯一性框架，该机构内的人员针对某一目的采取行动或受指派采取行动。 注：本部分覆盖的组织种类包括以下各例： 例 1：依法组成法人团体的组织。 例 2：未依法组成法人团体，但提供以下物品和(或)服务的组织或活动： 1) 合伙企业； 2) 社会组织、其他非盈利组织或类似团体，其拥有权或控制权置于个人群体的管理之下； 3) 独资企业； 4) 政府团体。 例 3：信息交换中遇有标识需要的上述类型组织的分组	organization	a unique framework of authority within which a person or persons act, or are designated to act, towards some purpose. NOTE The kinds of organizations covered by this International Standard include the following examples. EXAMPLE 1 An organization incorporated under law. EXAMPLE 2 An unincorporated organization or activity providing goods and/or services including. 1) partnerships; 2) social or other non-profit organizations or similar bodies in which ownership or control is vested in a group of individuals; 3) sole proprietorships 4) governmental bodies. EXAMPLE 3 Groupings of the above types of organizations where there is a need to identify these in information interchange
45	ISO/IEC 6523-1:1998 (3.2)	组织部分	在某一组织内，为信息交换而需要加以标识的任何部门、服务机构或其他实体	organization part	any department, service or other *entity* within an *organization*, which needs to be identified for information interchange

（续）

标识		国标中文		ISO 英文	
术语ID	来源	术语	定义	术语	定义
(1)	(2)	(3)	(4)	(5)	(6)
46	GB/T 29853.1 (3.1.45)	组织法人	拥有法人的财产权，因而有资格代表所在组织做出承诺的组织部。 **注：** 1　一个组织能具有一个或多个组织法人。 2　组织法人视为是代表该组织表述和行动，并以规定的资格这样来做。 3　组织法人能是“自然人”，例如该组织的一位员工或官员。 4　组织法人能是法人，例如另一组织	Organization Person	an *organization part* which has the properties of a *Person* and thus is able to make commitments on behalf of that *organization*. NOTE 1 An organization can have one or more organization Persons. NOTE 2 An organization Person is deemed to represent and act on behalf of the organization and to do so in a specified capacity. NOTE 3 An organization Person can be a “natural person” such as an employee or officer of the organization. NOTE 4 An organization Person can be a legal person, i.e., another organization
47	GB/T 29853.1 (3.1.47)	法人	依法认可具有合法权利和义务，有资格做出承诺，承担和履行推定的职责，并有资格对其行动负责的实体，即自然人或设定的人。 **注 1：**“法人”的同义语有“拟制的人(artificial person)”、“法人组织(body corporate)”等，这取决于在合法制约权内所用的术语。 **注 2：**法人的英文（Person）首字母大写，以指明在标准中一直用作是形式上定义的，并与“人(person)”的日常用法区别开来。 **注 3：**适用于业务事务的最低限度约束和普通外部约束，往往要求区分出法人的三种常见的子类型，即“个人法人”、“组织法人”和“公共行政管理部门法人”	Person	an *entity*, i.e., a natural or legal person, recognized by law as having legal rights and duties, able to make commitment(s), assume and fulfil resulting obligation(s), and able of being held accountable for its action(s). NOTE 1 Synonyms for “legal person” include “artificial person”, “body corporate”, etc., depending on the terminology used in competent jurisdictions. NOTE 2 Person is capitalized to indicate that it is being utilized as formally defined in the standards and to differentiate it from its day-to-day use. NOTE 3 Minimum and common External Constraints applicable to a business transation often require one to differentiate among three common subtypes of Person, namely “individual”, “organization”, and “public administration”

（续）

标识		国标中文		ISO 英文	
术语ID	来源	术语	定义	术语	定义
(1)	(2)	(3)	(4)	(5)	(6)
48	GB/T 29853.1 (3.1.48)	法人鉴别	通过确证来确保经认可法人身份(rPi)(对业务事务的目的是充分的)的证明	Person authentication	the provision of the assurance of a *recognized Person identity* (*rPi*) (sufficient for the purpose of the *business transaction*) by corroboration
49	GB/T 29853.1 (3.1.49)	法人身份	在业务事务中，某一法人所用的法人面貌的信息和标识符的组合	Person identity	the combination of *persona* information and *identifier* used by a *Person* in a *business transaction*
50	GB/T 29853.1 (3.1.50)	法人签名	由某一法人创立并从属于该法人的一种签名，即一种名称表示、区分性标记或通常标记	Person signature	a signature, i.e., a *name* representation, distinguishing mark or usual mark, which is created by and pertains to a *Person*
51	GB/T 29853.1 (3.1.46)	法人面貌	在业务事务中，法人希望为人所知因而以此标识的数据元素及其值的集合	persona	the set of *data elements* and their values by which a *Person* wishes to be known and thus identified in a *business transaction*
52		法人面貌注册模式	法人面貌规范中包含的数据字段的形式定义，以及这些字段所允许的内容，同时包括用于指派标识符的规则。（这也可称为法人的“法人面貌简档”。）	personaRegistration Schema (pRS)	the formal definition of the data fields contained in the specification of a persona of a *Person* and the allowable contents of those fields, including the rules for the assignment of identifiers. (This may also be referred to as a *persona* profile of a *Person*)
53	GB/T 29853.1 (3.1.51)	过程	为引向预期结果的完成而以已定义的方式发生的一系列行动或事件	process	a series of actions or events taking place in a defined manner leading to the accomplishment of an expected result
54	GB/T 29853.1 (3.1.52)	公共行政管理部门	本身是一个组织，具有附加属性——得到授权代表规章管理机构采取行动——的实体，即法人	public administration	an entity, i.e., a *Person*, which is an *organization* and has the added attribute of being authorized to act on behalf of a *regulator*
55	GB/T 29853.1 (3.1.53)	经认可法人身份	在业务事务的特定目的所必要的范围内，某一法人的确立的身份	recognized Person identity (rPi)	the identity of a *Person*, i.e., *Person Identity*, established to the extent necessary for a specific purpose in a *business transaction*

（续）

标识		国标中文		ISO 英文	
术语 ID	来源	术语	定义	术语	定义
(1)	(2)	(3)	(4)	(5)	(6)
56	GB/T 29853.1 (3.1.54)	记录式信息	不管采用何种形式，也不管记录所用的媒体或技术，只是以允许存储和检索的方式记录在某一媒体上的任何信息。 **注：** 1 这是一种类属定义，独立于任何本体论(即“事实”-“数据”-“信息”-“智能”-“知识”等问题)。 2 通过采用“信息”这一术语，此定义将信息的全部属性都继承下来。 3 此定义覆盖了： i) 任何形式的记录式信息，任何记录手段，以及能记录信息的任何媒体； ii) 所有类型的记录式信息，包括所有数据类型、指令或软件、数据库等	recordedin-formation	any *information* that is recorded on or in a *medium* irrespective of form, recording *medium* or technology utilized, and in a manner allowing for storage and retrieval. NOTE 1 This is a generic definition and is independent of any ontology, (e.g., those of “facts” versus “data” versus “information” versus “intelligence” versus “knowledge”, etc.). NOTE 2 Through the use of the term “information,” all attributes of this term are inherited in this definition. NOTE 3 This definition covers: a) any form of recorded information, means of recording, and any medium on which information can be recorded; and, b) all types of recorded information including all data types, instructions or software, databases, etc
57	GB/T 29853.1 (3.1.55)	注册机构	负责维护一个或多个注册模式(包括对注册模式中认可的每一实体的唯一标识符的指派)的法人	Registration Authority (RA)	a *Person* responsible for the maintenance of one or more *Registration Schemas* including the assignment of a unique *identifier* for each recognized *entity* in a *Registration Schema*
58	GB/T 29853.1 (3.1.56)	注册模式	对制约数据字段的规则集的形式定义，其中的各字段用于描述某一实体和这些字段允许的内容，包括指派标识符的规则	Registration Schema (RS)	the formal definition of a set of rules governing the data fields for the description of an entity and the allowable contents of those fields, including the rules for the assignment of identifiers

（续）

标识		国标中文		ISO 英文	
术语ID	来源	术语	定义	术语	定义
(1)	(2)	(3)	(4)	(5)	(6)
59	GB/T 29853.1 (3.1.57)	规章管理机构	具有设定外部约束职权的法人，其中的约束作为原则、政策或规则，来制约或设定业务事务中涉及的法人的行为，以及提供交换的货物、服务和(或)权利	regulator	a *Person* who has authority to prescribe *external* constraints which serve as principles, policies or rules governing or prescribing the behavior of *Persons* involved in a *business transaction* as well as the provisioning of goods, services and/or rights interchanged
60	GB/T 17628—1998 (4.1.2.1)	角色	模仿开放电子数据交换方的外部预期的行为(像某一剧本中所允许)的规范	role	a specification which models an external intended behavior (as allowed within a scenario) of an *Open-edi Party*
61	GB/T 17628—1998 (4.1.2.3)	剧本属性	在整体上与开放电子数据交换剧本有关的信息的形式规范，这种规范无论对角色或是对信息束都不是特定的	scenario attribute	the formal specification of *information*, relevant to an *Openedi scenario* as a whole, which is neither specific to *roles* nor to *information bundles*
62	GB/T 29853.1 (3.1.60)	卖方	旨在无偿地或响应需求或请求向另一法人移交一项货物、服务和(或)权利，作为报酬，为所提供的货物、服务和(或)权利接受可承兑的相等价值(通常以货币计)的法人	seller	a *Person* who aims to hand over voluntarily or in response to a demand, a good, service and/or right to another *Person* and in return receives an acceptable equivalent value, usually in money, for the good, service and/or right provided
63	GB/T 17628—1998 (4.1.2.2)	语义构件	在业务事务的业务目标的语境中，一种无歧义地定义的信息单元。 语义构件可以是原子的，或是由若干其他语义构件构成的	Semantic Component (SC)	a unit of *information* unambiguously defined in the context of the business goal of the *business transaction*. A SC may be atomic or composed of other SCs

（续）

标识		国标中文		ISO 英文	
术语ID	来源	术语	定义	术语	定义
(1)	(2)	(3)	(4)	(5)	(6)
64	这是对 ISO 和 IEC（现见于 ISO/IEC JTC1 指令第1部分，2.5：1998）｛另见 ISO/IEC 指南 2：1996(1.7)｝<<http：www.iso.ch/infoe/intro.html>>	标准	包含技术规范或其他一致地采用的精确判据（例如规则、指南或特性定义），以确保材料、产品、过程和服务合乎自身目的的文档式协定。 注 这是对"标准"的类属定义	standard	documented agreement containing technical specifications or other precise criteria to be used consistently as rules, guidelines, or definitions of characteristics, to ensure that materials, products, processes and services are fit for their purpose
65	GB/T 29853.1(3.1.63)	第三方	在某一业务事务中，除有关的首要两方之外，不属于这首要两方中任何一方的代理方，并履行规定的角色或职能的法人，其中的角色或职能是首要两方相互议定的，或作为外部约束的结果形成的。 注：按此处的理解，在某一业务事务中，两个以上的法人能同时作为首位方	third party	a *Person* besides the two primarily concerned in a *business transaction* who is *agent* of neither and who fulfils a specified *role* or function as mutually agreed to by the two primary *Persons* or as a result of *external constraints*. NOTE It is understood that more than two *Persons* can at times be primary parties in a *business transaction*
66	GB/T 29853.1 (3.1.64)	无歧义的	对适合于业务事务目标而交换的记录式信息，其语义的完全性所要求的确定性和明晰性的级别	unambiguous	the level of certainty and explicitness required in the completeness of the semantics of the *recorded information* interchanged appropriate to the goal of a business *transaction*

（续）

标识		国标中文		ISO 英文	
术语ID	来源	术语	定义	术语	定义
(1)	(2)	(3)	(4)	(5)	(6)
67	GB/T 29853.1 (3.1.65)	卖主	顾客保护要求——作为业务事务中外部约束的集合——对其适用的卖方。 **注 1**：顾客保护是作为对业务事务的外部约束适用的，显式定义的权利和义务的集合。 **注 2**：此处认可：对顾客保护性质的卖方的外部约束，对规定的制约范围可以是特有的	vendor	a *seller* on whom consumer protection requirements are applied as a set of *external constraints* on a *business transaction*. NOTE 1 Consumer protection is a set of explicitly defined rights and obligations applicable as external constraints on a business transaction. NOTE 2 It is recognized that external constraints on a seller of the nature of consumer protection may be peculiar to a specified jurisdiction

附 录 B
（规范性附录）
表示出现类型属性——必选、条件的、可选的和不适用的——的代码

开放电子数据交换剧本由多种构建块组成，包括开放电子数据交换剧本属性、角色属性、信息束(IB)(以及语义构件(SC)的属性)。所有属性都必须在所有时间规定，即以此确保开放电子数据交换的剧本和剧本构件形式规范的明晰性和无歧义性。不过，这些属性的性质和职能将有所不同，这取决于语境，即业务事务的目标。此外，虽然所有属性都必须加以规定，但指派给这些属性的实际值可包含从“必选”到“不适用的”(N/A)的陈述。再者，在每一剧本构件之内的属性之间的以及在剧本构件本身之间，常常存在互工作性和依赖性，即条件的属性类型。

五种基本的出现型属性类型是：

——必选；

——条件选；

——服从某一条件的必选；

——可选的；

——不适用的。

规则 B-1

这些出现型属性应在开放电子数据交换剧本的 OeDT 表示中加以说明。

对“出现”的编码约定在表 01[82] 中给出。

表 01[83] 表示出现型属性——必选、条件选、可选的和不适用的——代码

IT 接口		人的界面-等效语种表达式					
表 ID (1)	代码 (2)	国标中文		ISO 英文(en)		其他语种	
		助忆符(3)	表达式(4)	助忆符(5)	表达式(6)	助忆符(7)	表达式(8)
15944-1:01	1	Q	必选	M	Mandatory		
15944-1:01	2	T	条件选	C	Conditional		
15944-1:01	3	q	必选，服从某一条件选	m	mandatory subject to a Conditional		
15944-1:01	4	K	可选的	O	Optional		
15944-1:01	9	B	不适用的	N	Not Applicable		

82) 在此表中，仅提供中文和英文的等效语种表达式。该表可扩展到覆盖任何数目的等效语种(例如法文、德文、俄文、日文)的表达式(及其助忆符)，特别是在采用以下标准之时：GB 13000.1—1993《信息技术 通用多八位字符集(UCS) 第 1 部分：体系结构和基本的多语种平面》(又称 Unicode)。

83) 对表 01 的注释：

1) 表示英文、法文和西班牙文的代码“(en)”“(fr)”和“(es)”取自 ISO 639：1988《用于表示语种名称的代码》。

2) 唯一性的和无歧义表标识符由本标准的编号及部分号即“15499-1”和该标准中的表号即“01”组成，其间以冒号(:)作为分隔符。

3) 用于助忆符的各列，即“3”“4”“5”和“7”列表示(1)提出基于语种的在用字符；和(2)帮助与第“2”列的语种代码对照。(助忆符(Mnemonics)是“记忆辅助工具”之意。)

规则 B-01:

对于开放电子数据交换的剧本和剧本构件的所有的属性，出现型属性应通过这一表中的代码之一规定。

规则 B-02:代码指派[84)]

表 GB/T 29853.1:01 意味着所有识别的业务要求都包括在内的详尽无遗的含义。

在本表的范围之内,假若识别要求附加条件的业务要求,就能将其添加进来。假若要求添加的代码的数目使迁移到双数字码成为必要,这一可能性是可以预见的。从单数字码变到双数字码要求将不适用类型的"9"变更到"99"。在数码代码集中,最高可能的数字,即"9"、"99"、"999"等是用作"不适用类型"的保留代码。

添加任何其他的出现型代码,均认为是用户扩充,并宜予以注册,即经由采用 GB/T 29853.2 。

规则 B-03:

Code 1 =(Mandatory/Obligatoire/Obligatorio)视为是自扩展的,即此属性必须具有一个值。

规则 B-04:

当采用 Code 2 =(Conditional/Conditionnel/Condicional)时,该"条件"必须以一个或多个规则的形式加以规定,这些规则对于属性的值必须包括要满足的条款。

规则 B-05:

当采用 Code 3 =(mandatory subject to a Conditional/obligatoire en fonction d'un Conditionnel/obligatorio sujeto a un Condicional)时,与其中属性有关的条件的类型必须加以规定并加以引用(包括依赖性)。

规则 B-06:

Code 4 =(Optional/Optionnel/Facultativo)正是任何种类的条件都不适用。

某一实际的值是否指派给 Code 4 中的属性完全随意。

规则 B-07:

采用 Code 5 =(Not Applicable/Sans objet/No aplica)用于显式陈述此属性是不适用的,因而在此属性的任何例示中都找不到任何值。

此处的例子有:有关没有任何外部约束、特定安全性或通信服务要求的情形。预期在仅涉及内部约束开发的剧本中以及在"简单"剧本中,按本部分第 8 章和第 9 章所述,代码 5 将频繁地用于有关剧本、剧本属性和(或)剧本构件的规范。

---

84) 本表纳入了正在进行的开发工作的某些元素以支持新的标准。更多内容见 ISO/IEC 18022《信息技术 广泛用于编码值域的标准的标识、映射和 IT 使能》。这一标准正由 ISO/IEC JTC1/SC32 WG2 元数据工作组编制。

附 录 C
（资料性附录）
对（电子）业务事务中实体的无歧义标识

C.1 引言

1） 对(1)规则并指南;(2)本部分规范性部分 6.1.4 中的术语和定义,附录 C 提供必要的资料性和阐明性文本。此处以黑体陈述的规则和指南,与 6.1.4 中陈述的,即规则 5～8 和关联的指南,是完全相同的,虽然在本附录中作为规则 C.1＋重新予以编号。

2） 本附录,像将其作为一部分的标准一样,将现有的 ISO 和 ISO/IEC 标准的使用最大化。本附录的内容来源出于以讲究实效的方式,响应现有真实世界中能力问题的需要,所谓能力指能够以可接受的水平或信用和确定性标识和引用组成业务事务各部分(例如人员、对象、事件、过程)的所有"实体"。在此添加的是在电子业务事务(例如在电子商务、电子业务、电子政务、电子盯梢)的去物质化的世界,做得同样好或更好的挑战。

3） 本附录也打算帮助本部分的如下用户:不熟悉一般的开放电子数据交换标准,或者直至今日其重点仅在功能服务视图(FSV)标准。

C.2 关键问题

"无歧义"是业务事务中的重大问题[85],因为歧义和不确定性状态从商务、法律、客户和信息技术的视角都是不希望有的。无歧义性问题适用于业务事务的所有方面,而对基于电子数据交换的业务事务更是如此。

对于业务语义描述技术,本部分的主要目的是当作一种方法体系和工具,用于开放电子数据交换剧本、剧本属性和作为支持公共业务事务的可重用元素剧本构件的规范和无歧义标识。这些以及有关业务事务的开放电子数据交换剧本和剧本构件的互操作性和可重用性的目的,都要求无歧义标识。

对于剧本、剧本属性和剧本构件的注册、引用和交叉引用,特别是对于重用,都要求无歧义标识。

C.3 基本假定:实体、对象和法人

在全球业务事务中,对于组成业务事务的各种实体(包括法人)[86]的标识,都有通用业务惯例和标准。

规则 C-1:

在构建和使用剧本、剧本属性和剧本构件时[87],现有标准应使用到最大可能的程度。

甚至在采用基于计算机的技术之前,业务惯例已经制定出来并用于辅助无歧义地标识全球贸易中的货物和到各国旅行的人员。在现有的业务惯例和信息技术标准中,有适用于无歧义标识真实世界中材料对象的实体。这里是假定支持公共的业务职能和惯例的这些现有的业务惯例、标准和方法,形成了

85） 本附录采用的术语"业务"和"业务事务",都按照 GB/T 17628 中的定义。这两个术语的定义见第 3 章。

86） 更多内容见附录 D 和 E。

87） 适用于全球无歧义标识一般人员和专门组织和个人的关键性标准,从业务事务视角在附录 D 中作了识别和汇总。

一种有用的基础，来寻找无歧义标识电子业务事务中各主要对象的解决办法，不仅用于货物和服务，而且更重要的用于在去物质化的世界中开放电子数据交换的“法人”。

这就是说，在现有的业务事务中，在目前的电子业务事务中更是如此，需要无歧义标识组成业务事务的所有实体。

对于无歧义标识全球信息技术与远程通信基础设施组成部分的实体，已有信息技术标准。

术语“实体”在国家标准 GB/T 5271《信息技术 词汇》中定义为：

17.02.05 **实体** **entity**：当前存在、过去存在或可能存在的任何具体或抽象的事物（包括这些事物之间的关联）。

示例：一个人、对象、事件、观念、过程。

注：请注意，实体的存在与否与其有关的数据是否可用无关。

业务事物中的实体不仅指“对象”，而且指“人员”、“事件”和“过程”。

术语“对象”在国家标准 GB/T 15237—2000 第 1 部分中定义为：

3.1.1 **对象** **object**：可感知的或可想象的世界中的任何一部分。

注：对象可以是物质的（例如引擎、纸张、钻石），非物质的（例如转换率、工程计划）或想象的（例如独角兽）。

对无歧义标识作为物质对象的实体（或视为物质对象的事物）已有标准。对物质对象指派唯一性的和无歧义的标识符的一个例子是，通过无处不在的条码符号体系以既可视又机器可读的形式表示的标识符。对于无歧义标识作为所在位置的对象（规定为物理的和（或）电子的地址）[88]，已有系列标准。

无歧义标识业务事务中的人员（个人或组织）[89]一直是有待处置的特殊问题。在开放电子数据交换的去物质化的世界，这些问题的严重性在加深。

为了解决“无歧义标识”业务事务中实体（即人、对象、过程、事件等）的问题，已将这一问题分解为两个关键构件：

——“无歧义的”；

——“标识”。

C.4 “无歧义的”

规则 C-2：

在（电子）业务事务中，歧义性所能达到的最小化的程度，与开放电子数据交换中实现机遇、潜力及其普遍采纳和采用的能力直接有关。

术语“无歧义的”定义为：

无歧义的 unambiguous：对适宜于业务事务目标的交换的记录式信息，其语义完备性所需的确定性和明晰性的级别。

“无歧义的”这一定义：

——对基于纸张的与基于开放电子数据交换的业务事务同等适用；

——是所有产业部门的公同要求；

——对媒体是中性的，即适用于各种 IT 技术或所利用平台的综合的视角；

——适用于业务事务的所有三种构件，即“法人”“过程”和“数据”。

注 1：术语“无歧义的”既未按牛津（Oxford）、韦氏（Webster）、Random House、Larousse 等词典来定义，又未按国际标准或国家标准（包括有关信息技术、安全服务等的标准）来定义。

88） 在此，ISO/IEC 9594《信息技术 开放系统互连（OSI）系列标准》（ITU 也作为 X.500《目录服务》、X.509《鉴别框架》等予以公布），提供了各种途径和服务解决方案，用于无歧义标识电子对象，主要关注点是通过唯一性的电子地址将这些对象绑定到所在位置。

89） 更多内容见 6.2 和附录 D。

注 2：上面提到的词典都将前缀“un-”释义为表达否定，当该前缀附加到“ambiguous”之类的形容时，提供纯粹的否定形式。

注 3：“歧义的”（或“歧义”）以多种方式定义：“表示能以两种或更多种方式来理解的不确定性状态”“一种对区别性的缺乏”“一种疑惑级”“未清晰定义的”“其所指不能断定因而是靠不住的”等。

注 4：根据对这些主要词典及其他术语工具的查询结果，在（电子）业务事务需要“无歧义标识”的语境中，“无歧义的”的关键性质是“绝对肯定的状态”“不能被误解的状态”“一种可依靠的状态”等等。

指南 C-2G1：

业务事务的性质和目的确定了所需确定性的级别，即在标识业务事务元素（例如人、产品、服务）中的信任、可靠性、可审核性等。

这就是说，目标即业务事务的性质和目的，在标识法人（以及业务事务中所有其他实体，例如货物、服务和财务）时，确定了所需的确定性（即无歧义性）的级别。

依据确定性级别接近的无歧义性，在鉴别时作为安全服务和标准的组成部分，允许与保证级别相联系和协调一致。

C.5 “标识”

“标识”与“鉴别”是相互分离的，不宜混淆[90]。**鉴别假定：标识已经出现**。关于鉴别的标准定义包括：

——**真实性**：确保一个主体或资源的身份是所声称的性质。真实性适用于用户、过程、系统、信息[91]等实体；

——**实体鉴别**：对实体正是所声称的实体的确证[92]；

——**鉴别**：对确保实体所声称的身份提供证明的行动或过程[93]。

——**区别性标识符**：在鉴别过程中，无歧义地区分出实体的数据[94]。

下列指南是对以上的总结：

指南 C-2G2：

鉴别过程推定：某一实体的存在和应用基于规则的标识过程的完成，是由于指派了“标识符”，即鉴别过程是对标识过程的一种确证。

术语“标识”未按国际标准进行定义。术语“（实体）标识”定义为：

（实体）标识（entity）identification：采用一个或多个属性——其属性值惟一地标识某一规定的实体的每次出现——的方法[95]。

标识由采用一个或多个属性（即数据元素）的过程组成，其中属性的值或值的组合一起惟一地标识“所规定实体”的每次出现。

牛津（Oxford）和韦氏（Webster）词典对“标识”有两种定义：

——“过程”：确定某一事物是什么的行动或过程；认可或建立为特指的人或事物；标识行动。

——“状态”：对某一事物作为是什么的认可。

再者，牛津和韦氏两种词典将“身份”定义为：

90）在电子业务事务中，有两个常问和先问的问题，即：（1）“我如何知道我正在和谁打交道？”（2）“我如何知道你说你是谁？”第一个问题有关于“标识”第二个问题有关于“鉴别”。十分常见的是人们（1）无法在“标识”与“鉴别”之间作出区分，和（或）（2）在“无歧义标识”已经出现的假定下开始进行鉴别和安全服务。

91）ISO/EC TR 13335-1：1996《信息技术　IT 安全管理指南　第 1 部分　概念》。

92）GB/T 15843.1—1999《信息技术　安全方法　实体鉴别机制　第 1 部分：总论》。

93）GB/T 18794.2—2002《信息技术　开放系统互连　开放系统安全框架：鉴别框架》。

94）也取自 ISO/IEC 10181-2 。

95）GB/T 5271.17《信息技术词汇　数据库》。

——在本质、构成、性质上或在所考虑的特指的量上同一的特质或条件(Oxford);

——在不断变化的方面或条件下,保持不变的状态或事实(Webster)。

当能将"标识"假定为一个过程时,此过程的主要结果是创建一个"标识符"。对于"标识符",在多项国际标准中都有定义。这些包括:

GB/T 15237.2《术语体系 术语》,其中定义:

标识符 identifier:用于标识或命名某一数据范畴,并可能指明该数据范畴的某一性质的一个或多个特性。

注:GB/T 5271.15 对"标识符"有类似定义(见 15.01.03)。

在 ISO/IEC 9594《信息技术 开放系统互连》(也以 ITU X.500《目录服务》公布)中,有"区别标识符"的概念与术语,其定义(也在 ISO/IEC 10181-2 中引用)为:

区别标识符 distinguishing identifier:在鉴别过程中,无歧义地区分某一实体的数据。

对问题"标识是指什么?"的回答能总结如下:

1) 有两个嵌入的基本概念与含义,即:

——标识作为一种过程;

——标识作为一种状态。

2) 标识涉及采用一个或多个属性,即数据元素,该属性的值(或值的组合)唯一地标识某一规定实体的出现或存在。

3) 标识作为"是同一个"的性质和条件,取决于"在考虑的"是什么,即该标识在业务过程中的语境、目的和(或)用法。因而标识关系到对其利用的业务事务的目标。

4) 遇有标识是由某一组织承担的过程的情形,主要结果是由该组织对所利用过程中某一对象或实体的特指实例或出现指派与确保一个(唯一性的)标识符[96]。

5) 同一个单一的世界对象或实体,对其指派的标识符很可能多于一个,这取决于该对象或实体能构成其一部分的语境和标识过程[97]。

最后,既作为过程又作为状态的"标识",特别是在每一业务事务的语境中,都关系到议定的一般业务目标。正因为如此,对标识的细节和特定性就有程度或级别之分。例如,通过信用卡或借记卡涉及价值不超过¥500 的电子商务业务事务,对标识信息所要求的确定性级别很可能小于对价值超过¥10 000类似业务事务所要求的级别。同样,对于电子管理,涉及的房地产价值可高可低,即使这些价值是非金融性质的。

以上考虑了:

1) ISO/IEC 2382-17 对"(实体)标识"的定义;

2) ISO/IEC 有关"标识符"的各种定义;

3) ISO/IEC 有关鉴别的各种定义;

4) 牛津和韦氏两种词典对"标识"和"身份"的定义;

5) 将这些都置于(电子)业务事务语境之后,GB/T 29853.1 对"标识"的定义是:

标识 identification:一种以显式陈述,涉及使用一个或多个属性的基于规则的过程,其中的属性即数据元素,其值(或值的组合)用于唯一地标识某一规定实体的出现或存在[98]。

96) 负责维护标识过程和关联的标识符代码方案并进行注册的组织,通常称为"注册机构"(RA)。更多内容见 6.2.3。

97) 更多内容见 6.2.2 和附录 E.4.1《法人面貌和标识》。

98) 对于标识,这一定义考虑并支持两种主要的可能性或选项:即:

选项 1:规定的实体(或对象),即其出现或例示,将具有唯一性的和不变的标识,即对例示的真实世界对象的单一的永久性唯一标识符;和(或)

选项 2:规定的实体(例如真实世界的人)的每次出现(更多内容见 6.2.4),对于(以显式)陈述的语境(或目的),即业务目标,能具有多个标识和导出的标识符。

注1:正常情况下,作为一项标准组成部分的标识方案有其注册机构。

注2:对规定域中标识方案已有注册标准。主要例子见附录D。

规则 C-3:

关于或用于支持业务事务的任何实体,均应基于标识过程指派一个唯一性的和无歧义的标识符。

由于对术语““标识符”有多种不同的“标准”定义且各有其自身的语境和目的,因而需要“标识符(*在业务事务中*)”这一术语和定义,并将其他各项标准的有关方面纳入,置于业务事务的语境。

本部分对术语“标识符(*在业务事务中*)”的定义是:

标识符(*在业务事务中*)　identifier (*business transaction*):从应用基于规则的标识过程得到的无歧义的和语言学上中性的值。标识符在签发机构的标识方案内必须是唯一性的。

注1:标识符虽然是单一值,但这种值可以由一个或多个原子构件组成。例如,最后的数或终结数字能是一个“检查”位,或按照制约标识过程的业务规则和由签发组织指派的标识符,可将智能构建在标识符内。

注2:作为单一值的标识符能包括签发组织的标识符与该签发组织指派的标识号的组合,ISO/IEC 6523、7501、7812等标准都基于这一原则。

注3:业务事务中所用的标识符是否具有内建的智能,由签发机构议定的规则库确定。许多现有的国际的(和国家的)标准因考虑“智能标识符”而制定出来。希望在其内部应用中将这样的智能标识符与“非智能标识符”对照的组织,能采用ISO/IEC TR 15452《信息技术 数据值域的规范》。

C.6　标识与指派(或“标识符”与“名称”)

规则 C-4:

自然名称或自然语言标识符不必用作业务事务中的标识符,虽然可以与之关联。

在全球(电子)业务事务中,同一真实对象依人的界面处所利用的语言由多个名称认可和知晓。引证 ISO/IEC JTC1 BT-EC 报告:

“人们喜爱‘对象’这种名称。但采用‘名称’的办法并非IT友好、成本有效或时间有效”[99]。

“各标准中(按上面的7.1和7.2中的讨论)的术语和名称,在语言学上不是中性的,也不是IT可处理的。在电子商务中,有特定的本地要求需要加以识别……。需要以如下方式编排国际标准:一方面使其支持唯一性的、无歧义的和语言学上中性的标识和对于对象的引用,另一方面又通过术语和名称支持开发这样的对象的称呼,以支持本地化和多语种的要求……”[100]

在国家标准GB/T 15237中,将“名称”定义为:

“**名称 name**[101]:以语种表达式对某一对象的称呼”。

因此,任何“对象”将具有:

1)　用于对其称呼的语种表达式那么多的名称[102];

99)　引自JTC1/BT-EC向JTC1的报告《关于拟启动的电子商务标准化工作》,1998-05-04,p.22(作为ISO/IEC JTC1文档注册,编号N5296)。

100)　同上,p40(见7.4.5《本地化》)。

101)　这是GB/T 15237—1990中对“名称”的定义。在GB/T 15237—2000最近修订的版本第1部分,已将3.4《称呼》中的“名称”作为“称号”的不赞成使用的同义语。不过,通过GB/T 15237—2000第1部分的工作以及如下事实:在电子业务事务中,为了本标准的目的,要求“记录式信息”即非“口头的”信息,认为“名称”是记录为语种表达式的“口头称呼”。因此,ISO/IEC 15944-1将按原来的定义继续使用“名称”这一概念—术语—定义。

“称号”定义为:

3.4.2 称号　appellation:对某一单个概念(3.2.2)的口头称呼(3.4.1)。

102)　GB/T 15237—2000第1部分将“称呼”定义为:

“3.4.1 称呼 designation:对概念(3.2.1)的以对其指代的符号的表示”。

注:在术语体系工作(3.6.1)中,对三种类型的称呼作了区分:符号,在特定主题字段(3.1.2)的称号(3.2.3)。

2） 在全球电子业务事务中，用于称呼贸易中的“对象”或正在提供的服务的许多“名称”，将采用语种表达式的形式，其中使用非拉丁字符（例如阿拉伯文、中文、泰文、希伯来文和日文，现在都能通过 ISO/IEC 10646，又称 Unicode，得到支持）；

3） 类似地，人员（自然人或法人）将具有多于一个“名称”，包括以本地语言以及与此等效的拉丁第1套名称。

因此，“名称”对无歧义标识并不那么有用，也不能用作业务事务中元素的标识符。“名称”应视为与“标识符”关联的语种表达式[103]。

可惜的是，在信息技术界和特指的应用或信息系统内，往往将实体（例如人[104]、对象、过程、事件）的“名称”（或“名称空间”）用作“标识符”的同义语。从业务操作视图（BOV）和功能服务视图（FSV）的视角，这给全球互操作性带来严重问题。

规则 C-5：

有关上述开放电子数据交换剧本、剧本属性、角色、信息束、语义构件及其他元素，都能通过唯一性的、无歧义的和语言学上中性的标识符加以识别。按照市场、法律、本地化和（或）多语种的要求，这样的标识符可以与一个或多个名称关联。

103） 可将“名称”视为与“标识符”关联的“别名”。更多内容见附录 E.3。

104） 关于法人的“标识符”与“名称”，更多内容见本标准规范性部分 6.2.2 和附录 E《业务事务模型：法人构件》。

附　录　D
（资料性附录）
在业务事务以及某些公共政策和实现考虑中适用于对人（组织和个人）无歧义标识的现有标准

D.1　引言

1）本附录提供资料性和阐明性文本，以便支持（1）规则和指南；（2）本部分规范性部分第1至5部分中的术语和定义；（3）开放电子数据交换参考模型（见D.2《目的》）。此处以黑体陈述的业务规则和指南，与上述1～5中的相同，只是本附录予以重新编号。本附录独有的，则以“*”指明。

2）本附录也在于帮助不熟悉开放电子数据交换的一般标准或到目前为止重点一直仅限于功能服务视图（FSV）的用户。

3）本附录的重点是支持“个人构件”，即在电子业务事务中无歧义地标识作出承诺的人员的需要，以支持本部分和开放电子数据交换。

4）对于成为开放电子数据交换标准框架的组成部分的现有标准，本附录提供了所需的附加信息，用于支持业务事务模型三种基础构件之一的个人构件。

5）业务事务模型的基本目的是用作公共的高级别非技术业务事务视图。对这种业务事务模型的基本假定是，这一公共视图从（经典的）商务模型导出，而这种模型带有公认的（基本）过程以及产业界、政府（尤其是政策制定者）、标准制定者、客户、IT专家及其他有关各方所共享的常用术语、定义和视角。

对业务事务模型的一个关键的基础假定是，在业务事务中，除正在提供的特定货物或服务外，还有在任何业务事务中都必不可少的三种构件，即：

——<u>法人</u>[105]，作为有资格作出业务事务引出的承诺的各主体或各方（至少有一家买方和一家卖方）[106]；

——业务<u>过程</u>[107]；

——交换的信息或<u>数据</u>[108]。

这三种基础构件示于图D.1（取自6.1.5中图7）。

105）采用“法人（Person）”反映了本标准已定义术语（见3.1.45）的用法，以别于普通的日常用法“人（person）”。

106）更多内容见6.2和附录E。

107）更多内容见6.3和附录F。

108）更多内容见6.4和附录G。

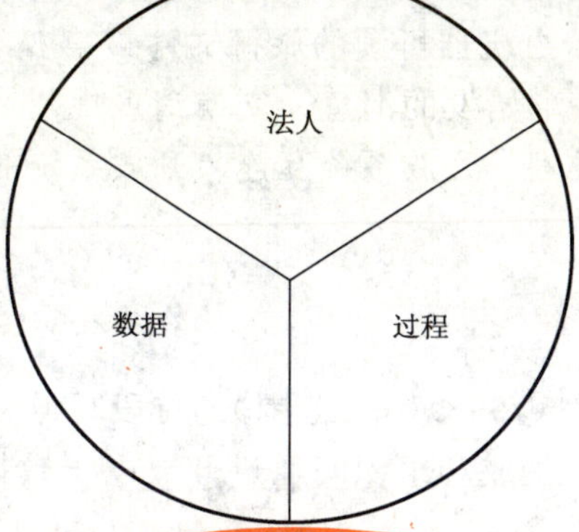

图 D.1 业务事务模型——基础元素(图示)

D.1.1 对于保密与数据保护、顾客保护等的依从性的注释

本部分以及本附录始终假定：基于这些标准的记录式信息的汇集、存储、使用和交换，均以依从适用法律的方式进行，特别是遵循那些有关保密与数据保护要求、顾客保护、其他保密性和安全服务要求、访问和使用策略等的规章。这种适用性与具体制约范围是采取规章管理办法或是自行制定规章的管理办法来依从这样的要求无关。

D.1.2 本附录引用的标准

本附录引用和考虑的主要标准有：

GB/T 15843.1—1999 信息技术 安全技术 实体鉴别 第1部分：概述(idt ISO/IEC 9798-1:1997)

GB/T 15694.1—1995 识别卡 发行者标识 第1部分：编号系统(idt ISO/IEC 7812-1:2000)

GB/T 15694.2—2002 识别卡 发行者标识 第2部分：应用和注册规程(ISO/IEC 7812-2:2000 NEQ)

GB/T 16264(所有部分) 信息技术 开放系统互连 目录(该标准与ITU-T合作研制，由10部分组成，与ITU-T作为推荐标准X.500公布的文本相同)[ISO/IEC 9594(所有部分)IDT]

GB/T 18391.3—2001 信息技术 数据元素的规范和标准化 第3部分：数据元素的基本属性(ISO/IEC 11179-3:1994 IDT)

GB/T 18391.4—2001 信息技术 数据元素的规范和标准化 第4部分：用于构成数据定义的规则与指南(ISO/IEC 11179-4:1995 IDT)

GB/T 18391.5—2001 信息技术 数据元素的规范和标准化 第5部分：数据元素的命名和标识原则(ISO/IEC 11179-5:1995 IDT)

GB/T 18794.2—2002 信息技术 开放系统互连 开放系统的安全框架 第2部分：鉴别框架(idt ISO/IEC 10181-2:1996 IDT)

GB/T 19715.1—2005 信息技术 IT安全管理指南 第1部分：IT安全的概念与模型(ISO/IEC 13335-1:1996 IDT)

ISO/IEC 6523-1:1998 信息技术 用于标识组织和组织部分的结构 第1部分 对组织标识方案的标识

ISO/IEC 6523-2:1998 信息技术 用于标识组织和组织部分的结构 第2部分 对组织标识方案的注册

ISO/IEC 7501-1:1997 识别卡 机器可读的旅行文件 第1部分：机器可读的护照

ISO/IEC 7501-2:1997　识别卡　机器可读的旅行文件　第2部分:机器可读的签证

ISO/IEC 7501-3:1997　识别卡　机器可读的旅行文件　第3部分:机器可读的官方旅行文件

ISO 8583(所有部分)财务事务卡始发的消息　交换消息规范

ISO/IEC 10181-1:1996 信息技术　开放系统互连　开放系统的安全框架　概述

D.2　目的

《信息技术　开放 edi 参考模型》(1998)1.0《范围》的首段写道:

"本标准规定了协调现有标准的集成和组织间通过开放电子数据交换的互工作来研制未来标准的框架,并提供对这类标准的引用文件"。

本附录的目的是:

1) 对有关开放电子数据交换特指领域支持无歧义标识业务事务中法人的某些现有的主要标准进行标识和总结。在开发要求无歧义标识作出业务决策和承诺的法人的剧本和剧本构件时,意在利用这些标准;
2) 从开放电子数据交换有关标准开发工作引出的电子业务事务中,在无歧义标识法人,尤其是个人中,提供以下几个反复出现的问题和策略考虑的总结:
   ——匿名;
   ——保密与数据保护;
   ——"个人"是什么样的;
   ——业务事务中"自然"人的角色;
   ——对个人的全球惟一性"标识符"。

此处的目的是,当本部分的用户构建可重用剧本和剧本构件时,帮助处置这些策略和法律问题。

D.3　途径和概述

"无歧义标识"法人,即作为有资格作出业务事务所需承诺的实体,是影响开放电子数据交换和对标准需要的最重要的问题之一。

在特别关注对人员(个人和组织)的命名、定址和标识的特定方面,已有国际或国家标准。

本附录的目的是就几项主要国际或国家标准提供信息,用作关注无歧义标识独立于"开放电子数据交换"但已经用在全球商务和管理的人员的现有标准的例子。这些标准宜视为"与开放电子数据交换有关的标准"。

注:这些例子不是选自非常有用的国家标准 GB/T 16264/ X.500《目录服务》,该国家标准特别关注于对象(即非"法人")之间的绑定及其位置——在本部分中定义为电子"定址"。再者 X.400/X.500 这一系列标准关注于信息交换而不是承诺交换(更多内容见附录 C《对业务事务中实体的无歧义标识》)。

除另有陈述外,本附录采用的术语"人"涵盖了"组织"和"个人"。(见 6.2.2 。)

D.4　用于无歧义标识人员的现有标准

D.4.1　引言

确保无歧义标识法人的国际标准已经制定并在全球范围使用。这些标准拟用作开放电子数据交换标准框架的组成部分。这些标准虽然是在因特网、全球数字经济、电子商务、电子业务等等到来之前为特定目的研制的,但其中包含了对"什么"的规范以及对某些"怎样"的解决途径与方案,能(并宜)用作开放电子数据交换标准框架的关键(类属)构建块。

下面提出并讨论支持无歧义标识以下各项的国际标准：

1） 法人（大体上覆盖个人和组织）；

2） 组织[109)]；

3） 个人[110)]。

D.4.2 主要现有标准

D.4.2.1 已识别的特定标准

规则 D-1[111)]

在构建和使用剧本和剧本构件时，现有标准应利用到最大可能的程度。

指南 D-1G1：

在全球业务事务中，有多项国际标准适用于无歧义地标识法人。这些标准宜用作开放电子数据交换标准框架的组成部分。

在“无歧义标识”法人领域所承担的工作中，下列标准（即 ISO/IEC 有关标准）已识别为特别切题[这些标准在此数字顺序列出]。很可能还有更多标准（例如有关目录服务、注册机构规程、产业部门特定标准）。

GB/T 15843.1—1999 信息技术 安全技术 实体鉴别 第1部分：概述（idt ISO/IEC 9798-1：1997）

GB/T 15694.1—1995 识别卡 发行者标识 第1部分：编号系统（idt ISO/IEC 7812-1：2000）

GB/T 15694.2—2002 识别卡 发行者标识 第2部分：应用和注册规程（ISO/IEC 7812-2：2000 NEQ）

GB/T 16264（所有部分）信息技术 开放系统互连 目录（该标准与 ITU-T 合作研制，由10部分组成，与 ITU-T 作为推荐标准 X.500 公布的文本相同）[ISO/IEC 9594（所有部分）IDT]

GB/T 18391.3—2001 信息技术 数据元素的规范和标准化 第3部分：数据元素的基本属性（ISO/IEC 11179-3：1994 IDT）

GB/T 18391.4—2001 信息技术 数据元素的规范和标准化 第4部分：用于构成数据定义的规则与指南（ISO/IEC 11179-4：1995 IDT）

GB/T 18391.5—2001 信息技术 数据元素的规范和标准化 第5部分：数据元素的命名和标识原则（ISO/IEC 11179-5：1995 IDT）

GB/T 18794.2—2002 信息技术 开放系统互连 开放系统的安全框架 第2部分：鉴别框架（idt ISO/IEC 10181-2：1996 IDT）

GB/T 19715.1—2005 信息技术 IT 安全管理指南 第1部分：IT 安全的概念与模型（ISO/IEC 13335-1：1996 IDT）

ISO/IEC 6523-1：1998 信息技术 用于标识组织和组织部分的结构 第1部分 对组织标识方案的标识

ISO/IEC 6523-2：1998 信息技术 用于标识组织和组织部分的结构 第2部分 对组织标识方案的注册

ISO/IEC 7501-1：1997 识别卡 机器可读的旅行文档 第1部分：机器可读的护照

ISO/IEC 7501-2：1997 识别卡 机器可读的旅行文档 第2部分：机器可读的签证

ISO/IEC 7501-3：1997 识别卡 机器可读的旅行文档 第3部分：机器可读的官方旅行文档

109） 术语“组织”在 ISO/IEC 6523 中定义，在本部分中也这样使用｛更多内容见 3.44｝。

110） 术语“个人”已在本部分中定义（更多内容见 3.28）。

111） 这是对 6.1.4 中规则 4 的复述。

ISO 8583(所有部分) 财务事务卡始发的消息 交换消息规范

ISO/IEC 10181-1:1996 信息技术 开放系统互连 开放系统的安全框架 概述

D.4.2.2 对"组织"的(全球)无歧义标识——ISO/IEC 6523

规则 D-2 *:

对"组织"的(全球)无歧义标识,有广泛采用的国际标准(ISO/IEC 6523)。该标准应用作开放电子数据交换标准框架的组成部分。

在此特别关注于总结一项广泛采用的国际标准作为用于解决无歧义标识开放电子数据交换中"组织"的构建块[112]的主要方面。该标准的正式标题是:

ISO/IEC 6523-1:1998 信息技术 用于标识组织和组织部分的结构 第1部分:对组织标识方案的标识

ISO/IEC 6523-2:1998 信息技术 用于标识组织和组织部分的结构 第2部分:对组织标识方案的注册

本标准在1984年最初研制的第1部分"规定了一种全球无歧义标识组织的结构以及以此用于信息交换的各部分"。

第2部分"对指定标识方案,规定了对组织标识方案注册的规程以及对国际码指定者值的要求"。

ISO/IEC 6523 业已证明非常有用,并又经修改、更新和增强(1997—98)。修改后的最终版本已获投票通过,并于1998年公布。

英国标准协会(BSI)是本部分的ISO/IEC注册机构。

ISO/IEC 6523 支持一种结构化的和基于数据元素的途径,并基于下列假定与规则:

——对于组织的无歧义标识,存在并将继续存在(和共存)多种方案和关联的体系即组织标识方案组。存在不同的方案以支持不同的目的;

——每一组织方案均由一个签发组织(Issuing Organization, IO)管理。ISO/IEC 6523 标准要求签发组织向ISO/IEC 6523注册机构(即英国标准协会BSI)就制约指派给某一方案中每一参与方的标识符的规则提供精确判据,以及规定谁能或谁不能成为该方案的成员判据;

——签发组织的每一特指的组织标识方案都由BSI按ISO/IEC 6523指派唯一性的标识符。这种方案标识符称为"国际代码指派府(ICD)";

——在每一标识方案内,由签发组织向每一(成员)组织指派一个唯一性标识符。这一标识符在特指方案内是唯一性的,并称为"组织标识符"。

——ICD加"组织标识符"的组合支持对一个组织在所有其他组织中的全球性无歧义标识;

——真实世界的同一个组织可以是(并且大多是)基于ISO 6523的一个或多个标识方案的组成部分。因此,同一个组织将具有一个或多个标识符,所有这些标识符都是(全球)唯一性的和无歧义的。

存在不同的方案的主要原因是,不同组织扮演不同的角色,因而是不同"俱乐部"(即签发组织)的组成部分。在这些角色中,某些要求满足严格的资格限制以具备成员身份(例如并非每个组织都能成为SWIFT的成员,即角色资格限制),而对其他"俱乐部",几乎任何组织都能成为其成员{更多内容见图D-3}。

——每一组织内都可以有部门、服务、信息系统或其他实体,需要加以标识以便进行信息交换,即作为"组织部分"[113];

——组织内的每一组织部分,都可以要求指派一个标识符,即组织部分标识符(OPI);

112) "组织"和"组织部分"的定义,在信息交换标准语境中如何利用ISO/IEC 6523,以及为何需要添加"组织法人"的定义以覆盖业务事务的承诺交换方面,均见6.2《制约人的规则》。

113) 对于"组织部分"的定义及其在本标准和图17中的使用,更多内容见6.2《制约人的规则》(特别是在6.2.7)。

——有时可以要求或希望规定组织部分标识符来源(OPIS)。

组成基于 ISO/IEC 6523 的标识符的基础结构的四种数据元素,图示即图 D.2 如下:

1	2	3	4
ICD	组织标识符	组织部分标识符	OPI 来源

图 D.2　基于 ISO/IEC 6523 的标识符的构件部分的基础结构

数据元素的属性及其用法在 ISO/IEC 6523 第 1 部分中规定。

此处的关键是 ICD——一个范围在 1 至 9999 的整数值。按照 ISO/IEC 6523 的规则,分配给组织标识方案的每一 ICD 值均应是唯一性的,而且一旦指派就不能重新分配。ICD 号是按顺序分配的。最高的当前号是"0143+"(有某些空缺。索要完备的最新清单请与 BSI 联系)。

ISO/IEC 6523 的第 2 部分规定了签发组织(IO)——即负责与 ICD 关联的组织标识方案操作的组织在注册组织方案时所需的规程和信息,即过程和数据。

ISO/IEC 6523 的注册机构是英国标准协会(BSI),该协会接收和处理对注册组织标识方案的添加和增补申请,指派 ICD 值以及维护注册。

ISO/IEC 6523 在全球的普遍采纳和采用,在 图 D.3 中通过已经分配的 ICD 的例子予以证实。

ICD	编码体制名	覆盖
0002	SIRENE 体制 (System Information et Repertoire des Enterprises et des Etablissements)	农业、工业、贸易服务领域的企业(个体企业或公司)。法国的协会、行管机构、地区行管机构和公共机构(超过 3,300,000 家注册)。对组织间的数据交换,仅采用"官方"编号
0005	USA FED GOV OSI 网	参与 GOSNET 的任何组织,包括了全球的政府办公室。ICD 码成为 OSI 网的定址和命名树的初始部分
0029	全联盟企业和组织分类符	苏联与俄国的所有组织
0030	AT&T/OSI 网	AT&T/OSI 网络环境中的任何组织。这一方案包含了全球所有组织
0034	路由器开放定址标准	路由器及其关联公司、客户和供货商
0037	LY-tunnus	芬兰的所有组织,包括司法人员和协会
0038	澳大利亚 GOSIP 网	澳大利亚联邦、州、地方级的政府部门等
0041	Citicorp 全球信息网	参与 Citicorp 全球信息网环境的任何公司或组织(全球性)
0049	奥克兰(Auckland)地区卫生	新西兰与卫生有关的组织
0052	电影电视工程师协会(SMPTE)	在建立的 SMPTE 惯例内操作或分配到该惯例的任何组织
0060	数据通用编号系统(DUNS)	邓百氏公司(Dun and Bradstreet)。DUNS 号作为识别业务和机构的工具全球公认
0064	UTC:统一运输码	航运和运输业。此代码识别单个运输或装卸(例如托盘、包裹)的独一性,以便跟踪或追踪

图 D.3　分配了带关联的编码体制名和覆盖信息的 ICD 的 ISO/IEC 6523 的例子

ICD	编码体制名	覆盖
0069	SITA 对象标识符	航线、航空制造商等，即 SITA 全球远程通信和信息服务的用户
0073	ICD 格式化 ATM 地址	采用 Newbridge 终端交换设备的专用 ATM 网
0078	Mitel 终端或交换设备	采用 Mitel 终端或交换设备的网络
0080	英国卫生服务方案	范围 = 英国保健社团、GP、GDP、NHS 医院托拉斯、卫生机构、实验室、血库等“法律实体”
0085	瑞士商务方案会所	在业务注册处注册的组织(法人、伙伴身份、独资企业及其分支机构)或未在业务注册处注册的的组织(法人或自然人)
0088	EAN 位置码	欧洲商品编号系统。超过 66 个国家的参与方 300,000 以上(主要是制造商)
0090	因特网 IP 定址 ISO 6523 ICD 编码	IANA——因特网环境的任何组织
0093	加拿大税收业务编号注册	私营和公营部门实体，即注册人、政府计划和操作实体的唯一性标识。用于 GST。{见财政部董事会信息标准(TBITS)-30《业务编号》<<http://www.tbssct.gc.ca/its_nit/SIGS/ITSN122/30C_E.html}
0111	对象标识符	IEEE，包括 RAC(注册机构委员会)及其他子实体，用于唯一性的标识数字数据的 SMPTE 298M 通用标号，一种基于 ISO/ITU 的标识符层次注册系统
0117	STENTOR - ICD 编码系统	Stentor's ATM 网络中采用的编码系统，用于标识 ICD NASP 端点。按 ISO/IEC 8348:1993 附录 A 中的规定用于形成 OSI 网定址的初始域部分的 ICD 代码
0126	GTE/OSI 网	在 GTE/OSI 网络环境中的全球任何组织
0128	BNCR(Telekurs Banken 结算号)	瑞士银行业协会(通过 SWIFT(全球银行间财务远程通信协会)发起)

图 D.3(续)

以上列举的 ISO 6523 标识方案例子[114]表明，已经有标准在全球商务(和管理)界广泛采用。**这项标准已支持许多开放电子数据交换应用**。上述例子中列出了：

通用性质的和特指性质的基于国家的方案(例如法国的 SIRENE 方案，ICD = 0002；芬兰的 LY-tunnus 方案，ICD= 0037；加拿大业务编号(BN)注册模式，ICD = 0093)；

远程通信部门既采用有关“交换”设备的方案又采用有关通信服务的方案；

在因特网中利用的 IP 地址，即通过 IANA{见 ICD = 0090}；

在各国以及国防部门支持基于政府的开放系统互连计划(GOSIP)的方案；

商品标识，即制造商 ID + 产品号，包括全球贸易中的以及包装(例如托盘、包裹、集装箱)上的，通过无处不用的条码在视觉上可识别(例如 ICD=0088，EAN 位置码)；

关键产业部门，例如银行业、安全和有关服务卫生、航线、航空、汽车娱乐与电影；

114) 这些例子取自 ISO/IEC 6523《信息技术 用于标识组织和组织部分的结构 清单 B：已发布的所有 ICD 的数值清单》(1999 年 7 月)。在获得清单 B 的更新版本一事中，对加拿大标准协会(SCC)Doug Langlotz 提供的帮助表示感谢。

在全球范围提供货物和服务的大企业。

因此，已经有国际标准、机制和规程，用于对组织无歧义标识，这不仅在全球范围，而且支持一个组织所能扮演的各种角色。真实世界事务中某一组织的特指角色，将利用适用的(注册)标识方案和关联的唯一性标识符。

注意到如下事实是有益的：1995—1996 年间，在解决电子数据交换所需的“无歧义和唯一性标识全球组织”这一问题时，欧洲委员会和加拿大行业协会起到带头作用。解决这一问题所采取的办法是增强与适用的国际标准 ISO/IEC 6532 关联的规程和判据。最后以 EDIRA(EDI 注册机构)项目的组成部分作为 TRI-EDI 倡议的构件(对国际电子数据交换的远程通信要求)得以完成。EDIRA 项目成功地处置了两方面的协调和互操作性：一方面是对组织的将 X.500 包括在内的基于 ISO/IEC 6532 的标识；另一方面是，那时在用的基于采用 ANSI X12 标准和 UN/EDIFACT 的电子数据交换的不同的结构和途径。共同的解决方案找到了，即通过确定 ISO/IEC 6523 的申请者是否依从 EDIRA，若依从时，BSI 对此作为 ICD 注册的组成部分注明。(作为这一项目的组成部分，加拿大税收业务编号成功地在国际上注册为业务编号(BN)——又称“TBITS-30 业务编号”—— 标识方案的签发组织(IO))[115]。

D.4.2.2.1 ISO/IEC 6523 与对剧本和剧本构件中“角色”的标识

在构造和注册可重用剧本和剧本构件的语境中，在此特别感兴趣的是按照 ISO/IEC 6523 指派的 ICD 与无歧义标识“角色”之间的联系。

在标识组织的方案中，许多都包含了确定一个组织是是否有资格扮演某一角色的规则。在开发剧本和剧本构件时，这些 ICD 因而是有用的，包括对仅涉及内部约束以及还涉及外部约束[116]。许多取自图 D.3 的 ICD 都具有这一性质并作为例子包括了：

—— ICD＝002，SIRENE 体制。在法国，仅有标识组织的“官方编号”与当局交换数据。

—— ICD＝0080，英国卫生服务。英国保健社团的“法律实体”。

—— ICD＝0088，EAN 位置码。有资质参与欧洲商品编号系统的组织。

—— ICD＝0128，BCNR。瑞士银行业协会。

D.4.2.3 对“买方和卖方”的(全球)无歧义标识——ISO/IEC 7812[117]

规则 D-3＊：

对(全球)无歧义标识作为“买方”和“卖方”的人员，有适用的国家标准，即 GB/T 15694。宜将该标准用作开放电子数据交换标准框架的组成部分。

此处重点是总结该国际标准的主要方面：

GB/T 15694.1—1995 识别卡 发行者标识 第 1 部分：编号系统[ISO/IEC 7812-1:2000]

GB/T 15694.2—2002 识别卡 发行者标识 第 2 部分：应用和注册规程[ISO/IEC 7812-2:2000]

该标准是采用由 ISO/IEC JTC1 的另一委员会即 JTC1/SC17 研制的一套标准《识别卡与相关设备》之一。该标准已经使用 15 年以上，1993 年发布其第 3 版，当前正处于其计划的五年审修期中。SC17 的主要挑战是，适应市场驱动的需要，多种行业应用和多样的信息技术。

GB/T 15694 是“描述识别卡参数和这类卡在国际交换中用法的系列标准之一”。

该标准规定一种唯一性的预定义结构、用于标识发卡方的数据元素以及用于标识账目的个人账号。

115) TRI-EDI II 项目的成果免费可用，即其成果已经以光盘形式公布，全球大型公共图书馆存有副本。

116) 更多内容见 6.1.6《业务事务模型：约束的类别》。

117) ISO/IEC 7812 在技术上与标识卡有关。不过该标准的主要用户是银行、金融机构及其他信贷与借记卡(以及主要零售商)签发方。采用这些信贷与借记卡的法人以卖方和买方的角色伴随着业务事务付款和转账。

所得的“标识号”，即标识发卡方和持卡方的编号，设计成全球唯一性的和无歧义的，即在 ISO/IEC 7812 用户域内。

因为(1)信贷-借记卡签发方(以及其他识别卡签发方)是该标准的主要用户；(2)这类卡用于买卖货物和服务；所以用作(电子)业务事务中无歧义标识买卖双方的主要构建块。

该标准的的预定义结构和数据元素如下：

1) 承认识别卡在许多行业部门的各种应用系统中使用，用单个数字支持主要行业分类体系，许可的码值预先指派。这种主要行业标识符(MII)用于标识发卡方的主要行业如图 D.4 所列：

MII	指派到的主要工业 *
0	用于由 ISO/TC 68 指派和其他工业的未来指派方案**
1	航线
2	航线及其他工业的未来指派方案
3	旅行和娱乐
4	银行金融业
5	银行金融业
6	商品营销和银行业
7	石油化工
8	远程通信及其他行业的未来指派方案
9	用于由国家标准团体指派

注： * 该标准说明：“MII 不以任何方式反映或限制该卡可以使用的应用系统。单一数字的 MII 指派用于申请者的描述其申请表上的主要业务领域(见 ISO/IEC 7812-2 的附录 A)。

注： ** 在范围“00”中有一万个号码已经分配到 ISO/TC 68，供指派给非发卡方的其他机构，以适应 ISO 8583《财务事务卡始发的消息　交换消息规范》的要求。

注： *** 在 ISO/IEC JTC1 SC17 和金融与银行社团范围内，正在就停用“指派的主要行业”的 MII 领域进行讨论。主要原因是行业部门的分类模糊(从 15 年前认识到的角度)以及需要释放未用的号码块来满足爆炸式增长的需求(就像电话中的区位码)。

图 D.4　依照 ISO/IEC 7812 对主要工业标识符的指派

2) 指派给发卡机构唯一性的 5 位数字标识符，以满足 ISO/IEC 7812-1 规定的注册要求。

3) 第 3 个数据元素是个人账号标识——可变长，最多 12 位的号码(见 ISO 7811-3《识别卡记录方法　第 3 部分：IS-1 卡 凸起字符的位置》)。

4) 最后的数据元素是单一的检查位，根据标识号前面的各位按 Luhn 公式对模 10 检查位算出(见 ISO/IEC 7812-1 附录 B 中的阐述)。

图 D.5 中给出图示。

签发方标识符号码(IIN)			
主要行业标识符(MII)	签发方标识符	个人账号标识	检查位
□	□□□□□	□□□ … □	□
标识号			

图 D.5　ISO/IEC 7812 标识符组成部分的结构

签发方标识符号码(IIN)形成标识号码的第一部分。IIN 由 MII 和签发方标识符两种元素组成。IIN 在全球是唯一性的和无歧义的。当 MII 省去时，签发方标识符号码将留下 6 位数字，签发方标识符变成6位以替代现在的5位。

该标准的第2部分规定了应用和注册规程,包括按照第1部分签发的号码的判据。对于发卡方标识的编号系统的有效管理通过注册管理组(RMG),又称 ISO/IEC JTC1/SC17/WG5。

美国银行家协会(ABA)这一标准部门保有 ISO/IEC 发卡方标识号码的注册库。这是 ISO/IEC 7812的国际注册机构,向成功的申请者发行签发方标识符号码(IIN)的机构之一。

D.4.2.4 对个人的(全球)无歧义标识——ISO/IEC 7501

规则 D-4*:

对机器可读的旅行文档(MRTD)持有者的(全球)无歧义标识,已有国际标准,即 ISO/IEC 7501。该标准的几个构件宜成为开放电子数据交换标准框架的组成部分。

基于 ISO/IEC 7501 的个人识别卡用于旅行文档,ISO/IEC 7812 用于身份卡(包括信贷与借记卡),以及许多标识个人的其他文档与卡。ISO/IEC 7501 身份"卡"的常见称呼是护照或签证。ISO/IEC 7501 是一项多部分的标准,组成如下:

ISO/IEC 7501-1:1997 识别卡 机器可读的旅行文件 第1部分:机器可读的护照

ISO/IEC 7501-2:1997 识别卡 机器可读的旅行文件 第2部分:机器可读的签证

ISO/IEC 7501-3:1997 识别卡 机器可读的旅行文件 第3部分:机器可读的官方旅行文件

这些标准当前正处于修改之中。这次修改吸纳了"文化适应性"的要求以及有关单一卡中不同技术(例如凸起的、磁带的、条码的、集成芯片的、光学存储的和视觉的)共存要求。修改的结果将影响有关对个人无歧义标识的许多其他国际的和国家的标准。

ISO/IEC 7501 下一版的另一主要目的是"全球互操作性",这部分地与将目视可读的和电子可读的数据均置于所有 MRTD 上的标准化的规范有关。

这项标准化工作是(1) ISO/IEC JTC1 SC17《识别卡与相关设备》标准和(2)国际民航组织(ICAO)的协作成果。ICAO 是联合国在民航领域的组织,总部设在蒙特利尔,成员国负责制定全球性的政策、规则和标准。下一版的 ISO/IEC 7501 (1999/2000) 正在通过 ICAO 文件 9303 的第1,2和3部分准备之中。

DOC 9303 的新草案采用了"人""持有者""持有者名"等术语,但并未以显式陈述:只有作为"个人"的自然人才能够成为机器可读旅行文件的"持有者",即不是法人。这种含义以往总假定是隐式的。从开放电子数据交换的视角看,这些判据宜以显式作出(法人在这一标准中也没有定义)。

注:作为个人的同一法人,能够具有多于一个基于 ISO/IEC 7501 的标识符,即持有的护照多于一个,不过这取决于签发国的法规。

D.4.3 结论

以上识别的现有国际或国家标准,对数据,即关于法人的数据元素,具有共同的要求。数据元素的值是结构化的和预定义的。一般认为,这些标准各有其特定的重点和范围。不过,所有这些标准都与支持(电子)业务事务——又称"电子商务""电子业务""电子政务"等——的标准化要求有关。

强烈建议:不是去创立新的标准,而是让那些利用开放电子数据交换标准化框架的标准和本部分都以集成方式优先利用现有标准来创建类属的基本标准。这里会有另一个术语"类属桥接标准",即需要基于数据元素的类属标准,用于无歧义标识法人(个人)。

规则 D-5*:

有关法人的数据元素的个数,尤其是一般说来组成公共的与基本的名称和地址信息的个人和组织是有限的。有许多已经在各种国际标准(以及政府标准)[118]中定义。这些都宜予以合并和集成。

118) 例如见加拿大联邦政府《国库委员会信息技术(TBITS)-37 命名和编址》标准。这一标准集成了超过23项国际标准,免费可用(例如通过光盘)。

1） 法人标识

——ISO/IEC 6523 用于标识组织和组织部分的结构

——ISO/IEC 7501 识别卡 机器可读的旅行文档

——GB/T 15694 识别卡 签发方标识

2） 地址(以及法人与法人面貌)标识

——GB/T 16264/X.500 目录服务(特别关注对象与其位置之间的绑定)。

在电子业务事务中,对于支持无歧义标识“人”的命名、编址和标识的标准,其任何研制项目均宜基于下列研制原则:

——支持结构化的和基于数据元素的途径;

——特别关注于公共的类属要求,但允许“用户扩充”;

——利用和集成有关的国际标准(或其各部分);

——模块化并具有支持各种级别的细节(即粒度)的能力,因而在将其用于异构应用时提供了灵活性;

——确保支持共有和私有部门保密立法要求的能力;

——最大限度便利于数据元素的互操作性,其中的数据元素有关电子商务的扮演者之间的名称、地址和标识的数据,即为业务事务(以及依从于适用的立法)所需;

——成为和不依赖于特定应用的中性 IT 平台。

D.5 作为个人的人的无歧义标识的某些公共政策和实现考虑

D.5.1 引言

在开放电子数据交换和有关标准开发工作中,关于业务操作视图,对有资格处置(电子)业务事务中法律要求的需要,就是一个不断提出的问题,尤其是那些具有同行业公共政策性质的外部约束。

本部分以及其他有关开放电子数据交换标准的目的,不在于试图去解决这些问题。不过,帮助减少对某些公共外部约束的误解是有益的。

这正是 D.4 的目的和语境。影响电子业务事务公共政策问题的主要领域是以下交互问题:

——个人 ＜—＞ 组织;

——个人＜—＞ 公共行政管理部门。

(见规范性部分 6.2.7)。

在研制开放电子数据交换参考模型时,相互参与到基于电子数据交换的业务事务的个人,总的来说只能通过组织。支持业务事务的因特网在全球的开发和使用,已经导致(1)个人直接与组织进行业务事务,即无需组织作为其代理方;(2)个人直接与他人进行业务事务,即个人对个人。与此同时,因特网已经可能使业务事务的经营方式不仅在公共行政管理部门与其他组织之间进行,而且也在公共行政管理部门与个人之间进行。{更多内容见 6.2《制约人的规则》中的“法人”实体及其第 1 级子构件。}

在电子业务事务中,与无歧义标识法人(尤其是作为“个人”)关联的五个关键政策问题是:

——匿名;

——保密与数据保护[119];

——什么是“个人”;

——在业务事务中“自然”人的角色,即作为“个人”或“组织法人”;

——对个人的全球唯一性“标识符”。

这 5 个关键政策问题及其解决方案是互相关联的。下面予以总结。

119） 关于顾客保护,见 6.2.8。

对于这里提出的关键政策问题的基于标准的解决方案，途径是基于以下假定：

1） 保密与数据保护已经是客户关心的电子商务主要问题，这也是更广泛的建立信任的问题。

2） 对无歧义标识的需要，相对于语境和目的以及所在业务事务性质的关联要求。

因此，在电子业务事务中可以有“无歧义”级别，即在标识[120]中的完备性的程度和不确定性减少。

3） 对人的标识的确定性(即无歧义性)的级别越高，确定真实性的过程的成本就越低，也越有效。

4） 对无歧义标识个人，其有时提出的匿名愿望，以及协同实现开放电子数据交换标准框架的需要，都要求作出清晰的响应，本附录 D 中提出的两种选项宜作为“基本”选项。

D.5.2 匿名

规则 D-6 *：

对在业务事务中作为买方的法人的标识，在(电子)业务事务不总是必要的，包括卖方知道买方是否是个人。

在业务事务的日常用法中，以及目前的电子业务事务中，通常在谈到客户、消费者、顾客等等时不大论是个人”或是组织”。不过，采用电子商务的个人在开发策略上，对于普遍采纳和采用电子商务的私有和公有部门之类，具有最高的简档。

从电子商务(或电子业务)的视角看，对作为业务事务一方的实体，往往既不需要区分是“自然人”或“法人”，也不需要区分是“个人”或是“组织”等。“法人”的值得信任、支付能力、确保付款等等，常常是更重要的判据。

当前，买方通过出示卖方 100 % 信赖(例如现金)的代金券[121]对卖方能保持匿名。类似地，在电子商务中，当买方向卖方出示的代金券具有 100% 卖方信赖时，买方也能保持匿名(只要“电子现金”实际上具有现金性质，并且不需识别其持券人或持有者)。同样，当法人(不区分为“组织”或“个人”)的电子邮件地址 diamondsR4ever@aol.com 出示一种可承兑的代金券，而又不将其与买方相联系时，买方就能对卖方保持匿名。

因此，在电子业务事务中，无歧义标识不必要求区分法人在业务事务中的性质，即子类型，也就是不论法人是个人或组织(或组织法人)[122]。

宜予注意，业务事务模型的过程构件有五个基本的活动集，即规划，识别，商议，实行和实行后[123]。在规划活动集中，即业务事务中第 1 阶段，(预期的)买卖双方能够并且确实保持互相匿名。识别阶段的基础特性是在业务事务中(潜在)涉及的各方之间建立一对一绑定。

D.5.3 保密与数据保护

保密与数据保护[124]关系到有关个人信息的汇集、采用和透露的权利和义务集。个人信息定义为“有关可标识的个人的以任何形式记录的有意义的信息”。最初，保密权利和义务主要关系到公共部门

120） 对于术语“无歧义的”和“标识”的定义，见 6.1.4。

121） “代金券”是类属术语，用于涵盖金融性质的价值，例如现金、汇票、无记名债券和预付代金券。

122） 对于担心有人知道你在因特网上联机会见谁并与之共度的个人，这种保密问题引出了“匿名服务”。在个人对浏览器的偏爱上蹩脚的“家伙”阻碍了预期的买方去查找卖方的网址。这样的服务允许(1)浏览万维网，访问没有那些“家伙”的任何网站；(2)通过中间人“重邮器”发送电子邮件；(3)匿名网站，允许任何人(个人或组织)建立网页而无需标识自身；(4)支持采用同义词等(更多信息见时代杂志，1999 年 2 月 8 日，p 62，或访问＜＜www.anonymize.com＞＞)。

123） 见 6.1.5 和 6.3。

124） 在北美，即加拿大和美国，采用的术语是“保密”。而在其他国家，例如欧盟及其他成员国，采用的术语是“数据保护”。

(例如通过国家以及省(州)级政府)对个人信息的汇集、采用和控制。此外,特定部门和活动自有其"保密"要求集(例如银行记录,医疗档案,学生学业记录)。

不过,虽然最初的保密与数据保护要求关注于特定类型的业务事务和(或)业务部门,但这些要求在许多国家的整个公有和私有部门以及所有的欧盟成员国迅速得到推广。

在本附录D的语境中,对"保密"的公共工作定义是:

"保密:往往定义为不得打扰、侵入或中断的权利。保密是一个保护伞式的术语,包容的元素有物理保密、通信保密、信息保密等[125]。保密与其他基本人权相联系,例如自由和个人自主。"

类似地,此处对"个人信息"的工作定义是:

"个人信息:有关个人的,以任何形式记录的(包括电子的或纸质的)任何信息。例子包括:有关一个人的宗教、年龄、财务事务、医疗史、地址或血类。"[126]

对这一问题的进一步讨论超出了本附录D的范围。注意到以下事实已经足够:开发业务事务模型的主要目的在于支持保密与数据保护要求的能力,以便实现第1级——对业务的外部约束。这里的挑战包括:从IT使能的视角,定义什么是"个人"以及什么是"可标识个人"的判据。

不过还宜注意到:在业务事务模型中,约束类别的基础和出发点是,仅涉及内部约束,即完全没有外部约束,对"法人"则不作区分,即无需区分法人是"个人"或"组织"。

因此,一度能够研制仅涉及内部约束的类属和可重用的剧本和剧本构件,供业务事务使用。为支持外部约束要求(例如保密与数据保护性质的约束)所构建的剧本和剧本构件,有可能采用即继承仅涉及内部约束的这些现有剧本和剧本构件。

D.5.4 什么是"个人"和什么是可标识个人的判据?

在业务事务的去物质化的世界,需要对个人进行定义,即什么是"个人"的唯一性属性和行为,可使人将其作为唯一性实体或对象从信息系统所处理的所有其他对象区分出来?

对于"个人"[127],现有的国际或国内标准都未予定义。在国际标准术语集的综述中,没有识别某一标准包含和定义了"个人"的概念与术语。恰恰相反,国际标准中倾向于定义业务过程中个人的特指角色以及关联的数据元素(例如护照持有者、持卡者、实体)。

"个人"的概念与术语需要以一致的方式定义,这不仅在现有的和未来的保密与数据保护要求的语境中,并且作为对媒体中性的法律与规章框架的构件。在ISO/IEC 15944标准中已经这样做了。

规则D-7*:

"个人"是自然人个性的属性,即在作出承诺时具有权利和义务,同时作出解释和负有责任等的能力。

因此,本标准已经将"个人"定义为[128]:

"个人 individual[129] 作为一个人,即自然人,充当不可分的单独实体或被认为是这种实体的法人。"

在"个人"的定义中采用术语"法人",意味着"个人"继承了"法人"的所有性质和行为。再者,这一

125) 对于有关可标识个人的记录式信息的保密,关键要求包括:
1. 对记录式信息的目的和采用,由个人有资料依据地同意;
2. 确保这种记录式信息及时、切题和精确(否则即予删除);
3. 就解决过程展开争议,以便精确和采用记录式信息。

126) 在某些制约范围,保密与数据保护立法能适用于电子方式,即仅对基于计算机系统的记录式信息。

127) 对国际标准的综述(采用联机ISO基于因特网的手头工具)并未识别任何标准包含和定义"个人"这一概念与术语。预期包含"个人"定义的国际标准,倾向于定义"个人"的特指角色与特定业务过程的关系以及关联的数据元素(例如护照持有者,信用卡持有者,或更一般的"代金券持有者")。

128) 更多内容见6.2,特别是附录E。

129) 见3.28。

定义对以下两项是中性的和独立的：

——关于一个实体必须满足什么判据而被认为是一个“人”或“自然人”或具有这种资格，各种制约范围具有不同的规则的方式；

——关于作出承诺、负有责任等，某一制约范围可以对一个人或自然人设置任何资格(例如“未成年人”、“被剥夺资格”)。

这种性质的约束存在于法律和商务两种框架之中，但不构成影响电子业务事务的开放电子数据交换模型中“外部约束”[130]的组成部分。

这一定义与基础性保密的基本概念相协调。“法人信息”定义为“有关可标识个人的信息”。这包括在将以卖方角色提供的某项货物或服务最终交付给另一人的语境中，由某一个人就自身提供给该另一人的信息。

虽然“个人”的这一定义用作公共的基础，即作为最低限度外部约束集的组成部分，但对于是什么构成像在“可标识的个人”中的“可标识的”，需要有特定的判据。目前尚不存在这种判据。再者，对于“匿名”与“无歧义标识”问题的相互影响也需要加以处置。

D.5.5 在业务事务中作为“个人或组织”(或“组织法人”)的自然人角色?

关于业务事务和第1级保密与数据保护要求的应用与实现，在过程构件[131]的识别阶段，需能确定：何时营销或销售货物和(或)服务，与之打交道的人是否是可标识的个人，即是“个人”或是“组织”(或“组织法人”[132])。当是“个人”时，保密与数据保护的要求就适用，当是“组织”时就不适用(包括对“法人”信息)。

因此，从电子业务事务视角看，有必要对“组织”有透彻理解的定义，即当打交道的是“组织”而不是“个人”(例如，对“组织”的关联的信息，保密与数据保护要求就不适用)。对“组织”有国际标准定义，这在本标准(即ISO/IEC 6523)中也予以采用(更多信息见5.2.5和附录E)。

对这一问题，标准开发工作得出了以下各点：

——个人是在过程中扮演特定角色的自然人；

——扮演买方角色的自然人也供给信息；

——扮演“买方”角色的自然人是某项利益和(或)服务的接受者。

一个关键问题是，由扮演买方角色的自然人提供的信息是否被认为是：即当作是有关“个人”或“组织”的信息?

在许多制约范围内，以及在货物和服务税(GST)或增值税(VAT)的语境中，提供某一货物或服务的任何人都被认为是一个组织，而不论所提供的货物或服务是否是零税率的，免税的，或货物与服务提供方是免税的；或者提供此货物或服务的人是否是“法人”。

ISO/IEC 6523在定义“组织”时采取类似途径(这在本标准中用作规范性引用文件)。

ISO/IEC 6523在定义“组织”的注b)中说明：

注：ISO/IEC 6523这一部分所覆盖的组织种类包括以下例子：

示例：b)提供货物和(或)服务的未取得法人资格的组织或活动。

总之，ISO/IEC 6523认为，任何法人，不论其特指的“法律”地位如何(包括未取得法人资格的自然人)，只要提供某项利益和(或)服务就认为是一个“组织”。本开放电子数据交换标准采取类似途径，即在业务事务中扮演卖方角色的任何法人都被认为或者是一个“法人”(仅从内部约束视角)或者是一个“组织”(当包括最低限度外部约束时，这可以作为要求)。

类似地，买方就被认为是一个法人，除非在正在建模的业务事务中外部约束适用，此时要求在法人

130) 更多内容见6.1.6《业务事务模型：约束的类别》。

131) 更多内容见6.3及附录F。

132) 见3.46“组织法人”的定义。

的 3 种子类型(即“个人”“组织”或“公共行政管理部门”)之间作出区分。

D.5.6 对个人的无歧义标识——两种基本选项

关于对个人的无歧义标识,对商务框架和法律框架的某些关键问题和要求在前面已经识别。在这些问题能够解决之前,在以剧本、剧本属性和剧本构件的形式——即角色和信息束(以及语义构件)对业务事务建模和并将其注册以便重用的人们之间,就解决这些问题的整体途径或语境,有必要达成一致。

为支持本标准所作的研究和分析表明:解决作为“个人”的法人的无歧义标识问题,在本质上有两个选项,即(1)什么能称为“瑞典选项”;(2) 什么能称为“全球其他国家或地区(ROW)选项”。

选项 1:瑞典解决方案[133)]

1) 单一的全国家性方案和注册机构,每一个个别的唯一性自然人都具有单一的(官方)法人面貌,并在出生时指派唯一性的标识符,供终生(以及以后)使用。

2) 对每个自然人的这一法人面貌和唯一性标识符,要用于多种不同的目的和各种各样的语境,即基本上是一对多关系。

3) 对确保姓名表示和个人身份无歧义的数据元素予以设定(包括生物测定),这些值都纳入数据库中,并以此产生单一的唯一性“个人标识符”,反过来又在一对一的基础上由此产生一个卡或标记。为此研制了国家标准,用于集成式“智能卡”[134)]。

选项 2:全球其他国家或地区(ROW)解决方案

1) 多种注册模式和机构以及关联的标识方案和关联的数据元素集,以此反映不同目的和用法(即语境)的需要。

2) 法人具有多重的法人面貌和关联的标识符,即基本上是多对多的。这对“自然”人和“法”人(或组织)均如此[135)]。

从开放电子数据交换视角看,有两种基本选项,瑞典选项或全球其他国家或地区选项。

两种选项都有可能。从标准化视角看,每种选项都能通过开发标准[136)]得到支持。标准开发的成本有效和高效及其被广泛采纳和采用要求作出决策。

关于瑞典选项,对于每一个各别的自然人,设计和操作一种唯一性的(单一)无歧义标识符注册模式,在技术上是可行,即采用生物测定(指纹,巩膜模式)、遗传技术(例如 DNA)等。不过,构建这样的基础设施要求巨大的前期财政投入。

为使这种机制生效,要求人人参与,或者以志愿方式,或者以通过立法方式。不过以目前看,这两种方式在最近的将来许多国家或地区都不大可能发生[137)]。因此,对每一个独特的自然人,采用单一的普适标识符的单一全球无歧义标识方案,并不切实可行。

133) 宜予以注意,此处所称的“瑞典解决方案”对瑞典并不是唯一的。其他国家也有采取(和可能采取)类似的途径。美国和加拿大则并未采取。对于个人的无歧义标识规则,只有瑞典作出最透明和透彻的陈述,即通过单一的标识符。瑞典还有很强的保密立法并率先采用保密与数据保护的概念并予以实现。

134) 瑞典的国家标准团体,即 Svensk 标准协会(或“SS”)已经就此研制多项标准:
——Svensk 标准协会 SS 61 43 30 (1998) 标识卡 电子标识符应用;
——Svensk 标准协会 SS 61 43 31 (1998) 标识卡 电子标识符认证;
——Svensk 标准协会 SS 61 43 32 (1998) 标识卡 电子标识符卡 瑞典简档。

135) 关于“法人面貌”和“标识”,更多内容见 6.2.2 和附录 E。

136) 在此,制约范围法律框架扮演主要角色。例如在 ISO/IEC 7501 的应用中,作为经认可和注册的 ISO/IEC 7501 护照签发方的某一制约范围,可制定许可“个人”仅持有和具有一个有效护照的规则,而在另一制约范围,可允许“个人”持有多于一个有效护照。

137) 在任何国家或地区采用“瑞典选项”,都要求能使国家或地区立法在联邦与州(省)级相协调,首先在本地区,然后在国际上。

在当前世界，对每一唯一性的真实世界个人（自然人或法人）提供和注册唯一性单一无歧义标识符，没有单一的普适方案。带有这种目的当前方案，都受制约范围及其操作的局限。此外，采用以此发生的标识符用于特指目的时受到法律或合同协定的限制。对任何“普适的”单一方案，即在所有国家或地区和全球范围采纳瑞典解决方案，要求在各制约范围和制约范围级别之间变更法律和协定。还有，引入单一的普适标识符以便一对一地联系到唯一性的单一真实世界个人，很可能导致新类型的安全问题。

对开放电子数据交换标准的开发，大多数切实可行的途径是“ROW”选项。即便有国家或地区在这一领域变更其当前策略，在国内对“自然人”采用并强制实行瑞典选项，那这些国家或地区对于国际业务事务仍须有能力适应“ROW” 选项。

结论就是：在开放电子数据交换标准框架内，有关无歧义标识个人问题，解决途径宜基于全球其他国家或地区（ROW）选项（同时将瑞典选项当作其特殊子集）。

附 录 E
（资料性附录）
业务事务模型:个人构件

E.1 引言

附录E就以下两方面提供了必要的资料性和阐明性文本:(1)规则与指南;(2)本部分规范性部分有关个人构件的6.1.3、6.1.5和6.2中的术语、定义及配图。在此附录E中以黑体陈述的规则与指南,与在规范性段落以及对图所陈述的相同,即使在附录中重新编号。本附录的主要基础是对支持涉及由以下多方面参与的商务标准的要求所作研究工作的成果:各业务行业(银行、零售、运输、远程通信、IT等)、公共政策制定者(各级政府)、顾客协会、安全服务专家、律师(包括在普通法、民法以及国际贸易法方面拥有专家经验的私人和公共部门),ISO和ISO/IECJTC1标准化组织等。这项工作识别了纳入商务和法律框架的要求,以及现有的远程通信与IT标准(包括安全服务)的要求的集成途径中的空白。

附录E中的规则和指南以及关联的术语和定义纳入了本标准引用的现有有关国际标准和国家标准,并引入了其他规则以填补现有的空白。预期结果是一种将不同视角联系起来并将各自要求整合在一起的途径。

制定本附录E的主要理由是:现有标准都没有关注业务决策和承诺的制定,又没有关注实体——特别是作为有资格作出承诺的唯一实体类型的"法人"[138]——的属性和行为。

法人是否决定将其决策和承诺制定委派给经由软件程序(例如采用"专家系统")、"人工智能"、"智能代理"等来执行,这是一种非物质化的问题,因为以此或通过其他IT手段(即作为技术构件)"委派"权限的法人,对于在(电子)业务事务中采取的决策和作出的承诺,仍然负有责任、义务、解释权等。

本附录也是要帮助总的来说不熟悉开放电子数据交换标准或到目前为止其主要关注点一直仅仅在功能服务视图(FSV)标准的本标准的用户。

本附录是三个资料性附录之一,三者就业务事务的三种基础构件,即"法人""过程"和"数据"提供所需的附加信息。

规则 E.1:

业务事务要求法人、过程和数据[139]。

这三种基础构件示于图E.1(取自图7)。

138) 在本附录E中,像在ISO/IEC 15944标准中那样,采用"法人"用以指明是作为已定义的术语(见3.1.45)来使用的,即别于"人"这一日常用语。

139) 更多内容见规范性的6.1.5。

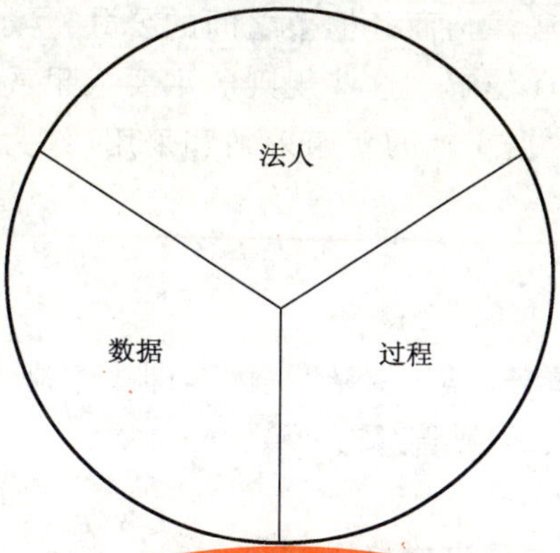

图 E.1　业务事务模型——基础

图 E.1 的表示利用形式描述技术(FDT)"统一建模语言(UML)"在此作为这一规则的开放电子数据交换描述技术(OeDT),得出图 E.2。

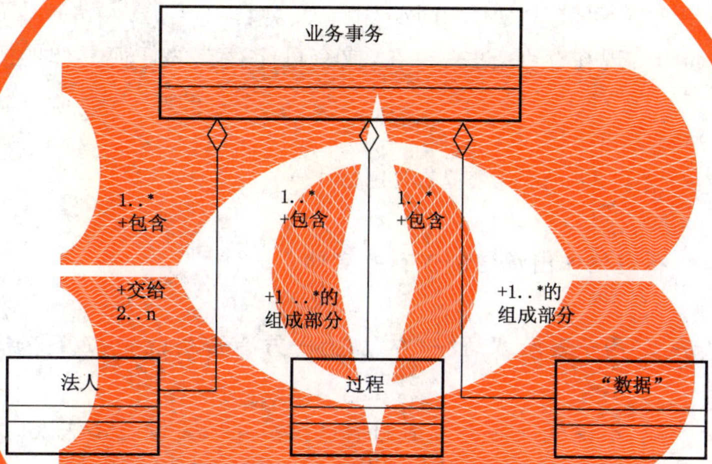

图 E.2　(UML)对"图 E.1 业务事务模型基础"的基于 UML 的表示

E.2　目的

本附录 E 的目的是五重的,即:

1)　纳入并支持业务操作视图(BOV)的关键方面,即制定业务决策和作出承诺的方面;
2)　从商务和法律两种视角吸纳了业务操作的要求;
3)　吸纳了"法人"作为业务事务中有资格作出承诺的实体的唯一性属性;
4)　确保本标准能加以采用,以支持组织和个人都通过开放电子数据交换从事业务事务;
5)　确保本标准在业务事务中除"买方"和"卖方"的角色外,认可并能够支持"规章管理机构"的角色。

这里采取的途径是在业务事务语境(以及关联的"个人""组织"和"公共管理"的范畴),以清晰精确的规则的形式以及关联的术语和定义,标识和定义"法人"的区别性的性质和行为。这些规则和关联的指南概括了对于这一标准化工作所作的分析、调查、讨论和反馈的成果,其中特别关注于各种业务要求来源的集成途径[140)]。

GB/T 29853.1 的这些术语和定义用作政策制定者、业界、顾客、IT 专家等之间的公共桥梁与纽带。

也用作带有信息技术框架和标准的法律与商务框架之间的公共桥梁。

"规则与指南"伴有简要的阐明性注解。这些规则的主要成果或结果是关键的基础性公共的定义和关联的术语,以此支持对开放电子数据交换的普遍采纳和采用(作为电子商务、电子业务、电子政务等)。

E.3 业务事务中的"法人"

电子业务事务,像普通的业务事务一样,要求"法人",即决策制定者,作为真实世界的关键实体和出发点(而不是信息技术应用、设备、权标、信息系统等)。

规则 E-2:

业务事务既要求信息交换又要求承诺交换[141]。

在开放电子数据交换业务事务中,认为信息系统用作法人的扩展,以便在业务事务中以去物质化的方式标识本身,即通过电子数字化数据元素,而不是通过其亲自出席或本人的代理(例如以纸质文档)。

对无歧义标识问题的关键和根本的需要是,在去物质化的世界,在参与的信息和通信技术系统之中,即通过交换中的数字化的数据,能够从所有其他实体区分出与之交往的法人的能力[142]。

术语"实体"在 GB/T 5271"信息技术 词汇"中定义为:

17.02.05 **实体 entity**:现在存在、过去存在,或有可能存在的任何具体的或抽象的事物(包括各事物之间的关联)。

示例:人、对象、事件、理念、过程。

注:请注意到:实体存在而不论该实体的数据是否可用。

规则 E-3:

法人是在业务事务中有资格作出承诺的仅有的实体。

指南 E-3G1:

在本部分中,术语"法人"用于表示术语"一方"加上一方有资格就业务事务作出承诺的能力的类属的使用。

在开放电子数据交换中,不论采用何种特指的信息技术和相关设备,"法人"都是法律上认可有资格作出承诺,同意提出的权利和义务,能够对其行动作出解释等的仅有的实体。

根据普遍接受的国际法,在任何业务事务中,无论涉及的信息技术的性质和组合为何,参与的各方都必须是"法人"。法人是负有和能够承担法律责任并对其行动(包括鉴别、授权、承诺等)作出解释的仅有的实体。

要求对"人"给出通用的定义,即在去物质化的世界中区别于所有其他实体——像那些在信息技术标准中当前定义和查到的"对象""应用""设备""信息系统""过程""软件码组"(或作为"可调用对象"的"小应用程序")等——的唯一实体类型的"法人"。

在各种词典中对"人"都有定义(见《牛津》《韦氏》等词典)。解决这一问题是要考虑到,根据某一制约范围内[143]、各制约范围之间的各种法律,对什么是而什么不是法人有多种特指的定义。通过研究、分

---

140) 见 0.2 中的图 3。

141) 更多内容见规范性的 6.1.3。

142) 例如,在去物质化的开放电子数据交换世界,如何在以下两者之间作出区分:

(a) 表示真实世界的人的 <<jake.knoppers@disney.com>>或<<jake4ever@disney.com>>;与

(b) 不是真实世界的人的 <<mickey.mouse@disney.com>>

143) 注:ISO/IEC JTC1/SC32 正在主办一项 NWI 标准(见 ISO/IEC JTC1 N5846),并已被接受(见 ISO/IEC JTC1 N6204),以处置制约范围事宜,因为这影响到业务事务外部约束的规范。这项 NWI 受引导使其能够识别并引用影响剧本和剧本构件的法律和规章。处于研制阶段的是 ISO/IEC 18038《信息技术 识别和各种范畴的制约范围的对照》。

析以及与SC32/WG1成员及其他人(例如律师)的讨论,得到了许多成果。从这一视角将这些成果和电子业务事务去物质化世界的需要加以总结和整合为具有将“法人”从所有其他类型的实体区分出来——即作为唯一的实体类型(或对象)—— 的能力。由此得到“法人”的定义和“法人”性质集的标识。

规则 E-4:

“人”定义为:

“人 person[144]:依法认可具有合法权利和义务,有资格做出承诺,承担和履行推定的职责,并有资格对其行动作出解释的实体——即自然人或法人。”

注:“法人”的同义语有“拟制的人(artificial person)”“团体法人(body corporate)”等,这取决于在合法制约权内所用的术语。

已经识别的“人”的三种独特的性质是:

1) 人(自然人)或团体法人(法人或拟制的人)具有法律认可的权利和职责;

2) 以某一职位行动、作出承诺并履行推定的义务的能力;并且

3) 有资格对其行动、行为、决策等作出解释的能力。

注:从(电子)业务事务视角看,对于将其识别和引用为“法人”的实体,所有这三种性质均应存在并出示。

除业务事务各方施加于本身[145]的内部约束外,存在规则(包括法律和规章)团体,就法人允许的行为对业务事务设置外部约束并(或)禁止预期的行为。这些规则集普遍适用于并(或)在本地也关系到提供特指的货物或服务。这些规则作为外部约束适用于一般意义的人。在这些规则集合中,有许多出自法律框架,将法人区分为(1)作为“个人”的自然人;(2)作为“组织”的自然人或法人。某些仅适用于法人的一个子类型[146]。

当前的业务事务均依从这些国内和国际的外部约束规则集。在(电子)业务事务中,假定“法人”也将依从于适用的外部约束(例如更新的法律和规章,并于需要时使之成为对媒体中性的)。

E.4 法人面貌、标识和人的签名

E.4.1 法人面貌和标识

与(物质的)对象不同的是,法人表示并标识本身(以及其他法人)采用各种各样的方式,即依据业务事务的语境而通过不同的法人面貌[147]。

下面的规则与指南集总结了“法人面貌”的主要方面。

规则 E-5:

法人应以多种多样的方式识别或表示,并将具有一个或多个法人面貌。

法人(自然的或法律的)当前的确在,并将继续在以多种多样的方式标识和表示本身,即至少具有一个而且通常是多重法人面貌。多种法人面貌及其关联的标识符都表示法人所从事的活动或职能与该人在业务事务中扮演的角色的交叉。

在不同的业务过程中,同一法人可以,并且常常通过类似的或不同的法人面貌表示自身。在物理的

144) 这一定义已起草成既覆盖眼前的物质世界,又覆盖新兴的去物质化的世界。起草的定义独立于任何特指的信息技术,即对媒体是中性的。法人作为法律认可的实体能被认为是一个“司法法人(juridical Person)”。“无国籍”人的关键性质是,不认为是“法律认可的”法人。在再生产技术领域的另一个例子是,对于人在形成中何时会变成法律认可的“自然人”,不同制约范围中的法律有所不同。

145) 关于“内部约束”与“外部约束”,更多内容见6.1.6。

146) 更多内容见E.9。

147) “人(person)”对应的拉丁词是单数的“persona”。在文学作品中,“persona”指戏剧和小说中是(由演员扮演的)人物。在荣格的心理学中,一个persona是由某人为使自身适合于所看待的社会而体现出的属性集。{见《牛津》和《韦氏》词典。}

和基于纸的世界里，这种表示和关联的标识均通过语境成为无歧义的，即人（自然人或法人）是物理上表示的，或者是由基于纸的文档提供足够的语境信息将法人绑定到所利用的法人面貌。

在去物质化的世界，不能轻易地断定正以电子方式处置的实体是否是真实世界的法人的表示（例如"jknoppers@disney.com"或"jake4ever@disney.com"与"mickeymouse@disney.com"）。所举的这些例子全都满足因特网选择路由和寻址的 IP 要求，即从可寻址设备发送或接收信息。从 IT 视角看，这些仅仅是数据元素集在取值上的变化。

真实世界的法人（自然的或法律的）以一种或多种不同的方式，即法人面貌，来表示自身。IT 系统并不"知道"这样的数据元素（集）的值是否表示真实世界的法人。对一个人的法人面貌的标识和表示是通过一个或多个数据元素做到的。总之，在业务事务中，法人的语境或角色对法人所利用的法人面貌有重大影响。

综合以上各点得出如下定义：

"法人面貌 persona：在业务事务中，法人希望为人所知因而以此标识的数据元素及其值的集合。"

此外，对于法人的名称，组成法人面貌的数据元素集能够包括的信息有：地址（物理的或虚拟的）、别名、贸易名称、笔名、号码、代码、出生日期等[148]。

图 E.5（取自图 9）对单个同一法人（自然的或法律的）到不同的语境角色中的法人面貌的联系提供一种图形表示。

图 E.3 利用形式描述技术（FDT）"统一建模语言（UML）"在此表示为对这一规则的开放电子数据交换描述技术（OeDT），得出图 E.4。

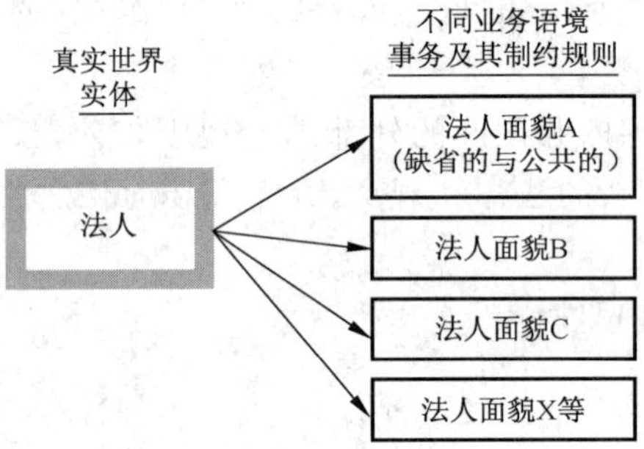

图 E.3　在不同的业务事务及其制约规则的语境中法人对其法人面貌的联系

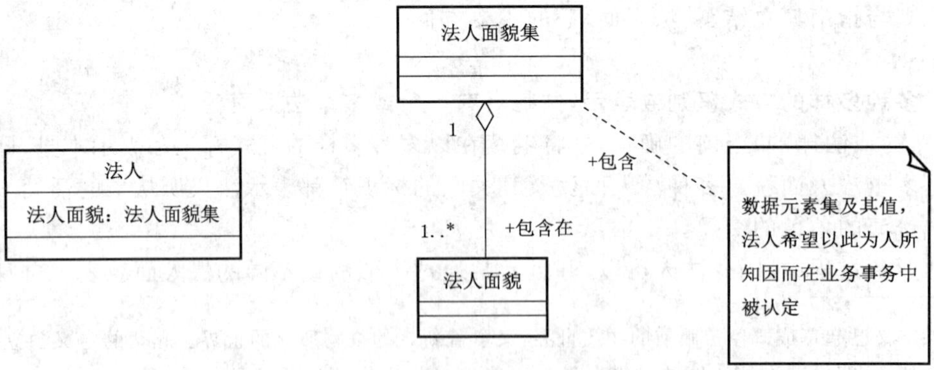

图 E.4　（UML）对"图 E.3 在不同的业务事务及其其制约规则的语境中法人与其法人面貌的联系"的基于 UML 的表示

148）对所有个人，即自然人，常用的法人面貌是在该人出生后按民法（或"洗礼""割礼"，或类似宗教仪式）注册的姓名。不过，个人有移民问题。各国都有为数甚多的公民具有或采用"多名"，即 法人面貌，这不同于其原有的或第一个法人面貌。此例中包括采用逐字母对译的第一套拉丁字符，出于文化适应性原因作出的变更，像对原有名称与法人面貌的音译（除发音能力外），等等。

对于上述真实世界各种业务事务语境中具有多重不同法人面貌和关联的不同标识符的法人，先提供一些例子是有用的。

示例 1：作为“法律人”与“组织”[149]，带有多重法人面貌和关联标识符[150]的银行。

a) 依照加拿大、美国、日本或英国的银行法，作为遵守规章的实体，扮演正式的银行角色，并作为银行业联盟的组成部分的银行，在全球标识自身，而且通过由负责国际转账的 SWIFT 签发的唯一性身份(号码)与其他银行交互。

b) 扮演雇主角色的同一银行，像国内的任何其他雇主一样，对税收机构通过该机构签发的唯一性号无歧义地标识自身。

c) 扮演货物和(或)服务卖方角色的同一银行，代表销售已经发生的制约范围内的政府征收适用的税款，即在国家或地区或联邦级以及在省(州、小行政区)级，按照要求通过由 GST/VAT 签发的唯一性标识符号，货物和服务税(GST)或增值税(VAT)标识本身。(以及通过对其他制约范围的等效的无歧义标识方案和关联的标识符)。

d) 扮演货物和(或)服务买方角色的同一银行，能以各种各样的方式无歧义地标识本身。常见的一种是邓百事公司(Dun and Bradstreet)号。

e) 扮演成员有限和专门职能的社团(例如 CIRRUS，EDC，加拿大付款协会)成员角色的同一银行，通过由该社团签发的或与其每一成员关联的唯一性的标识符无歧义地标识本身。

f) 扮演法人实体角色的同一银行，能通过其法律名称或操作名称无歧义地标识本身。一个组织的这些名称(法律名称与操作名称两者或其一)能采用多个语种，特别是制约范围有多种官方语言的情形。

g) 扮演市场区分或定位角色的同一银行，能通过“商标”以其现在的(或预期的)法人面貌无歧义地标识本身。

h) 扮演联邦借记卡与信用卡签发方注册机构角色的同一银行，既标识本身和又标识持卡人(自然人或法人)。{按附录 D 中的阐述，见 GB/T 15694《识别卡 签发方标识》。}

i) 在电子商务中的同一银行，能通过因特网域名或统一资源定位符(URL)无歧义地标识本身。[注：因特网 IP 寻址方案通过 ISO/IEC 6523 由 IANA 注册，并具有国际控制指派符(ICD)＝“0090”]。

示例 2：带有多重法人面貌和关联标识符的“自然人与个人[151]”

a) 自然人与个人的法人面貌也许变化最大。首先在姓、名、姓名首字母、尊称、头衔等的组合上有变化，所能形成的多种法人面貌，由个人能够并且的确用以在多种多样的语境中表示自身，因而标识自身。任何单个和独特的个人只好在不同标记(信贷卡、名片、驾照、职业身份卡、医疗卡、护照、公交月票等)中查找法人面貌的所有变体，某一种在个人日常当前业务事务中都要用到。

b) 扮演买方角色的同一个人，能通过用作“标识符”的一个或多个数据元素或者数据元素集作为法人面貌无歧义地标识自身：1)每一个在负责签发的注册机构的方案内都是唯一性的和无歧义的；(2)其他则不认为是唯一性的或无歧义。

c) 扮演买方角色的同一个人，常常对付款方法提出选项，即有各种各样的(子)过程。其中某些要求无歧义标识，其余则无此要求(例如基于现金的等效付款)。

d) 在特指的付款方法之内，例如采用信贷或借记卡，作为买方的同一个人，在每次购买中都能决定采用几种无歧义身份之一，即特定法人面貌和标识符的组合，像卖方接受的多种信贷或债务卡之一那样。

规则 E-6：

作为由法人采用的法人身份[152]的法人面貌和由此所得的标识，其无歧义的级别，即确定性或可靠性应适宜于业务事务的目标。

这往往是一种粒度和特殊性级别的问题[153]。

在不同的业务事务和关联过程中，同一真实世界法人可通过上述方式或通过不同的法人面貌表示自身。法人面貌本身能满足无歧义标识业务事务中法人的要求，并(或)可要求其他数据元素，即一个标识符。法人在各种业务事务中采用的同一法人面貌，很可能具有同一标识符或不同标识符。

---

149) 对于术语“组织”的定义和有关的规则及阐明性文本，更多内容见 E.9.3。

150) 更多内容见附录 D。例如采用 ISO/IEC 6523 标准的组织，很可能有多种不同的标识符，这取决于其所属的组织方案(ICD)。

151) 对于术语“个人”的定义和有关的规则及阐明性文本，更多内容见 E.9.2 。

规则 E-7：

所采用的法人面貌应与法人身份关联，这种身份能按业务事务所需的程度加以鉴别。

每一业务事务都会凭自身的优点考虑所用的法人面貌，这取决于制约业务事务的规则集（仅内部约束，以及（或者）包括外部约束）。例如，通过可重用剧本属性和剧本构件建模的独特业务事务，可以（1）要求采用特定的即预定义的法人面貌（例如护照）；（2）其他的则可允许采用多种不同的现有法人面貌（和关联的标识符），只要其他规定的判据集得到满足（例如下属的 X，Y 或 Z 信用卡都是可接受的，而不论信用持卡方所采用的法人面貌）。

规则 E-8：

具有不同目标的业务事务，可使法人能采用同一法人面貌及其关联的标识方案（包括由此产生的标识符），而其他业务事务则禁用这一法人面貌。

依照业务事务的目标，法人能够而且的确以不同的角色和在不同的语境采用同一法人面貌。例如，构成人名的数据元素，按照持信用卡（或类似的卡）人的意愿在几种信用卡上能够是同一的，或者能够不尽相同。

制约业务事务的内部约束，作为缺省将规定该业务事务各方的法人的可接受的法人面貌。在此，常见的缺省是按信贷与借记卡的声明——这作为业务事务中的一种付款方法视为可接受的——接收任何“法人面貌”。作为外部约束的例子，一种常见的特别情况是，在旅馆住宿登记时，要求产生护照上的“法人面貌”。同样重要的是，业务事务中的“卖方”，即提供某一货物或服务的人，设定了涉及的人必须采用的法人面貌。设定手段对所采用的法人面貌别无选择，必须遵照清晰准确的判据，在特指的业务事务范畴表示特定的法人面貌。此处例子有：

1） 驾照或医疗卡，此时个人必须采用其“姓名”（身份证上的姓名）。

2） 必须采用其完全正式的法人名称的组织（例如用“信息管理服务公司”，而不用“INFOMAN”或“INFOMAN Inc.”；用“国际商用机器公司”而不用“IBM”）。

指南 E-8G1：

事务中的一方，对设定的可接受法人面貌（和关联的标识符）有其选项，以便建立承诺（例如作为构成法人面貌和制约其在业务事务中价值的规则的数据元素，由给予货物、服务和（或）权利的一方设定）。在此的系统化途径称为“注册模式”，而负责法人面貌注册的实体称为“注册机构（RA）”[154]。注册机构在该标识模式内，通常为每一各别的法人与法人面貌指派唯一性的标识符。有时，RA 利用另一模式的法人标识符。

提供服务的公共部门，常常通过法律或所依据的规章设定构成法人的法人面貌的数据元素和制约其价值的规则。例如，某些政府计划设定采用出生证上的自然人名称，或采用该实体正式确立法人资格并注册[155]的法人名称。

指南 E-8G2：

一个法人可具有多个“名称”，并可变更其名称。

“名称”是“对于某一对象按某一语种表达式的称呼”。

法人采用的名称形成法人面貌的关键组成部分。人（自然人或法人）有时能够并且的确变更其名称。也能在一个业务事务中采用某一法人面貌，而在另一业务事务中采用另一法人面貌。此外，对真实世界的单个法人，变更其名称并注册这种变更在大多数制约范围有正式的过程。

关于自然人，即作为个人，能将其变更名称视同新的法人面貌（尤其是这样的名称变更在适用的

152） 见规范性的 6.2.3 以及 E.5。

153） 关于“粒度”，更多内容见附录 G 的 G.5.4。

154） 关于“注册模式”和“注册机构”，见规范性的 6.2.3 以及 E.5。

155） 此处的制约范围具有多于一种官方语言，很有可能，某一组织曾以此官方注册法人的名称可具有多于一个在语种上不同但等效的“官方”名称。这特别适用于具有多于一个官方语言的制约范围的公用部门的机构。

制约范围得到认可或设定)。至于法人的名称变更,可以是(1)对同一法人;或(2)对作为"经变更的"或"不同的"法人,即拟制的人的同一法人(例如公司号码与标识符能维持不变,即使法人实体可变更名称)。

指南 E-8G3:

自然人的姓名不是唯一性的。在真实世界里,许多不同的各别自然人能够并且的确共享同一姓名(甚至出生日期或其母亲的婚前姓氏等)。

某些制约范围具有"姓"族,在其范围内有相当多的个人有共同姓氏,以至于即便在姓上添加教名或"前名"也不能达到人名的"唯一性和无歧义"。有的制约范围限制可用的姓氏或其异体(例如在中国)。这也造成大量各别和独特的个人具有同一"姓名"。

指南 E-8G4:

在业务事务中,自然人能够并且的确通过构成名称的多种可能的数据元素(例如组合姓、名、别名、头衔与资格等的组合)来标识自身。

即使自然人的名称是唯一性的,自然人也能通过构成这一名称的数据元素的各种可能的组合(例如一个或多个姓、名、适用的头衔与资格、别名等的组合)来标识自身,即该人希望以此为人所知。此外,还有假名、笔名等可用以标识自身。后者在因特网的名称与地址中十分常见,通称为"名"。

而且,从文化适应性视角看,对构成其组成部分的制约范围的语言执行的业务事务(例如制约范围中的在用字母表为非第1套拉丁性质,像阿拉伯文、中文、希伯来文、日文、朝鲜文、泰文、俄文等),法人(或作为"个人"、"组织"和(或)"公共行政管理部门")一般可采用一个法人面貌,而在利用基于第一套拉丁字母表的等效表示[156]的(国际)业务事务中则采用另一"等效"法人面貌。

指南 E-8G5:

法人能够并且的确具有多重名称(法律名称,操作名称,市场营销名称等),以及各种语言学等效的名称。

法人的名称不是唯一性的,即可能在单一的制约范围内而不是从全球电子业务事务视角。一个制约范围可以有多于一种官方语言。有时,法人会具有多于一种"官方"名称(而且常常要求具有制约范围中各种语言的多重等效的官方名称)。在制约范围有多于一种官方语言的公共部门组织中,多"官方"名称的情况更是如此。

指南 E-8G6:

法人(自然的或法律的)的名称未必为无歧义标识预作准备。

这就是说:

1) 自然人的名称不是唯一性的。真实世界许多不同的与各别的人能够而且的确共享同一名称(甚至出生日期或其母亲的婚前姓氏)。

2) 法人的名称不是唯一性的。有可能是:在单一的制约范围内,作为在该范围中认可和注册的法人名称是唯一性的,但从跨越多个制约范围的全球电子业务事务视角看却不是。

指南 E-8G7:

有关法人名称的(公共)数据元素的类型数目是有限的。标准的数据元素集能(或宜)用作一种模板或目录库,供在电子数据交换中获得并交换有关法人的名称信息。

对法人和该人利用的有关名称和地址的信息的法人面貌的无歧义标识,由各种属性——即有关该法人名称和地址信息的数据元素——的组合组成。用于命名法人(自然的或法律的)的数据元素的数目是有限的,且制约其互工作的规则是已知的(虽然往往不以显式陈述为电子商务所要求的)。一旦获得特指组合名称与地址数据元素及其与法人面貌关联的值,即注册这样的数据然后再指派一标识符,这一

156) 此处一个常见的例子是名片,正面以法人"国内"制约范围的语种和字符印上法人面貌,背面则印上基于第一套拉丁字母表的等效法人面貌。

标识符在该注册模式(或安全域)内是无歧义且唯一性的。

假定不同的应用很可能要求法人名称从同一类属模板或目录库中抽取的数据元素的各种各样的组合。

指南 E-8G8:

与同一法人的每一法人面貌关联的能够是单一的标识符,或几个法人面貌能利用同一标识符,并且(或者)两个或更多个标识符能与单一的法人面貌关联(例如在带有不同的标识符的多张信用卡上采用完全相同的“名称”)。

在一个标识方案[157]内,标识符具有唯一性值。这在日常的真实世界已经在发生。图 E.5(取自图10)绘出了法人—法人面貌—标识符之间的联系[158]。

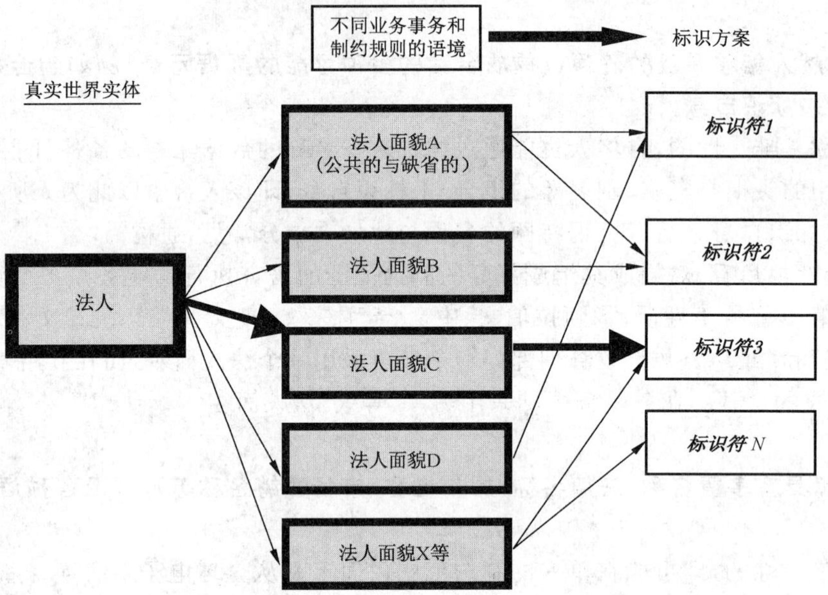

图 E.5　对通过适用于不同业务事务的语境的标识方案签发的法人—法人面貌—标识符三者的联系的图示

图 E.5 利用形式描述技术(FDT)“统一建模语言(UML)”在此将这一规则表示为开放电子数据交换描述技术(OeDT),得出图 E.6。

157)　对于“标识”和“标识符(在业务事务中)”的标准定义,更多内容见规范性的 3 以及 6.1.4《业务事务:对实体的无歧义标识》。

158)　对“标识符”,为了识别其形式上以及为获得有关法人的特定法人面貌的唯一性标识符而利用的信息技术的多种多样,采用了不同的字型和表示。

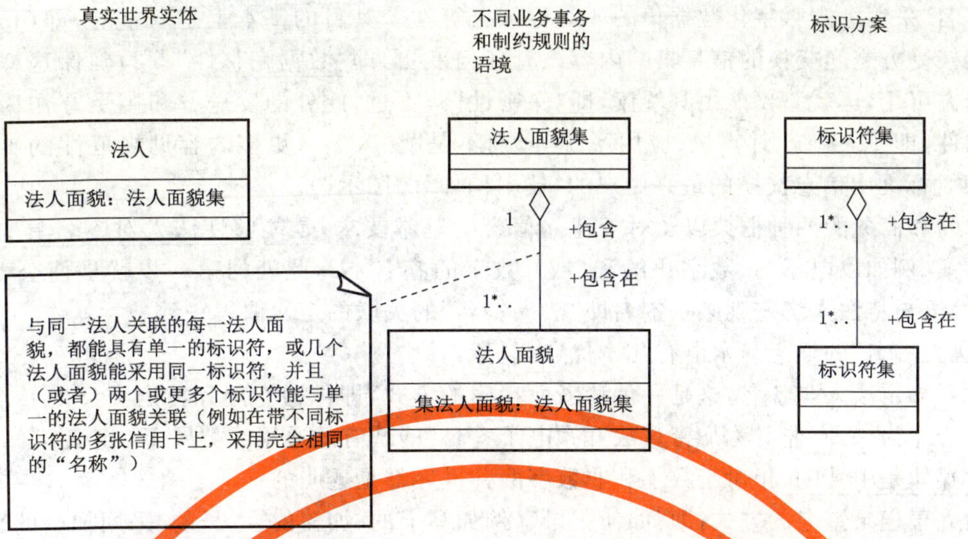

图 E.6　对“图 E.5 对通过适用于不同业务事务的语境的标识方案签发的法人—法人面貌—标识符三者的联系的图示”基于 UML 的表示

E.4.2　法人签名

规则 E-9：

在当今的业务事务中，法人能够而且的确采用不同的签名。

例如，自然人，即作为“个人”或“组织法人”[159]能采用：

1)由全部或所有的姓和名的集合组成的签名；

2)由单一的姓和名组成的签名；

3)由一个或多个名的首字母和一个姓组成的签名；

4)首字母性质的签名，即首字母化[160]。

规则 E-10：

作为员工或官员，代表一个组织“签署”的组织法人[161]，以各种方式代表该组织将自身与业务事务联系起来。

示例：在不同的语境以及为了不同的目的，“组织法人”能够而且的确采用不同的签名，这取决于该法人在组织中负责的角色和职能。

规则 E-11：

法人管控其签名的使用。

这里假定：签名(a)属于法人(而不属于“技术构件”)；(b)由法人创建或生成；(c)依据业务事务的语境，由法人用于标识、鉴别、授权的目的并(或)用于作证。

规则 E-12：

在(电子)业务事务中，最终实体是人，而不论所涉及的信息基础设施的职能支持服务的“技术构件”的性质和组合。

在安全服务语境中，数字签名或“电子签名”的当前定义特别关注于确保数字数据集的完整性。例

159)　更多内容见 E.9《法人和外部约束：“个人”“组织”和“公共行政管理部门”》。

160)　十分常见的是，作为“个人”或“组织法人”的自然人，要求其在合同或类似法律文件的每一页上，都签署姓名或其首字母。

161)　对于“组织法人”的标准定义，见 3.46 以及规范性的 6.2.7《法人和外部约束：个人、组织和公共行政管理部门》。另见 E.9。

如,“电子签名”采用绑定数字化数据集的非对称加密算法。其目的基本上是双重的,即(1)确保初始发送方与最终接受方之间交换的信息集的内容没有任何变更,即“数据完整性”;(2)确保这样的数据仅对预期的接受方可用,也就是仅能由其阅读,即“保密性”。不过,此处的发送方和接受方作为“最终用户”都是技术构件,即 IT 系统、计算机、应用系统等,而不是“法人”。(更多内容见规范性的 6.1.3,特别是图 4“作为 IT 标准中信息交换的最终用户的‘技术构件’的图示”)。

对法律的和商务的两种框架以及对于建立信誉的基本要求,是能够使法人对签名具有约束力。除技术解决方案(例如以电子的、数字化的和(或) 数字的签名)外,此处的第一步就是使公共的(非技术的)概念和术语与将法人绑定到某一签名即“法人签名”的关联的定义取得一致。

采用“法人签名”的概念与术语有几个优点,包括:

1) 对于绑定法人与签名,这是一种清晰而精确的方式,即作为专用和特定类型的签名,也就是相对于作为一种“非对称加密算法”的“电子签名”的现有的通用或类属 IT 定义;
2) 对媒体是中性的,相对于数字和非数字两种世界都是透明的;
3) 独立于记录签名的方式,即“如何记录”(例如写上的、加盖的、电子的、采用加密的);
4) 是新的术语,即新创的,无歧义的,因而避免目前在签名和(电子)业务事务领域的混乱。

规则 E-13:

由法人创建的和(或)关于法人的签名,认为是“法人签名”并定义如下:

“法人签名 Person signature:由某一法人创立并从属于该法人的一种签名,即一种名称表示、区分性标记或通常标记。”

指南 E-13G1:

法人签名可以与业务事务中的任何信息或角色关联。

注 1:这一定义的目的是特别关注并处置一个人的签名是“什么”,而不论“如何”签署,即不论方法、手段、信息技术工具等。

注 2:这一定义假定:对作为“是什么”的签名的标准定义存在,并且是对媒体中性的和独立于 IT 的。

注 3:法人签名能对任何活动集发生,或者能对业务事务中的任何活动或过程集发生。

法人签名能采取不同的形式,并由不同的过程创建,从物理的到先进的生物测定。法人签名能赖以创建的形式和过程以及具有的法律地位,均超出本标准的范围。

此处假定:业务事务的各方,除了所适用的任何内部约束外,还依从于制约法人签名的采用和格式的任何外部约束。

规则 E-14:

依据业务事务的语境,法人签名用于标识、鉴别、授权和(或)作证的目的。

重要的是,在将业务事务建模为剧本、剧本属性和(或)剧本构件中,当业务事务的任何一方要求法人签名时,规定利用这样的签名的目的并认为是有效的。

以上规则与指南,支持确保以下要求:在任何业务事务,包括基于电子业务事务中,最终实体都是“法人”,即有资格作出所需的承诺,负有作出解释与责任等等的实体。对于真实世界的同一独特法人,在法人面貌、标识与签名之间,当前存在多种多样的联系的组合。如图 E.7(取自图 11)所示。

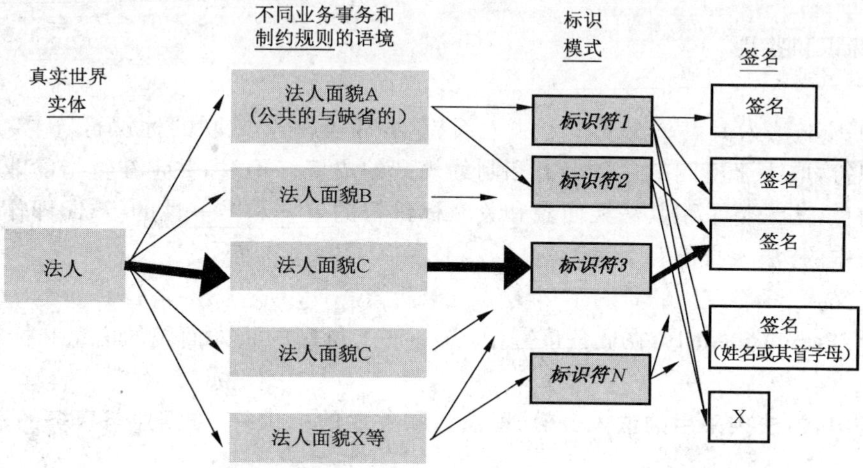

图 E.7　在不同的业务事务和制约规则的语境中，法人—其法人面貌—标识模式的联系与所得的标识符对关联的法人签名的关系的图示

图 E.7 的表示利用形式描述技术(FDT)"统一建模语言(UML)"在此作为这一规则的开放电子数据交换描述技术(OeDT)，得出图 E.8。

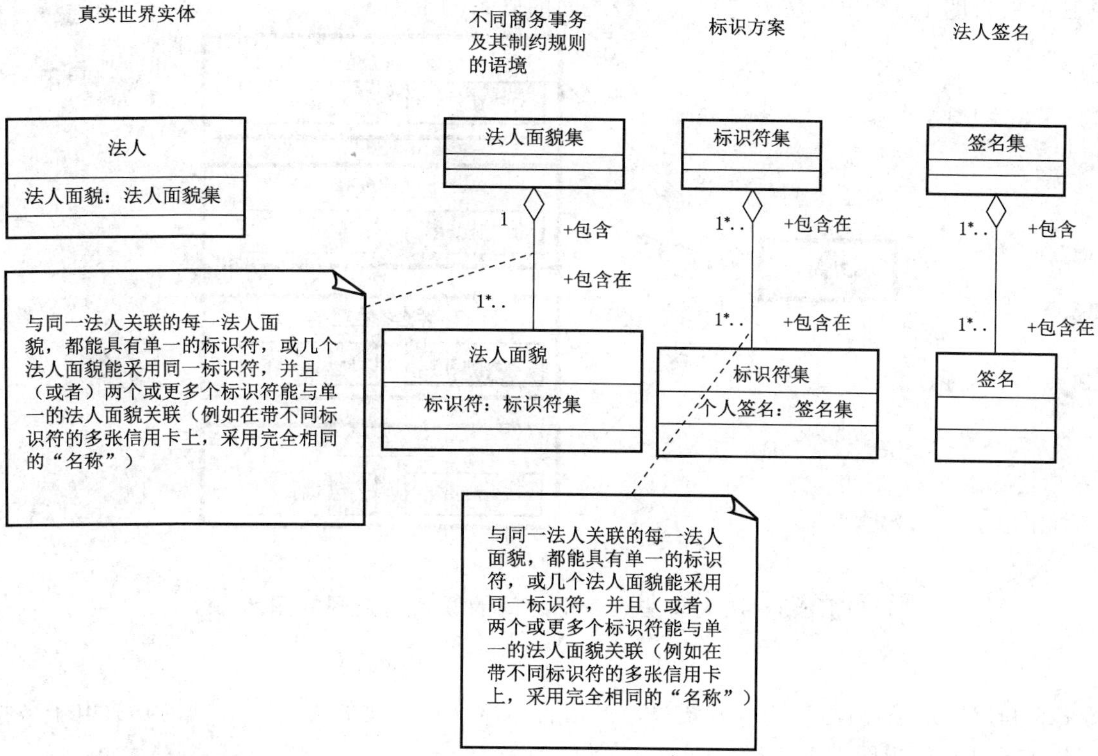

图 E.8　(UML) 对"图 E-7：在不同的业务事务和制约规则的语境中，法人—其法人面貌—标识方案的联系与所得的标识符对关联的法人签名的关系的图示"的基于 UML 的表示

E.5 法人——标识和鉴别

根据上面的 E.3,法人具有一个或多个法人面貌(各带有一个关联的标识符)。要用哪一个法人面貌和关联的标识符,取决于不同的业务事务和制约规则的语境。不过,关于在特指的业务事务的特定实例中的法人的角色,法人将采用其法人面貌和关联标识符的单一和唯一性的组合,即作为其在示例的真实世界业务事务中的"法人身份"。

法人身份定义为:

"法人身份 Person identity:在业务事务中,某一法人所用的法人面貌的信息和标识符的组合。"

规则 E-15:

在业务事务中,由法人采用的法人身份,即法人和关联的标识符,依据业务事务的语境和目的,应有资格加以设定。

此处假定:利用 GB/T 29853.1 建模和规定的任何业务事务,以及采用 GB/T 29853.2 注册的适用的可重用剧本、剧本属性和(或)剧本构件,将以显式陈述认为在这样的业务事务中是可接受的法人身份的性质和内容。

很有可能是,对于特指的业务事务,例如提供医疗服务,特指的、预先规定的、合格的法人身份必须由作为这一医疗服务接受方的法人(作为"买方")加以采用。而在另一业务事务中,可以利用一个或更多个法人身份,也就是只要满足某一规定判据(例如任何有效信贷或借记卡)。

图 E.9(取自图 12)绘出了法人与法人身份之间的联系的范围。

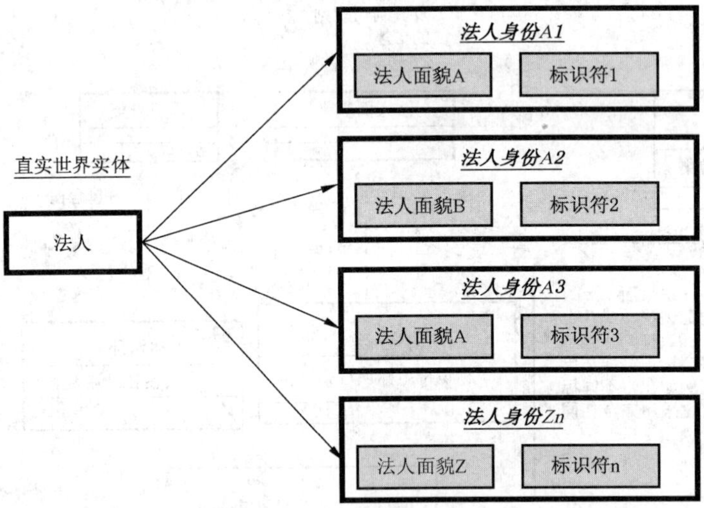

图 E.9 法人与法人身份之间的联系的范围的图示

图 E.9 利用形式描述技术(FDT)"统一建模语言(UML)"在此作为这一规则的开放电子数据交换描述技术(OeDT),得出图 E.10。

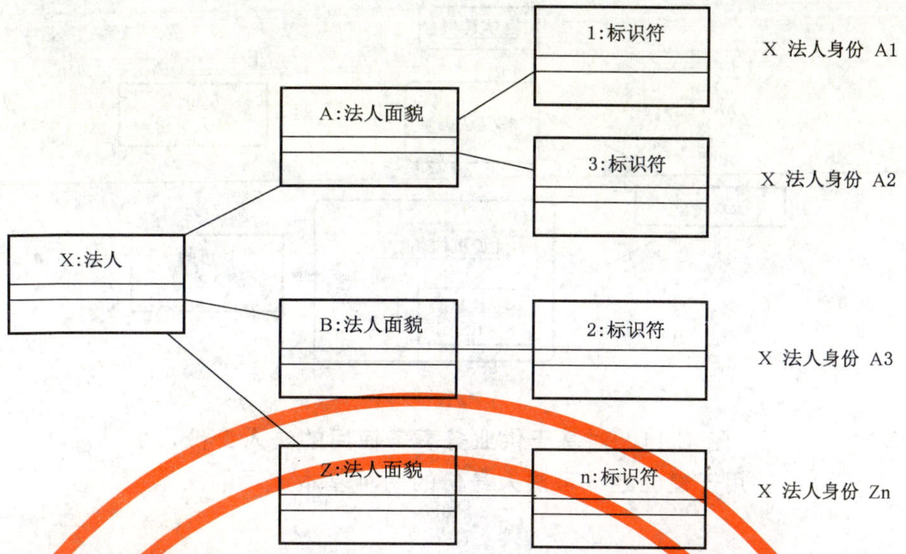

图 E.10 对"图 E.9 法人与法人身份之间的联系的范围的图示"基于 UML 的表示

业务事务的性质和目的各不相同。制约业务事务的规则,(a)可使法人能采用几个法人身份之一(例如几种不同的信用卡或债务卡之一);或者(b)要求法人具有与利用预先规定的法人身份(例如蓝十字卡、国家或地区健康保险卡、护照、驾照)。

当出示法人身份用于业务事务时,这一身份必须得到业务事务其他各方的"认可"。事务中的每一方均可有其自己的制约用于建立"经认可法人身份"[162]的要求的规则

"经认可法人身份"定义为:

"**经认可法人身份 recognized Person identity**:在业务事务的特定目的所必要的范围确立的某一法人的身份,即作为法人身份。"

规则 E-16:

在业务事务中,建立经认可法人身份通过以下两种方式之一:

i) 相互认可和接受;

ii) 引用注册机构注册模式中的标识符。

这一规则示于图 E.11。

162) 依据制约业务事务的规则,用于交换目的的法人身份,能由一种小型的有限的数据元素集组成,例如那些标识基于国家或国际标准的法人的系统所要求的数据元素,其中的国家或国际标准有 ISO/IEC 6325、ISO/IEC 7501 或 GB/T 15694(更多内容见附录 D);或者,所要求的数据元素集可以更广泛,但必须仍然是有限的和设定的。这些规范以及类似规范均超出本标准的范围,并有望按 GB/T 29853.2 注册为"可重用的"信息束。

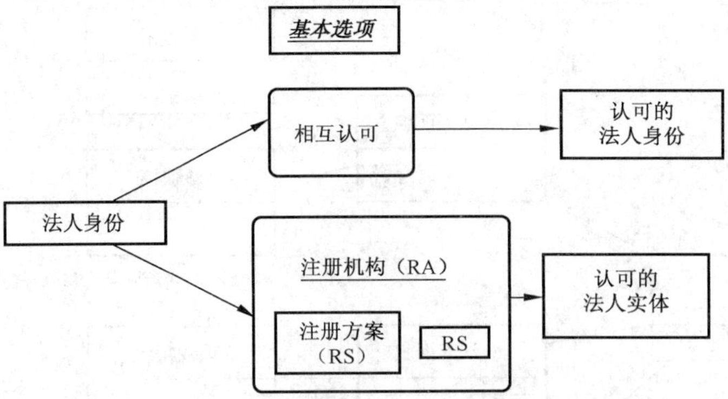

图 E.11 对基于供业务事务使用的法人身份，用于建立经认可法人身份的两种基本选项的图示

图 E.11 利用形式描述技术(FDT)“统一建模语言(UML)”在此表示为对这一规则的开放电子数据交换描述技术(OeDT),得出图 E.12。

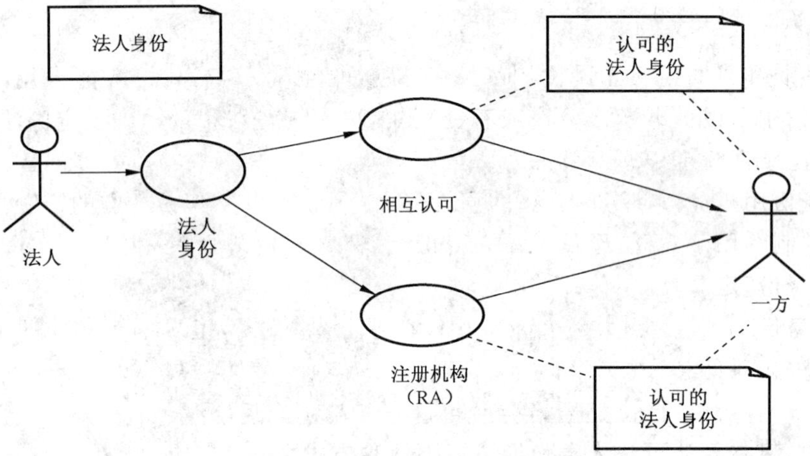

图 E.12 (UML)对“图 E.11:对基于供业务事务使用的法人身份，用于建立经认可法人身份的两种基本选项的图示”的基于 UML 的表示

当利用本标准对业务事务建模时,重要的是规定这两种选项中哪一项适用。

指南 E-16G1:

基于注册机构某一注册模式的经认可法人身份,具有可重用的附加属性,因而是支持开放电子数据交换[163)]的首选的途径。

注册模式定义为:

“**注册模式 Registration Schema**:对包含在法人的法人面貌中的数据字段以及这些字段的允许的内容的形式定义,其中的各字段用于描述某一实体和这些字段允许的内容,包括指派标识符的规则。(这也可称为‘法人面貌轮廓’。)”

163) 在这一语境中,有益的是,引证规范性的 6.1.4 中的规则 4,其陈述为“**规则 4:现有的标准应最大限度地用于剧本、剧本属性和剧本构件的构建和使用。**”在附录 D 中,提出了基于查到的国际标准的,广为采用的多种注册机构注册模式。

本部分将注册机构定义为：

“注册机构　Registration Authority：负责维护一个或多个注册模式（包括对注册模式中认可的每一实体的唯一标识符的指派）的法人。”

规则 E-17：

法人注册机构应建立显式陈述的规则，适用于将法人身份转换成经认可法人身份，以满足所陈述的业务要求。

当将这样的业务要求注册为采用本标准建模的业务事务的组成部分时，宜陈述这两种选项中哪一种正在建模（和注册）。此外，遇有可接受的注册机构的“法人身份”有可能多于一个的情形，宜规定可接受的注册机构。此处的例子有（a）按依从于 GB/T 15694[164]（或其一个子集例如“银联卡”、“Master卡”，“VISA 卡”，“American Express 卡”，“欧元卡”，“DinersClub 卡”）签发的法人身份。（b）按其他 ISO/IEC 标准（例如 ISO/IEC 6523 和 ISO/IEC 7501[165]）以及（或者）证明是类似业务操作要求的任何其他国际标准签发的法人身份。下一指南纳入了这种要求。

指南 E-17G1

制约业务事务的规则可以要求采用所规定的经认可法人身份，或允许类似性质的多种身份。（例如，信用卡付款对多家信用卡签发方均可以是可接受的。）

建立或验证经认可法人身份要求有资格进行鉴别，即法人鉴别，特别是在电子业务事务中。

法人鉴别定义为：

“法人鉴别　Person authentication：通过确证来确保经认可法人身份（这对业务事务的目的是充分的）的证明。”

为使法人鉴别成功，必须先行采取下列行动：

——法人身份必须已经建立；

——法人身份必须加以认可，即必须有“经认可法人身份”。

规则 E-18：

在业务事务中，法人鉴别通过以下两种方式之一建立：

i）　相互认可和接收；

ii）　通过引用预定义的注册模式和过程。

在采用本部分对业务事务建模时，有必要以显式陈述：在两种基本选项中，当注册剧本、剧本属性和（或）剧本构件时，采用或可接受哪一项。当采用选项“ii）”时，对认为是可接受的注册模式（和过程）必须加以规定。

E.6　法人和角色：买方和卖方

规则 E-19：

在任何业务事务中，所涉及人员的两种基本角色都是“买方”和“卖方”。

“买方”和“卖方”分别定义为：

“卖方　buyer：通过向提供某一利益、服务和（或）权利的法人付给可承兑的等量的价值（通常以货币），旨在获得对这一利益、服务和（或）权利的占有的法人。”

“卖方　seller：旨在无偿地或响应需求或请求向另一法人移交某一货物、服务和（或）权利，作为报酬，为所提供的这一货物、服务和（或）权利接受可承兑的相等价值（通常以货币）的法人。”

规则 E-20：

164）　更多内容见附录 D。

165）　同上。

除非受外部约束所限，作为法人的“买方”和“卖方”均自由地从事涉及相互同意的任何货物、服务和(或)权利的任何业务事务。

对 E-19 和 E-20 两项规则的阐明性注释如下：

注 1：在这些定义中采用术语“法人”意味着“卖方”和“买方”均继承“法人”的所有性质。

注 2：“买方”的同义语有“客户”“买主”“购物者”(以及像“购者当心(caveat emptor)中的“购者(emptor)”)。

注 3：“卖方”的同义语有“商人”“经销人”“(服务)提供方”。

注 4：“顾客(consumer)”和“卖主(vendor)”等术语保留用作被定义术语，拟用在有关“顾客保护要求(Consumer protection requirements)”之处，作为公共的同行业外部约束集 { 更多内容见下面的 E.9 }。

注 5：短语“提供等量的价值，通称为货币”覆盖以下各项：

5.1 交由买卖双方来决定并相互议定“可承兑等量价值”。

例 对于所提供的货物或服务，卖方能定下货币价值为￥或＄0.00。就货币价值而言，卖方可免费提供这一货物或服务，但卖方仍能保有关于该货物或服务的其他权利，买方一旦收到此一货物或服务就得强制承认并如期支付。在此，常见的例子是卖方保有版权或其他知识产权。医疗、教育和社会服务部门都代表业务事务内容确实具有价值的领域，需要加以保护等，但这样的价值均属非金融性质。

5.2 决定并相互议定的“可承兑等量价值”的买方和卖方。

5.3 在公共部门，有许多货物或服务免费向“买方”提供，越来越多地称为“客户”。

向一般意义上的法人或特别意义上的个人交付这样的货物或服务的货币价值，其基本原因是作为公共行政管理部门的卖方，已经以会费的形式，通过征收和收据，向其“预付”了“可承兑的等量价值”。

5.4 买方和卖方可进行物物交易，也就是说，并非所有业务事务都需涉及货币。

注 6：关于卖方，短语“占有(to get possession of)”和“移交(to hand over)”可以也可以不涉及拥有权的完全转移。例如，买方，可以只购买(a)“转售权”，即卖方保有买方所买货物或服务的知识产权；或(b)业务事务可以是“销售”使用的许可证，而卖方保有知识产权(例如专利、版权、商标或工业设计)。

注 7：对于基于开放电子数据交换实施的基本是非金融性质(例如在(电子)管理、保健、教育、社会服务)的等量价值的交换，卖方和买方的同义词常常是“提供方”和“接受方“或“客户”。

注 8：此处假定：(1)“买方”或“卖方”都能聘用“代理方”；(2)买卖双方能议定涉及第三方“；并且(或者)外部约束可要求涉及预先规定了角色的“第三方”。

规则 E-21：

制约业务事务“买方”和“卖方”的规则和惯例，包括通过开放电子数据交换的规则和惯例，既适用于一般意义上的法人，又适用于在“个人”、“组织”和(或)“公共行政管理部门”[166]之间区别对待的法人。

重要的是查明：在业务事务中，制约业务事务中“买方”和“卖方”的规则和惯例是否(1)适用于一般意义上的法人，即作为没有适用的外部约束的内部约束；或者(2)由于适用最低限度公共的外部约束，在“个人”、“组织”和(或)“公共行政管理部门”之间作出区分(或需要区分)。

遇有需要将业务事务中各方(即法人)中的一方或多方区分为是否是“个人”和“组织”的情形，很有可能需要将保密与数据保护规则适用于与业务事务关联的“有关可标识个人的信息”。

规则 E-22：

此处假定：除非受外部约束所限，作为人的“买方”和“卖方”自由地从事涉及任何相互议定的货物或服务的任何业务事务。

业务事务模型的基础是，已经导出提供单一的对买卖双方的行动没有约束的商务视图，即仅有的约束是事务各方施加于本身的内部约束；而对于模型中的外部约束，认为由“规章管理机构”施加于“买方”和“卖方”并通过“公共行政管理部门”实施(更多内容见 E.7 和 E.9)。

业务事务模型基于下列假设：

a) 认为扮演“买方”角色的自然人是“个人”。

b) 认为扮演“卖方”角色的自然人是“组织”。

---

166) 更多内容见下面的 E.8。

注 1：这与国际标准对“组织”的定义一致(ISO/IEC 6523)。

注 2：这与出售货物或服务的自雇的和(或)未组成公司(并认为是已经出售服务的“组织”)的自然人一致。

E.7 法人和向“代理方”和(或)“第三方”委派承诺

E.7.1 引言

在许多业务事务中，除扮演买方和卖方角色的双方外，还涉及其他几方。其中最常见的是称为“代理方”和“第三方”两个范畴，两者是分开的，表示不同的角色。此外，这一问题因采用各种各样同义语的术语与用词(例如“中间人”“服务提供方”“服务局”)而复杂化。

在一个业务事务中，服务提供方作为“代理方”，在另一业务事务中则很可能作为“第三方”。(而在其他业务事务中，服务提供方又会扮演卖方或买方的角色。)从商务和法律两种视角看，需要在以下两方面之间作出区分：(1)“代表另一法人行动，负责关联的承诺并作出解释”；(2)只是提供“公共服务”。

E.7.2 代理方

规则 E-23：

从业务事务承诺中引出的权利或义务，应直接由作为最终实体的法人履行，或通过代理方履行。

在大多数业务事务中，扮演作为最终实体的买方或卖方的角色的法人，即首位方(或作为公共行政管理部门中的“接受方”和“提供方”)，能各自直接从事所有活动和关联的数据交换，或将其中的一方委派给另一人。

以任何资格充当另一法人的法人定义为“代理方”(例如作为代理人、代替人、代表、代办人、特使)(更多内容见《牛津》《韦氏》两种词典)。在商务、政治、法律等中，对代理方有很多特定的应用和用法，直接源于这种一般含义。在本部分的语境中，“代理方”定义为：

“代理方 agent：在业务事务的语境中，以明确规定的职位代表另一法人的法人。

注：此处的代理方将‘自动机’(或机器人等)排除在外。而在 GB/T 17628 中则承认并规定了‘自动机’，不过是作为功能服务视图(FSV)的组成部分，并定义为‘信息处理域(IPD)’。”

关于术语“代理方”的使用，认为：

1) 代理方是法人，因而继承、必须具有法人的所有性质；
2) 常常将“中间人”用作代理方的同义语，但也可能用作“第三方”的同义语。因此，不宜采用“中间人”这一术语。

在业务事务中，“代理方”是代表买方或卖方承担特定业务过程或职能的人。代理方对于买方或卖方的基本关系绘于图 E.13(取自图 14)。

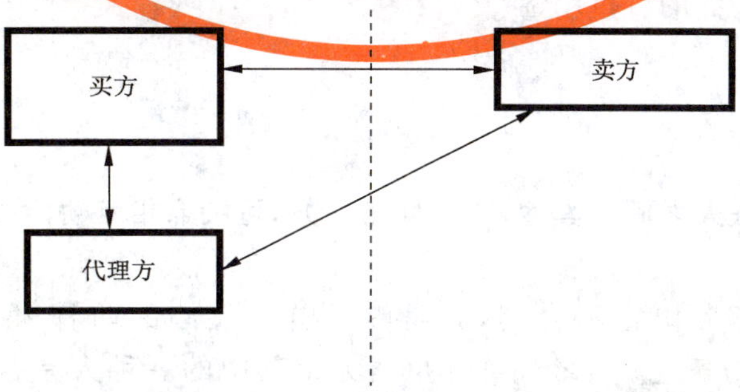

图 E.13 对聘用代理方的买方的买方-卖方交互的图示

图 E.13 的表示利用形式描述技术(FDT)“统一建模语言(UML)”在此作为这一规则的这一规则的

开放电子数据交换描述技术(OeDT),得出图 E.14。

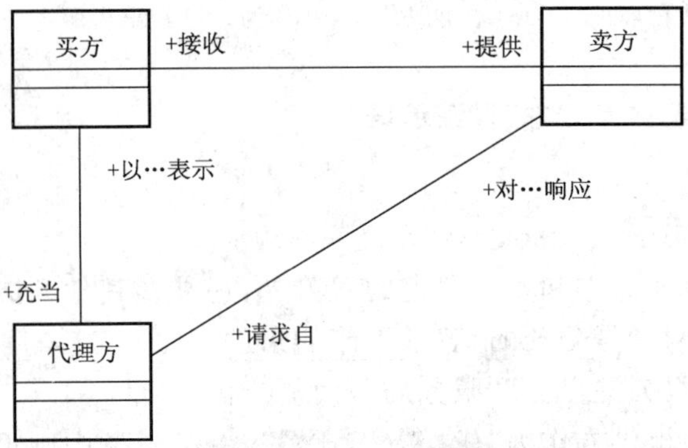

图 E.14 (UML)对"图 E.13 买方-卖方图示"的基于 UML 的表示

规则 E-24:

向代理方委派某一角色的能力应以显式陈述。当约束应在能够发生这样的委派之前得到满足时,这些约束应以显式陈述出来。

这里认为:在业务事务中,法人的某一角色和责任不能委派给代理方。在作出委派之处,这样的约束必须以显式加以陈述。

规则 E-25:

在不能发生角色委派处,应以显式加以陈述。

这一规则纳入了当前的要求:证明某些角色、职能以及关联的权利和责任合格。法人(自然的或法律的)有可能必须满足规定的判据和(或)确认其对业务事务中的特定活动或职能有资格充当"代理方"。例如,并非任何法人都能成为一位医生、一家银行、一位工程师、一家航空公司。

买卖双方的基本协定和关联的业务事务,常常涉及使用"代理方"(例如银行,运输公司,物流链设施提供方)。反过来,各"代理方"之间的交互能采取"附属性买方-卖方"协定的形式。

在日常业务事务中,常常以隐式理解在某一过程中由谁负责什么以及何时负责,包括代理方[167]的角色。对此,已经具备经验、惯例和先例,证据法则以"通常和普通的业务做法"这种用语加以认可。

不过,对于通过开放电子数据交换的业务事务,这种通常理解的委派代理方必须在某一精确性和无歧义性级别以显式加以陈述,这就:

1) 便于在自主法人与其代理方之间最大限度地采用信息技术;
2) 对数字经济建立信用和信任;
3) 确保剧本和剧本构件的可重用性。

E.7.3 第三方

规则 E-26:

业务事务发生于两个法人之间。其他法人,即第三方,可按照相互协定来履行或由于外部约束而履行规定的角色或职能。

任何业务事务,包括商务协定和合同,总是涉及首要关心的两种人,一种人扮演"买方"的角色,另一种人扮演"卖方"的角色。十分常见的是,无论其中的一种人是否聘用"代理方",而仍然可以涉及其他人,即"第三方"。第三方履行由往往处于中性和信任的地位的两种首位方相互议定的角色或职能。

167) 信息技术界也谈及代理(方)(例如机器人,蜘蛛程序,爬虫程序)。在此推荐将这样的机制、软件程序、应用系统和其他技术构件称为"IT 代理(方)"。这会减少目前的混乱。

此处有一个早期的例子是：公证方，“一种得到公共授权履行如下职责的人：起草合同或类似文档或者为其作证，拒付汇票等，以及解除正式性质的职责”。公证方作为中性观察方和收票方，得到所有首要关心方的信任，即对所有首位方都是信任的第三方(TTP)[168]。

对“第三方”的类属定义是：

“**第三方　third party**：在某一业务事务中，除有关的首位两方之外，不属于这两方中任何一方的代理方而履行规定的角色或职能的法人，其中的角色或职能是首位两方相互议定的，或作为外部约束的结果形成的。

注：按此处的理解，在某一业务事务中，有时首位方能多于两人。”

除了公证类型的职能，交换所和交易所也是第三方的主要例子。买方和卖方与公共的第三方之间联系的性质绘于图 E.15(取自图 15)。

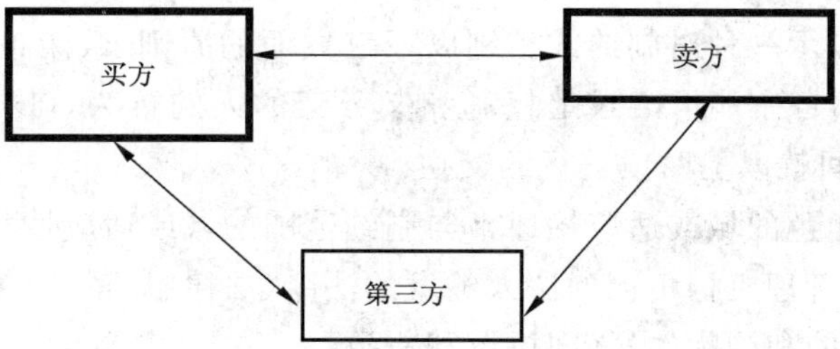

图 E.15　对伴有第三方的买方和卖方的图示

图 E.15 的表示利用形式描述技术(FDT)“统一建模语言(UML)”，在此作为这一规则的开放电子数据交换描述技术(OeDT)，得出图 E.16。

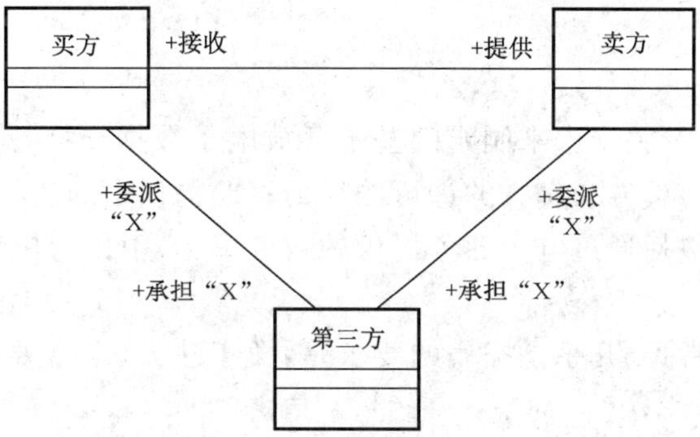

图 E.16　(UML)对“图 E.15　伴有第三方的买方和卖方的图示”的基于 UML 的表示

E.8　法人和外部约束：“规章管理机构”

关于当今的业务事务，以及关于未来制定的基于开放电子数据交换标准的业务事务，均理解为对以下两方面都有外部约束：(1)买方和卖方的许可的行为；(2)正在提供的货物和服务的性质。

168)　(16 世纪)引入纸质文档作为业务和财务 i 工具，作为实际的人的到场替代以及当时的信息新技术来支持商务，也要求建立信用和信任。这通过采用信任的第三方(TTP)即公证方达到此目的。随着采用纸质文档的信用和信任的增加，对 TTP 服务的需要逐渐减少。

规则 E-27:

对于货物和服务的提供,以及对业务事务(包括通过电子商务提供的业务事务)中作为角色扮演者的人的行为,都存在外部约束。

对作为扮演者的法人的行为及其作为业务事务中买方或卖方的角色引入外部约束,导出了附加的第三种角色“规章管理机构”。对买卖双方的市场行为和关联的业务事务施加外部约束的实体即认为是“规章管理机构”。“规章管理机构”定义为:

“规章管理机构 regulator:具有设定外部约束职权的法人,其中的约束作为原则、政策或规则,来制约或设定业务事务中涉及的法人的行为,以及提供交换的货物、服务和(或)权利。”

称为“规章管理机构”的实体的主要性质有:

1) 必须是法人。

这种“法人”越来越多地是组织,而不是个人[169]。

2) “规章管理机构”表示一种对制约或控制以下三方面的原则、政策或规则从法律上加以设定的实体:(a)在业务事务中能承诺限定权利和义务集的人的行为,(b)制备与提供货物和(或)服务[170],(c)法人之间就以上两项进行的交换。

3) “规章管理机构”角色的域或适应性通常与制约范围的域或适应性相联系[171]。

此处假定:由扮演规章管理机构角色的法人签发的法令(法律、规章、政策、指令等)将:

——在各级政府(国内的和国际的)之间协调和一致;

——是清晰、可预料和精确的,并对数字的与非数字的事务同等对待;

——推动并支持采用开放标准和互操作性,包括这些规则集(法律、规章、政策等);

——由规章管理机构对业务事务设定的外部约束(宜)具有一致性、可预料性、明晰性、灵活性[172]等属性。

E.9 法人和外部约束:“个人”“组织”和“公共行政管理部门”

E.9.1 引言

关于当今的业务事务,以及关于未来制定的基于开放电子数据交换标准的业务事务,均理解为:对以下两方面都有外部约束:(1)买方和卖方的许可的行为;(2)提供中的货物和服务的性质。对货物和服务的提供,以及对业务事务(包括通过电子商务提供的业务事务)中作为扮演者的法人的行为,均存在外部约束。

对外部约束的一种十分常见、几乎是类属的要求是:关于法人,常常要求将参与业务事务的法人区分为“个人”或“组织”。

从法律的视角,在全球范围普遍适用的是,基本上有两种类型的人,即“自然人”和“法人”(又称“拟制的人”)[173]。

169) 在许多制约范围例如“君主立宪国”中,“规章管理机构”在法律上是自然人,即国王或王后,法律和规章冠以其姓名颁发(或通过“君主”的代理人例如“君主的一位部长”)。

170) 例如,规章管理机构可以禁止销售某种货物,或仅在特定的规则和条件下允许(例如作为“药品”的药物产品)销售,禁止向未成年人销售酒精饮料,等等。

171) 有各种范畴和级别的制约范围。关于制约范围的识别、对照和范畴划分,更多内容见 ISO/IEC 18038《信息技术 制约范围域的各种范畴的识别和对照》。这一新的标准目前正由 ISO/IEC JTC1/SC32 研制。

172) 这些以及其他属性都是 OECD 关于电子商务的部长级会议(October 1998 年 10 月 7-9 日)的目标{更多内容见 URL <<http://www.oecd.org/subject/e_commerce/>>和由政府推荐的工商企业制定的关于电子商务的一项全球行动计划,以及 URL <<http:www.ottawaoecd.conference.org>>}。

“人(human being)”与“个人(person)”无论在用法上或是在法律上最初都认为是同义语。在法律上引入了国际法认可的“法人”实体(又称‘拟制的人’)的概念,意味着“人”与“个人”不再认为是同义语并将前者改称为“自然人”。图 E.17 绘出这一通用法律视角[174]。

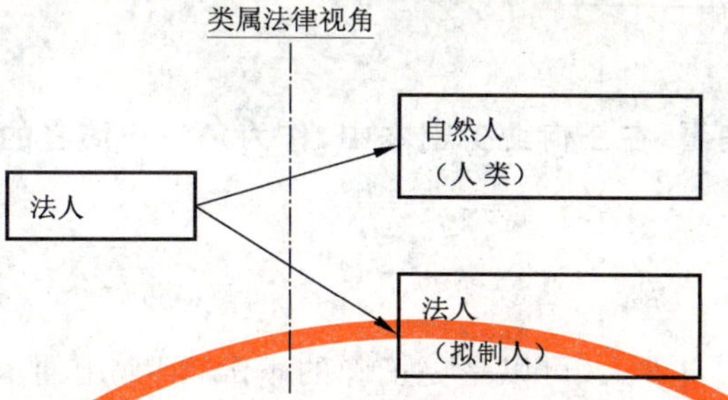

图 E.17　对“法人”的类属法律视角(图示)

图 E.17 的表示利用形式描述技术(FDT)的“统一建模语言(UML)”在此作为这一规则的开放电子数据交换描述技术(OeDT),得出图 E.18。

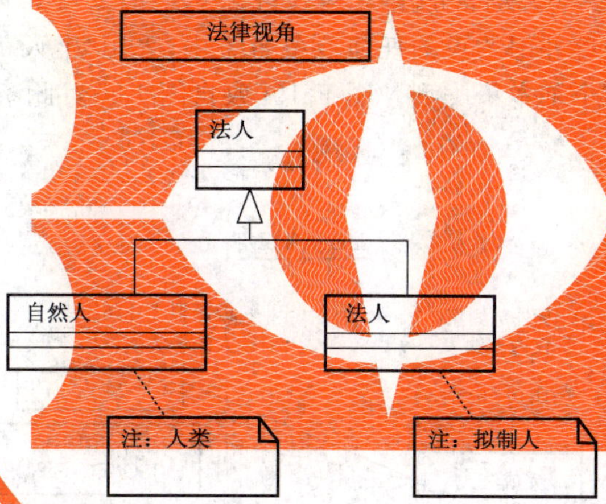

图 E.18　(UML)对“图 17:对‘法人’的类属法律视角”的基于 UML 的表示

法律、法令、规章、政策等等,(无论制约范围如何)或者:

---

173)　在历史上,男性一直被认为具有法律权利和职责,有资格作出承诺等等,即作为“法人”。对于女性,情况则时断时续,直至 20 世纪末期。例如在加拿大,直到 1921 年妇女才有投票等权利,即认可女性作为自然人,与男性具有同等权利和义务。

在 17 世纪,为支持全球经济是不断扩展对筹资的需要(例如建造和配装船舶对东印度群岛进行贸易而由私营部门而不是由公营部门融资),超过了由自然人形成公司的合伙方和类似结构(即最初作为“公司”的两个或更多自然人之间的协定)的财务能力。因此,那时的法律是在创建“法人”或“拟制的”人(即作为有限责任股份公司)的不同的制约范围中通过的,以便能够为那时所称的大型项目筹集相当的资金。更多内容见 W. R. Scott 的开创性著作《英国、苏格兰和爱尔兰股份公司的组成和财务》,剑桥,1912 。

174)　这对当前全球在用的大多数法律体制(例如普通法、民法、“俄国”法、“中国”法)都是正确的。

1） 适用于普通意义的"法人"，即自然人和法人，而在两者之间不作区分[175]，

2） 仅适用于"自然人"或"法人"，但不适用于两者；或者[176]

3） 虽然在"自然人"与"法人"之间加以区分，但适用于两者[177]。

在开发开放电子数据交换剧本和剧本构件中涉及最低限度外部约束时，重要的是，以上三种著名的选项中哪一项在何时、何处适用。

规则 E-28：

从最低限度外部约束视角看，在任何业务剧本中，作为角色扮演者的法人都有三种基本子类型：

1） "个人"；

2） "组织"；

3） "公共行政管理部门"。

出于某些技术理由，虽然"自然人"可以是更正确的术语，但常用的术语是"个人"，即在权利和义务的语境中（例如特许权、应得的权利、保密）。

类似地，在用于电子寻址的全球无歧义标识组织（例如 X.500 标准）、安全服务（例如公钥基础设施（PKI）所基于的 X.509 标准）等领域，"组织"是信息技术中常用的概念与术语。

理解以下两点：

1） "自然人"能作为"个人"或"组织法人"参与业务事务；

2） "法人"仅作为"组织"参与业务事务。

因此，本部分在涉及最低限度外部约束的任何业务事务中，采用"个人"、"组织"和"公共行政管理部门"作为扮演者角色的法人的三个基本子类型。图 E.19（取自图 16）对此予以图示。

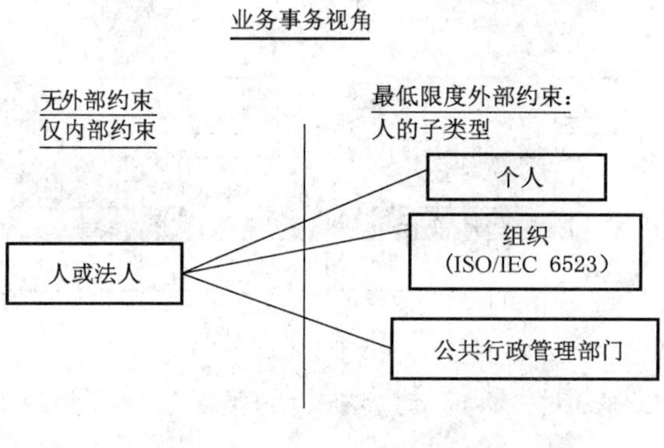

图 E.19 对"法人"的综合业务事务视角：最低限度外部约束

图 E.19 的表示利用形式描述技术（FDT）的"统一建模语言（UML）"在此作为这一规则的开放电子数据交换描述技术（OeDT），得出图 E.20。

175） 此处的基本例子是国家的货物和服务税或地方销售税。这些适用于出售某一货物或服务的任何法人，而不论其是"自然人"或"法人"。

176） 此处的主要例子是"人权"仅适用于扮演个人角色的自然人。

177） 此处的例子是注册汽车，因为自然人和法人都能注册和拥有一辆汽车。此处的另一个例子是有关保密与数据保护要求的法律，其中的要求在权利和义务上就作为人的"个人"与"组织"作出区分。

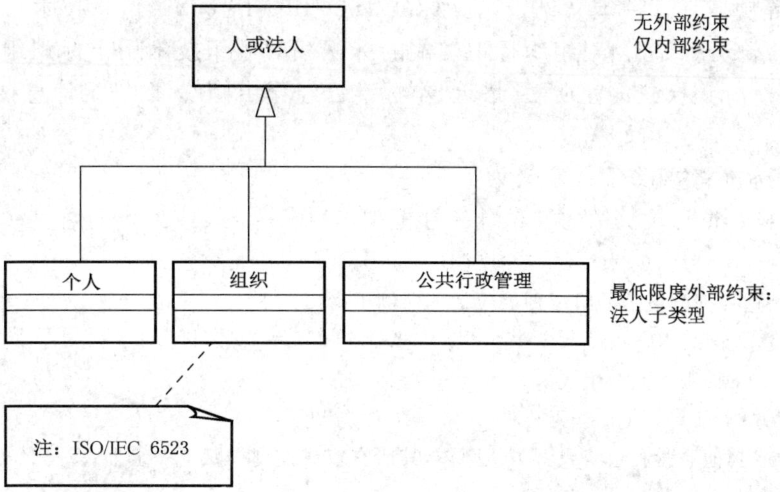

图 E.20 (UML)对“图 E.19：对‘法人’的集成业务事务视角：最低限度外部约束”的基于 UML 的表示

E.9.2 “个人”

“个人”是自然人个性的属性，即在作出承诺时，具有权利与义务，作出解释与负有责任等。

“个人”[178]定义为：

“个人 **individual**：作为自然人，充当独特的、不可分的实体或被认为是这样的实体，代表自身利益行动的法人。”

注 1：在“个人”的定义中采用“法人”这一术语，意味着“个人”继承了“法人”的所有性质和行为。

注 2：“个人”的定义对以下两方面是中性的并且是独立的：

关于一个实体必须满足什么判据而被认为是一个“自然人”或具有这种资格，各种制约范围具有各异规则的方式；

关于作出承诺、负有责任等，某一制约范围可以对一个自然人设置的任何资格（例如“未成年人”、“被剥夺资格”）。

注 3：这一定义与支持保密与数据保护（即“个人信息”）的基本概念和要求相协调，其中的“个人信息”定义为“有关可识别个人的信息”。这包括在处于“卖方”角色的另一法人最终交付某项货物、服务和(或)权利的语境中，由个人向该另一法人提供的有关自身的信息。此处有可能是，顾客保护要求也适用于作为“个人”买方的法人（见 E.10 关于“客户”和“卖主”）。

E.9.3 组织、组织部分和组织法人

规则 E-29：

法人（或拟制的人）由一个或多个自然人和（或）由一个或多个其他法人组成。国际上采用的统一术语和普通概念是标准术语“组织”，作为对能组成法人（或拟制的人）并在各种制约范围中得到认可的所

178) 对于“个人”，国际上当前尚无标准定义。对国际标准的综述未能识别任何标准中包含和定义了“个人”的概念与术语。确切地说，国际标准倾向于定义个人对于特定业务过程以及关联的数据元素的特指角色（例如由某一组织签发的“标记持有者”，像护照持有者(ISO/IEC 7501)，(信贷)持卡者(GB/T 15694))。

有不同方式的集体普通用语。

对“组织”有国际标准定义并广为采用，特别是在信息技术与通信基础设施(例如 OSI，X.500，因特网寻址)、安全服务等领域。这种定义见于国际标准 ISO/IEC IS 6523《信息技术　用于标识组织和组织部分的结构　第1部分(1998)：对组织标识模式的标识》和《组织技术用于标识组织和组织部分的结构　第2部分：对组织标识模式的注册》。最近，本标准已经作出修改，以满足信息技术的日益广泛采用所引出的要求。

ISO/IEC 6523 标准将“组织”[179]定义为：

“3.1 组织 organization：对机构的一种唯一性框架，其中一个人或人们向着某一目标行动或受委任去行动。”

注：ISO/IEC 6523 这一部分覆盖的组织种类包括下列例子：

a) 依法组成法人的组织；

b) 提供货物和(或)服务而未组成法人的组织，包括：

1) 合伙方；

2) 社会或其他非营利组织或者类似团体，其所有权或控制权赋予一组个人；

3) 独资企业；

4) 政府团体。

c) 需要在信息交换中识别的对组织类型的上述分组。

对“组织”的这一术语与此处的“法人”是否是“自然人”或“法人”无关。任何组合都能形成一种“机构框架”，其中纳入了决策与承诺能力、责任、可跟踪性、可审计性等属性。

重要的是从业务事务视角，突出这一国际标准定义的某些关键方面，并将其置于显著地位。

——短语“向着某一目标行动”与业务事务中的“过程”[180]构件相联系，即在头脑中特别在业务事务中若不带有某种目的，就不去启动过程。

注：组织依法组成法人。

该定义的这一部分识别：每一制约范围(无论在哪一级)都能具有其自身的“组成法人”规则，即限定并注册为法人或拟制的人。

提供货物和(或)服务的未组成法人的组织或活动包括：

上述定义及伴随的注 b)有三种关键元素，这宜从业务事务视角予以注意，即：

1) 当法人提供某一货物或服务时，不论该人是“自然人”或“法人”，即认为该法人是一个“组织”。

2) 不论法人提供货物和(或)服务是在商务的基础上，即为盈利，或是在某种其他基础上(例如公共行政管理部门，对公众服务，有或没有(收回相当成本)费用，公共行政管理部门之间的信息交换)，这一定义均适用。

3) 在特指制约范围内，“注 3 b)”中给出的实体例子无论是否是或需要是“组成法人的”，这一定义均适用。

注：承认并考虑到与外部世界相比，“组织”反过来能重组自身，因而从信息交换的目的能将自身表示为另一不同的单一组织并充当“机构框架”。

E.9.4　组织部分

与“个人”不同，“组织”的主要性质是被认为是可分的，即能具有一个或多个互相区别、用于信息交换标识的部分。

ISO/IEC 6523 对“组织部分”的定义是：

“3.2　**组织部分　organization part**：在某一组织内，为信息交换而需要加以标识的任何部门、服务

179) ISO/IEC 6523 对“组织”的术语与定义见 3.44。

180) 见规范性的 5.3 和附录 F(资料性附录)。

机构或其他实体。”[181]

希望具有什么样的组织部分由该组织自行决定。大型组织可具有数百个组织部分。小型和中型组织可以只有几个组织部分[182]。

在此，从业务事务视角看，重要的是当把业务事务建模为剧本、剧本属性和剧本构件时，必须对组织部分加以考虑。遇有组织部分形成组织的外部行为的不同部分的情形，情况更是如此。

E.9.5 组织法人

从业务事务视角看，需要能证明组织部分就业务事务能作出承诺并负起责任与作出解释的资格并加以识别，即能代表该组织。

开放电子数据交换不只是以电子方式信息交换。业务事务的语境添加了另外的关键性质和行为。其中之一是需要能够无歧义地标识并断定某一“组织部分”在业务事务中是否具有作为法人代表组织行动所需的属性。对这一问题的一种解决方案是引入“组织法人”的概念与术语，以反映对“组织部分”能够支持业务事务中附加的承诺交换方面的要求。

规则 E-30：

在业务事务中，组织法人可为组织或组织部分作出承诺。

在以下三种语境中：(a)法人定义；(b)国际标准对“组织”和“组织部分”定义；(c)在业务事务中添加了承诺要求，有必要引入“组织法人”的如下概念与术语以及关联的定义：

“**组织法人　organization Person**　拥有法人的财产权，因而有资格代表所在组织做出承诺的组织部分。

注 1：一个组织能具有一个或多个组织法人。

注 2：组织法人视为代表该组织表述和行动，并以规定的资格这样来做。

注 3：组织法人能够是“自然人”，例如该组织的一位员工或官员。

注 4：组织法人能够是法人，例如另一组织。”

图 E.21(取自图 17)绘出了“组织”“组织部分”和“组织法人”之间的联系，并在承诺交换到信息交换的语境中这样来做。

图 E.21 在两方面作了区分：(a)采用实线，表示从法律和商务视角，附加的承诺交换加信息交换的“组织→组织部分→组织法人”的关系；(b)采用虚线，表示仅为信息交换的目的，现有的信息交换的 ISO/IEC 6523 的 “组织→组织部分” 视角(以及组织部分的各种例子)。

图 E.21 的表示利用形式描述技术(FDT)“统一建模语言(UML)”在此作为这一规则的开放电子数据交换描述技术(OeDT)，得出图 E.22。

---

181) 1998 年，本国际标准在修改时添加了“3.45 组织部分” 这一概念与术语以及关联的定义。其主要目的是反映和纳入真实世界的事实与要求——组织内具有承担特定的角色或职能的子构件，即“组织部分”。因此，每一“组织部分”都有可能需要标识为组织内收发信息即作“信息交换”的“唯一性地址”(或可寻址位置)(X.500《目录服务》标准即基于支持这一概念)。不论要交换的是物理对象或是虚拟对象，这一要求均存在。更多内容见附录 D 的 D.4.2.2.1——ISO/IEC 6523 和在剧本和剧本构件中“角色”的标识。

182) 考虑到组织结构、范围(从本地到多国)、规模(从 2-3 个员工的 中小型企业到财富 500 强)的多种多样，注意到存在大量的组织部分(例如组织单位类型、职能、职位与称呼等)已经足够。类似地，为了信息交换的目的，许多组织设有一个或多个位置，规定为能收发信息的物理地址或电子地址。现有的标准已认为是覆盖了关于组织和组织部分的信息交换。

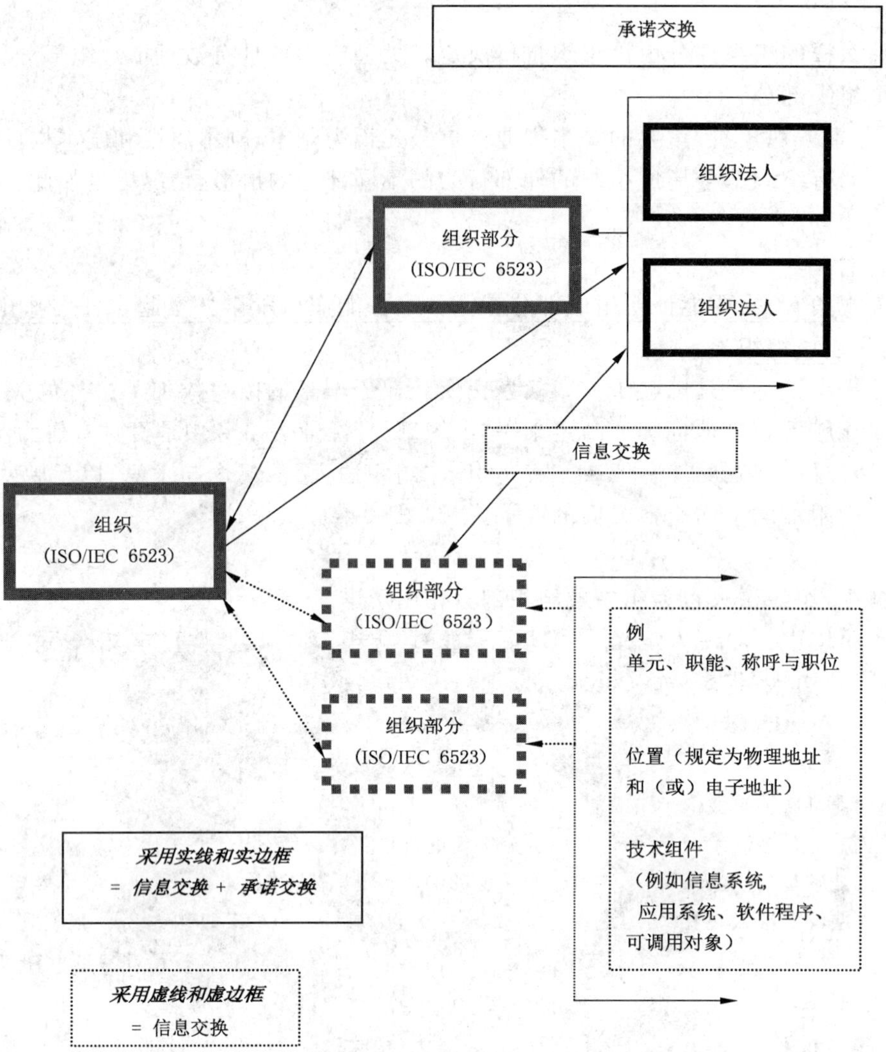

图 E.21　对适用于组织、组织部分和组织法人的承诺交换到信息交换的图示

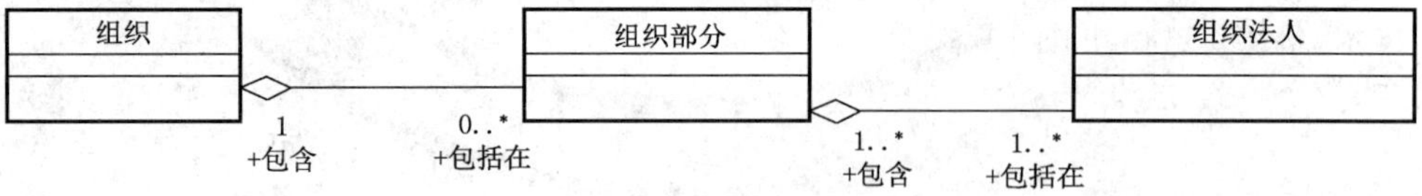

图 E.22　（UML）对“图 E.21　对适用于组织、组织部分和组织法人的承诺交换到信息交换的图示”的基于 UML 的表示

E.9.6　公共行政管理部门

作为业务事务中一方的法人的第三种子类型是“公共行政管理部门”法人。从业务事务视角看，“公共行政管理部门”是一种认为是具有一个组织的所有属性加上至少一个唯一性附加属性的法人。公共行政管理部门所具有的属性，除有资格扮演一个组织的角色即“买方”和“卖方”之外，还能代表“规章管理机构”行事。

注：充当代表“规章管理机构”行事的这一角色对“公共行政管理部门”是独有的，并与其决定是行使规章管理职能

(例如政府服务)本身,或是将这一职能委派(例如外包)出去即交给代表自身行事的"代理方"无关。

对"公共行政管理部门"的定义是:

"公共行政管理部门 public administration:本身是一个组织,具有附加属性——得到授权代表某一规章管理机构采取行动——的实体,即法人。"

E.9.7 对法人和三种角色的三种子类型的总结

此处是对以上段落的总结:

——E.3 关于"法人",

——E.6 关于"买方"和"卖方",

——E.8 关于外部约束和"规章管理机构",

——E.9 关于外部约束和"个人""组织"和"公共行政管理部门"。

在业务事务中,并非作为各方的所有法人都能履行所有三种角色,特别是规章管理机构的角色。对于上面注明的 E.8 和 E.9 中识别的最低限度外部约束的业务事务模型,作为关于三种基本角色的子类型的法人的许可的交叉能够以表格形式加以总结。图 E.23(取自 图 18)绘出了这些许可的交叉。

法人	在(电子)业务事务中的角色		
	买方	卖方	规章管理机构
法人(无外部约束)	是	是	不适用
法人:个人	是	否(是)[183)]	否
法人:组织	是	是[184)]	否(是)
法人:公共行政管理部门	是	是	是

图 E.23 业务事务模型:基本的扮演者和角色——公共行政管理部门约束

E.10 法人和外部约束:顾客和卖主[185)]

在业务事务中,另一种需要考虑的最低限度外部约束常称为"顾客保护"。此处特别关注这种性质的最低限度外部约束,不过是以非常有限的方式。其目的是帮助采用本部分的用户去构建剧本、剧本属性和剧本构件,作为可注册和可重用的对象。

规则 31:

从最低限度外部约束视角看,对买方是个人的业务事务的公共约束集是顾客保护性质的。

"顾客"定义为:

"**顾客 consumer**:"顾客保护要求"作为对业务事务的外部约束的集合对其适用的个人买方。"

---

183) 从 IT 标准(例如 ISO/IEC 6523)视角看,提供某一利益、服务和(或)权利的未组成法人的活动,认为是一个组织。不过,在制约范围内,可以有法律要求,其中扮演卖方角色的"自然人"认为是"个人"而不是组织。如何解决这一途径同保密与数据保护要求的协调问题,交由这样的制约范围处置。

184) 由公共行政管理部门代表规章管理机构提供的产品和服务,正越来越多地"外包"给组织(例如履行"公共行政管理部门"角色的盈利或非盈利组织的私营部门)。

185) 处置对业务事务的"顾客保护"性质的外部约束,超出本标准的范围。此处的唯一目的是确保:当采用本标准将业务事务或业务事务的各部分建模为剧本和剧本构件时,一定注明是在"外部约束"之下,而不论剧本和(或)剧本构件是否支持顾客保护性质的外部约束。

注 1：顾客保护是一种作为对业务事务的外部约束适用的，显式定义的权利和义务的集合。

注 2：此处假定：顾客保护仅适用于业务事务中的买方是个人的情形。假如特指制约范围的情况并非如此，这样的外部约束于适用时宜规定为剧本构件的组成部分。

注 3：在此认为：对具有顾客保护性质的买方的外部约束对规定的制约范围[186]是特有的。

ISO 设有“顾客政策委员会(COPOLCO)”，处置顾客保护要求的标准化。预计当这样的标准研制出来时将(1)以本部分作为规范性引用文件；(2)反过来，采用本部分时将能引用并利用这些国际的顾客保护标准，把外部约束规定得包括可重用剧本和(或)剧本构件。

再者，“卖主”定义为：

“**卖主　vendor**：顾客保护要求作为业务事务中外部约束的集合对其适用的卖方。”

注 1：顾客保护是作为对业务事务的外部约束适用，以显式定义的权利和义务的集合。

注 2：此处认可：对顾客保护性质的卖方的外部约束，可以对规定的制约范围是特有的。[187]

总之，宜予陈述的是：许多顾客保护性质的外部约束都很可能作为单一业务事务建模的组成部分已经包括进来。此处的例子有保单、卖方就缺陷通知买方的能力等。附录 F 中包含了许多这样的例子。

---

186) 在制约范围之内和之间已有法律和规章，并且是业务事务“外部约束”的主要来源。外部约束子类别的范畴划分和规范超出本标准的范围。ISO/IEC JTC1/SC32 正在主办一项 NWI 标准(见 ISO/IEC JTC1 N5846)，并已被接受(见 ISO/IEC JTC1 N6204)，以便处置制约范围事宜，因为这影响到业务事务外部约束的规范。这项 NWI 受引导使其能够识别并引用影响剧本和剧本构件的法律和规章。关于 ISO/IEC 18038《信息技术 识别和各种范畴的制约范围的对照》，正处于研制之中。

187) 见脚注 63 。

附　录　F
（资料性附录）
业务事务模型:过程构件

F.1　引言

F.1.1　目的

本附录 F 的目的是，对本部分的 6.1.5 和 6.3 中的规则、术语和定义提供资料性和阐明性文本。本附录中以黑体排印的规则，与这两处陈述的规则相同，即使在本附录中重新予以编号。

本附录也用以帮助不熟悉普通标准，或者到目前为止其主要关心的仅仅是功能服务视图(FSV)标准的本标准用户。

本附录是就业务事务的三种基础构件提供附加信息的三个附录之一，其中三种基础构件即“法人”“过程”和“数据”。这三种基础构件示于图 F.1(取自图 7)。

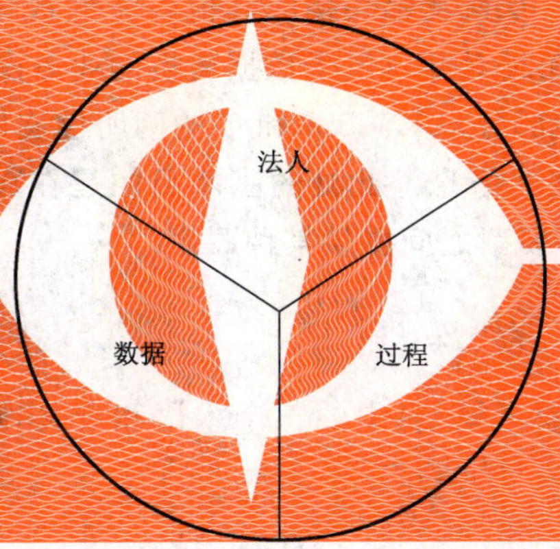

图 F.1　业务事务模型——基础构件(图示)

图 F.1 的表示利用形式描述技术(FDT)“统一建模语言(UML)”在此作为这一规则的开放电子数据交换描述技术(OeDT)，得出图 F.2(取自图 E.2 (UML))。

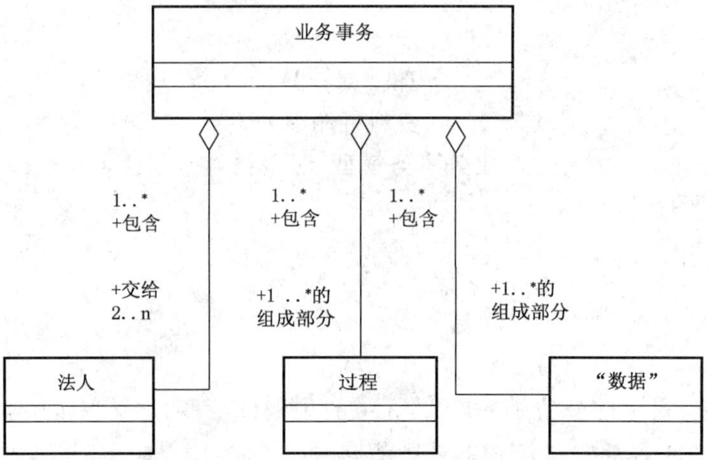

图 F.2 (UML)对“图 F.1 业务事务模型 基础构件”的基于 UML 的表示

已经研制的业务事务模型用作业务事务的一种公共的高级非技术视图。这种业务事务模型的基本假定是，这一视图从(经典)商务模型和 IT 模型共同导出[188]。这些从业务操作视图的各种视角，即从商务、法律、公共政策、标准化专家、IT 专家及感兴趣的其他各方的视角看，已经集成到普通理解的、能够共享的(基本)过程。{更多内容见 0.2《对开放电子数据交换的业务操作视图方面的要求》中的图 3。}

F.1～F.3 用作对本部分规范性部分 6.1.5、6.3 和 7 的阐明性文本。F.4 和 F.5 提供关于得出过程构件的 5 个阶段的背景研究的总结性信息。**此处的基本目的是在真实业务世界的(经典)经济模型与用于开放电子数据交换的业务事务模型之间提供某种联系。**

F.1.2 内容的来源

GB/T 17628—1998《开放 edi 参考模型》中的三个术语和定义，用作基础和出发点，以便理解业务事务模型中的过程构件，即：

——业务；

——业务事务；

——业务操作视图(BOV)。

这三个术语定义如下[189]：

“**业务 business**：一种如下过程系列：每一过程都有清晰理解的目的，涉及的组织多于一个，通过信息交换实施，导向相互达成一致的某种目标，并在一定时期展开。”

“**业务事务 business transaction**：各有关组织的活动和(或)过程的一种预定义的集合：由某一组织发起，旨在完成以显式共享的业务决策目标，所涉及的组织一旦共同认可(虽然相当多的认可可以是隐式的)一致同意的结论之一时即予以终止。”

“**业务操作视图 Business Operational View (BOV)**：在业务事务中，描述业务事务所需，仅限于有关制定业务决策和在组织之间作出承诺的各个方面的视角。”

在这些开放电子数据交换的定义的语境中，以及为了本部分的目的，将“过程”定义为：

“**过程 process**：为引向预期结果的完成而以已定义的方式发生的一系列行动或事件。”

已有的许多模型，用于分析和描述业务事务中的过程和步骤。本附录 F 包括一种“买卖”模型(包括由 G. Zaltman 研制的模型，此工作是开放电子数据交换参考模型中的标准开发工作的早期重大贡献

188) 例如，某些 IT 模型包含“系统”而不包含“法人”。

189) 见附录 A 中这些术语和定义的 ISO 英文等效。

的基础)。

业务事务模型的过程构件纳入了这些模型的公共元素,考虑了商务、法律和 IT 的视角,并将其集成到本标准关于业务操作视图的开发工作的语境。

F.2 过程构件

F.2.1 总则

将这些经典的和当前的模型集成在业务操作视图语境中,得出业务事务中五种基本的活动或"阶段"集,即:

——规划;

——识别;

——商议;

——实行;

——实行后[190]。

业务事务,特别是基于开放电子数据交换的业务事务,从过程视角能视为五种有区别的活动。关于这种过程构件的视角,与业务决策制定和业务事务中作出承诺相联系。通过业务事务的这一公共视图,提供了一种单一的参考框架,用于讨论许多不同的问题并将这些问题放在一种语境[191]。

规则 F-1:

在概念上,能将业务事务视为是从基础活动集构造出来的。这些基础活动是规划、识别、商议、实行和实行后。

这五种基本的活动集都集成到出于卖方视角、买方视角、买卖双方的综合视图以及合同构成的视角的业务模型。也纳入"早期松散耦合"和"后期绑定"的途径。这 5 阶段划分分解到保密与数据保护性质、顾客保护以及作为业务事务外部约束的类似的法律与规章管理要求的公共的外部约束,即除了内部约束之外的约束。(进一步内容见 6.1.6《约束的类别》。)

这种 5 阶段划分便利于识别能用于支持基于开放电子数据交换的实现的现有标准并与其对照。也便利于剧本和剧本构件的规范和重用,以及有利于通过最大限度(再)使用现有标准和有关工具来减少构造成本。(更多内容见下面的 F.3 。)

规则 F-2:

这五种基础活动可按任何次序发生。

此处理解为这五种基本活动不需要依次发生。例如,有关实行后方面的数据(保单,顾客保护要求等),很可能作为规划阶段的组成部分可用。而有关选择付款方法和条款的信息常常形成规划阶段的组成部分。

规则 F-3:

一个法人可按任何议定的终结方法将业务事务终止。

在任何业务事务中,一旦满足涉及的所有各方议定的结束条件之一,任何一方都能终止该业务事务,虽然相当多的认可可以是隐式的。此处一个常见的例子是,各方中有一方在过程期间的任何时间决定不作回复(例如过期)。

规则 F-4:

五种基础的活动集,可在单次连续的交互对话中完成,或者可通过买卖双方并可能涉及代理方或第

---

190) 导出这 5 个阶段的术语,即规划、识别、商议、实行和实行后,是为了提供对现有经济模型以及现有 IT 模型是中性的术语。也是为了与现有的商务和法律框架以及公共政策要求相对照。

191) 例如,在"识别"中,这可以是引入鉴别需要的关键点,而"商议"或"实行"中可以是签署数字签名的关键点。

三方之间的多次交互集完成。

例如,立即结算模型[192]是一种如下贸易模型:整个业务事务过程,例如规划、识别、商议、实行(例如交付商品和付款),均在开放电子数据交换环境下以实时方式完成。

此处的一种典型的个案是,买方以电子货币或借记账户支付方式从卖方处下载软件产品或音乐。注意在这一例子中,能够仅涉及规划和识别阶段,而对买方的识别(和鉴别)不作要求[193]。直截了当地把货物或服务交付到提供的电子地址即可。这种类型的电子业务事务相当于买方走进商店并以现金支付。因为卖方对支付有价券以交换提供的货物或服务具有100%的信心,所以不需要识别买方。有时,当提供担保时,由买方决定是否实行担保。实行担保时则要求买方向卖方标识自身,但这出于买方的意愿(例如在这一业务事务剧本有可能是可选的信息束)。这会是一种仅涉及内部约束的剧本。

F.2.2 规划阶段

在规划阶段,买卖双方进行一种决定采取什么行动来买进或售出某一货物、服务和(或)权利的过程。从卖方的视角看,规划阶段关系到有关某一货物或服务的可用性数据成为可用的所有行动或事件。在不具备特定买方信息的情况下,由卖方决定让多少数据、在什么粒度级可用。

例如,在预期的买方没有(1)识别本身;(2)同意保有买方提供信息的保密性时,卖方可决定限制信息的详细级别或不提供有关某一货物或服务的特指信息。由货物和服务的卖方让所有信息在因特网上可用,能免费访问且不予识别(例如没有网上信息块(cookie)),是规划阶段的一个很好的例子。

从卖方的视角看,此处的常见例子有:广告、市场调研、促销、提供目录库、市场直接营销、某一货物或服务的产品注册商标和定位、拍卖。

许多公营和私营部门的组织及个人免费提供信息产品(例如报告、通知、文档、软件、音乐)。此处常常包括有关该业务事务的商议、实行和实行后阶段的信息。这往往采用知识产权保护条件的形式(例如产品或服务免费可用,但仅对个人使用而不得转售,使用产品时必须标识并承认其来源)。

免费下载产品或服务的买方,即在实行阶段,认为是同意遵守关联的条款,即合同构成,并在使用产品时予以遵守,即实行后阶段[194]。

从买方的视角看,规划阶段关系到下列情形涉及的所有行动或事件:

1) 基于由货物和服务信息的供方使之可用的信息,即从买方预期的潜在卖方处,由潜在的买方在某一货物或服务的潜在的供方之间搜索;
2) 潜在的买方向潜在的卖方请求给予信息、产品与服务资料等;和(或)
3) 潜在的买方以请求建议(RFP)、请求报价(RFQ)、报价单等形式,更明确地陈述其需要。对公共部门组织,日益普遍地要求公示其购买某一货物、服务和(或)权利[195]的(详细)规格。

F.2.3 识别阶段

识别阶段关系到潜在的买卖双方之间为建立一对一的联系而交换数据的所有行动或事件。这种联系关系到特指的货物或服务、其可用性以及买方与卖方在一对一基础上的相互识别等。

识别阶段也关系到从规划阶段前进到商议阶段交换所需的相互可接受的信息束。识别阶段的关键

192) 更多内容见6.6.3.2。

193) 更多内容见附录D中的D.5.2。

194) 免费附在产品或服务上的条款的常见例子是有关知识产权的条款,即能免费下载产品或服务,但卖方保有知识产权(例如版权)。此处的常见条款包括:"仅供个人使用而不得售出(或将部分给予的售出)","遇有本产品构成其工作的组成部分的情形,本产品的用户必须标识并承认其来源",等等。对于卖方的通用惯例是,要求买方在下载发生之前以显式承认读过、理解并同意遵守这样的条款。

195) 遇有请求建议(RFP)或请求投标(RFB)中包含秘密性或知识产权条款的情形,预期参与这样的RFP或RFB的人会确保这种性质的条款附在交换信息束上。

结果是从潜在的买卖双方之间的松散耦合到商议阶段开始所需的相互议定的早期一对一绑定的转换。

从卖方的视角看，很有可能限定卖方对特指的货物或服务愿意提供的数据的性质和详细级别，即在规划阶段无需识别潜在的买方。

从买方的视角看，对预期的卖方很有可能要求有更为详细的数据，尤其是卖方以电子形式向买方表示的情形。

识别阶段的主要方面是确保：于需要时，能将保密与数据保护、顾客保护等性质的“最低限度外部约束：公共行政管理部门”编入[196]。这要求卖方来确定作为潜在买方的人是“个人”或是“组织”（常见的最低限度外部约束），或者能直接认为是“法人”（一种无外部约束的视角，即仅有内部约束）[197]。

在不知道特定潜在买方身份的情况下，有关货物或服务的给予，由卖方决定让多少数据、在什么详细级可用。

从电子业务事务视角看，过程构件的规划阶段会包括产品或服务信息通过因特网使之可用，预期的买方无需“网上信息块”即可查看或免费下载。

同样重要的是注意到：规划阶段覆盖了人——包括组织、个人以及使其信息或由其产生的信息免费可用[198]的私营或公营部门组织——的所有活动。规划阶段与识别阶段的边界以例如以下特性标记：

——卖方要求知道预期买方的身份；

——卖方要求预期的买方在就有关要提供的货物或服务供应更详细的或认为是专利数据之前，同意一项保密性安排；和（或）

——倘若业务事务没有“实行”，卖方要求而预期的买方同意“返还”（或销毁）所有保密的与专利的记录式信息。

总之，从卖方的视角看，规划阶段与识别阶段之间的边界是在提供任何附加的数据之前，当卖方希望在一对一基础上识别预期卖方身份之时。

类似地，识别阶段与商议阶段的边界由例如以下特性标记：

——倘若商议阶段未能导致达成协定，卖方除买方同意对特指的详细信息保密和（或）同意返还或予以销毁之外，不要求从买方得到承诺；和（或）

——在进入“正式商议”之前，就条款、可能的选项等提供任何信息。

F.2.4 商议阶段

商议阶段关系到紧跟识别阶段、涉及信息束交换的所有行动和事件，即潜在的买方和卖方已经(1)识别了要提供的货物和（或）服务的性质；(2)在某一确定性（即无歧义性）级别相互识别其双边协定。商议过程导向达到一种显式的、相互理解和议定的业务事务目标。这可包括货物或服务的详细规格说明、数量、定价、售后服务、交付要求、融资、聘用代理方和（或）第三方等事宜。这是整个过程的关键，因为在商议阶段期间，将确立业务事务中余下活动的方向。

商议阶段的结束由出现下列条件标记：

1） 由卖方向买方提供的特指货物或服务已经在买卖双方相互议定的详细（即粒度）的级别上加以规定。

2） 买卖双方已经无歧义地相互识别到互相满意的程度。其中所需的必要鉴别要求和对于安全服务的类型与级别的需要已经议定。

3） 买卖双方已经议定在业务事务是否涉及代理方或第三方，若涉及时，已显式陈述这些人要履行的规定角色或职能。

196） 这独立于这些外部约束是规章管理性质的或是自定规章性质的。

197） 为了本标准的目的，并为了符合 ISO/IEC 6523-1，提供某一货物或服务而未组成法人的人，即自然人，作为业务事务中角色扮演者的“卖方”，被认为是一个“组织”。

198） 这包括许多类型和范畴的公共部门产品文档，虽免费可用，但实际下载的“买方”以合同格式纳入了商议元素，其中主要元素是卖方维持知识产权。

4） 买卖双方已经议定以下方面条款：

i） 由买方提供给卖方以交换后者提供货物或服务的可承兑等效价值。

当“可承兑等效价值”是金融性质时，涉及到付款条款、付款方法融资等的协定。

ii） 财产权的转让（例如从完全而完整的所有权到（永久性或短期）使用许可证（例如关系到知识产权）。

iii） 实行后的要求，若有时已加以识别和议定（见 F.2.6）。

5） 认为合同构成已经达成。合同构成范围能从：

i） 在规划、识别和商议阶段，卖方就作为信息束交换的所有信息交换提供一种显式总结，供买方签署；到

ii） 在规划、识别和商议阶段，卖买双方之间（和（或）参与的代理方和（或）第三方）交换的信息束总额，导致构成隐式合同。许多电子业务事务都属于这一性质，即“立即结算”贸易模型的例子[199]。

最后宜注意到，商议阶段的结果很可能议定，以便在规定条款、预先识别的选项和变数（例如当份额达到某一限额水平等情形时附加的价格折扣）之下，进行电子业务事务。在此，实行阶段实际上由有多个预议定的业务事务模型的例示组成。

F.2.5 实行阶段

实行阶段关系到执行商议结果所必要的所有活动或事件。在正常情况下，卖方按照商议阶段终结时议定的条款，生产或装配货物，启动提供服务，按协定准备并完成向买方交付货物或服务等。

在正常情况下，买方开始向提供货物或服务的卖方转让可承兑等效价值，通常以货币。遇有涉及金融性质价值转让的情形，其范围能够从预付（P.P.D）到交货付款（C.O.D），即按国际通用商务条款（又称“Incoterms”），或者对预付押金或无押金，到交错付款，融资，到买方对产品与服务交付验收之后相互议定的某一日期付款（例如“90 天内不付款不付息”）。

此外，将货物或服务从卖方运输到买方时，以及将可承兑的等效价值从买方转让给卖方时，均应理解到有关联的财产权转让。此处假定：除专用条款适用外，这种财产权在何处和如何转让都是受国际上接受的商务条款制约的转让，即 Incoterms（例如“船边交货（F.A.S.，Free-Along Side）”或“船上交货（F.O.B.，Free-On-Board”）。

F.2.6 实行后阶段

实行后阶段包括在认为议定的货物或服务已经交付之后的所有活动或事件，以及发生于买方与卖方之间的关联的信息束交换。

这些都能是有关以下方面的活动：被保证方覆盖、售后服务、售后融资（例如月供或其他财务安排）、顾客申诉处置及补偿，或买方与卖方之间在实行后的某些一般性关系。这包括有关以下方面而继续存在的通信：产品召回或缺陷修复，产品替换（例如新型号）的可用性或关联产品的可用性，所提供服务（或附加产品）的可用性变更，有关所提供货物或服务条款的可用性变更（例如定价与费率，包装或打包服务，保单延长期限，或覆盖时段）。

F.3 过程构件和剧本及剧本构件的构造

F.2 中包含的几种业务事务或其组成部分的例子，能将其模型化为可重用的剧本和剧本构件。这里从构造剧本和剧本构件的视角提供一些进一步的信息。

199） 更多内容见 6.6.3.2。

首先，仅提出人的两种角色，即买方和卖方，而这仅涉及内部约束，即没有外部约束。此外，“代理方”和“第三方”也都是实体，能构成仅涉及内部约束的可重用剧本的组成部分。此处法人的范畴并不区分为“个人”“组织”与“公共行政管理部门”，这关系到外部约束(是其结果)。这就允许构建类属剧本而不必包括保密与数据保护要求。

类似地，“卖主”和“顾客”的角色未包括在内，因为这些涉及到向“卖方”和“买方”在外部约束引出的有关要求上以顾客保护形式添加性质和行为。

其次，能够开发覆盖规划和识别阶段公共方面的类属的基本剧本。例如，伴随发送目录库的是一种由预期买方的卖方的初始识别并且是卖方对(初始)顾客标识符的指派(例如免费提供的目录库描述)。

再者，能将规划、标识和商议三个阶段的要求综合到剧本和关联的剧本构件以支持中介式贸易模型和关联的基本中介式贸易剧本[200)]。此处涉及到第三方并由其代表买卖双方履行公共的业务活动。

最后，构成业务事务实行阶段的组成部分的各种公共业务过程也能模型化为可重用的剧本和剧本构件。例子包括“交付剧本”“付款剧本”和“鉴别剧本”[201)]。

F.4 对支持过程构件5个阶段的背景研究的总结

F.5就得出业务事务模型中的过程构件的5个阶段的背景研究提供了总结性信息。F.4.1中提出了初始视图，F.4.2中给出了对各种买卖模型进行分析的综合结果。F.4.3是一种书目选集，而F.5对构成背景研究组成部分的买卖模型的关键特性予以评注。

F.4.1 过程构件的初始视图

在任何业务事务中，都至少出现五种过程部分。每一部分都提供一种用来完成业务事务的不同行动集或子部分。不过，这些行动不必按顺序出现。这些过程部分是：

1) **识别**——积极识别买方和卖方的行动，以及在该过程中采用的其他对象；

2) **商议**——决定货物或服务的价格、数量及其他元素的过程；

3) **事务**——交换货物或服务的金融手段的过程；

4) **交付**——将货物或服务交到买方手中的过程；

5) **客户服务**——交付完成之后的行动，交付后活动，更换和交换政策，对顾客不满的补救措施等。

识别

在过程的这一部分，买卖双方都需要真实地识别双方。当所处的情况是买方走进商店买衣服时，出现在那里就是预期卖方的明示。而在远程销售的情况，买卖双方都需要真实地识别对方。识别能够包括例如产品确认或服务确认——“我提出特指的衣物系列”或“我是微软产品的增值转售商”。卖方在选择最好的买方时可采用这种类型的识别。

同样地，卖方需要买方身份的某种担保。随着此过程继续进行到以后各步，确保买方的正确身份将越来越重要。

商议

过程的最重要部分就是商议。在此由个人和组织确定该人所需的货物或服务、数量和价格。其他因素，例如付款日程、融资和交付日程也予以确定。在这一时段结束时，个人和组织都会完成该货物或服务的合同并建立起付款和交付机制。

事务

紧接服务商议的下一步是货物或服务的实际生产和付款交换。在这一时段，为该货物或服务做好

200) 见6.6.3.3和6.6.4，后者是6.6的组成部分。

201) 更多内容见6.6.4。

或安排好交换和付款准备。当商议已经完成和无所不包时，这一阶段的过程已经得到简化。

交付

一旦该事务完成，就由所在组织将货物或服务交付给恰当的人。在该人接收到货物或服务之后，才能够认为基本的商务活动完成。

客户服务

在完成事务和交付之后，组织有义务提供服务。这通常称为"客户服务"或"交付后服务"。在商议时段，个人和组织可同意由该组织担保的质量和工艺条款。组织也可提供对货物或服务的交付后维护。在该人与组织之间可以业已商议，达成了其他后续协定。

F.4.2 对买卖模型的分析结果

F.4.2.1 概述

通过对多种商务模型的研究，已经识别了几种十分类似于上面提出的初始模型的模型。这些模型归入三种范畴：组织或卖方的、买方的和买方与卖方综合视图的。在下面的 F.5.2 中，能找到对这些模型的评述。这种评述识别了组成商务流的关键属性。图 F.3 是对图 F.2[202] 中的研究成果以表格形式所作的总结。

属性(1)	始发视角(2)	卖方视角			买方视角			综合视角
		深度销售(3)	营销时段(4)	二元销售过程(5)	工业买方行为(6)	团体 I-B 过程(7)	I-B 过程周期(8)	业务事务模型(9)
规划		×	×			×	×	×
确立需要					×	×		
搜索					×		×	
合同		×	×			×		
来源合法化				×				
识别	×			×				×
讨论		×	×					
商议	×	×	×		×	×		×
条款				×				
价值				×				
实行								×
事务	×				×	×		
交付	×					×		
交付后	×	×						
评价		×	×		×	×		×
关系维持				×				

图 F.3 买卖模型总结表

现在能将初始模型扩展到包括三种新的元素，即：

202） 对前 5 栏说明如下：

1） 第(1)栏是取自各种模型的关键属性的清单。

2） 第(2)栏是在 F.4.1 中描述的始发视角。

3） 第(3)栏表示在 F.5.1 中描述的"深度销售模型"。

4） 第(4)栏表示在 F.5.2 中描述的"营销时段"。

5） 第(5)栏表示在 F.5.4 中描述的"二元销售过程"。

a) 规划；

b) 实行；

c) 实行后。

规划

在这一阶段，买卖双方都从事于一个过程，以决定采取什么行动来获得或售出某一货物或服务。买方在此可以确定预算，采集有关产品及其供方的信息，对潜在的供方进行比较，辨别品牌等。

另一方面，卖方正在收集潜在顾客的情报，分析市场、验收产品、注册商标等。卖方也可以建立潜在客户的清单，并基于客户层次(利益风险、经常性买方、财务健全等)作出定价区分。

实行

实行原本认为是两种分开的活动——事务和交付——的综合。这两者的边界有些模糊而没有太大意义。实行在本质上是就产品交换付款并将产品交付给买方进行的商议工作。

交付后(或实行后)[203)]

这在性质上类似于原来提出的客户服务阶段。所作扩展包括售后评审、产品保单、付款计划、退回政策等行动或其他与顾客有关的售后行动。

附加的子活动

在导出公共模型时，识别了多种关键的子活动。不过，这并不是一种一览无余的清单，即认为有其他内容需要加以识别。例如，在查看规划领域时，在几种模型中将这样的活动称为“确立需要”，“搜索信息”，“制定合同清单”以及“识别产品或服务来源”。此处是这些子活动的部分清单：

规划：确立需要。启动：组织首先将其产品推销到潜在的卖方；促成：买方确定有购买需要。

买方：在潜在的供方中搜索并加以识别；评价潜在供方的市场营销成分比例情况。

合同：与潜在的买方签订合同不使用“计策”。

识别需要(对于买方)：策略构成；项目规划；购物分析，需求确定；规格说明制定。

安排提供(对于卖方)：策略构成；市场预测；研究开发；服务过程设计；信息采集。

信息交换：市场查询；请求信息；产品与服务资料；请求报价；报价清单。

促成决策：市场营销活动；采购需要；时限和财务约束(即经济状况和市场信息)。

识别：

买方：确定对产品或服务的要求；作出预算并得到批准；确定潜在卖方。

卖方：估计成本；确定获得产品的方法。

来源合法化：当买方从供方再次采购时，或当出现新的关系时涉及的不同任务；必须从卖方传送到买方的信息以便确立本身(a)作为一个专家；(b)作为类似的买方。

信息交换：买方就所需产品传送信息，其中产品的属性很重要；这种信息随买方与卖方之间的关系而变化；卖方力图将其产品从竞争方凸显出来，在商议中处于有利地位。

产品决策：确定所需产品与可用产品之间的类似性；对产品质量和预期寿命的约束；

供方决策：两种可能的结果：a)产品不尽相同，因而在选定产品时有选择供方问题；(b)产品类似，因而需要对供方特性加以选择；采购政策约束。

商议：

买方：与卖方初步讨论；技术商议。

修改：商务商议；选出卖方。

卖方：合同中的制造商，或选出可能的代理方；选出代理方；向制造商或代理方下订单。

讨论：讨论有形和无形产品；买卖双方参与。

质疑：买方对产品表达“质疑、信任、陈述、想法和概念”。

---

203) 实行后是自从“交付”后选定的最后期间，像付款一样，可以占用业务事务出现后的几个时段。

属性刻画:显式:产品特征,信贷条款,(a)产品质量;(b)交付;隐式:属性确定和评价。

属性值商议:确定“极限”(a)对卖方重要的:价格,交付日期,产品特征;(b)对买方重要的:价格,式样,产品特征。

实行:

付款:方法,条款。

交付:交付后检查;验收;交付后;性能反馈;关系维持。

新属性:对属性议价;承诺决策;价格变更,质量,出自供方的服务约束。

F.4.2.2 结论

业务事务,特别是电子业务事务,从过程视角看能视为五种不同的活动。通过这些活动查看过程,能导出每一活动的构件并开始与标准的需要相对照。由提供业务事务的这一公共视图,能提供一种单一的参考框架,用于讨论各种各样的问题并将这些问题置于某一语境。例如在识别时,这可以是引入需要鉴别之点,而在商议或事务领域可以是签署数字签名之点。

F.4.3 参考书目

曾用于背景研究的主要来源:

书籍:

Bonoma, T. V.和 Zaltman G. (1978)《二元交互:某些概念化》,组织购买行为,芝加哥:美国市场营销协会,39-45

Hill,R. W., Hillier, T. J. (1977)《购买活动的焦点》,组织购买行为:更有效销售的关键,伦敦:MacMillan 出版社,30-46.

Johnston, W. J. (1981)《行业评审状况引言》,行业购买行为的模式,纽约:Praeger 出版社,纽约,1-51.

Moriarty, R. T. (1983)《组织购买行为基础》,行业购买行为:概念、问题和应用,列克星敦:Lexington 图书公司,23-37。

Thompson, J. W. (1973)《合同 ? I》,销售:管理的和行为的科学分析,纽约:McGraw-Hill 图书公司,383.

论文:

Thompson, J. W. 和 Evans, W. W. (1969)《行业销售的行为途径》,哈佛业务评论, Mar-Apr 1969, 137-151.

因特网:

Nissen,Mark E. (1997)《用于电子再设计的商务模型》,因特网出版物杂志, http://www.arraydev.com/commence/JIP/9702-01.htm

Bloch, Michael et al. (1996)《电子商务之路 ? 业务价值框架,获得竞争优势和某些研究问题》,http://haas.berkeley.edu/～citm/road-ec/eC.htm

F.5 对构成背景研究组成部分的买卖模型的综述

有几种经济过程模型是众所周知的并在使用,用作过程构件的基础。这些模型分成三种视角:组织或卖方视角、买方视角和买方与卖方综合视图视角。

F.5.1 "深度销售模型"

这一模型由 J. W. Thompson 的《销售:管理和行为的科学分析》[204]建立。该模型的时段是:

——规划;

——合同;

——讨论;

——质疑;

——商议的完成;

——后续活动。

这是一种从组织视角看的模型,因为其时段关注于货物或服务的销售。

规划

这一时段涉及由推销员在与潜在买方签订合同之前进行的所有活动。这可以包括为鼓动个人购买产品而准备论据,预料该人对购买的质疑,以及形成对这些质疑的批驳论点。组织必须确定个人需要什么以满足购买活动。

合同

这一时段由组织负责,是买方与卖方(经由推销员的个人与组织)之间草签合同的时刻。虽然组织草签了合同,个人必须决定成为发生交换的合伙方。在此,该合同时段可以称为"了结规划活动的子时段"。

讨论

在讨论时段,组织必须征集产品或服务对个人的优点。在这一步,组织提出在规划时段确定的论据。个人参与关于购买的询问。这一时段包括了该人与组织之间的双向通信,这隐含着这一时段是商议过程的组成部分。

质疑

在这一时刻,个人对采购决定提出质疑,而组织则必须相应地化解这些质疑。这是一个由组织来说服个人购买的时段,能够隐含着这是商议的一种后子过程。

商议时段的完成

这是组织和个人确定事务条款的时段。其中可以包括付款、交付和对各方合同义务的条款。这一模型不包括实际的事务或产品交付。其理由可以是:这是一种推销员模型,购买一旦成立,推销员的角色即告完成。

后续行动

在后续时段,组织必须确定销售过程的可行性。这可包括组织正确地估计出个人的需要通过产品购买是否得到满足,是否有任何时段需要针对其他潜在买方作出修正。

F.5.2 "经销时段"

这一模型是出自 J. W. Thompson 和 W. W. Evans 的论文《行业销售的行为途径》[205]。经过金刚砂公司的推销员或销售手册的验证。该模型的时段有:

——规划;

——合同;

——讨论;

——商议;

204) Thompson,1973。

205) Thompson 和 Evans,1969。

——售后分析。

这一模型类似于深度销售模型，只是人与人交互、准备就绪、移情和来源可信性适用于这一模型。规划、合同、和讨论时段都与深度销售途径相同，而商议时段是质疑和商议完成时段的结合，售后分析则相当于深度销售模型的后续时段。该模型假定：各时段都按深度销售模型的等效时段归结于个人和组织。

按照组织和个人的角色需要加以分析的概念是人与人交互、准备就绪、移情和来源可信性。

人与人交互

对这一模型，交互自合同时段开始到商议时段结束。这隐含着个人和组织都是从合同签署一直到商议结束的过程的积极成员。

准备就绪

这一概念出现于从规划时段开始到合同时段结束。准备就绪是指个人在参与交换中的兴趣，但这是组织的角色之一。卖方必须筹划如何吸引潜在买方的兴趣。在合同时段，组织必须按照个人提供的反馈意见以保持这种兴趣。

移情

移情是卖方(组织)的责任。这出现于从合同时段开始到商议时段结束。组织必须参与个人关于如何能通过采购得到满足的需要，并解释有关销售过程的任何反馈。

来源可信性

来源可信性的观念出现于从合同时段开始到售后分析结束(即交换过程结束)。来源可信性从个人的视角指对作为销售合伙方的组织的可信性。确保被视为一个胜任的、可靠的、值得信任的贸易合伙方，正是组织的责任。

F.5.3 “工业购买过程周期”

这一模型出自 Roy W. Hill 和 Terry J. Hillier 的文本《组织购买行为：向行业市场更有效销售的关键》[206]。这是一种“买方-行为”模型，对购买产品涉及的“决策制定”时段作出解释。

——承诺决策；

——促成决策；

——产品决策；

——供方决策；

——承诺决策。

促成决策

按照 Hill 和 Hillier 的文本，过程中的第一时段是组织将其产品向供方促销(即启动时段)之时。不过，购买过程的第一个时段实际上是促成时段。此时组织买方确定有购买需要。为此，能将扮演买方角色的组织称为“个人”。

产品决策

产品-规格说明时段是“个人”对产品的需要与可从销售组织得到的产品加以比较之时。买方负责在市场上寻找各种可用产品，并确定哪种需要能由各销售组织来满足。

供方决策

供方-规格说明时段是买方选择最佳供方之时。

承诺决策

这一时段出现于交换过程的结束。个人必须决定与组织的关系是否继续。这一决策通过分析所有

206) Bonoma 和 Zaltman，1978.

购买要求和预期是否通过与这一供方的交换都得到满足。

F.5.4 “二元销售过程”

这一模型出自 Thomas Bonoma 和 Gerald Zaltman 编辑的《组织购买行为》中 David T. Wilson 的《二元交互:某些概念化》。该模型的时段是:

——来源合法化;

——信息交换;

——属性描述;

——属性值商议;

——关系维持。

这也是一种买方行为模型,因而其买方组织称为“个人”,卖方能称为“组织”。

来源合法化

对于这一模型,来源合法化是指卖方接受为“合法和可信的合伙方”之时。个人和组织都必须参与这一时段,不过被视为可信任的一方是组织的责任。

信息交换

在这一时段,买方负责向卖方送达其对于产品的要求,即随着购买能解决什么“问题”。这可以解释为识别过程的一部分。

属性刻画

此时,买卖双方均参与并确定有关交换的条款。所讨论的某些条款可以是产品特征、信贷和付款、交付等。这可以是商议中的子过程。

属性值商议

买卖双方均负责属性值商议。双方必须确定有关交换条款中的数值,并且对其跟踪最为重要。这一时段的结束表明商议过程的完成。

关系维持

在维持关系时段,个人和组织必须决定是否继续其关系。当双方决定继续其交换关系时,“可以发生对交换价值的隐式讨价还价,尤其是当性能属性出现问题之时。”

F.5.5 “工业买方行为”

这一模型由 W. J. Johnston(并委托给 Bonoma、Zaltman 和 Johnston)在《工业购买行为的模式》中[207]建立。

——确立对产品或服务的需要;

——搜索并识别潜在的供方;

——评价潜在供方在市场营销中的成分比例(产品、价格、促销、分销);

——商议购买条款并签署协定;

——完成购买;

——评价购买的公用设施,便利于组织的目标。

在 Johnston 的文本中,对这一模型未作进一步的阐述,试图从该书中找到对此模型的引用也不会成功。因此,以下关于该模型的时段的结论都属于假定性质。

确立对产品或服务的需要:这一时段由组织买方(即个人)独家负责。

搜索并识别潜在的供方:虽然必须积极参与这一时段的只有个人,但组织负责确保买方能找到关于卖方产品的信息。这一时段可隐含是搜索阶段的开始。

207) Johnson,1981 。

评价潜在供方在市场营销中的成分比例:这一步由个人进行,能隐含着是搜索阶段的结束。这是在接触销售组织之前的最后一步。

商议采购条款并达成协定:这是个人和组织均积极参与并互相通信的第一个时段。在本模型中就是商议过程。

完成购买:也能将这一时段称为“事务”。买卖双方必须履行在前一步商议的协定。虽然双方都参与模型中的这一时段,但可以没有任何双向通信,这取决于协定的条款。

评价购买的公用设施,便利于组织的目标:因为该模型中大部分仅涉及买方,可以假定这一步意味着是从个人的交换过程可行性视角的一种评价。

F.5.6 “适用于选定的基本设备项目的工业团体购买过程的时段”

这一模型最初是为演示研究成果而开发的,由 Roy W. Hil l 和 Terry J. Hillier 在《组织购买行为:更有效向工业市场[208)]销售的关键》中建立。在此,已经对此模型作了简化。

——启动

——促成

——对条款和要求的识别

——接触

——商议

——交付

——验收

——付款

——完成

——性能反馈

启动和促成:这两个时段类似,可合为一步(即确立需要)。能将这种经修改的时段认作是一步中的两个部分:买方视角和卖方视角。

对条款和要求的识别:这是正在采购的组织确定对货物所希望的特征之时。这可以隐含着一种搜索职能。

接触:这是买方和卖方通信的起点。

商议:在这一时段,买方和卖方采取一系列的步骤来确定对产品、交付特别是付款的条款。

交付:这是提及交付时段的仅有的模型。能够假定:负责交付产品或服务的一方是在前一时段商议的一个条款。

验收、付款和完成:这三个时段都是正进行购买的组织的责任,能综合起来形成事务时段。前两种构件可以是综合时段的子过程,而其完成可认为是事务的完成。

性能反馈:这最后时段是当买方和卖方必须评价对交换的期望之时。

---

208) Hill 和 Hillier,1977 。完全视图见该文本的 p32 和 33 。

附　录　G
（资料性附录）
业务事务模型：数据构件

G.1　引言

附录 G 对如下两项提供了阐明性文本：1）规则与指南；（2）术语、定义以及 6.4 中有关本部分规范性部分的数据构件的插图。在本附录 G 中以黑体陈述的规则与指南以及插图与 6.4 中的相同，即使在本附录中予以重新编号（例如 6.4 中的规则和指南 43～48，在此是规则 G.1～G.11）。

本附录的主要基础是对支持电子商务的标准的要求的工作成果，其中的电子商务涉及到多方面的参与：各种业务部门（例如银行业、零售、运输、远程通信、IT），各级政府的公共政策制定者、顾客协会、律师（私营的和公共部门的，在普通法和民法以及国际贸易法方面具有专家经验），ISO 和 ISO/IEC JTC1 标准化专家等。这一工作识别了现有的国家或国际标准与对将商务和法律框架的要求纳入电子业务事务的集成途径的需要之间的空缺。

这里是就业务事务的三种基础构件（即“法人”“过程”和““数据”）提供所需的附加信息的三个附录之一。这三种基础构件示于图 G.1（取自图 7）。

本附录也是要帮助总的来说不熟悉标准或其主要侧重点一直仅限于功能服务视图（FSV）标准的本部分的用户。

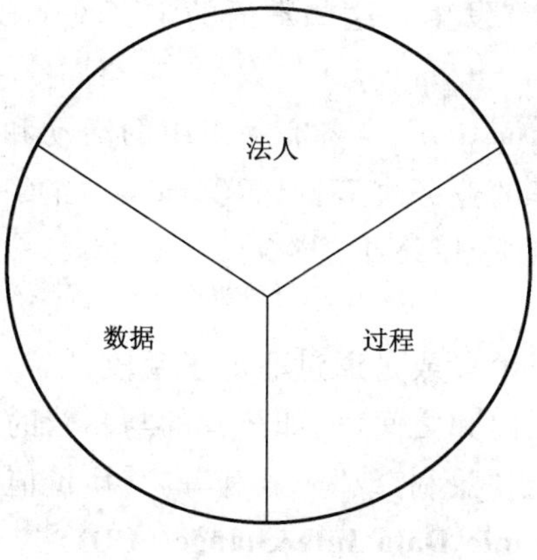

图 G.1　业务事务模型——基础构件（图示）

图 G.1 的表示利用形式描述技术（FDT）“统一建模语言（UML）”在此作为这一规则的开放电子数据交换描述技术（OeDT），得出图 G.2。

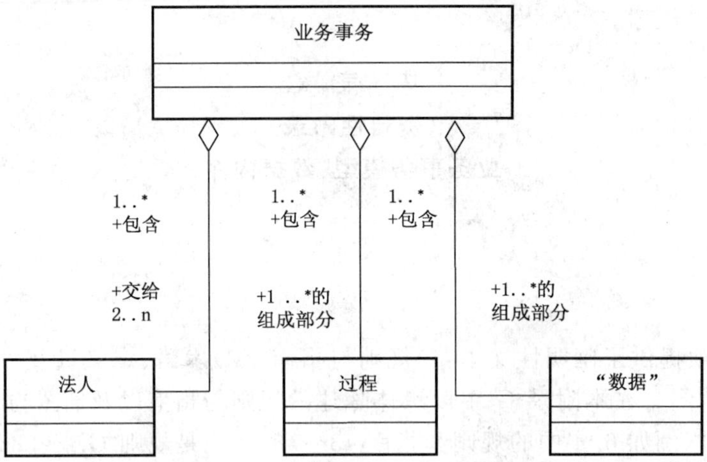

图 G.2 (UML)对"图 G.1 业务事务模型——基础构件"的基于 UML 的表示

G.2 语境:业务事务

"数据构件"的语境是,在(电子)业务事务中的数据的语境(按照便利于普遍采纳和采用开放电子数据交换,以支持应用领域例如电子商务、电子管理、电子业务所需的)。在此,两种关键属性是:(1)基于"业务事务";(2)通过"电子数据交换"发生。这些术语的定义见 GB/T 17628—1997《信息技术 开放电子数据交换参考模型》。

"3.1.4 **业务事务 business transaction**[209]:各有关组织的活动和(或)过程的一种预定义的集合:由某一组织启动,旨在完成以显式共享的业务决策目标,所涉及的组织一旦共同认可(虽然某些认可可以是隐式的)一致同意的结论之一时,即予以终止。"

业务事务的这一定义是:

类属的,即不依赖于是通过电子手段或是通过非电子手段;

独立于部门的,即适用于部门之内和之间(例如公营的与私营的,工业的,地理的);

独立于业务事务是否关系到基于"盈利"或"非盈利"的交换价值。

"3.1.5 **电子数据交换 Electronic Data Interchange (EDI)**[210]:在两个或更多组织的信息系统之间,为了业务的目的而对预定义的和结构化的数据所作的自动化交换。"

EDI 的这一定义独立于可以交换的多种数据类型,例如数、字符、图像、声音。

在此前的业务事务语境中,业务事务模型的"数据"构件集成了下列因素:

1) 适用于业务事务现有的商务和法律框架,允许并采用记录式的和非记录式的两种信息,后者是自然人在作出承诺时已知并采用、但(尚)未记录的信息。
2) 数据属于记录式信息的范畴,具有特定的性质和特指的属性。
3) 在作为一种记录式信息的范畴的数据之内,有特指的也带有其特定性质和特指属性的子范畴,称为"数据元素"。
4) 有一种数据元素范畴是结构化的,其许可的值(即内容)是预定义的。

现有的业务到业务应用系统由基于规则的业务事务组成,其中的事务广泛、大量地并常常通过表格

209) 在本标准中引用作"3.7"。

210) 在本标准中引用作"3.9"。

采用代码集。这些代码集表示通用业务惯例并用作业务事务的构建块。

5） 本标准的主要推动力是构筑信心和信任，并澄清了规则（市场地点、法律等）。在此，一个重要的成功因素是，通过开发（可重用）开放电子数据交换剧本及其构件所能消除现有业务事务中的歧义性的程度。成本有效和高效的业务操作、顾客服务等的一个重要特性是“注意细节”。从“数据”视角看，对数据元素精确性的需要称为“粒度”。粒度越高，精确度就越高。精确对避免歧义是必要的。

G.3 业务信息与“记录式信息”

对“信息”有标准定义，并独立于这种信息是记录式的或非记录式的。这种定义也是对媒体中性的，并用作本标准的基础即出发点。

在 GB/T 5271.1《信息技术 词汇 第1部分：基础术语》，将“信息”定义为：

“0.1.01.01 **信息（在信息处理中） information (in information processing)**：关于对象（例如事实、事件、事物、过程或理念，包括概念）的，在某一语境内具有特指含义[211)]的知识。”

规则 G-1：

业务事务中，信息或者是记录式的或者是非记录式的。

信息基本上以两种状态存在：

1） 对自然人“已知的”，但尚未以任何形式存在；

2） 已经记录在某一媒体上。

在目前的法律的和商务的框架以及业务惯例中，两种状态都是可接受的。“合同”在本质上是所涉及的自然人的“想法的会合”。从面对面相会以及使用电话等等得到的口头交换的信息，在业务事务的规划、商议和实行中扮演着并将继续扮演着重要角色。司法诉讼在很大程度上依赖于口头表述和自然人的诘问，其中的自然人作为“证人”知晓在某一语境中具有特指含义的事实、事件、事物、过程或理念，包括概念。（在司法诉讼中，录用包含记录式信息的书面或纸质文档作为证据是“传闻规则”的一种例外）。

宜加以注意，业务事务可以也可以不包括记录式信息。

在日常商务中，合同协定（例如业务事务中商议阶段过程[212)]的结果），不需要涉及任何记录式信息，即能够是口头合同（例如凭一次握手）。类似地，在法庭或类似诉讼中，不允许提出由自然人口述的证据或传闻。对传闻规则的一种例外是，书面记录或文件，即记录式信息，可以得到承认。

最后，当前的许多业务事务，特别是涉及个人顾客和基于现金的[213)]，在买方与卖方[214)]之间很少涉及或完全没有记录式信息交换，且买方能保持匿名[215)]。

规则 G-2：

电子业务事务要求“记录式信息”。

在现有的法律框架（国际的、国家的和本地的法律和规章）内，对于“记录”、“文件”、“录制”等术语，

211） ISO/IEC 1087-1:2000《术语工作 词汇 第1部分：理论和应用》将“对象”定义为：

“3.1.1 对象 object：可感知的或可想象的任何事物。

注：对象可以是物质的（例如发动机，纸张，钻石），非物质的（例如换算比，项目计划），或想象的（例如独角兽）。”

212） 关于业务事务中5种过程阶段，更多内容见上面的5.3《过程构件》。

213） 此处假定：“电子现金”与“现金”具有同样的属性与性质和行为。

214） 这并不是说，不产生记录式信息以便记录已完成的业务事务。而主要是说卖方记录某一货物或服务的销售（例如依从于规章管理机构的外部约束，像销售税）。

215） 关于匿名问题，更多内容见附录 D.5.2 。

都有多种不同的定义。此处的概念与术语“记录式信息”，在立法以及信息技术标准的框架之内，能用作现有各种定义的差异之间的一个公共的桥梁术语。

不同于普通业务事务的是，电子业务事务基于并要求“记录式信息”，其定义为：

“**记录式信息　recorded information**[216)]：不管采用何种形式，也不管记录所用的媒体或技术，而以允许存储和检索的方式记录在某一媒体上的任何信息。

注1：这是一种类属定义，独立于任何本体论(即“事实”—“数据”—“信息”—“智能”—“知识”等问题)。

注2：通过采用“信息”这一术语，此定义将信息的全部属性都继承下来。

注3：此定义覆盖了：

i) 任何形式的记录式信息，任何记录手段，以及能记录信息的任何媒体；

ii) 所有类型的记录式信息，包括所有数据类型、指令或软件、数据库等。”

制约政府和业务操作的当前法律和规章，大多“基于纸张”并推定提出纸质记录。“对媒体中性”囊括了两种关键属性：(1)中性是对着，即不依赖于，用于记录信息的手段、方法或技术；(2)中性不依赖于记录信息的“媒体”的类型。

术语“媒体”的含义和用法常常与表示和采用等的形式、格式、类型相混淆。因此从法律、商务、信息技术、标准化等视角，有必要对“媒体”的概念与术语有共同的理解。

“媒体”的概念与术语[217)]定义为：

“**3.1.32　媒体　medium**[218)]：用作一种功能单元，通常将信息或数据记录其上，能加以保留和承载，并能从中取出，在本性上是非易失性的物理材料。”

注1：此定义与记录信息的材料的性质和(或)用来记录信息的技术无关，例如：纸质的、照相的、化学的、磁性的、光学的、集成电路，以及其他不再常用的材料像羊皮(和其他动物皮张)、塑料(胶木、乙烯等)、纺织品(亚麻布、帆布等)、金属。

注2：将“本性上是非易失性的”这一属性包括在内，是要覆盖潜伏时间和记录保留的要求。

注3：“媒体”的这一定义独立于：

a) 记录式信息的形式或格式；

b) 物理尺寸和(或)大小；

c) 任何容器或壳体都与包住的材料在物理上隔开，没有这种容器或壳体时，媒体仍能保持为功能单元不变。

注4：“媒体”的这一定义也抓住和集成了以下关键性质：

a) 媒体作为一种信息或数据能记录其上并从中检索的材料的性质；

b) 存储的性质；

c) 物理载体的性质；

d) 物理表现形式即材料的性质；

e) 功能单元的性质；

f) 记录信息或数据的材料的(某种程度的)稳定性的性质。

“信息”与“记录式信息”和媒体与业务事务的现有法律和商务框架的关系示于图G.3(取自图19)。

---

216) 对于这一术语与定义的ISO英文等效，见附录A。

217) 这是一种“对媒体中性的”定义。将“在本性上是非易失性的”的判据包括在内，是要覆盖等待时间和记录保留的要求。大量加注的主要理由是作为属性，尽可能完全地吸纳“媒体”的性质和行为。

218) 对该术语和定义的ISO英文等效，见附录A。

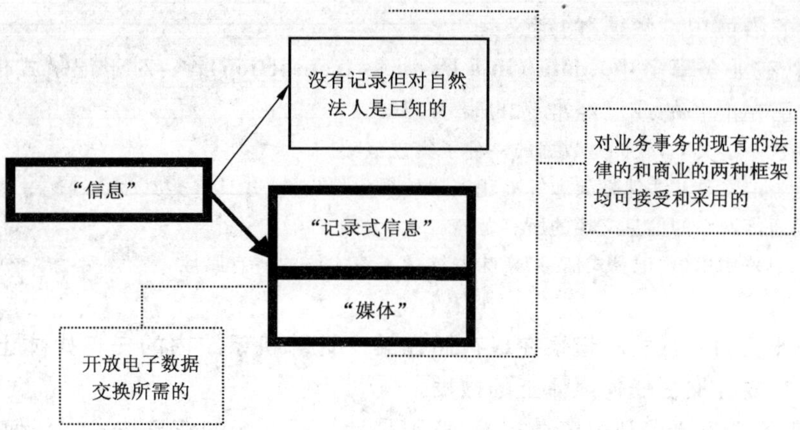

图 G.3 业务中"信息"、"记录式信息"与"媒体"的关系

图 G.3 的表示利用形式描述技术(FDT)"统一建模语言(UML)"在此作为这一规则的开放电子数据交换描述技术(OeDT),得出图 G.4。

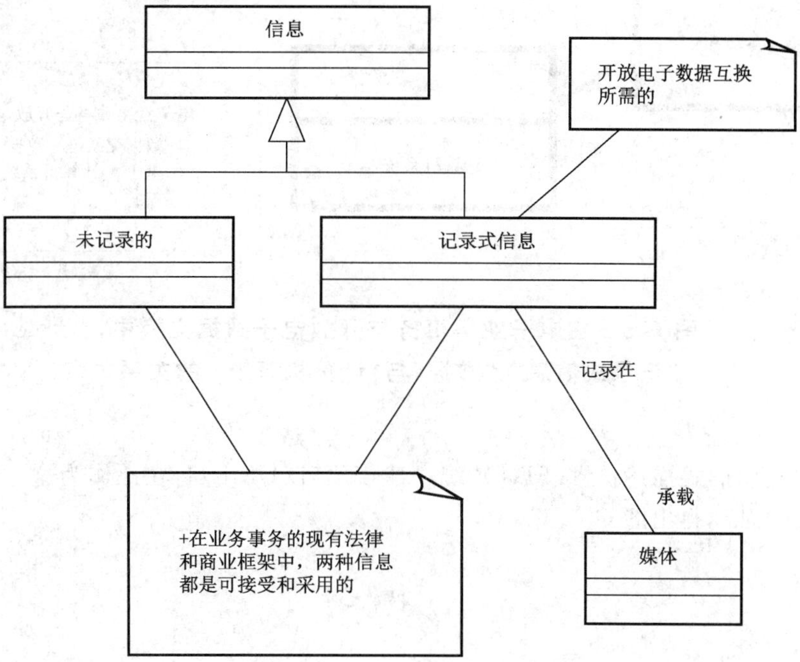

图 G.4 (UML)对"图 G.3 业务中'信息'、'记录式信息'与'媒体'的关系"的基于 UML 的表示

G.4 记录式信息与电子数据

规则 G-3:

并非所有的记录式信息都是数据,但所有的数据都是记录式信息。

并非所有记录式信息都是数据,但所有数据都属于记录式信息的范畴。数据是具有某些性质的特指范畴的记录式信息。

在电子业务事务语境中，“数据”的定义是[219)]：

“**3.1.14 数据(在业务事务中) data (in a business transaction)**[220)]：对于记录式信息，以适宜于计算机系统使用的形式正在准备的或已经准备的表示。”

注 1：在“数据”的这一定义下，软件是数据的一种子集或范畴。

注 2：“数据”的这一定义是从法律框架和标准化框架的视角提出的，并具有类属性质。这一定义适用于涉及计算机系统和远程通信网络的信息交换的所有范畴。

注 3：在这一定义中采用术语“记录式信息”意味着继承了该术语的所有属性。

规则 G-4：

电子业务事务涉及(1)数据；2)记录在或存储在某一计算机系统内的任何媒体上的数据，或者由某一计算机系统记录在或存储在任何媒体上的数据。

据定义，电子业务事务要求利用信息技术，特别是计算机系统的信息技术。任何不具备“数据”性质和不能由计算机系统[221)]利用的记录式信息，都不能形成开放电子数据交换业务事务的组成部分。如图 G.5(取自 6.4.2 中的图 20)所示。

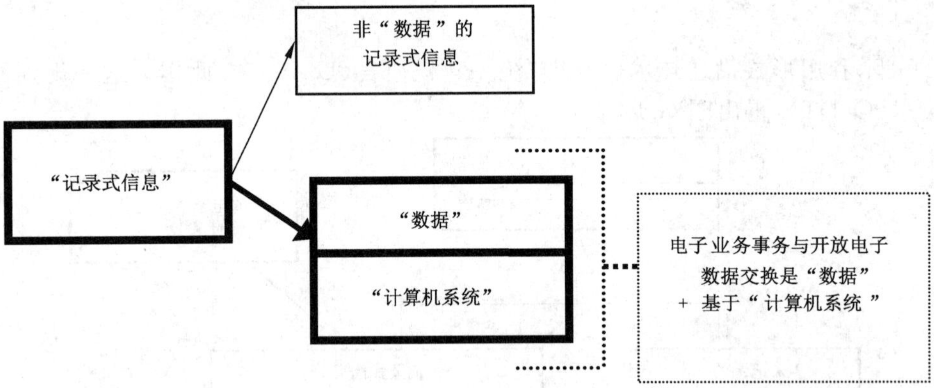

图 G.5 在电子业务事务与开放电子数据交换中，“记录式信息”、“数据”与“计算机系统”的关系

图 G.5 的表示利用形式描述技术(FDT)“统一建模语言(UML)”，在此作为这一规则的开放电子数据交换描述技术(OeDT)，得出图 G.6。

---

219) 这一定义综合了从 IT、商务和法律不同视角对“数据”所下的定义。采用术语“计算机系统”联系了《开放 edi 参考模型》中的定义 3.1.5 和 3.1.8。

这一定义可与 GB/T 5271《信息技术 词汇》中的定义进行比较。这一定义包括了“适宜于由人员手段进行的通信、解释或处理”的记录式信息的表示。开放电子数据交换关系到自动化交换即 IT 接口视角，并考虑到“人员手段”从人员接口视角的语言学等效价值。

220) 对这一术语和定义的 ISO 英文等效，见附录 A 。

221) 对“数据(在业务事务中)”的这一定义结合了“计算机系统”的定义，但对任何特指的信息技术都不是特定的。随着信息技术的进步，“以适用于计算机系统使用的形式准备的”记录式信息的范围也在进步和相应扩充。

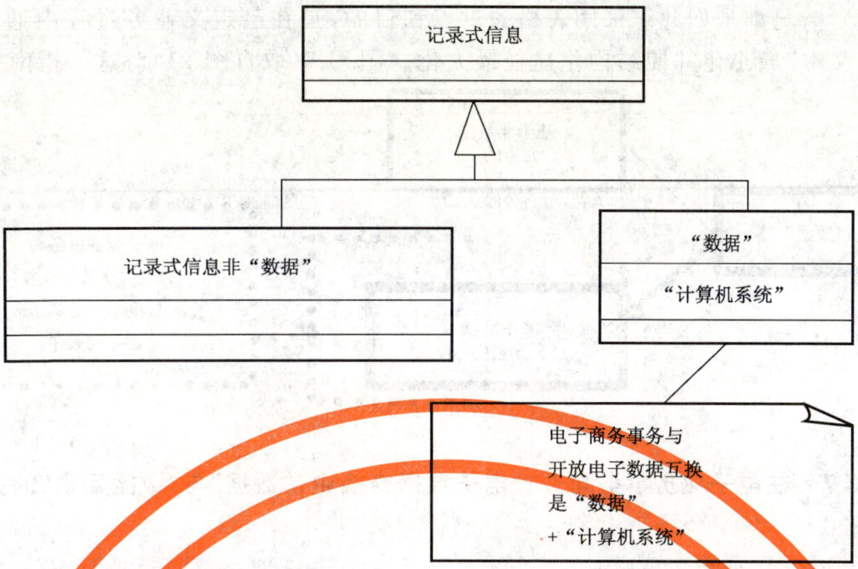

图 G.6 (UML)对“图 G.5 在电子业务事务与开放电子数据交换中，‘记录式信息’、‘数据’与‘计算机系统’的关系”的基于 UML 的表示

规则 G-5：

本部分中对“数据”的定义以及有关的信息技术术语和定义，均应与法律框架相对照。

信息技术标准也定义“数据”。在国家标准 GB/T 5271.1《信息技术 词汇》中，定义“数据”如下：

“01.01.02 **数据 data**：以适宜于通信、解释或处理的格式化方式，对信息的一种可再判读的表示。”

注：数据能由人来处理或通过自动化手段处理。

在 GB/T 18391.3—2001《信息技术 数据元素的规范和标准化 第 3 部分：数据元素的基本属性》[222] 的当前版本中，将“数据”定义为：

“数据 data：以适宜于由人或由自动化手段进行通信、判读或处理的格式化方式，对事实、概念或指令的一种表示。”

对“数据”的这些国际标准定义与本部分中的定义，除“或由人来处理”外都是兼容的。在开放电子数据交换和业务事务的语境中，对“数据”的定义使“通过自动化手段”成为必须条件并隐式考虑即隐含“由人处理”是一种人的界面问题。

照此，对“数据(*在业务事务中*)”的这一术语与定义，用作对“数据”的现有 IT 标准定义与从法律和商务视角的开放电子数据交换是电子业务事务的要求之间的一座桥梁。

G.5 预定义的和结构化的数据元素

G.5.1 数据与数据元素

指南 G-5G1：

业务事务在本源上是基于数据元素的[223]。

传统业务事务基于(纸质)表格。对大多数部门(例如贸易、政府、医疗、运输)和业务处理(例如下订

222) 该国际标准当前正在由 ISO/IEC JTC1/SC32/WG2 修改，其中 SC32 是数据管理和交换分会，WG2 是元数据工作组。

223) 此处认为有的业务事务不是基于“数据元素”。这一指南反映了如下事实：日常进行的业务事务，压倒多数，即 90 % 以上，都基于表格(纸质的或电子的)，而且这些表格总的来说，即 80 % 以上，基于数据元素。

单、开发票、付款),情况都是如此。采用表格的重点和目的,是在已定义业务过程内通过采用已定义数据元素,将"自由文本"最小化并使结构化途径最大化。图 G.7(取自图 21)对这一指南提供一种图示。

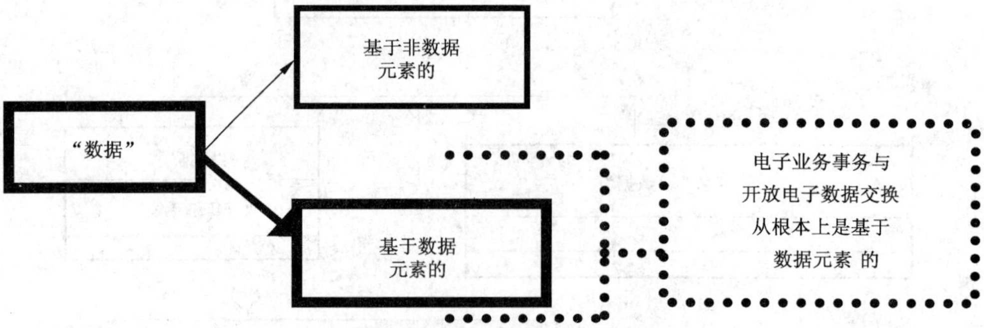

图 G.7 在电子业务事务与开放电子数据交换中,"数据"与"数据元素"的关系

图 G.7 的表示利用形式描述技术(FDT)"统一建模语言(UML)"在此作为这一规则的开放电子数据交换描述技术(OeDT),得出图 G.8。

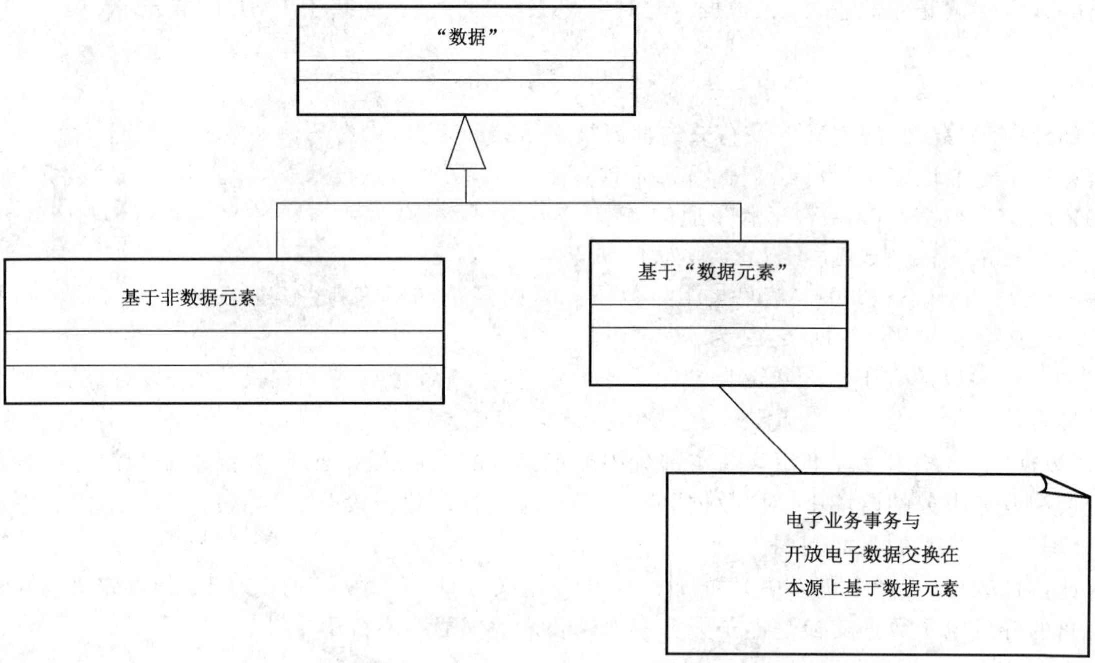

图 G.8 (UML)对"图 G.7 在电子业务事务与开放电子数据交换中,'数据'与'数据元素'的关系"的基于 UML 的表示

指南 G-5G2:

对"数据元素"的标准定义支持了电子业务中的无歧义性要求。

总的来说,认为业务事务不仅基于数据元素,而且基于采用预定义的和结构化的数据(元素)的各种组合。

在 GB/T 18391.3—2009《信息技术 数据元素的规范和标准化 第 3 部分 数据元素的基本属性》的当前版本中,将"数据元素"定义为:

"**数据元素 data element**:一种数据单元:其定义、标识、表示和许可值均借助于某一属性集规定。"

注意到如下情况即可:关于数据元素属性集[224]的规范越完备、越精确,对电子业务事务中数据元素的含义和使用的确定性即无歧义性的级别就越高。

指南 G-5G3：

数据结构化和预定义即基于“数据元素”的程度越高，利用信息技术支持开放电子数据交换的歧义性就越少，并且成本有效和高效的程度就越高。

开放电子数据交换不只是信息交换，更是基于业务事务，即“涉及预定义的属性集和(或)过程集……，以达到以显式共享的目标”。此外，开放电子数据交换涉及“用于业务目的任何预定义的和结构化的数据的自动化交换”。

“数据元素”是赋予作为适用于电子数据交换和开放电子数据交换中的“数据”的预定义的、结构化的、明晰性等概念的术语。

G.5.2　数据元素中的无歧义性

指南 G-5G4：

(电子)业务事务中的“歧义”所能最小化的程度，直接与实现开放电子数据交换的机遇和潜力及其在各种应用领域(例如电子业务、电子管理、电子政务、电子业务、电子物流)的普遍采纳和采用的能力有关。

在业务要求中，反复出现的要求和常见威胁是对一种适用于由制约业务事务的清晰精确的规则组成的基于规则的途径需要。所用的关键术语有“一致的”、“可预测的”、“澄清”、“互操作性”、“基于开发标准的”等。所有这些目标均以显式或隐式蕴含开放电子数据交换在所有方面的无歧义性的最大化。

“无歧义标识”问题最初关注重点虽然在“法人”，但在(电子)业务事务中对法人(以及货物或服务)的标识并不是唯一性的。无歧义性问题适用于业务事务的所有方面(特别是对作为语义构件和信息束构建块的数据元素)。

再者，正如上面已经指明的，业务事务由“为完成以显式共享的业务目标的预定义的活动和(或)过程的集合组成”。而电子数据交换(EDI)由“用于业务目的的任何预定义的和结构化的数据”组成。

G.5.3　预定义的和结构化的数据元素

指南 G-5G5：

关于有关数据构件的开放电子数据交换标准的开发，重点放在数据元素性质的数据上，并且在这一语境内，数据元素是(或宜是)预定义的和结构化的。

指南 G-5G5 示于如图 G.9(取自图 22)：

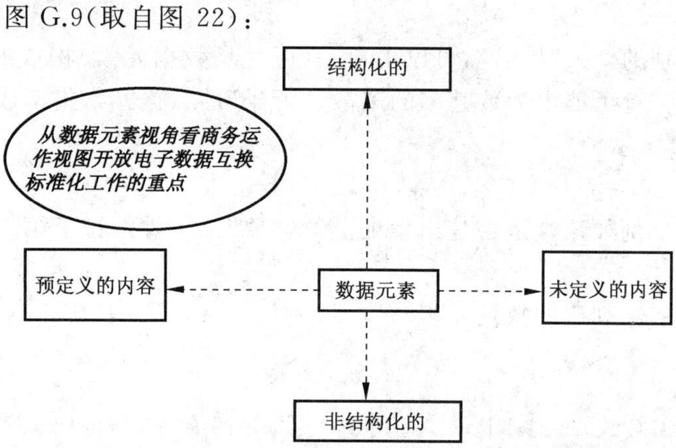

图 G.9　从数据元素视角看业务操作视图开放电子数据交换标准化工作的重点——预定义的和结构化的数据元素

---

224)　更多内容见 G.6。

这种性质的数据已经存在并广泛用于全球商务。这是一种常称为“代码集”的范畴。支持开放电子数据交换的标准化工作的重点，包括开发关注于将用于商务的代码集性质的数据元素转换成 IT 使能的表格的新标准，以支持本地化和多语种等效的要求[225]。

开放电子数据交换的基础条件是所涉及的业务事务必须是 IT 使能的。商务、法律与司法以及顾客(人的界面)的要求导致能够支持“本地化和多语种”的需要。

目前，在许多业务部门中，采用的代码集表示预定义和结构化的数据元素的当前交集，其中的数据元素表示适合于其目的和在根本上基于纸的业务事务中的使用范围的粒度级。这些代码集表示一致同意的通用业务惯例和规则，而且仅代表通用业务惯例和规则的“冰山一角”，许多甚至尚未以显式陈述。即使这些代码集以电子表格形式分发，也还不能在使用中“插进”电子业务事务。在 ISO(以及非 ISO)代码集之中，许多智能是以显式或隐式人可理解的或可分辨的。从分析与逻辑的 IT 视角看(例如实体—关系或面向对象的建模)，这些代码集都还缺乏计算机可处理性和完整性，即未采用形式描述技术(FDT)予以正式描述。

因此，采用这些代码集的每一组织(私营的或公营的部门)都必须花费相当的时间和精力来(1)理解和判读；(2)构建应用系统；(3)在嵌入其应用系统判读时祈盼是互操作的，在全球和多部门的基础上与其他企业的网络互工作时也是互操作的。

作为一种支持 IT 使能的本地化和多语种机制所需的新标准，其主要目的是确保在商务和电子商务中采用的代码集成为“可调用的对象”，即作为类似于应用编程代码或“小应用程序”[226]。

G.5.4 粒度

业务策略的主要推动力是构建信心和信任，以及澄清规则(市场，法律等)。在此，成功的关键因素之一是现有的歧义能被消除的程度。业务操作、顾客服务等的成本有效和高效的重要特性是“注意细节”。从“数据”视角看，对数据元素精确性的这种需要称为“粒度”。粒度越高，精确性就越高。精确对避免歧义是必要的。

“无歧义性”已经定义为“在适宜于业务事务目标的信息交换的语义完备性中，所需的确定性和明晰性的级别。”[227]

规则 G-6[228]：

支持电子业务事务的标准开发工作，应纳入并支持数据粒度要求。粒度关系到在数据元素级别对工作详细程度的需要，这种详细程度适宜于在参与业务事务的各方之间正交换的数据所需的确定性级别。

例如，在最低粒度级别的个人“姓名”，可以由单一(可变长数据元素)构成的 35 个字符组成。在非常高的粒度级，个人“姓名”有可能由为数甚多的离散、“近景”的数据元素集组成，包括：

——个人姓；

——个人姓的前缀；

——个人姓的状况码(例如该姓是否是出生证上的，“原”出生姓的拉丁第一套字母表等效，娘家姓，当前法人姓)；

——个人名(以及名的序列码的数据元素)；

——个人别名；

---

225) 更多内容见 ISO/IEC 18022《信息技术　适用于广泛采用的编码值域的标准的标识、映射和信息技术使能性》。这一标准正在由 ISO/IEC JTC1/SC32 WG2 元数据分会开发之中。

226) 更多内容见 Dr. Jake V. TH. Knoppers 的论文，标题是《通过本地化和多语种的全球电子商务》，计算机标准和接口杂志，20(1998) 101-109 。

227) 见 6.1.4 。

228) 这是 6.4.2 中的规则 48 。

——头衔和资格等。

类似地，在非常低的粒度级，街道地址能由单一数据元素组成；而在非常高的粒度级，"街道地址"能由分别和离散的 23 个数据元素组成。

最后，"粒度"也关系到对于数据元素的需要：

——具有清晰定义的、规定的和完备的数据元素属性集；

注：当前，对数据元素规定的属性，大多是支持信息技术（和数据管理）视角所需的，即属于"如何"问题。而对于业务操作和法律视角所需的常常没有规定，更不用说予以识别，即属于"为何"和"什么"问题[229]。

——具有尽可能高的粒度级，包括模块化和"积木型"构建途径；

——便利于信息共享和电子数据交换（例如是"砖"块和"积木"块而非"（大）水泥块"；

——从互操作性和文化适应性两种视角，能够支持本地化和多语种的要求。

总之，术语"粒度"是指如下原则：构建块的简易性和"细小性"（或原子性）越高，就能在构建数据库和确保电子数据交换无歧义性中越灵活。经验表明，从几种更离散的即粒状的数据元素（例如头衔、姓、名）总能构建起特指的信息集（例如人名）。然而反过来并不成立，即当对于"人名"（或街道地址）的数据元素作为单一数据元素纳入时，并不能加以分解，即"加以句法分解"（或者这样做时难度显著增加，代价昂贵）。

再者，数据元素的粒度越高，就越容易、成本越有效和高效，以此来实现和维护数据完整性和质量保证。

成功实现基于开放电子数据交换的应用系统的关键问题是"粒度"原则和采用"预定义的"和"结构化的"数据元素的原则所能实现的最大化程度。

G.6 将数据元素联系到信息束和语义构件

GB/T 18391.3—2001 将数据元素定义为：

"数据元素 data element：其定义、标识、表示和允许值均借助于属性集合规定的数据的单元。"{3.3}

GB/T 5271.4—1999《信息技术 词汇 第 4 部分：数据组织》在其 04.07《数据结构化》中定义了：

"**数据元素（在数据组织中） data element (in organization of data)**：在所指语境中，一种认为是不可分的数据的单元。"

示例：数据元素"人的年龄"具有的值，由三个十进制数字的全部组合构成。

注：此定义不同于 GB/T 5271.17 中的词条 17.06.02。{04.07.01}

GB/T 5271.1 中还定义了：

"**信息（在信息处理中） information (in information processing)**：关于事实、事件、事物、过程或理念等对象（包括在某一语境中具有特指含义的概念）的知识。"

本部分构建在以上注明的标准术语和定义之上并加以集成，另基于下列原则并将其向前推进：

1） 作为不可分的单元看待的任何记录式信息或数据元素的语境，对业务事务目标均由涉及的所有组织以显式陈述并相互议定。

2） 将开放电子数据交换定义为"为完成某一显式共享的业务目标，按照开放电子数据交换标准，在多个自主组织之间的电子数据交换"。

3） 开放电子数据交换剧本是"具有同一业务目的的某一业务事务类的一种形式规范"。

4） 开放电子数据交换剧本包括下列构件：

——角色；

229） 宜注意到，在 ISO/IEC JTC1/SC32/WG1《开放电子数据交换》和 SC32/WG2《元数据》的标准开发界，已经认识到这种主要不足。

——信息束；

——剧本属性。

5） 此处假定：开放电子数据交换剧本和开放电子数据交换剧本构件的规范通过属性以“显式”定义为性质和（或）行为。并且还在此假定：其中的性质包括了所需特性的完全集，其中的“行为”包括了有关制约许可的“状态”、“触发器”、“事件”和“行动”的规则库的特性。

6） 此外还假定：（1）“性质”和（或）“行为”的属性是基于规则的；（2）这样的规则库是以显式陈述的；（3）在开放电子数据交换业务事务中，由自主的组织对任何开放电子数据交换剧本及（或）其构件的引用，表示由该组织对于引用的规则库（又称“通用业务惯例”）[230]的一种承诺。

基于上述原则和一种层次的分解途径，下列各项适用：

1） 将信息束（IB）视为对记录式信息语义的形式描述，其中信息通过电子数据交换由开放电子数据交换剧本中扮演角色的开放电子数据交换各方来交换。信息束由一个或多个语义构件组成。

注1：在此处的信息束定义中，“信息”一词由术语“记录式信息”替代以满足法律的要求。采用术语“记录式信息”隐含着：对记录式信息的语义的形式描述，能以基于纸质的和电子的两种形式存在。

注2：b 插入短语“通过电子数据交换（EDI）”的理由是双重的：

（b.1）启用在 GB/T 17628 中电子数据交换定义中的属性；

（b.2）除允许形式描述通过基于纸的互换要交换的记录式信息的语义外，还确保所有业务要求以确保电子数据交换所需的确定性级别所要求的明晰性程度加以规定。

2） 语义构件（SC）：在以显式陈述的业务事务的业务目标的语境中，一种以无歧义地定义的记录式信息的单元。

注1：语义构件可以是原子的，也可以是由其他语义构件组成的。

注2：语义构件的强制性属性是其标识符。这一语义构件标识符与签发机构或业务事务各方中的一方的标识符一起，提供了对区别性特性的唯一性引用，即引用的语义构件的性质和（或）行为。

注3：语义构件能够是：

单一数据元素或复合数据元素；

在对象类中作为一个脚注，并且（或者）在基于规则的信息束结构中一个分支结点（能够是层次的，关系的和（或）面向对象的）；

注4：数据元素能具有一种或多种含义和用法。语义构件（SC）表示以下两项之间的一种绑定：（1）数据元素的一种可能的含义和（或）用法；（2）其语境，即业务事务，支持

——确保在承诺交换方面所需的无歧义性[231]，以此确保从业务操作视图视角的互操作性；

——确保所需的无歧义性级别，以此确保业务事务各方之间在使用职能服务和自动化处理中的互操作性。

反过来，一个信息束占用一个或多个语义构件并联系到一个角色。

更多内容见规范性部分：

——适用于开放电子数据交换信息束（IB）的规范的规则；

——适用于语义构件和语义构件属性的规范的规则。

230） 例如，在开放电子数据交换剧本的例示中，对开放电子数据交换剧本的引用，以及对在这一例示中由参与的自主法人启用的特指的角色和信息束的组合的引用，被视为对关联的规则库条款的一种显式承诺，因而形成一种法律上绑定的合同。

231） 此处以及别处确保所需的无歧义性级别，是通过对组成语义构件的数据元素集提供适当的粒度做到的。

附 录 H
（资料性附录）
剧本构造分类的效力

H.1 引言

本附录在以下两方面提供资料性和阐明性文本：(1)规则与指南；(2)本部分的第3章中以及特别是第6章中的术语和定义。此外也提供了对第7章和第8章的支持，并用作联系第2部分(即《信息技术 业务操作视图 第2部分：作为业务对象的剧本及其构件的注册》)的桥梁。

附录H的目的是以矩阵形式举出例子来明示对剧本构造进行剧本分类的效力。

注：附录H中属性的“名称”及其阐释与在规范性段落出现的并不协调一致，原因是本附录的目的是提供另一种一视角。例如“参与方”是对“利益共享方”(stakeholder)的用语，依据在其使用中的不同语境，该术语能够对应于“法人”“买方”“卖方”“代理方”“第三方”“法人身份”等以及一般意义的“一方”。

H.2 剧本构造的某些基本属性

在下面的表H.1中列出了剧本构造分类的效力。表中只提到下列的基本属性。在真实世界的业务事务中，依照商品和(或)业务的类型，有可能需要的其他属性，为易于理解起见，均予略去；

剧本类标识符 scenario class ID：

规定特指剧本类的唯一性标识符。剧本类标识符是必选，在全球对任何剧本类均宜是唯一性的，以便正确的标识剧本类。

事务标识符 transaction ID：

规定特指业务事务的唯一性标识符。事务标识符对分别结算剧本是必选，以保持业务事务中分开的各种活动之间的关系；但不适用于立即结算剧本，此时的事务作为一个整体在同一事件中完成，各部分的活动没有分开。对无束缚的市场剧本，标识符宜是全球唯一性的，以避免标识相混；并且在已定义的市场剧本内是本地唯一性的。

协定日期 agreement date：

由事务中涉及的所有参与方签订业务事务协定的日期。协定日期对协定剧本是强制性，以确认协定这一事实；而分别交付和付款剧本则是有条件的。在事务案例中，鉴别剧本可有条件地要求日期。

参与方标识符 participant ID：

规定事务中涉及的参与方的唯一性标识符。对无束缚的协定剧本和成员身份注册剧本，参与方标识符是必选，以确认参与这一事实；而对基本贸易剧本则是可选的。分别交付、分别付款和鉴别剧本在某种事务个案中可有条件地要求标识符。对无束缚的市场剧本和成员身份注册剧本，标识符宜是全球唯一性的，而对其他类型的剧本是本地唯一性的。

参与方名称 participant name：

事务中涉及的参与方的名称。对无束缚市场的协定剧本和成员身份注册剧本，参与方名称是强制性，以确认参与这一事实；而对无束缚市场贸易剧本则是可选的。分别交付、分别付款、鉴别和定义的协定剧本可有条件地要求在某种事务个案中的名称。名称完全可以不是唯一性的。

商品标识符 merchandise ID：

规定事务中特指商品的唯一性标识符。对无束缚的协定剧本，商品标识符是必选，以确认协定这一事实；而对无束缚的市场贸易剧本则是可选的。分别交付、分别付款和鉴别剧本和已定义的市场剧本在某种事务个案中可有条件地要求标识符。对无束缚的市场剧本,标识符宜是全球唯一性的;而对其他剧本是本地唯一性的。

商品名称　merchandise name:

用于事务中商品的名称。对无束缚的贸易剧本,商品名称是可选的,以提及事务的商品。其他任何剧本均可有条件地要求某种事务个案中的名称。名称完全可以不是唯一性的。

商品描述　merchandise description:

对商品所作的描述。对无束缚的贸易剧本理解商品的性质,商品描述是可选的。任何其他剧本均可有条件地在某种事务个案中要求这种描述。

数量条款　quantity terms:

对事务中的商品以相关测度单位衡量的数量。对无束缚的贸易剧本以及协定和分开交付剧本,数量条款是必选,以确认商品的数量。而对分别付款、鉴别和成员身份注册剧本,可有条件地在某种事务个案中要求这种条款。

价格条款　price terms:

对事务中的商品以相关货币单位衡量的价格。对无束缚的贸易剧本以及协定和分别付款剧本,价格条款是必选,以确认商品的价格。而对分别付款、鉴别和成员身份注册剧本,可有条件地在某种事务个案中要求这种条款。

交付地点　delivery place:

交付商品处的地点和(或)地址。对协定和分别交付剧本,交付地点是必选,以确认交付的地点。而对分别付款、鉴别和成员身份注册剧本,可有条件地在某种事务个案中要求这种地点。

交付日期　delivery date:

商品交付实际进行时的日期。对协定和分别交付剧本,交付日期是必选,以确认交付的日期。而对分别付款和鉴别剧本,可有条件地在某种事务个案中要求这种日期。

交付条款　delivery terms:

除交付地点和日期外的其他交付条款。对于除无束缚的贸易剧本外的所有其他剧本,可有条件地在某种事务个案中要求这种交付条款。

付款价值　payment value:

对商品付给的价值。对无束缚的贸易剧本以及协定和分别付款剧本,付款价值是必选,以确认对商品的付款价值。而对分别交付、鉴别和成员身份注册剧本,可有条件地在某种事务个案中要求这种价值。

付款日期　payment date:

付款实际进行时的日期。对协定和分别付款剧本,付款日期是必选,以确认付款的日期。而对分别交付和鉴别剧本,可有条件地在某种事务个案中要求这种日期。

付款账户　payment account:

对事务付款的可领受的账户。除无束缚的和定义的贸易剧本外,所有其他剧本在某种事务个案中均可有条件地要求付款账户。这种账户宜是全球唯一性的,以便正确标识付款账户。

付款条款　payment terms:

有关付款的除账户和日期外的其他条款。除无束缚的和已定义的贸易剧本以及分别交付剧本外,所有其他剧本在某种事务个案中均可有条件地要求付款条款。

担保条款　warranty terms:

对商品进行担保的条款。对无束缚的和已定义的贸易剧本,担保条款是可选的。除无束缚的和已定义的贸易剧本外,对所有其他剧本在某种事务个案中均可有条件地要求这种条款,以确认对商品的担保条款。

规章约束　regulatory constraints：

在规章管控之下的约束。对每一剧本在某种事务个案中均可有条件地要求规章约束。

鉴别标识符　authentication ID：

规定对有关业务事务的对象进行鉴别的唯一性标识符。对鉴别剧本，鉴别标识符是必选，以便正确地标识对象，而对无束缚的贸易剧本则是可选的。任何其他剧本均可有条件地要求这种标识符，以表明在某种事务个案中的鉴别状况。这种标识符对无束缚的市场剧本宜是全球唯一性的，而对其他剧本则是本地唯一性的。

鉴别日期　authentication date：

鉴别实际进行时的日期。鉴别日期对鉴别剧本是必选，以确认鉴别这一事实；而对无束缚的贸易剧本则是可选的。任何其他剧本均可有条件地要求这种日期，以表明在某种事务个案中的鉴别状况。

鉴别条款　authentication terms：

在鉴别中除鉴别日期外的其他条款。鉴别条款对鉴别剧本是必选，以确认鉴别的内容；而对无束缚的贸易剧本则是可选的。任何其他剧本均可有条件地要求这种条款，以表明在某种事务个案中的鉴别内容。

注册标识符　registration ID：

规定业务事务中涉及的参与方成员身份注册的唯一性标识符。注册标识符对成员身份注册和已定义的市场协定是必选，以便正确标识参与方的成员身份。任何其他已定义的市场剧本均可有条件地要求这种标识符，以确认在某种事务个案中的成员身份。这种标识符宜是本地唯一性的，以免标识混淆。

注册日期　registration date：

成员身份注册实际进行的日期。注册日期对成员身份注册剧本是必选，以确认注册这一事实。任何其他已定义的市场剧本在某种事务个案中均可有条件地要求这一日期。

注册条款　registration terms：

在成员身份注册中除注册日期外的其他条款。注册条款对成员身份注册剧本是必选，以确认注册的内容。任何其他已定义的市场剧本在某种事务个案中均可有条件地要求这种条款。

H.3　关于市场的某些分类概念

此处是表 H.1 中采用的分类的概念和定义的清单。这些均基于规范性的第 6 章。

市场类型　market type：

对市场的一种分类概念，其中的市场在开放电子数据交换环境是无束缚的，或对特定类型的业务事务是已定义的。

结算类型　settlement type：

结算的一种分类概念，其中交付和付款的开放电子数据交换事务通过网络同时了结，或通过不同信道分别进行。

参与类型　participation type：

对开放电子数据交换各方的参与的一种分类概念，其中除买方或卖方外，有居间方涉及到开放电子数据交换事务之中，或者没有居间方。

贸易模型　trade model：

一种将关于业务事务的贸易活动的类属构造加以抽象的结构化概念。

基本贸易模型　basic trade model：

一种描述最基础的业务事务的贸易模型。

无束缚的市场模型　unbounded market model：

一种符合基本贸易模型的描述，在开放电子数据交换环境的无束缚的市场中进行的贸易模型。

已定义的市场模型　defined market model:

一种贸易模型,其中的买方和卖方事先接受市场的进入条款,然后在开放电子数据交换环境的市场中开始实际的业务事务。

市场管理员　market administrator:

一种负责对开放电子数据交换事务的已定义的市场进行管理的角色。

立即结算模型　immediate settlement model:

一种贸易模型,其中整个业务事务过程,即规划、识别、商议、实行(交付和付款)均在开放电子数据交换环境下以实时方式进行。

分别结算模型　separate settlement model:

一种贸易模型,其中业务事务在开放电子数据交换环境下进行,而交付和(或)付款与协定过程分开。

双边贸易模型　bilateral trade model:

一种贸易模型,其中买卖双方直接涉及到业务事务之中而不牵扯任何中间方。

中介式贸易模型　mediated trade model:

一种贸易模型,其中第三方按买卖双方相互议定的规定角色或职能对某一业务事务进行调解。

U-I-B 类　U-I-B class:

一种以无束缚的市场、立即结算和双边贸易模型来表征的业务事务剧本类。

U-I-M 类　U-I-M class:

一种以无束缚的市场、立即结算和中介式贸易模型来表征的业务事务剧本类。

U-S-B 类　U-S-B class:

一种以无束缚的市场、分别结算和双边贸易模型来表征的业务事务剧本类。

U-S-M 类　U-S-M class:

一种以无束缚的市场、分别结算和中介式贸易模型来表征的业务事务剧本类。

D-I-B 类　D-I-B class:

一种以已定义的市场、立即结算和双边贸易模型来表征的业务事务剧本类。

D-I-M 类　D-I-M class:

一种以已定义的市场、立即结算和中介式贸易模型来表征的业务事务剧本类。

D-S-B 类　D-S-B class:

一种以已定义的市场、分别结算和双边贸易来表征的业务事务剧本类。

D-S-M 类　D-S-M class:

一种以已定义的市场、分别结算和中介式贸易模型来表征的业务事务剧本类。

连续事务　continuous transaction:

在条款始终不变情况下的一系列事务。

服务事务　services transaction:

采办服务的业务事务。

货物事务　goods transaction:

采办货物的业务事务。

拍卖出价事务　auction bidding transaction:

关于拍卖的业务事务。

出价事务　bidding transaction:

关于出价的业务事务。

信贷与借记付款事务　credit/debit payment transaction:

通过信用卡或借记卡结算的业务事务。

H.4 表 H.1 剧本构造分类的效力

表 H.1 剧本构造分类的效力

图例 1=M:必选 2=C:条件的 4=O:可选的 9=N:适用的 _:下划线指明在全球级别的唯一性	剧本类别ID	事务ID	协定日期	参与方ID	参与方名称	商品ID	商品名称	商品描述	数量条款	价格条款	交付地点	交付日期	交付条款	付款价值	付款日期	付款账户	付款条款	担保条款	规章约束	鉴别ID	鉴别日期	鉴别条款	注册ID	注册日期	注册条款
a) U-I-B 类																									
• 基本的双边贸易	M̲	-	-	O̲	O̲	O	O	O	M̲	M̲	-	-	-	M̲	-	-	-	O	C̲	O̲	O̲	O	-	-	-
b) U-I-M 类																									
• 基本的中介式贸易	M̲	-	-	O̲	O	O	O	O	M̲	M̲	-	-	-	M̲	-	-	-	O	C̲	O̲	O̲	O	-	-	-
c) U-S-B 类																									
• 双边协定	M̲	M̲	M̲	M̲	M	M̲	O	O	M̲	M̲	M̲	M̲	O	M̲	M̲	O̲	O̲	O	C̲	O̲	O̲	O	-	-	-
• 分别交付	M̲	M̲	O̲	C̲	C	C̲	C	C	M̲	C̲	M̲	M̲	C	C̲	C̲	-	C̲	C	C̲	C̲	C̲	C̲	-	-	-
• 分别付款	M̲	M̲	O̲	C̲	C	C̲	C	C	C̲	M̲	C̲	C̲	C̲	M̲	M̲	M̲	C̲	C	C̲	C̲	C̲	C̲	-	-	-
• 鉴别	M̲	M̲	C̲	C̲	C	C̲	C	C	C̲	C̲	C̲	C̲	C	C̲	C̲	C̲	C̲	C	C̲	M̲	M̲	M̲	-	-	-
d) U-S-M 类																									
• 中介式协定	M̲	M̲	M̲	M̲	M̲	M̲	C	C	M̲	M̲	M̲	M̲	O	M̲	M̲	C̲	C̲	O	C̲	O̲	O̲	O̲	-	-	-
• 分别交付	M̲	M̲	O	C̲	C	C̲	C	C	M̲	C̲	M̲	M̲	C	C̲	C̲	-	C̲	C	C̲	C̲	C̲	C̲	-	-	-
• 分别付款	M̲	M̲	O̲	C̲	C	C̲	C	C	C̲	M̲	C̲	C̲	C	M̲	M̲	M̲	C̲	C	C̲	C̲	C̲	C̲	-	-	-
• 鉴别	M̲	M̲	C̲	C̲	C	C̲	C	C	C̲	C̲	C̲	C̲	C	C̲	C̲	C̲	C̲	C	C̲	M̲	M̲	M̲	-	-	-
e) D-I-B 类																									
• 成员身份注册	M̲	-	-	M̲	M	C	C	C	C	C	C	-	C	-	-	C	C	C	C̲	C	C	C	M	M	M
• 定义的双边贸易	M̲	-	-	-	-	C	C	C	M	M	-	-	C	M	-	C	C	C	C̲	C	C	C	C	C	C
f) D-I-M 类																									
• 成员身份注册	M̲	-	-	M̲	M	C	C	C	C	C	C	-	C	-	-	C	C	C	C̲	C	C	C	M	M	M
• 定义的中介式贸易	M̲	-	-	-	-	C	C	C	M	M	-	-	C	M	-	C	C	C	C̲	C	C	C	C	C	C
g) D-S-B 类																									
• 成员身份注册	M̲	-	-	M̲	M	C	C	C	C	C	C	C	C	-	-	C	C	C	C̲	C	C	C	M	M	M
• 定义的双边协定	M̲	M	M	M	C	C	C	C	M	M	M	M	C	M	M	C	C	C	C̲	C	C	C	M	C	C
• 分别交付	M̲	M	O	C	C	C	C	C	M	C	M	M	C	C	C	-	C	C	C̲	C	C	C	C	C	C
• 分别付款	M̲	M	O	C	C	C	C	C	C	M	C	C	C	M	M	C	C	C	C̲	C	C	C	C	C	C
• 定义的鉴别	M̲	M	C	C	C	C	C	C	C	C	C	C	C	C	C	C	C	C	C̲	M	M	M	C	C	C

表 H.1（续）

图例 1＝M：必选 2＝C：条件的 4＝O：可选的 9＝N：适用的 _：下划线指明在全球级别的唯一性	剧本类别ID	事务ID	协定日期	参与方ID	参与方名称	商品ID	商品名称	商品描述	数量条款	价格条款	交付地点	交付日期	交付条款	付款价值	付款日期	付款账户	付款条款	担保条款	规章约束	鉴别ID	鉴别日期	鉴别条款	注册ID	注册日期	注册条款
h） D-S-M 类																									
• 成员身份注册	M̲	-	-	M̲	M	C	C	C	C	C	C	C	C	-	-	C	C	C	C̲	C	C	C	M	M	M
• 定义的中介式协定	M̲	M	M	M	C	C	C	C	M	M	M	M	C	M	M	C	C	C	C̲	C	C	C	M	C	C
• 分别交付	M̲	M	O	C	C	C	C	C	M	C	M	M	C	C	C	-	C	C	C̲	C	C	C	C	C	C
• 分别付款	M̲	M	O	C	C	C	C	C	C	M	C	C	C	M	M	C	C	C	C̲	C	C	C	C	C	C
• 定义的鉴别	M̲	M	C	C	C	C	C	C	C	C	C	C	C	C	C	C	C	C	C̲	M	M	M	C	C	C

附 录 I
（资料性附录）
采用开放电子数据交换剧本模板的剧本描述："远程通信操作图"示例

I.1 引言

I.1.1 目的

对于允许进行合作的业务合伙方，本附录规定了集成其业务过程的开放电子数据交换剧本的要求。这种剧本是在联网的各个业务服务之间的一种可验证的对话，当以联机方式形成商务合同时，这种对话规定每一参与业务合伙方的职责。

对于允许合作的业务合伙方，同时也规定了集成其业务过程的电子业务协议要求。这种协议是在各联网的业务服务之间的一种可验证的对话，当以联机方式形成商务合同时，这种对话设定了每一参与业务合伙方的职责。业务合作方针、体系结构和实现协定的框架制约这些合同协定。

这一资料性附录的目的，是启动对以下两项适用GB/T 29853.1要求的过程：(1)划定开放电子数据交换剧本的范围(第6章)；(2)适用于开放电子数据交换剧本及其构件规范的规则(第7章)。这里采纳了已经采用UN/CEFACT建模方法体系[232]（UMM)研制的"远程通信操作图"。本附录没有解决的问题在GB/T 29853.2[233]中处置。

I.1.2 形式描述技术(FDT)

GB/T 29853.1和UN/CEFACT在附录I中共同利用的开放电子数据交换描述技术(OeDT)是统一建模语言(UML)，该语言正由其他ISO/IEC JTC1分委员会推动为一项国际标准，即JTC1/SC7的程序设计语言ISO/IEC 19501《信息技术 统一建模语言(UML) 第1部分：规范》。附录I是基于一种称为"UMM元模型"的UML扩展。

I.1.3 免责通知

附录I的作者[234]已竭尽全力确保本附录的内容准确。不过由于该主题内容和市场导向的内在复杂性，所以对任何差错或忽略，以及对使用本附录的后果均不承担责任。本附录的作者并未声称此处所含资料的准确性。预期的使用只不过是形成一种理解基础，借以能继续进行对话和研究。

I.1.4 对"远程通信操作图"的总结性引言

远程通信操作图(TOM)是一种业务过程框架，向远程通信服务提供方提供所需的企业过程。这种框架的重点是顾客操作过程的完成、担保和开具账单。在几个级别的研制中，TOM的最高级别也认为是企业过程的CEO级视图。这些过程以及在此框架中的某些较低级的过程，都是执行团队可以监控和管理履行情况的过程。本附录的目的是将TOM用于例示选择例证性的开放电子数据交换剧本的业

---

232) 见UN/CEFACT《建模方法体系》，UN/CEFACT TMWG N090R10，后者又宣布为ISO/IEC JTC1/SC32/WG1 N180。

233) 例如，在附录中以星号(＊)标识的标签标识符(Tag ID＊)，例如2071＊或2043＊，表示正由ISO/IEC 15944-2处置的更详细的要求。

234) ISO/IEC JTC 1/SC 32/WG 1对本附录作者James D. Clark以及在开发附录I中担任项目编辑的Paul R. Levine表示感谢。

务模型。

I.1.5 术语集

附录I中的途径和术语集基于两项ISO/IEC标准,即

——GB/T 17628[235],其中列出两种不同的业务事务视图:

——“业务操作视图(BOV)”,

——“功能服务视图(FSV)”;

——本部分GB/T 29853.1。

此外,本附录采用了从UN/CEFACT技术和方法体系工作组(TMWG)的《建模方法体系CEFACT/TMWG/N090R9 2001(UMM)2月》文档中导出的下列术语:

——业务操作图(BOM),其中将业务过程划分成业务领域和业务范畴。

——业务要求视图(BRV),一种业务过程模型视图,其中吸纳了用于商务事务及其相互关系的用例剧本、输入、输出、约束和系统边界。

——业务事务视图(BTV),一种业务过程模型视图,其中吸纳了业务信息实体的语义及其在进行业务活动时各角色之间的交换流。

——业务服务视图(BSV),一种业务过程模型视图,其中规定了网络构件服务和代理方及其消息(信息)交换,作为执行和确认业务过程所必要的交互。

I.2 开放电子数据交换剧本——标识和分类

开放电子数据交换剧本的标识和分类,便利于对开放电子数据交换剧本及其构件的可重用性和互操作性所必要的无歧义引用和注册。这也便利于支持数码标记的本地化要求和采用多语种等效,即多种等效的人的界面的等效性。

I.2.1 剧本范围属性

IT界面		语种人界面等效			备用(6)
范围标签ID码(1)	决策码(2)	名称(中文)(3)	名称(英文)(4)	名称(其他)(5)	
1000	2	业务事务的业务目标——无外部约束[236]	Business goal of business transaction- No external constraints [236]		
1010	1	业务事务的业务目标包括外部约束[237]	Business goal of business transaction includes external constraints [237]		
1040	2	法人(无外部约束)	Persons (no external constraint)		

235) GB/T 17628的英文和法文版本从ISO网站http://www.jtc1.org公开得到。

236) 在划定开放电子数据交换剧本范围时,重要的是从一开始就规定外部约束是否适用于正建模的业务事务。当没有外部约束,即仅有买卖双方相互同意的约束时,这样的开放电子数据交换剧本往往能用作类属的可重用“积木块”,以支持那些真的包括外部约束的开放电子数据交换剧本。

237) 当ISO/IEC 18038完成时,将成为开发识别外部约束的“标准的”模板属性的辅助工具。

（续）

IT 界面		语种人界面等效			备用 (6)
范围标签 ID 码(1)	决策码 (2)	名称(中文) (3)	名称(英文) (4)	名称 (其他)(5)	
1041	1	法人:个人对个人	Persons: Individual <-> Individual		
1042	1	法人:个人对组织[238]	Persons: Individual <-> Organization [238]		
1043	2	法人:个人对公共行政管理部门	Persons: Individual <-> Public Administration		
1044	1	法人:组织对组织[239]	Persons: Organization <-> Organizations [239]		
1045	2	法人:组织对公共行政管理部门	Persons: Organization <-> Public Administration		
1046	2	法人:公共行政管理部门对公共行政管理部门	Persons: Public Administration <-> Public Administration		
1060	1	双边事务模型	Bilateral Transaction Model		
1061	2	中介式业务事务模型[240]	Mediated Business Transaction Model [240]		
1062	1	已定义的市场模型	Defined Maeket Model		
1066	2	未定义的市场模型	Undefined Market Model		
1070	2	立即结算模型	Immediate Settlement Model		
1071	3	分别结算模型	Separate Settlement Model		
1110	1	代理方和第三方	AGENTS AND THIRD PARTIES		
1110	1	业务事务允许代理方[241]	Business Transaction allows for Agents [241]		
1111	2	买方代理方	Buyer Agent		
1112	1	卖方代理方	Seller Agent		
1130	1	业务事务允许第三方[242]	Business Transaction allows for Third [242] Parties		
1131	1	通过买卖双方的相互协定(仅作为内部约束)	By mutual agreement of buyer and seller (as internal constraints only)		
1132	1	强制的外部约束	external constraint(s) Mandated		

238) 常称为“B2C”，即“企业对顾客”。此处的“顾客”理解为“个人”而非“组织”。

239) 常称为“B2B”，即“企业对企业”。

240) 作为开放剧本建模的本原手段的业务事务仅涉及买卖双方。

241) 假定:有关两个首位方(即卖方和买方)的有资格将其角色和关联的承诺全部或部分委派给代理方的能力的业务规则和约束，将规定为“角色属性”的组成部分，更多内容见 7.4.2.5 。

242) 假定:有关两个首位方(即卖方和买方)的有资格将其角色和关联的承诺全部或部分商议一致地委派给“第三方”的能力的业务规则和约束，将规定为“角色属性”的组成部分，更多内容见 7.4.2.5 。

（续）

IT 界面		语种人界面等效			备用(6)
范围标签 ID 码(1)	决策码(2)	名称(中文)(3)	名称(英文)(4)	名称(其他)(5)	
1200	2	过程构件：覆盖所有的5个不同活动集	PROCESS COMPONENT: All five sets of distinct activities covered		
1210	2	规划	Planning		
1215	1	由卖方提供的货物与服务的公用信息	Public information on goods/services provided by a seller		
1220	2	买方所需的货物与服务的公用信息	Public information on goods/services needed by buyer		
1225	2	预定义的与可引用的商品目录库	Predefined/referencable Catalog		
1230	1	买方初启的货物与服务请求	Buyer initiated goods/service request		
1235	2	卖方提出的货物与服务报价	Seller initiated goods/service offer		
1240	2	预定义的市场模型	Predefined Market Model		
1250	1	识别	Identification		
1255	2	仅识别信息交换的目的(例如一个地址)[243]	Identification for information exchange purposes only (e.g. an address) [243]		
1260	1	识别有资格作出承诺的法人[244]	Identification of Person able to make commitment [244]		
1265	1	识别作为“个人”的法人	Identification of Person as “individual”		
1270	2	识别作为“顾客”的法人	Identification of Person as “consumer”		
1300	2	商议	Negotiation		
1305	2	涉及的货币付款	Monetary Payment Involved		
1310	2	立即结算模型	Immediate Settlement Model		
1315	2	分别结算模型付款	Separate Settlement Model payment		
1350	1	实行	Actualization		
1355	2	立即结算	Immediate Settlement		
1360	2	分别结算	Separate Settlement		
1400	2	实行后	Post-actualization		

243) 此处一个典型的例子是电子邮件地址或邮箱地址。

244) 这通常是对商议步的要求，而且必然是对实行的要求。

（续）

IT 界面		语种人界面等效			备用(6)
范围标签 ID 码(1)	决策码(2)	名称(中文)(3)	名称(英文)(4)	名称(其他)(5)	
1405	2	包括保单	Includes warranties		
1410	2	包括记录保留	Includes records retention		
1415	2	包括继续与买方保持接触(例如缺陷和召回通知)	Includes staying in contact with buyer (e.g., defect and recall notification)		
1500	1	数据构件	DATA COMPONENT		
1505	1	预定义的和结构化的，即代码集	Predefined and Structured, i.e., code sets		
1520	1	任何信息束的数据完整性	Data integrity of any IB		
1525	1	任何信息束的保留与等待时间	Retention/latency of any IBs		
1600	1	对功能服务视图的业务要求—— 外部约束[245]	Business requirements on FSV — No external constraints[245]		
1610	1	服务:信息束完整性	Service: Information Bundle Integrity		
1615					
1620	1	服务:IB 内容的保密性	Service: Confidentiality of IB contents		
1625	1	服务:对收到的抗抵赖	Service: Non-repudiation of receipt		
1630	1	服务:对定时信息束创建的证明[246]	Service: Proof of Time IB creation[246]		
1635	2	服务:对信息束的仲裁	Service: Notarization of IBs		
1640	2	服务:服务质量(QoS)	Service: Quality of Service (QoS)		
1700	1	外部约束[247]	EXTERNAL CONSTRAINTS[247]		

I.2.2 业务模型

远程通信操作图如图 I.1

远程通信操作图用作过程导向的蓝图。对于服务提供方，在考虑内部过程再工程需要、合伙方身份、联盟以及与其他提供方的工作总协定时，这种操作图提供一种政治上中性的参考点。对于供方，这

245) 更多内容见 6.1.6 。

246) 常称为“时戳加盖服务”。

247) ISO/IEC JTC1/SC32 正发起的 NWI 标准(见 ISO/IEC JTC1 N5846)，已经受领(见 ISO/IEC JTC1 N6204)处置制约范围问题，因为这影响业务事务外部约束的规范。该 NWI 针对能够识别和引用影响到剧本和剧本构件的法律和规章。ISO/IEC 18038《信息技术　标识和与各种各样制约域范畴的对照》正处于研制中。

种操作图勾画出软件构件与所需的产品必须支持的功能、输入和输出的潜在边界。

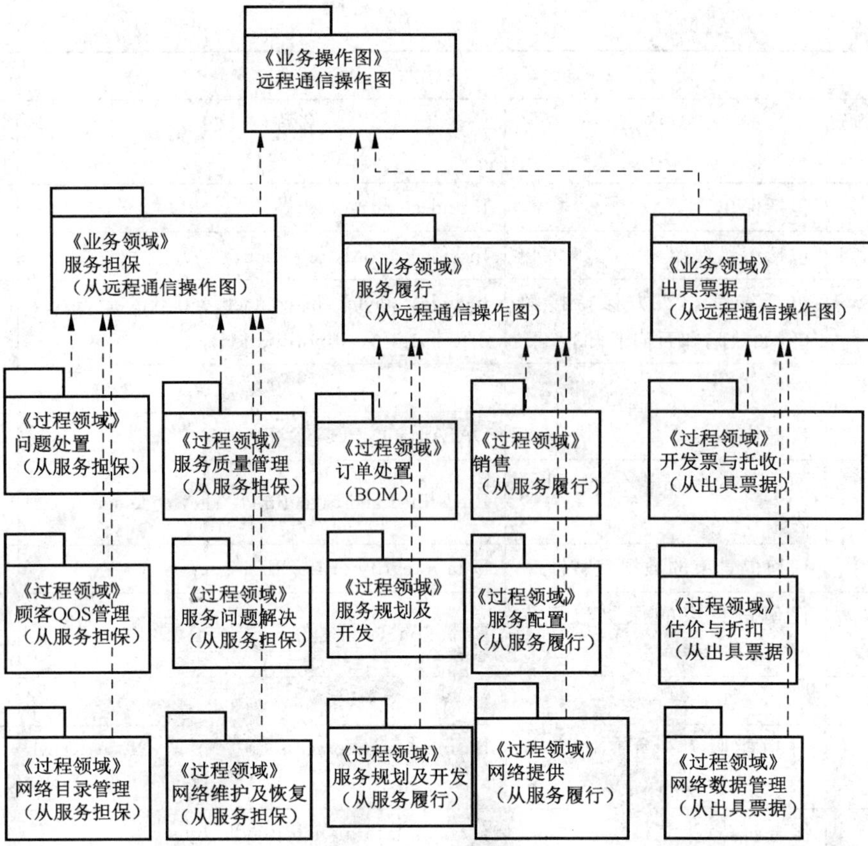

图 I.1 远程通信操作图

这一模型帮助用户将试图将过程定义其中的域形式化。其基本目的是标识"顶级"实体并将概念组织在该域之中。

业务参考模型(BOM)		范围标记 ID
业务参考模型名称	远程通信操作图	
业务参考模型标识	//tmf. org/TelecommunicationsOperationalMap:v2.0	
工业部门	远程通信	
域范围	远程通信公共服务给予	
目的	远程通信操作图用作服务提供方和供方过程导向的蓝图	1010
业务领域	服务履行,服务担保,出具票据	

I.2.3 业务领域

业务领域是一种可分解的业务过程领域的范畴。业务领域整理业务过程领域见图 I.2。

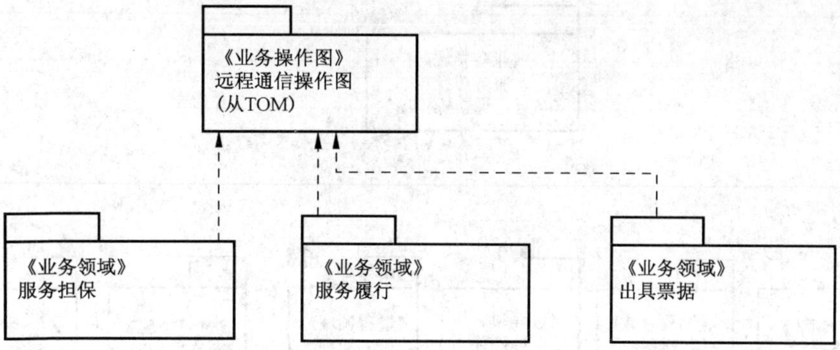

图 I.2 远程通信操作图(业务领域范畴)

I.2.3.1 服务履行

业务领域		范围标记 ID
业务领域名称	服务履行	1011
业务领域标识	//tmf.org/TelecommunicationsOperationalMap:v2.0/ServiceFulfill-ment	1012
描述	此过程涵盖网络配置,以确保网络容量对提供服务准备就绪。按需要提供网络,以满足特定的服务请求,并进行配置变更以处置网络问题。此过程必须对提供的资源指派标识符且予以管理,并使之对其他过程可用。注意,对顾客服务(尤其是"单一"服务,例如 POTS)特定实例的例行提供,在正常情况下可以不涉及提供网络,但可直接由预配置集内的"提供服务"或"关心顾客"以及"订单处置"进行处理	1013
范围	服务履行包括服务实行及以前的所有活动和过程	
引用文件		
约束		
保证金保存方	服务提供方、网络提供方、规章服务机构、顾客、零售商	
过程领域	销售、服务、规划、订单处置、服务配置、网络规划及开发、网络提供	

I.2.4 过程领域

过程领域是一种业务过程和业务事务的范畴。过程领域整理业务过程及业务事务。如图 I.3 所示。

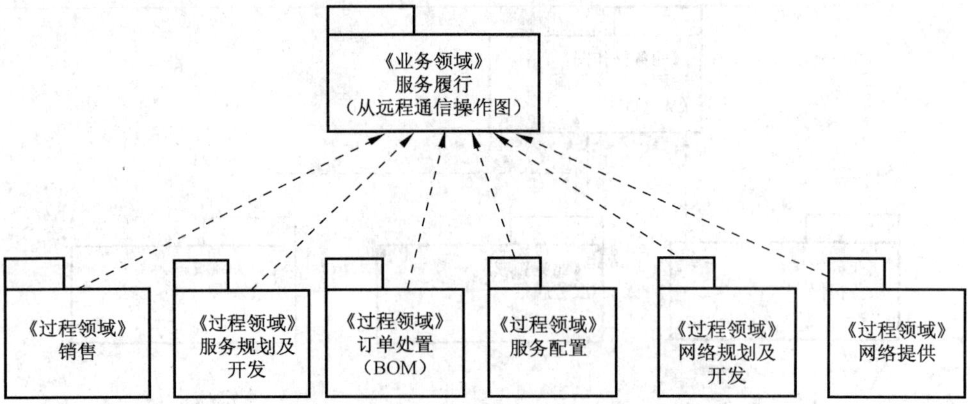

图 I.3 过程领域(服务履行)

I.2.4.1 订单处置过程领域

描述过程领域		范围标记 ID
过程领域名称	订单处置	
目的	订单处置过程包括接受顾客对服务的订单,跟踪订单进展,当订单完成时通知顾客	1000
范围	订单处置包括所有的活动和过程,从顾客提出请求开始,到服务实行结束	
引用文件		
过程领域的边界	——订单能够包括对顾客服务的新的、变更的和不连续的订单,以及取消和修改订单; ——能够跟踪的预订活动包括在本过程内; ——当服务安装复杂和(或)分阶段进行时,有必要制定订购计划; ——当订购某项服务时,对于初步可行性要求和(或)定价估计的需要,可以成为本过程的组成部分; ——目的在于订购顾客请求的服务,于必要时支持变更,并使顾客对其订单的显著进展,包括订单的完成,保持信息畅通	1350
约束		
保证金保存方	服务提供方,网络提供方,规章服务机构,顾客,零售商	
业务过程	创建服务请求,变更服务请求,删除服务请求……	

订单处置过程领域如图 I.4 所示。

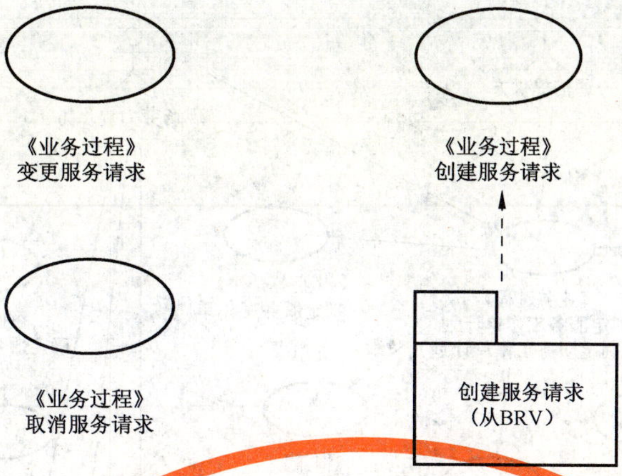

图 I.4 订单处置过程的子集

I.2.5 业务过程

I.2.5.1 创建服务请求过程

创建服务请求过程基于订户对服务的请求，由通信提供方用以构建并通过完成来监控服务请求。

I.2.5.1.1 创建服务请求用例图

创建服务工作单的用例模型图，表示为了达到由通信提供方基于订户请求为其建立新的服务的要求所需的业务过程(表示为用例)的集合。实际的创建服务工作单的用例是本图绘出的 20 个用例之一。如图 I.5 所示。

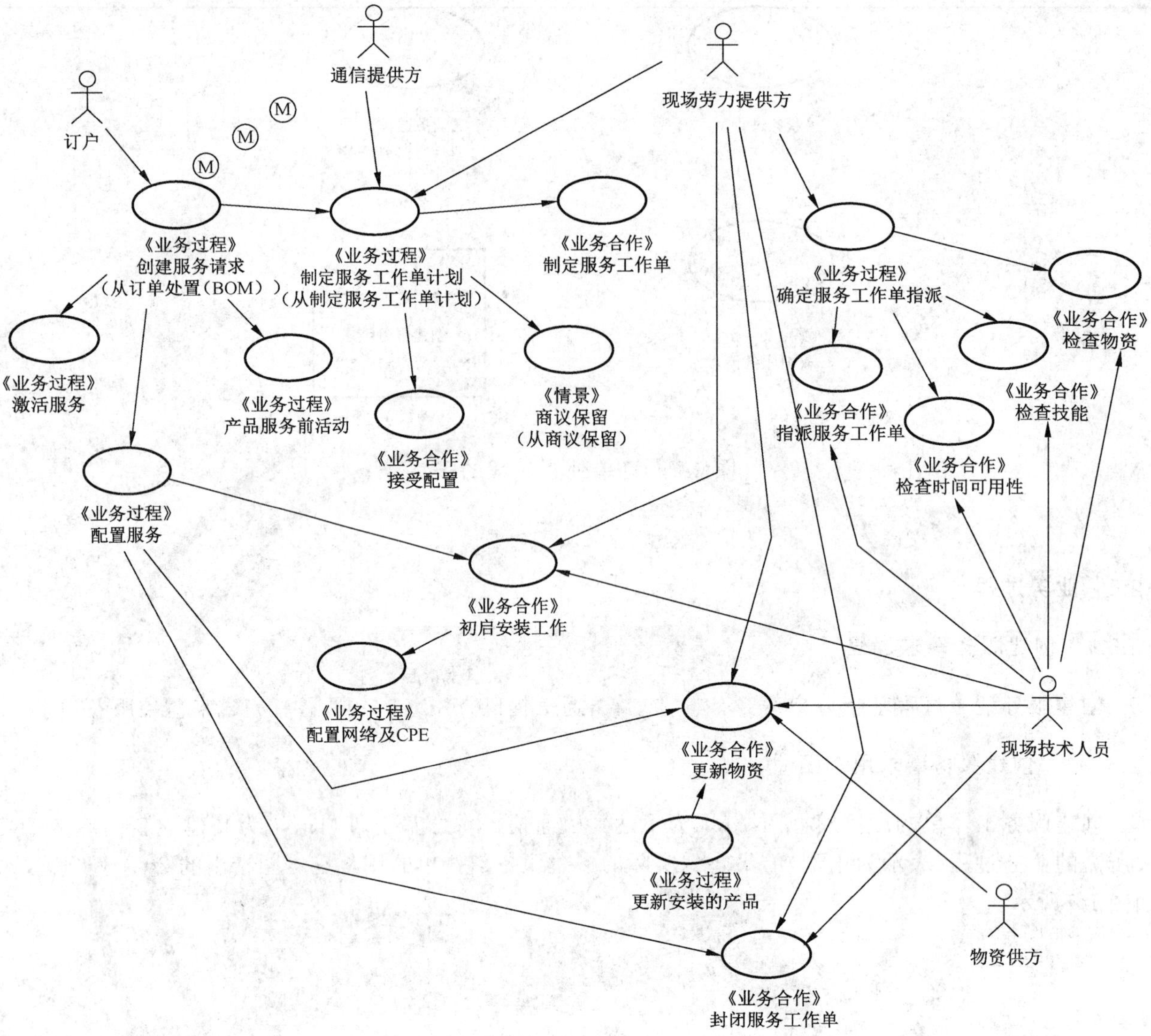

图 I.5 创建服务请求

I.2.5.2 制定服务工作单计划过程

制定服务工作单计划过程，由通信提供方通过为现场劳力提供方创建服务工作单请求，用于规划订户为满足服务请求的要求所做工作。如图 I.6 所示。

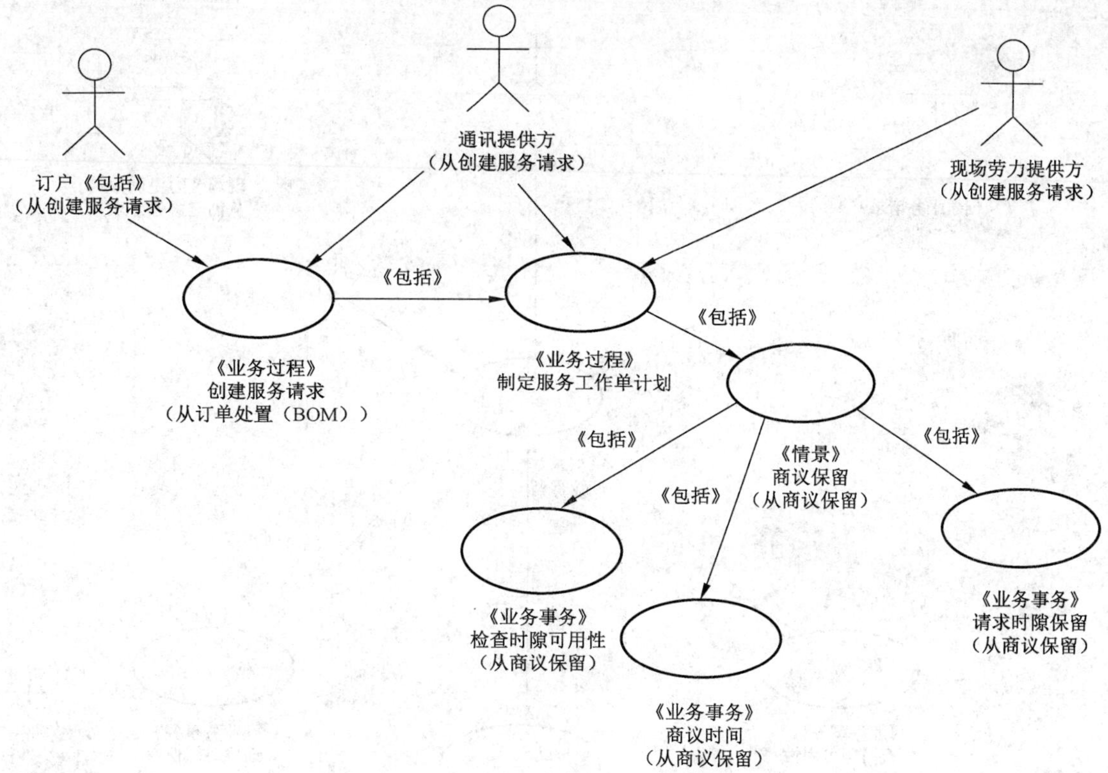

图 I.6　制定服务工作单计划过程

标识业务过程剧本		范围标记 ID
剧本名称	商议保留	2020
业务领域	服务履行	
过程领域	订单处置	
业务过程名称	创建服务请求	
业务过程名称	制定服务工作单计划	

I.3　商议保留业务过程(开放电子数据交换剧本)

I.3.1　商议保留业务剧本 UML 图

商议保留合作是通信提供方(作为工作单协调方)用以保留和调度现场技术人员来安装和配置货物和服务的过程。在给定范围内的一种可用时隙清单出示给订户(作为顾客),使其选定适宜的时间让技术人员视察顾客的处所。如图 I.7 所示。

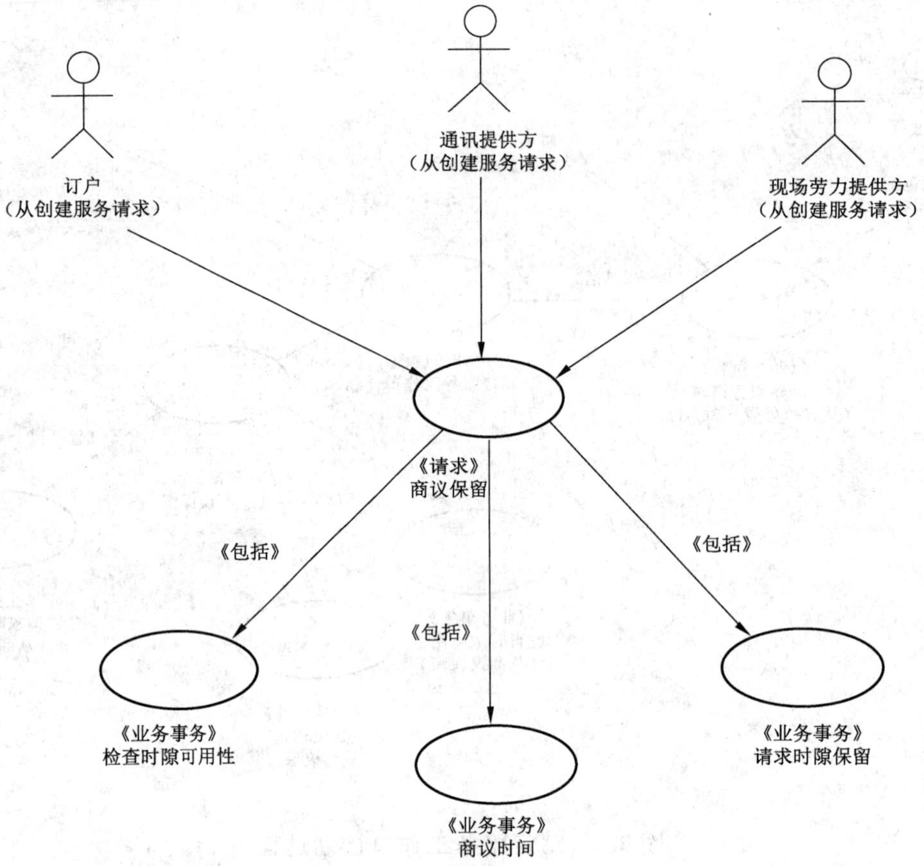

图 I.7 商议保留业务剧本 UML 图

I.3.2 剧本标识和定义属性值

I.3.2.1 商议保留

业务剧本规范		标记 ID 码
业务剧本名称	商议保留	2020
标识符	//tmf.org/TelecommunicationsOperationalMap:v2.0/ServiceFulfill-ment/OrderingHandling/NegotiateReservation	2010
行为方	订户	1042
	通信提供方	1044
	现场劳力提供方	1112
履行目标		1010
前置条件	提供有效的产品标识	2040
开始于	工作单协调方请求保留	
定义	—— 查询可用时隙； —— 当时隙返回了可用的给予； —— 当时隙选择了请求时隙保留	

（续）

业务剧本规范		标记 ID 码
结束于	—— 时隙保留请求得到确认； —— 或没有可用时隙； —— 或异常出现	
异常		
后置条件	存在时隙保留确认 存在异常	
要求	对请求的时间框架，开始日期和时间必须大于当前的日期和时间	2040

I.3.2.2 检查时隙可用性

检查时隙可用性过程由通信提供方用于确定劳力时隙从现场劳力提供方可用于出示给订户。

业务过程规范		标记 ID 码
业务过程名称	检查时隙可用性	2020
标识符	//tmf.org/TelecommunicationsOperationalMap:v2.0/ServiceFulfillment/OrderingHandling/CheckTimeSlotAvailabilty	2010
行为方		
	通信提供方	1044
	现场劳力提供方	1112
履行目标		1010
前置条件	——服务请求到位； ——配置要求已经确定； ——对服务的总时间框架已知	2040
开始于	由通信提供方作为服务工作单计划开发或修改的组成部分初启	
定义	—— 给定特指配置和总时间框架，由通信提供方向现场劳力提供方查询可用时隙； —— 现场劳力提供方以可用时隙响应	
结束于	—— 现场劳力提供方回复得到处理； —— 或异常出现	
异常		
后置条件	—— 对特指的现场劳力提供方，通信提供方知道给定时间框架中的可用时隙； —— 存在异常	
要求	对请求的时间框架，开始日期和时间必须大于当前的日期和时间	2040

I.3.2.3 商议时间

通信提供方确定订户对可用服务时间的选择采用商议时间过程。

业务过程规范		标记 ID 码
业务过程名称	商议时间	2020
标识符	//tmf.org/TelecommunicationsOperationalMap:v2.0/ServiceFulfillment/OrderingHandling/NegotiateTime	2010
行为方	订户	1042
	通信提供方	1044
		1112
履行目标		1010
前置条件	——服务配置已知; ——从一个或更多个现场劳力提供方得到的可用时隙已知	2040
开始于	通信提供方向订户初启时隙给予	
定义	—— 通信提供方给予订户可用时隙; —— 订户以选择或拒绝给予的时间来响应	
结束于	—— 订户响应得到处理; —— 或异常出现	
异常		
后置条件	—— 对新的服务工作单的履行时间得到定义; —— 或这一时间必须重新商议; —— 或存在异常	
要求		2040

I.3.2.4 请求时隙保留

请求时隙保留过程由通信提供方用于保留现场劳力提供方已经指明对保留可用的特指时隙。

业务过程规范		标记 ID 码
业务过程名称	请求时隙保留	2020
标识符	//tmf.org/TelecommunicationsOperationalMap:v2.0/ServiceFulfillment/OrderingHandling/RequestTimeSlotReservation	2010
行为方		
	通信提供方	1044
	现场劳力提供方	1112
履行目标		1010
前置条件	—— 时隙必须在此前确定为订户可接受的; —— 配置已经由现场劳力提供方商议一致; —— 时隙从现场劳力提供方此前供给的清单中选定	2040
开始于	通信提供方初启某一保留	
定义	—— 通信提供方向初启某一可用时隙的保留; —— 现场劳力提供方以保留已经接受来响应	

（续）

业务过程规范		标记 ID 码
结束于	—— 现场劳力提供方以接受保留来响应； —— 保留未接受； —— 或异常出现	
异常		
后置条件	—— 现场劳力提供方已经为特定配置的服务保留一个时隙； —— 或确认失败； —— 或存在异常	
要求		2040

I.3.3 剧本构件规范(业务合作)

I.3.3.1 商议保留合作

商议保留合作是由通信提供方(作为工作单协调方)用于保留和调度现场技术人员以便安装和配置货物和服务的过程。在给定的范围内的一种可用的时隙清单呈送给订户(作为顾客),使其为技术人员选定合适的时间来视察顾客的处所。如图 I.8 所示。

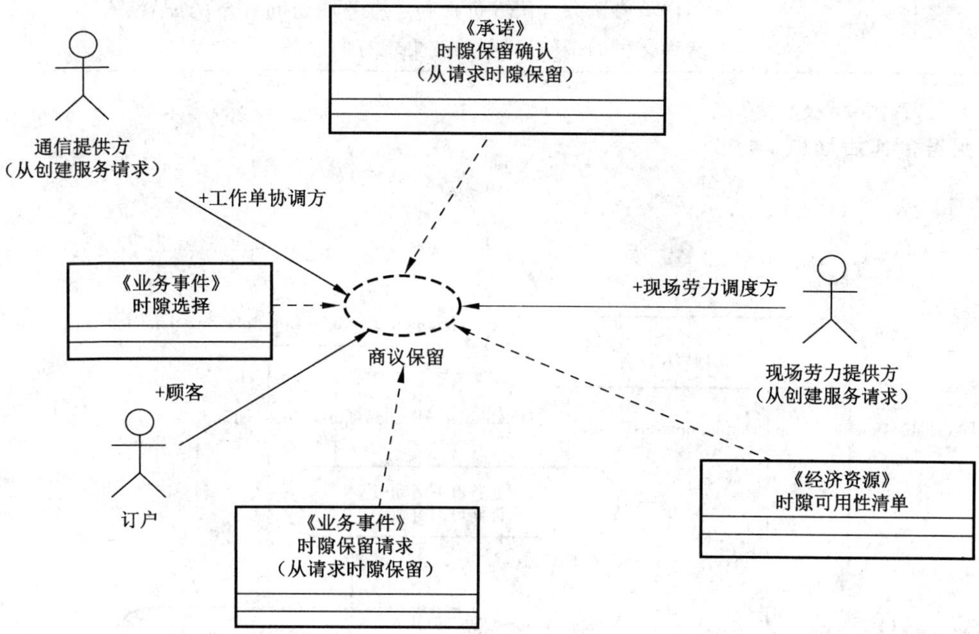

图 I.8 商议保留合作

I.3.3.2 合伙方

合伙方	合伙方描述	OeS 角色标记
通信提供方	通信提供方是向客户提供通信产品和服务的公司或组织。这有可能包括电缆公司、无线与移动通信公司、长途载波公司、本市交换机公司、本市竞争性交换机公司、因特网服务提供方以及这些公司的所有代理方或转售方	
领域劳力提供方	领域劳力提供方是一家公司、组织或代理方，提供用工联营和领域物质资源，供安装与配置由通信提供方售出的服务和产品使用	
订户	订户是向通信提供方请求产品或服务的个人或组织。订户是产品或服务的客户，并支配所接受的条款	

I.3.3.3 角色

角色	类型	角色描述	OeS 角色标记
客户	员工或组织	客户是购买所订购服务的个人或部门。客户规定配置要求和假设访问调度计划	3010,3015
现场劳力调度方	员工或组织	现场劳力调度方管理领域劳动资源的可用性	3010,3015
工作单协调方	员工或组织	工作单协调方合伙方负责制定有关新访问订单的配置、安装和交付的工作计划，并变更现有的服务	3010,3015

I.3.3.3.1 业务合作活动图

业务合作活动图如图 I.9 所示。

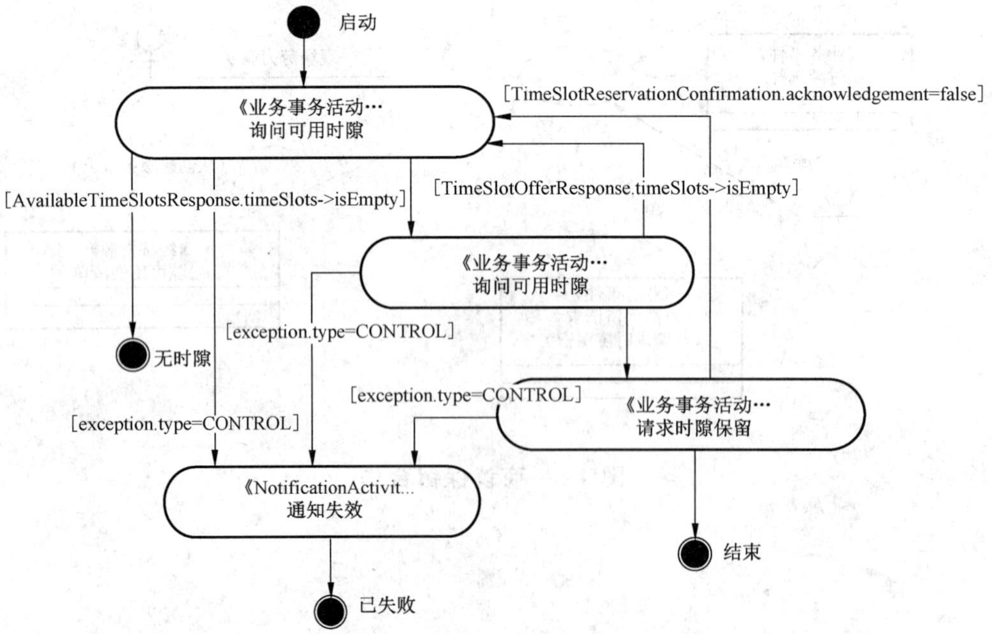

图 I.9 业务合作活动图

I.3.3.3.2 业务合作活动

活动	描述	进行时间	OeS 剧本标记
询问可用时隙	在商议保留 BCP 中的一项活动，以确定来自现场劳力调度方的表示客户的可用劳力时隙	10 min	2040
给予可用时隙	在商议保留 BCP 中的一项活动，以提出对某一客户的可用时隙清单，然后以选出的时隙清单作出响应	10 min	2040
请求时隙保留	在商议保留 BCP 中的一项活动，以请求保留来自现场劳力调度方的特指的时隙。当对现场劳力调度方提出多于一个时隙时，这些时隙之一将由现场劳力调度方基于优先级选出	10 min	2040
通知失效	当控制异常出现时，通知失效生成一种失效通知	10 min	2040

I.3.3.3.3 初启与终止状态

状态	类型	描述	约束与条件	OeS 剧本标记
启动	开始	商议保留合作的初始状态。这是一种伪状态，表示从前一合作终止状态的过渡	产品标识存在；产品配置存在；TimeFrame. BeginDate > currentTime()；	2040
结束	结束	这一合作的终止状态		2040
无时隙	结束	这一合作的终止状态。对选定的时间框架无时隙		2040

I.3.3.4 信息束

信息束	信息束描述	OeS IB 标记
可用时隙询问	在给定时段，对特指服务和配置询问可用时隙	4010,4020
可用时隙响应	包含可用时隙的一种清单，特指组织或公司可用以进行所请求的服务工作。若可用时，可提供进行该工作的技术人员的姓名。优先级指令符反映了进行该工作的组织或公司的优先级	4010,4020
时隙保留请求	工作单协调方负责帮助制定工作单计划的细节，用于完成产品和服务的交付	4010,4020
时隙确认	工作单协调方负责帮助制定工作单计划的细节，用于完成产品和服务的交付	4010,4020
时隙给予	时隙给予为领域技术人员提供一种可用性的时段清单	4010,4020
时隙给予响应	时隙给予响应提供一种时段清单，带有客户已经选出的优先级	4010,4020

I.4 业务事务

I.4.1 询问可用的时隙商务事务定义

I.4.1.1 活动图

询问可用的时隙商务事务定义活动图如图 I.10 所示。

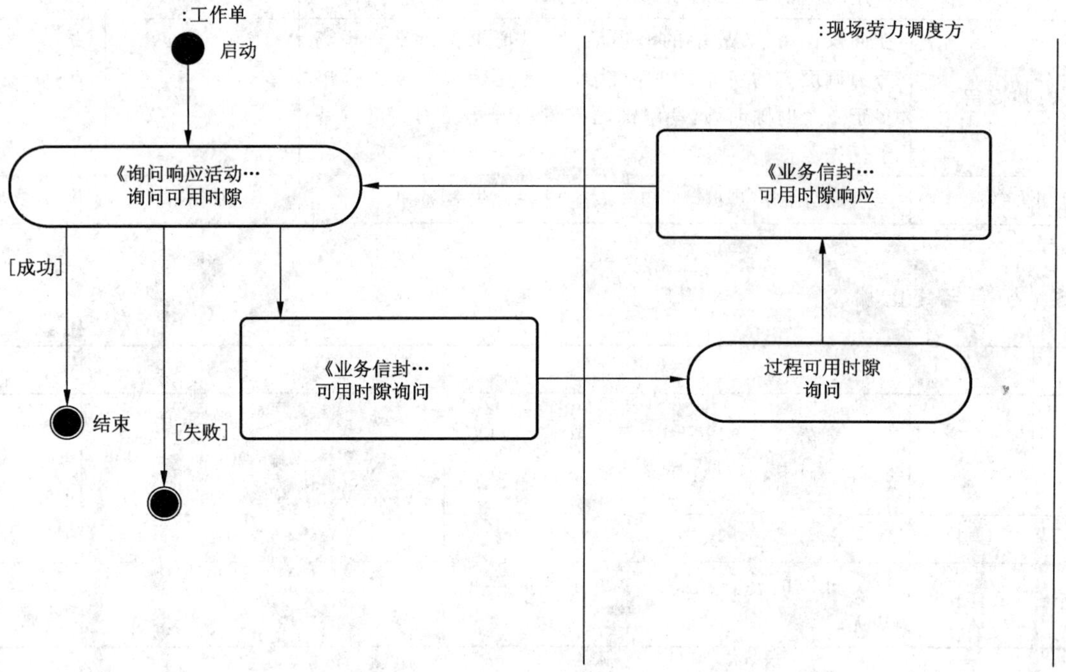

图 I.10 活动图

I.4.1.2 询问可用的时隙业务目的

业务目的	OeS IB 标记
询问可用的时隙商务事务(CT)为确保向现场劳力调度方 询问可用时隙。询问可用的时隙 CT 采用询问响应设计模式。	2030

I.4.1.2.1 启动状态

OeS TAG	业务实体	初始状态
2065	启动	
Productidentification->exists; timeframe->exists;		

I.4.1.2.2 初始化业务活动:询问可用时隙

询问有关的可用时隙的现场劳力调度方的行动状态。

OeS TAG	对活动的要求	
3040	所需的角色授权(True/False)	True
2071 *	所需的抗抵赖收到(True/False)	False
2072 *	所需的抗抵赖始发和内容(True/False)	False
	由活动触发的计时器	
2041 *	到收到确认的时间	NA
2042 *	到接受确认的时间	NA
2043 *	进行时间	10 min
2701 *	进行的业务行为与信号	＜行动完成时间＞

I.4.1.2.3 请求性信息束:可用的时隙询问

如图 I.11 所示。

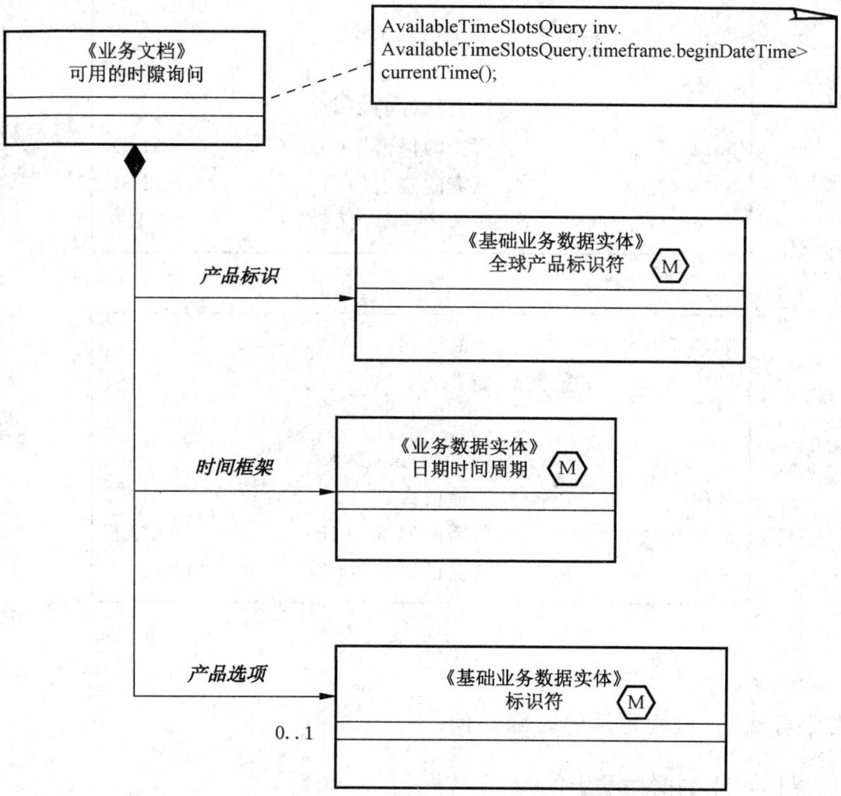

图 I.11 请求性信息束:可用的时隙询问

4020	信息束：	可用时隙询问
4010	信息束标识符:ibid:ean.123987:AvailableTimeSlotsQuery $1.0	
4035	类型：	结构化文档
4040	约束：	AvailableTimeSlotsQuery inv. AvailableTimeSlotsQuery. timeframe.beginDateTime > currentTime()；

其中 AvailableTimeSlotsQuery 由以下语义构件构成：

5000,5020	语义构件:产品标识	
5010	信息类型:全球产品标识符	
	对语义构件的要求	
5041 *	所需的保密性(T/F)	FALSE
5042 *	所需的鉴别(T/F)	FALSE
5043 *	所需的防篡改(T/F)	FALSE

5000,5020	语义构件:时间框架	
5010	信息类型:日期时间周期	
	对语义构件的要求	
5041 *	所需的保密性(T/F)	FALSE
5042 *	所需的鉴别(T/F)	FALSE
5043 *	所需的防篡改(T/F)	TRUE

5000,5020	语义构件:产品选项	
5010	信息类型:标识符	
	对语义构件的要求	
5041 *	所需的保密性(T/F)	FALSE
5042 *	所需的鉴别(T/F)	FALSE
5043 *	所需的防篡改(T/F)	TRUE

I.4.1.2.4 响应性业务活动:过程可用的时隙询问

为响应询问而提供可用的时隙集。

	对活动的要求	
3040	所需的角色授权(T/F)	TRUE
2071 *	所需的抗抵赖的 始发和内容(T/F)	FALSE
2072 *	所需的清楚明白的检查(T/F)	FALSE

	由活动触发的计时器	
2041 *	到收到确认的时间	NA
2042 *	到接受确认的时间	NA
2043 *	进行时间	10 min

I.4.1.2.5　响应性信息束:可用的时隙响应

响应性信息束“可用的时隙响应”包含一种可用的时隙清单,特指的组织或公司可用于进行已请求的服务工作。若可用时,可提供进行此项工作的技术人员的姓名。优先级指令符反映了进行此项工作的组织或公司享有的优先级。如图 I.12 所示。

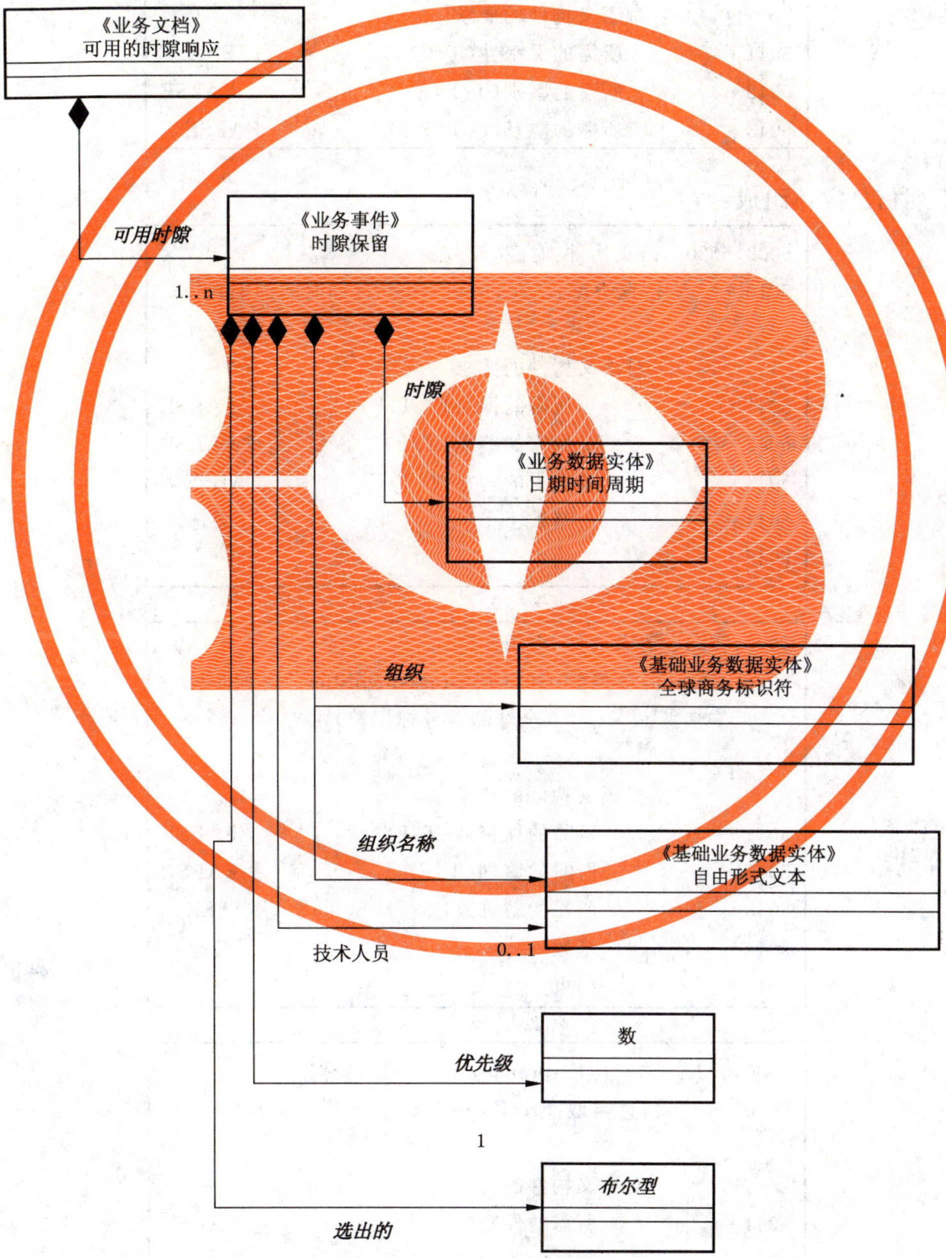

图 I.12　响应性信息束:可用的时隙响应

4020	信息束：AvailableTimeSlotResponse(可用时隙响应)
4010	类型：结构化文档
4035	约束：
4040	

可用时隙响应由下列信息实体组成：

5000,5020	语义构件：AvailableTimeSlot(可用时隙)	
5010	信息类型：TimeSlotReservation(时隙保留)	
	对语义构件的要求	
5041 *	所需的保密性(T/F)	FALSE
5042 *	所需的鉴别(T/F)	FALSE
5043 *	所需的防篡改(T/F)	FALSE

时隙保留由下列信息实体组成：

5000,5020	语义构件：时隙	
5010	信息类型：DateTimePeriod(日期时间周期)	
	对语义构件的要求	
5041 *	所需的保密性(T/F)	FALSE
5042 *	所需的鉴别(T/F)	FALSE
5043 *	所需的防篡改(T/F)	FALSE
5044 *	基数	必选
5045 *	约束	

5000,5020	语义构件：组织	
5010	信息类型：GlobalBusinessIdentifier(全球的业务标识符)	
	对语义构件的要求	
5041 *	所需的保密性(T/F)	FALSE
5042 *	所需的鉴别(T/F)	FALSE
5043 *	所需的防篡改(T/F)	FALSE
5044 *	基数	必选
5045 *	约束	

5000,5020	语义构件：organization(组织名称)	
5010	信息类型：FreeFormText(自由形式文本)	
	对语义构件的要求	
5041 *	所需的保密性(T/F)	FALSE
5042 *	所需的鉴别(T/F)	FALSE
5043 *	所需的防篡改(T/F)	FALSE
5044 *	基数	必选
5045 *	约束	

5000,5020	语义构件:技术人员		
5010	信息类型:FreeFormText(自由形式文本)		
	对语义构件的要求		
5041 *		所需的保密性(T/F)	FALSE
5042 *		所需的鉴别(T/F)	FALSE
5043 *		所需的防篡改(T/F)	FALSE
5044 *		基数	可选的
5045 *		约束	

5000,5020	语义构件:优先级		
5010	信息类型:数		
	对语义构件的要求		
5041 *		所需的保密性(T/F)	FALSE
5042 *		所需的鉴别(T/F)	FALSE
5043 *		所需的防篡改(T/F)	FALSE
5044 *		基数	必选
5045 *		约束	

5000,5020	语义构件:选出的		
5010	信息类型:布尔型		
	对语义构件的要求		
5041 *		所需的保密性(T/F)	FALSE
5042 *		所需的鉴别(T/F)	FALSE
5043 *		所需的防篡改(T/F)	FALSE
5044 *		基数	必选
5045 *		约束	

I.4.1.3 给予可用的时隙商务事务定义

I.4.1.3.1 活动图

如图 I.13 所示。

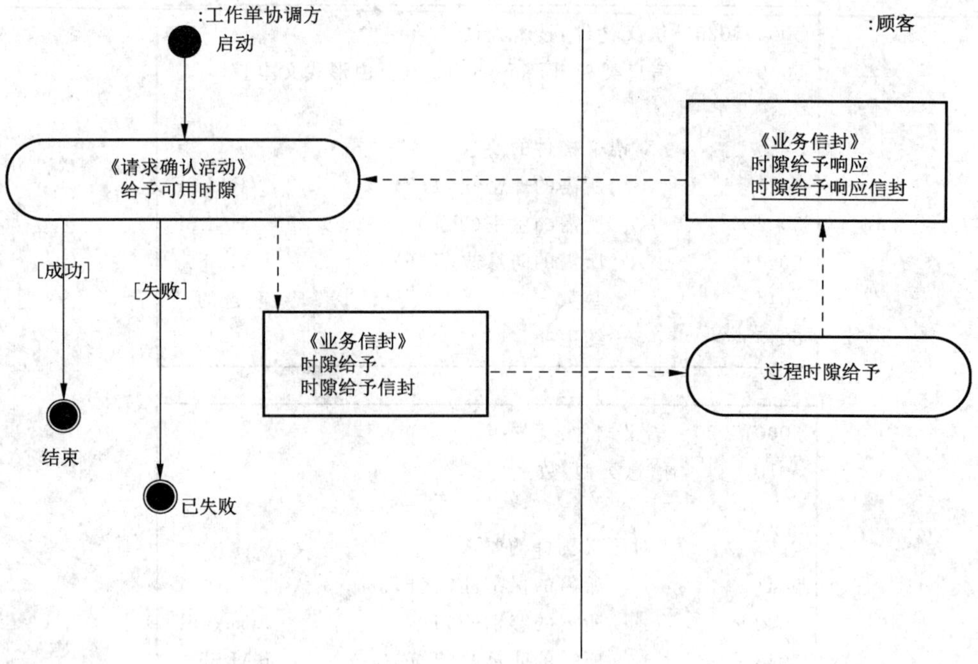

图 I.13 活动图

I.4.1.3.2 业务目的

业务目的	OeS IB 标签
在商议保留 BCP 中的商务的事务,表示对某一客户可用的时隙的清单,然后以选出的时隙清单作出响应。	2030

I.4.1.3.3 启动状态

	业务实体	初始状态
2065	启动	

I.4.1.3.4 业务活动初始化:给予可用的时隙

此过程给予可用的时隙集供顾客选择与优先级化。

	对活动的要求	
3040	所需的角色授权(True/False)	False
2071 *	所需的抗抵赖收到(True/False)	True
2072 *	所需的抗抵赖始发和内容(True/False)	False
	由活动触发的计时器	
2041 *	到收到确认的时间	10 min
2042 *	到接受确认的时间	NA
2043 *	进行时间	30 min
2701 *	进行的业务行为与信号	＜行动完成时间＞

I.4.1.3.5 请求性信息束:时隙给予

业务信封包含给予的时隙供客户接收。如图 I.14 所示。

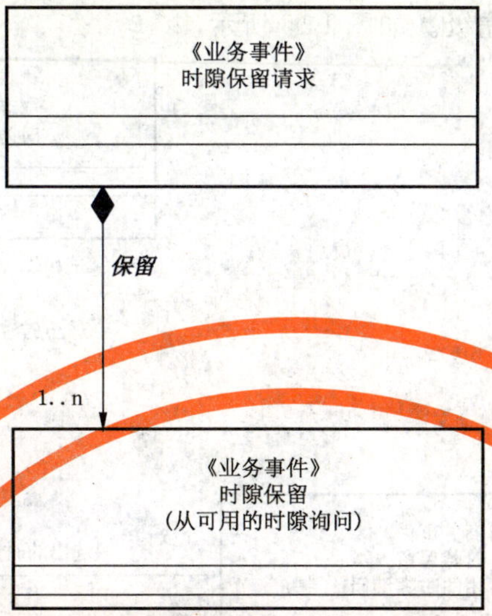

图 I.14 请求性信息束:时隙给予

4020	信息束:TimeSlotOffer(时隙给予)
4010	类型:结构化文档
4035	约束:
4040	

时隙给予响应由下列信息实体组成:

5000,5020	语义构件:AailableTimeSlot(可用时隙)	
5010	信息类型:TimeSlotReservation(时隙保留)	
	对语义构件的要求	
5041 *	所需的保密性(T/F)	FALSE
5042 *	所需的鉴别(T/F)	FALSE
5043 *	所需的防篡改(T/F)	FALSE
5044 *	基数	1 或更多
5045 *	约束	

I.4.1.3.6 响应的业务活动:过程时隙给予

为响应询问而提供可用的时隙集。

	对活动的要求	
3040	所需的角色授权(T/F)	TRUE
2071 *	所需的抗抵赖的始发和内容(T/F)	FALSE
2072 *	所需的明白清楚的检查(T/F)	FALSE
	由活动触发的计时器	
2041 *	到收到确认的时间	NA
2042 *	到接受确认的时间	NA
2043 *	进行时间	30 min

I.4.1.3.7 响应性信息束:时隙给予响应

响应性信息束:时隙给予响应包含一种可用的时隙清单,顾客希望进行其已请求的服务工作。优先级指令符反映了该顾客享有的优先级。如图 I.15 所示。

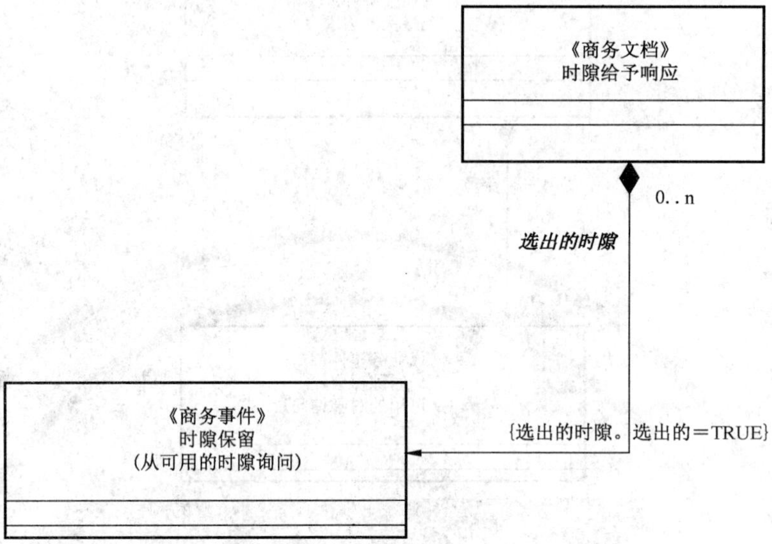

图 I.15 响应性信息束:时隙给予响应

4020	信息束:时隙给予响应
4010	类型:结构化文档
4035	约束:
4040	

时隙给予响应由下列信息实体组成:

5000,5020	语义构件:选出的时隙	
5010	信息类型:时隙保留	
	对语义构件的要求	
5041 *	所需的保密性(T/F)	FALSE
5042 *	所需的鉴别(T/F)	FALSE
5043 *	所需的防篡改(T/F)	FALSE
5044 *	基数	1 或更多
5045 *	约束	

I.4.1.4 请求时隙保留商务事务定义

I.4.1.4.1 活动图

如图 I.16 所示。

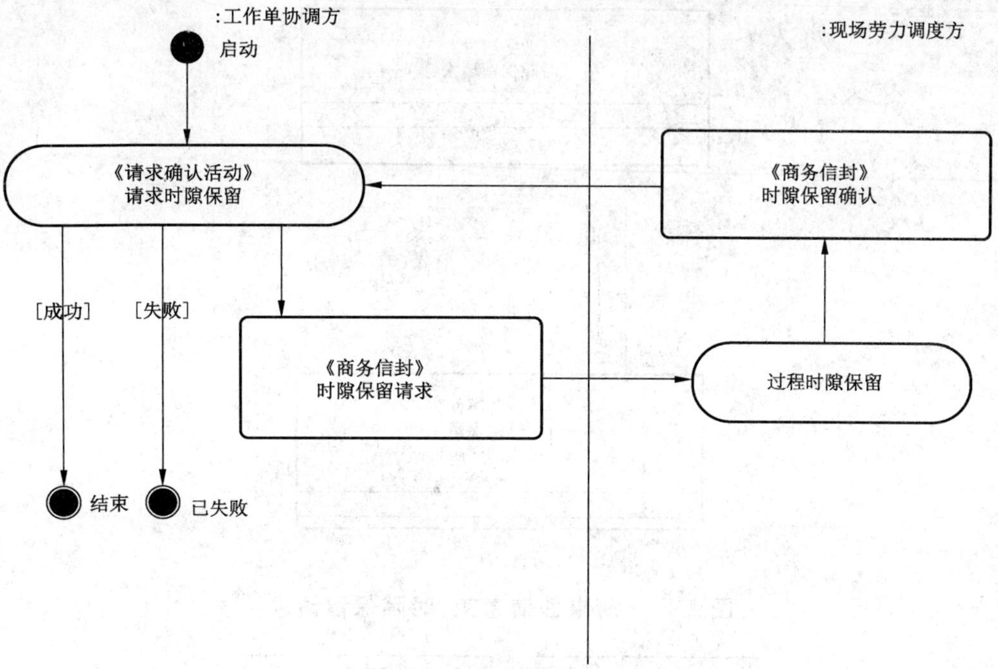

图 I.16 活动图

I.4.1.5 业务目标

在请求保留来自某一现场劳力调度方的特指时隙的商议保留中的商务事务。当对现场劳力调度者提出的时隙多于一个时,由现场劳力调度方在这些时隙中基于优先级选出其一。

I.4.1.5.1 启动状态

	业务实体	初始状态
2065	启动	

I.4.1.5.2 初启业务活动:请求时隙保留

请求确定来自现场劳力调动方的可用时隙的活动。

	对活动的要求	
3040	所需的角色授权(True/False)	True
2071 *	所需的抗抵赖收到(True/False)	True
2072 *	所需的抗抵赖始发和内容(True/False)	True
	由活动触发的计时器	
2041 *	到收到确认的时间	2 h
2042 *	到接受确认的时间	NA
2043 *	进行时间	24 h
2701 *	进行的业务行为与信号	<行动完成时间>

I.4.1.5.3 请求性信息束:时隙保留请求

业务信封包含着提供的时隙供客户接收。如图 I.17 所示。

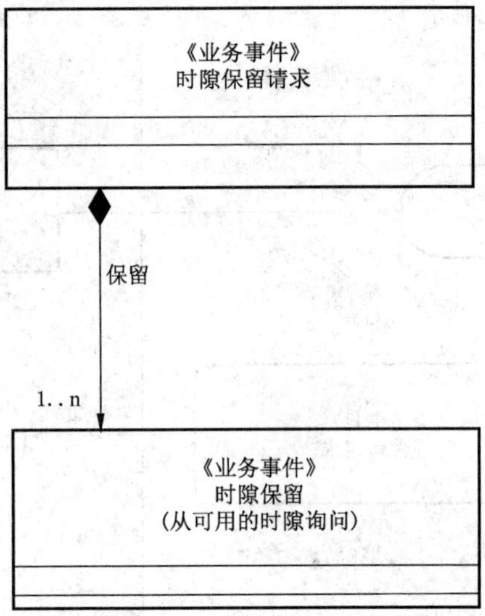

图 I.17 请求性信息束:时隙保留请求

4020	信息束:时隙保留请求
4010	类型:结构化文档
4035	约束:
4040	

时隙保留请求由下列信息实体组成:

5000,5020	语义构件:保留	
5010	信息类型:时隙保留	
	语义构件的要求	
5041 *	所需的保密性(T/F)	FALSE
5042 *	所需的鉴别(T/F)	FALSE
5043 *	所需的防篡改(T/F)	FALSE
5044 *	基数	1 或更多
5045 *	约束	

I.4.1.5.4 响应性业务活动:过程时隙保留

响应性过程使时隙给予方确认对某一时隙请求方的特指时隙的保留。

	对活动的要求	
3040	所需的角色授权(T/F)	TRUE
2071 *	所需的抗抵赖始发和内容(T/F)	FALSE
2072 *	所需的明白易懂的检查(T/F)	FALSE
	由活动触发的计时器	
2041 *	到收到确认的时间	NA
2042 *	到接受确认的时间	NA
2043 *	进行时间	30 min

I.4.1.5.5 响应性信息束:时间隙保留确认

如图 I.18 所示。

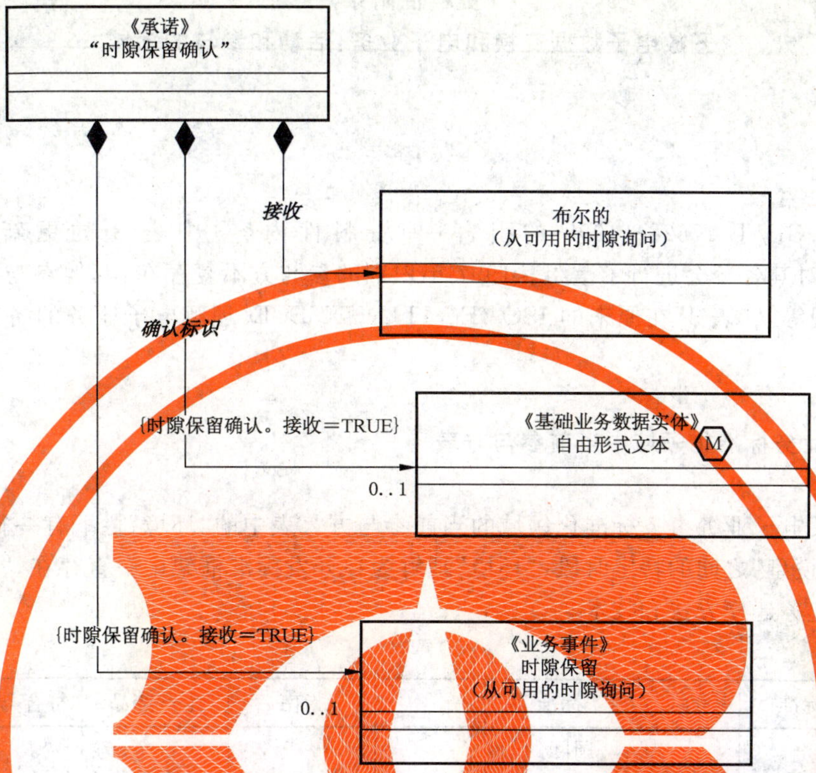

图 I.18 响应性信息束:时间隙保留确认

4020	信息束:时隙保留确认
4010	类型:结构化文档
4035	约束:
4040	

时隙保留确认由下列信息实体组成:

5000,5020	语义构件:selectedTimeslots(选出的时隙)	
5010	信息类型:TimeSlotReseration(时隙保留)	
	对语义构件的要求	
5041 *	所需的保密性(T/F)	FALSE
5042 *	所需的鉴别(T/F)	FALSE
5043 *	所需的防篡改(T/F)	FALSE
5044 *	基数	1 或更多
5045 *	约束	

附 录 J
（资料性附录）
开放电子数据交换和电子业务:活动和参与的领域

J.1 引言

本附录用作 GB/T 17628—1998 的引言（即资料性内容）中表 3 的更新。1997 年以来，ISO/IEC JTC1已对其各分会进行了重组。1997 年识别的参与方不复存在，其他参与方变更了名称，新的参与方也已出现等。“表 3”在原来的 ISO-IEC-ITU-UN/ECE《理解电子业务的备忘录》中曾作为引用文件。

J.2 在有关电子业务标准化领域中当前参与方表

下表识别有关电子业务事务标准化领域的当前参与方。表中的“环境”栏下有一行“正式承认”。这是“环境”与“活动模型”之间的特定时段，“环境”理解为在开发标准框架中一直存在，“活动模型”理解为由该框架识别的业务建模方法和技术。

	元标准	标准	指南	生产产品	符合与认证	供谁使用
环境	文化适应性	国际的 国家的 双边的	律师		法院	商务及政府
正式承认	ISO/IEC JTC 1/SC 32	ISO,ISO/IEC,ITU 国家和地区的标准团体 UN/ECE CEN IETF ASTM OASIS	ISO/IEC JTC1 SC 32 UN/ECE ASTM		ISO/IEC	标准团体 供方 用户
BOV 活动模型	ISO/IEC JTC 1/SC 7 和 SC 32 ISO TC 184	ISO,IEC 和 ITU 部门的团体 CEN 国家标准团体 WfMC	WfMC	非标准产品		用户
BOV 数据 模型	ISO/IEC JTC 1 SC 21/WG 3 和 SC 32 ISO TC211	贸易团体用户组 WTO WCO ICAO IMO SWIFT ebXML UN/ECE	按前栏加 部门的组	供方	UN/ CEFACT	供方 用户

（续）

	元标准	标准	指南	生产产品	符合与认证	供谁使用
FSV 技术	ISO/IEC JTC 1 ISO TC211 IETF	ISO/IEC 的各种 TC 和 JTC1/SC CEN IETF W3C	ISO/IEC JTC 1/SC 32 JTC1/SC27 TC 215 CEN TC 251 IETF W3C	制造商 供方	许多 NIST 开放组	供方 用户

ICS 35.240.60
L 67

中华人民共和国国家标准

GB/T 29853.2—2013/ISO/IEC 15944-2:2006

信息技术　业务操作视图 第2部分:作为业务对象的剧本及其构件的注册

Information technology—Business operational view—
Part 2:Registration of scenarios and their components as business objects

(ISO/IEC 15944-2:2006,IDT)

2013-11-12 发布　　2014-04-15 实施

中华人民共和国国家质量监督检验检疫总局
中国国家标准化管理委员会　发布

前　言

GB/T 29853《信息技术　业务操作视图》分为下列几个部分：

——第1部分：电子业务的业务操作实现；

——第2部分：作为业务对象的剧本及其构件的注册；

——第3部分：电子业务描述技术；

——第4部分：业务事务剧本　会计和经济本体；

——第5部分：作为外部约束源的司法领域的要求标识和引用；

——第6部分：电子业务建模技术概论；

——第7部分：电子业务词汇；

——第8部分：业务中作为外部约束的隐私要求的标识；

——第9部分：OEDI可追溯框架；

——第10部分：编码域。

本部分为GB/T 29853的第2部分。

本部分按照GB/T 1.1—2009给出的规则起草。

本部分使用翻译法等同采用ISO/IEC 15944-2:2006《信息技术　业务操作视图　第2部分：作为业务对象的剧本及其构件的注册》。

与本部分中规范性引用的国际文件有一致性对应关系的我国文件如下：

——GB/T 4880.1—2005　语种名称代码　第1部分：2字母代码(ISO 639-1:2001,MOD)

——GB/T 4880.2—2000　语种名称代码　第2部分：3字母代码(ISO 639-2:1998,EQV)

——GB/T 15694.2—2002　识别卡　发行者标识　第2部分：申请和注册规程(ISO/IEC 7812-2:2000,NEQ)

本部分由全国电子业务标准化技术委员会(SAC/TC 83)提出并归口。

本部分起草单位：中国电子技术标准化研究院。

本部分主要起草人：王静、王有志、向维良。

引　言

0.1　目的和概述

本部分规定了将开放电子数据交换剧本和剧本构件作为“业务对象”注册的规程。ISO/IEC JTC 1 将注册定义为以各利益方可用的方式指赋予某一对象一个无歧义的名称。可以注册的剧本和剧本组是在 ISO/IEC JTC 1/SC 32 等中所制定的技术标准中规定的对象类的成员。

注：在本部分中，对注册的定义已经变更：注册是将语种上独立的标识符而不是将名称赋予给剧本和剧本构件。

剧本和剧本构件的注册为电子业务社团的注册带来以下好处：

a)　通过使注册项符合国际标准而在国际上认可这一事实，并通过使其对潜在用户公开可用，支持更广泛地采用已注册项。

b)　在循常的维护周期中，对于一项国际标准的扩展以及对该国际标准更新的来源，均立即予以认可。

c)　可提供一种单一机制，来访问在不同标准中规定的有关注册项的信息。

d)　提供一种管理随时间变更的机制。在一项标准或一种注册库中规定的项可随时间变更，这是由于技术上发生变化，或是出于其他原因。已公布的标准不会将已经发生的变更清晰地记入文档，也不会包括有关已规定项早期版本的信息。而这样的信息能在注册库中予以维护。

e)　可用于使标准化的标签集对数据集合中已注册项的编码可用。

f)　对不同的语言、文化、应用领域和专业中所用的注册项，通过提供记录其等效名称的手段以及使这些等效名称公开可用，来支持文化和语种的适应性。

GB/T 17628—2004[1] 在其 4.1.2 中陈述：

“不同的用户群都会按照与业务操作视图(BOV)有关的标准中给出的规范来生成开放电子数据交换剧本。开放电子数据交换应规定得符合于 BOV 有关的标准。业务社团能提议将开放电子数据交换剧本作为标准化和注册到开放电子数据交换剧本储存库的候选对象。拟用于在一个或多个储存库中引入新的开放电子数据交换剧本的规程，在与 BOV 有关的标准中规定。”

本部分的目的是业务事务中公共对象的标识、注册、引用和可重用性。按 GB/T 29853.1—2013 中的陈述，剧本和剧本构件的可重用性是一个可达到的目标，因为现有的(全球)业务事务，无论是在盈利的基础上还是在非盈利的基础上进行的，均已由参与的各方可重用的构件组成。不过这样的现有“标准”构件尚未正式规定和注册。本部分的目的就是填补这一空缺。

开放电子数据交换剧本，预期要按照 GB/T 29853.1—2013 中给出的规范在各用户群之间生成，并作为候选的新的开放电子数据交换剧本提交，供开放世界再用。用户群或各方都需要再用开放电子数据交换剧本：将其作为全部或部分构件，或者仅用于初步商议引用以及未来再用。

开放电子数据交换剧本的类型具有特定的或类属的特性，带有不同粒度，因此注册方案宜满足这些要求。

开放电子数据交换剧本包括以开放电子数据交换描述技术 (OeDT)描述的以下构件：

——剧本属性；

——角色；

——信息束(IB)；

1)　该标准的等同采用的国际标准的英文和法文版本均公开可用 见〈http://www.jtc1.org〉。

——语义构件(SC)。

本部分规定了在准备和维护剧本和剧本构件的注册库时要服从的规程。虽然任何组织都可以决意建立符合本部分的项的注册库,但本部分预期特别适用于在 ISO/IEC/ JTC 1/SC 32 的赞助下建立的注册库。

注册机构是 ISO 授权来维护注册库的组织。ISO 不鼓励注册库扩散,但维护单一的大型注册库又给注册机构带来沉重负担。本部分的目的之一就是将剧本和剧本构件注册库的数目降至最低,并将注册机构的负担降至最低,并使两者之间达到平衡。

0.2 "法人"、"人"和"参与方"在业务事务和承诺交换的语境中的使用

当 GB/T 17628 最初研制之时,"因特网"和"万维网"还处于萌芽时段,这两者对于公营和私营部门的组织的影响尚未被完全理解。因而在 GB/T 17628—2004 的第一版中,将"业务操作视图(BOV)"最初定义为:

——在业务事务中,一种仅限于有关业务决策和各组织间的承诺制定方面,描述业务事务所需的视角"。

ISO/IEC 6523:1984 对"组织"的定义已为 ISO/IEC 14662 的第一版所采纳。ISO/IEC 6523 于 1998 年在成为由两部分组成的标准时对此作出变更。时至今日,通过因特网和万维网的开放电子数据交换也涉及"个人",这一事实在本部分的修订版中已有考虑。再者,GB/T 17628 既未定义"承诺",又未定义实体的各别的性质和行为——而这正是一个实体必须具备,以便有资格做出"承诺",并在因特网这种非物质化世界沟通法律视角与信息技术视角。

在开发第 1 部分期间,术语"承诺"已经定义。同时认为,为了有资格作出承诺,术语"开放电子数据参与方"并未特定得在考虑承诺的法律方面时足以满足剧本规范。在许多实例中,都注明承诺是在那些在法律上有资格作出承诺的人们的指导下行动的"机器"(自动机或计算机程序)之间作出的,而不是个人以其资格作出的。还认为在某些管辖范围内,承诺可能是由"拟制的"人(例如法人团体)作出的。

为了处置这些扩展的要求,又补加定义了一个术语"法人"。法人的构造一直以如下方式定义:能具有潜在的对其适用的法律和规章约束。

读者宜理解:

——英文"法人"Person 的首字母采用大写"P",表示法人作为一个已定义的术语,即作为开放电子数据交换参与方之内的实体来承担作出承诺的法律责任;

——"个人"、"组织"和"公共行政管理部门"表示"法人"的三种常用的子类型,其定义的用法见 GB/T 29853.1—2013;

——"(各)人"和(或)"(各)方"两词在本部分均在类属的语境中使用。"业务事务中参与方"具有"法人"的性质和行为。(更多内容见 GB/T 29853.1—2013 的第 6 章,特别是 6.1.3 和 6.2)。

0.3 术语和定义的重要性和作用

《ISO/IEC 导则　第 2 部分》提供了作为"规范技术性要素"的"术语和定义",这对理解本文档中的某些术语是必要的。在一项标准中纳入"术语和定义"的主要理由是,对于特定概念,不能认为在全球范围都有共同的理解。即便认为有这样的共同理解,那就将第 3 章中的公共定义用作对这种共同理解的正式和显式的确认(或再确认),即确保有关各方共享这种通过第 3 章中的定义文本陈述的共同理解。

关于语义描述技术的这一多部分标准,其主要目的是从商业、法律、ICT、公共政策和跨部门的视角,确保对业务操作视图(BOV)有共同的理解。因而重要的是断定并确认:可以认为在这些域之一达到的"共同理解",在其余各域也是这样无歧义的理解和接受的。

这里的说明包括在 GB/T 29853 的每一部分，以强调协调一致的术语和定义对于总标准的连续性必不可少。在研制标准的过程中，定义和关联的术语宜尽早确立。对任何定义的注解宜处置为避免可能的误解所需的变更问题。作为各部分之间的术语与定义的协调一致工作的组成部分，对定义有可能需要加以修正和改进。

对术语和定义带有文化适应性的统一清单，在附录 A 中给出的国标中文与 ISO 英文的等效，从 GB/T 29853 各部分的第 3 章导出。本附录 A 的引用文件，通过不间断的协调工作，保证了各部分之间术语与定义的一致性。为方便引用文件，附录 A 作在每一部分都予以重印。

0.4 基于规则和指南的标准[2)]

本部分旨在供具有不同视角和需要的国内外的用户群使用。

ISO 陈述道：[3)]

“标准是文档式的协定，其中包含一致地用作规则、指南或对于特性的定义的技术规范或其他精确准则，以确保物资、产品、过程和服务均适合于其目的。”[4)]

本业务操作视图标准关注于“一致地用作规则、指南或对于特性的定义的其他精确准则，以确保物资、产品、过程和服务均适合于其目的。”

如开放电子数据交换参考模型所述以及 GB/T 29853.1—2013 中所再次强调的，开放电子数据交换基于预定义的和相互议定的规则。这些规则都是对于业务事务的精确准则和相互议定的要求，代表了公共的业务运作惯例和功能要求。

在 GB/T 29853.1—2013 中第 5 章《开放电子数据交换的特性》中，明确了“业务操作视图（BOV）”类型的开放电子数据交换标准都是“基于规则的标准”[5)]。与此有特别关系的是开放电子数据交换的第一个关键特性，如 5.1 中所述的“*基于以下预定义的清晰的规则的行动*”。这里引证 GB/T 29853.1—2013 中部分规范性文本，有利于本部分的用户清晰理解本 BOV 标准的性质和目的：

“开放电子数据交换要求采用明确的和预定义的规则、原则和指南。这些规则从形式上规定了在开放电子数据交换中涉及的各方的角色以及各方的预期的有效行为，正如从事开放电子数据交换的其他各方所见。开放电子数据交换的规则适用于：

——信息流的内容；

——信息流本身的次序和行为。

将这两项综合便提供了各方之间关系的一种完全定义，因为这要求各方对所交换的信息达到共同的语义理解。各方还必须对其交互作用具有一致的类属规程视图。因此，必须事先就规则集商议一致

2） 引言中的这一章主要根据 GB/T 29853.1—2013 中 6.1.2，标题是《基于规则和指南的标准》。

3） 这是 ISO 和 IEC 对于“标准”的类属的定义（现见于 ISO/IEC JTC1《指令》），其英文版本查〈http：www.iso.ch/infoe/intro.html〉，法文版本查〈http：www.iso.ch/infoe/intro.html〉。

4） “协定”能以各种方式解释。ISO/IEC 指南 2，1996（1.7）采用“共识”一语：无需隐含一致同意，而是“对重大问题没有持续的反对意见……”。

5） 开放式电子数据交换的 6 个主要特性（如 GB/T 29853.1—2013 中第 5 章所述）如下：

——基于下列预定义规则的行动；

——涉及的各方的承诺；

——将各方之间的通信自动化；

——各方管控和维护其状态；

——各方自主行动；

——能支持多重事务。

GB/T 29853.1—2013 中第 5 章对这 6 个主要特性逐一详加描述。

并纳入开放电子数据交换剧本。这是各方之间所需协定的主要构件。”

这些规则也用作沟通商业框架、法律框架、信息技术框架、标准化工作者、顾客等各种各样的视角的共同理解的集合。[6)]

在本部分,通用规则按顺序编排并以黑体排印。遇有规则附有指南的情形,则将指南置于该规则之后并以斜体排印出来[6)]。规则、指南以及术语和定义中的用词,一方面以能将其最大限度地对照到所有要求的来源为准,其中的要求针对电子业务事务(例如日常业务的商业的、法律的、公共政策的、文化适应性的、部门的框架)中有关业务操作视图(BOV)的日常承诺;另一方面,又关系到功能服务视图(FSV),以支持 业务操作视图(BOV)要求(例如对提供信息技术和通信服务的要求,以支持在业务事务中涉及的各方之间的任何种类的承诺交换)。

0.5 对本文档的组织和描述

本部分描述了能用于注册开放电子数据交换剧本和剧本构件的规程,以第 5 章关于可重用性和支持文化适应性的能力以及对管辖范围适用于业务事务的性质和目的的性质的要求开始。然后在第 6 章陈述注册原则,包括:

——注册机构联盟;

——开放电子数据交换注册系统条目的国际上唯一性标识;

——注册机构的职责;

——注册系统的操作;

——注册地位;

——注册库状态;

——注册剧本和剧本构件所需的信息;

——采用开放电子数据交换描述技术的剧本和剧本构件的形式规范。

开放电子数据交换注册系统复合项的标识符在第 7 章描述。第 8 章描述在管理开放电子数据交换注册库中的角色和职责。第 9 章描述在管理开放电子数据交换注册库中的注册机构和运作。第 10 章是对 ISO 19135:2005 注册库及其对开放电子数据交换注册库方案的适应性的综述。

规范性附录 A 是按 0.3 中描述的术语和定义的统一清单。注册开放电子数据交换注册系统条目所需的信息包括管理属性、剧本范围划分和规范、剧本分类。开放电子数据交换的注册管理属性全部列入规范性附录 B。规范性附录 C 对开放电子数据交换范围划分和规范属性提供一种方便的参考。信息性附录 D 提供作为业务事务模型组成部分的两类约束即内部约束和外部约束的信息。

6) 例如“指南 5G2”指规则 5 之下的第 2 指南。

信息技术　业务操作视图 第2部分:作为业务对象的剧本及其构件的注册

1　范围

GB/T 29853 的本部分规定了在建立、维护和公布注册库时要遵从的规程,其中的注册库载有唯一性的、无歧义的和永久性的标识符以及指派给开放电子数据交换剧本和剧本构件的含义。为了达到这一目的,本部分规定的信息元素,对于提供已注册项的标识和含义,以及对管理这些项的注册,都是必要的。

本部分适用于由 ISO 和 IEC 理事会任命的合格 JTC1 注册机构的规程,用于维护供再用的开放电子数据交换剧本和(或)剧本构件的注册库。

2　规范性引用文件

下列文件对于本文件的应用是必不可少的。凡是注日期的引用文件,仅注日期的版本适用于本文件。凡是不注日期的引用文件,其最新版本(包括所有的修改单)适用于本文件。

GB/T 17628—2008　信息技术　开放电子数据交换参考模型(ISO/IEC 14662:2004,IDT)

GB/T 17628—1998　信息技术　开放 EDI 参考模型(idt ISO/IEC 14662:1997)

GB/T 18391.3—2009　信息技术　元数据注册系统(MDR)　第3部分:注册系统元模型和基本属性(ISO/IEC 11179-3:1994,IDT)[7)]

GB/T 18391.6—2010　信息技术　元数据注册系统(MDR)　第6部分:注册(ISO/IEC 11179-6:2005, IDT)

GB/T 29853.1—2013　信息技术　业务操作视图　第1部分:实现电子业务的业务操作(ISO/IEC 15944-1:2002,IDT)

ISO/IEC　导则　第1部分　2004　技术工作程序(ISO/IEC Directives,Part 1,2004,Procedures for the technical work)

ISO/IEC　导则　ISO/IEC JTC 1　关于信息技术的技术工作程序(ISO/IEC Directives, Procedures for the technical work of ISO/IEC JTC 1 on Information Technology)

ISO 639-2:1998　语种名称代码　第2部分:3字母代码(Codes for the representation of names of languages—Part 2: Alpha-3 code)

ISO/IEC 6523(all parts)　信息技术　用于标识组织和组织部门的结构(Information technology—Structure for the identification of organizations and organization parts)

ISO/IEC 7812-2:2000　识别卡　发行者标识　第2部分:申请和注册规程(Identification cards—Identification of issuers—Part 2:Application and registration procedures)

ISO/IEC 15944-5:2006　信息技术　业务操作视图　第5部分:对作为外部约束的管辖范围的要求的认定和引用(Information technology—Business Operational View—Part 5:Identification and ref-

7)　在 ISO/IEC 11179-3:2003 签发之后,又签发了技术勘误表1。因此,某些定义有了变更。GB/T 29853 的本部分于适用和有关处,采用了 ISO/IEC 11179-3 的技术勘误表1中的术语和定义。

erencing of requirements of jurisdictional domains as sources of external constraints)

ISO 19135:2005 地理信息 项注册规程(Geographic information—Procedures for item registration)

3 术语和定义

下列术语和定义适用于本文件。

3.1

地址 address

规定如下**位置**的**数据元素**的集合:某一**记录式信息**项、**业务对象**、物质对象和(或)人能对其发送或从其接收。

注 1:能将地址规定为物理地址和(或)电子地址。

注 2:在对已注册业务对象进行标识、引用和检索时,有必要陈述有关的记录式信息是否以物理的和虚拟的两种形式可用。

注 3:在开放电子数据交换的语境中,将"记录式信息项"模型化并注册为开放电子数据交换剧本、信息束或语义构件。

3.2

行政管理注释 administrative note

有关**开放电子数据交换注册项**的普遍性注释。

3.3

申请人(对开放电子数据交换注册项) applicant(for an OeRI)

请求指派**开放电子数据交换注册项**和关联的条目标号的法人。

注:申请人能够是个人、组织或公共行政管理部门。

3.4

属性 attribute

某一对象或实体的特性。

[GB/T 18391.3—2010,定义 3.1.3]

3.5

业务 business

一种如下**过程**系列:每一过程都有明确理解的目的,涉及的**法人**多于一个,通过**记录式信息**的交换实施,导向相互达成一致的目标,并在一定时段展开。

[GB/T 17628—2008,定义 3.1.2]

3.6

业务对象 business object

在**业务事务**中,**无歧义**地标识、规定、可引用、已注册和可重用的**开放电子数据交换剧本**或**剧本构件**。

注:"业务对象"作为一个"对象",仅存在于业务事务的语境之中。

3.7

业务对象标识符 business object identifier

在**开放电子数据交换注册组织**内的**开放电子数据交换注册项**中,**业务对象**的唯一性**标识符**。

3.8

业务对象地位 business object status

在处置**开放电子数据交换注册项**的**开放电子数据交换注册组织**的行政管理过程中,对所指地位的**称呼**。

3.9

业务对象类型 business object type

对于正在注册的**业务对象**的类型的**已编码域**(即**开放电子数据交换剧本**、**信息束**或**语义构件**)。

3.10

业务操作视图 business operational view;BOV

对于**业务事务**,描述**业务事务**所需,仅限于有关制定**业务**决策和在**法人**之间作出**承诺**的各个方面的视角。

[GB/T 17628—2008,定义 3.1.3]

3.11

业务事务 business transaction

关于各**法人**的活动和(或)**过程**的预定义的集合:由某一**法人**启动,旨在完成以显式分享的**业务**目标,所涉及的**法人**一旦认可——虽然某些认可可以是隐式的——一致同意的结论之一时即予以终止。

[GB/T 17628—2008,定义 3.1.4]

3.12

变更描述 change description

自**开放电子数据交换注册项**的前一版本公布之后,对其为何以及如何又作修改的描述。

注:建议将这样的变更描述配上所利用的"起源"模板值,并指明哪些"决策码"已经变更的"变更模板"以及变更生效的日期。

3.13

已编码域 coded domain

具备以下两项条件的域:

(1) 对其边界加以定义并以显式陈述为"**已编码域来源机构**"的**规则库**;

(2) 对准予成为其中成员的每一实体,通过指派符合该**来源机构**的适用的**注册方案**的唯一性**标识码**加以标识。

注 1:制约将标识码指派给已编码域成员的规则,制定权属于其来源机构,并构成该来源机构的已编码域注册方案的组成部分。

注 2:构成管辖范围域的来源机构是已编码域的主要来源。

注 3:已编码域是一种数据的集合,其数据元素值的内容均预先确定,并按照其来源机构的规则库加以定义,因而具有预定义的语义。

注 4:能与已编码域中的代码关联的有:

——一个或多于一个等效代码;

——一个或多于一个等效表示,尤其是采用人界面等效(语种)表达式形式的表示。

注 5:在已编码域中,对适用于标识码的指派和结构化的规则必须加以规定。

注 6:当作为已编码域成员的实体允许具有(即已指派)的标识码多于一个,即具有等效标识码(有可能包括名称)时,必须将其中的一个规定为主标识码。

注 7:反之,一个已编码域能由两个或更多个已编码域组成,即通过适用对象类的继承原则。

注 8:已编码域可包含除该已编码域中实体成员资格之外关系到预定义条件的标识码。而且,制约已编码域的规则可以也可以不提供用户扩展能力。

示例:常见例子有:(1)以标识码"0"指代"其他";(2)以标识码"9"(或"99"等)指代"不适用";(3)以标识码"8"(或"98"等)指代"不知道";以及(或者)于有要求时(4)预先保留一个 ID 码序列供"用户扩展"之用。

注 9:在对象方法体系中,作为已编码域成员的实体称为"某一类别的实例"。

示例:在 UML 建模记法中,标识码视为对象类的实例。

3.14

已编码域来源机构 coded domain Source Authority(cdSA)

作为制定制约**已编码域**的**规则**的**来源机构**,通常是一个**组织**的**法人**。

注 1:来源机构是一种法人角色,而对广泛采用的已编码域,这种已编码域来源机构往往是一个管辖范围域。

注 2:特定部门(例如银行、运输、地球数学、农业)可具有特指的已编码域来源机构,其已编码域用在许多部门。

注3：已编码域来源机构通常还行使注册机构的功能，但能聘用一个代理方即另一法人来代表自己执行注册功能。

3.15

承诺　commitment

在做出这一许诺的**管辖域**内，由有能力强制执行的**法人**制定或接受某一权力、义务、债务或责任的过程。

[GB/T 29853.1—2013，定义3.9]

3.16

复合标识符　composite identifier

由一个或多个其他标识符和(或)一个或多个其他**数据元素**组成，在**业务事务**中用作单一的唯一性**标识符**，其交互工作基于**规则**的**标识符**。

注1：在业务事务中的标识符，大部分是复合标识符。

注2：制约复合标识符结构和工作的规则宜加予以规定。

注3：用得最多的复合标识符由下列三项的组合构成：

——标识与编号的总方案(例如ISO/IEC 6532，ISO/IEC 7812，ISO/IEC 7506，UPC/EAN，ITU-T E.164)的标识，这往往是假设的；

——签发组织(往往基于块数码编号方案)的标识；

——构成每一签发组织的已编码域成员的实体的标识。

3.17

计算完整性　computational integrity

对于一项**标准**，以对要发生的自动化处理做好准备的方式，确保行为和语义的精确描述并使下一代信息系统能动态引入这类**标准**的受管控演变的形式所作的表达。

注：开放电子数据交换标准已经设计得能够支持计算完整性要求，尤其是从业务对象注册和再用的视角。

3.18

约束　constraint

对**业务事务**的任何方面加以设定、限制、制约或规定，并以显式陈述的规则。

注1：各种约束都规定为形成开放电子数据交换剧本构件(即剧本属性、角色和(或)信息束)的组成部分的规则。

注2：对于在开放电子数据交换的实现中要注册的约束，必须具有唯一的、无歧义的标识符。

注3：约束可以是各方一致同意的(合同条件)，因而认为是"内部约束"。或者，约束可以是施加于各方的(例如法律、法规)，因而认为是"外部约束"。

[GB/T 29853.1—2013，定义3.11]

3.19

联系人　Contact[8)]

在规定的语境中，能将**记录式信息**项、物质对象、**业务对象**向其发送或从其收到的**法人的**某一**角色**的实例。

注1：在此，作为联系人的法人能够是个人、组织(或者组织部分或组织法人)。

注2："联系人"的等效英文Contact的首字母大写，是要与该词汇的诸多普通用法区别开来。

3.20

联系人信息　Contact information

能找到**联系人**的地点或能与之通信的信息。

[GB/T 18391.3—2010，定义3.3.27]

---

8) 与ISO/IEC 11179-3:2003 + ISO/IEC 11179-3:2003/Cor.1:2004协调一致，但这里是从电子业务的视角来看。

3.21

联系人姓名　Contact name[9]

希望以此被人称为**联系人**的**法人**的**法人面貌**。

注：遇有某一组织是开放电子数据交换注册项申请人的情形，就可以按其在申请注册事务对象的剧本或剧本构件中的联系人姓名称呼组织法人、代理方或第三方。

3.22

联系人职位头衔　Contact position title[10]

由作为**联系人**的**组织法人**所占职位的头衔的**名称**。

[GB/T 18391.3—2010，定义 3.3.29]

3.23

管控团体　control body

就**注册库**的内容作出决策的技术专家组。

[ISO 19135:2005，定义 4.1.2]

3.24

创建日期　creation date

对**业务对象**创建**开放电子数据交换注册项**的日期。

3.25

数据元素　data element

其**定义**、**标识**、表示和许可值均借助于**属性**集合来规定的数据的单元。

[GB/T 18391.3—2010，定义 3.3.36]

3.26

日期　date

对某年某月某日，采用格里历，以"年年年年—月月—日日"(YYYY-MM-DD)格式的依从 ISO 8601 标准的表示。

3.27

事实语言　de facto language

在某一**管辖域**中使用，具有该**管辖域官方语言**的性质和性态，但该**管辖域**并未正式声称是其官方语言的**自然语言**。

注 1：管辖域的事实语言往往是通过长期使用和习惯建立起来的。

注 2：除另有显式陈述以及通过剧本、剧本属性和(或)剧本构件为业务事务建模之外，假定管辖域的事实语言与官方语言具有相同的性质和性态。

[ISO/IEC 15944-5:2006，定义 3.42]

3.28

定义　definition

对某一概念，由用以将其与有关概念区别开来的描述性陈述所作的表述。

[GB/T 15237.1—2000，定义 3.3.1]

3.29

称呼　designation

对某一概念以对其指代的符号所作的表示。

注：在术语体系著作中，称呼区分为三种类型：符号、称号(又称"名称")和术语。

[GB/T 15237.1—2000，定义 3.4.1 adapted)]

---

9) 摘自 ISO/IEC 11179-3 的原有定义，但这里是置于电子业务的的语境。11179-3 的原有定义在 ISO/IEC 11179-3:2003/Cor.1:2004 中已有变更。

10) 摘自 ISO/IEC 11179-3:2003，但这里是在电子业务的语境。

3.30

文档编制语言码　documentation language code

由**开放电子数据交换注册组织**用于编制文档的**语言**的**语言码**。

注：采用ISO 639-2/T(术语体系)中的三字符字母语言码和名称。

3.31

生效日期　effective date

开放电子数据交换注册项对**注册系统**用户成为可用的**日期**。

3.32

电子地址　electronic address

在经认可的电子寻址方案(例如电话、电传、IP)中利用的，**记录式信息**项和(或)**业务对象**能对其发送并能从**联系人**处接收的**地址**。

3.33

条目标记　entry label

对于作为已注册的**开放电子数据交换剧本或剧本构件**的**业务对象**，与其**标识**和所得的**国际注册业务对象标识符**(IRBOI)唯一性地关联的**名称**信息。

注：与IRBOI关联的条目标记可以多于一个，这取决于作为人的等效界面(HIE)适用的语言数目。

3.34

外部约束　external constraint

在**业务事务**中，处于**内部约束**之上，即在**业务事务**的各方一致同意的约束之外的**约束**。

注1：依惯例，外部约束由法律、规章、指示、条约、约定或类似的文书所创建。

注2：外部约束的其他来源有：部门性质的约束、有关特指制约范围的约束，或对公共业务约定是相互议定的约束(例如通用国际商业条款(INCOTERMS)和交换的契约)。

注3：外部约束能适用于业务事务中提供的货物、服务和(或)权利的性质。

注4：外部约束能提出如下需求：业务事务的一方满足特指角色的特定要求。

示例1：只有合格的医生才可以开具处方药品的处方；

示例2：只有委任的股票经纪人才可以在股票交易所作交易；

示例3：只有特许的企业才可以运送有害废物。

注5：在业务事务中，凡遇信息束(IB)，包括其语义构件(SC)也都用来形成业务事务的全部(例如为了法律的或审核的目的)之处，所有的约束都必须记录下来。

示例：为了作为一个"记录"维护有关业务事务的记录式信息的完全的集合，即作为所交换的信息束，可以有法律上的或审核上的要求。

注6：适用于业务事务的最低限度外部约束，经常要求将法人，即业务事务中的一方，区分为"个人""组织"或"公共行政管理部门"。例如，隐私权仅适用于"个人"法人。

3.35

人的等效界面　Human Interface Equivalent; HIE

对(**业务事务中**)**IT等效界面**的**无歧义的**和IT使能的语义的表示，常常是采用适合于对人通信和人来理解的形式化方式的**已编码域**(或**复合标识符**)的**标识码**。

注1：人的等效界面在性质上能够是语种的或者非语种的，但其语义是相同的，虽然其表示可以不同。

注2：在大多数情况下，有要求时会有多种人的等效界面，以满足本地化的要求，即有语种性质的，管辖范围性质的，和(或)部门性质的。

注3：人的等效界面包括各种形式或格式的表示(即除了书写文本式的以外，还有声频的、符号(或图标)性质的、字型的、图像的等)。

3.36

信息束标识符　IB identifier

对**信息束**的唯一性的、语种上中性的、**无歧义的并且是**可引用的**标识符**。

3.37

标识码　ID code

由**已编码域来源机构**(cdSA)指派给**已编码域**成员的**标识**的**标识符**。

注1：标识码在该已编码域的注册方案内必须是唯一性的。

注2：与已编码域中的标识码关联的能够是

——一个或多个等效代码；

——一个或多个等效表示，尤其是采用人的等效(语种)表达式的表示。

注3：遇有允许作为已编码域成员的实体的标识码多于一个，即作为等效码(有可能包括名称)的情形，其中之一必须规定为主标识码。

注4：已编码域可以包含关于不属于对等实体的成员的实体(即具有同样的性质和性态，例如有关预定义的条件的标识码而不是成员实体)的标识码。当属于这一情况时，制约这些例外的规则必须加以预定义并以显式陈述。

示例：常见例子有：(1)采用标识码"0"(或"00"等)指代"其他"；(2)采用标识码"9"(或"99"等)指代"不适用"；(3)采用标识码"8"(或"98"等)指代"不知道"；以及(或者)于需要时(4)保留标识码的某一序列或集合供"用户扩展"之用。

注5：在UML建模记法中，将标识码视为对象类的实例。

3.38

标识　identification

一种基于**规则**、以显式陈述的**过程**，其中涉及使用一个或多个**属性**即**数据元素**，这些元素的值(或值的组合)用于唯一地标识所规定**实体**的出现或存在。

[GB/T 29853.1—2013，定义3.26]

3.39

标识符(在业务事务中)　identifier (in business transaction)

一种由应用基于**规则**的**标识**过程得到的，无歧义、**唯一性的**、在语言学上中性的值。

注1：在签发机构的标识方案内，标识符必须是唯一性的。

注2：标识符在语种上独立于能够唯一性并永久性地标识与其关联的字符的序列。

[GB/T 29853.1—2013，定义3.27]

3.40

信息束　Information Bundle；IB

在**开放电子数据交换剧本**中，对由扮演**角色**的开放电子数据参与方交换的**记录式信息**的语义的形式描述。

[GB/T 17628—2008，定义4.1.2.2]

3.41

内部约束　internal constraint

形成**业务事务**各方之间相互议定的**承诺**的组成部分的**约束**。

注：内部约束是自施加的。这种约束提供一种用于建模的简化的视图，并重新使用业务事务的剧本组件，此业务事务对业务事务进行的性质没有外部约束或限制，但买卖双方相互议定的除外。

[GB/T 29853.1—2013，定义3.33]

3.42

国际注册业务对象标识符　International Registration Business Object Identifier，IRBOI

对于**开放电子数据交换注册项**的国际上唯一性的**标识符**。

注：IRBOI是复合标识符性质的。

3.43

国际标准标识符　International Standard Identifier

各**属性**所基于的本部分的版本的**标识符**。

3.44

项类　item class

具有共同性质的各项的集合。

注：此语境中所用的类别指实例的集合，而不是从该实例集合中抽象出来的概念。

[ISO 19135:2005,定义 4.1.6]

3.45

IT 等效界面　IT interface equivalent

在支持**计算完整性**的**业务事务**中,对有关**承诺**交换的**剧本**、**剧本属性**和(或)**剧本构件**的**无歧义**语义的计算机可处理的**标识**。

注 1:等效界面具有(业务事务中)标识符的性质,并用于支持承诺交换中的语义互操作性。

注 2:IT 等效界面的值有时是复合标识符。

注 3:作为复合标识符的 IT 等效界面能由已编码域的标识符加上该已编码域的标识码组成。

注 4:IT 等效界面有时用作语义标识符。

注 5:IT 等效界面可具有与其关联的一个或多个人的等效界面(HIE)。

注 6:IT 等效界面的值独立于其在编程语言或 API 中的编码。

3.46

管辖域　jurisdictional domain

本身是对**法人**、法人行为以及在**法人**之间作出**承诺**的**外部约束**(包括**业务事务**的所有方面)的来源,在作为单独的法律和(或)规章框架的法律上认可的管辖范围。

注 1:主管辖域是联合国认可的成员国。从法律和主权的视角,认为各国都是对等实体。联合国的各成员国(又称"成员国家"),可自行决定下属的分区作为经认可的管辖域(例如省、领地、小行政区)。

注 2:能将管辖域组合起来(例如通过双边的、多边的和(或)国际的条约)形成新的管辖域。

示例:欧盟(EU)、NAFTA、WTO、WCO、ICAO、WHO、红十字会、ISO、IEC、ITU。

注 3:在一个管辖域内,可以有几个管辖域级别和范畴。

注 4:管辖域可以影响作为业务事务组成部分的所作承诺的各个方面,包括有关货物、服务和(或)权利(及由此产生的义务)以及关联的信息的制作、销售和转移。这独立于这样的承诺交换是否在盈利或非盈利的基础(包括金融价值)上进行。

注 5:由管辖域签发的法律、规章、指令等,认为是该管辖域的组成部分,并且是对业务事务外部约束的主要来源。

[ISO/IEC 15944-5:2006,定义 3.67]

3.47

管辖域标识符　jurisdictional domain identifier

在互相认可的体制内,作为认可为供对等**管辖域**使用的**管辖域**的**标识码**。

3.48

语言　language

通常由词汇表和**规则**组成,用于通信的符号的体系。

注:在本标准中,"语言"指自然语言或专用语言,而不是指"编程序设计语言"或"人工语言"。

[ISO 5127:2001,定义 1.1.2.01]

3.49

语言码　language code

用于表示一种或多种**语言**的字符的组合。

注:在由多部分组成的本标准中,采用 ISO 639-2/T(术语体系)的三字母代码。

[GB/T 4880.2—2000,定义 3.2 adapted]

3.50

位置　location

能将其定义为**地址**的物理的或电子的地点。

3.51

名称　name

对某一对象的采用某语种的表达式的**称呼**。

[GB/T 15237—2000,定义 5.3.1.3]

3.52

自然语言 natural language

目前或曾经在某一社团中活跃使用，其**规则**主要从其用法中推演出来的**语言**。

[ISO 5127:2001，定义 1.1.2.02]

3.53

对象类 object class

在真实世界中，能以显式边界标识，其含义及其性质和性态服从同样的**规则**的事物、观念或抽象概念的集合。

3.54

开放电子数据交换注册项添加 OeRI addition

在注册库中，插入描述未被该注册库中已有的**开放电子数据交换注册项**描述的某一概念的**开放电子数据交换注册项**的过程。

3.55

开放电子数据交换注册项澄清 OeRI clarification

对**开放电子数据交换注册项**所作的非实质性变更。

注 1：非实质性变更不改变开放电子数据交换注册项的语义或技术含义。

注 2：开放电子数据交换注册项澄清并不造成开放电子数据交换注册项的注册地位的变更。

[ISO 19135:2005，定义 4.1.1 adapted]

3.56

开放电子数据交换注册项协调化 OeRI harmonization

为说明被协调的各**开放电子数据交换注册项**之间可能存在的可调整差异，而对**开放电子数据交换注册项**的潜在的重复或重叠所作的消解。

3.57

开放电子数据交换注册项语言码 OeRI language code

由提交组织用于开放电子数据交换注册项的语言的语言码。

3.58

开放电子数据交换注册项退隐 OeRI retirement

对某一**开放电子数据交换注册项**不再适合用于产生新数据的声明。

注：已退隐开放电子数据交换注册项的地位从“有效的”变更为“已退隐的”。已退隐的开放电子数据交换注册项继续留在注册库内，以支持对在其退隐之前所产生数据的判读。

[ISO 19135:2005，定义 4.1.14 adapted]

3.59

开放电子数据交换注册项取代 OeRI supersession

某一**开放电子数据交换注册项**被一个或多个新的**开放电子数据交换注册项**替换的过程。

注：被替换项的地位从“有效的”变更为“被取代的”。

[ISO 19135:2005，定义 4.1.18 adapted]

3.60

官方语言 official language

由**管辖域**规定供**法人正式**使用，采用**自然语言**形式的如下**外部约束**：构成**管辖域**的组成部分和(或)服从于**管辖域**，供(1)在**管辖域**内和(或)(2)在这些**法人**之间通信之用，其中的通信是涉及**承诺**的**记录式信息**。

注 1：除官方语言要求另有陈述外，法人自由选择其相互可接受的自然语言和(或)专用语言，供通信以及承诺交换使用。

注 2：管辖域决定其是否具有某种官方语言。若没有时，则具有事实语言。

注3：对正式通信以及向服从所在管辖域的法人提供货物和服务，以及对用于所在管辖域的法律和其他冲突解决体制，都能强制性地使用官方语言。

注4：官方语言的使用，于适用处，可以是个人在该管辖域行使权利和义务所要求的。

注5：遇有某一管辖范围的官方语言具有术语体系性质的受管控词汇表时，此时的官方语言很可能带有专用语言的特性。在这种情况下，所用的术语体系应加以规定。

注6：对官方语言，遇有其相应的自然语言的口语体的书写体系多于一种时，拟使用的书写体系应加以规定。

示例1：有时，官方语言的口语体可具有多种书写体系。例如，伊努伊特（Inuktitut）语有三种书写体系。加拿大采用其中的两种，即基于第一套拉丁（罗马）字母的和基于音节的。俄国采用其中的第三种，即基于西里尔字母的（Cyrillic）。

示例2：挪威有两种官方语言书写体系，均基于第一套拉丁（罗马）字母，即博克马尔文（Bokmål）和尼诺斯克文（新挪威文）。

注7：一个管辖范围可具有多种官方语言，这些官方语言可以也可以不处于同等地位。

例：加拿大有两种官方语言，瑞士有三种官方语言，南非联邦有11种官方语言。

注8：业务操作视图（BOV）对使用特定语言的要求，将延伸到所有功能服务视图（FSV）的支持服务。

示例：BOV要求以阿拉伯文、中文、日文、朝文等作为官方语言时，要求FSV支持服务有处置其关联的字符集的能力。

[ISO/IEC 19544-5:2006，定义3.87]

3.61

开放电子数据交换描述技术　Open-edi Description Technique；OeDT

采用计算机可处理的形式的规范方法（例如形式描述技术，具有形式描述技术特性的其他方法，或按照形式上规定业务操作视图概念的需要将这些方法综合起来的方法）。

[GB/T 17628—2008，定义4.1.1]

3.62

开放电子数据交换注册库　open-edi register

由**开放电子数据交换注册系统**维护的信息存储器或数据库。

3.63

开放电子数据交换注册行政管理属性　open-edi registration administration attribute

用于唯一性地标识**开放电子数据交换剧本**、**信息束**或**语义构件**以及负责对其进行维护的有关**法人**的**属性**集合中的一个属性。

3.64

开放电子数据交换注册机构　Open-edi Registration Authority；OeRA

负责维护开放电子数据交换注册组织（OeRO）的注册库并负责OeRO**标识符**签发的**法人**。

3.65

开放电子数据交换注册组织　Open-edi Registration Organization；OeRO

由OeRA授权负责**剧本**和**剧本构件**的**注册**的**法人**。

3.66

开放电子数据交换组织地址　Open-edi Registration Organization address

开放电子数据交换注册组织的物理**地址**和（或）电子**地址**。

注：物理地址包括"收件"地址例如邮箱或能投递到的其他类似位置。

3.67

开放电子数据交换注册组织标识符　Open-edi Registration Organization Identifier；OeROI

指派给某一**开放电子数据交换注册组织**的**标识符**。

3.68

开放电子数据交换注册组织名称　Open-edi Registration Organization name

对**开放电子数据交换注册组织**的**称呼**。

3.69

开放电子数据交换注册系统　Open-edi Registry;OeR

用于对**剧本**和**剧本构件**进行注册的信息系统。

3.70

开放电子数据交换注册项　Open-edi Registry Item;OeRI

在**注册系统**内,有关特定**开放电子数据交换剧本**或某一**剧本**的**剧本构件**的**记录式信息**(包括对剧本内容的联系信息)。

3.71

开放电子数据交换注册记录　open-edi registry record

对于**开放电子数据交换注册项**的**记录式信息**的汇集。

3.72

开放电子数据交换剧本　Open-edi scenario;OeS

对于具有同一**业务**目标的**业务事务**类的形式规范。

[GB/T 17628—2008,定义 3.1.12]

3.73

开放电子数据交换发起机构　Open-edi sponsoring authority

接收向**开放电子数据交换注册机构**[11]递交的**开放电子数据交换注册组织**申请,依照本部分的要求经认可的**法人**。

3.74

组织　organization

机构的唯一性框架,该机构内的人员针对某一目的采取行动或受指派采取行动。

注:本标准覆盖的组织种类包括以下各例:

示例 1:依法组成法人团体的组织。

示例 2:未依法组成法人团体,但提供以下物品和(或)服务的组织或活动:

1) 合伙企业;
2) 社会组织、其他非盈利组织或类似团体,其拥有权或控制权置于个人群体的管理之下;
3) 独资企业;
4) 政府团体。

示例 3:信息交换中遇有需要标识的上述类型组织所分成的组。

[ISO/IEC 6523-1:1998,定义 3.1]

3.75

组织地址　organization address

某一**组织**的**物理地址**和(或)**电子地址**。

注:物理地址包括"收件"地址,例如邮箱或这样的能投递到的其他位置。

3.76

组织名称　organization name

对所指**组织**的**称呼**。

注:组织以此名称为注册机构所知。

[GB/T 18391.3—2010,定义 3.3.94]

3.77

起源　origin

所指**开放电子数据交换注册项**的来源(文档、项目、纪律、模型)。

---

11) 改编自 ISO/IEC 7812-2《标识卡　签发方标识　第 2 部分:申请和注册规程》。ISO/IEC JTC 1/SC 32 当作 ISO/IEC 15944 的开放式电子数据交换发起机构。

3.78

法人　Person

依法认可具有合法权利和义务,有资格做出**承诺**、承担和履行推定的职责,并有资格对其行动负责的实体—— 即自然人或法定的人。

注 1:"法人"的同义语有"拟制的人(artificial person)""法人组织(body corporate)"等,这取决于在合法制约范围内所用的术语。

注 2:法人的英文 Person 首字母大写,以指明在标准中一直用作是形式上定义的,并与"人(person)"的日常用法区别开来。

注 3:适用于业务事务的最低限度约束和普通外部约束,往往要求区分出法人的三种常见的子类型,即"个人法人"、"组织法人"和"公共行政管理部门法人"。

[GB/T 29853.1—2013,定义 3.47]

3.79

法人面貌　persona

在业务事务中,某一**法人**希望为人所知因而以此标识的数据元素及其值的集合。

[GB/T 29853.1—2013,定义 3.51]

3.80

物理地址　physical address

由邮政机构和(或)信使服务使用与认可,用来将信息项、物质对象或**业务对象**投递到在实际**地址**处或收件点**地址**(例如邮箱,农村递送路线)处的**联系人**的**地址**。

3.81

原则　principle

构成确定特定目的或结果的行动的来源的,基础的,本原的假设和性质。

注 1:原则通常由影响其边界的规则来实施。

注 2:原则通常通过一项或多项规则得到支持。

注 3:原则通常是合而形成统一整体的各原则的集合的组成部分。

示例:在一个管辖域内,原则集的例子有宪章、章程。

3.82

过程　process

为引向完成预期结果而以已定义的方式发生的一系列行动或事件。

[GB/T 29853.1—2013,定义 3.53]

3.83

记录式信息　recorded information

不管采用何种形式,也不管记录所用的媒体或技术,只是以允许存储和检索的方式记录在某一媒体上的任何信息。

注 1:这是一种类属定义,独立于任何本体论(即"事实"—"数据"—"信息"—"智能"—"知识"等内容)。

注 2:此定义通过采用"信息"这一术语,将信息的全部属性都继承下来。

注 3:此定义覆盖了:

i) 任何形式的记录式信息,任何记录手段,以及能记录信息的任何媒体;

ii) 所有类型的记录式信息,包括所有数据类型、指令或软件、数据库等。

[GB/T 29853.1—2013,定义 3.56]

3.84

引用文件　reference document

包含关于**剧本**或**剧本构件**的有关**记录式信息**的外部文件。

3.85

引用文件标识符　reference document identifier

由**开放电子数据交换注册组织**(OeRO)指派给**引用文件**的**标识符**。

[GB/T 18391.3—2010,定义 3.3.112 adapted]

3.86

引用文件语言码　reference document language code

标识**引用文件**中所用的**语言**,基于 ISO 639-2/T 的**语言码**。

3.87

引用文件标题　reference document title

所指**引用文件**的标题。

注:引用文件的标题可以多于一个,这取决于产生标题的语言数目。

[GB/T 18391.3—2010,定义 3.3.114]

3.88

引用文件类型描述　reference document type description

对所指**引用文件**的文档类型的描述。

[GB/T 18391.3—2010,定义 3.3.115]

3.89

引用组织　reference organization

引用文件与某一**组织**之间的关系。

[GB/T 18391.3—2010,定义 3.3.116]

3.90

注册库　register

注册簿

指派给各项并带有对关联项的描述的**标识符**的文件的集合。

[ISO 19135:2005,定义 4.1.9]

3.91

注册库管理方　register manager

已经由**注册库拥有方**委派对其**注册库**进行政管理的**组织**。

注:对于 ISO 注册库,注册管理机构履行在 ISO/IEC 指南中规定的注册机构功能。

[ISO 19135:2005,定义 4.1.10]

3.92

注册库拥有方　register owner

建立**注册库**的**组织**。

[ISO 19135:2005,定义 4.1.11]

3.93

注册员　registrar

开放电子数据交换注册组织的代表。

3.94

注册员联系信息　registrar contact

与**开放电子数据交换注册组织**的**注册员**关联的**联系人信息**。

3.95

注册　registration

基于**规则**,以显式陈述的如下**过程**:涉及使用一个或多个**数据元素**,其值(或值的组合)用于唯一性地标识指派**开放电子数据交换注册项**的结果。

3.96

注册机构　Registration Authority;RA

负责维护一个或多个**注册方案**(包括对**注册方案**中认可的每一实体的唯一**标识符**的指派)的**法人**。

[GB/T 29853.1—2013,定义 3.57]

3.97

注册模式　Registration Schema;RS

对制约数据字段的**规则**集的形式**定义**,其中的各字段用于描述某一实体和这些字段允许的内容,包括指派**标识符**的**规则**。

[GB/T 29853.1—2013,定义 3.58]

3.98

注册地位　registration status

对在**开放电子数据交换注册项**的**注册行政管理**中的地位的**称呼**。

3.99

注册系统　registry

在其中维护着某一**注册库**的信息系统。

[ISO 19135:2005,定义 4.1.13]

3.100

角色　role

将开放电子数据参与方的(某一剧本中所允许的)外部预期的行为模型化的规范。

[GB/T 17628—2008,定义 4.1.2.1]

3.101

规则　rule

制约举止、规程、条款和关系的陈述。

注 1: 规则规定必须依从的条件。这可以包括对象及其属性之间的关系。

注 2: 规则是强制性的或条件性的。

注 3: 在开放电子数据交换中,规则在正常情况下,规定所涉及各方的承诺和角色,并按在(电子)业务事务中涉及的其他各方所见,规定所涉及各方的预期的行为。这样的规则适用于:

——采用以精确和计算机可处理的含义的形式的信息流的内容;

——信息流本身的顺序和行为。

注 4: 规则必须清楚明白,足以为(电子)业务事务中涉及的所有各方所理解。规则还必须有资格能采用形式描述技术(FDT)加以规定。

示例: 当前广为采用的 FDT 是统一建模语言(UML)。

注 5: 在开放电子数据交换业务事务中的规则的规范,宜依从 ISO/IEC 15944-3《开放电子数据交换描述技术(FDT)》的要求。

3.102

规则库　rulebase

由相互工作并一起形成自主整体的预先建立的**规则**的集合。

注: 人们认为,规则库对于规则,就像数据库对于数据。

3.103

剧本属性　scenario attribute

在整体上与**开放电子数据交换剧本**有关的信息的形式规范,而这种规范无论对**角色**或是对**信息束**都不是特定的。

[GB/T 17628—2008,定义 4.1.2.3]

3.104

剧本构件　scenario component

剧本的三种基础元素,即**角色**、**信息束**、**语义构件**之一。

3.105

剧本内容　scenario content

包含**注册**条目的**标识符**、标号和关联的**定义**的**记录式信息**,以及在**业务对象**的任何**注册系统**中有关的**记录式信息**的集合。

3.106

剧本规范属性　scenario specification attribute

某一**剧本**、**角色**、**信息束**和(或)**语义构件**的**属性**。

3.107

语义构件标识符　SC identifier

对**语义构件**的唯一性的,语种上中性的,**无歧义的**并可引用的**标识符**。

3.108

语义构件　Semantic Component;SC

在**业务事务**的**业务**目标的语境中,**无歧义地**定义的**记录式信息**的单元。

注:语义构件可以是原子的,或是由若干其他语义构件构成的。

[GB/T 17628—2008,定义 4.1.2.2)]

3.109

来源机构　Source Authority;SA

被其他**法人**认可为**约束集**的权威来源的**法人**。

注 1:作为内部约束来源机构的法人可以是个人、组织或公共行政管理部门。

注 2:作为外部约束来源机构的法人可以是组织或公共行政管理部门。

示例:在航空旅游和运输领域,IATA 作为来源机构是"组织",而 ICAO 作为来源机构是"公共行政管理部门"。

注 3:作为个人的法人不应是外部约束的来源机构。

注 4:来源机构常常是供在业务事务中使用的标识符(或复合标识符)的签发机构。

注 5:来源机构能承当注册机构的角色,或具有由另一法人代其承当的这一角色。

注 6:遇有来源机构的约束集管控已编码域的情形,SA 即具有已编码域来源机构的角色。

3.110

标准　standard

包含技术规范或其他一致地用作**规则**、指南或对特性的**定义**的精确判据,以确保材料、产品、**过程**和服务均合乎其目的的文档式协定。

注:这是对 ISO 和 IEC"标准"的类属定义(现见于 ISO/IEC JTC1 指南,第 1 部分　2.5:1998){另见 ISO/IEC 指南 2:1996(1.7)}〈〈http://www.iso.ch/infoe/intro.html〉〉]。

[GB/T 29853.1—2013,定义 3.64]

3.111

主管(对开放电子数据交换注册项的)　stewardship(of OeRI)

在管理**开放电子数据交换注册项**的过程中涉及的**开放电子数据交换注册项**、**联系人**与**组织**的关系。

3.112

主管组织　stewardship organization

在**开放电子数据交换注册项务**中,一个或多个**法人**在其中采取行动或者受指派采取行动的机构的唯一性框架。

3.113

提交(开放电子数据交换注册项的)　submission(of OeRI)

在呈递某一**开放电子数据交换注册项**中涉及的**开放电子数据交换注册项**、**联系人**与**组织**的关系。(原文似自我定义:以 submission 定义 submission)

3.114

提交组织　submitting organization

由**注册库拥有方**授权,对**注册库**内容提出变更建议的**组织**。

[ISO 19135:2005,定义 4.1.16]

3.115

无歧义的　unambiguous

对适合于**业务事务**目标而交换的**记录式信息**,其语义的完全性所要求的确定性和明晰性的级别。

[GB/T 29853.1—2013,定义 3.66]

3.116

为止日期　until date

某一开放电子数据交换注册项在注册系统中不再有效的**日期**。

3.117

版本标识号　version identifier

为标识**开放电子数据交换注册项**的版本而指派的唯一性编号。

注:缺省值=1.0。

4　符号和缩略语

BOI:业务对象标识符(Business Object Identifier)

BOV:业务操作视图(Business Operational View)

BTM:业务事务模型(Business Transaction Model)

cdSA:已编码域来源机构(coded domain Source Authority)

CFR:货价加运价(Cost and Freight)

CIF:到岸价格(Cost, Insurance and Freight)

CIP:运保费付至(Carriage and Insurance Paid To)

CPT:运费已付给(Carriage Paid To)

DAF:边境交货(Delivered At Frontier)

DDP:完税后交货(Delivered Duty Paid)

DDU:未完税交货(Delivered Duty Unpaid)

DEQ:目的港码头交货(Delivered Ex Quay)

DES:目的港船上交货(Delivered Ex-Ship)

EXW:工厂交货(价格)(Ex Works)

FAS:船边交货(价格)(Free Alongside Ship)

FCA:向运送人交货条件(Free Carrier)

FDT:形式描述技术(Formal Description Technique)

FOB:船上交货(价格)(Free On Board)

FSV:功能服务视图(Functional Service View)

HIE:人的等效界面(Human Interface Equivalent)

IB:信息束(Information Bundle)

ICC:国际商会(International Chamber of Commerce)

ICT:信息与通信技术(Information and Communications Technology)

ID:标识符(Identifier)

IEC:国际电工委员会(International Electrotechnical Commission)

INCOTERM:(国际商会制定的)国际商业条款(International Commercial Terms [from International Chamber of Commerce (ICC)]

IRBOI:国际注册业务对象标识符(International Registration Business Object Identifier)

ISO:国际标准化组织(International Organization for Standardization)

IT:信息技术(Information Technology)

ITTF:(ISO/IEC)信息技术任务组[Information Technology Task Force (of ISO/IEC)]

ITU:国际电信联盟(International Telecommunication Union)

JTC 1:(ISO 和 IEC)联合技术第一(信息技术)委员会[Joint Technical Committee 1 Information technology (of the ISO and IEC)]

NWIP:新工作项建议(New Work Item Proposal)

OeDT:开放电子数据交换描述技术(Open-edi Description Technique)

OeRA:开放电子数据交换注册机构(Open-edi Registration Authority)

OeRI:开放电子数据交换注册项(Open-edi Registry Item)

OeRO:开放电子数据交换注册组织(Open-edi Registration Organization)

OeROI:开放电子数据交换注册组织标识符(Open-edi Registration Organization Identifier)

OeR:开放电子数据交换注册系统(Open-edi Registry)

OeS:开放电子数据交换剧本(Open-edi Scenario)

QoS:服务质量(Quality of Service)

RA:注册机构(Registration Authority)

RS:注册模式(Registration Scheme)

SA:来源机构(Source Authority)

SC:语义构件(在开放电子数据交换剧本构件中)[Semantic Component (*in the context of Open-edi Scenario components*)]

TC:技术委员会(Technical Committee)

TMB:技术理事会(Technical Management Board)

UML:统一建模语言(Unified Modeling Language)

5 开放电子数据交换的注册要求

5.1 总则

对语义描述技术,以及对使用适用于纳入已注册的剧本和**剧本构件**的语境和特性的**业务事务**的性质和目的的自然**语言**或专用**语言**的要求,均要求于适用时支持以下各项中的一项或多项:

——对任何**组织**进行注册并支持内部和(或)外部**约束**的能力;

——支持文化适应性要求以及对适用于业务事务的性质和目的的管辖范围性质的要求的能力;

——拟包括在**注册系统**内的**记录式信息**的集合;

——在采用形式描述技术(包括涉及**已编码域**的剧本构件的方法)时的无歧义性。

5.2 可重用性

规则 1:

任何剧本、剧本属性和(或)剧本构件,均应以将其可重用性最大化的方式加以认定和规定。

供剧本可重用所引用的剧本内容,要与各种业务信息文档以及可实现(可执行)的计算机程序一起注册。访问其中信息的联系信息应在**开放电子数据交换注册项**应用系统中予以清新描述。

5.3 多语种机制和人的等效界面

规则 2:

对任何剧本或剧本构件的注册,在人的界面处均应具有支持多语种的语义等效的能力。

这一规则,虽未在第 1 部分中特意陈述出来,但仍在“**标识符**(*在业务事务中*)”的**定义**中假定并支持在第 1 部分的模板中以及中、英双语的(以及多语种可扩充的)规范性附录 A 中采用“**IT 界面**”和“**人的语种等效界面**”。在此 5.3 中的目的就是构建第 1 部分的这些假定并以显式陈述出来,以便具有支持**计算完整性**要求的能力,同时提供支持多重(即人的多语种界面)语义等效的能力。

本部分采用的语言有:

——国标中文;

——等效 ISO 英文[12]。

本部分支持并便利于采用除国标中文之外的多语言等效。附录 A 包含术语和定义的 ISO 英文等效,并结构化以便于添加其他语言等效。

对剧本和剧本构件采用**无歧义的**、唯一性的和语种上中性的**标识符**,将便利于在不同**管辖域**使用不同语言的互操作性,因而将支持文化适应性。这样的标识符能够是简单标识符或**复合标识符**,两者合而形成组成剧本或剧本构件的**过程**和数据的语义的 **IT 等效界面**。

从人的界面的视角,任何**自然语言**都能用来表达和表示嵌入在 **IT 等效界面**即作为“**人的等效界面**”中的语义。

规则 3:

从仅基于内部约束的视角,总的来说,业务事务的各方均自由选择要用的(一种或多种)语言。

规则 4:

当作为业务事务目标的货物、服务和(或)权利的性质,以及(或者)认为业务事务发生的地点涉及外部约束时,所启用的这些外部约束很可能强制选择在建模中的业务事务的注册和再用中得到支持的语言(例如官方语言)。

包括本部分在内的开放电子数据交换标准认为,总的来说,业务事务的各方自由选择和决定相互之间所用的语言。这能够是自然语言或专用语言(例如可以是适宜于特定的工业部门、技术领域、学科等的语言)。有关语言选择的协定,对确保共同理解业务事务各方之间交换的记录式信息是很重要的。不过,依据业务事务(即根据所提供的货物和服务,业务事务的**地点**等)的性质,特定的约束可要求采用特定语言(或事实语言)。这可要求采用除国标中文(或以及中文)外的语言。当出现这种情况时,应规定这样的语种要求。

6 注册原则

以下原则是要确保对剧本和剧本构件的注册进行,以及对已注册剧本和剧本构件的信息的标识和检索的简明和便利。

---

12) 术语“ISO 英文”是指 ISO 标准文档中所采用的英文。公认的事实是,全球在不同管辖域,在用英文的用法不同。这不仅关系到词汇的拼法,而且关系到词汇的含义和选择。再者,ISO 标准中包含普通词典中查不到的术语和词汇。因此,在本部分中采用的变体英文就称为“ISO 英文”(在这一多部分标准的这一部分的附录 A 和其他部分)。GB/T 29853.1—2013 采用了这一途径,ISO/IEC 5218:2004 采用了类似的途径。最后,宜注意到,不同的管辖域通过官方词典和术语当局等的陈述,可具有官方语言变体。

6.1 注册机构联盟

规则 5:

开放电子数据交换注册组织（OeRO）及其运作，应受开放电子数据交换注册机构（OeRA）管辖，基于 JTC1 注册定义和文化适应性（多语种支持概念），从多样化的法律和规章管理的环境的观点，按本部分开展工作。

按 GB/T 18391.6《信息技术 元数据注册系统（MDR） 第 6 部分：注册》经模式化后，**开放电子数据交换注册系**是适用 ISO/IEC 14662《开放电子数据交换参考模型》和多部分标准 ISO/IEC 15944 特别是该第 2 部分的法定文本，针对开放电子数据交换注册系统条目（即剧本，信息从或语义构件）的。开放电子数据交换注册系统是一种用于对**业务对象**进行注册的系统。特指的开放电子数据交换注册系统可用于管理任何数目的**开放电子数据交换注册库**，业务对象的信息存储库或数据库。每一开放电子数据交换注册库都由一个或多个**开放电子数据交换注册组织**进行维护。对开放电子数据交换注册系统的任何特指的实现，开放电子数据交换注册库和开放电子数据交换注册组织的数目，由特指开放电子数据交换注册系统[13]的实现者和（或）操作员决定。

在任何开放电子数据交换注册库中，每一受管理的业务对象，都通过该业务对象的**国际注册业务对象标识符（IRBOI）**，仅与一个开放电子数据交换注册组织关联。

开放电子数据交换系统的首要参与方，是开放电子数据交换注册组织、**提交组织**和**主管组织**。开放电子数据交换注册组织设有一个或多个**注册员**作为**联系人**。提交组织提供开放电子数据交换注册库的开放电子数据交换注册系统条目。提交人是特指开放电子数据交换注册项的提交组织的联系人。一个提交组织可聘用任何数目的提交人。每一开放电子数据交换注册项都仅与一个提交人关联。主管组织是开放电子数据交换注册项属性的权威来源。主管是主管组织的特指开放电子数据交换注册项的联系人。主管组织可聘用任何数目的主管。每一开放电子数据交换注册项仅与一个主管关联。

6.2 标识

规则 6:

依本部分的条款注册的开放电子数据交换的每一注册条目，均应指派唯一性地标识该开放电子数据交换注册项的国际注册业务对象标识符（IRBOI）。

按本部分的条款注册的开放电子数据交换的每一注册条目，均指派一个国际注册业务对象标识符（IRBOI）。国际注册业务对象（IRBO）的**开放电子数据交换注册组织标识符（OeROI）**部分，按 7.3.2 中的规定，在不与其他注册系统交换内容的注册系统中是可选的。这一标识符的值唯一性地标识本部分框架内的开放电子数据交换注册项。7.2 中描述了用于标识每一开放电子数据交换注册项的国际注册业务对象标识符的结构。

6.3 开放电子数据交换注册机构与开放电子数据交换注册组织的职责

规则 7:

开放电子数据交换注册库的运作，按照 ISO/IEC JTC 1/SC 32（本标准采用的国际标准 ISO/IEC 15944 的开放电子数据交换编制机构）的要求，应在负责开放电子数据交换注册机构的开放电子数据交换注册组织的权限之内实施。

为了本部分这一部分的目的，**开放电子数据交换注册机构（OeRA）**应按 ISO/IEC 导则第 18 章《ISO/IEC JTC 1 关于信息技术的技术工作的规程》中的规则来任命。OeRA 应接受并处理成为开放电子数据交换注册组织（OeRO）的申请，指派开放电子数据交换注册组织标识符（OeROI）并维护注册

13) GB/T 18391.6—2010 中第 5 章“受管理项的元数据注册系统”。

库。其职责应按上述ISO/IEC《JTC 1导则》第18章与ISO/IEC 6523和ISO/IEC 7812-2中的规则履行。OeRA应基于开放电子数据交换注册库所需的内容确定应提交的适当表格。还应向**开放电子数据交换赞助机构**就提交申请提供指南注释。

开放电子数据交换注册组织应负责：

- 本组织的业务对象**标识**模式和对这种模式的进行政管理理的规则的规范和文档编制。
- 在本组织的业务对象标识方案内，**业务对象标识符**的指派、注册、文档编制，于适宜时颁布，以及维护，确保每一业务对象标识符是唯一性的。这可以包括业务对象标识符从撤销到重新分配经历最小周期的规则。
- 使开放电子数据交换注册库对ISO成员团体和联络组织以及对其他感兴趣的各方以合理收费可用。注册库及其索引应以印制形式可用。还应以允许在机器可读的媒体上产生副本的形式保有注册库。当有需求迹象时，也应使注册库对在公用国际电信服务上进行访问和询问以合理收费可用，以便提供可用的收费机制，能够将所提供服务的成本收回。

6.4 注册系统的操作

规则8：

开放电子数据交换注册机构，应为开放电子数据交换注册系统所必要的活动制定清晰陈述的规程。

需要规程的示例性功能活动有：

- **开放电子数据交换注册项**(OeRI)**增加**——添加新的开放电子数据交换注册系统条目。提交方应向开放电子数据交换注册库中提交开放电子数据交换注册系统条目。
- OeRI **协调化**——使开放电子数据交换注册系统条目协调，协调化的目的是解决OeRI的任何潜在的重复或重叠，并了解可存在于经协调的各OeRI之间的可证明为正当的差异。应建立便于协调和再用OeRI的规程。
- OeRI **澄清**——修正在拼写、标点或语法上的讹误，使开放电子数据交换注册条目得以澄清。应建立变更开放电子数据交换注册条目的规程。
- OeRI **取代**——取代语义或技术上有重大变更的开放电子数据交换注册系统的错误条目。应建立取代开放电子数据交换注册条目的规程。
- OeRI **隐退**——使开放电子数据交换注册系统条目隐退。应建立使开放电子数据交换注册条目隐退的规程。

需要用于开发、操作和(或)维护开放电子数据交换注册系统的的功能运作规程。第8章描述了管理开放电子数据交换注册库涉及的组织角色的职责。

再者，开放电子数据交换注册系统应以IT使能的方式操作；开放电子数据交换注册条目应以自动化方式提交、交换、访问和处理。在信息系统之内和之间，开放电子数据交换注册条目应为无歧义使用进行准备、结构化和使之可用，以使互操作性最大化。这一要求能表达为“计算完整性”。

6.5 注册状态

注册库的内容是潜在动态的。会提出新的**开放电子数据交换注册项**(OeRI)，接受或不接受。OeRI一旦被接受，随即加以澄清、取代或隐退。要求有信息元素，以便支持对OeRI的全寿命管理，包括其赞助组织、地位、采取特定状态的**日期**，以及可能的由注册库中其他OeRI所取代。

各单个OeRI应分别管理，通过明确定义的状态集移动。对每一OeRI均应维护其变更史的信息。

当使注册库的内容对公众可用时，在正常情况下，仅披露有效的、被取代的和隐退的OeRI。而提议的和未被接受的OeRI均为审批机制的组成部分，仅要求由注册库加以管理。提交组织对提议的和未被接受的OeRI均应有访问权，因为其有关信息对开发新提议的OeRI可能有用。

注册库中的OeRI都有有效期，开始于该OeRI向注册库提议被接受的日期，结束于对其作出取代或隐退决定的日期。虽然被取代或隐退的 OeRI 对产生新数据不再有效，但仍将其保留在注册库中，以支持对在其隐退或被取代之前产生的数据的解读。

注：这并未隐含使用在某一标准中规定的未注册 OeRI 在某种程度上“无效”，直至该 OeRI 注册。不过，采用 IRBOI 的引用仅能适用于 OeRI 的规范。

由于在要求、技术上的变化或出于其他原因，OeRI 可随时间变更。通过定义同一**项类**的 OeRI 序列，其中每一 OeRI 都带有关联的有效日期，注册库就能标识某一特指的概念在某一时段内已经发生变化。当某一 OeRI 被另一 OeRI 取代时，应将发生取代的日期以及对该取代项的引用和被引用加以掌控。在任何给定的时间，在该序列中应仅有一个 OeRI 是“有效的”。

规则 9：

当使注册库的内容对公众可用时，仅应披露有效的、被取代的和隐退的开放电子数据交换注册项（OeRI）。

注册地位规定了开放电子数据交换注册库中业务对象（即剧本、信息束或语义构件）的状态。注册地位应适用于已经录入开放电子数据交换注册库的各别 OeRI。已注册的 OeRI 的地位应是**业务对象地位**已编码域中以下三种值之一：

- 1＝有效的；
- 2＝被取代的；
- 3＝隐退的。

在 OeRI 地位是 2 即“被取代的”时，此时剧本、信息束或语义构件可由另一剧本、信息束或语义构件在某一时刻（即由于发现重复）替换，“被取代的”属性提供对新的剧本、信息束或语义构件的关联以及替换的日期和理由。“被取代的”OeRI 也为开发更高粒度的版本、业务运作要求上的变更和（或）适用的外部约束做好准备。

6.6 注册库的状态

具有规定注册库内容演变中的唯一性状态的能力是必要的，因为这些内容随时间演变。本标准规定的两种替代机制，由注册库内容的变更速率作出区分，用于规定这样的唯一性状态。

a) 对于缓慢变更的注册库，即作为硬拷贝公布传播的注册库，可规定一个版本。

b) 对于快速变更的注册库，即作为联机交互数据库使其可用的注册库，可规定最近的变更日期。

6.7 注册信息

规则 10：

对开放电子数据交换剧本按照本部分每次提交的注册申请，均应包括行政管理信息、剧本规范和分类。

为了使开放电子数据交换**剧本**及其构件的注册和再用获得成功，要求有注册信息，以便顺利地确定开放电子数据交换剧本对特定业务申请的适用性。对按本部分提交注册的开放电子数据交换剧本的每次申请，均应包括以下信息：

——用于剧本标识和开放电子数据交换注册组织（OeRO）管理的行政管理性信息；

——用于确定对业务目的的申请的适宜性的剧本规范；

——便利检索以满足业务目的的分类信息。

对已注册剧本及其构件的再用，要求标识**开放电子数据交换注册行政管理属性**，即拥有权和剧本及其构件能从中检索的位置。附录 B 提供了用于剧本及其构件注册的开放电子数据交换注册行政管理属性，这些属性已按 GB/T 18391.3 中的行政管理项所需的元数据属性模式化。

此外，剧本规范本身，按照第 1 部分的设定，在将剧本及其构件应用于特定业务目的时是必不可少的。对已注册的剧本的透彻理解会便利于再用开放电子数据交换剧本；因此，剧本规范应以尽可能形式的方式来描述。剧本规范包括：划定剧本范围的属性，开放电子数据交换剧本适用性的指标，角色、**信息束**和语义构件属性，以及对其适用属性的详细描述。于是，剧本规范借助于其范围元素和构件以开放电子数据交换描述技术(**OeDT**)按 ISO/IEC 14662 中设定并在本多部分的第 3 部分详述的 OeDT 要求形式表达出来。为方便起见,开放电子数据交换范围划定和规范属性在附录 C 中予以重述。

分类概念提供了开放电子数据交换剧本及其构件的特性,这也是对其再用的基础。组织良好的分类概念提供了最佳的搜索准则,用于检索最适合某些业务目的的已注册剧本。分类概念有效地标识了已注册的剧本及其构件的范围。当某一剧本注册时,其适用的分类概念也与其关联,形成会计和经济本体论的初步分类概念纳入了附录 X 的第 4 部分《业务事务剧本　会计和经济本体论》及从外部约束的视角的第 5 部分《作为外部约束来源的管辖域的各种范畴的标识和映射》。

6.8　开放电子数据交换描述技术的要求

规则 11:

开放电子数据交换剧本应按 GB/T 17628 中设定的开放电子数据交换描述技术(OeDT)的要求通过 OeDT 加以规定。

开放电子数据交换剧本按 GB/T 29853.1—2013 规定开放电子数据交换剧本范围的模板和开放电子数据交换剧本、角色和信息束的属性的统一模板来规定。本剧本规范然后依据范围元素和构件按 GB/T 17628 中设定的 OeDT 要求以 OeDT 形式来表达。

- 拟用于开放电子数据交换剧本的 OeDT,应在层次分解和模块化途径两方面做好准备;
- 扮演角色的开放电子数据交换一方的行为通过 OeDT 表达。

注:从本部分第 3 部分的 OeDT 很可能提出要求,将附加文本写在此处。本项目的编辑保留认定和提出可能需要的附加文本之权,以确保本标准的第 2 部分与第 3 部分之间的协调一致和相互支持的途径。

7　开放电子数据交换注册项标识符

7.1　总则

按照本部分的条款注册的每一开放电子数据交换注册项(OeRI),均指派一个国际注册业务对象标识符 (IRBOI)。这种标识符的值在第一部分框架内唯一性地标识该(OeRI)。

7.2　国际注册业务对象标识符(IRBOI)的构件

在本部分赞助下注册的**业务对象**(即剧本、信息束或语义构件)的唯一性,由国际注册业务对象标识符即由以下 4 个标识属性的值所组成的**复合标识符**确定:

1)　国际标准标识符[14];

2)　指派给开放电子数据交换注册组织的标识符,此后称为"开放电子数据交换注册组织标识符(OeROI)";

3)　指派给开放电子数据交换注册组织内业务对象的标识符,此后称为"业务对象标识符(BOI)"。

4)　指派给依其提交或更新业务对象注册的版本的标识符,此后称为"版本标识符"。

注:虽然版本标识符可不必要求使开放电子数据交换注册系统内的业务对象是唯一性的,但假若出现冲突,将版本标识符包括在国际注册业务对象标识符内会提供一种唯一性的参考点。

7.3　对国际注册业务对象标识符 (IRBOI)构件的值的指派

7.3.1　总则

国际注册业务对象标识符应指派一个提交注册的开放电子数据交换注册项(即剧本、信息束或语义构件)。指派给国际注册业务对象标识符的每一构件的值分述如下。

---

14)　作为 IRBOI 构件的国际标标识符的例子是本部分,2006.

7.3.2 开放电子数据交换注册组织标识符（OeROI）的指派

希望在本部分的赞助下成为开放电子数据交换注册组织的每一个组织，均应拥有一个按第8章设定的规程指派的国际上认可的组织码。开放电子数据交换注册组织标识符应是可变长的，最多70个字符。

7.3.3 业务对象标识符（BOI）的指派

在开放电子数据交换注册库中，所接受的每一新的业务对象（即剧本、信息束或语义构件）均应指派一个新的业务对象标识符。当经修改以变更其业务对象含义，例如，在剧本中添加一个角色时，新的业务对象标识符也应指派到现有的业务对象。见7.3.4中区分新的与新版本中的业务对象的指南。

基于对开放电子数据交换注册库中所包括的主题事项的要求，由于为其开放电子数据交换注册库建立的强制性属性值的变更，每一开放电子数据交换注册组织均应于适当时建立并公布要求指派新的业务对象标识符（即生成新的业务对象）附加条件的特定指南。

每一业务对象标识符的首字母，均应是**业务对象类型**已编码域的以下三个值之一：

- 1＝剧本；
- 2＝信息束；
- 3＝语义构件。

业务对象标识符通过规定遵从业务对象类型的剧本标识符、**信息束标识符**或**语义构件标识符**来完成。每一开放电子数据交换注册组织，均应建立并公布关于开放电子数据交换注册库所用的业务对象标识符的格式、表示和生成的特定指南。

7.3.4 版本标识符的指派

- 在任何给定时刻，即便仅能有一个版本的剧本、信息束或语义构件是有效的，仍然可以存在以前的多种版本，同时未来版本可处于准备之中。版本关联使得将剧本、信息束或语义构件的接续版本联系起来成为可能。版本编号没有分支，仅支持线性版本编号。
- 适用于剧本、信息束或语义构件版本编号的指南紧紧相接。每一开放电子数据交换注册组织，均应建立并公布关于开放电子数据交换注册库内所用的版本标识符的格式、表示和生成。

7.3.4.1 剧本

剧本范围划定属性的任何变更，均导致产生新的剧本，而不是产生新的版本。

——在实质上影响剧本处理逻辑的任何事物，均要求新的剧本，即对状态过渡设置前置或后置条件的约束；

——信息束内或剧本内的语义构件关系；

——角色之间的互操作性需求；

——影响所指合作中角色的状态的逻辑的任何变更；

——影响所指合作状态机中处理逻辑的角色过渡、角色事件、角色行动或角色内部功能的任何变更。

只有新的角色版本才有可能导致产生新的剧本版本。新的角色会导致产生新的剧本。遗传变更会造成新的角色；交叉引用变更则不会造成新的角色。

角色的安全服务要求的变更会导致产生角色与剧本版本。对剧本本身即剧本版本的安全服务要求变更情况也是如此。服务变更的剧本通信质量会导致产生剧本版本。

角色中的通信和服务质量的变更会导致产生角色与剧本版本。

7.3.4.2 信息束

信息束内容的变化会导致产生新的信息束版本。信息束的实质变更会导致产生新的信息束。仅向剧本添加一个信息束(即没有新的角色或约束)也会导致产生新的剧本版本。

信息束中或语义构件中的安全服务要求的变更,会导致产生新的信息束版本。

7.3.4.3 语义构件

用作语义构件的已编码域的变更,会导致产生包含该语义构件的新信息束版本。采用信息束的剧本也会导致产生新的版本。向信息束添加语义构件时情况也是如此。

只要定义所表达的含义保持不变,编辑对语义构件定义所作的变更,会导致产生新的语义构件版本。语义构件属性即语义构件安全服务要求的变更,会导致产生新的信息束版本。

对开放电子数据交换支持基础设施的剧本、角色或信息束的需求的变更,会导致产生剧本或信息束新的版本。

8 开放电子数据交换注册库中的管理角色和责任

8.1 引言

若干组织在开放电子数据交换注册库管理中扮演角色。这种角色及其关系作为采用 UML 记法[15)]的概念模型如图 1 所示。图 1 按 ISO 19135:2005 经模式化,其中以开放电子数据交换注册机构(OeRA)、开放电子数据交换注册组织(OeRO)与主管组织分别代替了 ISO 19135 中的**注册库拥有方**、**注册库管理方**与管控团体。这一模型不打算以软件和数据来实现,而是作为组织的集合以及其间的交互作用。

注:虽然注册库和注册系统都不是组织,但仍将其包括在图 1 之内,原因是这两者都是包括进来的组织所扮演的角色。

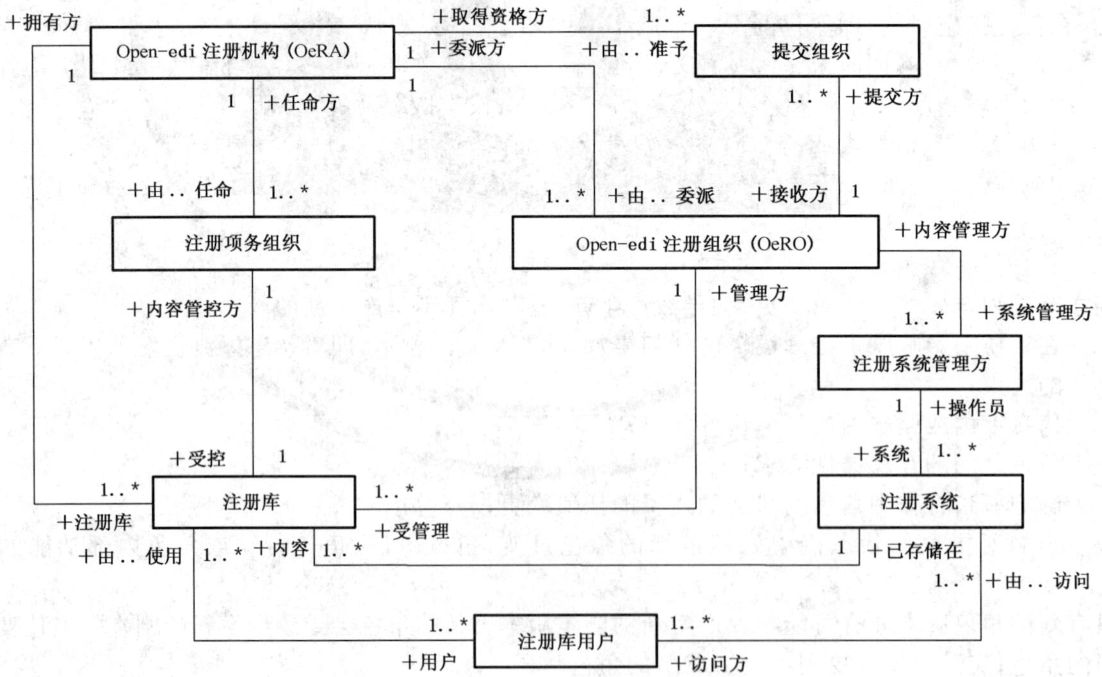

图 1 组织关系

15) 本标准规定的概念方案,采用统一建模语言(UML)(ISO/IEC 19501)进行描述。UML 记法在 ISO 19135:2005 的资料性附录 B 中描述。

8.2 开放电子数据交换发起机构

作为开放电子数据交换发起机构的 ISO/IEC JTC 1/SC 32 负责：

——确保开放电子数据交换注册组织(OeRO)的申请完全依从开放电子数据交换注册机构(OeRA)的申请规程，并指派以唯一性的开放电子数据交换注册组织标识符(OeROI)；

——在收到请求 30 日内，从其负责的国内或地区内处理 OeRO 申请；

——关于对申请的处置，在收到请求 30 日内，以书面方式通知申请人；

——回答有关 OeRO 申请的一般性询问。

8.3 开放电子数据交换注册机构(OeRA)

OeRA 是一种如下组织：

a) 已经建立一个或多个开放电子数据交换注册库；

b) 对那些开放电子数据交换注册库的管理、传播和知识内容负有主要责任。

OeRA 可当作已经建立的任何开放电子数据交换注册库的开放电子数据交换注册组织(OeRO)，或者可任命另一组织作为 OeRO。OeRA 应规定确定哪些组织可充当对开放电子数据交换注册库的内容提出变更的提交组织的准则。OeRA 可当作已经建立的任何开放电子数据交换注册库的主管组织，或者可将此角色委派给所指组织的下属机构或已经得到任命负责管理那些开放电子数据交换注册库的 OeRO。OeRA 应建立处理提交组织就开放电子数据交换注册库的主管组织所作决定的申诉的规程。这种规程的规范应包括完成此过程的适当时限。

OeRA 应规定来自 OeRO 的描述所收到建议的报告以及自上次报告以来所作决定的时间区间。OeRA 应制定使注册库内容对公众可用的条款。

8.4 开放电子数据交换注册组织(OeRO)

8.4.1 OeRO 的任命

开放电子数据交换注册机构(OeRA)可将 OeRO 的角色委派给另一组织。对于 ISO 或 IEC 技术委员会所建立的注册库，这种情形很常见。

8.4.2 OeRO 的责任

OeRO 应管理所指项类之内的开放电子数据交换注册库，这对符合于第 9 章很重要。OeRO 可管理多个开放电子数据交换注册库。OeRO 可拥有并运行所管理的保有开放电子数据交换注册库的**开放电子数据交换注册系统**(OeR)，或者，可将 OeR 的运作委派给 OeR 管理方。一旦受邀，OeRO 应分发包含着开放电子数据交换注册库描述以及如何提交变更开放电子数据交换注册库内容建议的信息包。OeRO 应从提交组织接受建议并按 9.3 中的规定管理这些建议。OeRO 应将建议递交到主管组织(8.6)，就是否接受作出决定，并应充当主管组织与提交组织之间的联系点，就变更建议进行商议。OeRO 应按 OeRA 所规定的时间间隔向 OeRA 提出报告。每份报告都应描述收到的建议以及自收到报告后所作的决定。根据 OeRA 设置的条款，应让开放电子数据交换注册库的内容对公众可用。

8.5 提交组织

8.5.1 合格的提交组织

提交组织是一种根据开放电子数据交换注册机构(OeRA)确定的准则批准的组织，负责就开放电子数据交换注册库的内容提出变更建议。开放电子数据交换注册组织(OeRO)应确定提交组织按 OeRA 建立的准则是否得到批准。潜在的提交组织可对 OeRA 的确定提出上诉。

8.5.2 提交组织的责任

提交组织应管理向 OeRO 提交的建议，或者向按 9.3 的规定在各自国家或组织创建的 OeRA 提出上诉。

8.6 主管组织

主管组织是由 OeRA 任命的技术专家组，负责决定对开放电子数据交换注册库（9.3.7）内容提议的变更的可接受性。主管组织应从 OeRO 接受提议，并就每一提议的决定在 OeRA 规定的时限内作出裁决。

8.7 开放电子数据交换注册系统（OeR）管理方

OeR 管理方是负责对 OeR 进行日常管理的个人或组织。OeR 管理方可行使第三方服务提供方的功能以承担这种服务。OeR 管理方应确保 OeR（9.6）保有的任何开放电子数据交换注册库的完整性，并应提供电子访问 OeRO、主管组织和开放电子数据交换注册库用户的 OeR（9.5）的手段。

8.8 开放电子数据交换注册库用户

开放电子数据交换注册库用户包括对访问和影响开放电子数据交换注册库的内容感兴趣的任何个人或组织。用户的注册要求各种各样：

——标准和规范的开发方希望再用在开放电子数据交换注册库中规定的开放电子数据交换注册项（OeRI）；

——数据产生方希望采用其在开放电子数据交换注册库中规定的产品 OeRI；

——数据用户希望理解开放电子数据交换注册库中由数据产生方采用的 OeRI 的含义；

——系统开发方在数据产生、交换或消费中希望提供采用开放电子数据交换注册库中 OeRI 的能力。

开放电子数据交换注册机构（OeRA）可对访问开放电子数据交换注册库设置不同级别的条款，以满足不同用户范畴的要求。

开放电子数据交换注册库用户在所需访问频度上存在差异，不常使用数据的用户可能偶尔需要确定 OeRI 的含义，数据产生方可能需要一日多次使用来自开放电子数据交换注册库的值。开放电子数据交换注册组织（OeRO）在选择公布开放电子数据交换注册库（9.5）内容的方法上，应考虑不同范畴用户的要求。

9 注册机构和运作

9.1 注册库的建立

任何组织均可建立注册库。由 ISO 技术委员会（TC）或分会建立的注册库是一种 ISO 注册库。虽然本部分的主要目的在于由 ISO/IEC JTC 1/SC 32 建立的注册库，但我国标准化技术委员会可以决定建立符合本部分的注册库。除我国标准化技术委员会或分会以外的组织也可决定建立符合本部分的注册库。在建立注册库时，要求 ISO 技术委员会服从 ISO/IEC 导则中规定的总则，但可开发细则和规程以满足自身的要求。

在开发可要求注册的国际标准时，ISO/IEC 导则要求 TC 在早期阶段通告执行总裁，以便许可任何必要的商议并允许 ISO/TMB 或 IEC 理事会事先作出公布所指国际标准的决定。ISO/IEC JTC 1

规程规定了建立 JTC 1 注册库的规则。

每一注册库均要求规定拟注册的开放电子数据交换注册项类的技术标准。为了建立符合本部分的注册库，一个组织应

a） 是曾产生规定注册库中保有的项类的技术标准的组织；或

b） 获得对该组织的批准。

9.2 开放电子数据交换剧本的注册机构

9.2.1 开放电子数据交换注册机构(OeRA)的责任

OeRA 应按 ISO/IEC 导则第 18 章《ISO/IEC JTC 1 技术工作程序》的规则予以任命。OeRA 应接受并处理开放电子数据交换注册组织(OeRO)的申请。其职责应按照上述 ISO/IEC 对 JTC 1 导则第 18 章、ISO/IEC 6523 和 GB/T 15694.2 中制定的规则实施。OeRA 应确定提交申请的适当形式，还应为 ISO/IEC JTC 1/SC 32——对 ISO/IEC 15944 的开放电子数据交换发起机构——提供提交申请的指南注释。

规则 12：

开放电子数据交换剧本的 JTC 1 OeRO，应由 OeRA 按照 JCT1 导则中定义的 JTC 1 注册机构任命规程来任命。

9.2.2 资质

任何寻求任命为开放电子数据交换剧本 JTC 1 OeRO 的组织，均应展示其满足按照在 JCT1 导则 2.7.2.2 资质中定义的 JTC 1 注册机构(RA)所需的资质的如下条件：

- 应确认其具有足够的资源来运行因特网网站以支持本标准。

9.2.3 开放电子数据交换注册组织(OeRO)的建立

开放电子数据交换剧本的 JTC 1 OeRO 的运作，应遵照与开放电子数据交换注册机构(OeRA) 签订的合同。

下列条件适用于建立 OeRO ：

- 国家成员团体或其受委任的(国家级或地区级)代理，能够成为 JTC 1 OeRO 的候选 OeRO 。
- 国家的 OeRO 宜是符合资质的，国际上可接受的，并且有权将其角色委派给受委任的国家级或地区级代理。
- OeRO 基本上是国家域或地区域的地区(即通过管辖域泛化的)，不过国家之间的联邦式 OeRO 也是可能的候选 OeRO 。
- 宜要求国家成员团体向 JTC 1 SC32 指明新建立的 OeRO 。

更多信息见 JCT1 导则 2.7.2.1《任命》和 2.7.2.3《合同》。

9.2.4 义务

开放电子数据交换剧本的 JTC1 OeRO 应：

- 按照本部分和良好业务惯例行使并处置注册行政管理的所有方面；
- 接受并评审申请，维护精确的注册库；
- 使公众详尽完备地访问所有可用的注册库条目，并于适当时提供有关信息。

更多信息见 JCT1 导则 2.7.2.4《义务》。

9.3 对开放电子数据交换注册项(OeRO)提交的处理

任何组织或个人均可向 JTC1 OeRO 提交剧本、信息束或语义构件作为开放电子数据交换剧本的申请。更多信息见 JCT1 导则的附录 E2.3《申请注册的合格性准则》。提交组织可提交向注册库添加开放电子数据交换注册项(OeRI)、修改注册库中的 OeRI 或让注册库中的 OeRI 隐退的请求。修改分为两类:不引起 OeRI 重大变更的简单澄清,通过取代过程处置的重大变更。主管组织应确定提议的修改是处置为 OeRI 澄清或是处置为 OeRI 取代。OeRO 应仅从该剧本的始发提交组织接受修改已注册剧本或让其隐退的请求。OeRO 管理应拒绝对剧本的任何其他修改和隐退请求。

当出现以下条件时,OeRO 可具有让已注册的剧本隐退为带有 6 个月“等待和警告”期的过时的能力:

- 自剧本注册后已经历 10 年之久;
- 法人申请人或用户的访问没有剧本更新活动。

9.3.1 OeRI 的保密性

OeRI 条目不应包含秘密的、专利的或不可公开的资料。OeRO 应让所有 OeRI 内的全部信息公开可用。更多信息见 JCT1 导则的附录 E2.11《保密信息》。

9.3.2 OeRI 添加

添加 OeRI 就是向注册库中插入未被已经在注册库中的 OeRI 描述的概念的 OeRI 。

9.3.3 OeRI 澄清

澄清是在拼写、标点或语法上修正讹误。OeRI 澄清不应造成已注册 OeRI 在语义或技术上的任何重大变更。

9.3.4 OeRI 取代

对造成已注册 OeRI 在语义或技术上重大变更的修改,应通过在注册库内纳入带有新 IRBOI 的新 OeRI 以及取代原有 OeRI 的日期来完成。原有的 OeRI 应继续保留在注册库内,但应包括其被取代的日期以及对将其取代的 OeRI 的引用。

9.3.5 OeRI 隐退

提交组织可提交将对产生数据不再有用的已注册 OeRI 隐退的请求。OeRI 隐退应通过将该 OeRI 留在注册库内,让其隐退并纳入其隐退日期来完成。

9.3.6 注册的申请规程

申请注册以提交注册新的 OeRI 申请开始,以注册接受终止。提交应符合以下要求:

- 认定和鉴别申请人,确认符合本标准的要求;
- 语言适应性。

采用国标中文件所需的最大限度描述是强制性的,不过开放电子数据交换注册组织(OeRO)可以许可以 OeRO 核定的语言来添加描述性信息。

对开放电子数据交换剧本的注册申请,在以下情况应予拒绝:

- 拟注册的剧本已经存在于注册库中;
- 该剧本不可执行或不可引用;

- 该剧本包含不可公布的信息(例如有密级的)或知识产权(IPR)限制;
- 从公众秩序和道德观点看,该剧本包含会遭到反对的信息。

注册前规程:

- OeRO 应提倡注册前的公示,不过 OeRO 没有回答每一条意见的义务。

注册通告:

- 已接受的剧本申请在 6 个月公示期到期后向公众通告。

注册后规程:

- OeRO 应通过电子机制使访问可用。

更多信息见 JCT1 导则的附录 E2.4《注册申请》和附录 E2.13.2《最低限度填表内容》。

提交 OeRI 注册建议的过程已经按 ISO 19135:2005 模式化,如图 2 所示。

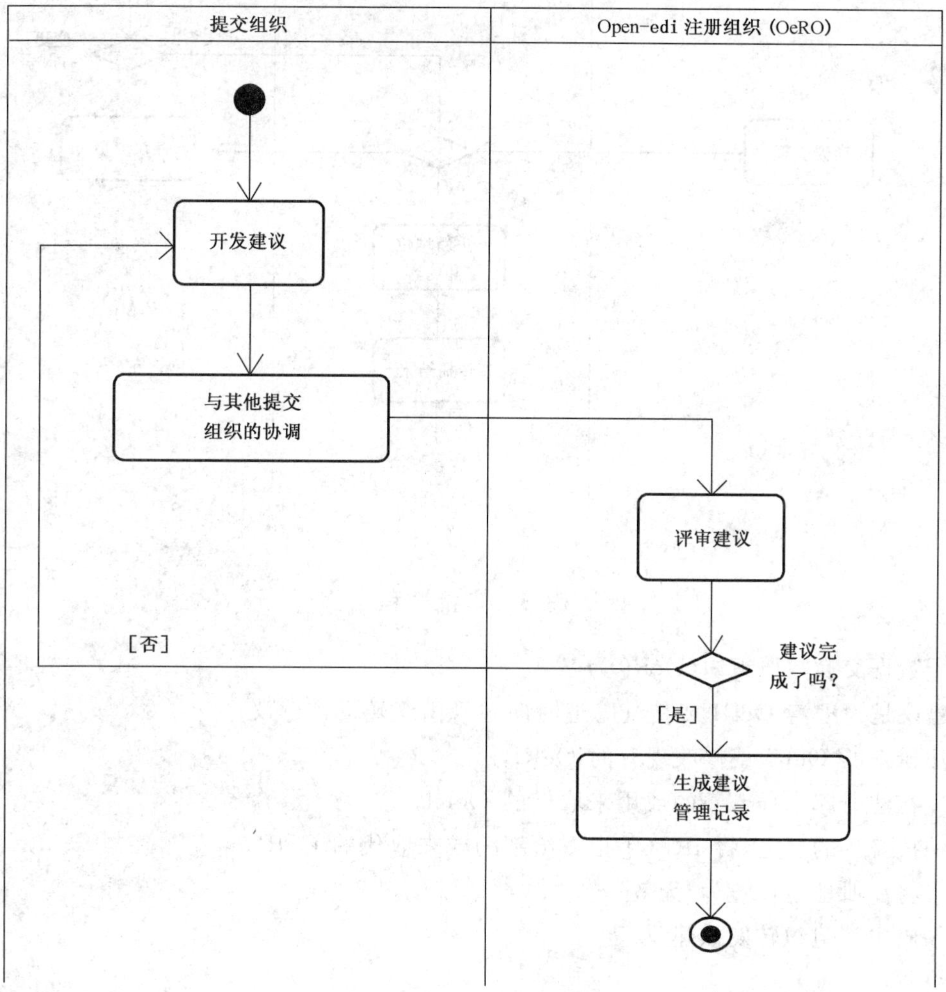

图 2 注册建议的提交

9.3.7 审批过程

确定建议的可接受性的过程已经按 ISO 19135:2005 模式化,如图 3 所示。

对 OeRI 的审批应在 OeRA 规定的时期内完成。

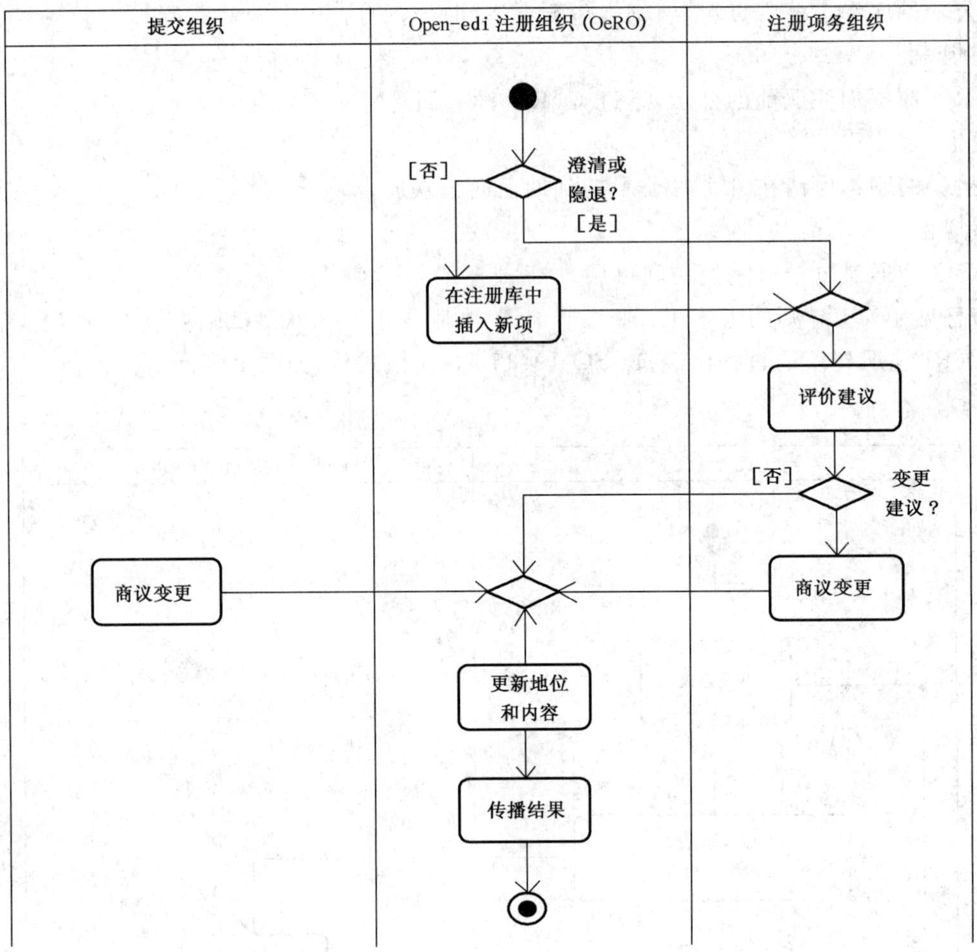

图 3　审批过程

开放电子数据交换注册组织(OeRO)应:

a)　当建议是为澄清 OeRI 或使其隐退时向主管组织转发该建议;

b)　对注册新的 OeRI 或修改现有的 OeRI,

　　1)　在注册库中插入新的或用来取代的 OeRI;

　　2)　按 7.2 的规定,将 IRBOI 指派给新的或来取代的 OeRI;

　　3)　将注册地位设置为"无效";

　　4)　向主管组织转发该建议。

主管组织应:

c)　决定接受不带变更的建议,接受服从于与提交组织商议的建议,或者不接受建议。不接受建议的判据有:

　　1)　提出的 OeRI 的规范不完备或难以理解;

　　2)　注册库中已经用样的 OeRI;

　　3)　提出的 OeRI 不属于该注册库中包括的项类;

　　4)　对此建议的辩解不适当。

d)　在开放电子数据交换注册机构(OeRA)规定的时限内,告知 OeRO 的决定和该决定的合理性。

OeRO 应：

a) 当提交组织与主管组织之间需要商议有关该主管组织规定为接受条件的建议的变更时，用作联系点；

b) 向提交组织告知处置建议的结果；

c) 当主管组织的决定得到肯定时，OeRO 应：

   1) 完成建议管理记录，其注册地位设置为“最终的”，处置设置为“可接受的”，处置日期设置为当前日期；

   2) 作出就 OeRI 内容的已批准的变更；

   3) 于适当时，将 OeRI 的地位设置为“有效的”“被取代的”或“已隐退的”。

d) 当主管组织的决定遭到否决时，

   1) 更新建议管理记录：将地位设置为“试探性的”，处置设置为“不可接受的”，处置日期设置为当前日期；

   2) 告知提交组织就主管组织的决定提出申诉的最后期限。

e) 传播审批过程的结果。

提交组织应：

a) 与主管组织商议有关该主管组织规定为接受条件的建议的变更；

b) 在各自国家或组织内，就主管组织对建议作出的决定由 OeRO 发送通知。

9.3.8 撤销

在处于审批过程期间的任何时间，提交组织都可决定将建议撤销。

OeRO 应：

a) 将建议管理记录中的注册地位从“待定的”变更为“最后的”；

b) 将处置的值变更为“撤销”，将处置日期的值变更为当前日期。

9.3.9 申诉

在申请人与开放电子数据交换注册组织(OeRO)之间出现争议时，OeRO 应合理解决此类争议。OeRO 可向负责技术标准的其他 OeRO 和(或)技术组咨询。更多信息见 JCT1 导则的附录 E2.15《争议解决》。

当提交组织不同意主管组织拒绝建议的决定时，可向开放电子数据交换注册机构(OeRA)提出申诉。申诉应包含对情况的最低限度描述、申诉的辩护理由以及对申诉不成功时所受影响的陈述。申诉过程已按 ISO 19135:2005 模式化，如图 4 所示。

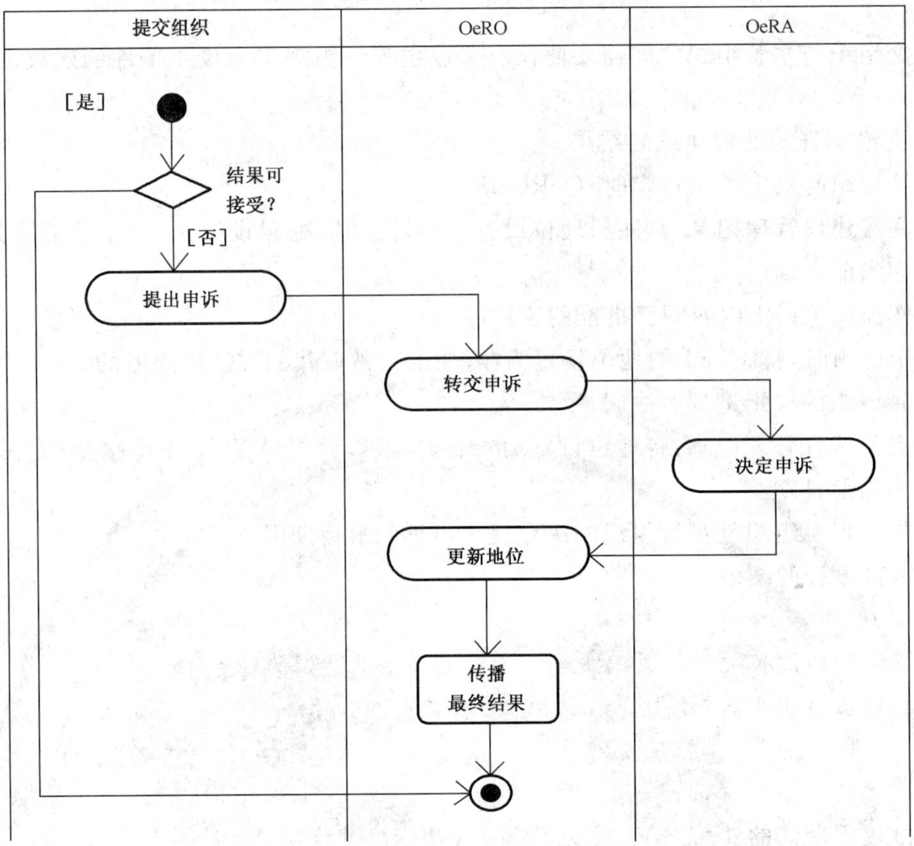

图 4　申诉过程

提交组织应:

a）确定有关注册建议的决定是否可接受;

b）当不可接受时,向 OeRO 提出申诉。

到提出申诉最后期限之前没有申诉时,注册库管理方应将建议管理记录的注册地位变更为“最终的”,并将处置日期变更为当前日期。

OeRO 应:

a）将申诉转交到 OeRA。

OeRA 应:

a）按已建立的规程（8.2）处理申诉;

b）决定是接受申诉还是拒绝申诉;

c）将结果返回 OeRO。

OeRO 应:

a）更新建议管理记录的处置和处置日期;

b）更新 OeRI 的地位;

c）将决定的结果提供给主管组织和提交组织。

提交组织应:

a）使申诉结果在提出申诉的国家或组织内周知。

9.4　提交组织的清单

OeRO 应维护并公布已经提交变更所管理的注册库内容的建议的所有合格提交组织的注册库专用

清单。每一清单均应包括每一提交组织的名称和联系人信息。

9.5 公布

依照本部分的条款,OeRO 应维护所有开放电子数据交换剧本及其已接受的注册包的注册库。已注册的最低限度关键 OeRI(OeRO 能决定并公开声明)应以中文维护并公布。该注册库或其各个注册条目的技术定义和信息性内容,按照 OeRA 的推荐,可采用其他语言提供。

对所有注册系统,OeRO 应以合理成本提供经由电子网络访问以上认定的所有信息的服务。更多信息见 JCT1 导则的附录 E2.12《注册库的公布》。

OeRO 应确保用户对注册库中有效的、被取代的或隐退的 OeRI 的信息随时可用。提供这类信息的方法可取决于用户社团成员的要求。

对于事务处理途径,推荐支持用户对有关特定 OeRI 的信息的偶尔要求。在适当的访问约束之内,注册库宜对用户通过因特网站或其他电子可处理的表格是可访问的。注册库服务宜支持基于 OeRI 名称的查询或基于出现在定义或其他关于 OeRI 的信息元素中的关键字的搜索。

对于转让途径,推荐支持用户频繁访问注册库中许多 OeRI 的要求。OeRO 宜为提供注册库中包含的有效 OeRI 集的副本做好准备,这些副本是作为物理分发媒体或纸张上的数字数据。OeRO 还宜支持更新的分布式副本的手段。OeRO 可对复制和分发这样的副本收取成本费用。

9.6 完整性

对所管理的每一注册库,OeRO 应确保:

a) 注册过程的所有方面均按良好业务惯例处置;

b) 注册库的内容准确;

c) 只有得到授权的人员才能够对注册库作出变更;

d) 注册库是安全的,不因维护该注册库的系统受损而造成损失;

e) 注册库的软副本每年至少送交 OeRA 一次;

f) 机密信息得到保护。

9.7 注册建议

附录 B 的第 3 栏规定了在提交 OeRO 建议时对开放电子数据交换行政管理属性的义务和条件限制。对于项类,可以由规定该项类的技术标准来规定附加的信息要求。详情可从有关的 OeRO 得到。

9.8 适用于注册机构运作的 JTC 1 指令

更多信息见 JCT1 导则的附录 E2.5《费用》,附录 E2.6《对申请的评审和回复》,附录 E2.7《对象定义的名称和记录的指派》,附录 E2.8《命名域》和附录 E2.9《对申请的拒绝》。

10 注册库方案

按 ISO 19135:2005 第 8 章规定的注册库结构,采纳为开放电子数据交换注册库方案。图 5 描绘了这种支持完全实现注册库的 ISO 19135:2005 注册库方案。(本标准中的开放电子数据交换注册库属性,集中在 OeRI 的特性上,而不在开放电子数据交换注册库本身。实现开放电子数据交换注册库时,鼓励参考 ISO 19135:2005 第 8 章。)

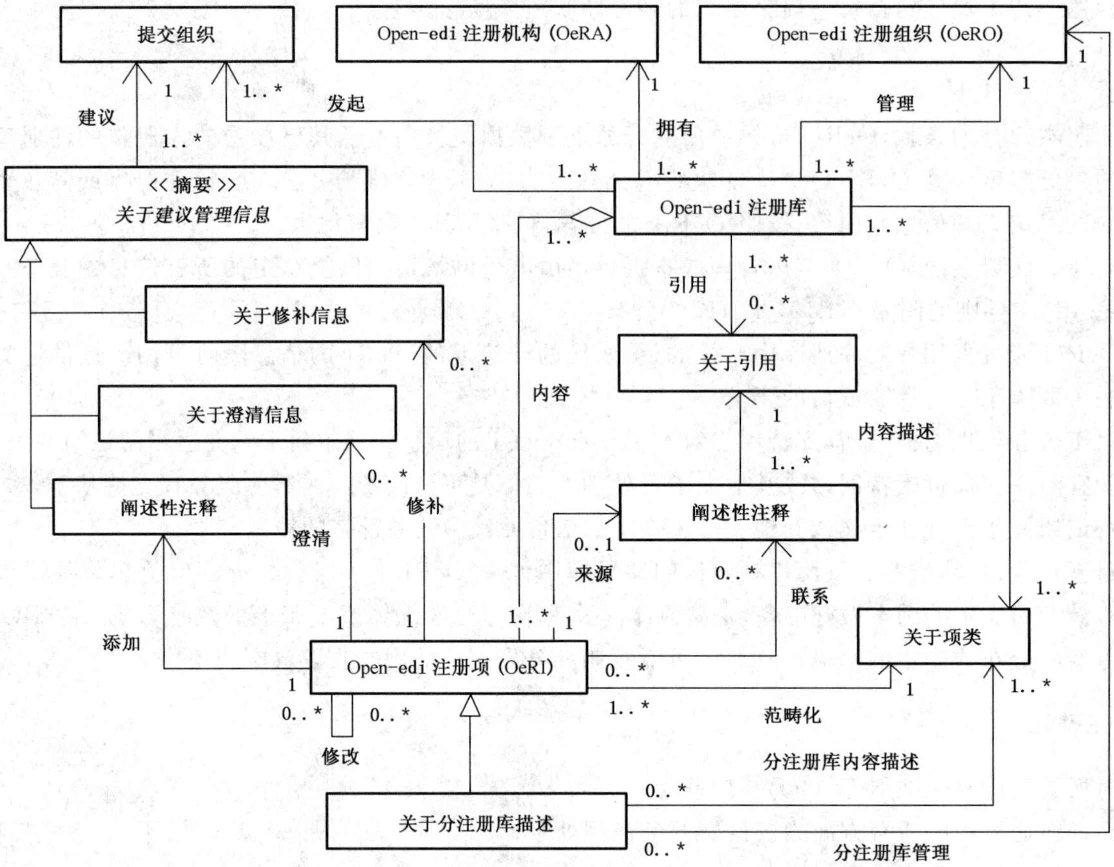

图 5　ISO 19135:2005 注册库方案

附　录　A
（规范性附录）
文化适应性的术语和定义的统一清单:国标中文与 ISO 英文等效[16)]

A.1　引言

凡遇有可能处和有可能时,本部分均最大限度地使用现有标准,包括有关的和适用的已有术语和定义。本附录 A 包含本部分采用的术语和定义(包括本部分引入的术语和定义)的国标中文与 ISO 英文对照。其来源是本部分第 3 章《术语和定义》。

A.2　国标中文与 ISO 英文

本部分认可:作为自然语言的中文和英文,其用法在全球并不是统一的或者协调一致的,这是任何“自然”语言的性质使然。在英文中,“相同的词”不仅在拼写上有不同的变体,而且在一种用法变体中相同的语义很可能书写得不同。其他例子包括在不同级别的不同管辖域(省、州、小行政区等)的阿拉伯文、德文、葡萄牙文、俄文、西班牙文等的用法。

还宜注意,不同管辖域按照其官方词典、术语部门等中的陈述,可具有官方语言变体。如上面所述,除所有语言的动态性质外,中文和英文还具有很多变化,不仅在词汇的拼写和含义(语义)上,而且在用词的选择上。

因此,此处所用的术语“国标中文”与“ISO 英文”,是指在标准化的特定语境中作为自然语言的国标专用中文与 ISO 专用英文,即作为一种专用语言。此外,ISO 标准中包含了普通词典中查不到的术语和用语。**因此,本部分采用中文与英文的变体就称为“国标中文”和“ISO 英文”**(两者均用于第 2 部分的这个附录 A 以及其他部分)[17)]。

A.3　文化适应性和质量管理

ISO/IEC JTC1 作为第三个战略方向已经添加了“文化适应性”,该委员会所有标准的开发工作均宜予以支持。其他两个现有的战略方向是“兼容性”和“互操作性”。部分原因是受资源约束,所以除了“国标中文”(以及“ISO 英文”和“ISO/IEC 法文”)外,并非所有 ISO/IEC JTC1 标准提供的语言都多于一种。

因为术语和定义是一项标准必不可少的组成部分,所以本附录 A 按照 ISO/IEC JTC1 的要求用作支持标准的“文化适应性”方面。其目的是,无论出于何种理由仅以一种 ISO/IEC “官方语言”开发 ISO/IEC JTC1 标准时,确保最低限度使术语和定义的部分以多于一种语言可用。

在翻译术语和定义(并以表格形式呈现出来)时,主要好处是在提供双语种或多语种等效的情况下进行的:

- 添加了“质量管理检查”一级,因为在另一语言中建立等效就探查出源语言中隐藏的歧义性。情况往往是只有通过翻译才能够发现术语与定义在含义即语义上的歧义性。确保术语与定义

---

16)　本附录 A 基于在本部分第 1 部分的附录 A(信息的附录)中建立的这一多部分标准采取的途径。

17)　ISO/IEC 5218:2004 的附录 A 采取类似的途径。

的双语种或多语种等效，因而宜认为是近乎最低限度的“ISO 9000 式”质量管理检查[18]。

- 认识到除中文和英文外，在其他语言中术语的“性”的重要性，因为同一个词即字符串，依据其不同的性[19]，可具有完全不同的含义。
- 在全球范围提高了采纳和使用标准的广泛性。特别是关系到本部分的用户包括了各种工业部门、不同法律视角、政策制定者和顾客代表、其他标准的开发者、IT 硬件和服务提供方等情形。
- 采取 IT 使能途径，并从 IT 和人的界面两种[20]视角推动互操作性。此途径的必不可少方面是利用每一“术语一定义”对(按照标识第 3 章中定义的 ISO/IEC JCT1 导则)的唯一性和无歧义的复合标识符，作为双语种或多语种文本等效表示与之关联的标识码。

A.4 汉语拼音字母次序排列的术语清单

一般来说，在一项标准的第 3 章中的术语和定义，都按字母次序给出，并相应地指派以标识号 3.nn。以下给出的术语和定义统一清单也是如此。

为便于标识中文术语，在以下三栏清单中以汉语拼音字母次序及其英文等效给出：

- 第 1 栏＝指派给第 3 章中术语一定义对的编号
- 第 2 栏＝中文术语
- 第 3 栏＝英文术语

表 A.1 以汉语拼音字母为序的术语清单

第 3 章编号 (1)	中文术语 (2)	英文术语 (3)
3.45	IT 等效界面	IT interface equivalent
3.117	版本标识号	version identifier
3.12	变更描述	change description
3.38	标识	identification
3.39	标识符(在业务事务中)	identifier (in business transaction)
3.37	标识码	ID code
3.110	标准	standard
3.29	称呼	designation
3.15	承诺	commitment
3.24	创建日期	creation date
3.1	地址	address
3.32	电子地址	electronic address
3.28	定义	definition
3.53	对象类	object class

18) 关于“数据”或“数据元素”本身的质量、完整性和无歧义性，没有 ISO 9000 型的标准，更不用说关于其语义的无歧义性了。

19) 更多信息见 ISO/IEC 15944-5:2006 中的 6.2.6《性和官方语言》以及所提供的例子。

20) 更多信息见(本部分)对“IT 等效界面”和“人的等效界面 (HIE)”的定义。

表 A.1（续）

第3章编号 (1)	中文术语 (2)	英文术语 (3)
3.78	法人	Person
3.79	法人面貌	persona
3.16	复合标识符	composite identifier
3.60	官方语言	official language
3.23	管控团体	control body
3.46	管辖域	jurisdictional domain
3.47	管辖域标识符	jurisdictional domain identifier
3.101	规则	rule
3.102	规则库	rulebase
3.43	国际标准标识符	International Standard Identifier
3.42	国际注册业务对象标识符	International Registration Business Object Identifier;IRBOI
3.82	过程	process
3.17	计算完整性	computational integrity
3.83	记录式信息	recorded information
3.100	角色	role
3.73	开放电子数据交换发起机构	Open-edi sponsoring authority
3.61	开放电子数据交换描述技术	Open-edi Description Technique;OeDT
3.72	开放电子数据交换剧本	Open-edi scenario;OeS
3.64	开放电子数据交换注册机构	Open-edi Registration Authority;OeRA
3.71	开放电子数据交换注册记录	open-edi registry record
3.62	开放电子数据交换注册库	open-edi register
3.69	开放电子数据交换注册系统	Open-edi Registry;OeR
3.70	开放电子数据交换注册项	Open-edi Registry Item;OeRI
3.55	开放电子数据交换注册项澄清	OeRI clarification
3.59	开放电子数据交换注册项取代	OeRI supersession
3.54	开放电子数据交换注册项添加	OeRI addition
3.58	开放电子数据交换注册项退隐	OeRI retirement
3.56	开放电子数据交换注册项协调化	OeRI harmonization
3.57	开放电子数据交换注册项语言码	OeRI language code

表 A.1（续）

第3章编号 (1)	中文术语 (2)	英文术语 (3)
3.63	开放电子数据交换注册行政管理属性	open-edi registration administration attribute
3.65	开放电子数据交换注册组织	Open-edi Registration Organization;OeRO
3.67	开放电子数据交换注册组织标识符	Open-edi Registration Organization Identifier;OeROI
3.68	开放电子数据交换注册组织名称	Open-edi Registration Organization name
3.66	开放电子数据交换组织地址	Open-edi Registration Organization address
3.109	来源机构	Source Authority;SA
3.19	联系人	contact
3.20	联系人信息	contact information
3.21	联系人姓名	contact name
3.22	联系人职位头衔	contact position title
3.51	名称	name
3.41	内部约束	internal constraint
3.77	起源	origin
3.106	剧本规范属性	scenario specification attribute
3.105	剧本内容	scenario content
3.103	剧本属性	scenario attribute
3.104	剧本构件	scenario component
3.35	人的等效界面	Human Interface Equivalent;HIE
3.26	日期	date
3.05	业务	business
3.06	业务对象	business object
3.07	业务对象标识符	business object identifier
3.08	业务对象地位	business object status
3.09	业务对象类型	business object type
3.11	业务事务	business transaction
3.10	业务操作视图	Business Operational View (BOV)
3.03	申请人(对开放电子数据交换注册项)	applicant (for an OeRI)
3.31	生效日期	effective date
3.27	事实语言	de facto language
3.25	数据元素	data element

表 A.1（续）

第3章编号 (1)	中文术语 (2)	英文术语 (3)
3.113	提交(*开放电子数据交换注册项的*)	submission (*of OeRI*)
3.114	提交组织	submitting organization
3.33	条目标记	entry label
3.34	外部约束	external constraint
3.116	为止日期	until date
3.50	位置	location
3.30	文档编制语言码	documentation language code
3.115	无歧义的	unambiguous
3.80	物理地址	physical address
3.44	项类	item class
3.40	信息束	Information Bundle;IB
3.36	信息束标识符	IB identifier
3.2	行政管理注释	administrative note
3.13	已编码域	coded domain
3.14	已编码域来源机构	coded domain Source Authority;cdSA
3.84	引用文件	reference document
3.85	引用文件标识符	reference document identifier
3.87	引用文件标题	reference document title
3.88	引用文件类型描述	reference document type description
3.86	引用文件语言码	reference document language code
3.89	引用组织	reference organization
3.48	语言	language
3.49	语言码	language code
3.108	语义构件	Semantic Component;SC
3.107	语义构件标识符	SC identifier
3.81	原则	principle
3.18	约束	constraint
3.04	属性	attribute
3.95	注册	registration
3.98	注册地位	registration status

表 A.1（续）

第 3 章编号 (1)	中文术语 (2)	英文术语 (3)
3.97	注册方案	Registration Schema;RS
3.96	注册机构	Registration Authority;RA
3.90	注册库,注册簿	register
3.91	注册库管理方	register manager
3.92	注册库拥有方	register owner
3.99	注册系统	registry
3.111	注册项务(*对开放电子数据交换注册项的*)	stewardship (*of OeRI*)
3.112	主管组织	stewardship organization
3.93	注册员	registrar
3.94	注册员联系信息	registrar contact
3.52	自然语言	natural language
3.74	组织	organization
3.75	组织地址	organization address
3.76	组织名称	organization name

A.5 附录 A 的组织[21]：术语和定义的统一清单

此处的术语与定义采用表格形式组织，以第 3 章中的(英文)字母次序为序。表中各栏如下：

栏号	用于
1	按第 3 章所述，在本标准这一部分中的标识符，即"3.nnn"中的"nnn"
2	来源：引用的标准或本部分
3	国标中文术语
4	国标中文术语的性+
5	国标中文定义
6	ISO 英文术语[*]
7	ISO 英文术语的性+
8	ISO 英文定义

按这样的顺序组织栏目的主要理由，是便利于添加采用其他语言的等效术语与定义，就像添加三栏集合那样(例如西班牙文，日文，德文，俄文，朝鲜文)。

注：+此代码表示自然语言中术语的性，基于 ISO/IEC 15944-5:2006 的 6.2.6，标题是《性和官方语言》，以此指明

——对第 4 栏的国标中文，性代码 ＝ "09"，因为中文在语法上没有性；

21) 宜予以考虑的是，附录 A：(1) 已经收入 ISO/IEC 2382《信息技术 词汇》标准中的英文和法文元素，都是基于表格的；(2) 作为一种为多语种目的可扩充的途径；(3) 在能够引用所列标准时是必备构件。

——对第 7 栏的 ISO 英文,性代码 = “09”,因为英文在语法上也没有性。

注:* 在第 2 栏中,以星号(*)指明本栏引用的 ISO 标准(除本部分或其他部分外)没有 ISO 法文版本。对于这些术语和定义,ISO/IEC 15944 提供了 ISO 法文等效。

A.6 本部分的中文和英文术语和定义的统一清单

标识		国标中文			ISO 英文定义		
术语ID	来源	术语	性	定义	术语	性	
(1)	(2)	(3)	(4)	(5)	(6)	(7)	(8)
1	GB/T 29853.2—2013(3.1)	地址	09	规定如下**位置**的**数据元素**的集合:某一**记录式信息项**、**业务对象**、物质对象和(或)人能对其发送或从其接收。 **注 1**:能将地址规定为物理地址和(或)电子地址。 **注 2**:在对已注册业务对象进行标识、引用和检索时,有必要陈述有关的记录式信息是否以物理的和虚拟的两种形式可用。 **注 3**:在开放电子数据交换的语境中,将“记录式信息项”模型化并注册为开放电子数据交换剧本、信息束或语义构件。	address	09	set of data elements that specifies a location to which a recorded information item(s), a business object(s), a material object(s) and/or a person(s) can be sent or from which it can be received. **NOTE 1** An address can be specified as a physical address and/or electronic address. **NOTE 2** In the identification, referencing and retrieving of registered business objects, it is necessary to state whether the pertinent recorded information is available in both physical and virtual forms. **NOTE 3** In the context of Open-edi, a “recorded information item” is modelled and registered as an Open-edi scenario (OeS), Information Bundle (IB) or Semantic Component (SC).
2	GB/T 29853.2—2013 (3.2)	行政管理注释	09	有关**开放电子数据交换注册项**的**普遍性注释**。	administrative note	09	general note about the OeRI.
3	GB/T 29853.2—2013 (3.3)	**申请人**(*对开放电子数据交换注册项*)	09	请求指派**开放电子数据交换注册项**和关联的**条目标号**的**法人**。 **注**:申请人能够是个人、组织或公共行政管理部门。	applicant (for an OeRI)	09	person which requests the assignment of an OeRI and an associated entry label. **NOTE** An applicant can be an individual, organization, or public administration.
4	GB/T 18391.3—2010(3.1.3)	属性	09	某一对象或实体的特性。	attribute	09	characteristic of an object or entity.

标识		国标中文			ISO 英文定义		
术语ID	来源	术语	性	定义	术语	性	
(1)	(2)	(3)	(4)	(5)	(6)	(7)	(8)
5	GB/T 17628—2008 (3.1.2)	业务	09	一种如下**过程**系列:每一过程都有明确理解的目的,涉及的**法人**多于一个,通过**记录式信息**的交换实施,导向相互达成一致的目标,并在一定时段展开。	business	09	series of processes, each having a clearly understood purpose, involving more than one Person, realized through the exchange of recorded information and directed towards some mutually agreed upon goal, extending over a period of time.
6	GB/T 29853.2—2013 (3.6)	业务对象	09	在**业务事务**中,**无歧义地**标识、规定、可引用、已注册和可重用的**开放电子数据交换剧本**或**剧本构件**。 **注**:"业务对象"作为一个"对象",仅存在于业务事务的语境之中。	business object	09	unambiguously identified, specified, referenceable, registered and re-useable Open-edi scenario or scenario component of a business transaction. **NOTE** As an "object", a "business object" exists only in the context of a business transaction.
7	GB/T 29853.2—2013 (3.7)	业务对象标识符	09	在**开放电子数据交换注册组织**内的**开放电子数据交换注册项**中,**业务对象**的唯一性**标识符**。	business object identifier	09	unique identifier of a business object in an OeRI within an Open-edi Registration Organization (OeRO).
8	GB/T 29853.2—2013 (3.8)	业务对象地位	09	在处置**开放电子数据交换注册项**的**开放电子数据交换注册组织**的行政管理过程中,对所指地位的**称呼**。	business object status	09	designation of the status in the administrative process of an Open-edi Registration Organization for handling OeRIs.
9	ISO/IEC 2nd FCD 15944-2:2005 (3.9)	业务对象类型	09	对于正在注册的**业务对象**的类型的**已编码域**(即**开放电子数据交换剧本**、**信息束**或**语义构件**)。	business object type	09	coded domain for the type of business object being registered, i.e., Open-edi scenario, IB or SC.
10	GB/T 17628—2008(3.1.3)	业务操作视图	09	对于**业务事务**,描述**业务事务**所需,仅限于有关制定**业务**决策和在**法人**之间作出**承诺**的各个方面的视角。	Business Operational View (BOV)	09	perspective of business transactions limited to those aspects regarding the making of business decisions and commitments among Persons, which are needed for the description of a business transaction.
11	GB/T 17628—2008 (3.1.4)	业务事务	09	关于各**法人**的活动和(或)**过程**的预定义的集合:由某一**法人**启动,旨在完成以显式分享的**业务**目标,所涉及的**法人**一旦认可——虽然某些认可可以是隐式的——一致同意的结论之一时即予以终止。	business transaction	09	predefined set of activities and/or processes of Persons which is initiated by a Person to accomplish an explicitly shared business goal and terminated upon recognition of one of the agreed conclusions by all the involved Persons although some of the recognition may be implicit.

标识		国标中文			ISO 英文定义		
术语ID	来源	术语	性	定义	术语	性	
(1)	(2)	(3)	(4)	(5)	(6)	(7)	(8)
12	GB/T 29853.2—2013 (3.12)	变更描述	09	自**开放电子数据交换注册项**的前一版本公布之后，对其为何以及如何又作出修改的描述。 **注**：建议将这样的变更描述配上所利用的“起源”模板值，并指明哪些“决策码”已经变更的“变更模板”以及变更生效的日期。	change description	09	description of why and how the OeRI has been modified since the prior version of the OeRI. **NOTE** It is advised that such a change description be accompanied by the “original” template values utilized and a “change template” indicating which “Decision Code(s)” has been changed as well as the date the change will take effect.
13	GB/T 29853.2—2013 (3.13)	已编码域	09	具备以下两项条件的域：(1)对其边界加以定义并以显式陈述为“**已编码域来源机构**”的**规则库**；(2)对准予成为其中成员的每一实体，通过指派符合该**来源机构**的适用的**注册方案**的唯一性**标识码**加以标识。 **注 1**：制约将标识码指派给已编码域成员的规则，制定权属于其来源机构，并构成该来源机构的已编码域注册方案的组成部分。 **注 2**：构成管辖范围域的来源机构是已编码域的主要来源。 **注 3**：已编码域是一种数据的集合，其数据元素值的内容均预先确定，并按照其来源机构的规则库加以定义，因而具有预定义的语义。 **注 4**：能与已编码域中的代码关联的有： ——一个或多于一个等效代码；	coded domain	09	domain for which (1) the boundaries are defined and explicitly stated as a rulebase of a coded domain Source Authority; and, (2) each entity which qualifies as a member of that domain is identified through the assignment of a unique ID code in accordance with the applicable Registration Schema of that Source Authority. **NOTE 1** The rules governing the assignment of an ID code to members of a coded domain reside with its Source Authority and form part of the Coded Domain Registration Schema of the Source Authority. **NOTE 2** Source Authorities which are jurisdictional domains are the primary source of coded domains. **NOTE 3** A coded domain is a data set for which the contents of the data element values are predetermined and defined according to the rulebase of its Source Authority and as such have predefined semantics. **NOTE 4** Associated with a code in a coded domain can be: —one or more equivalent codes; and/or,

标识		国标中文			ISO 英文定义		
术语ID	来源	术语	性	定义	术语	性	
(1)	(2)	(3)	(4)	(5)	(6)	(7)	(8)
13	GB/T 29853.2—2013 (3.13)	已编码域	09	——一个或多于一个等效表示，尤其是采用人界面等效(语种)表达式形式的表示。 **注 5**：在已编码域中，对适用于标识码的指派和结构化的规则必须加以规定。 **注 6**：当作为已编码域成员的实体允许具有(即已指派)的标识码多于一个，即具有等效标识码(有可能包括名称)时，必须将其中的一个规定为主标识码。 **注 7**：反之，一个已编码域能由两个或更多个已编码域组成，即通过适用对象类的继承原则。 **注 8**：已编码域可包含除该已编码域中实体成员资格之外关系到预定义条件的标识码。而且，制约已编码域的规则可以也可以不提供用户扩展能力。 **例**：常见例子有：(1)以标识码“0”指代“其他”；(2)以标识码“9”(或“99”等)指代“不适用”；(3)以标识码“8”(或“98”等)指代“不知道”；以及(或者)于有要求时(4)预先保留一个 ID 码序列供“用户扩展”之用。 **注 9**：在对象方法体系中，作为已编码域成员的实体称为“某一类别的实例”。 **示例**：在 UML 建模记法中，标识码视为对象类的实例。	coded domain	09	—one or more equivalent representations especially those in the form of Human Interface Equivalent (HIE) (linguistic) expressions. **NOTE 5** In a coded domain the rules for assignment and structuring of the ID codes must be specified. **NOTE 6** Where an entity as member of a coded domain is allowed to have, i.e., assigned, more than one ID code, i.e., as equivalent ID codes (possibly including names), one of these must be specified as the pivot ID code. **NOTE 7** A coded domain in turn can consist of two or more coded domains, i. e., through the application of the inheritance principle of object classes. **NOTE 8** A coded domain may contain ID codes which pertain to predefined conditions other than qualification of membership of entities in the coded domain. Further, the rules governing a coded domain may or may not provide for user extensions. **EXAMPLE** Common examples include: (1) the use of ID Code "0" (or "00", etc.) for “Other”; (2) the use of ID Code "9" (or "99", etc.) for “Not Applicable”; (3) the use of “8” (or “98”) for “Not Known”; and/or, if required, (4) the pre-reservation of a series of ID codes for use of “user extensions”. **NOTE 9** In object methodology, entities which are members of a coded domain are referred to as instances of a class. **EXAMPLE** In UML modelling notation, an ID code is viewed as an instance of an object class.

标识		国标中文			ISO 英文定义		
术语ID	来源	术语	性	定义	术语	性	
(1)	(2)	(3)	(4)	(5)	(6)	(7)	(8)
14	GB/T 29853.2—2013 (3.14)	已编码域来源机构	09	作为制定制约**已编码域**的**规则**的**来源机构**,通常是一个**组织**的**法人**。 **注 1**:来源机构是一种法人角色,而对广泛采用的已编码域,这种已编码域来源机构往往是一个管辖范围域。 **注 2**:特定部门(例如银行、运输、地球数学、农业)可具有特指的已编码域来源机构,其已编码域用在许多部门。 **注 3**:已编码域来源机构通常还行使注册机构的功能,但能聘用一个代理方即另一法人来代表自己执行注册功能。	coded domain Source Authority (cdSA)	09	Person, usually an organization, as a Source Authority which sets the rules governing a coded domain. **NOTE 1** Source Authority is a role of a Person and for widely used coded domains the coded domain Source Authority is often a jurisdictional domain. **NOTE 2** Specific sectors, (e.g., banking, transport, geomatics, agriculture, etc.), may have particular coded domain Source Authority (ies) whose coded domains are used in many other sectors. **NOTE 3** A coded domain Source Authority usually also functions as a Registration Authority but can use an agent, i.e., another Person, to execute the registration function on its behalf.
15	GB/T 29853.1—2013(3.9)	承诺	09	在做出这一许诺的**管辖域**内,由有能力强制执行的**法人**制定或接受某一权力、义务、债务或责任的过程。	commitment	09	making or accepting of a right, obligation, liability or responsibility by a Person that is capable of enforcement in the jurisdictional domain in which the commitment is made.
16	GB/T 29853.2—2013 (3.16)	复合标识符	09	由一个或多个其他标识符和(或)一个或多个其他**数据元素**组成,在**业务事务**中用作单一的唯一性**标识符**,其交互工作基于**规则**的**标识符**。 **注 1**:在业务事务中的标识符,大部分是复合标识符。 **注 2**:制约复合标识符结构和工作的规则宜加予以规定。	composite identifier	09	identifier (in a business transaction) functioning as a single unique identifier consisting of one or more other identifiers, and/or one or more other data elements, whose interworking is rule-based. **NOTE 1** Identifiers (in business transactions) are for the most part composite identifiers. **NOTE 2** The rules governing the structure and working of a composite identifier should be specified.

标识		国标中文			ISO 英文定义		
术语ID	来源	术语	性	定义	术语	性	
(1)	(2)	(3)	(4)	(5)	(6)	(7)	(8)
16	GB/T 29853.2—2013 (3.16)	复合标识符	09	**注 3**：用得最多的复合标识符由下列三项的组合构成： ——标识与编号的总方案(例如 ISO/IEC 6532，ISO/IEC 7812，ISO/IEC 7506，UPC/EAN，ITU-T E.164)的标识，这往往是假设的； ——签发组织(往往基于块数码编号方案)的标识； ——构成每一签发组织的已编码域成员的实体的标识。	composite identifier	09	**NOTE 3** Most widely used composite identifiers consist of the combinations of: —the ID of the overall identification/numbering schema，(e. g.，ISO/IEC 6532，ISO/IEC 7812，ISO/IEC 7506，UPC/EAN，ITU-T E. 164，etc.)，which is often assumed; —the ID of the issuing organization (often based on a block numeric numbering schema)；and，-the ID of the entities forming part of members of the coded domain of each issuing organization.
17	ISO/IEC 2nd FCD 15944-2:2005 (3.18)	计算完整性	09	对于一项**标准**，以对要发生的自动化处理做好准备的方式，确保行为和语义的精确描述并使下一代信息系统能动态引入这类**标准**的受管控演变的形式所作的表达。 **注**：开放电子数据交换标准已经设计得能够支持计算完整性要求，尤其是从业务对象注册和再用的视角。	computational integrity	09	expression of a standard in a form that ensures precise description of behaviour and semantics in a manner that allows for automated processing to occur，and the managed evolution of such standards in a way that enables dynamic introduction by the next generation of information systems. **NOTE** Open-edi standards have been designed to be able to support computational integrity requirements especially from a registration and re-use of business objects perspective.
18	GB/T 29803.1—2013(3.11)	约束	09	对**业务事务**的任何方面加以设定、限制、制约或规定，并以显式陈述的规则。 **注 1**：各种约束都规定为形成开放电子数据交换剧本构件(即剧本属性、角色和(或)信息束)的组成部分的规则。 **注 2**：对于在开放电子数据交换的实现中要注册的约束，必须具有唯一的、无歧义的标识符。	constraint	09	rule，explicitly stated，that prescribes，limits，governs or specifies any aspect of a business transaction. **NOTE 1** Constraints are specified as rules forming part of components of Open-edi scenarios，i. e.，as scenario attributes，roles，and/or Information Bundles. **NOTE 2** For constraints to be registered for implementation in Open-edi，they must have unique and unambiguous identifiers.

标识		国标中文			ISO 英文定义		
术语ID	来源	术语	性	定义	术语	性	
(1)	(2)	(3)	(4)	(5)	(6)	(7)	(8)
18	GB/T 29803.1—2013(3.11)	约束	09	**注 3**：约束可以是各方一致同意的(合同条件)，因而认为是"内部约束"。或者，约束可以是施加于各方的(例如法律、法规)，因而认为是"外部约束"。	constraint	09	**NOTE 3** A constraint may be agreed to among parties (condition of contract) and is therefore considered an "internal constraint". Or a constraint may be imposed on parties, (e. g., laws, regulations, etc.), and is therefore considered an "external constraint".
19	GB/T 18391.3—2010(3.3.26)	联系人	09	在规定的语境中，能将**记录式信息项**、物质对象、**业务对象**向其发送或从其收到的**法人**的某一角色的实例。 **注 1**：在此，作为联系人的法人能够是个人、组织(或者组织部分或组织法人)。 **注 2**："联系人"的等效英文 Contact 的首字母大写，是要与该词汇的诸多普通用法区别开来。	Contact	09	instance of a role of a Person to whom a recorded information item (s), a material object (s), a business object(s), can be sent to or received from in a specified context **NOTE 1** A Person here as a Contact can be an individual, an organization (or organization part or organization Person). **NOTE 2** Contact is capitalized to distinguish it from the many ordinary uses of the word.
20	GB/T 18391.3—2010 (3.3.27)	联系人信息	09	能找到**联系人**的地点或能与之通信的信息。	Contact information	09	information to enable a Contact to be located or communicated with.
21	GB/T 29853.2—2013(3.22)	联系人姓名	09	希望以此被人称为**联系人**的**法人**的**法人面貌**。 **注**：遇有某一组织是开放电子数据交换注册项申请人的情形，就可以按其在申请注册事务对象的剧本或剧本构件中的联系人姓名来称呼组织法人、代理方或第三方。	Contact name	09	persona by which a Person wishes to be designated as a Contact. **NOTE** Where an organization is the OeRI applicant, it may designate an organization Person, an agent, or a third party as its Contact name in applying to register a scenario or scenario component as business object.
22	GB/T 18391.3—2010 (3.3.29)	联系人职位头衔	09	由作为**联系人**的**组织法人**所占职位的头衔的**名称**。	Contact position title	09	name of title of the position held by an organization Person as a Contact.
23	ISO/FDIS 19135:2005(4.1.2)	管控团体	09	就**注册库**的内容作出决策的技术专家组。	control body	09	group of technical experts that makes decisions regarding the content of a register.

标识		国标中文			ISO 英文定义		
术语ID	来源	术语	性	定义	术语	性	
(1)	(2)	(3)	(4)	(5)	(6)	(7)	(8)
24	GB/T 29853.2—2013(3.25)	创建日期	09	对**业务对象**创建**开放电子数据交换注册项**的**日期**。	creation date	09	date the OeRI for a business object is created.
25	GB/T 18391.3—2010 (3.3.36)	数据元素	09	其**定义**、**标识**、表示和许可值均借助于**属性**集合来规定的数据的单元。	data element	09	unit of data for which the definition, identification, representation and Permissible Values are specified by means of a set of attributes.
26	GB/T 29853.2—2013 (3.27)	日期	09	对某年某月某日，采用格里历，以“年年年年—月月—日日”(YYYY-MM-DD)格式的依从ISO 8601标准的表示。	date	09	ISO 8601 compliant representation of a date in a YYYY-MM-DD format using the Gregorian calendar.
27	ISO/IEC 15944-5:2006(3.42)	事实语言	09	在某一**管辖域**中使用，具有该**管辖域官方语言**的性质和性态，但该**管辖域**并未正式声称是其官方语言的**自然语言**。 **注1**：管辖域的事实语言往往是通过长期使用和习惯建立起来的。 **注2**：除另有显式陈述以及通过剧本、剧本属性和(或)剧本构件为业务事务建模之外，假定管辖域的事实语言与官方语言具有相同的性质和性态。	de facto language	09	natural language used in a jurisdictional domain which has the properties and behaviours of an official language in that jurisdictional domain without having formally been declared as such by that jurisdictional domain. **NOTE 1** A de facto language of a jurisdictional domain is often established through long term use and custom. **NOTE 2** Unless explicitly stated otherwise and for the purposes of modelling a business transaction through scenario(s), scenario attributes and/or scenario components, a de facto language of a jurisdictional domain is assumed to have the same properties and behaviours as an official language.
28	GB/T 15237—2000 (3.3.1)	定义	09	对某一概念，由用以将其与有关概念区别开来的描述性陈述所作的表述。	definition	09	representation of a concept by a descriptive statement which serves to differentiate it from related concepts.
29	GB/T 15237—2000 (3.4.1 adapted)	称呼	09	对某一概念以对其指代的符号所作的表示。 **注**：在术语体系著作中，称呼区分为三种类型：符号，称号(又称“名称”)和术语。	designation	09	representation of a concept by a sign which denotes it. **NOTE** In terminology work, three types of designations are distinguished: symbols, appellations (a.k.a. names), and terms.

标识		国标中文			ISO 英文定义		
术语ID	来源	术语	性	定义	术语	性	
(1)	(2)	(3)	(4)	(5)	(6)	(7)	(8)
30	GB/T 29853.2—2013 (3.31)	文档编制语言码	09	由**开放电子数据交换注册组织**用于编制文档的**语言**的**语言码**。 **注**：采用 ISO 639-2/T(术语体系)中的三字符字母语言码和名称。	documentation language code	09	language code of the language used for documentation by the Open-edi Registration Organization. **NOTE** Use the three character alphabetic language codes and names from ISO 639-2/T (Terminology).
31	GB/T 29853.2—2013 (3.32)	生效日期	09	**开放电子数据交换注册项**对**注册系统**用户成为可用的**日期**。	effective date	09	date an OeRI became/becomes available to registry users.
32	GB/T 29853.2—2013 (3.33)	电子地址	09	在经认可的电子寻址方案(例如电话,电传,IP)中利用的,**记录式信息**项和(或)**业务对象**能对其发送并能从**联系人**处接收的**地址**。	electronic address	09	address utilized in a recognized electronic addressing scheme,(e.g., telephone, telex, IP, etc.), to which recorded information item(s) and/or business object(s) can be sent to or received from a Contact.
33	GB/T 29853.2—2013(3.34)	条目标记	09	对于作为已注册的**开放电子数据交换剧本**或**剧本构件**的**业务对象**,与其**标识**和所得的**国际注册业务对象标识符**(IRBOI)唯一性地关联的**名称信息**。 **注**：与 IRBOI 关联的条目标记可以多于一个,这取决于作为人的的等效界面(HIE)适用的语言数目。	entry label	09	name information uniquely associated with the identification and resulting International Registration Business Object Identifier of a business object as a registered Open-edi scenario or scenario component. **NOTE** More than one entry label may be associated with an IRBOI depending on the applicable language(s) utilized as Human Interface Equivalents (HIEs).
34	GB/T 29853.1—2013(3.23)	外部约束	09	在**业务事务**中,处于**内部约束**之上——即在**业务事务**的各方一致同意的约束之外——的**约束**。 **注 1**：依惯例,外部约束由法律、规章、指示、条约、约定或类似的文书所创建。 **注 2**：外部约束的其他来源有：部门性质的约束,有关特指制约范围的约束,或对公共业务约定是相互议定的约束(例如通用国际商业条款(INCOTERMS)和交换的契约)。	external constraint	09	constraint which takes precedence over internal constraints in a business transaction, i.e., is external to those agreed upon by the parties to a business transaction **NOTE 1** Normally external constraints are created by law, regulation, orders, treaties, conventions or similar instruments. **NOTE 2** Other sources of external constraints are those of a sectorial nature, those which pertain to a particular jurisdiction or a mutually agreed to common business convention, (e.g., INCOTERMS, exchanges, etc.).

标识		国标中文			ISO 英文定义		
术语ID	来源	术语	性	定义	术语	性	
(1)	(2)	(3)	(4)	(5)	(6)	(7)	(8)
34	GB/T 29853.1—2013(3.23)	外部约束	09	**注**：外部约束能适用于业务事务中提供的货物、服务和(或)权利的性质。 **注4**：外部约束能提出如下需求：业务事务的一方满足特指角色的特定要求。 **示例1**：只有合格的医生才可以开具处方药品的处方； **示例2**：只有委任的股票经纪人才可以在纽约股票交易所作交易； **示例3**：只有特许的企业才可以运送有害废物。 **注5**：在业务事务中，凡遇信息束(IB)，包括其语义构件(SC)也都用来形成业务事务的全部(例如为了法律的或审核的目的)之处，所有的约束都必须记录下来。 **示例**：为了作为一个“记录”维护有关业务事务的记录式信息的完全的集合，即作为所交换的信息束，可以有法律上的或审核上的要求。 **注6**：适用于业务事务的最低限度外部约束，经常要求将法人，即业务事务中的一方，区分为“个人”“组织”或“公共行政管理部门”。例如，隐私权仅适用于“个人”法人。	extemal constraint	09	**NOTE 3** External constraints can apply to the nature of the good, service and/or right provided in a business transaction. **NOTE 4** External constraints can demand that a party to a business transaction meet specific requirements of a particular role. **EXAMPLE 1** Only a qualified medical doctor may issue a prescription for a controlled drug. **EXAMPLE 2** Only an accredited share dealer may place transactions on the New York Stock Exchange. **EXAMPLE 3** Hazardous wastes may only be conveyed by a licensed enterprise. **NOTE 5** Where the Information Bundles (IBs), including their Semantic Components (SCs) of a business transaction are also to form the whole of a business transaction, (e.g., for legal or audit purposes), all constraints must be recorded. **EXAMPLE** There may be a legal or audit requirement to maintain the complete set of recorded information pertaining to a business transaction, i.e., as the Information Bundles exchanged, as a “record”. **NOTE 6** A minimum external constraint applicable to a business transaction often requires one to differentiate whether the Person, i.e., that is a party to a business transaction, is an “individual”, “organization”, or “public administration”. For example, privacy rights apply only to a Person as an “individual”.

标识		国标中文			ISO 英文定义		
术语ID	来源	术语	性	定义	术语	性	
(1)	(2)	(3)	(4)	(5)	(6)	(7)	(8)
35	GB/T 29853.2—2013(3.35)	人的等效界面	09	对(**业务事务中**)IT **等效界面**的**无歧义的**和 IT 使能的语义的表示——常常是采用适合于对人通信和人来理解的形式化方式的**已编码域**(或**复合标识符**)的**标识码**。 **注 1**：人的等效界面在性质上能够是语种的或者非语种的，但其语义是相同的，虽然其表示可以不同。 **注 2**：在大多数情况下，有要求时会有多种人的等效界面，以满足本地化的要求，即有语种性质的，管辖范围性质的，和(或)部门性质的。 **注 3**：人的等效界面包括各种形式或格式的表示(即除了书写文本式的以外，还有声频的，符号(或图标)性质的，字型的，图像的等)。	Human Interface Equivalent (HIE)	09	representation of the unambiguous and IT-enabled semantics of an IT interface equivalent (in a business transaction), often the ID code of a coded domain (or a composite identifier), in a formalized manner suitable for communication to and understanding by humans. **NOTE 1** Human interface equivalents can be linguistic or non-linguistic in nature, but their semantics remain the same although their representations may vary. **NOTE 2** In most cases there will be multiple Human Interface Equivalent representations as required to meet localization requirements, i. e. those of a linguistic nature, jurisdictional nature and/or sectorial nature. **NOTE 3** Human Interface Equivalents include representations in various forms or formats, (e.g., in addition to written text those of an audio, symbol (and icon) nature, glyphs, image, etc.).
36	GB/T 29853.2—2013(3.36)	信息束标识符	09	对**信息束**的唯一性的，语种上中性的，**无歧义的并且**是可引用的**标识符**。	IB identifier	09	unique, linguistically neutral, unambiguous, referenceable identifier for an Information Bundle.
37	GB/T 29853.2—2013(3.37)	**标识码**	09	由**已编码域来源机构**(cdSA)指派给**已编码域**成员的**标识**的**标识符**。 **注 1**：标识码在该已编码域的注册方案内必须是唯一性的。 **注 2**：与已编码域中的标识码关联的能够是 ——一个或多个等效代码； ——一个或多个等效表示，尤其是采用人的等效(语种)表达式的表示。	ID code	09	identifier assigned by the coded domain Source Authority (cdSA) to a member of a coded domain ID. **NOTE 1** ID codes must be unique within the Registration Schema of that coded domain. **NOTE 2** Associated with an ID code in a coded domain can be: —one or more equivalent codes; —one or more equivalent representations, especially those in the form of human equivalent (linguistic) expressions.

标识		国标中文			ISO 英文定义		
术语ID	来源	术语	性	定义	术语	性	
(1)	(2)	(3)	(4)	(5)	(6)	(7)	(8)
37	GB/T 29853.2—2013(3.37)	**标识码**	09	**注3**：遇有允许作为已编码域成员的实体的标识码多于一个，即作为等效码(有可能包括名称)的情形，其中之一必须规定为主标识码。 **注4**：已编码域可以包含关于不属于对等实体的成员的实体(即具有同样的性质和性态，例如有关预定义的条件的标识码而不是成员实体)的标识码。当属于这一情况时，制约这些例外的规则必须加以预定义并以显式陈述。 **例**：常见例子有： (1) 采用标识码“0”(或“00”等)指代“其他”； (2) 采用标识码“9”(或“99”等)指代“不适用”； (3) 采用标识码“8”(或“98”等)指代“不知道”；以及(或者)于需要时 (4) 保留标识码的某一序列或集合供“用户扩展”之用。 **注5**：在 UML 建模记法中，将标识码视为对象类的实例。	ID code	09	**NOTE 3** Where an entity as a member of a coded domain is allowed to have more than one ID code, i.e., as equivalent codes (possibly including names), one of these must be specified as the pivot ID code. **NOTE 4** A coded domain may contain ID codes pertaining to entities which are not members as peer entities, i. e., have the same properties and behaviours, such as ID codes which pertain to predefined conditions other than member entities. If this is the case, the rules governing such exceptions must be predefined and explicitly stated. **EXAMPLE** Common examples include: (1) the use of an ID code "0" (or "00", etc.), for "Other"; (2) the use of an ID code "9" (or "99") for "Not Applicable"; (3) the use of "8" (or "98") for "Not Known"; and/or, if required, (4) the prereservation of a series or set of ID codes for use for "user extensions". **NOTE 5** In UML modeling notation, an ID code is viewed as an instance of an object class.
38	GB/T 29853.1—2013(3.26)	标识	09	一种基于**规则**、以显式陈述的**过程**，其中涉及使用一个或多个**属性**即**数据元素**，这些元素的值(或值的组合)用于唯一地标识所规定**实体**的出现或存在。	identification	09	rule-based process, explicitly stated, involving the use of one or more attributes, i. e., data elements, whose value (or combination of values) is used to identify uniquely the occurrence or existence of a specified entity.

标识		国标中文			ISO 英文定义		
术语ID	来源	术语	性	定义	术语	性	
(1)	(2)	(3)	(4)	(5)	(6)	(7)	(8)
39	GB/T 29853.1—2013 (3.27)	标识符(*在业务事务中*)	09	一种由应用基于**规则**的**标识**过程得到的,无歧义、**唯一性的**、在语言学上中性的值。 **注 1**:在签发机构的标识方案内,标识符必须是唯一性的。 **注 2**:标识符在语种上独立于能够唯一性并永久性地标识与其关联的字符的序列。	identifier (*in business transaction*)	09	unambiguous, unique and a linguistically neutral value, resulting from the application of a rule-based identification process. **NOTE** 1 Identifiers must be unique within the identification scheme of the issuing authority. **NOTE** 2 An identifier is a linguistically independent sequence of characters capable of uniquely and permanently identifying that with which it is associated. See ISO 19135:2005,(4.1.5).
40	GB/T 17628—2008(4.1.2.2)	信息束	09	在**开放电子数据交换剧本**中,对由扮演**角色**的开放电子数据参与方交换的**记录式信息**的语义的形式描述。	Information Bundle;IB	09	formal description of the semantics of the recorded information to be exchanged by Open-edi Parties playing roles in an Open-edi scenario.
41	GB/T 29853.1—2013(3.33)	内部约束	09	形成**业务事务**各方之间相互议定的**承诺**的组成部分的**约束**。 **注**:内部约束是自施加的。这种约束提供一种用于建模的简化的视图,并重新使用业务事务的剧本构件,此业务事务对业务事务进行的性质没有外部约束或限制,但买卖双方相互议定的除外。	internal constraint	09	constraint which forms part of the commitment(s) mutually agreed to among the parties to a business transaction. **NOTE** Internal constraints are self-imposed. They provide a simplified view for modelling and re-use of scenario components of a business transaction for which there are no external constraints or restrictions to the nature of the conduct of a business transaction other than those mutually agreed to by the buyer and seller.
42	GB/T 29853.1—2013 (3.43)	国际注册业务对象标识符	09	对于**开放电子数据交换注册项**的国际上唯一性的**标识符**。 **注**:IRBOI 是复合标识符性质的。	International Registration Business Object Identifier; IRBOI	09	internationally unique identifier for an OeRI. **NOTE** IRBOIs are of the nature of a composite identifier.
43	GB/T 29853.1—2013 (3.44)	国际标准标识符	09	各**属性**所基于的本部分的版本的**标识符**。	International Standard Identifier	09	Identifier of the version of this part of ISO/IEC 15944 upon which attributes are based.

标识		国标中文			ISO 英文定义		
术语ID	来源	术语	性	定义	术语	性	
(1)	(2)	(3)	(4)	(5)	(6)	(7)	(8)
44	ISO 19135:2005 (4.1.6)	项类	09	具有共同性质的各项的集合。 **注**:此语境中所用的类别指实例的集合,而不是从该实例集合中抽象出来的概念。	item class	09	set of items with common properties. **NOTE** Class is used in this context to refer to a set of instances, not the concept abstracted from that set of instances.
45	GB/T 29853.1—2013 (3.45)	IT **等效界面**	09	在支持**计算完整性**的**业务事务**中,对有关**承诺**交换的**剧本**、**剧本属性**和(或)**剧本构件**的无歧义语义的计算机可处理的**标识**。 **注1**:IT 等效界面具有(业务事务中)标识符的性质,并用于支持承诺交换中的语义互操作性。 **注2**:IT 等效界面的值有时是复合标识符。 **注3**:作为复合标识符的 IT 等效界面能由已编码域的标识符加上该已编码域的标识码组成。 **注4**:IT 等效界面有时用作语义标识符。 **注5**:IT 等效界面可具有与其关联的一个或多个人的等效界面(HIE)。 **注6**:IT 等效界面的值独立于其在编程语言或 API 中的编码。	IT interface equivalent	09	computer processable identification of the unambiguous semantics of a scenario, scenario attribute and/or scenario component(s) pertaining to a commitment exchange in a business transaction which supports computational integrity. **NOTE 1** IT interface equivalents have the properties of identifiers (in business transaction) and are utilized to support semantic interoperability in commitment exchange. **NOTE 2** The value of an IT interface equivalent at times is a composite identifier. **NOTE 3** An IT interface equivalent as a composite identifier can consist of the identifier of a coded domain plus an ID code of that coded domain. **NOTE 4** An IT interface equivalent is, at times, used as a semantic identifier. **NOTE 5** An IT interface equivalent may have associated with it one or more Human Interface Equivalents (HIEs). **NOTE 6** The value of an IT interface equivalent is independent of its encoding in programming languages or APIs.

标识		国标中文			ISO 英文定义		
术语ID	来源	术语	性	定义	术语	性	
(1)	(2)	(3)	(4)	(5)	(6)	(7)	(8)
46	ISO/IEC 15944-5:2006(3.67)	管辖域	09	本身是对**法人**、法人行为以及在**法人**之间作出**承诺**的**外部约束**(包括**业务事务**的所有方面)的来源,在作为单独的法律和(或)规章框架的法律上认可的管辖范围。 **注1**:主管辖域是联合国认可的成员国。从法律和主权的视角,认为各国都是对等实体。联合国的各成员国(又称"成员国家"),可自行决定下属的分区作为经认可的管辖域(例如省、领地、小行政区)。 **注2**:能将管辖域组合起来(例如通过双边的、多边的和(或)国际的条约)形成新的管辖域。 **示例**:欧盟(EU)、NAFTA、WTO、WCO、ICAO、WHO、红十字会、ISO、IEC、ITU。 **注3**:在一个管辖域内,可以有几个管辖域级别和范畴。 **注4**:管辖域可以影响作为业务事务组成部分的所作承诺的各个方面,包括有关货物、服务和(或)权利(及由此产生的义务)以及关联的信息的制作、销售、和转移。这独立于这样的承诺交换是否在盈利或非盈利的基础(包括金融价值)上进行。	jurisdictional domain	09	jurisdiction, recognized in law as a distinct legal and/or regulatory framework, which is a source of external constraints on Persons, their behaviour and the making of commitments among Persons including any aspect of a business transaction. **NOTE 1** The pivot jurisdictional domain is a United Nations (UN) recognized member state. From a legal and sovereignty perspective they are considered "peer" entities. Each UN member state, (a. k. a. country) may have subadministrative divisions as recognized juris dictional domains, (e.g., provinces, territories, cantons, länder, etc.), as decided by that UN member state. **NOTE 2** Jurisdictional domains can combine to form new jurisdictional domains, (e.g., through bilateral, multilateral and/or international treaties). **EXAMPLE** Included here, for example, are the European Union (EU), NAFTA, WTO, WCO, ICAO, WHO, Red Cross, the ISO, the IEC, the ITU, etc. **NOTE 3** Several levels and categories of jurisdictional domains may exist within a jurisdictional domain. **NOTE 4** A jurisdictional domain may impact aspects of the commitment(s) made as part of a business transaction including those pertaining to the making, selling, transfer of goods, services and/or rights (and resulting liabilities) and associated information. This is independent of whether such interchange of commitments is conducted on a for-profit or not-for-profit basis and/or includes monetary values.

标识		国标中文			ISO 英文定义		
术语ID	来源	术语	性	定义	术语	性	
(1)	(2)	(3)	(4)	(5)	(6)	(7)	(8)
46	ISO/IEC 15944-5:2006(3.67)	管辖域	09	**注 5**:由管辖域签发的法律、规章、指令等等,认为是该管辖域的组成部分,并且是对业务事务外部约束的主要来源。	jurisdictional domain	09	**NOTE 5** Laws, regulations, directives, etc., issued by a jurisdictional domain are considered as parts of that jurisdictional domain and are the primary sources of external constraints on business transactions.
47	GB/T 29853.1—2013(3.47)	管辖域标识符	09	在互相认可的体制内,作为认可为供对等**管辖域**使用的**管辖域**的**标识码**。	jurisdictional domain identifier	09	ID code of a jurisdictional domain as recognized for use by peer jurisdictional domains within a system of mutual recognition.
48	ISO 5127:2001(1.1.2.01)	语言	09	通常由词汇表和**规则**组成,用于通信的符号的体系。 **注**:在本标准中,"语言"指自然语言或专用语言,而不是指"程序设计语言"或"人工语言"。	language	09	system of signs for communication, usually consisting of vocabulary and rules. **NOTE** In this standard, language refers to natural languages or special languages, but not "programming languages" or "artificial languages".
49	GB/T 4880.2—2000 (3.2 adapted)	语言码	09	用于表示一种或多种**语言**的字符的组合。 **注**:在由多部分组成的本标准中,采用 ISO 639-2/T(术语体系)的三字母代码。	language code	09	combination of characters used to represent a language or languages. **NOTE** In this multipart ISO/IEC 15944 standard, the ISO 639-2/T (terminology) three-alpha code is used.
50	GB/T 29853.2—2013 (3.50)	位置	09	能将其定义为**地址**的物理的或电子的地点。	location	09	place, either physical or electronic, that can be defined as an address.
51	ISO 5217:2000(1.1.2.02)	名称	09	对某一对象的采用某语种的表达式的**称呼**。	name	09	designation of an object by a linguistic expression.
52	ISO 5127:2000(1.1.2.02)	自然语言	09	目前或曾经在某一社团中活跃使用,其**规则**主要从其用法中推演出来的**语言**。	natural language	09	language which is or was in active use in a community of people, and the rules of which are mainly deduced from the usage.
53	GB/T 18391.1—2010 (3.3.22)	对象类	09	在真实世界中,能以显式边界标识,其含义及其性质和性态服从同样的**规则**的事物、观念或抽象概念的集合。	object class	09	set of ideas, abstractions, or things in the real world that can be identified with explicit boundaries and meaning and whose properties and behavior follow the same rules.

标识		国标中文			ISO 英文定义		
术语ID	来源	术语	性	定义	术语	性	
(1)	(2)	(3)	(4)	(5)	(6)	(7)	(8)
54	GB/T 29853.2—2013(3.53)	开放电子数据交换注册项添加	09	在注册库中,插入描述未被该注册库中已有的**开放电子数据交换注册项**描述的某一概念的**开放电子数据交换注册项**的过程。	OeRI addition	09	insertion into a register of an OeRI that describes a concept not described by an OeRI already in the register.
55	ISO 19135:2005,(4.1.1 adapted)	开放电子数据交换注册项澄清	09	对**开放电子数据交换注册项**所作的非实质性变更。 **注 1**:非实质性变更不改变开放电子数据交换注册项的语义或技术含义。 **注 2**:开放电子数据交换注册项澄清并不造成开放电子数据交换注册项的注册地位的变更。	OeRI clarification	09	non-substantive change to an OeRI. **NOTE 1** A non-substantive change does not change the semantics or technical meaning of the OeRI. **NOTE 2** OeRI Clarification does not result in a change to the registration status of the OeRI.
56	GB/T 29853.2—2013 (3.55)	开放电子数据交换注册项协调化	09	为说明被协调的各**开放电子数据交换注册项**之间可能存在的可调整差异,而对**开放电子数据交换注册项**的潜在的重复或重叠所作的消解。	OeRI harmonization	09	resolution of any potential duplicate or overlapping of OeRIs, accounting for justifiable differences that may exist among the harmonized OeRIs.
57	GB/T 29853.2—2013(3.54)	开放电子数据交换注册项语言码	09	由提交组织用于开放电子数据交换注册项的语言的语言码。	OeRI language code	09	language code of the language used for the OeRI by the submitting organization.
58	ISO 19135:2005 (4.1.14 adapted)	开放电子数据交换注册项退隐	09	对某一**开放电子数据交换注册项**不再适合用于产生新数据的声明。 **注**:已退隐开放电子数据交换注册项的地位从"有效的"变更为"已退隐的"。已退隐的开放电子数据交换注册项继续留在注册库内,以支持对在其退隐之前所产生数据的判读。	OeRI retirement	09	declaration that an OeRI is no longer suitable for use in the production of new data. **NOTE** The status of the retired OeRI changes from "valid" to "retired". A retired OeRI is kept in the register to support the interpretation of data produced before its retirement.

标识		国标中文			ISO 英文定义		
术语ID	来源	术语	性	定义	术语	性	
(1)	(2)	(3)	(4)	(5)	(6)	(7)	(8)
59	ISO'19135:2005 (4.1.18 adapted)	开放电子数据交换注册项取代	09	某一**开放电子数据交换注册项**被一个或多个新的**开放电子数据交换注册项**替换的过程。 **注**:被替换项的地位从"有效的"变更为"被取代的"。	OeRI supersession	09	replacement of an OeRI by one or more new OeRIs. **NOTE** The status of the replaced item changes from "valid" to "superseded".
60	ISO/IEC 19544-5:2006(3.87)	官方语言	09	由**管辖域**规定供**法人正式**使用,采用**自然语言**形式的如下**外部约束**:构成**管辖域**的组成部分和(或)服从于**管辖域**,供(1)在**管辖域**内和(或)(2)在这些**法人**之间通信之用,其中的通信是涉及到**承诺**的**记录式信息**。 **注1**:除官方语言要求另有陈述外,法人自由选择其相互可接受的自然语言和(或)专用语言,供通信以及承诺交换使用。 **注2**:管辖域决定其是否具有某种官方语言。若没有时,则具有事实语言。 **注3**:对正式通信以及向服从所在管辖域的法人提供货物和服务,以及对用于所在管辖域的法律和其他冲突解决体制,都能强制性地使用官方语言。 **注4**:官方语言的使用,于适用处,可以是个人在该管辖域行使权利和义务所要求的。	official language	09	external constraint in the form of a natural language specified by a jurisdictional domain for official use by Persons forming part of and/or subject to that jurisdictional domain for use in communication(s) either (1) within that jurisdictional domain; and/or (2) among such Persons, where such communications are recorded information involving commitment(s). **NOTE 1** Unless official language requirements state otherwise, Persons are free to choose their mutually acceptable natural language and/or special language for communications as well as exchange of commitments. **NOTE 2** A jurisdictional domain decides whether or not it has an official language. If not, it will have a de facto language. **NOTE 3** An official language(s) can be mandated for formal communications as well as provision of goods and services to Persons subject to that jurisdictional domain and for use in the legal and other conflict resolution system(s) of that jurisdictional domain, etc. **NOTE 4** Where applicable, use of an official language may be required in the exercise of rights and obligations of individuals in that jurisdictional domain.

标识		国标中文			ISO 英文定义		
术语ID	来源	术语	性	定义	术语	性	
(1)	(2)	(3)	(4)	(5)	(6)	(7)	(8)
60	ISO/IEC 19544-5:2006(3.87)	官方语言	09	**注 5**:遇有某一管辖范围的官方语言具有术语体系性质的受管控词汇表时,此时的官方语言很可能带有专用语言的特性。在这种情况下,所用的术语体系应加以规定。 **注 6**:对官方语言,遇有其相应的自然语言的口语体的书写体系多于一种时,拟使用的书写体系应加以规定。 **示例 1**:有时,官方语言的口语体可具有多种书写体系。例如,伊努伊特(Inuktitut)语有三种书写体系。加拿大采用其中的两种,即基于第一套拉丁(罗马)字母的和基于音节的。俄国采用其中的第三种,即基于西里尔字母的(Cyrillic)。 **示例 2**:挪威有两种官方语言书写体系,均基于第一套拉丁(罗马)字母,即博克马尔文(Bokmål)和尼诺斯克文(新挪威文)。 **注 7**:一个管辖范围可具有多种官方语言,这些官方语言可以也可以不处于同等地位。 **示例**:加拿大有两种官方语言,瑞士有三种官方语言,南非联邦有 11 种官方语言。 **注 8**:业务操作视图(BOV)对使用特定语言的要求,将延伸到所有功能服务视图(FSV)的支持服务。 **示例**:BOV 要求以阿拉伯文、中文、日文、朝文等作为官方语言时,要求 FSV 支持服务有处置其关联的字符集的能力。	official language	09	**NOTE 5** Where an official language of a jurisdiction has a controlled vocabulary of the nature of a terminology, it may well have the characteristics of a special language. In such cases, the terminology to be used shall be specified. **NOTE 6** For an official language, the writing system(s) to be used shall be specified, where the spoken use of a natural language has more than one writing system. **EXAMPLE 1** The spoken language of use of an official language may at times have more than one writing system. For example, three writing systems exist for the Inuktitut language. Canada uses two of these writing systems, namely, a Latin-1 based (Roman), the other is syllabic-based. The third is used in Russia and is Cyrillic-based. **EXAMPLE 2** Another example is that of Norway which has two official writing systems, both Latin-1 based, namely, Bokmål (Dano-Norwegian) and Nynorsk (New Norwegian). **NOTE 7** A jurisdiction may have more than one official language but these may or may not have equal status. **EXAMPLE** Canada has two official languages, Switzerland has three, while the Union of South Africa has eleven official languages. **NOTE 8** The BOV requirement of the use of a specific language will place that requirement on any FSV supporting service. **EXAMPLE** A BOV requirement of Arabic, Chinese, Russian, Japanese, Korean, etc., as an official language requires the FSV support service to be able to handle the associated character sets.

标识		国标中文			ISO 英文定义		
术语ID	来源	术语	性	定义	术语	性	
(1)	(2)	(3)	(4)	(5)	(6)	(7)	(8)
61	GB/T 17628—2008 (4.1.1)	开放电子数据交换描述技术	09	采用计算机可处理的形式的规范方法(例如形式描述技术,具有形式描述技术特性的其他方法,或按照形式上规定业务操作视图概念的需要将这些方法综合起来的方法)。	Open-edi Description Technique (OeDT)	09	specification method such as a Formal Description Technique, another methodology having the characteristics of a Formal Description Technique, or a combination of such techniques as needed to formally specify BOV concepts, in a computer processable form.
62	GB/T 29853.2—2013(3.57)	开放电子数据交换注册库	09	由**开放电子数据交换注册系统**维护的信息存储器或数据库。	Open-edi register	09	information store or database maintained by an Open-edi Registry.
63	GB/T 29853.2—2013(3.58)	开放电子数据交换注册行政管理属性	09	用于唯一性地标识**开放电子数据交换剧本**、**信息束**或**语义构件**以及负责对其进行维护的有关**法人**的**属性**集合中的一个属性。	Open-edi registration administration attribute	09	member of a set of attributes to uniquely identify an Open-edi scenario, Information Bundle, or Semantic Component and the relevant Person responsible for its maintenance.
64	GB/T 29853.2—2013 (3.59)	开放电子数据交换注册机构	09	负责维护开放电子数据交换注册组织(OeRO)的注册库并负责 OeRO **标识符**签发的**法人**。	Open-edi Registration Authority (OeRA)	09	Person responsible for maintaining the register of OeROs and for the issuance of OeRO identifiers.
65	GB/T 29853.2—2013 (3.60)	开放电子数据交换注册组织	09	由 OeRA 授权负责**剧本**和**剧本构件**的**注册**的**法人**。	Open-edi Registration Organization (OeRO)	09	Person qualified by the OeRA to assume the responsibility for the registration of scenario and scenario components.
66	GB/T 29853.2—2013(3.61)	开放电子数据交换组织地址	09	**开放电子数据交换注册组织**的物理**地址**和(或)电子**地址**。	Open-edi Registration Organization address	09	physical and/or electronic address of the Open-edi Registration Organization. **NOTE** A physical address includes a " pick-up " address such as a mailbox or such other location one can deliver to.

标识		国标中文			ISO 英文定义		
术语ID	来源	术语	性	定义	术语	性	
(1)	(2)	(3)	(4)	(5)	(6)	(7)	(8)
67	GB/T 29853.2—2013 (3.62)	开放电子数据交换注册组织标识符	09	指派给某一**开放电子数据交换注册组织**的**标识符**。	Open-edi Registration Organization Identifier (OeROI)	09	identifier assigned to an Open-edi Registration Organization.
68	GB/T 29853.2—2013 (3.63)	开放电子数据交换注册组织名称	09	对**开放电子数据交换注册组织**的**称呼**。	Open-edi Registration Organization name	09	designation for the Open-edi Registration Organization.
69	GB/T 29853.2—2013 (3.64)	开放电子数据交换注册系统	09	用于对**剧本**和**剧本构件**进行注册的信息系统。	Open-edi Registry (OeR)	09	information system for the registration of scenarios and scenario components.
70	GB/T 29853.2—2013 (3.69)	开放电子数据交换注册项	09	在**注册系统**内，有关特定**开放电子数据交换剧本**或某一**剧本**的**剧本构件**的**记录式信息**(包括对剧本内容的联系信息)。	Open-edi Registry Item (OeRI)	09	recorded information within a registry relating to a specific Open-edi scenario or scenario components of a scenario including linkage information to a scenario content.
71	GB/T 29853.2—2013(3.66)	开放电子数据交换注册记录	09	对于**开放电子数据交换注册项**的**记录式信息**的汇集。	Open-edi registry record	09	collection of recorded information for an OeRI.
72	GB/T 17628—2008 (3.1.12)	开放电子数据交换剧本	09	对于具有同一**业务**目标的**业务事务**类的形式规范。	Open-edi scenario (OeS)	09	formal specification of a class of business transactions having the same business goal.

标识		国标中文			ISO 英文定义		
术语ID	来源	术语	性	定义	术语	性	
(1)	(2)	(3)	(4)	(5)	(6)	(7)	(8)
73	GB/T 29853.2—2013(3.68)	开放电子数据交换发起机构	09	接收向**开放电子数据交换注册机构**递交的**开放电子数据交换注册组织**申请，依照本部分的要求经认可的**法人**。	Open-edi sponsoring authority	09	Person recognized in accordance with the requirements of this part of ISO/IEC 15944, to receive Open-edi Registration Organization applications for submission to an Open-edi Registration Authority.
74	ISO/IEC 6523-1:1998(3.1)	组织	09	机构的唯一性框架，该机构内的人员针对某一目的采取行动或受指派采取行动。 **注**：本标准覆盖的组织种类包括以下各例： **示例 1**：依法组成法人团体的组织。 **示例 2**：未依法组成法人团体，但提供以下物品和(或)服务的组织或活动： 1) 合伙企业； 2) 社会组织、其他非盈利组织或类似团体，其拥有权或控制权置于个人群体的管理之下； 3) 独资企业； 4) 政府团体。 **示例 3**：信息交换中遇有需要标识的上述类型组织所分成的组。	organization	09	unique framework of authority within which a person or persons act, or are designated to act, towards some purpose. **NOTE** The kinds of organizations covered by this International Standard include the following examples: **EXAMPLE 1** An organization incorporated under law. **EXAMPLE 2** An unincorporated organization or activity providing goods and/or services including: 1) partnerships; 2) social or other non-profit organizations or similar bodies in which ownership or control is vested in a group of individuals; 3) sole proprietorships; 4) governmental bodies. **EXAMPLE 3** Groupings of the above types of organizations where there is a need to identify these in information interchange.
75	GB/T 29853.2—2013 (3.70)	组织地址	09	某一**组织**的**物理地址**和(或)**电子地址**。 **注**：物理地址包括"收件"地址，例如邮箱或这样的能投递到的其他位置。	organization address	09	the physical and/or electronic address of an organization. **NOTE** A physical address includes a "pick-up" address such as a mailbox or such other location one can deliver to.
76	GB/T 18391.3—2010(3.3.94)	组织名称	09	对所指**组织**的**称呼**。 **注**：组织以此名称为注册机构所知。	organization name	09	designation for the organization. **NOTE** The name by which the organization is known to the registration authority.

标识		国标中文			ISO 英文定义		
术语ID	来源	术语	性	定义	术语	性	
(1)	(2)	(3)	(4)	(5)	(6)	(7)	(8)
77	GB/T 29853.2—2013 (3.72)	起源	09	所指**开放电子数据交换注册项**的来源(文档,项目,纪律,模型)。	origin	09	source (document, project, discipline or model) for the OeRI .
78	GB/T 29853.1—2013(3.47)	法人	09	依法认可具有合法权利和义务,有资格做出**承诺**,承担和履行推定的职责,并有资格对其行动负责的实体——即自然人或法定的人。 注 1:"法人"的同义语有"拟制的人(artificial person)""法人组织(body corporate)"等,这取决于在合法制约范围内所用的术语。 注 2:法人的英文 Person 首字母大写,以指明在标准中一直用作是形式上定义的,并与"人(person)"的日常用法区别开来。 注 3:适用于业务事务的最低限度约束和普通外部约束,往往要求区分出法人的三种常见的子类型,即"个人法人""组织法人"和"公共行政管理部门法人"。	Person	09	entity, i. e., a natural or legal person, recognized by law as having legal rights and duties, able to make commitment(s), assume and fulfil resulting obligation(s), and able of being held accountable for its action(s). **NOTE** 1 Synonyms for "legal person" include "artificial person", "body corporate", etc., depending on the terminology used in competent jurisdictions. **NOTE** 2 Person is capitalized to indicate that it is being utilized as formally defined in the standards and to differentiate it from its day-to-day use. **NOTE** 3 Minimum and common external constraints applicable to a business transaction often require one to differentiate among three common subtypes of Person, namely "individual", "organization", and "public administration".
79	GB/T 29853.1—2013(3.51)	法人面貌	09	在业务事务中,某一**法人**希望为人所知因而以此标识的数据元素及其值的集合。	persona	09	set of data elements and their values by which a Person wishes to be known and thus identified in a business transaction.
80	GB/T 29853.2—2013(3.74)	物理地址	09	由邮政机构和(或)信使服务使用与认可,用来将信息项、物质对象或**业务对象**投递到在实际**地址**处或收件点**地址**(例如邮箱,农村递送路线)处的**联系人**的**地址**。	physical address	09	address that is used/recognized by a postal authority and/or courier service to deliver information item(s), material object(s), or business object(s) to a Contact at either an actual address or a pick-up point address (e. g., P. O. Box, rural route, etc.).

标识		国标中文			ISO 英文定义		
术语ID	来源	术语	性	定义	术语	性	
(1)	(2)	(3)	(4)	(5)	(6)	(7)	(8)
81	GB/T 29853.2—2013(3.801)	原则	09	构成确定特定目的或结果的行动的来源的，基础的，本原的假设和性质。 **注 1**：原则通常由影响其边界的规则来实施。 **注 2**：原则通常通过一项或多项规则得到支持。 **注 3**：原则通常是合而形成统一整体的各原则的集合的组成部分。 **示例**：在一个管辖域内，原则集的例子有宪章、章程。	principle	09	fundamental, primary assumption and quality which constitutes a source of action determining particular objectives or results. **NOTE 1** A principle is usually enforced by rules that affect its boundaries. **NOTE 2** A principle is usually supported through one or more rules. **NOTE 3** A principle is usually part of a set of principles which together form a unified whole. **EXAMPLE** Within a jurisdictional domain, examples of a set of principles include a charter, a constitution, etc.
82	GB/T 29853.1—2013(3.53)	过程	09	为引向完成预期结果而以已定义的方式发生的一系列行动或事件。	process	09	series of actions or events taking place in a defined manner leading to the accomplishment of an expected result.
83	GB/T 29853.1—2013(3.56)	记录式信息	09	不管采用何种形式，也不管记录所用的媒体或技术，只是以允许存储和检索的方式记录在某一媒体上的任何信息。 **注 1**：这是一种类属定义，独立于任何本体论(即“事实”—“数据”—“信息”—“智能”—“知识”等内容)。 **注 2**：此定义通过采用“信息”这一术语，将信息的全部属性都继承下来。 **注 3**：此定义覆盖了： i) 任何形式的记录式信息，任何记录手段，以及能记录信息的任何媒体； ii) 所有类型的记录式信息，包括所有数据类型、指令或软件、数据库等。	recorded information	09	information that is recorded on or in a medium irrespective of form, recording medium or technology utilized, and in a manner allowing for storage and retrieval. **NOTE 1** This is a generic definition and is independent of any ontology, (e.g., those of “facts” versus “data” versus “information” versus “intelligence” versus “knowledge”, etc.). **NOTE 2** Through the use of the term “information,” all attributes of this term are inherited in this definition. **NOTE 3** This definition covers: i) any form of recorded information, means of recording, and any medium on which information can be recorded; ii) all types of recorded information including all data types, instructions or software, databases, etc.

标识		国标中文			ISO 英文定义		
术语ID	来源	术语	性	定义	术语	性	
(1)	(2)	(3)	(4)	(5)	(6)	(7)	(8)
84	GB/T 29853.2—2013(3.78)	引用文件	09	包含关于**剧本**或**剧本构件**的有关**记录式信息**的外部文档。	reference document	09	external document(s) containing relevant recorded information about the scenario or scenario component.
85	GB/T 18391.3—2010 (3.3.112 adapted)	引用文件标识符	09	由**开放电子数据交换注册组织**(OeRO)指派给**引用文件**的**标识符**。	reference document identifier	09	identifier assigned to a reference document by the OeRO.
86	GB/T 29853.2—2013(3.80)	引用文件语言码	09	标识**引用文件**中所用的**语言**,基于 ISO 639-2/T 的**语言码**。	reference document language code	09	ISO 639-2/T based language code(s) identifying the language(s) used in the reference document.
87	GB/T 18391.3—2010 (3.3.114)	引用文件标题	09	所指**引用文件**的标题。 **注**:引用文件的标题可以多于一个,这取决于产生标题的语言数目。	reference document title	09	title(s) of the reference document. **NOTE** A reference document may have more than one title depending on the languages in which it is produced.
88	GB/T 18391.3—2010 (3.3.115 adapted)	引用文件类型描述	09	对所指**引用文件**的文档类型的描述。	reference document type description	09	description of the document type of the reference document.
89	GB/T 18391.3—2010 (3.3.116)	引用组织	09	**引用文件**与某一**组织**之间的关系。	reference organization	09	relationship between a reference document and an organization.
90	ISO 19135:2005(4.1.9)	注册库,注册簿	09	指派给各项并带有对关联项的描述的**标识符**的文件的集合。	register	09	set of files containing identifiers assigned to items with descriptions of the associated items.
91	ISO 19135:2005 (4.1.10)	注册库管理方	09	已经由**注册库拥有方**委派对其**注册库**进行政管理的**组织**。 **注**:对于 ISO 注册库,注册管理机构履行在 ISO/IEC 指南中规定的注册机构功能。	register manager	09	organization to which management of a register has been delegated by the register owner. **NOTE** In the case of an ISO register, the register manager performs the functions of the registration authority specified in the ISO/IEC Directives.
92	ISO 19135:2005 (4.1.11)	注册库拥有方	09	建立**注册库**的**组织**。	register owner	09	organization that establishes a register.

标识		国标中文			ISO 英文定义		
术语ID	来源	术语	性	定义	术语	性	
(1)	(2)	(3)	(4)	(5)	(6)	(7)	(8)
93	GB/T 29853.2—2013(3.87)	注册员	09	**开放电子数据交换注册组织**的代表。	registrar	09	representative of an Open-edi Registration Organization.
94	GB/T 29853.2—2013(3.88)	注册员联系信息	09	与**开放电子数据交换注册组织**的**注册员**关联的**联系人信息**。	registrar Contact	09	Contact information associated with a registrar of an Open-edi registration organization.
95	GB/T 29853.2—2013(3.94)	注册	09	基于**规则**,以显式陈述的如下**过程**:涉及使用一个或多个**数据元素**,其值(或值的组合)用于唯一性地标识指派**开放电子数据交换注册项**的结果。	registration	09	rule-based process, explicitly stated, involving the use of one or more data elements, whose value (or combination of values) are used to identify uniquely the results of assigning an OeRI .
96	GB/T 29853.1—2013:(3.57)	注册机构	09	负责维护一个或多个**注册方案**(包括对**注册方案**中认可的每一实体的唯一**标识符**的指派)的**法人**。	Registration Authority (RA)	09	Person responsible for the maintenance of one or more Registration Schemas including the assignment of a unique identifier for each recognized entity in a Registration Schema.
97	GB/T 29853.1—2013 (3.58)	注册方案	09	对制约数据字段的**规则**集的形式**定义**,其中的各字段用于描述某一实体和这些字段允许的内容,包括指派**标识符**的**规则**。	Registration Schema (RS)	09	formal definition of a set of rules governing the data fields for the description of an entity and the allowable contents of those fields, including the rules for the assignment of identifiers.
98	GB/T 29853.2—2013 (3.92)	注册地位	09	对在**开放电子数据交换注册项**的**注册管理**中的地位的**称呼**。	registration status	09	designation of the status in the registration administration of an OeRI.
99	ISO 19135:2005 (4.1.13)	注册系统	09	在其中维护着某一**注册库**的信息系统。	registry	09	information system on which a register is maintained.
100	GB/T 17628—2008 (4.1.2.1)	角色	09	将开放电子数据参与方的(某一剧本中所允许的)外部预期的行为模型化的规范。	role	09	specification which models an external intended behaviour (as allowed within a scenario) of an Open-edi Party.

标识		国标中文			ISO 英文定义		
术语ID	来源	术语	性	定义	术语	性	
(1)	(2)	(3)	(4)	(5)	(6)	(7)	(8)
101	GB/T 29853.2—2013 (3.100)	规则	09	制约举止、规程、条款和关系的陈述。 **注 1**：规则规定必须依从的条件。这可以包括对象及其属性之间的关系。 **注 2**：规则是强制性的或条件性的。 **注 3**：在开放电子数据交换中，规则在正常情况下，规定所涉及各方的承诺和角色，并按在（电子）业务事务中涉及的其他各方所见，规定所涉及各方的预期的行为。这样的规则适用于： ——采用以精确和计算机可处理的含义的形式的信息流的内容； ——信息流本身的顺序和行为。 **注 4**：规则必须清楚明白，足以为（电子）业务事务中涉及的所有各方所理解。规则采用形式描述技术（FDT）加以规定。 **示例**：当前广为采用的 FDT 是统一建模语言（UML）。 **注 5**：在开放电子数据交换业务事务中的规则的规范，宜依从 ISO/IEC 15944-3《开放电子数据交换描述技术（FDT）》的要求。	rule	09	statement governing conduct, procedure, conditions and relations. **NOTE 1** Rules specify conditions that must be complied with. These may include relations among objects and their attributes. **NOTE 2** Rules are of a mandatory or conditional nature. **NOTE 3** In Open-edi, rules formally specify the commitment(s) and role(s) of the parties involved, and the expected behaviour(s) of the parties involved as seen by other parties involved in (electronic) business transactions. Such rules are applied to: —content of the information flows in the form of precise and computer-processable meaning, i.e. the semantics of data; —the order and behaviour of the information flows themselves. **NOTE 4** Rules must be clear and explicit enough to be understood by all parties to a business transaction. Rules also must be capable of being able to be specified using a Formal Description Technique(s) (FDTs). **EXAMPLE** A current and widely used FDT is "Unified Modelling Language (UML)". **NOTE 5** Specification of rules in an Open-edi business transaction should be compliant with the requirements of ISO/IEC 15944-3 "Open-edi Description Techniques (OeDT)".

标识		国标中文			ISO 英文定义		
术语ID	来源	术语	性	定义	术语	性	
(1)	(2)	(3)	(4)	(5)	(6)	(7)	(8)
102	GB/T 29853.2—2013 (3.101)	规则库	09	由相互工作并一起形成自主整体的预先建立的**规则**的集合。 **注**：人们认为，规则库对于规则，就像数据库对于数据。	rulebase	09	pre-established set of rules which interwork and which together form an autonomous whole. **NOTE** One considers a rulebase to be to rules as database is to data.
103	GB/T 17628—2008 (4.1.2.3)	剧本属性	09	在整体上与**开放电子数据交换剧本**有关的信息的形式规范，而这种规范无论对**角色**或是对**信息束**都不是特定的。	scenario attribute	09	formal specification of information, relevant to an Open-edi scenario as a whole, which is neither specific to roles nor to Information Bundles.
104	GB/T 29853.2—2013(3.103)	剧本构件	09	**剧本**的三种基础元素 ，**角色**、**信息束**、**语义构件** 之一。	scenario component	09	one of the three fundamental elements of a scenario, namely role, Information Bundle, and Semantic Component.
105	GB/T 29853.2—2013 (3.104)	剧本内容	09	包含**注册条目的标识符**、标号和关联的**定义**的**记录式信息**，以及在**业务对象**的任何**注册系统**中有关的**记录式信息**的集合。	scenario content	09	set of recorded information containing registry entry identifiers, labels and their associated definitions and related recorded information posted (or reposted) in any registry for business objects.
106	GB/T 29853.2—2013(3.105)	剧本规范属性	09	某一**剧本**、**角色**、**信息束**和(或)**语义构件**的**属性**。	scenario specification attribute	09	attribute of a scenario, role, Information Bundle, and/or Semantic Component
107	GB/T 29853.2—2013(3.102)	语义构件标识符	09	对**语义构件**的唯一性的，语种上中性的，**无歧义的**并可引用的**标识符**。	SC identifier	09	unique, linguistically neutral, unambiguous, referenceable identifier of a Semantic Component.
108	GB/T 17628—2008 (4.1.2.2)	语义构件	09	在**业务事务**的**业务**目标的语境中，**无歧义地**定义的**记录式信息**的单元。 **注**：语义构件可以是原子的，或是由若干其他语义构件构成的。	Semantic Component (SC)	09	unit of recorded information unambiguously defined in the context of the business goal of the business transaction. **NOTE** A SC may be atomic or composed of other SCs.

标识		国标中文			ISO 英文定义		
术语ID	来源	术语	性	定义	术语	性	
(1)	(2)	(3)	(4)	(5)	(6)	(7)	(8)
109	GB/T 29853.2—2013(3.108)	来源机构	09	被其他**法人**认可为**约束**集的权威来源的**法人**。 **注 1**:作为内部约束来源机构的法人可以是个人、组织或公共行政管理部门。 **注 2**:作为外部约束来源机构的法人可以是组织或公共行政管理部门。 **示例**:在航空旅游和运输领域,IATA 作为来源机构是"组织",而 ICAO 作为来源机构是"公共行政管理部门"。 **注 3**:作为个人的法人不应是外部约束的来源机构。 **注 4**:来源机构常常是供在业务事务中使用的标识符(或复合标识符)的签发机构。 **注 5**:来源机构能承当注册机构的角色,或具有由另一法人代其承当的这一角色。 **注 6**:遇有来源机构的约束集管控已编码域的情形,SA 即具有已编码域来源机构的角色。	Source Authority (SA)	09	Person recognized by other Persons as the authoritative source for a set of constraints. **NOTE 1** A Person as a Source Authority for internal constraints may be an individual, organization, or public administration. **NOTE 2** A Person as Source Authority for external constraints may be an organization or public administration. **EXAMPLE** In the field of air travel and transportation, IATA as a Source Authority, is an "organization," while ICAO as a Source Authority, is a "public administration". **NOTE 3** A Person as an individual shall not be a Source Authority for external constraints. **NOTE 4** Source Authorities are often the issuing authority for identifiers (or composite identifiers) for use in business transactions. **NOTE 5** A Source Authority can undertake the role of Registration Authority or have this role undertaken on its behalf by another Person. **NOTE 6** Where the sets of constraints of a Source Authority control a coded domain, the SA has the role of a coded domain Source Authority.

标识		国标中文			ISO 英文定义		
术语ID	来源	术语	性	定义	术语	性	
(1)	(2)	(3)	(4)	(5)	(6)	(7)	(8)
110	GB/T 29853.1—2013(3.64)	标准	09	包含技术规范或其他一致地用作规则、指南或对特性的定义的精确判据，以确保材料、产品、过程和服务均合乎其目的的文档式协定。 注：这是对 ISO 和 IEC“标准”的类属定义（现见于 ISO/IEC JTC1 指南，第 1 部分 2.5：1998）｛另见 ISO/IEC 指南 2：1996（1.7）｝＜＜http://www.iso.ch/infoe/intro.html＞＞。	standard	09	documented agreement containing technical specifications or other precise criteria to be used consistently as rules, guidelines, or definitions of characteristics, to ensure that materials, products, processes and services are fit for their purpose **NOTE** This is the generic definition of “standard” of the ISO and IEC (and now found in the ISO/IEC JTC1 Directives, Part 1, Section 2.5:1998). See also ISO/IEC Guide 2:1996 (1.7), <<http://www.iso.ch/infoe/intro.html>>.
111	GB/T 29853.2—2013(3.106)	注册项务（*对开放电子数据交换注册项的*）	09	在管理**开放电子数据交换注册项**的过程中涉及的**开放电子数据交换注册项**、**联系人**与**组织**的关系。	stewardship (*of OeRI*)	09	relationship of an OeRI, a Contact, and an organization involved in the stewardship of an OeRI.
112	GB/T 29853.2—2013 (3.107)	主管组织	09	在**开放电子数据交换注册项务**中，一个或多个**法人**在其中采取行动或者受指派采取行动的机构的唯一性框架。	stewardship organization	09	a unique framework of authority within which a Person or Persons act, or are designated to act in the stewardship of an OeRI.
113	GB/T 29853.2—2013 (3.108)	提交（*开放电子数据交换注册项的*）	09	在呈递某一**开放电子数据交换注册项**中涉及的**开放电子数据交换注册项**、**联系人**与**组织**的关系。	submission (*of OeRI*)	09	relationship of an OeRI, a Contact, and an organization involved in the submission of an OeRI.
114	ISO 19135:2005 (4.1.16)	提交组织	09	由**注册库拥有方**授权，对**注册库**内容提出变更建议的**组织**。	submitting organization	09	organization authorised by a register owner to propose changes to the content of a register.

标识		国标中文			ISO 英文定义		
术语ID	来源	术语	性	定义	术语	性	
(1)	(2)	(3)	(4)	(5)	(6)	(7)	(8)
115	GB/T 29853.1—2013：(3.66)	无歧义的	09	对适合于**业务事务**目标而交换的**记录式信息**，其语义的完全性所要求的确定性和明晰性的级别。	unambiguous	09	level of certainty and explicitness required in the completeness of the semantics of the recorded information interchanged appropriate to the goal of a business transaction.
116	GB/T 29853.2—2013 (3.112)	为止日期	09	某一开放电子数据交换注册项在注册系统中不再有效的**日期**。	until date	09	date at which an OeRI is no longer effective in the registry.
117	GB/T 29853.2—2013 (3.113)	版本标识号	09	为标识**开放电子数据交换注册项**的版本而指派的唯一性编号。 注：缺省值=1.0 。	version identifier	09	unique number assigned to identify a version of an OeRI . **NOTE** The default=1.0.

附　录　B
(规范性附录)
开放电子数据交换注册行政管理属性

B.1　引言

本附录给出的表格所界定的要求,用于在开放电子数据交换注册项(OeRI)的开放电子数据交换注册系统中将开放电子数据交换注册行政管理属性包括在内。表中各行都是初等属性或复合属性。

B.2　行政管理属性

表 B.1 提供了用于 OeRI 的属性的小结。第 1 栏是行政管理属性名称。将行政管理属性名缩排指明为次级属性。第 2 栏是在第 3 章[22]所述的行政管理属性的定义。

第 3 栏规定了对开放电子数据交换注册行政管理属性的义务和条件限制。所用代码基于按照 GB/T 29853.1—2013 的附录 B(规范性附录)所规定的用于"表示出现类型属性的代码"的编码域中的代码。

——"1"= 强制性的。强制性行政管理属性是 OeRI 所要求的,没有例外。

——"2"= 条件性的。采用条件性行政管理属性服从于符合关于 OeRI 的一项或多项规则所满足的条款。

——"3"= 服从于条件的强制性的。服从于条件的强制性行政管理属性是取决于条件性属性的实现的属性。当所依赖的条件性行政管理属性得以实现或被引用时,要求这类属性,包括依赖性。

——"4"= 可选的。可选行政管理属性不服从于任何条件,完全自行决定。

第 4 栏标识在复合行政管理属性内的行政管理属性的最大数目。第 5 栏规定初级行政管理属性的数据类型,即复合标识符或联系人信息等复合行政管理属性的构件。

表 B.1　开放电子数据交换行政管理属性

行政管理属性的名称和结构	在本部分第 3 章中的定义	义务/条件	最大出现	数据类型
开放电子数据互换注册项(OeRI)	在注册系统内,有关特定商务对象的信息(包括对剧本内容的联系信息)			
Open-edi 注册系统记录	对于 OeRI 的信息的汇集	1	一次	
国际注册商务对象标识符	对 OeRI 的国际上唯一性的标识符	1	一次	
国际标准标识符	各属性所基于的本部分的版本的标识符	1	一次	串
Open-edi 注册组织标识符	指派给某一开放电子数据互换注册组织的标识符	1	一次	串
商务对象标识符	在开放电子数据互换注册组织内的 OeRI 的唯一性标识符	1	一次	串

22)　在此,于适用处对 ISO/IEC 11179-3 和 ISO/IEC 11179-6 的用法已经作了扩展。

表 B.1（续）

行政管理属性的名称和结构	在本部分第 3 章中的定义	义务/条件	最大出现	数据类型
商务对象类型	对于正在注册的商务对象的类型的已编码域(即剧本、信息束或语义组件)	1	一次	数字
剧本标识符	对开放电子数据互换剧本的唯一性的,语种上中性的,无歧义的并可引用的标识符	2	一次	串
信息束标识符	对信息束的唯一性的,语种上中性的,无歧义的并可引用的标识符	2	一次	串
语义组件标识符	对语义组件的唯一性的,语种上中性的,无歧义的并可引用的标识符	2	一次	串
版本标识符	为标识 OeRI 的版本而指派的唯一性编号;缺省值＝1.0	1	一次	串
注册地位	对在 OeRI 的注册行政管理中的地位的称呼	1	一次	串
创建日期	创建 OeRI 的日期	1	一次	日期
生效日期	OeRI 对注册系统用户成为可用的日期	4	一次	日期
最近变更日期	对 OeRI 的最近一次变更的日期	4	一次	日期
为止日期	某一 OeRI 在注册系统中不再有效的日期	4	一次	日期
行政管理性注释	有关 OeRI 的普遍性注释	4	一次	串
变更描述	自 OeRI 的前一版本公布之后,对其为何以及如何又作修改的描述	4	一次	串
阐述性注释	对 OeRI 的描述性注释	4	一次	串
起源	所指 OeRI 的来源(文档,项目,纪律,模型)	4	一次	串
未解决的问题	关于所指 OeRI 的正确文档编制的仍未解决的问题	4	一次	串
Open-edi 注册机构	负责维护开放电子数据互换注册组织(OeRO)的注册库并负责 OeRO 标识符签发的法人	1		
Open-edi 注册组织	由 OeRA 授权负责剧本和剧本组件的注册的团体	1	一次	
Open-edi 注册组织名称	对开放电子数据互换注册组织的称呼	1	一次	串
Open-edi 注册组织地址	开放电子数据互换注册组织的物理地址、电子地址、邮送地址或递交地址	4	一次	串
Open-edi 注册组织标识符	指派给某一开放电子数据互换注册组织的标识符	1	一次	串
注册员	开放电子数据互换注册组织的代表	1	一次	
注册员联系人	与开放电子数据互换注册组织的注册员关联的联系人信息	1	一次	
注册员联系人名称	注册员联系人的姓名	1	一次	串

表 B.1(续)

行政管理属性的名称和结构	在本部分第 3 章中的定义	义务/条件	最大出现	数据类型
注册员联系人信息	能够将注册员联系人定位并与之通信的信息	1	一次	串
注册员联系人头衔	注册员联系人所拥有职位的名称	4	一次	串
文档编制语言码	由开放电子数据互换注册组织用于编制文档的语言的语言码	1	多次	
管辖域标识符	在互相认可的体制内,作为认可为供对等管辖域使用的管辖域的标识码	2	一次	串
提交(OeRI 的)	在呈递某一 OeRI 所涉及的 OeRI、联系人与组织的关系	1	一次	
提交组织	在提交 OeRI 中,一个或多个法人在其中采取行动或者受指派采取行动的机构的唯一性框架	1		
提交组织名称	提交组织的称呼	1	一次	串
提交组织地址	提交组织的物理地址、电子地址、邮送地址或递交地址	4	一次	串
提交联系人	与提交组织关联的联系人信息	1	一次	
提交联系人名称	提交联系人的姓名	1	一次	串
提交联系人信息	能够将提交联系人定位并与之通信的信息	1	一次	串
提交联系人头衔	提交联系人所拥有职位的名称	4	一次	串
注册项务(OeRI 的)	在管理 OeRI 的过程中涉及的 OeRI、联系人与组织的关系	1		
注册项务组织	在 OeRI 中,一个或多个法人在其中采取行动或者受指派采取行动的机构的唯一性框架	1		
注册项务组织名称	对注册项务组织的称呼	1	一次	串
注册项务组织地址	注册项务组织的物理地址、电子地址、邮送地址或递交地址	4	一次	串
注册项务联系人	与注册项务组织关联的联系人信息	1	一次	
注册项务联系人名称	注册项务联系人的姓名	1	一次	串
注册项务联系人信息	能够将注册项务联系人定位并与之通信的信息	1	一次	串
注册项务联系人头衔	注册项务联系人所拥有职位的名称	4	一次	串
OeRI 语言码	由提交组织用于 OeRI 的语言的语言码	1	一次	串
管辖域标识符	在互相认可的体制内,作为认可为供对等管辖域使用的管辖域的标识码	2	一次	串
引用文件	包含关于剧本或剧本组件的有关记录式信息的外部文档	1	多次	

表 B.1（续）

行政管理属性的名称和结构	在本部分第 3 章中的定义	义务/条件	最大出现	数据类型
引用文件标识符	引用文件的标识符	2	一次	串
引用组织	引用文件与某一组织之间的关系	2	多次	
引用组织名称	对引用组织的称呼	2	一次	串
引用组织地址	引用组织的物理地址、电子地址、邮送地址或递交地址	4	一次	串
引用文件语言码	标识引用文件中所用的语言的语言码	4	多次	
管辖域标识符	在互相认可的体制内，作为认可为供对等管辖域使用的管辖域的标识码	2	一次	串
引用文件标题	所指引用文件的标题	4	一次	串
引用文件类型描述	对所指引用文件的类型的描述	4	一次	串

附 录 C
(规范性附录)
开放电子数据交换注册行政管理属性

为方便起见,用于规定开放电子数据交换剧本范围的 GB/T 29853.1—2013 中 7.3《模板》中的开放电子数据交换范围划定属性,以及 GB/T 29853.1—2013 中 9.2.3 开放电子数据交换剧本、角色和信息束的属性的统一模板的规范属性,均复述于此。

剧本范围划定和规范属性确保了开放电子数据交换剧本、及其构件和拟规定的全部所需属性(以及已注册供再用的)**业务操作视图(BOV)**所需的所有信息,均以系统方式和显式将其纳入。

按 GB/T 29853.1—2013 中《模板》7.3.2 决策码 1(= 是)或 2(= 否)所确定的,分类概念的注册是可选的。

规则 13:

当在 GB/T 29853.1—2013 中模板 7.3.2 的决策码为 1 时,应将分类概念注册。

按 GB/T 29853.1—2013 中《模板》9.3.2 决策码为 1(= 是)或 2(= 否)所确定的,对剧本规范属性的注册是可选的。

规则 14:

当在 GB/T 29853.1—2013 中模板 9.3.2 的决策码为 1 时,应将剧本规范属性注册。

GB/T 29853.1—2013 中剧本范围划定和规范属性的决策码一旦确定,剧本规范就会按 ISO/IEC 14662 中设定的并在第 3 部分所详述的 OeDT 要求,以 OeDT 在形式上加以表达。GB/T 29853.1—2013 中的开放电子数据交换剧本范围划分 ID 标签 和开放电子数据交换剧本构件**标识码**,应与 OeDT 制品显式关联。

规则 15:

本多部分的后续部分所引入的剧本概念和属性,在其有关模板中的决策码为 1 时,应在剧本注册时加以规定。

表 C.1 剧本范围属性

IT 界面		语种人等效界面			备用 (6)
范围标签标识码 (1)	决策码 (2)	名称 (中文) (3)	名称 (英文) (4)	名称 (其他) (5)	
1000		业务事务的业务目标——无外部约束[23)]	Business goal of business transaction-No external constraints [23)]		
1010		业务事务的业务目标包括外部约束[24)]	Business goal of business transaction includes external constraints[24)]		

23) 在划定开放式电子数据交换情景范围时,重要的是从一开始就规定外部约束是否适用于正在建模的业务事务。当没有外部约束,即仅有买卖双方相互议定的约束时,这样的开放式电子数据交换情景常常能当作类属的可重用"积木"块,以此支持确实包括外部约束的开放式电子数据交换情景。

24) ISO/IEC 15944-5:2006《信息技术 业务操作视图 第 5 部分:对作为外部约束来源的管辖域的要求的标识和引用》的完成,将成为开发中认定外部约束的"标准的"模板属性的辅助工具。

表 C.1（续）

IT 界面		语种人等效界面			备用 (6)
范围标签标识码 (1)	决策码 (2)	名称（中文）(3)	名称（英文）(4)	名称（其他）(5)	
1040		法人(无外部约束)	Persons (no external constraint)		
1041		法人:个人对个人	Persons: Individual 〈-〉Individual		
1042		法人:个人对组织[25]	Persons: Individual 〈-〉Organization [25]		
1043		法人:个人对公共行政管理部门	Persons: Individual 〈-〉 Public Administration		
1044		法人:组织对组织[26]	Persons: Organization 〈-〉Organizations [26]		
1045		法人:组织对公共行政管理部门	Persons: Organization 〈-〉 Public Administration		
1046		法人:公共行政管理部门对公共行政管理部门	Persons: Public Administration 〈-〉 Public Administration		
1060		双边事务模型	Bilateral Transaction Model		
1061		中介式业务事务模型[27]	Mediated Business Transaction Model [27]		
1065		已定义的市场模型	Defined Market Model		
1066		未定义的市场模型	Undefined Market Model		
1070		立即结算模型	Immediate Settlement Model		
1071		分别结算模型	Separate Settlement Model		
		代理方和第三方	AGENTS AND THIRD PARTIES		
1110		**业务事务允许代理方** [28]	Business Transaction allows for Agents [28]		
1111		买方代理方	Buyer Agent		
1112		卖方代理方	Seller Agent		
1130		**业务事务允许第三方**[29]	Business Transaction allows for Third[29] Parties		

25） 常称为“B2C”,即“企业对顾客”。此处的“顾客”理解为“个人”而非“组织”。

26） 常称为“B2B”,即“企业对企业”。

27） 拟作为开放情景建模的本原手段的业务事务仅涉及买卖双方。

28） 假定:有资格将全部或部分角色和关联的承诺委派给“代理方”,有关两个首位方(卖方和买方)能力的业务规则和约束,将规定为“角色属性”的组成部分。更多内容见 GB/T 29853.1—2013 的 8.4.2.5 。

29） 假定:一致议定将全部或部分角色和关联的承诺委派给“第三方”,有关两个首位方(卖方和买方)能力的业务规则和约束,将规定为“角色属性”的组成部分。更多内容见 GB/T 29853.1—2013 的 8.4.2.5 。

表 C.1（续）

IT 界面		语种人等效界面			备用 (6)
范围标签标识码 (1)	决策码 (2)	名称（中文） (3)	名称（英文） (4)	名称（其他） (5)	
1131		通过买卖双方的相互协定(仅作为内部约束)	By mutual agreement of buyer and seller (as internal constraints only)		
1132		强制的外部约束	external constraint(s) Mandated		
1200		**过程构件:覆盖所有的 5 种不同活动集**	PROCESS COMPONENT: All five sets of distinct activities covered		
1210		规划	Planning		
1215		由卖方提供的货物与服务的公用信息	Public information on goods/services provided by a seller		
1220		买方所需的货物与服务的公用信息	Public information on goods/services needed by buyer		
1225		预定义的与可引用的商品目录簿	Predefined/referencable Catalog		
1230		买方提出的货物与服务请求	Buyer initiated goods/service request		
1235		卖方提出的货物与服务报价	Seller initiated goods/service offer		
1240		预定义的市场模型	Predefined Market Model		
1250		**认定**	Identification		
1255		仅认定信息交换的目的(例如一个地址)30)	Identification for information exchange purposes only (e.g. an address) 30)		
1260		认定有资格作出承诺的法人31)	Identification of Person able to make commitment31)		
1265		认定作为"个人"的法人	Identification of Person as "individual"		
1270		认定作为"客户"的法人	Identification of Person as "consumer"		
1300		**商议**	Negotiation		
1305		涉及的货币付款	Monetary Payment Involved		
1310		立即结算模型	Immediate Settlement Model		
1315		分别结算模型付款	Separate Settlement Model Payment		

30） 在此，典型的例子是一个电子邮件地址或一个邮箱地址。

31） 这通常是对商议步骤的要求，而且必然是对实行的要求。

表 C.1(续)

IT 界面		语种人等效界面			备用 (6)
范围标签标识码 (1)	决策码 (2)	名称 (中文) (3)	名称 (英文) (4)	名称 (其他) (5)	
1350		**实行**	Actualization		
1355		立即结算	Immediate Settlement		
1360		分别结算	Separate Settlement		
1400		**实行后**	Post-actualization		
1405		包括保单	Includes warranties		
1410		包括记录保留	Includes records retention		
1415		包括继续与买方保持接触(例如缺陷和召回通知)	Includes staying in contact with buyer (e.g., defect and recall notification)		
1500		**数据构件**	DATA COMPONENT		
1505		预定义的和结构化的,即代码集	Predefined and Structured, i.e., code sets		
1520		任何信息束的数据完整性	Data integrity of any IB		
1525		任何信息束的保留与等待时间	Retention /latency of any IBs		
1600		**对功能服务视图的业务要求——无外部约束**[32)]	Business requirements on FSV—No external constraints [32)]		
1610		服务:信息束完整性	Service: Information Bundle Integrity		
1615					
1620		服务:信息束内容的秘密性	Service: Confidentiality of IB contents		
1625		服务:对收到的不可抵赖	Service: Non-repudiation of receipt		
1630		服务:对定时信息束创建的证明[33)]	Service: Proof of Time IB creation[33)]		
1635		服务:对信息束的仲裁	Service: Notarization of IBs		
1640		服务:服务质量(QoS)	Service: Quality of Service (QoS)		
1700		**外部约束**[34)]	EXTERNAL CONSTRAINTS [34)]		

32) 更多内容见 GB/T 29853.1—2013 的 6.5.2 。

33) 常称为“时戳加盖服务”。

34) 收件方处置制约范围这一问题,因为这影响到对业务事务外部约束的规范(有资格认定并引用影响情景和情景构件的法律和规章),其中的业务事务在 ISO/IEC 18038《信息技术 标识以及与各种制约域范畴的对照》中处置。

表 C.2 剧本规范属性

IT 界面		人界面等效			备用 (6)
Open-edi 剧本构件标识码 (1)	决策码 (2)	名称 (国标中文) (3)	名称 (ISO 英文) (4)	名称 (其他) (5)	
2000		**开放电子数据交换剧本属性**	OPEN-EDI SCENARIO ATTRIBUTES		
2010		OeS 标识符	OeS Identifier		
2020		OeS 名称	OeS Name(s)		
2030		OeS 目的	OeS Purpose		
2040		OeS 角色集,OeS 业务要求、规则和约束	OeS Set of Roles, OeS Business Requirements, Rules and Constraints		
2050		OeS 信息束集,OeS 剧本继承性标识符和交叉引用	OeS Set of Information Bundles OeS Scenario Inheritance Identifier(s) and Cross-References		
2060		对开放电子数据交换各方要求的 OeS 集	OeS Set of Requirements on Open-edi Parties		
2070		对业务要求外部约束的 OeS 集,即法律和规章	OeS Set of external constraints on Business Requirements, i.e., Laws and Regulations		
2080		OeS 继承性标识符和交叉引用	OeS Inheritance Identifier(s) and Cross References		
2090		OeS 安全服务要求	OeS Security Service Requirements		
2100		OeS 通信——服务质量要求	OeS Communication——Quality of Service Requirements		
2120		OeS 角色要求和约束	OeS Role Requirements and Constraints		
2130		剧本中角色之间的 OeS 依赖性	OeS Dependency among Roles in a Scenario		
2140		剧本中各信息束之间的 OeS 依赖性	OeS Dependency among Information Bundles in a Scenario		
2150		不同的信息束的语义构件之间的 OeS 依赖性	OeS Dependency among Semantic Components of different Information Bundles		
2500		对开放电子数据交换各方的 OeS 需求	OeS Demands on Open-edi Patties		
2600		对开放电子数据交换基础设施的 OeS 需求	OeS Demands Open-edi Infrastructure		
3000		**角色属性**	ROLE ATTRIBUTES		
3005		角色标识符	Role Identifier		

表 C.2（续）

IT 界面		人界面等效			
Open-edi 剧本构件标识码（1）	决策码（2）	名称（国标中文）（3）	名称（ISO 英文）（4）	名称（其他）（5）	备用（6）
3010		角色名称	Role Name(s)		
3015		角色目的	Role Purpose		
3020		角色业务目标	Role Business Goal(s)		
3025		角色业务规则和约束	Role Business Rules and Constraints		
3030		角色继承性标识符和交叉引用	Role Inheritance Identifiers and Cross-References		
3035		对业务要求的角色外部约束，即法律和规章	Role external constraints on Business Requirements, i.e., Laws and Regulations		
3040		角色安全服务要求	Role Security Service Requirements		
3045		角色通信和服务质量要求	Role Communications and Quality of Service Requirements		
3050		对开放电子数据交换各方的角色要求	Role Demands on Open-edi Parties		
3060		角色之间的互操作性需求	Interoperability Demands among Roles		
3065		角色状态	Role States		
3070		角色过渡	Role Transitions		
3075		角色事件	Role Events		
3080		角色行动	Role Actions		
3085		角色内部功能	Role Internal Function		
3090		对开放电子数据交换支持基础设施的角色需求	Role Demands on Open-edi Support infrastructure		
4000		**信息束属性**	INFORMATION BUNDLE ATTRIBUTES		
4010		信息束标识符	IB Identifier		
4020		信息束名称	IB Name(s)		
4030		信息束目的	IB Purpose		
4040		控制信息束内容的业务规则	Business Rules Controlling Content of IBs		
4050		制约信息束内容，对业务要求的信息束外部约束，即法律和规章	IB external constraints on Business Requirements, Governing Content of an IB, i. e., Laws and Regulations		

表 C.2（续）

IT 界面		人界面等效			备用 （6）
Open-edi 剧本构件标识码 （1）	决策码 （2）	名称 （国标中文） （3）	名称 （ISO 英文） （4）	名称 （其他） （5）	
4060		信息束内容	IB contents		
4070		信息束记录式信息保留——业务规则和约束	IB recorded information retention-business rules and constraints		
4080		信息束记录式信息保留——对业务要求的外部约束，即法律和规章	IB recorded information retention-external constraints on business requirements, i.e., laws and regulations		
4085		信息束时间有效性特性	IB time validity characteristics		
4090		信息束内语义构件的关系	Relationship of Semantic Components within an IB		
4100		信息束安全服务要求	IB security service requirements		
4200		用于互操作性的信息束信息	IB information for interoperability		
4300		对开放电子数据交换支持基础设施的信息束需求	IB Demands on Open-edi Support Infrastructure		
5000		**语义构件属性**	SEMANTIC COMPONENT ATTRIBUTES		
5010		语义构件标识符	SC Identifier		
5020		语义构件名称	SC Name(s)		
5030		语义构件定义	SC Definition		
5040		语义构件安全服务要求	SC Security service requirements		

附 录 D
（资料性附录）
业务事务模型（BTM）：两类约束

业务事务对注册、引用和再用建模为剧本和剧本构件。业务语义描述技术用于标识和规定作为业务对象的业务事务的关键构件。

业务事务模型（BTM），按照第1部分中6.1.5所述，所需的构件有三种，即“法人”、“过程”和“数据”。业务事务模型的这三种基础构件示于图D.1[35)]。

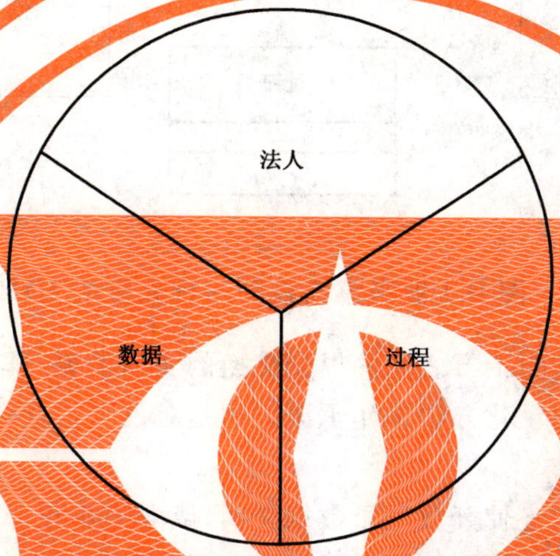

图 D.1 业务事务模型基础元素（图示）

采用统一建模语言（UML）作为形式描述技术（FDT），得出业务事务模型的基于UML的以下表示并示于图D.2[36)]：

---

35) 在GB/T 29853.1—2013中，对这三种基础元素，即业务事务模型的必不可少的BOV方面，连同关联的规则、定义和术语以及其他属性陈述于：

(1) 6.2《制约法人构件的规则》（更多信息见附录E）；

(2) 6.3《制约过程构件的规则》（更多信息见附录F）；

(3) 6.4《制约数据构件的规则》（更多信息见附录G）。

36) 这种基于UML的表示纳入了制约GB/T 29853.1—2013中规定的这三种基础构件的规则。

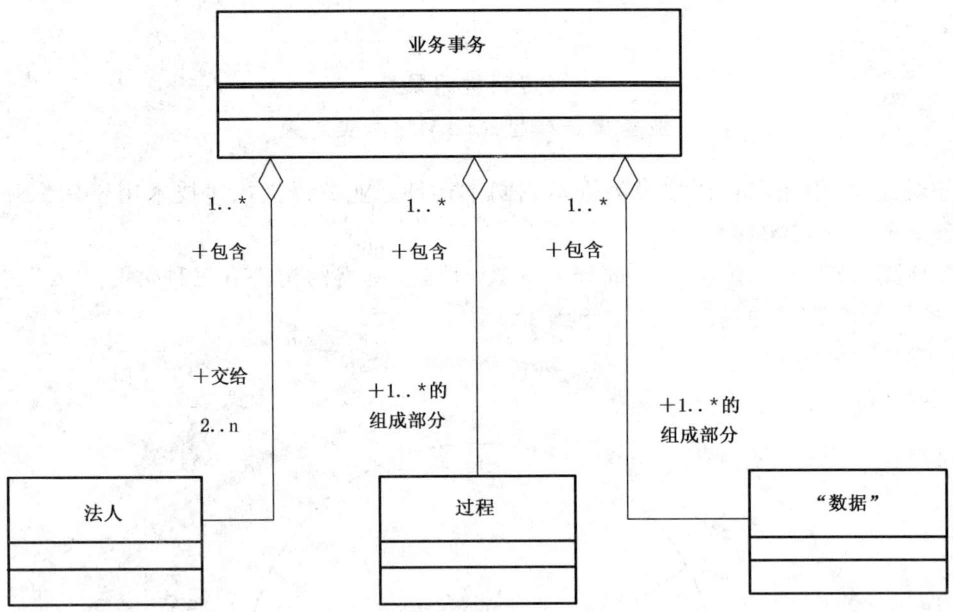

图 D.2　图 D.1 业务事务模型基础元素的 UML 表示

业务事务模型关注并处置各自治方之间的提交交换的实质需要,即作为业务事务中各方的法人有资格作出承诺并最大限度采用自动化方法来作承诺。这是对仅与信息交换[37]的各个方面有关的现有标准的扩展。

因此,除通用的信息交换外,还使开放电子数据交换(或电子业务)具备如下 6 个特性[38]:

- 基于下面清晰预定义规则的行动;
- 涉及各方的承诺;
- 将各方之间的承诺自动化;
- 各方控制并维护其状态;
- 各方自主行动;
- 能支持多重同时事务。

因而电子业务事务要求:

- 清晰了解的目的,互相议定的目标明确性和无歧义性;
- 可预定义的活动和(或)过程的集合,可预定义和结构化的数据;
- 各方之间的承诺是通过电子数据交换建立的;
- 计算完整性和有关特性;
- 以上可通过开放电子数据交换描述技术(OeDT)规定(像采用支持电子业务建模的形式描述技术),并可通过真实世界实施中使用的信息技术系统来执行。

这些要求以及有关电子业务事务的要求,均以“约束”的形式来规定。

“约束”已定义为:

---

37) 重要的是,要使本部分的用户熟悉第 1 部分 6.3.1,标题是《添加到信息交换的业务事务承诺交换》,包括规则、定义与术语,即“法人”和“承诺”及其规范性文本。

38) 更多信息见 GB/T 29853.1—2013 第 5 章《开放式电子数据交换的特性》。这 6 个特性在该第 5 章中都有更详细的描述。

约束　constraint：对某一**业务事务**的任何方面加以设定、限制、制约或规定，并以显式陈述的规则。

注 1：各种约束都规定为形成开放电子数据交换剧本构件（即作为剧本属性、角色和（或）信息束）的组成部分的规则。

注 2：对于在开放电子数据交换的实现中注册的约束，必须具有唯一的、无歧义的标识符。

注 3：约束可以是各方一致同意的（合同条件），因而认为是“内部约束”。或者，约束可以是施加于各方的（例如法律、法规），因而认为是“外部约束”。

业务事务模型有两类约束，即：

1）　在各方之间“施加于自身”并议定的约束，即“内部约束”；

2）　基于所交换的货物、服务和（或）权利的性质，以及各方所作承诺的性质（包括作出承诺的资格、位置等），施加于业务事务各方的约束，即“外部约束”。

对业务事务的这两类基本约束如图 D.3 所示。

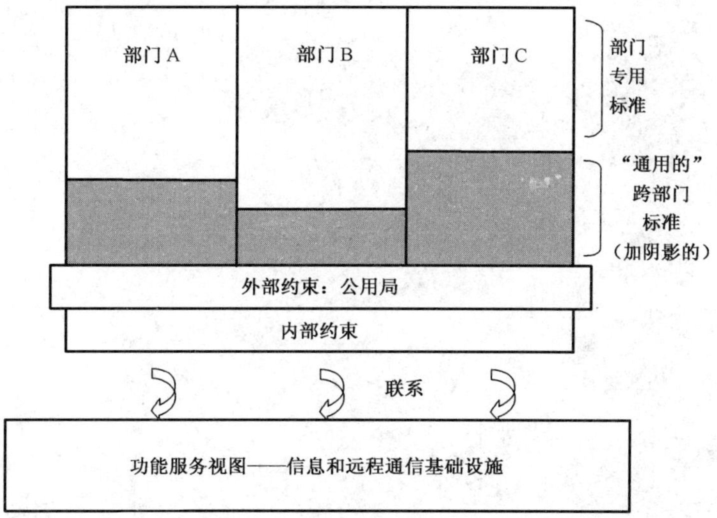

图 D.3　业务事务模型：约束类别

GB/T 29853.1—2013 的 6.1.6 中提供了这两类约束的规范性文本。

参 考 文 献

[1] GB/T 15237.1 术语工作 词汇 第1部分:理论与应用(ISO 1087-1:2000)
[2] ISO 3166-1:1997 用于表示国家及其所属分区名称的代码 第1部分:国家代码

ICS 35.240.01
L 67

GB

中华人民共和国国家标准

GB/T 29854—2013

社区基础数据元

Basic data elements for community

2013-11-12 发布　　2014-04-15 实施

中华人民共和国国家质量监督检验检疫总局
中国国家标准化管理委员会　发布

前　言

本标准按照 GB/T 1.1—2009 给出的规则起草。

本标准由中国标准化研究院提出。

本标准由全国电子业务标准化技术委员会(SAC/TC 83)归口。

本标准起草单位:中国标准化研究院、中社联(北京)科技发展有限公司、北京软件产品质量检测检验中心、宁波大学、北京华电园信息技术有限公司、厦门英诺尔信息科技有限公司。

本标准主要起草人:隋媛、刘颖、杨镇、隋庆浩、何加铭、马仲良、陈甜妹、杨青海、章建方、王志民、曹新九、董连续、白孟翰、周悦、王威、张立芬、邹国强、李金华。

社区基础数据元

1 范围

本标准规定了社区业务中基础性、通用性数据元，主要包括社区基础信息、社区自治业务信息、社区行政业务信息和社区商业业务信息等。

本标准适用于社区信息化规划、建设和运行维护。

2 规范性引用文件

下列文件对于本文件的应用是必不可少的。凡是注日期的引用文件，仅注日期的版本适用于本文件。凡是不注日期的引用文件，其最新版本(包括所有的修改单)适用于本文件。

GB/T 2260 中华人民共和国行政区划代码

GB/T 2261.1 个人基本信息分类与代码 第1部分：人的性别代码

GB/T 2261.2 个人基本信息分类与代码 第2部分：婚姻状况代码

GB/T 2261.3 个人基本信息分类与代码 第3部分：健康状况代码

GB/T 2261.4 个人基本信息分类与代码 第4部分：从业状况(个人身份)代码

GB 2312 信息交换用汉字编码字符集 基本集

GB/T 2659 世界各国和地区名称代码

GB/T 3304 中国各民族名称的罗马字母拼写法和代码

GB/T 4658 学历代码

GB/T 4754 国民经济行业分类与代码

GB/T 4762 政治面貌代码

GB/T 4880.1 语种名称代码 第1部分：2字母代码

GB/T 4881 中国语种代码

GB/T 6565 职业分类与代码

GB/T 6864 中华人民共和国学位代码

GB/T 6865 语种熟练度和外语考试等级代码

GB/T 7408 数据元和交换格式 信息交换 日期和时间表示法

GB/T 8561 专业技术职务代码

GB 11714 全国组织机构代码编制规则

GB/T 12402 经济类型分类与代码

GB/T 12403 干部职务名称代码

GB/T 12404 单位隶属关系代码

GB/T 16835 高等学校本科、专科专业名称代码

GB/T 16987 组织机构代码信息数据库(基本库)数据格式

GB/T 17986.1 房产测量规范 第1单元：房产测量规定

GB/T 17986.2 房产测量规范 第2单元：房产图图式

GB/T 18848 育龄妇女信息系统(WIS)基础数据结构与分类代码

GB/T 19488.1 电子政务数据元 第1部分：设计和管理规范

GB/T 19488.2　电子政务数据元　第2部分:公共数据元目录

3　术语和定义

下列术语和定义适用于本文件。

3.1

社区　community

居住在一定地域内的人们所组成的多种社会关系的生活共同体。

[GB/T 20647.1—2006,定义3.1]

3.2

数据元　dataelement;DE

由一组属性规定其说明、标识、表示和允许值的数据单元。

[GB/T 18391.1—2009,定义3.3.8]

3.3

属性　attribute

一个对象或实体的特性。

[GB/T 18391.1—2009,定义3.1.1]

4　社区基础数据元模型

社区基础数据元主要包括社区基础信息、社区自治业务信息、社区行政业务信息和社区商业业务信息,其中:

a) 基础信息主要是指社区业务中涉及的角色及与角色相关的其他普遍使用的信息,包括社区信息、人员信息、家庭信息、机构信息、社区组织信息、房屋信息、设施信息等;

b) 社区自治业务信息主要指基于社区的内部业务中所涉及的相关信息,包括选举信息、规章制度信息、民情管理信息、志愿服务信息、资产管理信息、经费管理信息、活动管理信息等;

c) 社区行政业务信息主要指面向社区的行政性业务中涉及的相关信息,包括社区安全信息、社区就业信息、社区卫生信息、社区救助信息、社区社会保障信息等;

d) 社区商业业务信息主要指面向社区的市场性业务中涉及的相关信息,包括实体商务服务信息、电子商务服务信息和自助商务服务信息等。

社区基础数据元总模型如图1所示。

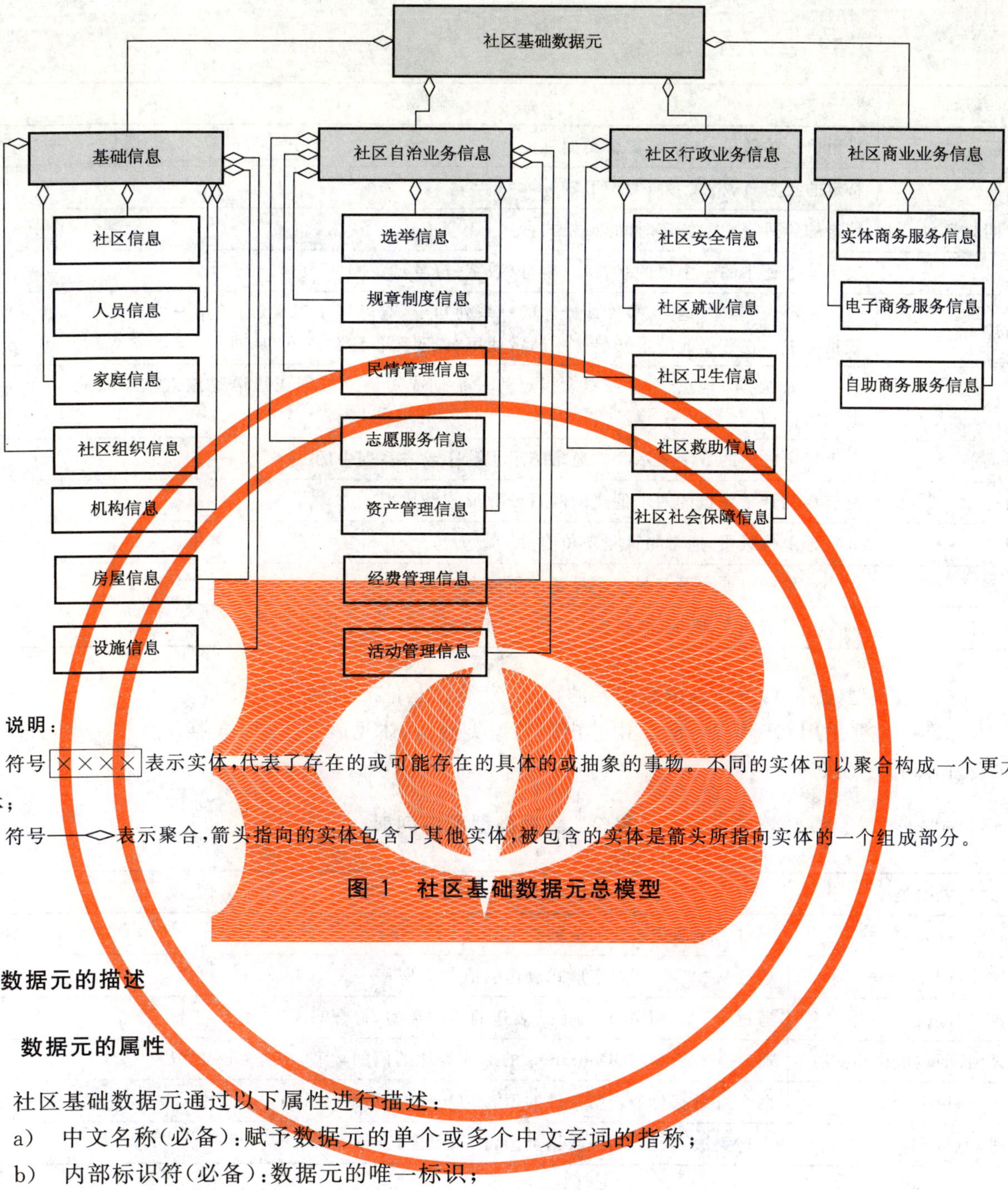

说明：

符号 ××× 表示实体，代表了存在的或可能存在的具体的或抽象的事物。不同的实体可以聚合构成一个更大的实体；

符号——◇表示聚合，箭头指向的实体包含了其他实体，被包含的实体是箭头所指向实体的一个组成部分。

图 1 社区基础数据元总模型

5 数据元的描述

5.1 数据元的属性

社区基础数据元通过以下属性进行描述：

a) 中文名称(必备)：赋予数据元的单个或多个中文字词的指称；

b) 内部标识符(必备)：数据元的唯一标识；

c) 英文名称(必备)：赋予数据元的单个或多个英文字词的指称；

d) 说明(必备)：表达一个数据元的本质特性并使其区别于所有其他数据元的陈述；

e) 对象类词(必备)：数据元名称成分之一，表达了该数据元所属事物或概念的集合；

f) 特性词(必备)：数据元名称成分之一，表达了该数据元所属的对象类的某个显著的、有区别的特征；

g) 表示词(必备)：数据元名称成分之一，表达了该数据元值域的表示形式；

本标准中主要采用 GB/T 19488.2 中给出的表示词，具体见表 1。

表1　表示词

表示词	含义
金额	货币单位的数量，通常与货币类型有关
日期	特定的年月日，格式参照 GB/T 7408
日期时间	特定的年月日中的特定时间点，格式参照 GB/T 7408
代码	表示一组值中的一个值的字符串（字母、数字、符号）
描述	表示一个人、客体、地点、事件或概念的一系列句子，既可用于定义（通常用一两个句子），也可用于较长文本。在数据元的中文名称中通常使用“说明”“备注”“意见”等词
名称	为一个人、客体、地点、事件或概念指定的一个词或短语。该词或短语是该人、客体、地点、事件或概念的称谓
号码	一个特定的值的数字表示。它通常暗示了顺序或一系列中的一个
百分比	具有相同计量单位的两个值之间的百分数形式的比率
量	非货币单位数量，通常与计量单位有关
比率	一个计量的量或金额与另一个计量的量或金额的比
指示符	两个且只有两个表明条件的值，如 On/Off、True/False，又称标志

h)　数据类型（必备）：用于表示数据元的符号、字符或其他表示的类型；

本标准中主要采用 GB/T 19488.2 中给出的数据类型，具体见表 2。表 2 包括了数据类型可能的取值列表，但不限于表 2 中所列。

表2　数据类型取值列表

数据类型	说明
字符型(string)	通过字符形式表达的值的类型
数字型(number)	通过从“0”到“9”数字形式表达的值的类型
日期型(date)	通过 YYYYMMDD 的形式表达的值的类型，符合 GB/T 7408
日期时间型(datetime)	通过 YYYYMMDDhhmmss 的形式表达的值的类型，符合 GB/T 7408
布尔型(boolean)	两个且只有两个表明条件的值，如 On/Off、True/False
二进制(binary)	上述无法表示的其他数据类型，比如图像、音频等

i)　数据格式（必备）：从业务的角度规定的数据元值的格式需求，包括所允许的最大和/或最小字符长度，数据元值的表示格式等；

数据格式中使用的字符含义如下：

a　　=字母字符；
n　　=数字字符；
an　　=字母数字字符；
m(m=为自然数)　　=定长 m 个字符（字符集默认为 GB 2312）；
..ul　　=长度不确定的文本；
..p,q(p,q 均为自然数)　　=最长 p 个数字字符，小数点后 q 位；
..　　=从最小长度到最大长度，前面附加最小长度，后面附加最大长度；

YYYYMMDDhhmmss　　=“YYYY”表示年份,“MM”表示月份,“DD”表示日期,“hh”表示小时,“mm”表示分钟,“ss”表示秒可以视实际情况组合使用。

示例 1：an6(aaannn) 表示定长 6 个字母数字字符,前 3 个为字母字符,后 3 个为数字字符;

示例 2：n··15,6 表示最长 15 个数字,小数点后六位;

示例 3：an2··5 表示最大长度为 5,最小长度为 2 的不定长的字母数字字符。

如果“数据类型”是“二进制”,应标识出二进制的具体格式,如“JPEG”。

j)　值域(必备):根据相应属性中所规定的数据类型、数据格式而决定的数据元的允许值的集合;该集合可以通过以下方式给出:

- 通过名称给出,即直接指出值域的名称;

示例 1:数据元“两字母国家代码”的值域是 GB/T 2659 中的全部两字母代码;

- 通过一一列举的方式给出所有可能的取值以及每一个值对应的实例或含义;
- 无要求。

k)　计量单位(可选):属于数值型的数据元值的计量单位;

l)　备注(可选):数据元的附加注释。

5.2　内部标识符

社区基础数据元内部标识符采取两段式编码规则:

1)　第一段:2 位数字,具体见表 3。

2)　第二段:3 位数字,采用顺序号。

本标准中,偶数内部标识符用于指示自然语言表示的数据项(包括非代码的数值),紧随其后的同一数据元的奇数数字保留作为该数据元的代码型表示。

表 3　社区基础数据元分类及代码

代码	名称
01	与人员、家庭相关的数据元
02	与社区、机构、社区组织、联系方式相关的数据元
03	与房屋、设施相关的数据元
04	与社区自治业务相关的数据元
05	与社区行政业务相关的数据元
06	与社区商业业务相关的数据元
99	其他

5.3　数据元名称的命名规则

数据元名称的命名规则采用 GB/T 19488.1 中的规定。具体规则如下:

a)　唯一性规则

规则 1:在一定语境下数据元名称应该唯一,名称中一般包括对象类词、特性词、表示词和限定词。

示例 1:在数据元“机构类型代码”中,“机构”为对象类词,“类型”为特性词,“代码”为表示词。

b)　语义规则

规则 2:对象类词表示数据元所属的事物或概念,它表示某一语境下一个活动或对象,它是数据元中占支配地位的成分。数据元名称中应有一个且仅有一个对象类词。

规则 3:特性词是表示数据元所属对象类的显著的、有区别的特征。数据元名称中应有一个且仅有一个特性词。

规则4:表示词是数据元名称中描述数据元表示形式的一个成分。它描述了数据元允许值集合的格式。数据元名称中应有一个且仅有一个表示词。

示例1:在数据元"机构类型代码"中,"机构"是对象类词,"类型"是特性词,表示词为"代码"。

规则5:当需要描述一个数据元并使其在特定的语境中唯一时,可以使用限定词对对象类词、特性词或表示词进行限定。限定词是可选的。

c) 语法规则

规则6:对象类词应处于名称的第一(最左)位置。特性词应处于第二位置。表示词应处于最后位置。

规则7:限定词可以附加到对象类词、特性词和表示词上。限定词应位于被限定成分的前面。

规则8:当表示词与特性词有重复或部分重复时,可以将重复部分删掉。

示例1:在数据元"社区名称"中,"名称"是"社区名称"的表示词,由于表示词"名称"与特性词"名称"语义重复,因此删去一个"名称"。

d) 英文名称的词法规则

规则9:名词使用单数形式,动词使用现在时。

规则10:名称的各个成分之间用空格分隔,不允许使用特殊字符。

规则11:允许使用缩写词、首字母缩略词和大写首字母。

6 基础信息

6.1 基础信息模型

基础信息模型如图2所示。

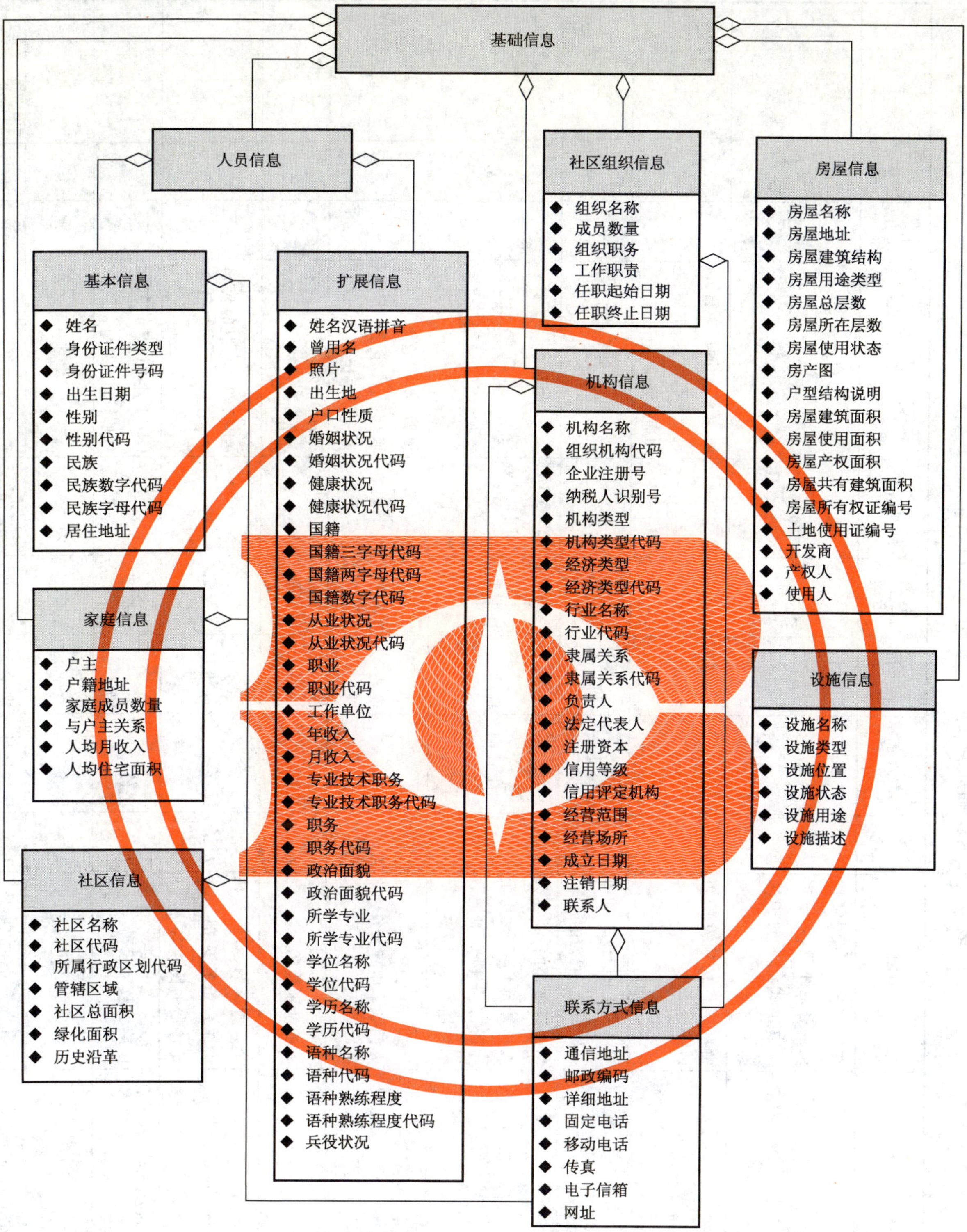

图 2 社区基础数据元-基础信息-模型

6.2 基础信息数据元

6.2.1 人员信息

6.2.1.1 基本信息

与人员基本信息相关的数据元如表 4 所示。

表 4 社区基础数据元-人员信息-基本信息

中文名称	内部标识符	英文名称	说明	对象类词	特性词	表示词	数据类型	数据格式	值域	计量单位	备注
姓名	01002	name	在公安户籍管理部门正式登记注册、人事档案中正式记载的中文姓氏名称	人	姓名	名称	字符型	a..30			
身份证件类型	01004	certificate type	由特定机构颁发的可以证明个人身份的证件的类型	人	身份证件类型	名称	字符型	a..50	如,居民身份证、军官证、机动车驾驶证、护照、港澳通行证、台胞证等		
身份证件号码	01006	certificate number	身份证件上记载的、可唯一标识个人身份的号码	人	身份证件	号码	字符型	an..18			
出生日期	01008	date of birth	出生证签署的,并在公安户籍部门正式登记注册、人事档案中记载的日期	人	出生日期	日期	日期型	YYYYMMDD 或 YYYY-MM-DD			
性别	01010	gender	人的基本生理特征	人	性别	描述	字符型	a..6	根据 GB/T 2261.1,可取如下枚举值:未知、男、女、未说明		
性别代码	01011	code of gender	人的性别代码	人	性别	代码	字符型	n1	GB/T 2261.1 中的性别代码		
民族	01012	ethnic group	个人所属的、经国家认可在户籍管理部门登记注册的民族名称	人	民族	名称	字符型	a..10	GB/T 3304 中的民族名称		
民族数字代码	01013	number code of ethnic group code	民族的数字代码	人	民族	数字代码	字符型	n2	GB/T 3304 中的数字代码		
民族字母代码	01015	alphabet code of ethnic group	民族的字母代码	人	民族	字母代码	字符型	a2			
居住地址	01016	residential address	人员当前居住的地址	人	居住地址	描述	字符型	an..100			

6.2.1.2 扩展信息

与人员扩展信息相关的数据元如表 5 所示。

表 5 社区基础数据元-人员信息-扩展信息

中文名称	内部标识符	英文名称	说明	对象类词	特性词	表示词	数据类型	数据格式	值域	计量单位	备注
姓名汉语拼音	01018	name in Chinese PinYin	采用汉语拼音全拼方式表示人的姓名	人	姓名	汉语拼音	字符型	a..90			
曾用名	01020	used name	人员曾经使用过的姓名	人	曾用名	名称	字符型	a..30			
照片	01022	photo	人员的照片	人	照片	描述	二进制型				照片的大小、格式等应根据具体应用来确定，建议照片的数据格式为 JPG
出生地	01024	place of birth	出生证签署的，并在公安户籍部门正式登记注册、人事档案中记载的地点	人	出生地	描述	字符型	an..100			
户口性质	01026	type of household	人员的户口性质	人	户口性质	描述	字符型	n1	GB/T 18848 中的户口性质代码		
婚姻状况	01028	marital status	当前婚姻状态的说明	人	婚姻状况	描述	字符型	a..16	GB/T 2261.2 中的婚姻状况		
婚姻状况代码	01029	code of marital status	婚姻状况的代码	人	婚姻状况	代码	字符型	n2	GB/T 2261.2 中的婚姻状况代码		
健康状况	01030	status of health	人体生理机能及营养、发育方面状况的说明	人	健康状况	描述	字符型	a..20	GB/T 2261.3 中的健康状况		
健康状况代码	01031	code for status of health	人体的健康状况代码	人	健康状况	代码	字符型	n2	GB/T 2261.3 中的健康状况代码		

表 5（续）

中文名称	内部标识符	英文名称	说明	对象类词	特性词	表示词	数据类型	数据格式	值域	计量单位	备注
国籍	01032	nationality	公民所属的、并经认定具有特别地理和政治意义的国家名称	人	国籍	名称	字符型	a..40	GB/T 2659 中国家的中文简称		
国籍三字母代码	01033	alpha-3 code of nationality	国籍的三位字母代码	人	国籍	字母代码	字符型	a3	GB/T 2659 中的三字符拉丁字母代码		
国籍两字母代码	01035	alpha-2 code of nationality	国籍的两位字母代码	人	国籍	字母代码	字符型	a2	GB/T 2659 中的两字符拉丁字母代码		
国籍数字代码	01037	numeric code of nationality	国籍的数字代码	人	国籍	数字代码	字符型	n3	GB/T 2659 中的数字代码		
从业状况	01038	status of employment	按人员管理规定划分的人员的从业类别	人	从业状况	描述	字符型	a..14	GB/T 2261.4 中的从业状况名称		
从业状况代码	01039	code of employment status	人员的从业类别代码	人	从业状况	代码	字符型	n2	GB/T 2261.4 中的从业状况代码		
职业	01040	profession	从业人员为获取主要生活来源所从事的社会性工作的类别	人	职业	名称	字符型	a..30	GB/T 6565 中的职业分类名称		
职业代码	01041	code of profession	职业的分类代码	人	职业	代码	字符型	an3	GB/T 6565 中的职业分类代码		
工作单位	01042	employer	人员从业所在机构的名称	人	工作单位	名称	字符型	an..100			
年收入	01044	annual income	个人全年收入的总金额	人	年收入	金额	数字型	n..10,2			
月收入	01046	monthly income	个人的月收入金额	人	月收入	金额	数字型	n..10,2			

表 5（续）

中文名称	内部标识符	英文名称	说明	对象类词	特性词	表示词	数据类型	数据格式	值域	计量单位	备注
专业技术职务	01048	title of professional and technical post	经专业技术职务任职资格评审委员会评审确认，或参加国家统一专业技术资格考试合格而取得的专业技术资格名称	人	专业技术职务	名称	字符型	a..30	GB/T 8561 中的专业技术系列等级名称		
专业技术职务代码	01049	code of professional and technical post	专业技术职务的代码	人	专业技术职务	代码	字符型	n3	GB/T 8561 中的专业技术职务代码		
职务	01050	post	个人担任党派职务、行政职务和社会团体职务的具体名称	人	职务	名称	字符型	a..12	GB/T 12403 中的干部职务名称		
职务代码	01051	code of post	干部的职务代码	人	职务	代码	字符型	an4	GB/T 12403 中的干部职务代码		
政治面貌	01052	political status	个人政治身份的说明	人	政治面貌	名称	字符型	a..12	GB/T 4762 中的政治面貌的简称		
政治面貌代码	01053	code of political status	政治面貌的代码	人	政治面貌	代码	字符型	n2	GB/T 4762 中的政治面貌代码		
所学专业	01054	major	根据科学分类和社会职业分工而进行学习的类别	人	所学专业	名称	字符型	a..30	GB/T 16835 中的专业名称		
所学专业代码	01055	code of major	所学专业名称的代码	人	所学专业	代码	字符型	n6	GB/T 16835 中的专业代码		
学位名称	01056	degree	取得正式学位的名称	人	学位	名称	字符型	a..10	GB/T 6864 中的学位名称		
学位代码	01057	code of degree	学位的代码	人	学位	代码	字符型	n..3	GB/T 6864 中的学位代码		

表 5（续）

中文名称	内部标识符	英文名称	说明	对象类词	特性词	表示词	数据类型	数据格式	值域	计量单位	备注
学历名称	01058	name for record of formal schooling	受教育者在教育机构接受科学、文化知识训练并获得国家教育行政部门认可的学历证书的经历的名称	人	学历	名称	字符型	a..16	GB/T 4658 中的学历名称		
学历代码	01059	code for record of formal schooling	学历的代码	人	学历	代码	字符型	n2	GB/T 4658 中的学历代码		
语种名称	01060	name of language	某人所掌握语言的名称	人	语种	名称	字符型	a..20	GB/T 4880.1 和 GB/T 4881 中的语种名称		
语种代码	01061	code of language	代表语种的符号	人	语种	代码	字符型	a2	GB/T 4880.1 和 GB/T 4881 中的语种代码		
语种熟练程度	01062	language proficiency	某人对某语种的掌握程度	人	语种熟练程度	描述	字符型	a4	GB/T 6865 中的语种熟练程度		
语种熟练程度代码	01063	code of language proficiency	语种熟练程度的代码	人	语种熟练程度	代码	字符型	n1	GB/T 6865 中的语种熟练程度代码		
兵役状况	01064	status of military service	人员所服兵役的情况	人	兵役状况	描述	字符型	a..100			

6.2.2 家庭信息

本标准中，家庭信息是指以居民户口薄登记的成员组成的共同体的相关信息。与家庭信息相关的数据元如表 6 所示。

表 6 社区基础数据元-家庭信息

中文名称	内部标识符	英文名称	说明	对象类词	特性词	表示词	数据类型	数据格式	值域	计量单位	备注
户主	01100	householder	户口登记机关发放的居民户口簿上确认的户主的姓名	家庭	户主	名称	字符型	a..30			从数据元 01002“姓名”派生而来
户籍地址	01102	registed address	当前户籍所在的地区	家庭	户籍地址	描述	字符型	an..100			可以由国家和地区名称、行政区划名称、乡镇(街道)名称、街路巷、门(楼)牌号组成
家庭成员数量	01104	number of family members	与户主具有相互扶养义务的一定范围内的直系亲属或旁系亲属,主要包括夫妻、父母子女等	家庭	成员数量	量	数字型	n..3			
与户主关系	01106	relationship to householder	某个家庭成员与户主的关系	户籍	与户主关系	描述	字符型	an..20			
人均月收入	01108	average monthly income	以家庭为单位,某一时间内所有成员每人每月的平均收入	家庭	人均月收入	金额	数字型	n..10,2		元	
人均住宅面积	01110	average living area	以家庭为单位,家庭成员平均每人拥有的住宅使用面积	家庭	人均住宅面积	量	数字型	n..10,2		平方米	

6.2.3 社区信息

与社区信息相关的数据元如表 7 所示。

表 7　社区基础数据元-社区信息

中文名称	内部标识符	英文名称	说明	对象类词	特性词	表示词	数据类型	数据格式	值域	计量单位	备注
社区名称	02002	name of community	社区的名称	社区	名称	名称	字符型	an..100			
社区代码	02003	code of community	社区的代码	社区	社区	代码	字符型	n..20			建议由 6 位行政区划数字代码(GB/T 2260 中的行政区划数字代码)＋3 位街道/乡/镇数字代码＋5 位顺序码组成
所属行政区划代码	02004	code of administrative division belonged to	社区所属的行政区划的代码	社区	所属行政区划	代码	字符型	n6	GB/T 2260 中的行政区划数字代码		
管辖区域	02006	administration region	社区管理的区域	社区	管辖区域	描述	字符型	an..1000			
社区总面积	02008	total area covered by community	社区管辖范围的总面积	社区	总面积	量	数字型	n..10,2		平方米	
绿化面积	02010	green area	社区用地范围内各类绿地的面积总和，主要包括公共绿地、宅旁绿地、配套公建所属绿地和道路绿地等	社区	绿化面积	量	数字型	n..10,3		平方米	
历史沿革	02012	history	社区的发展与变化历程	社区	历史沿革	描述	字符型	an..2000			

6.2.4　社区组织信息

本标准的社区组织主要指社区内成立的各种组织，如居委会、志愿服务组织、活动小组等。与社区组织信息相关的数据元如表 8 所示。

表 8 社区基础数据元-社区组织信息

中文名称	内部标识符	英文名称	说明	对象类词	特性词	表示词	数据类型	数据格式	值域	计量单位	备注
组织名称	02050	name of organization	社区组织的名称	社区组织	名称	名称	字符型	an..100			
成员数量	02052	number of members	社区组织内成员的数量	社区组织	成员数量	量	数字型	n..10			
组织职务	02054	post in community organization	某人在社区组织中担任的职务	社区组织	职务	名称	字符型	a..30			
工作职责	02056	duty	某人在工作中所负责的范围和所承担的相应责任	社区组织	工作职责	描述	字符型	a..100			
任职起始日期	02058	start date of post	某人在社区组织中担任职务的起始日期	社区组织	任职起始日期	日期	日期型	YYYYMMDD 或 YYYY-MM-DD			
任职终止日期	02060	end date of post	某人在社区组织中担任职务的终止日期	社区组织	任职终止日期	日期	日期型	YYYYMMDD 或 YYYY-MM-DD			

6.2.5 机构信息

本标准的机构主要是指与社区业务相关的企业、行政机关、事业单位和社会团体等构等。与机构信息相关的数据元如表 9 所示。

表 9 社区基础数据元-机构信息

中文名称	内部标识符	英文名称	说明	对象类词	特性词	表示词	数据类型	数据格式	值域	计量单位	备注
机构名称	02082	name of organization	一个机构的中文名称，该名称须经登记机关或批准机关所核准	机构	名称	名称	字符型	an..100			
组织机构代码	02083	code of organization	由全国组织机构代码管理中心为在中华人民共和国境内依法成立的机关、企业、事业单位、社会团体和民办非企业单位等机构赋予的一个全国范围内唯一的、始终不变的法定代码标识	机构	标识	代码	字符型	an9	符合 GB 11714 中的组织机构代码编制规则		
企业注册号	02085	enterprise registration number	企业(包括个体工商户)在工商登记机关注册的营业执照上的唯一注册号	企业	注册号	代码	字符型	an..15			
纳税人识别号	02087	Taxpayer identifier issued by taxation bureau	税务部门为纳税人分配的唯一税务登记编号	纳税人	识别号	代码	字符型	an..20			
机构类型	02088	organization type	以企业登记机关、机构编制管理机关和社会团体登记机关核定或确定的类型为准，参照其他法律、法规规定的组织机构登记或批准机关核定或确定的类型	机构	类型	名称	字符型	a..20	GB/T 16987 中的如下枚举值： ——企业法人； ——企业分支机构； ——企业其他； ——事业法人； ——事业其他； ——社团法人； ——社团其他； ——行政机关； ——民办非企业单位； ——个体； ——工会法人； ——其他机构		

表 9（续）

中文名称	内部标识符	英文名称	说明	对象类词	特性词	表示词	数据类型	数据格式	值域	计量单位	备注
机构类型代码	02089	code of organization type	机构类型的代码，包括行政机关、事业单位、企业和社会团体等机构类型的代码	机构	类型	代码	字符型	n2	GB/T 16987 中的如下枚举值： ——10 企业法人； ——11 企业分支机构； ——19 企业其他； ——20 事业法人； ——29 事业其他； ——30 社团法人； ——39 社团其他； ——40 行政机关； ——50 民办非企业单位； ——60 个体； ——70 工会法人； ——90 其他机构		
经济类型	02090	economic category	按不同资本(资金来源和资本组合方式)划分的经济组织和其他组织机构的类别	机构	经济类型	名称	字符型	a..30	GB/T 12402 中的经济类型名称		
经济类型代码	02091	code of economic category	机构经济类型的分类代码	机构	经济类型	代码	字符型	n3	GB/T 12402 中的经济类型代码		
行业名称	02092	name of industry	按机构所从事的生产经营活动或其他社会经济活动的性质划分的类别	机构	所属行业	名称	字符型	a..42	GB/T 4754 中的类别名称		
行业代码	02093	code of industry	机构所属的国民经济行业的分类代码	机构	所属行业	代码	字符型	n..4	GB/T 4754 中的类别代码		
隶属关系	02094	subordination of organization	机构与上级行政机构的从属关系	机构	隶属关系	名称	字符型	a..30	GB/T 12404 中的隶属关系名称		

表 9（续）

中文名称	内部标识符	英文名称	说明	对象类词	特性词	表示词	数据类型	数据格式	值域	计量单位	备注
隶属关系代码	02095	code of subordination of organization	机构与上级行政机构从属关系的代码	机构	隶属关系	代码	字符型	n2	GB/T 12404 中的隶属关系代码		
负责人	02096	person in charge	机构登记机关或批准机关核发的有效证照或批文上的负责人的姓名	机构	负责人	名称	字符型	a..30			从数据元 01002 “姓名”派生而来
法定代表人	02098	legal representative	机构登记机关或批准机关核发的有效证照或批文上的法定代表人的姓名	机构	法定代表人	名称	字符型	a..30			从数据元 01001 “姓名”派生而来
注册资本	02100	registered capital	机构在登记管理机关依法登记的资本总额	机构	注册资本	金额	数字型	n..18,6		万元	
信用等级	02102	credit level	机构的信用级别	机构	信用等级	代码	字符型	an..10			与数据元 02104 “信用评定机构”连用
信用评定机构	02104	credit rating agency	对企业、社会团体、事业单位等机构进行信用等级评定的组织	机构	信用评定机构	名称	字符型	an..100			与数据元 02102 “信用等级”连用
经营范围	02106	business scope	机构登记机关或批准机关核发的有效证照或批文上登记的生产和经营商品的类别、品种及服务项目等	机构	经营范围	描述	字符型	a..1000			

表 9（续）

中文名称	内部标识符	英文名称	说明	对象类词	特性词	表示词	数据类型	数据格式	值域	计量单位	备注
经营场所	02108	place of business	机构进行具体生产、经营、服务活动的场所	机构	经营场所	描述	字符型	an..100			
成立日期	02110	founding date	机构注册或被批准成立的日期	机构	成立日期	日期	日期型	YYYYMMDD 或 YYYY-MM-DD			
注销日期	02112	cancelling date	机构注销的日期	机构	注销日期	日期	日期型	YYYYMMDD 或 YYYY-MM-DD			
联系人	02114	contact person	机构联系人的姓名	机构	联系人	名称	字符型	a..30			从数据元 01002“姓名”派生而来

6.2.6 联系方式信息

与联系方式信息相关的数据元如表 10 所示。

表 10 社区基础数据元-联系方式信息

中文名称	内部标识符	英文名称	说明	对象类词	特性词	表示词	数据类型	数据格式	值域	计量单位	备注
通信地址	02152	communication address	机构或人员的邮政通信地址	联系方式	通信地址	描述	字符型	an..100			与数据元 02154“邮政编码”连用
邮政编码	02154	postal code	国家和地区邮政编码	联系方式	邮政编码	代码	字符型	n6			与数据元 02152“通信地址”连用

表 10（续）

中文名称	内部标识符	英文名称	说明	对象类词	特性词	表示词	数据类型	数据格式	值域	计量单位	备注
详细地址	02156	detailed address	机构或人员的详细地址	联系方式	详细地址	描述	字符型	an..100			可以由国家和地区名称、行政区划名称、乡镇（街道）名称、街路巷、门（楼）牌号组成
固定电话	02158	fixed telephone number	机构或人员的固定电话号码	联系方式	固定电话	描述	字符型	an..18			完整的电话号码包括国际区号、国内长途区号、本地电话号和分机号，之间用“-”分割
移动电话	02160	mobile phone number	机构或人员的移动电话号码	联系方式	移动电话	描述	字符型	an..18			
传真	02162	fax number	机构或人员的传真号码	联系方式	传真	描述	字符型	an..18			完整的传真号码包括国际区号、国内长途区号、本地电话号和分机号，之间用“-”分割
电子信箱	02164	Email	机构或人员的电子邮件的收发地址	联系方式	电子信箱	描述	字符型	an..50			
网址	02166	website	机构或人员的互联网地址	联系方式	网址	描述	字符型	an..200			

6.2.7 房屋信息

本标准的房屋主要指社区范围内的单层或多层建筑，也包括楼房内的某个具有单独权属的房屋。与房屋信息相关的数据元如表 11 所示。

表 11　社区基础数据元-房屋信息

中文名称	内部标识符	英文名称	说明	对象类词	特性词	表示词	数据类型	数据格式	值域	计量单位	备注
房屋名称	03002	name of house	房屋的名称	房屋	名称	描述	字符型	an..100			
房屋地址	03004	address of house	房屋的详细地址	房屋	地址	描述	字符型	an..100			可以由国家和地区名称、行政区划名称、乡镇(街道)名称、街路巷、门(楼)牌号组成
房屋建筑结构	03005	house structure	根据房屋的梁、柱、墙等主要承重构件的建筑材料进行描述的房屋结构	房屋	建筑结构	代码	字符型	n1	GB/T 17986.1 中表A5 代码		
房屋用途类型	03007	house use type	房屋使用用途的类型	房屋	用途类型	代码	字符型	n1	GB/T 17986.1 中表A6 代码		
房屋总层数	03008	total layer	房屋的自然层数,为房屋地上层数与地下层数之和	房屋	总层数	量	数字型	n..5		层	
房屋所在层数	03010	layer of house	某房屋在所属楼房中的第几层,地下楼层以负数表示	房屋	所在层数	描述	字符型	an..30			
房屋使用状态	03012	use status	当前房屋使用的状态,如自用、出租、闲置等	房屋	使用状态	描述	字符型	an..100			
房产图	03014	graph of house property	房屋和土地使用状况的图形描述,主要包括房产分幅平面图、房产分丘平面图和房产分户平面图等	房屋	房产图	描述	二进制型				房产图的绘制应符合GB/T 17986.1 和 GB/T 17986.2 中的相关规定

表 11（续）

中文名称	内部标识符	英文名称	说明	对象类词	特性词	表示词	数据类型	数据格式	值域	计量单位	备注
户型结构说明	03016	floor plan	房屋的户型结构的详细说明，如三室两厅两卫等	房屋	结构说明	描述	字符型	an..1000			
房屋建筑面积	03018	building area	房屋外墙（柱）勒脚以上各层的外围水平投影面积，包括阳台、挑廊、地下室、室外楼梯	房屋	建筑面积	量	数字型	n..10,2		平方米	房产面积测算应符合GB/T 17986.1中的相关规定
房屋使用面积	03020	usable area	房屋户内全部可供使用的面积，按房屋的内墙面水平投影计算	房屋	使用面积	量	数字型	n..10,2		平方米	
房屋产权面积	03022	property area	产权人依法拥有房屋所有权的房屋建筑面积	房屋	产权面积	量	数字型	n..10,2		平方米	
房屋共有建筑面积	03024	shared building area	各产权人共同占有或共同使用的建筑面积	房屋	共有建筑面积	量	数字型	n..10,2		平方米	
房屋所有权证编号	03026	number of house ownership certificate	房屋所有权证的编号	房屋	所有权证字号	号码	字符型	an..50			
土地使用证编号	03028	number of land use certificate	国有土地使用证的编号	房屋	土地使用权证字号	号码	字符型	an..50			
开发商	03030	developer	房屋建筑的开发企业、机构的名称	房屋	开发商	名称	字符型	an..100			
产权人	03032	property owner	拥有房屋的所有权的个人或机构的名称	房屋	产权人	名称	字符型	an..100			
使用人	03034	user	拥有房屋使用权的个人或机构的名称	房屋	使用人	名称	字符型	an..100			

6.2.8 设施信息

本标准的设施主要是指社区管理范围内的各种公共服务设施、娱乐设施、休闲设施等，如井盖、公园、健身器材、停车设施等。与设施信息相关的数据元如表 12 所示。

表 12 社区基础数据元-设施信息

中文名称	内部标识符	英文名称	说明	对象类词	特性词	表示词	数据类型	数据格式	值域	计量单位	备注
设施名称	03052	name of facility	设施的名称	设施	名称	名称	字符型	an..100			
设施类型	03054	facility type	设施的类型，如公共服务设施、娱乐设施、休闲设施等	设施	类型	描述	字符型	an..100			
设施位置	03056	facility location	根据设施服务对象描述设施位置，如几号楼东几米	设施	位置	描述	字符型	an..100			
设施状态	03058	facility status	设施的使用状态，如正常、故障及持续时间等	设施	状态	描述	字符型	an..100			
设施用途	03060	facility use	设施的应用对象和功能，如用于某幢房产或者几幢房产的水闸等	设施	用途	描述	字符型	an..200			
设施描述	03062	facility description	设施相关信息的详细说明，如型号、设计用途、生产厂家、注意事项等	设施	描述	描述	字符型	an..1000			

7 社区自治业务信息

7.1 社区自治业务信息模型

社区自治业务信息模型如图 3 所示。

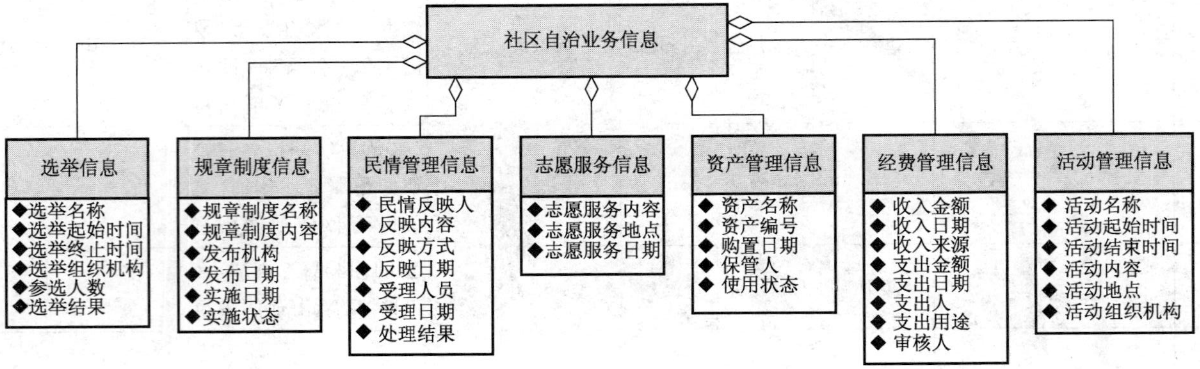

图 3 社区基础数据元-社区自治业务信息-模型

7.2 社区自治业务信息数据元

7.2.1 选举信息

与选举信息相关的数据元如表 13 所示。

表 13 社区基础数据元-选举信息

中文名称	内部标识符	英文名称	说明	对象类词	特性词	表示词	数据类型	数据格式	值域	计量单位	备注
选举名称	04002	name of election	社区范围内组织的某次选举的名称	选举	名称	名称	字符型	an..100			

表 13（续）

中文名称	内部标识符	英文名称	说明	对象类词	特性词	表示词	数据类型	数据格式	值域	计量单位	备注
选举起始时间	04004	start time of election	某次选举开始的时间	选举	起始时间	日期时间	日期时间型	YYYYMM-DDThhmm 或 YYYY-MM-DDThh:mm			
选举终止时间	04006	end time of election	某次选举终止的时间	选举	截止时间	日期时间	日期时间型	YYYYMM-DDThhmm 或 YYYY-MM-DDThh:mm			
选举组织机构	04008	election organization	组织某次选举的机构的名称	选举	组织机构	名称	字符型	an..100			
参选人数	04010	number of voter	参加某次选举的人员数量	选举	参选人数	量	数字型	n..8		人	
选举结果	04012	election result	某次选举的结果	选举	选举结果	描述	字符型	an..5000			

7.2.2 规章制度信息

与规章制度信息相关的数据元如表 14 所示。

表 14 社区基础数据元-规章制度信息

中文名称	内部标识符	英文名称	说明	对象类词	特性词	表示词	数据类型	数据格式	值域	计量单位	备注
规章制度名称	04032	name of rule or regulation	社区业务中颁布或采用的某项规章或制度的名称	规章制度	名称	名称	字符型	an..100			
规章制度内容	04034	content of rule or regulation	某项规章或制度的内容	规章制度	内容	描述	字符型	an..10000			
发布机构	04036	issuing organization	发布某项规章或制度的机构的名称	规章制度	发布机构	名称	字符型	an..100			
发布日期	04038	date of issue	发布某项规章或制度的日期	规章制度	发布日期	日期	日期型	YYYYMMDD 或 YYYY-MM-DD			
实施日期	04040	date of application	某项规章或制度开始实施的日期	规章制度	实施日期	日期	日期型	YYYYMMDD 或 YYYY-MM-DD			
实施状态	04042	application status	某项规章或制度实施的状态，如现行、作废等	规章制度	实施状态	描述	字符型	an..100			

7.2.3 民情管理信息

与民情管理信息相关的数据元如表 15 所示。

表 15 社区基础数据元-民情管理信息

中文名称	内部标识符	英文名称	说明	对象类词	特性词	表示词	数据类型	数据格式	值域	计量单位	备注
民情反映人	04062	feedback person	向相关组织机构就社区情况提出建议、意见或者投诉请求的人员或机构名称	民情	反映人	名称	字符型	a..100			从数据元 01002“姓名”派生而来
反映内容	04064	feedback content	向相关组织机构就社区情况提出建议、意见或者投诉请求	民情	反映内容	描述	字符型	a..1000			
反映方式	04066	feedback manner	就社区情况提出建议、意见或者投诉请求的方式，如书信、电子邮件、传真、电话、走访等	民情	反映方式	描述	字符型	a..100			
反映日期	04068	date of feedback	就社区情况提出建议、意见或者投诉请求的日期	民情	反映日期	日期	日期型	YYYYMMDD 或 YYYY-MM-DD			
受理人员	04070	accepter	受理建议、意见或者投诉请求等业务的工作人员姓名	民情	受理人员	名称	字符型	a..30			
受理日期	04072	date of acception	受理建议、意见或者投诉请求等业务的日期	民情	受理日期	日期	日期型	YYYYMMDD 或 YYYY-MM-DD			
处理结果	04074	result	对相关建议、意见或者投诉请求等处理情况	民情	处理结果	描述	字符型	a..1000			

7.2.4 志愿服务信息

与志愿服务信息相关的数据元如表 16 所示。

表 16 社区基础数据元-志愿服务信息

中文名称	内部标识符	英文名称	说明	对象类词	特性词	表示词	数据类型	数据格式	值域	计量单位	备注
志愿服务内容	04102	content of voluntary service	进行社区志愿服务的内容	志愿服务	内容	描述	字符型	a..1000			
志愿服务地点	04104	place of voluntary service	进行社区志愿服务的地点	志愿服务	地点	描述	字符型	an..100			
志愿服务日期	04106	date of voluntary service	进行社区志愿服务的日期	志愿服务	日期	日期	日期型	YYYYMMDD 或 YYYY-MM-DD			

7.2.5 资产管理信息

与资产管理信息相关的数据元如表 17 所示。

表 17 社区基础数据元-资产管理信息

中文名称	内部标识符	英文名称	说明	对象类词	特性词	表示词	数据类型	数据格式	值域	计量单位	备注
资产名称	04132	name of property	某资产的名称	资产	名称	名称	字符型	an..100			
资产编号	04134	number of property	某资产的编号	资产	编号	代码	字符型	an..20			
购置日期	04136	purchase date	某资产购买或者建设的日期	资产	购置日期	日期	日期型	YYYYMMDD 或 YYYY-MM-DD			

表 17（续）

中文名称	内部标识符	英文名称	说明	对象类词	特性词	表示词	数据类型	数据格式	值域	计量单位	备注
保管人	04138	custodian	保管或者负责管理某资产的人员姓名	资产	保管人	名称	字符型	an..30			从数据元 01002“姓名”派生而来
使用状态	04140	use status	某资产使用的状态，如自用、外租或其他	资产	使用状态	描述	字符型	an..100			

7.2.6 经费管理信息

与经费管理信息相关的数据元如表 18 所示。

表 18 社区基础数据元-经费管理信息

中文名称	内部标识符	英文名称	说明	对象类词	特性词	表示词	数据类型	数据格式	值域	计量单位	备注
收入金额	04162	amount of income	社区进账的经费金额	经费	收入金额	金额	数字型	n..18,6		元	
收入日期	04164	date of income	经费的入账日期	经费	收入日期	日期	日期型	YYYYMMDD 或 YYYY-MM-DD			
收入来源	04166	source of income	经费的来源	经费	收入来源	描述	字符型	an..500			
支出金额	04168	amount of expense	支出经费的金额	经费	支出金额	金额	数字型	n..18,6		元	
支出日期	04170	date of expense	经费的支出日期	经费	支出日期	日期	日期型	YYYYMMDD 或 YYYY-MM-DD			
支出人	04172	name of spender	支出经费的经手人姓名	经费	支出人	名称	字符型	a..30			从数据元 01002“姓名”派生而来

表 18（续）

中文名称	内部标识符	英文名称	说明	对象类词	特性词	表示词	数据类型	数据格式	值域	计量单位	备注
支出用途	04174	expense purpose	支出经费的用途	经费	支出用途	描述	字符型	an..500			
审核人	04176	name of verifier	经费支出的审核人员的姓名	经费	审核人	名称	字符型	a..30			从数据元 01002“姓名”派生而来

7.2.7 活动管理信息

本标准中的活动包括社区管理范围内举办的各种文化、体育、教育及环境美化等方面的活动。与活动管理信息相关的数据元如表 19 所示。

表 19 社区基础数据元-活动管理信息

中文名称	内部标识符	英文名称	说明	对象类词	特性词	表示词	数据类型	数据格式	值域	计量单位	备注
活动名称	04192	name of activity	某次社区活动的名称	活动	名称	名称	字符型	an..100			
活动起始时间	04194	start time	某次活动开始的时间	活动	起始时间	日期时间	日期时间型	YYYYMMDDThhmm 或 YYYY-MM-DDThh:mm			
活动结束时间	04196	end time	某次活动结束的时间	活动	结束时间	日期时间	日期时间型	YYYYMMDDThhmm 或 YYYY-MM-DDThh:mm			
活动内容	04198	content of activity	某次活动的主要内容	活动	内容	描述	字符型	an..5000			
活动地点	04200	place of activity	某次活动的详细地址	活动	地址	描述	字符型	an..100			
活动组织机构	04202	organization of activity	组织某次活动的机构的名称	活动	组织机构	名称	字符型	an..100			

8 社区行政业务信息

8.1 社区行政业务信息模型

社区行政业务信息模型如图 4 所示。

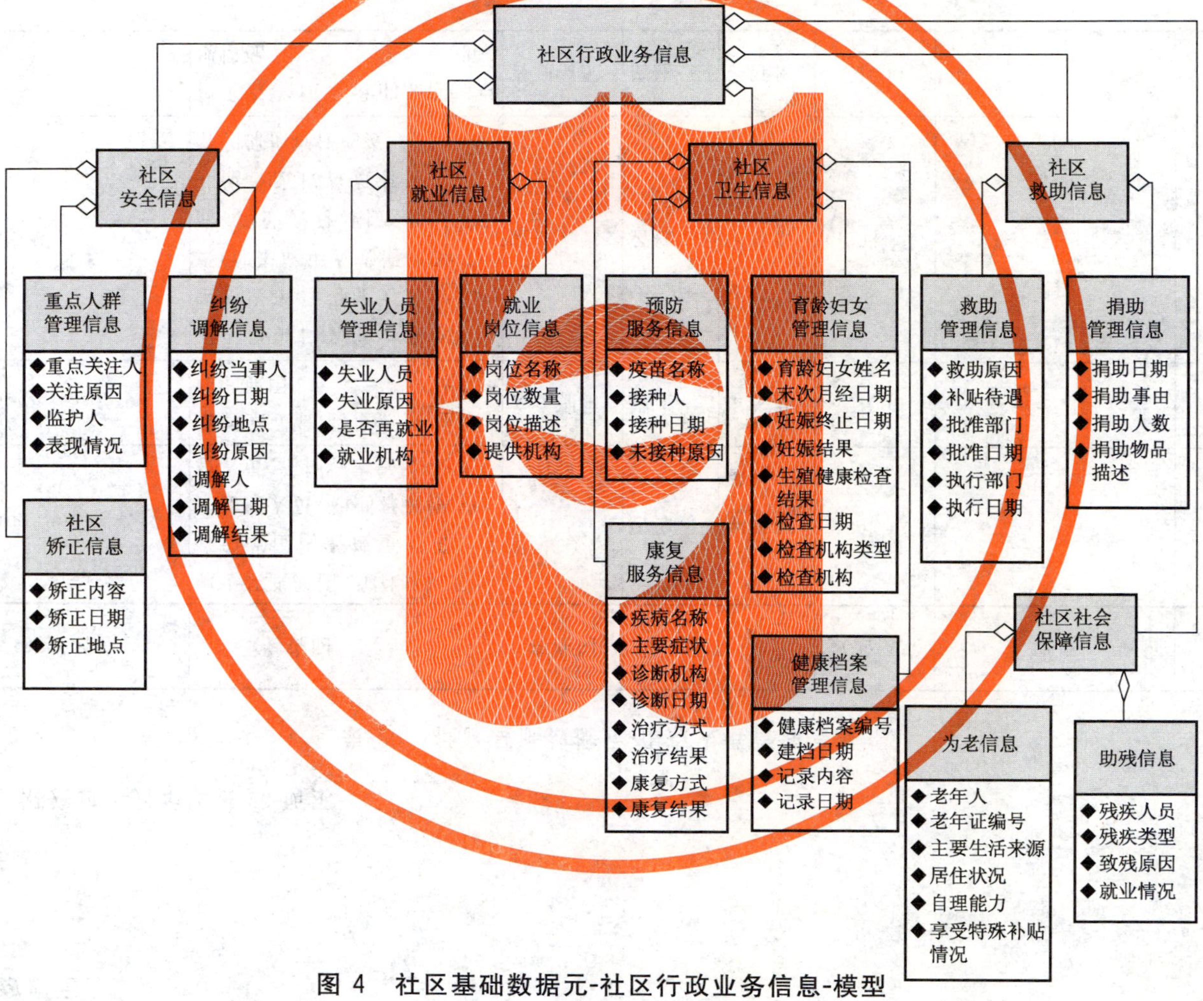

图 4 社区基础数据元-社区行政业务信息-模型

8.2 社区行政业务信息数据元

8.2.1 社区安全信息

8.2.1.1 重点人群管理信息

与重点人群管理信息相关的数据元如表 20 所示。

表 20 社区基础数据元-重点人群管理信息

中文名称	内部标识符	英文名称	说明	对象类词	特性词	表示词	数据类型	数据格式	值域	计量单位	备注
重点关注人	05002	attention target	由于某些原因,在社区管理范围内需被重点关注的人员,如刑释解教人员、精神病人等	重点人群	重点关注人	名称	字符型	a..30			从数据元 01002“姓名”派生而来
关注理由	05004	attention reason	某些人员需被重点关注的原因	重点人群	关注理由	描述	字符型	an..1000			
监护人	05006	guardian	对无民事行为能力和限制民事行为能力的人(如未成年人或精神病人)的人身、财产和其他合法权益负有监督和保护责任的人	重点人群	监护人	名称	字符型	a..30			从数据元 01002“姓名”派生而来
表现情况	05008	behaviour	被重点关注人员的表现情况	重点人群	表现情况	描述	字符型	an..1000			

8.2.1.2 矫正信息

与矫正信息相关的数据元如表 21 所示。

表 21　社区基础数据元-矫正信息

中文名称	内部标识符	英文名称	说明	对象类词	特性词	表示词	数据类型	数据格式	值域	计量单位	备注
矫正内容	05032	content of correction	进行矫正的主要内容	社区矫正	内容	描述	字符型	an..1000			
矫正日期	05034	correction date	进行矫正的日期	社区矫正	日期	日期	日期型	YYYYMMDD 或 YYYY-MM-DD			
矫正地点	05036	correction place	进行矫正的地点	社区矫正	地点	描述	字符型	an..100			

8.2.1.3　纠纷调解信息

本标准的纠纷调解是指由社区采取协商、说服教育的一种社会基层管理方式。与纠纷调解信息相关的数据元如表 22 所示。

表 22　社区基础数据元-纠纷调解信息

中文名称	内部标识符	英文名称	说明	对象类词	特性词	表示词	数据类型	数据格式	值域	计量单位	备注
纠纷当事人	05052	name of dissension person	涉及纠纷的人员或机构的名称	纠纷调解	纠纷当事人	名称	字符型	an..100			从数据元 01002“姓名”派生而来
纠纷日期	05054	date of dissension	纠纷发生的日期	纠纷调解	纠纷	日期	日期型	YYYYMMDD 或 YYYY-MM-DD			
纠纷地点	05056	place of dissension	纠纷发生的地点	纠纷调解	纠纷	地点	描述	an..100			
纠纷原因	05058	reason of dissension	发生纠纷的原因	纠纷调解	纠纷	原因	描述	an..1000			

表 22（续）

中文名称	内部标识符	英文名称	说明	对象类词	特性词	表示词	数据类型	数据格式	值域	计量单位	备注
调解人	05060	name of intercessor	纠纷调解人员的姓名	纠纷调解	调解人	姓名	名称	a..30			
调解结果	05062	intercession result	纠纷调解的结果	纠纷调解	调解结果	结果	描述	an..200			
调解日期	05064	date of intercession	调解纠纷的日期	纠纷调解	调解日期	日期	日期型	YYYYMMDD 或 YYYY-MM-DD			

8.2.2 社区就业信息

8.2.2.1 失业人员管理信息

与失业人员管理信息相关的数据元如表 23 所示。

表 23 社区基础数据元-失业人员管理信息

中文名称	内部标识符	英文名称	说明	对象类词	特性词	表示词	数据类型	数据格式	值域	计量单位	备注
失业人员	05082	name of unemployer	失业人员的姓名	失业人员	名称	名称	字符型	a..30			从数据元 01002“姓名”派生而来
失业原因	05084	reason of unemployment	失业的原因	失业人员	失业原因	描述	字符型	an..500			
是否再就业	05086	re-employed status	失业人员是否再次就业	失业人员	是否再就业	指示符	布尔型	Y 表示再就业；N 表示暂未再就业			
就业机构	05088	organization of re-employment	再就业的机构名称	失业人员	就业机构	名称	字符型	an..100			

8.2.2.2 岗位管理信息

与岗位管理信息相关的数据元如表 24 所示。

表 24 社区基础数据元-岗位管理信息

中文名称	内部标识符	英文名称	说明	对象类词	特性词	表示词	数据类型	数据格式	值域	计量单位	备注
岗位名称	05102	name of recruitment	提供的岗位的名称	岗位	名称	名称	字符型	an..100			
岗位数量	05104	recruitment numbers	某机构提供的岗位的数量总额	岗位	数量	量	数字型	n..8		个	
岗位描绘	05106	job description	某机构提供的岗位的信息说明	岗位	描述	描述	字符型	an..500			
提供机构	05108	recruiter	提供相关岗位的机构的名称	岗位	提供机构	名称	字符型	an..100			

8.2.3 社区卫生信息

8.2.3.1 预防服务信息

与预防服务信息相关的数据元如表 25 所示。

表 25 社区基础数据元-预防服务信息

中文名称	内部标识符	英文名称	说明	对象类词	特性词	表示词	数据类型	数据格式	值域	计量单位	备注
疫苗名称	05122	name of vaccine	接种的疫苗的名称	预防服务	疫苗名称	名称	字符型	an..100			
接种人	05124	inoculator	接种疫苗的人员姓名	预防服务	接种人	名称	字符型	a..30			从数据元 01002“姓名”派生而来

表 25（续）

中文名称	内部标识符	英文名称	说明	对象类词	特性词	表示词	数据类型	数据格式	值域	计量单位	备注
接种日期	05126	date of vaccination	接种疫苗的日期	预防服务	接种日期	日期	日期型	YYYYMMDD 或 YYYY-MM-DD			
未接种原因	05128	reason of no vaccination	某人没有接种疫苗的原因	预防服务	未接种原因	描述	字符型	an..100			

8.2.3.2 康复服务信息

与康复服务信息相关的数据元如表 26 所示。

表 26 社区基础数据元-康复服务信息

中文名称	内部标识符	英文名称	说明	对象类词	特性词	表示词	数据类型	数据格式	值域	计量单位	备注
疾病名称	05142	name of disease	所患疾病的名称	康复服务	疾病	名称	字符型	an..100			
主要症状	05144	symptom of disease	疾病主要症状的 描述	康复服务	主要症状	描述	字符型	an..200			
诊断机构	05146	diagnosis department	诊断疾病的机构名称	康复服务	诊断机构	名称	字符型	an..100			
诊断日期	05148	date of diagnosis	诊断疾病的具体日期	康复服务	诊断	日期	日期型	YYYYMMDD 或 YYYY-MM-DD			
治疗方式	05150	treatment	治疗机构对疾病所采取的治疗手段	康复服务	治疗方式	描述	字符型	an..200			

表 26（续）

中文名称	内部标识符	英文名称	说明	对象类词	特性词	表示词	数据类型	数据格式	值域	计量单位	备注
治疗结果	05152	result of treatment	对某人所患疾病治疗后的效果	康复服务	治疗结果	描述	字符型	an..200			
康复方式	05154	way of recuperation	某人进行康复或者保健的方式	康复服务	康复方式	描述	字符型	an..200			
康复结果	05156	recuperation result	某人进行康复或者保健后的效果	康复服务	康复结果	描述	字符型	an..200			

8.2.3.3 育龄妇女管理信息

与育龄妇女管理信息相关的数据元如表 27 所示。

表 27 社区基础数据元-育龄妇女管理信息

中文名称	内部标识符	英文名称	说明	对象类词	特性词	表示词	数据类型	数据格式	值域	计量单位	备注
育龄妇女	05172	name of woman of reproductive age	育龄妇女的姓名	育龄妇女	姓名	名称	字符型	a..30			从数据元 01002“姓名”派生而来
末次月经日期	05174	date of last menstrual period	育龄妇女怀孕前最后一次月经开始的日期	育龄妇女	末次月经日期	日期	日期型	YYYYMMDD 或 YYYY-MM-DD			
妊娠终止日期	05176	date of pregnancy termination	育龄妇女某次妊娠终止的时间	育龄妇女	妊娠终止日期	日期	日期型	YYYYMMDD 或 YYYY-MM-DD			

表 27（续）

中文名称	内部标识符	英文名称	说明	对象类词	特性词	表示词	数据类型	数据格式	值域	计量单位	备注
妊娠结果	05178	pregnancy result	育龄妇女某次妊娠的结果	育龄妇女	妊娠结果	代码	字符型	n2	GB/T 18848 中的妊娠结果代码		
生殖健康检查结果	05180	examination result of reproductive health	育龄妇女进行生殖系统健康检查的结果	育龄妇女	生殖健康检查结果	代码	字符型	n3	GB/T 18848 中的生殖健康检查结果代码		
检查日期	05182	date of examination	育龄妇女进行检查的日期	育龄妇女	检查日期	日期	日期型	YYYYMMDD 或 YYYY-MM-DD			
检查机构类型	05184	type of examination organization	为育龄妇女进行检查的机构的类型	育龄妇女	检查机构类型	代码	字符型	n2	GB/T 18848 中的检查机构类型代码		
检查机构	05186	name of examination organization	为育龄妇女进行检查的机构的名称	育龄妇女	检查机构	名称	字符型	an..100			

8.2.3.4 健康档案管理信息

与健康档案信息相关的数据元如表 28 所示。

表 28 社区基础数据元-健康档案管理信息

中文名称	内部标识符	英文名称	说明	对象类词	特性词	表示词	数据类型	数据格式	值域	计量单位	备注
健康档案编号	05202	number of health file	健康档案的编号	健康档案	编号	代码	字符型	an..20			
建档日期	05204	date of file creation	建立健康档案的日期	健康档案	建档日期	日期	日期型	YYYYMMDD 或 YYYY-MM-DD			

表 28（续）

中文名称	内部标识符	英文名称	说明	对象类词	特性词	表示词	数据类型	数据格式	值域	计量单位	备注
记录内容	05206	recording content	记录的健康信息的内容	健康档案	记录内容	描述	字符型	a..1000			
记录日期	05208	date of recording	记录某次健康信息的日期	健康档案	记录日期	日期	日期型	YYYYMMDD 或 YYYY-MM-DD			

8.2.4 社区救助信息

8.2.4.1 救助管理信息

与救助管理信息相关的数据元如表 29 所示。

表 29 社区基础数据元-救助管理信息

中文名称	内部标识符	英文名称	说明	对象类词	特性词	表示词	数据类型	数据格式	值域	计量单位	备注
救助原因	05222	reason of offering allowance	为社区家庭或居民发放补助的原因，如低保户、特困户、残疾人、老年人等	救助	原因	描述	字符型	an..100			
补贴待遇	05224	allowance treatment	某个家庭或居民某时间段内获得的补助情况	救助	补贴待遇	描述	字符型	an..1000			
批准部门	05226	approving department	批准给予补助的部门名称	救助	批准部门	名称	字符型	an..100			

表 29（续）

中文名称	内部标识符	英文名称	说明	对象类词	特性词	表示词	数据类型	数据格式	值域	计量单位	备注
批准日期	05228	date of approving	批准给予补助的日期	救助	批准时间	日期	日期型	YYYYMMDD 或 YYYY-MM-DD			
执行部门	05230	execution department	发放补助的部门名称	救助	执行部门	名称	字符型	an..100			
执行日期	05232	date of execution	开始发放补助的日期	救助	执行时间	日期	日期型	YYYYMMDD 或 YYYY-MM-DD			

8.2.4.2 捐助管理信息

与捐助管理信息的数据元如表 30 所示。

表 30 社区基础数据元-捐助管理信息

中文名称	内部标识符	英文名称	说明	对象类词	特性词	表示词	数据类型	数据格式	值域	计量单位	备注
捐助事由	05252	reason of donation	社区组织捐助的原因	捐助	事由	描述	字符型	an..1000			
捐助人数	05254	number of donator	参加某次捐助活动的人数总和	捐助	人数	量	数字型	n..8		人	
捐助物品描述	05256	description of donations	捐助的物品的相关信息	捐助	物品描述	描述	字符型	an..1000			

表 30（续）

中文名称	内部标识符	英文名称	说明	对象类词	特性词	表示词	数据类型	数据格式	值域	计量单位	备注
捐助日期	05258	date of donation	某次捐助发生的日期	捐助	日期	日期	日期型	YYYYMMDD 或 YYYY-MM-DD			

8.2.5 社区社会保障信息

8.2.5.1 为老信息

本标准中的老年人是指社区范围内 60 岁以上的公民。与为老信息相关的数据元如表 31 所示。

表 31 社区基础数据元-为老信息

中文名称	内部标识符	英文名称	说明	对象类词	特性词	表示词	数据类型	数据格式	值域	计量单位	备注
老年人	05272	name of oldster	老年人的姓名	老年人	姓名	名称	字符型	a..30			从数据元 01002“姓名”派生而来
老年证编号	05274	number of oldster certificate	老年人证书的编号	老年人	老年证编号	号码	字符型	an..50			
主要生活来源	05276	main economic source of incoming	老年人维持基本生活的主要经济来源	老年人	主要生活来源	描述	字符型	an..200			
居住状况	05278	residence status	老年人居住的状况，如与家庭成员共同居住、独居、居住敬老院等	老年人	居住状况	描述	字符型	an..100			
自理能力	05280	self-care ability	老年人处理日常生活的能力	老年人	自理能力	描述	字符型	an..200			

表 31（续）

中文名称	内部标识符	英文名称	说明	对象类词	特性词	表示词	数据类型	数据格式	值域	计量单位	备注
享受特殊补贴情况	05282	status of recevingspecial allowance	老年人是否享受相关部门发放的补贴、享受哪种或几种补贴及补贴待遇等，如军属、烈士父母等	老年人	享受特殊待遇情况	描述	字符型	an..200			

8.2.5.2　**助残信息**

本标准中的残疾人主要是指在心理、生理、人体结构上，某种组织、功能丧失或者不正常，全部或者部分丧失以正常方式从事某种活动能力的人。与助残信息相关的数据元如表 32 所示。

表 32　社区基础数据元-助残信息

中文名称	内部标识符	英文名称	说明	对象类词	特性词	表示词	数据类型	数据格式	值域	计量单位	备注
残疾人员	05302	disabled person	残疾人员的姓名	残疾人员	姓名	名称	字符型	a..30			从数据元 01002“姓名”派生而来
残疾类型	05304	type of disability	残疾人的残疾类型，如视力残疾、听力残疾、言语残疾、肢体残疾、智力残疾、精神残疾、多重残疾和其他残疾等	残疾人员	类型	描述	字符型	a..100			
致残原因	05306	reason of disability	导致某人残疾的原因	残疾人员	原因	描述	字符型	an..500			
就业情况	05308	employment status	残疾人员就业情况的详细描述	残疾人员	就业情况	描述	字符型	an..500			

9 社区商业业务信息

9.1 社区商业业务信息模型

社区商业业务信息模型如图 5 所示。

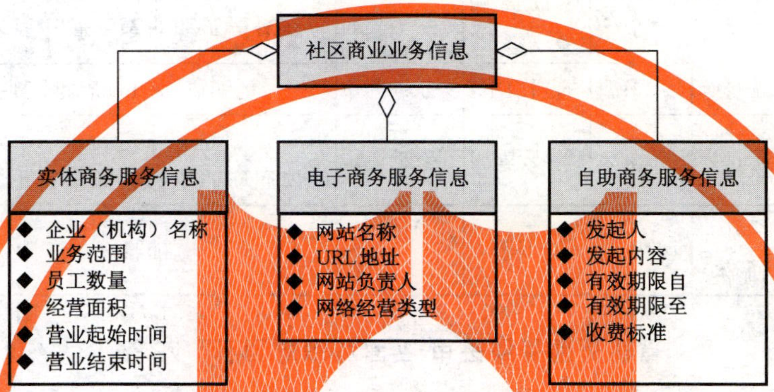

图 5 社区基础数据元-社区商业业务信息-模型

9.2 社区商业业务信息数据元

9.2.1 实体商务服务信息

实体商务服务主要指社区范围内从事的传统商业服务，如超市、菜市场等。与实体商务服务信息相关的数据元如表 33 所示。

表 33 社区基础数据元-实体商务服务信息

中文名称	内部标识符	英文名称	说明	对象类词	特性词	表示词	数据类型	数据格式	值域	计量单位	备注
企业（机构）名称	06002	name of commercial service organization	在社区内从事某种商业服务的机构的名称，如某某超市、某某家政公司等	实体商务	机构名称	名称	字符型	an..100			
业务范围	06004	content of commercial service	商业机构在社区内从事服务的内容	实体商务	内容	描述	字符型	an..200			

表 33（续）

中文名称	内部标识符	英文名称	说明	对象类词	特性词	表示词	数据类型	数据格式	值域	计量单位	备注
员工数量	06006	number of staff	某商业机构的员工人数总和	实体商务	员工数量	量	数字型	n..8		个	
经营面积	06008	business area	某商业机构营业面积总和	实体商务	经营面积	量	数字型	n..10,2		平方米	
营业起始时间	06010	opening time of commercial service	商业机构营业的起始时间	实体商务	营业起始时间	时间	时间型	hhmm 或 hh:mm			
营业结束时间	06012	closing time of commercial service	商业机构营业的截止时间	实体商务	营业截止时间	时间	时间型	hhmm 或 hh:mm			

9.2.2　电子商务服务信息

与电子商务服务信息相关的数据元如表 34 所示。

表 34　社区基础数据元-电子商务服务信息

中文名称	内部标识符	英文名称	说明	对象类词	特性词	表示词	数据类型	数据格式	值域	计量单位	备注
网站名称	06032	name of website	从事电子商务经营活动的网站的名称	电子商务	网站名称	名称	字符型	an..100			
URL 地址	06034	URL address	电子商务网站的 URL 地址	电子商务	URL 地址	描述	字符型	an..200			
网站负责人	06036	website responsible person	网站登记机关或批准机关核发的有效证照或批文上的负责人的姓名	电子商务	网站负责人	名称	字符型	a..30			
网络经营类型	06038	e-commerce business type	电子商务经营的类型，如 B2B、B2C，自营网站或第三方网站等	电子商务	网络经营类型	描述	字符型	an..200			

9.2.3 自助商务服务信息

自助商务服务主要指社区范围内居民自发组织的商业行为,如团购、二手货交易等。与自助商务服务信息相关的数据元如表 35 所示。

表 35 社区基础数据元-自助商务服务信息

中文名称	内部标识符	英文名称	说明	对象类词	特性词	表示词	数据类型	数据格式	值域	计量单位	备注
发起人	06052	name of initiator	某次自助商务活动的发起的人员的姓名	自助商务	发起人	名称	字符型	a..30			
发起内容	06054	initiate content	某次自助商务活动的具体内容	自助商务	发起内容	描述	字符型	an..1000			
有效期限自	06056	valid from	某次自助商务活动开始的日期	自助商务	有效期限自	日期时间	日期时间型	YYYYMMDDThhmm 或 YYYY-MM-DDThh:mm			
有效期限至	06058	valid untill	某次自助商务活动结束的时间	自助商务	有效期限至	日期时间	日期时间型	YYYYMMDDThhmm 或 YYYY-MM-DDThh:mm			
收费标准	06060	charging standard	某次自助商务活动的收费标准	自助商务	收费标准	描述	字符型	an..200			

参 考 文 献

[1] GB/T 20647.1—2006 社区服务指南 第1部分:总则
[2] GB/T 18391.1—2009 信息技术 元数据注册系统(MDR) 第1部分:框架

内部标识符索引

01002	姓名
01004	身份证件类型
01006	身份证件号码
01008	出生日期
01010	性别
01011	性别代码
01012	民族
01013	民族数字代码
01015	民族字母代码
01016	居住地址
01018	姓名汉语拼音
01020	曾用名
01022	照片
01024	出生地
01026	户口性质
01028	婚姻状况
01029	婚姻状况代码
01030	健康状况
01031	健康状况代码
01032	国籍
01033	国籍三字母代码
01035	国籍两字母代码
01037	国籍数字代码
01038	从业状况
01039	从业状况代码
01040	职业
01041	职业代码
01042	工作单位
01044	年收入
01046	月收入
01048	专业技术职务
01049	专业技术职务代码
01050	职务
01051	职务代码
01052	政治面貌
01053	政治面貌代码
01054	所学专业
01055	所学专业代码
01056	学位名称
01057	学位代码
01058	学历名称
01059	学历代码
01060	语种名称
01061	语种代码
01062	语种熟练程度
01063	语种熟练程度代码
01064	兵役状况
01100	户主
01102	户籍地址
01104	家庭成员数量
01106	与户主关系
01108	人均月收入
01110	人均住宅面积
02002	社区名称
02003	社区代码
02004	所属行政区划代码
02006	管辖区域
02008	社区总面积
02010	绿化面积
02012	历史沿革
02050	组织名称
02052	成员数量
02054	组织职务
02056	工作职责
02058	任职起始日期
02060	任职终止日期
02082	机构名称
02083	组织机构代码
02085	企业注册号
02087	纳税人识别号
02088	机构类型
02089	机构类型代码
02090	经济类型
02091	经济类型代码
02092	行业名称
02093	行业代码
02094	隶属关系
02095	隶属关系代码
02096	负责人
02098	法定代表人

02100	注册资本
02102	信用等级
02104	信用评定机构
02106	经营范围
02108	经营场所
02110	成立日期
02112	注销日期
02114	联系人
02152	通信地址
02154	邮政编码
02156	详细地址
02158	固定电话
02160	移动电话
02162	传真
02164	电子信箱
02166	网址
03002	房屋名称
03004	房屋地址
03005	房屋建筑结构
03007	房屋用途类型
03008	房屋总层数
03010	房屋所在层数
03012	房屋使用状态
03014	房产图
03016	户型结构说明
03018	房屋建筑面积
03020	房屋使用面积
03022	房屋产权面积
03024	房屋共有建筑面积
03026	房屋所有权证编号
03028	土地使用证编号
03030	开发商
03032	产权人
03034	使用人
03052	设施名称
03054	设施类型
03056	设施位置
03058	设施状态
03060	设施用途
03062	设施描述
04002	选举名称
04004	选举起始时间
04006	选举终止时间
04008	选举组织机构
04010	参选人数
04012	选举结果
04032	规章制度名称
04034	规章制度内容
04036	发布机构
04038	发布日期
04040	实施日期
04042	实施状态
04062	民情反映人
04064	反映内容
04066	反映方式
04068	反映日期
04070	受理人员
04072	受理日期
04074	处理结果
04102	志愿服务内容
04104	志愿服务地点
04106	志愿服务日期
04132	资产名称
04134	资产编号
04136	购置日期
04138	保管人
04140	使用状态
04162	收入金额
04164	收入日期
04166	收入来源
04168	支出金额
04170	支出日期
04172	支出人
04174	支出用途
04176	审核人
04192	活动名称
04194	活动起始时间
04196	活动结束时间
04198	活动内容
04200	活动地点
04202	活动组织机构
05002	重点关注人
05004	关注理由
05006	监护人
05008	表现情况
05032	矫正内容

05034	矫正日期
05036	矫正地点
05052	纠纷当事人
05054	纠纷日期
05056	纠纷地点
05058	纠纷原因
05060	调解人
05062	调解结果
05064	调解日期
05082	失业人员
05084	失业原因
05086	是否再就业
05088	就业机构
05102	岗位名称
05104	岗位数量
05106	岗位描绘
05108	提供机构
05122	疫苗名称
05124	接种人
05126	接种日期
05128	未接种原因
05142	疾病名称
05144	主要症状
05146	诊断机构
05148	诊断日期
05150	治疗方式
05152	治疗结果
05154	康复方式
05156	康复结果
05172	育龄妇女
05174	末次月经日期
05176	妊娠终止日期
05178	妊娠结果
05180	生殖健康检查结果
05182	检查日期
05184	检查机构类型
05186	检查机构
05202	健康档案编号
05204	建档日期
05206	记录内容
05208	记录日期
05222	救助原因
05224	补贴待遇
05226	批准部门
05228	批准日期
05230	执行部门
05232	执行日期
05252	捐助事由
05254	捐助人数
05256	捐助物品描述
05258	捐助日期
05272	老年人
05274	老年证编号
05276	主要生活来源
05278	居住状况
05280	自理能力
05282	享受特殊补贴情况
05302	残疾人员
05304	残疾类型
05306	致残原因
05308	就业情况
06002	企业(机构)名称
06004	业务范围
06006	员工数量
06008	经营面积
06010	营业起始时间
06012	营业结束时间
06032	网站名称
06034	URL 地址
06036	网站负责人
06038	网络经营类型
06052	发起人
06054	发起内容
06056	有效期限自
06058	有效期限至
06060	收费标准

中文名称索引

ICS 35.240.01
L 67

中华人民共和国国家标准

GB/T 29855—2013

社区信息化术语

Terminology of community informationization

2013-11-12 发布　　　　2014-04-15 实施

中华人民共和国国家质量监督检验检疫总局
中国国家标准化管理委员会　发布

前　言

本标准按照 GB/T 1.1—2009 给出的规则起草。

本标准由中国标准化研究院提出。

本标准由全国电子业务标准化技术委员会(SAC/TC 83)归口。

本标准起草单位:中国标准化研究院、中社联(北京)科技发展有限公司、北京华电园信息技术有限公司、江苏省标准化研究院、宁波大学、厦门英诺尔信息科技有限公司。

本标准主要起草人:刘颖、隋媛、刘珏、杨镇、隋庆浩、陈银龙、何加铭、马仲良、陈甜妹、白孟翰、王志民、曹新九、董连续、邹国强、李金华。

社区信息化术语

1 范围

本标准规定了社区信息化领域内常用的社区基础术语、社区信息化应用术语和社区信息化技术术语。

本标准适用于社区信息化有关系统的规划、建设和运维，也可适用于社区信息化其他有关标准引用参考。

2 社区基础术语

2.1

社区　community

居住在一定地域内的人们所组成的多种社会关系的生活共同体。

[GB/T 20647.1—2006，定义 3.1]

2.2

社区管理　community management

政府管理社会和社区组织实现自身管理的集合。

2.3

社区服务　community service

社区组织为社区成员之间提供的公共服务和其他服务。

2.4

社区服务提供方　community service provider

为社区成员提供商业性服务的组织、机构和个人。

2.5

社区信息化　community informationization

应用信息化技术，对社区范围及与之相关的管理和服务信息进行开发和利用的过程。

2.6

社区管理信息化　community management informationization

应用信息化技术实现社区管理的各项功能。

2.7

社区服务信息化　community service informationization

应用信息化技术实现社区服务的各项功能。

3 社区信息化应用术语

3.1

社区电子政务　community electronic government

应用信息化技术，在社区组织与社区成员间实现政务服务过程的电子化和网络化管理。

3.2

社区党务信息化　informationization of community party affairs

应用信息化技术，实现社区范围内的党务管理功能。

注：社区党务管理包括领导班子建设、党员干部教育、廉政建设、文明单位创建、组织管理和制度建设等。

3.3

社区人事管理信息化　informationization of community personnel management

应用信息化技术，实现社区范围内的人事管理功能。

注：社区组织人事管理包括人事档案管理、内部规章管理和岗位职责管理等。

3.4

社区办公管理信息化　informationization of community office management

应用信息化技术，实现社区范围内的办公管理功能。

注：社区办公管理包括公文流转、车辆管理、办公用品管理和会议管理等。

3.5

社区民政信息化　informationization of community civil administraion

应用信息化技术，实现社区范围内的民政管理功能。

注：社区民政管理包括救助申请办理、革命伤残人员管理、优抚对象管理和居家养老管理等。

3.6

社区劳动和社会保障信息化　informationization of community labor and social security

应用信息化技术，实现社区范围内的劳动和社会保障管理功能。

注：社区劳动和社会保障管理包括职业介绍、职业培训和失业人员管理等。

3.7

社区人口管理信息化　informationization of community population management

应用信息化技术，实现社区范围内的人口管理功能。

注：社区人口管理包括本地户籍人口和居住本地的非户籍人员的信息管理以及常住人口、外来人口的统计分析等。

3.8

社区计划生育管理信息化　informationization of community birth control management

应用信息化技术，实现社区范围内的计划生育管理功能。

注：社区计划生育管理包括计划生育的信息管理、信息统计分析、行政事务管理以及生殖健康服务和家庭计划服务等。

3.9

社区司法管理信息化　informationization of community justice management

应用信息化技术，实现社区范围内的司法管理功能。

注：社区司法管理包括法律援助、刑释解教人员管理和纠纷情况管理等。

3.10

社区医疗卫生服务信息化　informationization of community medical and health service

应用信息化技术，实现社区范围内的医疗卫生保健服务。

注：社区医疗卫生服务包括医疗、防疫、康复、卫生咨询、健康教育的公共卫生服务和基本医疗服务等。

3.11

社区物业服务信息化　informationization community property service

应用信息化技术，实现社区范围内的物业服务功能。

注：物业服务指由业主和物业服务组织按照物业服务合同约定，对房屋及配套设施、设备和相关场地进行管理、维护、养护，维护相关区域内的环境卫生和秩序。

3.12

社区电子商务　community electronic business

以社区成员为对象的电子商务活动。

注：社区电子商务面向社区成员提供一种社区在线电子交易和非公益性的社区商业服务等。

4 社区信息化技术术语

4.1

社区信息化网络 community informationization network

应用信息化技术，实现社区信息的传输、交换和共享的网络设施。

4.2

社区门户网站 community portal

社区各类信息和服务统一对外的网络"窗口"和公众门户。

4.3

社区电子一站式服务 community electronic one-stop service

应用信息化技术，将社区各类信息和服务集成，通过一个窗口提供服务。

参考文献

［1］ GB/T 20647.1～20647.9　社区服务指南　第1部分～第9部分
［2］ GB/T 25647—2010　电子政务术语

索　　引

汉语拼音索引

S

英文对应词索引

C

I

ICS 71.060.99
G 12

中华人民共和国国家标准

GB/T 29856—2013

半导体性单壁碳纳米管的近红外光致发光光谱表征方法

Characterization of semiconducting single-walled carbon nanotubes using near infrared photoluminescence spectroscopy

2013-11-12 发布　　2014-04-15 实施

中华人民共和国国家质量监督检验检疫总局
中国国家标准化管理委员会　发布

前　　言

本标准按照 GB/T 1.1—2009 给出的规则起草。

请注意本文件的某些内容可能涉及专利。本标准的发布机构不承担识别这些专利的责任。

本标准由中国科学院提出。

本标准由全国纳米技术标准化技术委员会(SAC/TC 279)归口。

本标准起草单位:国家纳米科学中心。

本标准主要起草人:江潮、王志芳、艾楠、李彦、王孝平、高洁。

引　　言

单壁碳纳米管(single-walled carbon nanotubes，SWCNT)的带隙荧光现象为低维材料独特电子结构的表征提供了新方法。此方法能够给出试样中所含有的半导体性单壁碳纳米管的手性指数和他们的相对光致发光积分强度。根据光致发光截面的信息，可以估算得到样品中不同手性的半导体性单壁碳纳米管的相对质量浓度。

半导体性单壁碳纳米管的近红外光致发光光谱表征方法

1 范围

本标准规定了近红外光致发光光谱方法表征半导体性单壁碳纳米管的原理的基础上，规范了使用仪器、制样方法、测量步骤、实验数据处理及结果分析、不确定度影响因素分析和测试报告等内容。

本标准适用于利用近红外光致发光光谱方法表征半导体性单壁碳纳米管手性指数和相对质量浓度。

2 规范性引用文件

下列文件对于本文件的应用是必不可少的。凡是注日期的引用文件，仅注日期的版本适用于本文件。凡是不注日期的引用文件，其最新版本(包括所有的修改单)适用于本文件。

GB/T 13966 分析仪器术语

GB/T 19619 纳米材料术语

ISO TS 80004-4 纳米技术 术语和定义 第4部分：碳纳米材料(Nanotechnologies—Terminology and definitions—Part 4：Carbon nano-objects)

3 术语和定义

GB/T 13966、GB/T 19619 和 ISO TS 80004-4 界定的以及下列术语和定义适用于本文件。

3.1

单壁碳纳米管的手性 chirality of single-walled carbon nanotubes

用于描述单壁碳纳米管结构的矢量符号。

3.2

手性指数 chiral indices

描述单壁碳纳米管手性矢量的两个整数。

3.3

相对质量浓度 relative mass concentration

某种手性的单壁碳纳米管相对于所有检测到的半导体性单壁碳纳米管的质量比例。

4 原理

此方法根据单壁碳纳米管光致发光位置确定该碳管的手性指数，根据单壁碳纳米管的光致发光积分强度和已知的光致发光截面估算单壁碳纳米管样品中各种半导体性单壁碳纳米管组成的相对质量浓度。

4.1 单壁碳纳米管的结构

单壁碳纳米管可以看作是由单层石墨卷曲而成的圆筒结构。单壁碳纳米管特定的几何构型由手性矢量 C_h 来定义，$C_h=na_1+ma_2$，其中 a_1 和 a_2 为基矢(见图1)，也可以由手性指数(n,m)来定义。

单壁碳纳米管的管径 d_t 和手性角 α 可以根据手性指数(n,m)给出

$$d_t = L/\pi = \frac{\sqrt{3}\,\alpha_{c-c}\sqrt{m^2+mn+n^2}}{\pi} \quad \cdots\cdots (1)$$

$$\alpha = \tan^{-1}\left[\frac{\sqrt{3}\,m}{2n+m}\right] \quad \cdots\cdots (2)$$

式中：

α_{c-c} ——最近邻碳原子间距(0.144 nm)，单位为纳米(nm)；

L、d_t ——分别为碳纳米管的周长和管径，单位为纳米(nm)；

α ——碳纳米管的手性角，单位为度(°)。

图1给出了带有能够指认单壁碳纳米管结构的手性矢量的石墨单层，其中手性角为0°时，纳米管为锯齿型(Zigzag)结构，手性角30°时为扶手椅型(armchair)结构。

对于手性指数为(n、m)的单壁碳纳米管，当($n-m$)能够被3整除或 $n=m$ 时，这些单壁碳纳米管为半金属或金属性质。其余单壁碳纳米管为半导体性，其带隙为0.5 eV～1 eV，此类碳纳米管在特殊的样品处理条件下能够发光。

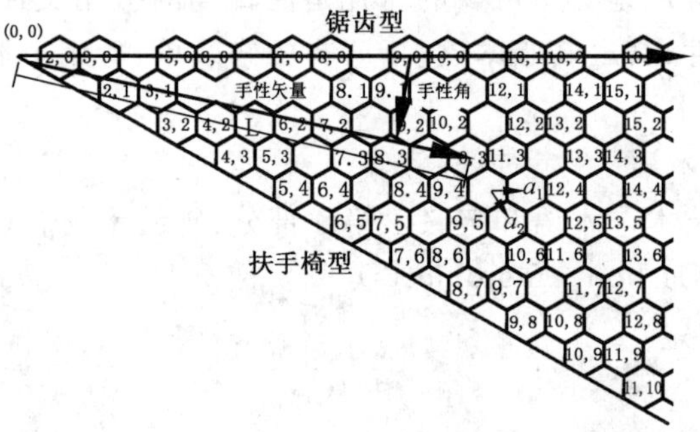

图1 带有能够指认单壁碳纳米管结构的手性矢量的石墨单层

4.2 能带结构和光致发光峰

图2为半导体性单壁碳纳米管的电子态密度示意图，其中价带中 v_1 和 v_2、导带中 C_1 和 C_2 处分别对应范霍夫峰。范霍夫峰的位置依赖于单壁碳纳米管的结构(即手性矢量)，不同手性的单壁碳纳米管具有不同的能级差 E_{22} 和 E_{11}。光致发光过程中激发和发射跃迁能量分别对应能级差 E_{22} 和 E_{11}，利用光致发光峰的位置可以确定半导体性单壁碳纳米管的手性结构。

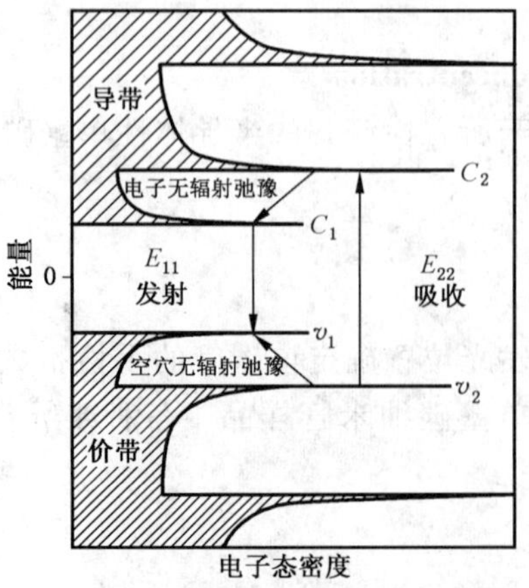

图2 半导体性单壁碳纳米管的电子态密度示意图

方程(3)给出了跃迁能量与峰位的关系。

$$E=\frac{hc}{\lambda}=hc\bar{\nu} \qquad \cdots\cdots(3)$$

式中：

E ——跃迁能量，单位为电子伏(eV)；

c ——光速，单位为米每秒(m/s)；

h ——普朗克常数；

$\bar{\nu}$ ——峰位，单位为波数(cm^{-1})；

λ ——吸收或发射光的波长，单位为纳米(nm)。

利用化学气相沉积法(CVD)制备的单壁碳纳米管的典型管径范围为(0.6～1.3)nm，其发射光谱范围约(800～1 600)nm；由激光蒸发法和电弧法制备的单壁碳纳米管的管径较大，发射光谱范围约(1 200～2 000)nm。

5 仪器

5.1 近红外光致发光光谱仪

根据试样的测定要求，选用配置有连续光谱的激发光源和近红外波段探测器的光致发光光谱仪。

5.2 光源

对于激发光源，可以利用具有连续光谱的氙灯、钨灯光源，也可以选用连续的钛蓝宝石等激光器。

6 制样方法

单壁碳纳米管分散液的制备要点如下：

a) 利用重水作为分散介质，重水在紫外、可见波直至 1 800 nm 的近红外很宽的光谱范围内吸收较弱。

注 1：这里不能用水，因为其在 1 400 nm 及更长的波长处对光有强烈吸收。

b) 利用水溶性的分散剂，优先选择阴离子表面活性剂，例如十二烷基硫酸钠(SDS，纯度＞95％)、十二烷基苯磺酸钠(SDBS，纯度＞95％)或者脱氧胆酸钠(SDC，纯度＞98％)等。

c) 制备分散剂的重水溶液，分散剂的质量分数大约为 1％。

d) 将少量待分析的单壁碳纳米管(大约 3 mg～5 mg)加入到分散剂溶液中，大约为 10 mL。

e) 利用超声破碎仪对上述混合物进行超声处理。

注 2：超声的条件可参考附录 A。超声功率 100 W 时，超声时间约(2～4)h；超声功率 200 W 时，超声时间约(0.5～1)h。具体条件可根据仪器选择。

注 3：超声后，混合物中仍有大量成束的单壁碳纳米管。

f) 将超声处理后的混合物采用离心机离心，取上清液做光致发光测量。

注 4：离心的条件可参考附录 A。(13～17)万倍重力加速度的离心速度下离心 2 h，具体条件可根据仪器调节。

注 5：离心不够，样品中仍会存在大量成束的单壁碳纳米管，而过度离心会使溶液中单壁碳纳米管的浓度过低。

g) 离心后探测到的吸光度若高于 0.5，可利用分散剂的重水溶液稀释。

7 测量方法

单壁碳纳米管的光致发光光谱测量步骤如下：

a) 打开光源、光谱仪和探测器，使其稳定。

b) 校正与波长相关的仪器因素和激发强度。在光致发光系统的校正中，利用可以溯源到国际单位制的光源对探测器进行校正，利用标准探测器对激发光源进行校正。

c) 将盛有单壁碳纳米管分散液的样品池根据光谱仪操作规则放于光路中合适的位置。

注 1：样品池对激发和发射波长应透明。

d) 测量光致发光光谱。选择激发波长范围覆盖样品中待分析的单壁碳纳米管的激发范围，得到光致发光三维扫描谱图。

注 2：光谱的分辨率受单色仪带宽、扫描步长和仪器探测器灵敏度等综合因素的影响。对于多数单壁碳纳米管的分散液，10 nm 的带宽、5 nm 的扫描步长已足够。

注 3：带宽是指从单色器出射的单色光谱峰的半高宽，用来表征仪器的光谱分辨率。

e) 处理数据得到光致发光扫描谱图的二维等高点图。

8 实验数据处理及结果分析

8.1 样品中半导体性单壁碳纳米管手性指数的指认

单壁碳纳米管的手性指数(n,m)可以按照下列经验式(4)和式(5)得到。

$$\bar{\nu}_{11}=\frac{1\times 10^{7}}{157.5+1\,066.9d_t}+\frac{A_1\cos 3\alpha}{d_t^2} \qquad \cdots\cdots(4)$$

$$\bar{\nu}_{22}=\frac{1\times 10^{7}}{145.6+575.7d_t}+\frac{A_2\cos 3\alpha}{d_t^2} \qquad \cdots\cdots(5)$$

式中：

$\bar{\nu}_{11}$ 和 $\bar{\nu}_{22}$ ——分别为发射峰和吸收峰的位置，单位波数(cm^{-1})；

A_1 和 A_2 ——($n-m$)除以 3 余数等于 1 即($n-m$)mod3=1 时，分别为 $-710\ cm^{-1}$，$369\ cm^{-1}$；($n-m$)除以 3 余数等于 2 即($n-m$)mod3=2 时，分别为 $1\,375\ cm^{-1}$，$-1\,475\ cm^{-1}$。

以上公式误差一般小于 $65\ cm^{-1}$，远低于谱线半峰宽(150～200)cm^{-1}。

注 1：根据理论模型，A_1 和 A_2 为经验参数，其值与单壁碳纳米管的类型相关。

注 2：采用不同的样品制备方法可能会导致光谱峰位的微弱偏移。

8.2 样品中半导体性单壁碳纳米管的相对质量浓度

将发射光谱根据探测器的波长响应曲线和与波长相关的激发强度进行校正后，能够得到手性指数为(n,m)的单壁碳纳米管的光致发光信号。如果发射光谱有两峰或者多峰交叠，可采用具有适当宽度和谱型参数的沃伊特函数(Voigt)进行分峰拟合，分解成一组光谱峰。对于每一种手性的单壁碳纳米管，将其光致发光谱峰进行积分，得到光致发光积分强度。

手性指数为(n,m)的单壁碳纳米管的光致发光积分强度可以表示为此种碳纳米管的相对质量浓度与其光致发光截面的乘积，因此不同手性单壁碳纳米管的相对质量浓度可以通过实验得到的光致发光积分强度除以光致发光截面获得，管径的分布也就可以由每种单壁碳纳米管的质量浓度得到。

注：所有(n,m)型单壁碳纳米管的光致发光截面目前仍然没有可靠的定量数据。对于某些单壁碳纳米管，试验和理论可以得到相应的光致发光截面值。

9 不确定度影响因素分析

在单壁碳纳米管的近红外光致发光光谱测量表征过程中，不同手性的碳纳米管的光致发光强度会受到多种因素的影响，给光致发光强度的分析及相对质量浓度确定带来不确定度的影响因素：

a） 样品中含有成束的单壁碳纳米管；
b） 样品中含有双壁碳纳米管，
c） 将边带峰错误指认到某一(n,m)型发射峰；
d） 分散介质对光致发光信号存在再吸收；
e） 表面活性剂和溶剂可能会改变光致发光信号；
f） 单壁碳纳米管的再吸收；
g） 荧光杂质的存在；
h） 不同光谱仪探测器灵敏度的不同可能会引起光致发光峰相对强度不同。

注 1：单壁碳纳米管的质量分数、长度、管径和光致发光强度之间的关联目前仍处于研究阶段。

注 2：目前双壁碳纳米管的荧光发射还存在争议。

10 测试报告

测试报告应该包括下列信息：
a） 制样过程中所有参数和实验条件；
b） 测试仪器种类和型号；
c） 样品中每一种半导体性单壁碳纳米管的手性指数；
d） 样品中每一种半导体性单壁碳纳米管的光致发光积分强度；
e） 不确定度定性讨论。

附　录　A
（资料性附录）
半导体性单壁碳纳米管的近红外光致发光光谱分析

A.1　概述

通过近红外光致发光光谱的测量结果可以得到碳纳米管样品中各种半导体性单壁碳纳米管的手性指数，并可通过各种手性组成的光致发光积分强度估算出相对质量浓度。实验验证的单壁碳纳米管为化学气相沉积法（CVD）和脉冲激光蒸发法（PLV）制备得到。

A.2　利用化学气相沉积（CVD）方法制备的单壁碳纳米管

A.2.1　制样过程

未经处理的单壁碳纳米管（大约 3 mg）分散在大约 10 mL 含有 1%（质量分数）脱氧胆酸钠（SDC）的重水溶液中，用带有钛合金针尖（ϕ6 mm）的 100 W 脉冲超声波破碎仪超声（2～4）h（开：3 s，关：1 s）。利用超速离心机在约 17 万倍的重力加速度下离心（2～4）h，选取大约 2/3 体积的上层清液进行光谱测量实验。

注 1：为防止超声处理过程中产生热量而导致溶液浓度过高，可采用冰块降温。

A.2.2　近红外光致发光光谱测量仪器

光谱测量采用的是带有 Xe 灯和液氮制冷型 InGaAs 阵列探测器的荧光光度计（见图 A.1）。带宽与扫描步长分别为 10 nm 和 5 nm，这些参数对于激发光谱仪和发射光谱仪相同。

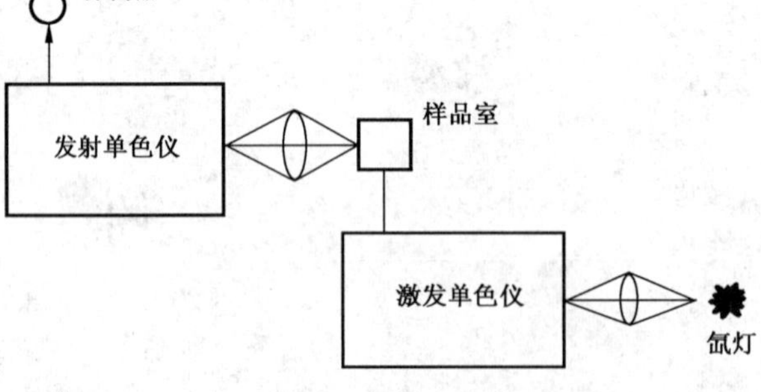

图 A.1　仪器设备示意图

A.2.3　近红外光致发光光谱实验数据

A.2.3.1　利用 Co、Mo 为催化剂的化学气相沉积法（CoMoCAT）制备的单壁碳纳米管

根据式（4）和式（5），二维光致发光光谱扫描图中的每一个光致发光峰均可指认到具有特定手性指数（n，m）的单壁碳纳米管。例如，图 A.2 给出了样品 CoMoCAT-SWCNTs/SDC/D_2O 的近红外光致发

光扫描谱的二维等高图。得到的光致发光信号的发射和吸收峰的位置列在表 A.1 中。实验测得的光致发光峰的位置与根据经验式(4)和式(5)推断出的手性指数为(n,m)的碳纳米管光致发光峰的位置对比，当二者之间的差距小于 65 cm^{-1}时，便可确定先前推断的单壁碳纳米管的手性指数(n,m)是正确的，如图 A.2 所示。

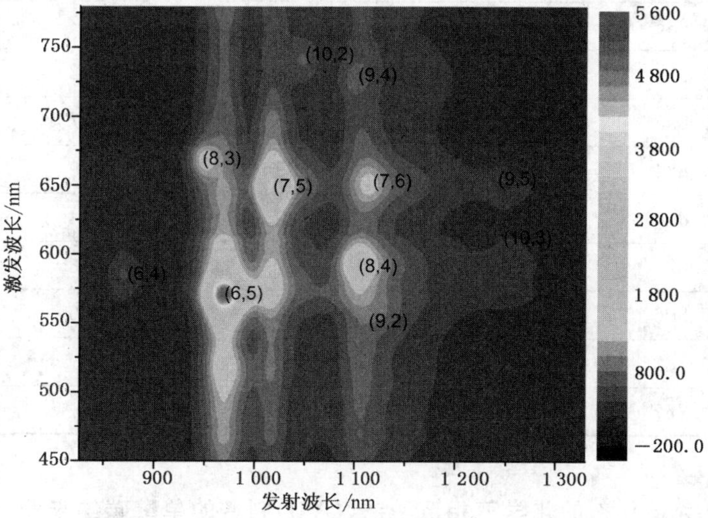

图 A.2　CoMoCAT/SDC/D_2O 近红外光致发光扫描谱图的二维等高点图

图 A.3 给出了 CoMoCAT-SWCNTs 中特定(n,m)半导体型管的光致发光积分强度(从图 A.2 算出)与管径(纵坐标)和手性角(横坐标)的关系图，其中每一个圆圈的大小代表了相对光致发光积分强度。得到的全部(n,m)类型纳米管的相对光致发光积分强度列于表 A.1。

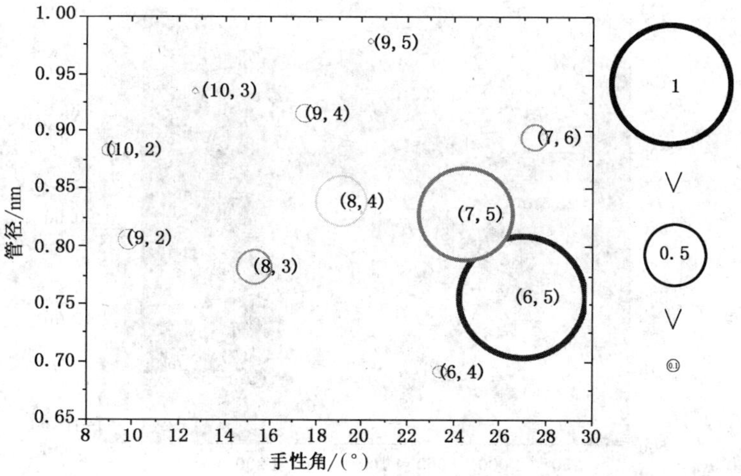

图 A.3　每种特定(n,m)单壁碳纳米管的相对光致发光积分强度

表 A.1 CoMoCAT 方法制备的碳纳米管中半导体性单壁碳纳米管信息

手性指数 (*n*,*m*)	管径 nm	手性角 (°)	激发峰位置 nm	发射峰位置 nm	光致发光峰相 对积分强度
(9,5)	0.976	20.63	659	1 241	0.023±0.003
(10,3)	0.936	12.73	632	1 247	0.034±0.007
(9,4)	0.916	17.48	729	1 102	0.13±0.02
(7,6)	0.895	27.46	650	1 117	0.21±0.03
(10,2)	0.884	8.95	739	1 049	0.09±0.04
(8,4)	0.840	19.11	590	1 104	0.40±0.05
(7,5)	0.829	24.50	647	1 018	0.75±0.03
(9,2)	0.806	9.83	551	1 130	0.16±0.05
(8,3)	0.782	15.30	666	947	0.27±0.08
(6,5)	0.757	26.99	570	969	1.00±0.03

A.2.3.2 利用 Co、Fe 为催化剂的化学气相沉积法(CVD)制备的单壁碳纳米管

根据式(4)和式(5),两维光致发光光谱图中的每一个光致发光峰均可指认到具有特定手性指数(*n*,*m*)手性指数的单壁碳纳米管。例如,图 A.4 给出了样品 CVD-SWCNTs/SDC/D_2O 的近红外光致发光扫描谱的二维等高图。得到的光致发光信号的发射和吸收峰的位置列在表 A.2 中。实验测得的光致发光峰的位置与根据经验式(4)和式(5)推断出的手性指数为(*n*,*m*)的碳纳米管光致发光峰的位置对比,二者差距小于 65 cm^{-1},说明单壁碳纳米管的手性指数(*n*,*m*)的确认是正确的,如图 A.4 所示。

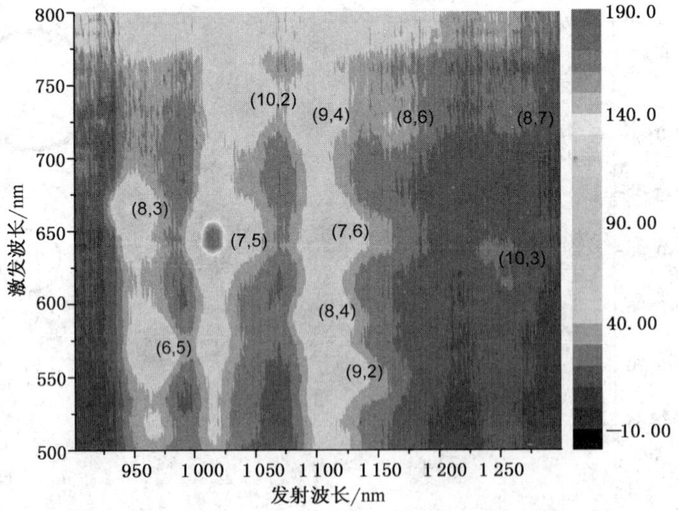

图 A.4 CVD/SDC/D_2O 近红外光致发光扫描谱图的二维等高点图

图 A.5 给出了 CVD-SWCNTs 中特定(*n*,*m*)半导体型碳纳米管的光致发光积分强度与管径和手性角的关系图,其中每一个圆圈的大小代表了相对光致发光积分强度。得到的全部特定(*n*,*m*)类型纳米管的相对光致发光积分强度在表 A.2 中列出。

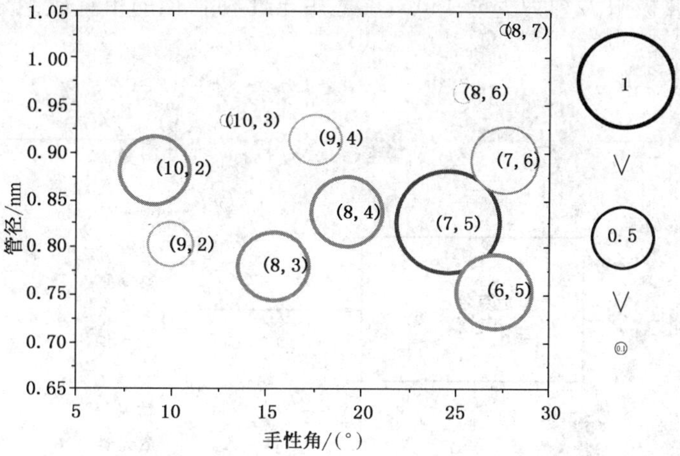

图 A.5 每种特定(n,m)单壁碳纳米管的相对光致发光积分强度

表 A.2 CVD 方法制备的碳纳米管中半导体性单壁碳纳米管信息

手性指数 (n,m)	管径 nm	手性角 (°)	激发峰位置 nm	发射峰位置 nm	光致发光峰 相对积分强度
(8,7)	1.032	27.79	726	1 264	0.12±0.05
(8,6)	0.966	25.28	720	1 166	0.18±0.06
(10,3)	0.936	12.73	630	1 248	0.11±0.06
(9,4)	0.916	17.48	729	1 097	0.49±0.08
(7,6)	0.895	27.46	650	1 117	0.64±0.08
(10,2)	0.884	8.95	739	1 046	0.66±0.03
(8,4)	0.840	19.11	592	1 101	0.68±0.04
(7,5)	0.829	24.50	643	1 030	1.00±0.02
(9,2)	0.806	9.83	553	1 123	0.43±0.04
(8,3)	0.782	15.29	664	948	0.67±0.03
(6,5)	0.757	27.00	570	969	0.72±0.02

A.3 利用脉冲激光蒸发(PLV)方法制备的单壁碳纳米管

A.3.1 制样过程

未经处理的单壁碳纳米管(约 1 mg)分散在大约 15 mL 含有 1%(质量分数)十二烷基苯磺酸钠(SDBS)的重水溶液中,用带有钛合金针尖(ϕ13 mm)的 200 W 脉冲超声波破碎仪超声 30 min(开:1 s,关:2 s)。利用超速离心机在约 13 万倍的重力加速度下离心 2.5 h,选取大约 2/3 体积的上层清液进行光谱测量实验。

A.3.2 近红外光致发光光谱测量仪器

光谱测量采用的是改装过的傅里叶红外光谱仪,采用钛宝石激光器作为光源(见图 A.6)。由于标准的 InGaAs 探测器长波极限大约为 1 650 nm,不适用于此种管径的单壁碳纳米管,这里选用拓展型的 InGaAs 探测器。

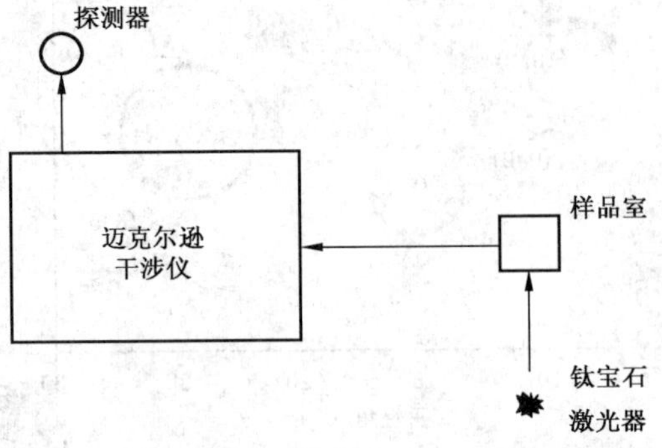

图 A.6　仪器设备示意图

A.3.3　近红外光致发光光谱实验数据

根据式(4)和式(5),两维光致发光光谱扫描图中的每一个光致发光峰均可指认到具有特定手性指数(n,m)的单壁碳纳米管。例如,图 A.7 给出了样品 PLV-SWCNTs/SDBS/D_2O 的近红外光致发光扫描谱的二维等高图。得到的光致发光信号的发射和吸收峰的位置列在表 A.3 中。实验测得的光致发光峰的位置与根据经验式(4)和式(5)推断出的手性指数为(n,m)的碳纳米管光致发光峰的位置对比,当二者之间的差距小于 65 cm^{-1}时,可确定先前推断的单壁碳纳米管的手性指数(n,m)是正确的,如图 A.7 所示。

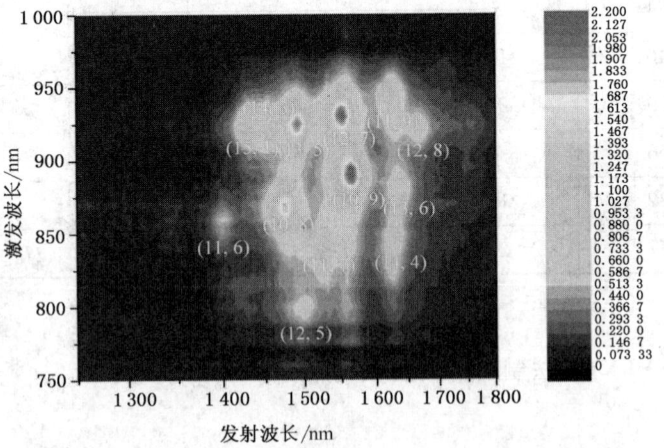

图 A.7　PLV/SDBS/D_2O 近红外光致发光扫描谱图的二维等高点图

图 A.8 给出了 PLV-SWCNTs 中特定(n,m)半导体型管的光致发光积分强度与管径和手性角的关系图，其中每一个圆圈的大小代表了相对光致发光积分强度。得到的全部(n,m)类型纳米管的相对光致发光积分强度列于表 A.3。

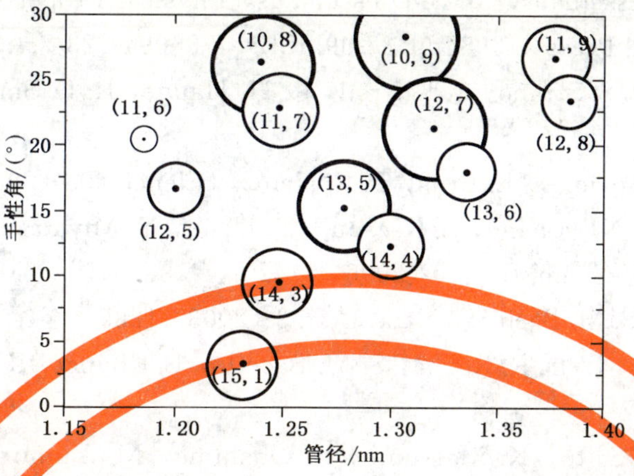

图 A.8 每种特定(n,m)单壁碳纳米管的相对光致发光积分强度

表 A.3 PLV 方法制备的碳纳米管中半导体性单壁碳纳米管信息

手性指数 (n,m)	管径 nm	手性角 (°)	激发峰位置 nm	发射峰位置 nm	光致发光峰 相对积分强度
(11,6)	1.186	20.36	1 401	860	0.087±0.004
(12,5)	1.201	16.63	1 501	795	0.32±0.02
(15,1)	1.232	3.20	1 430	922	0.38±0.03
(10,8)	1.240	26.33	1 477	871	0.88±0.02
(14,3)	1.248	9.52	1 453	922	0.42±0.06
(11,7)	1.248	22.69	1 519	838	0.49±0.06
(13,5)	1.278	15.61	1 493	924	0.78±0.04
(14,4)	1.300	12.22	1 627	844	0.42±0.05
(10,9)	1.307	28.26	1 563	891	1.00±0.03
(12,7)	1.321	21.36	1 551	93	0.99±0.08
(13,6)	1.336	17.99	1 639	876	0.30±0.02
(11,9)	1.377	26.70	1 624	949	0.43±0.02
(12,8)	1.384	23.41	1 664	919	0.27±0.03

参 考 文 献

[1] R. Saito, G. Dresselhaus, M. S. Dresselhaus, Physical Properties of Carbon Nanotubes", London : Imperial Colledge Press, 1998. pp. 37-39. ISBN 1-86094-223-7.

[2] S. M. Bachilo, M. S. Strano, C. Kittrell, R. H. Hauge, R. E. Smalley, R. B. Weisman, Science 298 (2002) 2361.

[3] F. Wang, G. Dukovic, L. E. Brus, T. F. Heinz, Science 308 (2005) 838.

[4] K. Iakoubovskii, N. Minami, S. Kazaoui, T. Ueno, Y. Miyata, K. Yanagi, H. Kataura, S. Ohshima, T. Saito, J. Phys. Chem. B, 110 (2006) 17420.

[5] R. B. Weisman, S. M. Bachilo, Nano Lett. 3 (2003) 1235.

[6] D. A. Tsyboulski, J. -D. R. Rocha, S. M. Bachilo, L. Cognet, R. B. Weisman, Nano Lett. 7 (2007) 3080.

[7] T. Okazaki, T. Saito, K. Matsuura, S. Ohshima, M. Yumura, S. Iijima, Nano Lett. 5 (2005) 2618.

[8] S. Reich, C. Thomsen, J. Robertson, Phys. Rev. Lett. 95 (2005) 077402.

[9] Y. Oyama, R. Saito, K. Sato, J. Jiang, Ge. G. Samsonidze, A. Grüneis, Y. Miyauchi, S. Maruyama, A. Jorio, G. Dresselhaus, M. S. Dresselhaus, Carbon, 44 (2006) 873.

[10] T. Okazaki, S. Bandow, G. Tamura, Y. Fujita, K. Iakoubovskii, S. Kazaoui, N. Minami, T. Saito, K. Suenaga, S. Iijima, Phys. Rev. B, 74 (2006) 153404.

[11] J. A. Fagan, J. R. Simpson, B. J. Bauer, S. H. De Paoli Lacerda, M. L. Becker, J. Chun, K. B. Migler, A. R. Hight Walker, E. K. Hobbie, J. Am. Chem. Soc. , 129 (2007) 10607.

[12] T. Okazaki, S. Okubo, T. Nakanishi, S. K. Joung. T. Satio, M. Otani, S. Okada, S. Bandow, S. Iijima, J. Am. Chem. Soc. , 130 (2008) 4122.

[13] J. E. Decker, A. R. Hight Walker, K. Bosnick, C. A. Clifford, L. Dai, J. Fagan, S. Hooker, Z. J. Jakubek, C. Kingston, J. Makar, E. Mansfield, M. T. Postek, B. Simard, R. Sturgeon, S. Wise, A. E. Vladar, L. Yang, R. Zeisler, Metrologia 46 (2009) 682-692.

[14] ISO/CD TS 10867 Nanotechnologies—Characterization of single-walled carbon nanotubes using near infrared photoluminescence spectroscopy.

[15] D. A. Tsyboulski, J. R. Rocha,S. M. Bachilo, L. Cognet, and R. B. Weisman, Nano Lett. , 7(10), (2007) 3080-3085.

[16] K. C. Tonya, D. A. Tsyboulski, and R. B. Weisman, ACS Nano,6(1), (2012) 843-850.

[17] H. Liu, D. Nishide, T. Tanaka and H. Kataura, Nat. Commun. 2:309 doi: 10.1038/ncomms1313, (2011).

[18] J. D. Rocha, S. M. Bachilo,S. Ghosh,S. Arepalli,R. B. Weisman, Anal. Chem. ,83(19), (2011) 7431-7437.

ICS 35.240.60；47.020.99
U 07

中华人民共和国国家标准

GB/T 29857—2013/ISO 16155:2006

船舶和海上技术
计算机应用　船用装载仪

Ships and marine technology—Computer applications—Shipboard loading instruments

(ISO 16155:2006，IDT)

2013-11-12 发布　　2014-04-15 实施

中华人民共和国国家质量监督检验检疫总局
中国国家标准化管理委员会　发布

前　言

本标准按照 GB/T 1.1—2009 给出的规则起草。

本标准等同采用 ISO 16155:2006《船舶和海上技术　计算机应用　船用装载仪》(英文版)。

本标准做了下列编辑性修改:

a) “本国际标准”一词改为“本标准”;

b) 小数点符号用“.”代替“,”;

c) 删除国际标准的前言、引言。

请注意本文件的某些内容可能涉及专利。本文件的发布机构不承担识别这些专利的责任。

本标准由中国船舶工业集团公司提出。

本标准由全国海洋船标准化技术委员会计算机应用分技术委员会(SAC/TC 12/SC 8)归口。

本标准起草单位:中国船舶工业综合技术经济研究院、大连海大船舶导航国家工程研究中心有限责任公司。

本标准主要起草人:严苹、杨洪锋、何荣希、庞福文、王旭东。

船舶和海上技术
计算机应用　船用装载仪

1　范围

本标准规定了船用装载仪(简称装载仪)的要求,是对 IMO MSC/Circ.836、IMO MSC/Circ.854、IMO MSC/Circ.891 和 IACS 第 48 号建议的补充。

本标准适用于实现与装载等船舶安全问题相关的功能的计算机设备,例如,完整和破舱稳性以及总纵强度等。

2　规范性引用文件

下列文件对于本文件的应用是必不可少的。凡是注日期的引用文件,仅注日期的版本适用于本文件。凡是不注日期的引用文件,其最新版本(包括所有的修改单)适用于本文件。

IEC 61996:2000　海上导航和无线电设备和系统　船用航行数据记录仪(VDR)性能要求　试验方法和要求的试验结果[Maritime navigation and radiocommunication equipment and systems—Shipborne voyage data recorder(VDR)—Performance requirements—Methods of testing and required results]

IACS　第 48 号建议　装载仪建议(Recommendation on loading instruments)

IMO A.739(18)　决议　向代表主管机关的组织授权的指南(Guidelines for the authorization of organizations acting on behalf of the Administration)

IMO A.789(19)　决议　经认可代表主管机关的组织的检验和认证职责规范(Specifications on the survey and certifications of recognized organizations acting on behalf of the Administration)

IMO MSC/Circ.836　装载仪建议(Recommendation on loading instruments)

IMO MSC/Circ. 854　船舶装载稳性计算机程序指南(Guidelines for shipboard loading and stability computer programs)

IMO MSC/Circ.891　船舶计算机应用指南(Guidelines for the on—board use and application of computer)

IMO MSC/Circ.920　标准装载稳性手册(Model loading and stability manual)

3　术语和定义

下列术语和定义适用于本文件。

3.1

直接计算　direct calculation

基本原理计算。

基于物理学的计算,仅包括船舶主要的要素,例如,装载、船体几何尺寸、内部几何尺寸(例如,货舱和舱室)和测深管形状。

3.2

装载仪　loading instrument

由装载软件、硬件以及操作系统组成的仪器,能确定特定船舶或其他浮动装置在特定装载下的相关特性与性能。

3.3

装载软件　loading software

由针对特定船舶或其他浮动装置的计算机指令和预编程静态数据组成的软件。

3.4

硬件　hardware

至少包含一个中央处理器、永久存储设备及输入输出设备。

注：硬件可以是独立的或是计算机网络的一部分。

4　缩略语

下列缩略语运用于本文件。

COG——重心

FSM——自由液面静矩

$G'M_T$——横稳心高(根据自由液面影响作修正)

KM_T——横稳心高度(基线上)

KG 或 VCG——重心垂向高度(基线上)

KG′或 VCG′——实际重心垂向高度(基线上)(根据自由液面影响作修正)

L_{pp}——垂线间长

LCG——重心纵向位置

TCG——重心横向位置

TEU——20 英尺(国际标准)集装箱

5　装载仪类别

5.1　功能类别

本标准对所有类型的装载仪按其不同用途进行功能分类。

5.1.1　A 类功能用于基本计算和分析。其生成信息的能力与用标准的装载稳性手册可获得的信息和计算相对应。功能示例如：

——正浮态静力学；

——吃水和纵倾；

——基于完整稳性要求，对照最低的 $G'M_T$ 要求验证横稳心高 $G'M_T$(或对照最大许用 KG′值验证 KG′)；

——基于破舱稳性衡准，对照一个或多个封闭的最小 $G'M_T$ 要求验证横稳心高 $G'M_T$(或对照一个或多个封闭的最大许用 KG′值验证 KG′)；

——完整稳性；

——液货舱测深/体积。

5.1.2　B 类功能用于扩展计算和分析，超过用标准的装载稳性手册可获得的信息或计算。功能示例如：

——完整的或破舱的总纵强度；

——极端条件下的完整稳性(例如，超出装载稳性手册中列表范围的吃水、纵倾或横倾)；

——验证实际的装载工况是否符合法定要求的破舱稳性计算；

——为了评估实际装载与破舱情形时下沉、横倾、纵倾和残余稳性的破舱稳性计算；

——考虑侧倾和纵倾的效果，准确测定液货舱的容量；

——针对实际破舱状况，为改进残余稳性、弯矩等的建议措施。

5.1.3 C类功能实现装载仪构架范围内的辅助作用。例如：

——集装箱装载实用程序；

——谷物装载实用程序；

——考虑到化学制品的相容性数据，生成化学品液货船航次、货物的特定装载计划的实用程序；

——由于油船和成品油船的温度变化，液货舱或货物的膨胀效应；

——滚装船装载实用程序。

5.2 装载仪类别

装载仪可以是多个功能类别的组合。

例如，一台装载仪可包含有完整稳性功能（对应装载稳性手册的功能，为A类）、总纵强度功能（其本身功能超过了装载稳性手册的水平，为B类）和集装箱装载模块（辅助功能，为C类）。

装载仪应按照所能够执行的功能组合划分类别。上述例子同时包含了A、B和C三类功能，表示为A/B/C。

5.3 类别标志

装载仪的文件应清楚地说明：

——可执行的是哪一类功能；

——这些功能执行哪一类别标准。

6 A类功能的最低要求

6.1 最低计算要求

A类装载仪至少应具备下列功能：

——确定排水量、载重量、重心和自由液面力矩；

——计算吃水、横倾和纵倾；

——计算完整稳性曲线（包括自由液面影响），得到满足特定船舶适用稳性规则的倾角范围；

——对照特殊船舶的适用稳性规则，至少采用下列一种方法，验证其完整稳性：

1） 基于所有完整稳性衡准，对照 $G'M_T$ 的最低要求验证（修正自由液面影响的）横稳心高 $G'M_T$（或对照最大许用 KG' 值验证 KG'）；

2） 计算与所有完整稳性衡准（包括可能的风、气象衡准）相关的所有稳性参数，并对比临界值检查这些参数；

——得出一个符合完整和破舱稳性衡准的结论。

6.2 保护预定义数据表

当基于预计算和预定义的数据表执行A类功能时，应采取预防措施保护数据表不受到故意或无意的修改。

6.3 插值和外推

当基于预计算和预定义的数据表执行A类功能时，应采取预防措施以防软件在数据表有效的范围以外使用。为了保证足够的精确度，静水力和稳性细目等预计算数据表的间隔应尽可能小。应使用0.02 m的最大吃水间隔和0.5%L_{pp}的最大纵倾间隔，但不应大于已有的装载稳性手册或已有的静水力数据表中的间隔。任何情况下，吃水间隔不应超过0.05 m。

6.4 文件

装载仪应附带船舶专用数据的副本，至少应包括：

——缩写词注释、所用物理单位清单、坐标系和方向；

——主要要素；

——使用的所有预计算数据表；

——应考虑到的开口的定义(开敞或风雨密)；

——空船重量、重心及重量分布；

——更适宜有一些典型装载工况；

——相关的稳性衡准；

——液货舱、舱室、货舱和其他处所的概览；

——与特定船舶类型相关的其他要素，例如，客船的限界线。

7 B类功能的最低要求

7.1 算法

B类功能应基于直接计算。而且，软件宜尽可能多地考虑实际效果(例如，实际的初始纵倾、实际的横倾、自由的纵倾效应和由横倾与纵倾造成液体COG的实际位移)。

7.2 计算的精确度和证书

B类装载软件应至少符合下列一项要求：

——装载仪的计算结果应与专用船舶设计软件计算的结果一致，后者经船旗国有关主管机关或经认可的组织验证符合最低要求，以及IMO A.739(18)和IMO A.789(19)决议的规定；

——软件本身的计算部分应由船旗国有关主管机关或经认可的组织验证符合最低要求，以及IMO A.739(18)和IMO A.789(19)决议的规定。

7.3 文件

装载仪应附带船舶专用数据的副本，至少应包括：

——缩写词注释、所用物理单位清单、坐标系和方向；

——主要要素；

——应考虑到的开口的定义(开敞或风雨密)；

——空船重量和重心；

——航行和系泊两种工况(若适用)下的最大许用弯矩和剪力。

还应包括：

——船体和附属物的定义；

——液货舱、测深管、舱室、货舱和其他处所的定义；

——纵向投影面积的风力等值线；

——空船重量分布；

——与特殊船舶类型相关的其他要素，例如，客船的限界线。

8 装载软件的一般要求

8.1 软件和静态数据的保护

为了保持软件的完整性，应编译软件或用其他保护方式防止故意修改软件。而且，静态数据应加密或采用二进制存储，或用其他保护方式防止修改。对上述两种情况，仅依靠操作系统的“只读”机制是不能实现保护的。

8.2 单位

单位的基本制式应为公制。若用重量时，应使用代表性的公制吨(1 000 kg)。

一些货物通常更多地用诸如 ft^3/t、长吨、短吨、TEU 或桶计算。编程人员可能希望所编制的程序更便于用户以这些不同的单位输入数据。若如此，程序应将单位混用的可能性减到最小，且只要有可能，均应由计算机完成单位换算。屏幕显示和打印输出至少用公制单位。

8.3 数据备份

存储在计算机文件中的所有必要数据的副本(例如装载软件、船舶几何尺寸或数据表)，应保存在独立的存储单元上，例如 CD 或软盘。副本数量不应少于两份。

8.4 更新工具

供应商应具备更新工具，用于接收有关程序逻辑或静态数据中错误数据的报告，便于制造商在合理的时间内制作改进的版本和发放更新的软件。建议建立某种渠道使船东获得最新版的软件。

9 硬件要求

装载仪硬件配置应为下列内容之一：

——冗余配置。至少有两套完整的硬件是可以使用的，每套均安装了装载软件；

——非冗余配置。在这种情况下，相应的硬件设计应使其能承受船上正常的电源电压变动和瞬态变化、环境温度变化、振动、湿度、电磁干扰和腐蚀。为了能连续工作，应根据 IMO A.739(18)和 IMO A.789(19)决议的规定，由经认可的组织或船旗国有关主管机关对硬件进行物理试验后给予批准，例如，供电电源变化、干热、湿热、振动、倾斜、绝缘电阻、低温和电磁兼容性。

每一个可替换部件应易于替换，并且其结构应适于进行简单和安全的处理。所有可替换部件的排列应避免发生连接错误，或者应在错误替换时不能使用。若实际不可避免上述情况，则应对可替换部件及其电气连接方法给出清晰的标记。

10 文档和培训要求

10.1 用户手册

应为直接使用者(船上工作人员)编写用户手册，并包括下列内容：

——标识：唯一标识名称或编号，并由软件显示；

——系统要求：计算机系统硬件和软件要求的标识，例如，兼容的计算机、操作系统、内存要求及其他特殊要求(视频图形、鼠标、打印机等)；

——功能：列举装载仪的所有功能，包括各功能类别；

——警告:标牌清楚地说明仅接受过适当教育和培训的人员才能够安全使用该装载仪和判断计算结果。

例如,"本装载仪是确定完整稳性、总纵强度和破舱稳性的辅助设备。其使用及计算结果的解释供经过专业训练和有专业知识的人员使用。"

——缩写词和单位:列举程序输入输出过程中使用的所有缩写词和物理单位的清单;

——使用说明:清楚说明如何安装和使用程序的。考虑到用户为船上工作人员,说明应对用户友好。

——验证检查:根据13.3的用于验证检查的说明和数据表;

——信息源:为程序提供信息的船舶专用设计图、图纸、表格、其他文件等的汇总清单。大多数情况下,这些信息或许来自经批准的船用装载稳性手册,但是,对其他信息源应进行清楚的标识。理想状态是所有这些信息源本身应予注释以便用于程序开发(这样,未来图纸的修订版应提示对程序作复查)。

手册应仅用于描述软件的背景和一般功能,不是针对船舶特定限制使用的,这部分内容也将完整地编入软件中。

至少应提供3个用户手册副本。

10.2 静态船舶数据

至少应提供一个包含装载仪用的船舶静态数据的手册副本,该数据至少应包括6.4和7.3规定的项目。

10.3 用户培训

为了说明程序,应提供适当的培训或指导教材。其范围可用于从个别指导或正规课堂授课到教学影像带和/或自学课程计划。培训或指导教材应包含一个辅以图解、输出样本(结合逐屏输出示例)和解释文本的计算过程实例。

10.4 供应商副本

软件供应商应随时保存一个有效的软件副本和用户手册,以备紧急情况下移交用户。

11 用户界面设计基本要求

11.1 "首页"显示屏

程序应有一个可让用户直接从任意装载屏幕返回熟悉的"首页"屏幕的简易命令。允许"不知如何操作的"用户(可能已迷失在多个装载显示屏之间)快速重新定位。

11.2 "帮助"功能

程序应有容易找到的"帮助"功能,例如指定的功能键或屏幕上的菜单栏。

11.3 预定义装载条件

预定义装载条件应反映由船舶稳性要求引起的特殊装载或操作要求(例如,固定压载物要求)。

11.4 输入输出数据屏幕显示

程序应检查由用户输入的数据,以便在屏幕上显示可能的输入错误,例如,液货舱输入数据超过了该舱的容量时,程序应清楚地向用户显示所输入的数据超出了预期的界限。

11.5 装载数据输入行

在任何适合的情况下，应使用下列性质的装载数据输入行：

——压载、消耗物或液货舱。用户在这些行只需输入重量、装载率、体积、比重、测深或损耗，之后，软件更新全部其他细节，包括 COG 和 FSM；

——特殊装载项，例如集装箱或滚装船，或与 C 类功能的链接，能用于那些种类的货物；

——其他固定位置类的装载数据输入，在此，LCG、VCG 等要预先显示，用户只需给出重量值；

——额外的空白输入行，允许添加非固定装载输入（例如，非常用的甲板货物），在此，用户可以输入 VCG、LCG、TCG 等。

11.6 打印输出

每次装载工况的打印输出应自动含有软件名称及版本、船舶名称和打印输出日期；另外，应提示用户输入工况的标题。这些信息应在每页上重复打印输出。

11.7 选项或功能的选择

全部选项或功能应至少可用文本式菜单、工具栏、弹出窗口、标签项、列表框等方式访问。而且，符号图标可仅作为初选使用（但应有清晰和确定的含义）。

11.8 输出格式

计算机的输入输出形式和显示屏的表达宜与装载稳性手册的形式相似，以便操作人员能容易地得到使用装载稳性手册中所熟悉的内容。为了增加这种相似性，输出格式应符合 IMO MSC/Circ.920。在任何情况下，所有的显示屏及打印输出数据应以清晰和确定的方式表示。

应计算艏、（舯）和艉垂线处的吃水，并在屏幕上显示及打印输出。此外，还应计算艏、舯和艉对应于吃水标志实际位置的航行吃水（通常该吃水算至龙骨下缘），并在屏幕上显示及打印输出。

12 与其他船用系统的接口

12.1 禁用接口

如果提供与船用系统的接口，装载软件应允许关闭这些系统的任何接口，然而，仍允许系统保持运行。通常由这些系统传入的数据应能由人工方式输入。

12.2 航行数据记录仪

如果装有航行数据记录仪（VDR），按照 IEC 61996:2000 应将最新装载工况保存到航行数据记录仪中。

13 计算精确度标准和要求的验证检查

13.1 A 类功能

A 类功能应提供与装载稳性手册所载内容一致的结果。但允许有较小（例如，小数）的偏差等。

13.2 B 类功能

B 类功能应给出与装载稳性手册所载内容一致的结果。但是，由于不同的计算策略可能会出现偏

差,偏差在任何情况下应不超过下列限值:

——排水量——0.35%(固定的吃水和纵倾);

——横稳心高 KM_T——0.20%;

——浮心纵向位置——0.2% Lpp;

——水线面面积——0.2%～0.5%;

——横截曲线——0.00 m～0.05 m,取决于横倾角;

——完整稳性最大许用 VCG——0.4%～1.7%;

——剪力、弯矩和扭矩——最大允许值的5%。

这些最大限值至少应在装载稳性手册所记载的标准装载工况下予以验证。

13.3 验证检查

装载仪应配备一个含两到三个预定义装载工况的打印输出,包括基于那些工况计算后的打印输出。按规定的间隔期,用户应对那些装载工况执行计算,并且根据提供的输出检查计算结果。若计算结果不一致,则认为装载仪有缺陷,并应停止使用。用于此目的的装载工况可以与装载稳性手册中的装载工况一样,但不必完全一样。

以上打印输出应既包含在用户手册中,又单独配备一本手册,也可以参考装载稳性手册中某个特定的装载工况。

14 船东机构内部装载仪的集成

14.1 数据备份

船东办事处应保存一份5.3要求的数据备份的副本,并至少应附有一个用户手册副本。

14.2 提供数据备份

船东应建立一个或多个办事处,随时为船队提供可用的备份支持。特别推荐以下措施:

——在船东办事处安装装载软件,并保持可用;

——办事处至少保证有一名受过软件安装和使用培训的合格人员。

14.3 支持

为了保证得到船东机构内部的支持,办事处至少有两名能熟练使用装载软件的人员。

14.4 报告错误和获得更新

根据8.4的要求,软件用户应有清楚的使用说明,用于向供应商报告程序或静态数据的错误,以及如何得到软件更新版本。